建筑业技术发展报告
（2022）

中国建筑业协会　主编

中国建筑工业出版社

图书在版编目（CIP）数据

建筑业技术发展报告. 2022 / 中国建筑业协会主编
. — 北京：中国建筑工业出版社，2022.11
ISBN 978-7-112-28074-2

I. ①建… II. ①中… III. ①建筑业－技术发展－研
究报告－中国－2022 IV. ①TU

中国版本图书馆 CIP 数据核字(2022)第 200973 号

本书从我国建筑业技术发展的现状和趋势、技术和装备、标准和规范、实践和应用四个方面，对我国建筑业和建筑业技术的发展状况进行系统、深入的分析和总结，主要内容包括：2021 年建筑业发展统计分析、建筑产业深刻变革中的关键问题、我国绿色建造发展现状与发展路径、"双碳"目标下的中国建造、跨海交通工程的现状与展望等。本书对于全面了解我国建筑业技术的发展状况，开拓建筑业技术创新的领域和发展方向具有很强的参考价值，可供建筑业从业人员参考使用。

责任编辑：张 磊 赵晓菲 万 李
责任校对：张辰双

建筑业技术发展报告

（2022）

中国建筑业协会 主编

*

中国建筑工业出版社出版、发行（北京海淀三里河路 9 号）
各地新华书店、建筑书店经销
北京红光制版公司制版
廊坊市海涛印刷有限公司印刷

*

开本：880 毫米×1230 毫米 1/16 印张：31¾ 字数：954 千字
2022 年 11 月第一版 2022 年 11 月第一次印刷
定价：138.00 元
ISBN 978-7-112-28074-2
（40202）

编　委：（按姓氏笔画排序）

丁正全　丁清杰　马静越　王　立　王　建　王　磊
王开强　王凤来　王东红　王华伟　王孟立　王蔚蔚
王磐岩　文江涛　方　磊　方永华　方海存　邓　烜
邓尤东　甘　惟　左　睿　左自波　卢　松　代　涛
百世健　成长虎　华建民　庄　彤　刘　双　刘　坚
刘　恒　刘　璇　刘　蕾　刘云霁　刘四进　刘诗瑶
刘保石　关　飞　关　军　安凤杰　孙　兰　孙　楠
孙小永　孙照付　苏延峰　李　宁　李　欣　李　茜
李　剑　李　超　李兴钢　李红梅　李佳益　李秋丹
李晓东　李梅丹　李戚齐　李鹿宁　杨　倩　杨　健
杨春侠　肖　洋　肖勇军　何　涛　何桂朋　邹　瑜
邹春华　汪　旭　汪少波　汪光波　宋　波　宋业辉
宋亚涛　张　平　张　辰　张　婧　张　媛　张　鹏
张永辉　张柏岩　张艳峰　张渤钰　张静涛　陆　京
陈　曦　陈维超　武文斌　范圣权　范益群　易国辉
罗　琤　金　玲　周　云　周咪咪　郑　刚　孟　露
赵　锂　赵付凯　赵建平　胡弘毅　姜　波　娄　霓
洪　健　宫　曌　姚　杰　姚发海　原青哲　候　涛
徐　伟　徐建军　郭　景　郭小东　唐　倩　黄　凯
黄小坤　黄乐鹏　黄锰钢　黄醒春　常卫华　梁建国
彭明英　彭明祥　董　宏　程　斌　曾维来　谢　超
裘　俊　雷远德　满建政　樊　涛　潘　峰

序

由中国建筑业协会主编，中国建筑业协会专家委员会具体组织编写的《建筑业技术发展报告(2022)》，伴随着我国建筑业的健康发展和建筑技术的持续进步，应运而生，成为反映我国建筑业技术发展的序列性年度报告的首部续篇。我向为本书的策划、编纂和出版作出贡献的同志们表示由衷的感谢。

建筑业是我国国民经济的重要支柱产业，在我国的经济和社会发展中、在双循环发展战略与碳达峰碳中和战略的实施中，占据举足轻重的位置。我国建筑业目前的发展状况如何、未来具有怎样的发展趋势、实现高质量发展的途径有哪些？这是各级建筑业主管部门、建筑业从业人员十分关注的问题；随着国家科技革命和产业革命的深入发展，建筑技术和装备的科技创新成为建筑业发展的核心驱动力，哪些新技术、新装备以怎样的方式支撑着建筑业的转型升级，推进着以绿色化、智能化和工业化为特征的建筑产业现代化发展，建筑业新技术、新装备的未来发展趋势和前景如何，引发了越来越多的研究者和实践者的探索与思考；新型工程建设标准体系的构建是保障我国工程建设质量、提高基础设施建设水平的先决条件，我国新发布的强制性工程建设规范以及强制性国家标准具有怎样的编制背景和编制思路，其主要内容、亮点与创新点如何，对把握行业技术创新与标准研制热点有何启示，也会引起工程建设标准化工作者的深入思考；建筑业各领域绿色低碳与数字化技术实践和应用的典型案例层出不穷，这些典型案例具有哪些新的理念，采用了哪些新设计、新技术、新材料、新产品、新装备，其应用效果如何，国外建筑企业减碳具有怎样的做法，有哪些值得借鉴的经验，也会受到建筑企业管理者和工程技术人员的普遍关注。上述一系列问题，都可以从这本书中找出答案或受到启发。

这本书从现状和趋势、技术和装备、标准和规范、实践和应用四个侧面，对我国建筑业和建筑业技术的发展状况进行系统、深入的分析和总结，对全面了解我国建筑业技术的发展状况，开拓建筑业技术创新的领域，引领建筑业技术创新的方向，具有很强的参考价值。

展望未来，建筑业要以科技创新有效支撑行业结构的优化升级，围绕工程建设推动集成创新。按照碳达峰碳中和的要求，推动绿色建筑的深入发展，适时解决人民群众新希望新要求提出的结构性矛盾，以绿色发展理念建设生态宜居城区，促进可持续发展。按照数字化转型升级要求，突出解决每年大量的新建项目在BIM应用基础上的自主引擎、自主平台、全面贯通，实现创造价值，在数字孪生基础上实现CIM大数据化的智慧城市的要求，以创新发展理念破解城镇化难题，向智慧城市迈进，促进产城融合，促进协调平衡发展。按照双循环发展战略要求，拉通产业链，持续优化经营流程，提升国际竞争力，加大对基础创新的支持，推动原始创新和引进消化吸收再创新，以开放理念吸纳先进经验成果，促进高效发展。以建筑科技创新引领建筑行业发展，将提升产业链供应链现代化水平放到突出的位置，推动产业高端化、智能化、绿色化，发展服务型建造，坚持自主可控、安全高效，做好供应链战略设计和精准施策。

希望中国建筑业协会专家委员会和本书的编写者们，能够持之以恒地关注我国建筑业技术的发展动态，长期不懈地跟踪国际建筑业技术发展的前沿方向，扎实深入地开展现代建筑业技术的研究创新，全面系统地总结建筑业技术应用的成功经验，逐步形成年度序列性的建筑业技术发展研究成果，引领我国建筑业技术的发展方向，为促进我国建筑业持续、高质量发展作出更大的贡献。

中国建筑业协会会长

中国建筑业协会专家委员会主任委员

Preface

With the healthy development of China's construction industry and the continuous progress of construction technology, the "*Technical Development Report of Construction Industry* (2022)", organized and prepared by the China Construction Industry Association and its Expert Committee, became the first sequel to the sequential annual report reflecting the technical development of China's construction industry. I would like to express my sincere gratitude to the comrades who have contributed to the planning, compilation and publication of this book.

The construction industry is an important pillar industry of China's national economy. It plays an important role in the development of China's economy and society, the implementation of the dual cycle development strategy and the carbon peaking and carbon neutrality goals. The competent departments and practitioners of the construction industry at all levels are concerning a series of questions, including the current development situation of China's construction industry, the development trend in the future, and the ways to achieve high-quality development. With the in-depth development of the national scientific and technological revolution and industrial revolution, the scientific and technological innovation of construction technology and equipment has become the core driving force for the development of the construction industry. The questions, including the new technologies and equipment to support the transformation and upgrading of the construction industry and to promote the modern development of the construction industry characterized by green, intelligent and industrialization, and the future development trends and prospects of new technologies and new equipment in the construction industry, has triggered more and more researchers and practitioners to explore and think. The construction of the new engineering construction standard system is a prerequisite to ensure the quality of engineering construction in China and improving the level of infrastructure construction. What is the preparation background and ideas of the newly issued mandatory engineering construction specifications and mandatory national standards in China, what are their main contents, highlights and innovations, and what are their implications for grasping the industry's technological innovation and standard development hotspots, which will also cause the authors of engineering construction standardization to think deeply. Typical cases of the practice and application of green low-carbon and digital technologies in various fields of the construction industry emerge in endlessly. What new ideas these typical cases have, what new designs, new technologies, new materials, new products, and new equipment have been used, and how their application effects are, what practices foreign construction enterprises have for carbon reduction, and what experience is worth learning from, will also be widely concerned by construction enterprise managers and engineering technicians. The above series of questions can be answered or inspired from this book.

This book makes a systematic and in-depth analysis and summary of the development of China's construction industry and construction industry technology from four aspects: status and trends, technology and equipment, standards and specifications, practice and application. It has a strong reference value for comprehensively understanding the development of China's construction industry technology, exploring the field of construction industry technology innovation, and leading the direction of construction industry technology innovation.

Looking forward to the future, the construction industry should effectively support the optimization and upgrading of the structure of the construction industry with scientific and technological innovation, and promote integrated innovation around engineering construction. In accordance with the requirements of carbon peaking and carbon neutralization, the construction industry should promote the in-depth development of green buildings, timely solve the structural contradictions raised by the new hopes and requirements of the people, build an ecological livable urban area with the concept of green development, and promote sustainable development. In accordance with the requirements of digital transformation and upgrading, the construction industry needs to solve the problem of value creation of BIM-based independent engines, independent platforms and comprehensive integration on a large number of new projects every year, to realize the requirements of CIM big data-based smart cities on the basis of digital twins, to solve urbanization problems with innovative development concepts, moving forward to smart cities, promoting the integration of industries and cities, and promoting coordinated and balanced development. In accordance with the requirements of the dual cycle development strategy, the construction industry should open up the industrial chain, continue to optimize the business process, enhance international competitiveness, increase support for basic innovation, promote original innovation and introduce, digest, absorb and re-innovate, absorb advanced experience and achievements with an open concept, and promote efficient development. The development of the construction industry should be lead by the innovation of construction science and technology. The modernization of the supply chain of the industrial chain should be put in a prominent position. The upscale, intelligent and green construction industry should be promoted, and service-oriented construction should be developed. The strategy of independent and controllable, safe and efficient industry should be adhered, and the strategic design and precise implementation of the supply chain should be performed well.

It is hoped that the expert committee of China Construction Industry Association and the authors of this book can pay constant attention to the development trend of construction industry technology in China, follow the frontier direction of international construction industry technology development continuously, carry out the research and innovation of modern construction industry technology in a solid and in-depth way, summarize the successful experience of construction industry technology application comprehensively and systematically, and gradually form the annual sequential research results of construction industry technology development, leading the development direction of China's construction industry technology, and making greater contributions to the sustainable and high-quality development of China's construction industry.

中国建筑业协会会长
中国建筑业协会专家委员会主任委员

目　　录

Contents

Section 3 Standards and Specifications ··· (285)

第一篇 现 状 和 趋 势

2021年，我国建筑业弘扬伟大建党精神，全力以赴建设疫情防控设施，扎实推进保障性住房建设，积极参与城市更新行动，加快推动建筑产业转型升级，发展质量和效益不断提高，实现了"十四五"良好开局。本篇收录了16篇文章，从不同视角对我国建筑业和建筑技术的现状与发展趋势进行阐述。

《2021年建筑业发展统计分析》基于翔实的统计数据，对2021年中国建筑业发展的总体状况进行了分析。《建筑业发展现状和趋势》分析了我国建筑业的发展概况，指出了"双碳"目标、"一带一路"倡议、"数字化"浪潮带给建筑业的三大发展机遇，剖析了建筑业发展面临的七个方面的挑战，指出了建筑业未来的五大发展趋势。《建筑产业深刻变革中的关键问题》指出面对百年未有之大变局，建筑产业应把握好市场模式深刻变革中的关键问题、把握好"双碳"战略中的深层次问题、把握好绿色化与数字化深刻变革中的关键问题。

《推动城乡建设绿色低碳发展的几点思考》阐述了城乡建设领域绿色低碳发展的重要意义，梳理了城乡建设领域绿色低碳发展的实施路径，提出了强化支撑保障的具体措施。《我国绿色建造发展现状与发展路径》分析了我国绿色建造取得的成绩和绿色建造发展面临的主要问题，阐述了绿色建造"一本六化"的发展路径，提出了绿色建造发展的相关建议。《新时代砌体建筑的创新实践与发展建议》提出了砌体建筑发展中存在的问题和新需求，阐述了"双碳"背景下砌体建筑绿色低碳建设的可持续优势与发展潜力，指出了砌体建筑新的发展方向和任务要求。《建设领域"双碳"实践的若干认知》就建设领域"双碳"实践中的四大问题进行了阐述，包括碳排放的表达方式与计算时间、建筑设计依托的标准、建筑节能减排的重点与具体做法、建筑电气化在"双碳"工作中的地位等。《"双碳"目标下的中国建造》分析了建筑全过程碳排放的主要来源和各阶段"双碳"目标潜力，指出了"双碳"目标对我国建筑业的巨大冲击和影响，提出以"双碳"目标促进新型建造方式应用升级，并进行了实现"双碳"目标的路径规划。《新时代高质量绿色建筑设计体系的构建与实施》阐述了新时代高质量绿色建筑设计体系的背景，介绍了新时代高质量绿色建筑设计体系的构建思路，论述了新时代高质量绿色建筑设计体系的实施。

《中国智能城镇化的挑战与未来》剖析了中国智能城镇化面临的主要问题，阐述了未来智能城镇化的技术机遇，提出了中国智能城镇化未来发展的关键步骤，展望了中国智能城镇化的前景。《欧洲建筑业数字化和低碳环保发展趋势》从市场宏观角度对英国、瑞典两国催生出建筑行业数字化和低碳环保技术的经济政治和社会大背景进行了分析，对欧洲主流的数字化、绿色环保技术及应用情况进行了分类阐述。《BIM发展20年：现状、挑战和对策》从BIM基础理论、软件产品、标准规范、项目应用和人员能力五个维度梳理了BIM发展的现状、挑战和对策。《建筑企业数字化转型的卓越之道》从三个维度分析了数字化转型的必要性，剖析了数字化转型存在的五大问题，提出数字化转型应实现六个转变并做好两个重点工作。《以科技创新和数字智能化支撑引领冶金建设企业高质量发展》通过中冶建设的案例，展示了冶金建设企业科技创新和数字智能化转型的成功经验和典型项目。

《跨海交通工程的现状与展望》综述了跨海交通基础设施建设发展和技术发展趋势，从发展概况、代表性工程、面临的技术挑战、未来展望等视角，对跨海桥梁、跨海隧道、海上漂浮式机场的现状与发展进行了阐述。《城市地下空间开发与利用发展趋势》在分析我国城市地下空间开发利用现状及不足的基础上，提出了我国城市地下空间开发利用未来技术发展方向。

通过上述文章的论述，将会使广大读者多视角地了解到我国建筑业和建筑技术的现状，并对我国建筑业和建筑技术的发展趋势有一个总体的把握。

Section 1   Status and Trends

In 2021, China's construction industry followed the great spirit of the establishment of the Communist Party of China, went all out to build epidemic prevention and control facilities, promoted the construction of affordable housing solidly, participated in urban renewal actively, accelerated the transformation and upgrading of the construction industry, improved the quality and efficiency of development continuously, and achieved a good start to the "14th Five-Year Plan". This report includes 16 articles, which illustrate the current situation and development trend of China's construction industry and construction technology from various perspectives.

"Statistics Analysis of Construction Industry Development in 2021" analyzed the overall development of China's construction industry in 2021 based on detailed statistical data. *"Development Status and Trend of the Construction Industry"* analyzed the development situation of the construction industry in China, pointed out three development opportunities brought by the "double carbon" goal, the Belt and Road initiative, and the digital wave, analyzed seven challenges faced by the development of the construction industry, and pointed out five development trends of the construction industry in the future. *"Key Issues in the Deep Transformation of the Construction Industry"* pointed out that the construction industry should grasp the key issues in the deep transformation of the market model, the deep level issues in the "double carbon" strategy, and the key issues in the deep transformation of green and digital in the face of the unprecedented changes in a century.

"Thoughts on Promoting Green and Low Carbon Development of Urban and Rural Construction" elaborated the significance of green and low carbon development in urban and rural construction, combed out the implementation path of green and low carbon development in urban and rural construction, and proposed specific measures to strengthen support and guarantee. *"Current Situation and Development Path of Green Construction in China"* analyzed the achievements of green construction in China and the main problems faced by the development of green construction, expounded the development path of "one foundation for six modernizations" of green construction, and put forward related suggestions for the development of green construction. *"Innovative Practice and Development Suggestions for Masonry Buildings in the New Era"* put forward the problems and new demands in the development of masonry buildings, expounded the sustainable advantages and development potential of green low-carbon construction of masonry buildings under the background of dual carbon goal, and pointed out the new development directions and task requirements of masonry buildings. *"Cognition of 'Double Carbon' Practice in Construction Field"* elaborated on four major issues in the "double carbon" practice in the construction field, including the expression and calculation time of carbon emissions, the standards relied on by building design, the focus and specific practices of building energy conservation and emission reduction, and the position of building electrification in the "double carbon" work. *"Construction of China under the 'Double Carbon' Goal"* analyzed the main sources of carbon emissions in the whole building process and the potential of the dual carbon goal at each stage, pointed out the huge impact resulting from the dual carbon goal on China's construction industry, pro-

posed to promote the upgrading of new construction methods with the dual carbon goal, and carried out the path planning to realize dual carbon goal. *"Construction and Implementation of High-quality Green Building Design System in the New Era"* expounded the background of the high-quality green building design system in the new era, introduced the construction ideas of the high-quality green building design system, and discussed the implementation of the high-quality green building design system in the new era.

"Challenge and Future of China's Intelligent Urbanization" analyzed the main problems faced by China's intelligent urbanization, expounded the technical opportunities for future intelligent urbanization, put forward the key steps for the future development of China's intelligent urbanization, and looked forward to the prospect of China's intelligent urbanization.

"The Development Trend of Digitalization and Sustainability in European Construction Industry" analyzes the economic, political and social background of digital and low carbon and environmental protection technologies in the construction industry in the UK and Sweden from a macro market perspective, and describes the mainstream digital and green environmental protection technologies and their applications in Europe. *"20 Years of BIM Development: Status, Challenge and Solution"* combs the status, challenge and solution of BIM development from five dimensions, including basic theory of BIM, software products, standards and specifications, project applications and personnel capabilities. *"Excellent Way of Digital Transformation of Construction Enterprises"* analyzed the necessity of digital transformation from three dimensions, showed five major problems in digital transformation, and put forward that digital transformation should achieve six transformations and do two key tasks as well. *"Supporting and Leading the High-quality Development of Metallurgical Construction Enterprises with Scientific and Technological Innovation and Digital Intelligence"* showed the successful experience and typical projects of scientific and technological innovation and the digital intelligent transformation of metallurgical construction enterprises through the case of MCC Construction.

"Current Situation and Prospect of Cross Sea Traffic Engineering" summarized the development of cross-sea traffic infrastructure construction and the trend of technical development. From the perspective of development overview, representative projects, technical challenges faced, and future prospects, the current situation and development of cross-sea bridges, cross-sea tunnels, and offshore floating airports were described. *"The Development Trend of Development and Utilization for Underground Space in Cities"* puts forward the future technical development direction of urban underground space development and utilization in China on the basis of analyzing the current situation and shortcomings of urban underground space development and utilization in China.

Readers can understand the current situation of China's construction industry and construction technology from multiple perspectives and have a general grasp of the development trend of China's construction industry and construction technology through the discussion of the above articles.

2021 年建筑业发展统计分析

Statistics Analysis of Construction Industry Development in 2021

赵　峰[1]　王要武[1,2]　金　玲[1]　李晓东[2]

（1. 中国建筑业协会；2. 哈尔滨工业大学）

1　2021 年全国建筑业基本情况

2021 年是党和国家历史上具有里程碑意义的一年。在以习近平同志为核心的党中央坚强领导下，我国建筑业弘扬伟大建党精神，全力以赴建设疫情防控设施，扎实推进保障性住房建设，积极参与城市更新行动，加快推动建筑产业转型升级，发展质量和效益不断提高，实现了"十四五"良好开局。全国建筑业企业（指具有资质等级的总承包和专业承包建筑业企业，不含劳务分包建筑业企业，下同）完成建筑业总产值 293079.31 亿元，同比增长 11.04%；完成竣工产值 134522.95 亿元，同比增长 10.12%；签订合同总额 656886.74 亿元，同比增长 10.29%，其中新签合同额 344558.10 亿元，同比增长 5.96%；房屋施工面积 157.55 亿 m²，同比增长 5.41%；房屋竣工面积 40.83 亿 m²，同比增长 6.11%；实现利润 8554 亿元，同比增长 1.26%。截至 2021 年底，全国有施工活动的建筑业企业 128746 个，同比增长 10.31%；从业人数 5282.94 万人，同比下降 1.56%；按建筑业总产值计算的劳动生产率为 473191 元/人，同比增长 11.89%。

1.1　建筑业增加值增速低于国内生产总值增速，但支柱产业地位依然稳固

经初步核算，2021 年全年国内生产总值 1143670 亿元，比上年增长 8.1%（按不变价格计算）。全年全社会建筑业实现增加值 80138 亿元，比上年增长 2.1%，增速低于国内生产总值 6 个百分点（图 1）。

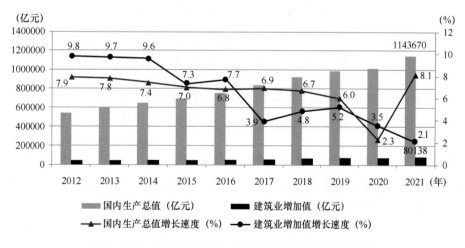

图 1　2012—2021 年国内生产总值、建筑业增加值及增速

自 2012 年以来，建筑业增加值占国内生产总值的比例始终保持在 6.85% 以上。2021 年虽有所下降，仍然达到了 7.01%（图 2），建筑业国民经济支柱产业的地位稳固。

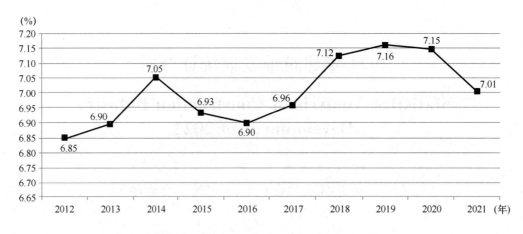

图 2　2012—2021 年建筑业增加值占国内生产总值比重

1.2　建筑业总产值持续增长,增速连续两年上升

近年来,随着我国建筑业企业生产和经营规模的不断扩大,建筑业总产值持续增长。2021 年达到 293079.31 亿元,比上年增长 11.04%。建筑业总产值增速比上年提高了 4.80 个百分点,连续两年上升(图 3)。

图 3　2012—2021 年全国建筑业总产值及增速

1.3　建筑业从业人数减少但企业数量增加,劳动生产率再创新高

2021 年,建筑业从业人数为 5282.94 万人,连续三年减少。2021 年比上年末减少 83.98 万人,减少 1.56%(图 4)。

截至 2021 年底,全国共有建筑业企业 128746 个,比上年增加 12030 个,增速为 10.31%,比上年减少了 2.12 个百分点,增速在连续五年增加后出现下滑(图 5)。国有及国有控股建筑业企业 7826 个,比上年增加 636 个,占建筑业企业总数的 6.08%,比上年下降 0.08 个百分点。

2021 年,按建筑业总产值计算的劳动生产率再创新高,达到 473196 元/人,比上年增长 11.89%,增速比上年增长 6.07 个百分点(图 6)。

1.4　建筑业企业利润总量增速继续放缓,行业产值利润率连续五年下降

2021 年,全国建筑业企业实现利润 8554 亿元,比上年增加 106.26 亿元,增速为 1.26%,比上年降低 0.77 个百分点,增速连续五年放缓(图 7)。

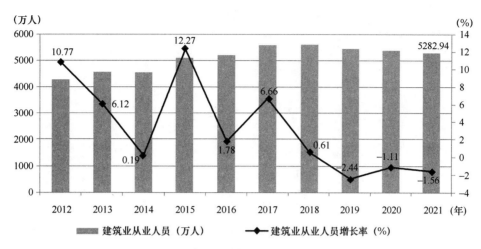

图 4　2012—2021 年建筑业从业人数增长情况

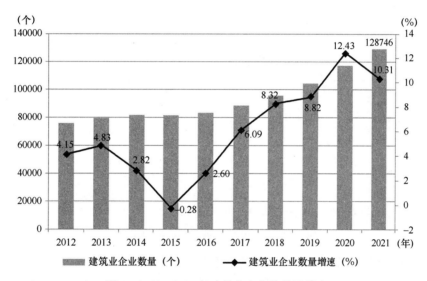

图 5　2012—2021 年建筑业企业数量及增速

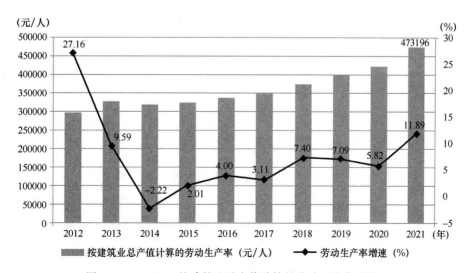

图 6　2012—2021 按建筑业总产值计算的劳动生产率及增速

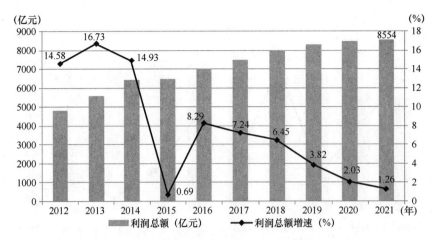

图 7　2012—2021 年全国建筑业企业利润总额及增速

建筑业产值利润率（利润总额与总产值之比）自 2014 年达到最高值 3.63％后，总体呈下降趋势。2021 年，建筑业产值利润为 2.92％，跌破 3％，为近十年最低（图 8）。

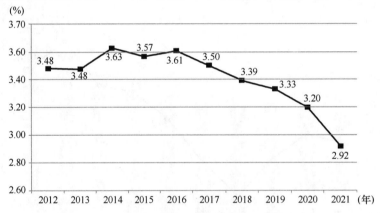

图 8　2012—2021 年建筑业产值利润率

1.5　建筑业企业签订合同总额增速由降转升，新签合同额增速放缓

2021 年，全国建筑业企业签订合同总额 656886.74 亿元，比上年增长 10.29％，增速在连续三年下降后出现回升，比上年增长了 1.02 个百分点。其中，本年新签合同额 344558.10 亿元，比上年增长了 5.96％，增速比上年下降 6.46 个百分点（图 9）。本年新签合同额占签订合同总额比例为 52.45％，比上年下降了 2.15 个百分点（图 10）。

图 9　2012—2021 年全国建筑业企业签订合同总额、新签合同额及增速

图 10　2012—2021 年全国建筑业企业新签合同额占合同总额比例

1.6　房屋施工面积增速保持增长，竣工面积止降为升，住宅竣工面积占房屋竣工面积近三分之二

2021 年，全国建筑业企业房屋施工面积 157.55 亿平方米，比上年增长 5.41％，增速比上年提高了 1.72 个百分点，连续两年保持增长。竣工面积 40.83 亿平方米，结束了连续四年的下降态势，比上年增长 6.11％（图 11）。

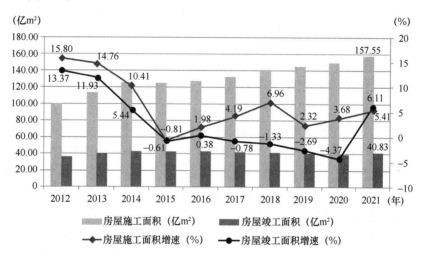

图 11　2012—2021 年建筑业企业房屋施工面积、竣工面积及增速

从全国建筑业企业房屋竣工面积构成情况看，住宅竣工面积占最大比重，为 66.26％；厂房及建筑物竣工面积占 13.81％；商业及服务用房竣工面积占 6.19％；其他各类房屋竣工面积占比均在 6％以下（图 12）。

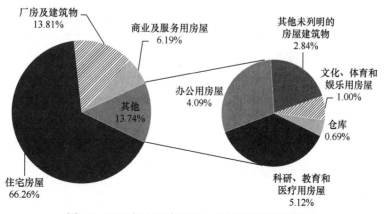

图 12　2021 年全国建筑业企业房屋竣工面积构成

全年全国各类棚户区改造开工 165 万套，基本建成 205 万套；全国保障性租赁住房开工建设和筹集 94 万套。

1.7 对外承包工程完成营业额继续下降，新签合同额出现增长

2021 年，我国对外承包工程业务完成营业额 1549.4 亿美元，比上年下降 0.64%。新签合同额 2584.9 亿美元，比上年增长 1.15%（图 13）。

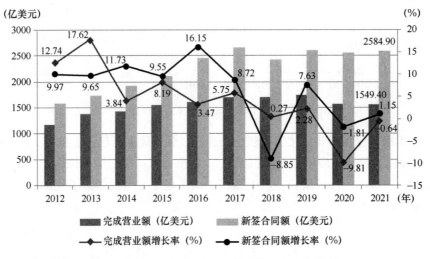

图 13 2012—2021 年我国对外承包工程业务情况

2021 年，我国对外劳务合作派出各类劳务人员 32.3 万人，较上年同期增加 2.2 万人；其中承包工程项下派出 13.3 万人，劳务合作项下派出 19 万人。2021 年末在外各类劳务人员 59.2 万人。

美国《工程新闻记录》（简称"ENR"）杂志公布的 2021 年度全球最大 250 家国际承包商共实现海外市场营业收入 4203.2 亿美元，比上一年度减少了 11.1%。我国内地共有 78 家企业入选 2021 年度全球最大 250 家国际承包商榜单，比上一年度增加了 4 家。入选企业共实现海外市场营业收入 1074.6 亿美元，比上年度收入合计额减少 10.5%，降幅略低于 250 强企业总体海外收入的缩减幅度，收入合计占 250 家国际承包商海外市场营业收入总额的 25.6%，比上年微增 0.2 个百分点。

从进入榜单企业的排名分布来看，78 家内地企业中，进入前 10 强的仍为 3 家，分别是中国交通建设集团有限公司排在第 4 位，中国电力建设集团有限公司排在第 7 位，中国建筑集团有限公司排在第 9 位。进入 100 强的有 27 家企业，比上年度增加 2 家。与上年度排名相比，位次上升的有 39 家，排名保持不变的有 6 家，新入榜企业 6 家。排名升幅最大的是前进 109 位，排名达到第 51 位的上海电气集团股份有限公司。新入榜企业中，排名最前的是排在第 167 位的西安西电国际工程有限责任公司（表 1）。

2021 年度 ENR 全球最大 250 家国际承包商中的中国内地企业　　　　　　　表 1

| 序号 | 公司名称 | 排名 | | 海外市场收入（百万美元） |
		2021	2020	
1	中国交通建设集团有限公司	4	4	21348.4
2	中国电力建设集团有限公司	7	7	13007.9
3	中国建筑集团有限公司	9	8	10746.2
4	中国铁道建筑有限公司	11	12	8375.0
5	中国铁路工程集团有限公司	13	13	7419.9
6	中国化学工程集团有限公司	19	22	4221.8
7	中国能源建设集团有限公司	21	15	4177.4

续表

序号	公司名称	排名		海外市场收入
		2021	2020	（百万美元）
8	中国石油工程建设（集团）公司	33	34	3340.5
9	中国机械工业集团公司	35	25	3113.0
10	上海电气集团股份有限公司	51	160	1731.9
11	中国冶金科工集团有限公司	53	41	1659.8
12	中国中原对外工程有限公司	55	63	1635.4
13	中国中材国际工程股份有限公司	60	54	1297.8
14	中信建设有限责任公司	63	62	1242.1
15	中国通用技术（集团）控股有限责任公司	67	73	1151.7
16	中国江西国际经济技术合作公司	72	81	1023.6
17	中国电力技术装备有限公司	73	111	1019.4
18	江西中煤建设集团有限公司	75	85	989.9
19	哈尔滨电气国际工程有限公司	78	95	942.6
20	北方国际合作股份有限公司	81	90	894.9
21	浙江省建设投资集团有限公司	84	82	871.6
22	中石化炼化工程（集团）股份有限公司	86	70	807.2
23	中国水利电力对外公司	89	97	772.8
24	山东高速集团有限公司	90	139	736.1
25	上海建工集团	93	101	692.5
26	青建集团股份公司	94	58	685.3
27	中国地质工程集团公司	100	96	588.3
28	中原石油工程有限公司	105	110	524.6
29	云南建工集团有限公司	106	106	516.8
30	江苏省建筑工程集团有限公司	107	99	515.1
31	江苏南通三建集团股份有限公司	108	122	507.3
32	北京城建集团	109	105	502.0
33	特变电工股份有限公司	111	93	489.3
34	新疆兵团建设工程（集团）有限责任公司	113	168	476.3
35	北京建工集团有限责任公司	117	117	457.4
36	烟建集团有限公司	119	146	450.0
37	中国河南国际合作集团有限公司	121	107	444.8
38	东方电气股份有限公司	123	123	427.9
39	中国江苏国际经济技术合作公司	124	120	427.0
40	安徽省外经建设（集团）有限公司	127	126	410.2
41	中国武夷实业股份有限公司	129	138	408.1
42	江西水利水电建设有限公司	132	143	388.7
43	中鼎国际工程有限责任公司	135	144	365.3
44	中地海外集团有限公司	143	136	331.7
45	上海城建（集团）公司	147	185	321.3
46	中钢设备有限公司	148	145	314.0

续表

序号	公司名称	排名		海外市场收入（百万美元）
		2021	2020	
47	中国有色金属建设股份有限公司	155	133	244.3
48	中国航空技术国际工程有限公司	159	127	231.5
49	西安西电国际工程有限责任公司	167	＊＊	211.7
50	沈阳远大铝业工程有限公司	171	154	197.3
51	中国成套设备进出口（集团）总公司	172	148	197.0
52	山西建设投资集团有限公司	173	186	194.1
53	安徽建工集团有限公司	174	178	191.7
54	山东德建集团有限公司	175	188	191.3
55	龙信建设集团有限公司	176	194	191.0
56	山东淄建集团有限公司	177	187	189.6
57	湖南建工集团有限公司	180	191	185.2
58	浙江省东阳第三建筑工程有限公司	184	198	167.9
59	河北建工集团有限责任公司	186	241	162.7
60	南通建工集团股份有限公司	189	205	161.6
61	浙江省交通工程建设集团有限公司	190	201	160.4
62	湖南路桥建设集团有限责任公司	192	221	156.3
63	江苏中南建筑产业集团有限责任公司	193	240	155.7
64	江西省建工集团有限责任公司	194	208	153.0
65	中国建材国际工程集团有限公司	197	140	143.0
66	天元建设集团有限公司	199	167	134.9
67	重庆对外建设（集团）有限公司	200	207	133.6
68	中国甘肃国际经济技术合作总公司	202	204	125.9
69	绿地大基建集团有限公司	207	＊＊	112.3
70	正太集团有限公司	210	＊＊	100.5
71	南通四建集团有限公司	211	232	100.5
72	四川公路桥梁建设集团有限公司	213	210	92.0
73	中国大连国际经济技术合作集团有限公司	217	＊＊	84.7
74	山东科瑞石油装备有限公司	219	202	79.7
75	中铝国际工程股份有限公司	221	233	75.8
76	蚌埠市国际经济技术合作有限公司	228	＊＊	70.1
77	江苏南通二建集团有限公司	232	＊＊	61.7
78	江联重工集团股份有限公司	242	177	37.0

注：＊＊表示未进入2020年度250强排行榜。

2　2021年全国建筑业发展特点

2.1　江苏建筑业总产值以绝对优势领跑全国，鄂、新增速较快

2021年，江苏建筑业总产值超过3.8万亿元，达到38244.49亿元，以绝对优势继续领跑全国。

浙江建筑业总产值仍位居第二，为 23010.97 亿元，比上年增长 9.90%，增幅高于江苏，相对缩小了与江苏的差距。两省建筑业总产值共占全国建筑业总产值的 20.90%。

除苏、浙两省外，总产值超过 1 万亿元的还有广东、湖北、四川、山东、福建、河南、北京、湖南、安徽 9 个省市，上述 11 个地区完成的建筑业总产值占全国建筑业总产值的 69.35%（图 14）。

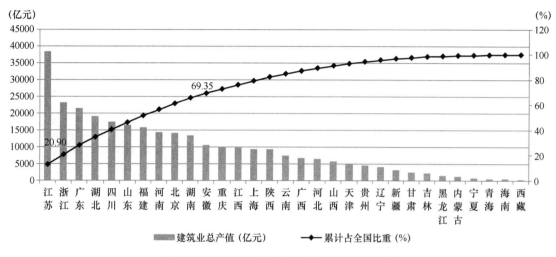

图 14　2021 年全国各地区建筑业总产值排序

从各地区建筑业总产值增长情况看，除西藏外，各地建筑业总产值均保持增长，25 个地区的增速高于上年。湖北、新疆、广东、青海和广西分别以 17.94%、16.03%、15.82%、14.66% 和 14.46% 的增速位居前五位（图 15）。

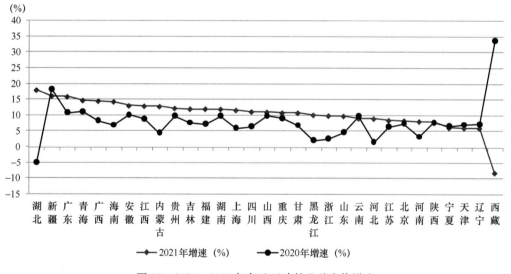

图 15　2020—2021 年各地区建筑业总产值增速

2.2　江苏新签合同额以较大优势占据首位，8 个地区出现负增长

2021 年，全国建筑业企业新签合同额 344558.10 亿元，比上年增长 5.96%，增速较上年下降了 6.46 个百分点。江苏建筑业企业新签合同额以较大优势占据首位，达到 34608.65 亿元，比上年增长了 0.01%，占签订合同额总量的 56.33%。新签合同额超过 1 万亿元的还有广东、湖北、浙江、四川、山东、北京、河南、福建、上海、湖南、安徽、陕西 12 个地区。新签合同额增速超过 10% 的是青海、湖北、广东、天津、山东、安徽 6 个地区，西藏、内蒙古、贵州、海南、吉林、辽宁、福建、浙江 8 个地区新签合同额出现负增长（图 16）。

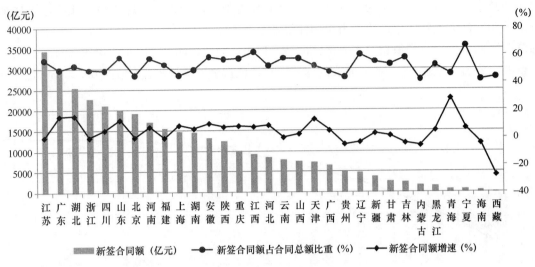

图 16　2021 年各地区建筑业企业新签合同额及增速

2.3　30 个地区跨省完成建筑业产值保持增长，琼、藏增速超 50%

2021 年，各地区跨省完成的建筑业产值 100711.63 亿元，比上年增长 10.59%，增速同比减少 1.44 个百分点。跨省完成建筑业产值占全国建筑业总产值的 34.36%，比上年减少 0.14 个百分点。

跨省完成的建筑业产值排名前两位的仍然是江苏和北京，分别为 16959.22 亿元、10369.92 亿元。两地区跨省产值之和占全部跨省产值的比重为 27.14%。湖北、福建、浙江、上海、广东、湖南、四川和山东 8 个地区，跨省完成的建筑业产值均超过 3500 亿元。从增速上看，海南、西藏的增速均超过 50%，内蒙古超过 40%，贵州、四川、重庆均超过 20%。宁夏则出现 5.48% 的负增长。

从外向度（即本地区在外省完成的建筑业产值占本地区建筑业总产值的比例）来看，排在前三位的地区仍然是北京、天津、上海，分别为 74.14%、66.00% 和 59.62%。外向度超过 30% 的还有福建、青海、江苏、湖北、陕西、河北 6 个地区。浙江、江苏、宁夏、北京、新疆、甘肃、黑龙江、青海、湖北、云南、安徽、广东和吉林 13 个地区外向度出现负增长（图 17）。

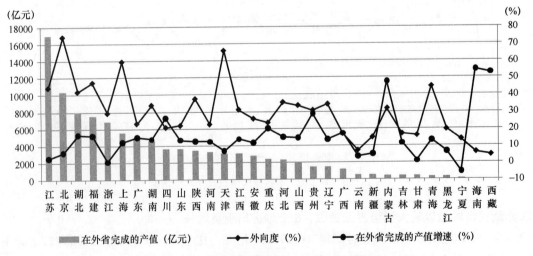

图 17　2021 年各地区跨省完成的建筑业总产值及外向度

2.4　24 个地区建筑业从业人数减少，各地区劳动生产率均有所提高

2021 年，全国建筑业从业人数超过百万人的地区共 15 个，与上年持平。江苏从业人数位居首位，达到 880.09 万人。浙江、福建、四川、广东、河南、湖南、山东、湖北、重庆 9 个地区从业人

数均超过 200 万人。

与上年相比，7 个地区的从业人数增加，其中，江苏增加人数超过 25 万人，湖北、广东增加人数超过 10 万人；24 个地区的从业人数减少，其中，四川减少 28.76 万人、云南减少 15.54 万人、陕西减少 13.32 万人、重庆减少 11.08 万人。吉林、北京、湖北从业人数增速排在前三位，分别为 7.83％、7.65％和 6.82％；西藏从业人数降幅超过 25％，青海、黑龙江、内蒙古、天津、贵州、云南、海南 7 个地区的从业人数降幅均超过 10％（图 18）。

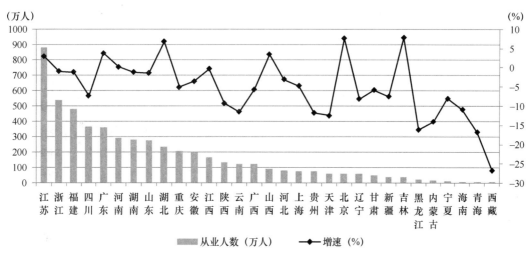

图 18　2021 年各地区建筑业从业人数及其增长情况

2021 年，按建筑业总产值计算的劳动生产率排序前三位的是湖北、上海和青海。湖北为 761375 元/人，比上年增长 1.24％；上海为 760647 元/人，比上年增长 13.93％；青海为 713397 元/人，比上年增长 36.80％。各地区劳动生产率均有所提高，增速超过 30％的有青海、海南、天津、广西 4 个地区，宁夏、云南、黑龙江、西藏、贵州、四川和辽宁 7 个地区的增速也超过了 20％（图 19）。

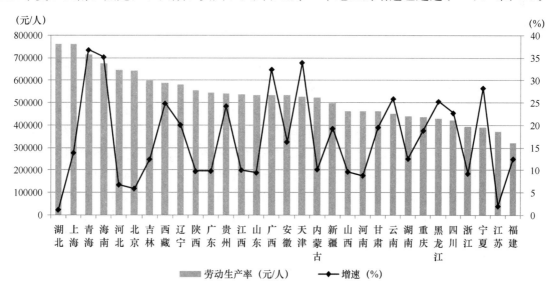

图 19　2021 年各地区建筑业劳动生产率及其增长情况

说明：各项统计数据均不包括我国香港、澳门特别行政区和台湾地区。

建筑业发展现状和趋势

Development Status and Trend of the Construction Industry

丁烈云

（华中科技大学）

1 建筑业发展概况

建筑业是我国的支柱产业之一，在国民经济和社会发展中发挥着不可替代的作用。"十三五"期间，我国建筑业塑造了令世界瞩目的发展格局，对国民经济发展和社会进步的推动作用愈发突出。自2016年，全国建筑业总产值的年增长速率始终保持在10%左右，至2020年已达26.4万亿元。建筑业增加值自2017年起实现了连续四年的增长，至2020年已达7.3万亿元。同时期内，我国建筑业企业数量发展速率稳步增加，内资企业得到高速发展。同时，建筑业因其投资规模宏大、涉及产业广泛等固有特点，对关联产业的发展产生了巨大的带动效应。

建筑业的发展实现了城乡居住条件和建设水平的改善。根据《中国统计年鉴》，自1985年至2020年，我国每年在建房屋施工面积由3.55亿 m^2 增长至149.5亿 m^2，增幅超过41倍；同时，我国每年完成房屋竣工面积由1.71亿 m^2 增长至38.5亿 m^2，增幅超过21.5倍。改革开放40年间，我国人均住房面积由6.9 m^2 增长至2020年的39.5 m^2，极大地改善了人民的生活条件，增进了民生福祉。同时，建筑业为推进城镇化提供了必不可少的公共市政配套。自1985年至2020年，我国城镇化率由23.7%增长至60.6%。建筑业在促进经济社会发展、优化城乡布局、完善城市功能等方面发挥了重要作用。

建筑业的发展为我国工业化和信息化建设提供了大规模的基础设施。自1978年改革开放以来，为了改变极度落后的基础设施面貌、提升国民经济和民生福祉、摆脱我国经济发展水平在世界竞争格局中的被动地位，我国步入了史无前例的大规模基础设施建设阶段。自1978年至2019年，我国公路网总里程由89.0万 km 增至484.7万 km，铁路网总里程由5.2万 km 发展至13.9万 km，其中高速铁路、高速公路的里程数更是从无到有，至今已高居世界首位。同时，"十三五"期间，我国着力推动难度高、体量大的复杂性工程建设，以新科技、新技术、新装备打造了诸多标杆性重大工程，成就斐然。港珠澳大桥、500m口径球面射电望远镜、北京大兴国际机场、南海岛礁建设工程等一大批世界顶尖水准的标杆性重大工程顺利建成，彰显了我国强大的建筑业设计建造势力，为世界瞩目。

建筑业的发展为社会各行业的协同进步做出了突出贡献。2000年以来，我国建筑业在推动国民经济增长方面起到了重要作用。根据《中国统计年鉴》，自2000年至2020年，全社会建筑业增加值由0.3万亿元增至7.3万亿元，对GDP的贡献也由5.6%提升至7.2%。同时，近十年间，建筑业年增加值在GDP中的占比始终保持在6.5%以上。在拉动经济增长的同时，建筑业对其他产业部门所形成的产品需求和对产业链上下游产业的刺激拉动，也带动了医疗、交通、建材、设备制造、物流、新能源、金融、信息、环保等各类关联产业的积极发展。根据2017年国家统计局所发布的中国地区投入产出表，我国建筑业的完全消耗系数为2.1，该数据表明，建筑业自身每增加1亿元产值，就可以拉动2.1亿元的国民经济增长。此外，建筑业在吸纳全社会劳动力、提供就业岗位和转移农村剩余劳动力等方面同样发挥了巨大作用，对于人民生活保障和社会秩序稳定而言具有深远意义。自2003

年至 2020 年，建筑业为全社会提供的就业岗位呈逐年增长趋势，建筑业就业人数占社会总就业人数的比例也逐年升高。至 2020 年，建筑业从业总人数达 5366.9 万人，是中华人民共和国成立初期的270 多倍。自 2015 年起，建筑业始终保持为社会总就业提供超过 6.5% 的就业量。

建筑业的发展带动了自身行业治理水平的实质性改善。"十三五"期间，我国国务院办公厅大力开展和推动了工程建设项目审批制度改革试点工作，以精简审批环节，压减审批时间。据世界银行营商环境报告统计，我国在多项营商环境指标上取得了明显进步，特别是在办理施工许可证领域实现了重大突破。世界银行《2020 营商环境报告》指出，我国办理施工许可证平均耗时 111 天，在该指标的质量指数上得到 15 分的满分，高于东亚地区 132 天和 9.4 分的平均水平。在合同执行方面，解决商业纠纷平均耗时 496 天，费用为索赔金额的 16.2%，该指标评分在世界经济体中位居第一。

建筑业的发展推动了国家"走出去"战略的有效落实。"十三五"以来，我国建筑业国际市场开拓稳步增长。在世界范围内广受新冠疫情影响的时代背景之下，我国建筑业的国际市场影响力依然保持良好态势。2020 年，我国对外承包工程业务完成营业额 10756.1 亿元，新签合同额 17626.1 亿元。根据《工程新闻纪录（ENR）》，共 78 家中国企业入围 2021 年度"全球最大 250 家国际承包商"，总国际营业额占所有上榜企业的 25.6%。该数据表明我国建筑业企业的国际竞争能力正在不断提升。

2　行业发展机遇

2.1　"双碳"目标

"做好碳达峰、碳中和工作"是我国政府的庄重承诺，《中华人民共和国国民经济和社会发展第十四个五年规划和 2035 年远景目标纲要》强调要加快推动绿色低碳发展。作为碳排放大户，建筑业一直存在资源消耗大、污染排放高、建造方式粗放等问题，随着我国城镇化水平不断提升，建筑生产过程中的碳排放也在不断攀升。建筑领域的节能减排是助力实现碳达峰、碳中和链条中非常重要的一环，需从建筑材料生产、施工建造、运营维护全生命周期推动建筑业全产业链绿色低碳化发展，大力发展装配式建筑、绿色建筑、超低能耗建筑。实现"双碳"目标要求，为推动建筑产业发展方式转型、实现高质量发展提供了重大机遇。要持续推动建筑领域绿色发展，加快推进智能建造与新型建筑工业化协同发展，持续深入推进建筑业供给侧结构性改革，全面提升建筑业发展质量和效益。

2.2　"一带一路"倡议

当前，钢铁、煤炭、建材、水泥和发电等与建筑业密切相关的领域存在严重的产能过剩。建筑业需将一部分产能输出，并利用多年积累的技术和管理经验开拓国外市场。"一带一路"倡议的实施为建筑业"走出去"提供了一个难得的历史机遇。建筑业要充分把握"一带一路"契机，提高国际市场份额，打造"中国建造"品牌。《国务院办公厅关于促进建筑业持续健康发展的意见》指出要统筹协调建筑业"走出去"，充分发挥我国建筑业企业在工程建设方面的比较优势，参与"一带一路"建设。在此过程中，需要加强中外标准衔接，推进我国工程建设标准的国际化，也需进一步提高对外承包能力，加强对外承包工程的履约管理。

2.3　"数字化"浪潮

以物联网、大数据、云计算、移动互联网、人工智能、5G 和区块链等为代表的新一代信息技术正塑造建筑业新的竞争优势。在产业层面，伴随着数字建造的兴起和数字建造理论体系的完善，新一轮信息技术和现代建造技术的深度融合正颠覆着建筑行业原有的生产方式、组织方式、商业模式、价值链分布和竞争格局，数字化应用在有效推进建筑业供给侧结构性改革、推动完善建筑市场监管体制和机制、创新业务模式、创新商业模式、提高生产力等方面发挥了重要作用。企业层面，数字化转型已经越来越成为建筑企业新的共识。IDC 发布的《数字化转型：中国互联建造的未来》报告指出，64% 的中国建筑企业认为推动流程、商业模式和行业生态所亟需的数字化转型是企业发展的当务之急，59% 的企业表示已安排专人负责企业的数字化转型。毫无疑问，数字化转型是建筑企业实现跨越发展的捷径。

3 行业发展挑战

3.1 生产率和产值利润率低

我国与发达国家建筑业劳动生产率相比依然存在较大差距。生产过程主要以劳动密集型方式为主,现代化程度不高;建筑业全要素生产率提升缺乏激励机制与政策引导,行业与企业提高生产效率的积极性不高。我国建筑业产值利润率始终在 3.5% 左右徘徊,建筑业盈利能力提升缓慢。

3.2 工程质量安全形势依然严峻

一方面,施工现场安全管理水平有待提高,房屋坍塌等工程质量安全事故仍时有发生,渗漏、开裂等常见质量问题仍没有得到根治,工程质量现状还达不到广大人民群众的期盼。另一方面,建筑市场秩序还不规范,业主首要责任、施工单位主体责任、住房使用安全主体责任未全面落实。安全生产管理模式有待转变、力度有待加大,工程质量保险体制机制没有建立。市场对工程质量安全的约束作用不能有效体现,尚不能构建工程项目质量安全保障的一体化治理机制。这些深层次问题没有得到根本解决,埋下了工程质量安全隐患。

3.3 工程建设组织方式有待完善

工程总承包模式有待加快推行,设计与施工割裂,转包挂靠现象频发,工程总承包相关的招标投标、施工许可、竣工验收等制度不够完善。全过程工程咨询尚待培育,我国尚无一批具有国际水平的全过程工程咨询企业、全过程咨询服务技术标准和合同范本,政府投资工程的带头推行作用尚未充分发挥。龙头企业尚未做优做强做大,专业作业企业有待进一步做专做精做细。

3.4 绿色建筑发展质量不高

截至 2018 年底,全国城镇建设绿色建筑面积累计超过 25 亿 m^2,绿色建筑占城镇新建民用建筑比例超过 40%,获得绿色建筑评价标识的项目达到 10139 个,绿色建筑规模已达到全球第一。但是,大部分项目为一星绿色建筑,绿色建筑整体发展质量有待提升;绿色设计和绿色施工仍处于推进阶段,绿色建筑在规划设计、施工建造、运营维护的衔接和协调不足。此外,在建筑全要素方面仍面临绿色建材缺乏推广与使用、绿色建筑专业人才不足等问题。

3.5 人才队伍保障体系缺失

随着高质量建造水平要求的不断提高,暴露出我国建筑业从业人员水平参差不齐、专业人才队伍结构不合理、建筑工人文化水平低、流动性大、缺乏专业素养、老龄化日益严重等问题。但是,我国尚未建立适应高质量建造发展的教育培训体系,高等教育和职业教育以及职后教育严重滞后于高质量建造发展的要求,专业技术人才培养路径尚未明确。在我国部分地区,40 岁以上的农民工人数占比超过 80% 且该趋势愈发明显,年龄断层现象越来越严重。

3.6 国际施工承包风险居高不下

我国企业海外项目渠道少、融资方式单一、融资成本高、结构不合理等问题明显。我国建筑企业国际施工承包项目主要集中在高风险的亚洲、非洲、中东和拉丁美洲地区(营业额达到 95%),尤其亚洲和非洲约占 80% 以上。国际工程带资承包普遍、PPP 等投资项目增加、汇率波动大,单纯依靠中国资金和为数不多的国际金融资本,难以满足巨大的资金需求。

3.7 营商环境有待进一步改善

繁杂的资质类别和等级设置,严重限制了市场准入。市场尚未提供有效的监管公共服务平台,未构建完善的建筑市场主体黑名单制度。信用体系、工程担保、保险等相关配套制度还不够完善。不透明、恶意低价中标的现象仍未消除。一方面各类保证金给施工企业造成较重的负担,另一方面对业主工程款结算的约束力度始终不够,合同约束力不强,工程款拖欠问题仍非常严重。

4　发展趋势

以人工智能、物联网、大数据、云计算为代表的新一代信息技术，引发了人类社会继农业革命、工业革命之后的"第三次浪潮"——信息革命，正在与各产业深度融合，催生产业发生深刻变革。数字经济已经成为推动经济发展的新动能。2021年政府工作报告明确要求"加快数字化发展，打造数字经济新优势，协同推进数字产业化和产业数字化转型。"部分国际知名咨询机构也将数字化作为行业发展的重要趋势。安永会计师事务所（Ernst & Young Global Limited）发布工程与建造业数字化转型报告，指出全球建筑业正面临劳动力及技术人才短缺、生产力下降、利润低迷等挑战，必须广泛应用模块化、3D打印、VR/AR、机器人、区块链、BIM等技术。麦肯锡国际研究院发布"*The Next Normal in Construction：How Disruption is Reshaping the World's Largest Ecosystem*"，指出未来的建筑生态系统会实现一个更标准化、更统一和集成化的建设过程。新的生产技术，材料、过程和产品的数字化，以及新进资本的复合效应将从根本上改变建筑业。具体趋势如下。

4.1　建筑业在应对全球生态环境问题中担当重任

随着世界范围内城市化与全球化的高速发展，全球生态环境面临持续恶化的严峻态势，资源能源紧缺、大气污染等环保问题也愈发严峻。作为城市化与全球化的重要载体，建筑业应当在应对全球生态环境持续恶化中更有作为。"双碳"目标为绿色建造提出了新的要求，无论建造过程还是建造产品，都应当满足绿色、低碳要求。未来我国建筑业将表现出高度工业化与智能化的特征，绿色低碳可持续、空间资源能源高效利用将成为我国建筑业发展的基本原则。未来建筑业高质量发展的主旨将逐渐凝聚到"绿色低碳可持续"这一共识，通过科技创新在建造各个阶段节约资源能源、减少环境污染，为全世界人民带来福祉。

4.2　建筑业为人民美好生活提供高品质产品

随着社会经济的发展以及人们生活水平的提高，人们对建筑产品质量提出了更高的需求。这一方面需解决新建建筑的品质保障问题，另一方面也需系统考虑老旧住区的品质退化问题。未来我国建筑业需在适用性能、环境性能、经济性能、安全性能和耐久性能等方面提升既有建筑的综合品质，进一步增强城市交通、电力、燃气、供排水等基础设施的维护能力，使城市"生命线"系统不仅能应对单一灾害，也能防范多灾害综合风险。同时，在新型信息基础设施的支持下，利用物联网、大数据、云计算，为科学地制定城市综合防灾规划提供数据支撑，实现由被动应急响应到主动规划调控的创新转型。

4.3　建筑业通过不断转型升级解决劳动力紧缺问题

全球人口持续增长，据预计2030年将达到83.2亿人的规模。与之相对，近年来我国与世界发达国家在人口方面逐渐显现出老龄化、少子化、劳动力供给不足等问题。面向2035年，老龄化问题日益突出，劳动力持续减少、人力资本显著提高将成为显著影响世界经济社会发展总体趋势的关键问题，这些问题将对建筑业的产业形态产生极其深远的影响。传统的劳动密集型建筑产业模式将愈发无所适从，而破解上述难题的核心在于产业持续转型升级，推动建筑业逐步向工业化和智能化方向发展，提升劳动生产率水平。预计到2035年，传统建筑业分散化、低水平、低效率的手工生产方式将被现代化、智能化、柔性化的制造、运输、拼装的生产方式所取代，劳动生产率将大幅提升，建设速度将显著加快，工程成本将逐步降低，工程质量安全将更易控制。

4.4　建筑业将科技创新作为第一驱动力

未来15年至30年，科技创新势必成为建筑业业务转型及企业管理的主线。世界各国政府部门制定了诸多政策，鼓励、支持建筑业的技术进步与科技创新。数字化、智能化技术与建筑业的深度融合逐渐被视为未来建筑业发展的趋势。当前，我国正处于全面深化改革的关键期，经济增速放缓，产业面临转型升级，新旧动能转换尚在进行。经济发展的方式由投资驱动型向创新驱动型过渡，建筑业同样面临通过供给侧改革调整产业结构、矫正要素配置扭曲的过程。科技创新是我国未来经济发展的第一驱动力，也是《中华人民共和国国民经济和社会发展第十四个五年规划和 2035 年远景目标纲要》对我国各行业发展所提出的核心要求之一，与科技创新的紧密结合是我国未来建筑业发展的重要方向。

4.5 建筑业提升行业治理能力以推进行业良性发展

行业治理能力现代化是实现"两个一百年"奋斗目标和中华民族伟大复兴中国梦的战略考量。在未来高质量发展的建筑业中，经由开放式工程大数据平台核心的驱动，深化行政审批改革，创新市场监管方式，逐步优化营商环境，推动工程行业管理理念从"单向监管"到"共生治理"转变，管理体系从"封闭循环"向"开放进化"发展，管理机制从"被动受理"向"主动服务"升级，治理能力从以"经验决策"为主向以"数据驱动"为主提升，加快推进社会治理的现代化变革进程。

建筑产业深刻变革中的关键问题

Key Issues in the Deep Transformation of the Construction Industry

王铁宏

（中国建筑业协会）

建筑产业是国民经济的重要支柱产业。面对百年未有之大变局，建筑产业正经历着深刻、复杂而全面的变革，迫切要求我们从战略高度准确识变、科学应变、主动求变，以历史唯物主义观点把握好深刻变革中的大趋势和大格局，以辩证唯物主义观点把握好深刻变革的主要矛盾和矛盾的主要方面。

1 把握好市场模式深刻变革中的关键问题

推行设计施工总承包（EPC）是市场模式改革的突破口。从微观经济学的基本原理来看，设计施工总包单位可单独或与业主共享优化设计、降低成本、缩短工期所带来的效益，有动因既讲节约又讲效率，从根本上解决公共投资项目超概算、超工期严重，以及腐败时有发生的问题，是公共投资项目特别是房屋和市政基础设施项目供给侧结构性改革的重要推进。实践表明，一般可节省投资 10％～15％，缩短工期 10％～30％，质量也能得到有效控制，在节约资源、节省投资、缩短工期、保证质量安全等方面显示了明显优势。

需要关注的是，在 EPC 基础上更深层次的改革，即 PPP 模式。EPC 的关键在于形成真正意义上优化设计、缩短工期、节省投资的甲乙双方理性契约关系。PPP 则是更深入的改革，是投资方式改革的深化，必然推动公共投资项目全面提高投资质量和效益的深入改革。可以断定，真正意义的 PPP 必然需要 EPC，真正实现 EPC 则必然需要建筑产业综合技术的全面创新和提升。相信这将会是经济新常态下转型发展的必然要求，也是供给侧改革创新的必然要求。

大型企业特别是央企国企一定要打造全新的核心竞争力，就是要证明，PPP 项目就是比不是 PPP 的项目更好、更省、更快，关键在于建筑产业供给侧结构性改革能否跟上，紧扣 PPP 与 EPC 的结合，把握两者之间的逻辑与辩证关系。

2 把握好"双碳"战略中的深层次问题

"双碳"目标的提出，特别是国务院《关于加快建立健全绿色低碳循环发展经济体系的指导意见》，将加快我国调整优化产业结构、能源结构、倡导绿色低碳的生产生活方式。

21 世纪初我国即提出了"三大节能"战略，其中建筑节能的比重最大，约占全社会总能耗的43％。如果建筑能耗这个碳排放大户不能得到有效控制，并早日实现碳达峰，那么实现"双碳"目标就无从谈起。

与此同时，新情况新问题又产生了，即随着生活水平的不断提高，人民群众有了新希望、新要求，需要新的获得感、幸福感，特别是广大的夏热冬冷地区群众迫切希望既要冬季供暖，又要夏季制冷，还要梅雨季除湿，这是人民的呼声，不以人的意志为转移。涉及 12 个省市的全部或大部分区域，还涉及另外 6 个省市的小部分区域。这个问题如果不解决好，人民群众不满意，碳达峰碳中和战略也难以实现，这是一个结构性矛盾，必须下狠功夫、真功夫加以解决。如何解决？走三北地区传统的集中供暖老路肯定不行,碳达峰时点要大大延后,地方财政难以承受,人民群众还要背负上供暖基础设施配套费和每年的供暖费。自采暖也不行,能耗一样高居不下,人民群众的热耗费也高居不下。唯一可行的办法就是发展超低能耗建筑。为此,中共中央国务院《关于完整准确全面贯彻新发展理念做好碳达峰碳中和工作的意见》明确,要大力发展节能低碳建筑。持续提高新建建筑节能标准,加快推进超低能耗建筑等规模化发展。

发展超低能耗建筑是建筑率先实现碳达峰碳中和的根本之策。一是建筑用碳峰值降低,二是峰值时间点提前,三是峰值后的下降幅度增加。发展超低能耗建筑是在建筑节能和绿色建筑基础上的更高质量更高水平的重要举措,其核心技术就是三方面,一是更高质量的墙体保温技术,二是更高水平的隔热技术,三是更高效率的新风系统。关键是有效控制在建筑节能和绿色建筑基础上的新增成本。

实现建筑产业"双碳"目标,还有一个问题必须未雨绸缪加快研究,即"建筑碳排放计量与评价体系"。中共中央国务院《关于完整准确全面贯彻新发展理念做好碳达峰碳中和工作的意见》要求,要逐步开展建筑能耗限额管理,推行建筑能效测评标识,开展建筑领域低碳发展绩效评估。我国的工程项目设计原则,首先是安全,其次是经济,下一步即将是减碳。建筑产业是碳排放的最大产业,除了运行碳排放(约23%),就是建造碳排放(约20%),包括建造所用建筑材料和材料运输的碳排放以及施工组织过程中的碳排放,其中材料碳排放是大头。有关研究团队对"建筑碳排放计量和评价体系的研究"已开展多年,正在从工程量计算到碳排放因子计算,从制定建筑碳排放设计指南到设计标准,再到设计软件的研究。

3 把握好绿色化与数字化深刻变革中的关键问题

中共中央、国务院《关于进一步加强城市规划建设管理工作的若干意见》指出,要大力推广装配式建筑。我们要从国家战略层面认真回答两个深刻问题,即中国为什么要发展装配式建筑和如何发展装配式建筑。

全面推广装配式建筑,上海市引领了发展方向。概括其主要做法就是倒逼机制+鼓励和示范,成功经验就是真明白、真想干、真会干,根本原因就是市委市政府决策领导有把发展装配式建筑这件大事做好的坚定意志。一是市委市政府主要领导非常重视,二是在土地出让合同中明确相关要求,三是出台鼓励政策,四是建立并逐步完善了标准规范体系和图集,五是充分发挥示范的引领作用。

发展装配式建筑,建筑业企业家要回答好四个问题,第一,到底要不要发展装配式?第二,准备发展什么样的装配式?有PC装配式、全钢结构全装配式。第三,准备以哪个城市为中心发展装配式,装配式是有运输半径的,任何企业都不可能包打天下,只能是抢抓重点城市。第四,怎样更好地发展装配式?把政策用足,把关键技术把握好,把产业联盟发展好。突出体现在装配式+BIM、装配式+EPC、装配式+超低能耗这"三个绝配"上。下一步,装配式+AI智慧建造将是一个新的广阔领域。

习近平总书记指出,要抓住产业数字化、数字产业化赋予的机遇。

关于产业数字化,当前突出的就是项目级BIM,企业级ERP,再加上企业级数字中台。要深刻认识到BIM应用中存在着四个关键问题。第一是自主引擎,即"卡脖子问题";第二是自主平台,即安全问题;第三是贯通问题,强调全过程共享;第四是价值问题,这是核心要义。企业级ERP应用就是要全面打通集团公司、号码公司、区域公司和项目,不但打通层级还要打通管理、财务、税务三个系统,实现数据共享,这又会是一场革命。关于ERP也要关注自主引擎问题和自主平台问题。

关于数字产业化,突出的就是抓好在BIM基础上的5个+问题,+CIM,即智慧城市;+供应链,发展供应链平台经济;+数字孪生;+AI智慧建造,要强调是装配式的工厂智慧化+现场智慧化,是结构+机电+装饰装修全面智慧化;+区块链,将会是建筑产业诚信体系的一场革命。

在数字产业化中,+AI即建筑产业的智慧化发展将会是一个更广阔的蓝海,但是必须审慎把握准其发展逻辑。

第一个逻辑是关于智慧建造的应用基础问题，把握好来龙。从绿色化与数字化发展趋势分析，应把握好装配化＋，即装配化＋EPC、＋BIM、＋超低能耗、＋AI。其本质是在市场模式深刻变革下的绿色化＋数字化。

第二个逻辑是智慧建造的更高目标问题，把握好去脉。一定是装配化＋AI，包括结构—机电—装饰装修的全装配化＋工厂智慧制造、＋现场智慧建造。装配化＋AI，一定是在 BIM 基础上，与 CIM、数字孪生、供应链平台、区块链技术深度融合，真正实现中国制造、中国创造、中国建造的"三造"合一。由此，现阶段的"BIM＋智慧工地"仅仅是建筑产业智慧建造的初级阶段，向何处发展是一个重大逻辑问题，是向传统建造＋AI还是向装配化＋AI发展必须要深刻把脉。

第三个逻辑是智慧建造要把握好的关键问题，创造价值，为业主创造价值，为自身创造价值，并支撑未来的智慧城市 CIM 建设。创造价值思考，一是装配化的工业化思维一定会创造价值；二是与市场模式深刻变革的关系，与"双碳"战略的关系、与数字化系统应用的关系、与未来预期思维的关系等全面创造价值。

综上，建筑产业的数字化和低碳化发展是一个大背景，也是大格局、大思维、大战略问题，我们必须要情况明、决心大、方法对。

推动城乡建设绿色低碳发展的几点思考

Thoughts on Promoting Green and Low Carbon Development of Urban and Rural Construction

田国民

（住房和城乡建设部标准定额司）

实现碳达峰碳中和，是以习近平总书记为核心的党中央统筹国内国际两个大局作出的重大战略决策。习近平总书记高度重视碳达峰碳中和工作，多次发表重要讲话，作出重要指示批示，提出建筑领域要提高节能标准，推动建筑用能电气化和低碳化；坚持降碳、减污、扩绿、增长协同推进，要加大垃圾资源化利用力度，提升城乡建设绿色低碳发展质量等。习近平总书记的重要论述，为做好城乡建设领域绿色低碳工作指明了方向、提供了遵循。

1 深刻认识城乡建设领域绿色低碳发展的重要意义

城乡建设是碳排放的主要领域之一。据专家测算，城乡建设领域消耗一次能源产生的碳排放约占全社会总碳排放的 10%，加上消耗二次能源和消耗建材生产产生的碳排放，合计 40%。随着城镇化推进、产业结构深度调整、人民生活水平不断提高，在未来很长一段时间内，城乡建设领域消耗一次、二次能源碳排放量将持续增长，占比也将逐步提高。目前，我国城乡建设领域消耗一次、二次能源产生的碳排放约占 24%，而美国、欧洲分别占 40%，35%。城乡建设领域实现 2030 年碳达峰任务艰巨，责任重大。

实现"双碳"目标，不是简单的就碳论碳，而是多重目标、多重约束的经济社会系统性变革，不能简单化、绝对化，搞"碳冲锋"。发展是我们的第一要务，为人民谋幸福是我们的初心使命，一方面要持续提高住宅的舒适度，为百姓建更好的房子，满足人民群众对提升居住品质的追求。另一方面，要通过技术手段，提升住宅节能水平，降低碳排放，努力走出一条有中国特色的"双碳"之路。

2 厘清城乡建设领域绿色低碳发展的实施路径

2021 年，中办、国办印发了《关于推进城乡建设绿色发展的意见》，明确了城乡建设绿色发展的目标、思路和工作重点。经碳达峰碳中和工作领导小组审议通过，2022 年 6 月 30 日，住房和城乡建设部与国家发展改革委印发了《城乡建设领域碳达峰实施方案》，提出了城乡建设领域将在 2030 年前碳排放达峰，2060 年城乡建设方式全面实现绿色低碳转型的目标，明确了实现碳达峰的主要任务。这两个文件，是我们推进城乡建设绿色低碳发展的时间表、路线图和施工图，我们将按照文件要求持续推动各项任务落实，重点要在降低运行能耗、充分利用可再生能源和转变建造方式上下功夫。

2.1 统筹城乡布局和交通设施

城市形态、密度、功能布局，对碳减排有基础性重要影响，合理布局建筑和设施，加强完整社区建设，能够减少交通出行距离，降低碳排放。重点要推动以下几个方面工作：

（1）优化城市结构和布局。推动城市组团式发展，组团间的生态廊道要贯通连续，净宽度不少于100m。合理布局城市快速干线交通、生活集散性交通和绿色慢行交通设施。严格控制新建超高层建筑，严格既有建筑拆除管理。实施城市生态修复和功能完善工程，开展园林绿化提升行动。

（2）推动绿色低碳社区建设。建设完整居住社区，配建基本公共服务设施和基础设施，构建十五分钟生活圈，推进绿色社区创建行动，鼓励物业服务企业向居民提供生活服务。鼓励选用绿色家电产品，减少使用一次性消费品。

（3）建设绿色宜居乡村。开展绿色低碳村庄建设，持续改善农村人居环境。农房和村庄建设选址要安全可靠，顺应地形地貌，保护山水林田湖草沙生态脉络，农房群落自然、紧凑、有序。保护塑造乡村风貌，延续乡村历史文脉，不破坏地形地貌、不拆传统民居、不砍老树、不盖高楼。

2.2 优化建筑能效和用能结构

据专家测算，建筑运行碳排放约占全社会总碳排放的 22%，建筑节能减碳，是实现城乡建设领域碳达峰的关键所在。在工作推动中，我们既要"节流"，推动建筑和基础设施节能降碳；又要"开源"，发展可再生能源。重点要推动以下几个方面工作：

（1）建设绿色低碳建筑。到 2025 年，城镇新建建筑达到绿色建筑标准。到 2030 年，新建建筑达到超低能耗标准。推进既有建筑节能和绿色化改造。持续推进公共建筑能效提升重点城市建设。加强公共建筑能耗监测和统计分析，逐步实施能耗限额管理。

（2）提高城乡基础设施体系化水平。推进城乡基础设施补短板行动，加强老旧管网、供水管网、供气管道和设施更新改造。继续推进海绵城市建设，完善城市防洪排涝体系，增强城市韧性。实施污水收集处理设施改造和污水资源化利用行动，全面推行垃圾分类和减量化、资源化。开展人行道净化和自行车专用道建设专项行动，推进城市绿色照明。

（3）优化城市建设用能结构。推动可再生能源应用，加快太阳能光伏一体化建设。引导建筑供暖、生活热水、炊事等向电气化发展。综合利用热电联产余热、工业余热、核电余热供热。引导寒冷地区达到超低能耗的建筑不再采用市政集中供暖。

2.3 加快建造方式转型

据专家测算，施工过程产生的碳排放约占全社会的 1%，但建材生产过程产生的碳排放约占全社会的 16%。过去，城乡建设工作重速度、轻质量、重规模、轻效益，重眼前、轻长远，形成了"大量建设、大量消耗、大量排放"的建设方式。当前，我国建筑材料和施工技术，与绿色低碳要求还有很大差距，亟需转变建造方式，重点要推动以下几个方面工作：

（1）加快发展智能建造。实施智能建造试点示范创建行动。构建先进适用的智能建造技术体系，推广数字设计、智能生产和智能施工。培育智能建造产业基地，到 2030 年培育 100 个智能建造产业基地，打造一批建筑产业互联网平台，形成一系列建筑机器人标志性产品。

（2）大力发展装配式建筑。大力推广应用装配式建筑，培育一批装配式建筑生产基地，到 2030年装配式建筑占当年城镇新建建筑的比例达到 40%。积极推广装配式装修，推广管线分离、一体化装修技术，提高装修品质。

（3）构建标准化设计和生产体系。统一主要构配件尺寸，提高预制构件和部品部件通用性，指导生产单位开展标准化批量生产。推广少规格、多组合的正向设计方法，引导采用标准化构件和部品部件进行集成设计。

（4）推广绿色建材应用。加大绿色建材关键技术研发和产品应用，建立政府采购绿色建材机制，提高新建建筑中绿色建材应用比例，到 2030 年星级绿色建筑全面推广绿色建材。

3 强化支撑保障

（1）完善法律法规和标准。推动完善相关法律法规，建立健全碳排放管理制度，明确责任主体。建立完善节能降碳标准计量体系。鼓励地方制定高于国家标准的地方标准。

（2）构建绿色低碳转型发展模式。构建共建共治共享发展模式。建立健全"一年一体检、五年一评估"的城市体检评估制度。制定乡村建设评价指标体系，逐步建立"开展评价、查找问题、推动解决"工作机制。

（3）加强科技支撑。加大科技攻关，破解"卡脖子"技术难题。加强创新能力建设，建立产学研一体化机制。加强成果转化，鼓励科研院所、企业等主体融通创新、利益共享。

（4）加大财政金融支持。完善支持城乡建设领域碳达峰相关财政政策，落实税收优惠政策。强化信贷产品和服务等绿色金融支持。鼓励开发商投保全装修住宅质量保险，强化保险支持。

（5）强化评价考核。研究编制城市、县城、社区、乡村绿色低碳考核指标体系。开展城乡建设领域碳排放统计制度、核算体系研究，推动完善公共建筑能耗监测平台。

我国绿色建造发展现状与发展路径

Current Situation and Development Path of Green Construction in China

肖绪文

（中国建筑集团有限公司）

党的十八大以来，我国政府把生态文明建设纳入中国特色社会主义事业五位一体总体布局，并提出了绿色化发展理念，2020 年，我国提出了"2030 碳中和、2060 碳达峰"的目标，为经济社会发展提出了新的要求。建筑业是我国国民经济的支柱产业之一，为国家社会经济发展做出了突出贡献，在提高人们的居住条件，改善人们的生存环境等诸多方面已经取得了巨大成绩，但仍存在资源浪费、环境污染、高排放、作业强度高环境差等显著问题。绿色建造是在"可持续发展""循环经济"和"低碳经济"等大背景下提出的一种新型建造理念，在这一理念提出到成熟的十几年中，得到了充分的发展与实践，也获得了广泛的业界认同。本文旨在系统梳理我国绿色建造所取得的成绩，总结绿色建造发展的问题，提出新形势新要求下绿色建造的发展路径和建议。

1 绿色建造概述

1.1 绿色建造的概念

绿色建造是生态文明建设和可持续发展思想在工程建设领域的体现，强调在工程建造过程中，着眼于工程的全寿命期，贯彻以人为本的思想，要求节约资源，保护环境，减少排放。按照我国目前的工程组织方式，绿色建造主要包含三个阶段，即工程绿色立项、绿色设计和绿色施工。绿色建造要求统筹考虑这三个阶段的工作协同，建立工程建设各相关方的协同工作体系和交流平台，引入有效的组织模式，包括全过程工程咨询和工程总承包。后一阶段的专业人员要提前介入前一阶段的工作，统筹考虑工程建造全过程，避免工程后期的变更，形成更有效的工作方式，达成工程建造的绿色化。

1.2 绿色建造的内涵

绿色建造的内涵包括七个方面的内容：

（1）绿色建造的目标旨在推进社会经济可持续发展和生态文明建设。绿色建造是在人类日益重视可持续发展的基础上提出的，绿色建造的根本目的是实现工程立项、设计、施工过程和建筑产品的绿色，从而实现社会经济可持续发展，推进国家生态文明建设。

（2）绿色建造的本质是以人为本、节约资源和保护环境为前提的工程活动。绿色建造中的以人为本，就是保障工程建造过程中工作人员、工程使用者以及相关公众的健康安全；节约资源是强调在环境保护前提下的资源高效利用，与传统的单纯强调降低成本、追求经济效益有本质区别。

（3）绿色建造必须坚持以实现"30·60"双碳目标为基础，从建材生产、工程建造与工程运营等多维度和全过程的高效低碳建造和运营做实做细。

（4）绿色建造的实现要依托系统化的科学管理和技术进步。绿色立项解决的是工程绿色建造的定位，绿色设计重点解决绿色建筑实现问题，绿色施工能够保障施工过程的绿色。三个阶段均需要系统化的科学管理和技术进步，是实现绿色建造的重要途径。

（5）绿色建造的实现需要政府、业主、设计、施工等相关方协同推进。上述各方应对绿色建造分别发挥引导、主导、实施等作用。

（6）绿色建造的前提条件是保证工程质量和安全。绿色建造的实施首先要满足质量合格和安全保证等基本条件，没有质量和安全的保证，绿色建造就无从谈起。

（7）绿色建造能实现过程绿色和产品绿色。绿色建造是绿色建筑的生成过程，绿色建造的最终产品是绿色建筑。

1.3 推进绿色建造的意义

推进绿色建造，是工程建设领域践行我国绿色发展理念的具体体现，具有重要的意义。具体表现在：

（1）绿色建造是工程建设领域实现绿色减排的有效方式。绿色建造要求建造全过程资源节约、环境友好，实现建设工程的绿色减排，是国家绿色减排的一个重要策略。为了实现"碳达峰、碳中和"目标，我国对城乡建设绿色低碳发展质量提出了基本的要求和措施，要求实施工程建设全过程绿色建造，包括推广绿色低碳建材和绿色建造方式，加快推进新型建筑工业化，大力发展装配式建筑，推广钢结构住宅，推动建材循环利用，强化绿色设计和绿色施工管理等。

（2）绿色建造是推动建筑业转型升级的抓手。目前，建筑业生产方式仍然比较粗放，与高质量发展要求相比还有很大差距。绿色建造以节约资源、保护环境为核心，实行建筑业的绿色化。同时，绿色建造要求推进管理与技术创新，提倡信息技术利用和装配式建造，发展智能建造。通过智能建造与建筑工业化协同发展，提高资源利用效率，减少建筑垃圾的产生，大幅降低能耗、物耗和水耗水平，从多个角度，推进建筑业的转型升级。

（3）绿色建造是谋求在建筑领域人民幸福感提高的途径之一。绿色建造遵循以人为本的原则，其目的是谋求在建筑领域人民的幸福感的提升。绿色建造的以人为本，一是保障工程建造人员的工作环境健康安全，通过技术进一步降低劳动强度；二是建造的工程使用空间的健康、舒适，为使用这创造一个健康舒适的工作、生活环境；三是工程建造尽量减少对环境的影响，降低应工程建造对周边人员的干扰影响。使人民在建筑领域获得安全、满足、舒适的情感，提升自身的幸福感。

（4）绿色建造是契合工程总承包组织模式的建造方式。绿色建造以工程建设全过程为立足点，打通工程立项、设计、施工各阶段之间的屏障，统筹协同各种资源，实现工程建造过程和产品的绿色。绿色建造需要能够统筹协调的组织方式，全过程工程咨询和工程总承包方式，有利于绿色建造的实施。而绿色建造又对全过程工程咨询和工程总承包的推进，提供了有效的方式。

（5）绿色建造是融入国际工程承包的必然途径。当前，欧美发达国家已经把绿色环保纳入市场准入考核，如美国建造者和承包商协会推出的绿色承包商认证，其评审内容不仅包括承包商承建 LEED 项目情况，还涵盖承包商绿色建造与企业绿色管理情况。这些绿色壁垒给我国建筑企业的国际化提出了更大的压力和挑战。因此，推行绿色建造，有利于提升建筑企业绿色建造能力和国际化水平，使我国建筑业与国际接轨，赢得国际市场竞争。

2 绿色建造发展现状

2.1 绿色建造取得的成绩

绿色建造理念提出的十余年来，相关法规、政策、标准及管理不断完善，绿色建造水平逐步提高，绿色建造涉及的各个过程或环节都已具有了一定的发展水平，并不断迈向新台阶。

（1）建筑节能跨越式增长。三十余年来，我国先后颁布了居住建筑节能、公共建筑节能、农村建筑节能、节能产品等标准规范，形成了比较系统的节能技术体系和标准体系，从居住建筑延伸到公共建筑，从严寒寒冷地区拓展到夏热冬冷和夏热冬暖地区，从施工到设计进一步到验收，建筑节能理念逐渐深入人心。截至 2020 年底，累计建成节能建筑面积超过 238 亿 m²，节能建筑占城镇民用建筑面积比例超过 63%。我国绿色节能建筑实现跨越式增长。

（2）绿色建筑全面发展。"十三五"期间我国绿色建筑发展整体上步入了一个新的台阶，进入全面、高速发展阶段。在项目数量上，继续保持着规模优势，每年新增项目数量约3500个。2020年当年新建绿色建筑占城镇新建民用建筑比例达77％。截至2020年底，全国获得绿色建筑标识的项目累计达到2.47万个，建筑面积超过25.69亿 m^2。

（3）绿色施工不断推进。一是在政府机关单位的倡导下，绿色施工理念深入人心，施工过程中关注"四节一环保"的基本理念已完全确立，绿色施工成效明显。二是相关施工规范、技术标准和评价标准不断完善，为绿色施工起到了推进和指导作用。三是绿色施工的行业机构陆续成立，加强了绿色施工的推进、人才培养和相关工作的领导和管理。四是持续开展的绿色施工示范工程和评比活动，起到了明显的示范和带动作用，激发了建设（开发）和施工单位推进绿色施工的积极性，有效促进了我国绿色施工的发展。

（4）绿色建造实践领域不断扩大。在国家政策的引导下，我国在地下空间、居住社区、摩天大厦、体育场馆、文教建筑、医疗建筑、工业厂房、交通枢纽、装配式建筑、智能建筑等方面，绿色建造的理论和技术均进行了实践，并取得了举世瞩目的成就。除了建筑，绿色建造理念在湿地和矿区生态修复，提高城市安全韧性水平，构建智慧城市，打造便利的交通网络，促进固废循环，整治乡村人居环境，振兴乡村经济等方面都起到了至关重要的作用。

2.2 绿色建造发展面临的主要问题

我国发展绿色建造的机遇与挑战并存，对于如何走出一条适合我国国情的绿色建造之路，还面临着诸多问题和障碍。

（1）对绿色建造推进存在误解，需要进一步强化绿色建造意识。业界认为绿色建造在施工阶段会耗费比一般的建筑施工付出更大成本。这种认识误区的产生本身就有逻辑性的错误，绿色建造是以低耗能低耗材的"节约资源"作为基本要求之一，特别强调品质保证和技术适宜性的工程立项、工程设计和工程施工的一体化建造，实际上绿色建造的切实推进，必然会促使"施工资源节约，工程成本降低，工程品质提高"的目标实现。

（2）绿色建造的推进力度需要加强，缺乏对绿色建造推广实施的鼓励政策。当前多数地区尚未出台相应政策支持绿色建造项目实施，相关部门应当进一步加强在绿色建造中的主导作用，制定切实激励机制，加速推动绿色建造实施。

（3）现行工程管理模式不利于绿色建造推进。我国工程建造广泛推行的仍然是多元主体共同参加，工程实施主体之间是一种互为独立，互为制约的关系，"工程总承包，负总责"的制度并未得到全面落实，没有形成集绿色立项、绿色设计与绿色施工协同推进的系统化、规范化的绿色建造管理模式。因此，这种责任主体缺位的工程建造模式，无法保障基于全生命期的工程建造综合效益的最大化和最优化。

3 绿色建造发展路径

秉承绿色发展理念的绿色建造已成为建筑业高质量发展中补齐短板和转型升级的内在需求，在基于工程全生命期的工程立项、设计、施工的实施全过程中，通过"一本六化"（一本：以人为本；六化：一体化、装配化、智能化、精益化、专业化和低碳化）的七个发展路径，最终实现以人为本、环境保护、资源节约和减少污染等建筑业绿色发展和"减碳双目标"的总体要求。

3.1 "以人为本"的建造理念

（1）提升工作成就和幸福感，以"建造人"为本。实现"建造人"以人为本，应改善建造人的工作条件，保障其职业健康，并通过装配式建筑、信息化技术和科技创新，减轻劳动强度。进一步提升"建造人"的工资水平，逐步完善其社会保障体系，保障其合法权益。

（2）提升建造品质，以"使用人"为本。建筑从一开始就是为使用人服务的，高品质绿色建筑不但要注重使用功能，更需要其关注对人的影响，满足人的需求。以"使用人"为本，需在提升建造品质和改善人居环境方面做出巨大提升。具体而言，应提高绿色建筑安全耐久性，在资源有效利用前提下保证工程质量，并对使用人采取必要的安全防护措施。使用绿色建材和智能系统的"智慧"，降低全寿命期内对天然资源消耗和减轻对环境影响。

（3）保护"相关人"的当前权益和长期权益，以"相关人"为本。以"相关人"为本，将通过建造前的决策、建造中的实施及建成后的运维三个阶段切实保证相关人的实际权益。针对当前权益，通过各项施工技术措施，控制建筑施工过程产生的水资源、噪声、光污染、建筑垃圾、扬尘等污染问题。针对长期权益，将努力提高城市规划水平，改善公共交通现状，改善公共绿色空间环境，提升人性化公共服务水平。

3.2 建造全程一体化

一体化建造是指在房屋建造活动中，建立了以房屋建筑为最终产品的理念，明确了一体化建造的目标，运用系统化思维方法，优化并集成了从设计、采购、和施工等各环节的各种要素和需求，通过设计、生产、施工、高效管理和协同配合，实现了工程建设整体效率和效益最大化的建造过程。

（1）建造全程一体化将有利于实现工程建设的高度组织化。建造模式一体化模式下，从设计阶段，总承包单位就开始介入，全面统筹设计、生产、采购和装配施工，有利于实现设计与构件生产和装配施工的深度交叉和融合，实现工程立项、设计、施工、交付全过程一体化管理，实现工程建设的高度组织化，有效保障工程项目的高效精益建造。

（2）建造全程一体化将有利于缩短建造工期。在建造模式一体化模式下，对工程项目进行整体设计，在设计阶段制定生产、采购、施工方案，有利于各阶段合理交叉，缩短工期。还能够保证工厂制造和现场装配式技术的协调，以及构件产出与现场需求相吻合，缩短整体工期。

（3）建造全程一体化将整合全产业链资源，发挥全产业链优势，提升管理的效率和效益。传统建造方式突出问题之一就是设计、生产、施工脱节，产业链不完善，而建造过程一体化模式整合了全产业链上的资源，利用信息技术实现了工程立项、设计、施工、交付全过程一体化的全产业链闭合，发挥了最大效率和效益。

3.3 建造方式装配化

建造装配化就是把通过工业化方法在工厂制造的工业产品（构件、配件、部件），在工程现场通过机械化、信息化等工程技术手段，按不同要求进行组合和安装，建成特定建筑产品的一种建造方式。

（1）建造装配化是经济发展阶段所决定的。新时期我国经济发展进入"新常态"，中央提出了新型工业化、信息化、城镇化、农业现代化和绿色化发展要求，作为建筑业也必须寻求新的发展方式，转变生产模式。建筑装配化体现了新型工业化、信息化和绿色化要求，是我国经济发展的内在需求。

（2）建造装配化是新型城镇化发展和建筑业转型的需求。我国建筑业仍是一个劳动密集型的传统产业，面对新形势，建筑产业从传统产业向现代化产业转型升级为工厂化生产、装配化施工，以提高工程建设的绿色化水平，是建筑产业实现现代化的重要手段，是实现社会化大生产的重要途径。

（3）建造装配化将是突破建筑业人力资源短缺的有效方法。施工现场的传统作业方式，手工操作比重大，劳动强度高，作业条件差是其主要特征。建造装配化可使构配件实现工厂化生产，可最大限度减少现场工作量，施工现场作业可机械化操作、信息化控制；能有效提升工程建设效率，根本上改变了传统的作业方式，是建筑业寻求突破的有效方法。

3.4 建造手段智能化

建造手段将更加注重结合实际需求应用 BIM、物联网、大数据、云计算、移动通信、区块链、人工智能、机器人等相关技术，提升建造智能化水平。

（1）智能化技术将成为绿色建造实施的重要抓手。随着智能技术与建造手段的融合，将推进数字化设计体系建设，统筹建筑结构、机电设备、部品部件、装配施工、装饰装修，实现一体化设计；同时推进钢筋制作安装、模具安拆、混凝土浇筑、钢构件下料焊接等工厂生产关键工艺环节的流程数字化应用，并在材料配送、钢筋加工、喷涂、铺贴地砖、安装隔墙板、高空焊接等现场施工环节，建筑机器人和智能控制造楼机等一体化施工设备将得到更多的应用。

（2）建筑机器人将成为促进建筑业提质增效的重要手段。加大建筑机器人研发应用，有效替代人工，进行安全、高效、精确的建筑部品部件生产和施工作业。探索构配件生产、现场施工等方面具备人机协调、自然交互、自主学习功能的建筑机器人批量应用，以工厂生产和施工现场关键环节为重点，加强建筑机器人应用将为成为建造手段智能化的重点发展方向。

（3）建筑产业互联网平台将有力推进建筑业数字化转型。建筑产业互联网是新一代信息技术与建筑业深度融合形成的关键基础设施，是促进建筑业数字化、智能化升级的关键支撑。因此，在绿色建造推进过程中，也将加速建筑产业互联网平台构建，推进工业互联网平台在建筑领域的融合应用，以及面向建筑领域的相关应用程序开发。

3.5 建造管理精益化

精益建造是综合生产管理理论、建筑管理理论以及建筑生产的特殊性，面向建筑产品全生命周期，持续地减少和消除浪费、减少库存，最大限度地满足顾客要求的系统性方法。推进精益建造是实现绿色建造的重要途径，有利于改善建筑业"产品质量不高，产值效益率低下，经营生产相对粗放，资源利用不充分"的实际问题。

（1）推进基于精益建造的工程品质提升。推进精益建造条件下的工程品质应满足两个层次的要求：一是产品必须满足各方的基本要求；二是产品应该争取超越各方的期望等级。不仅要提升功能的合理性、外型的适宜性、色彩的协调性方面，还在于构造的合理性、使用的耐久性、施工的精准性等方面，还需关注人的生理和心理需求，总体协同，实现工程品质的整体提升。

（2）创造精益建造的国际知名品牌。全球 80% 的市场已被 20% 的著名品牌垄断，没有品牌的企业，只能成为卖苦力的加工厂；创建国际知名品牌是引领全球资源配置和拥有市场开拓的重要前提，是企业重要的无形资产和价值的重要组成部分，推进精益建造，打造我国具有国际竞争力的建筑企业品牌，是获得国际市场竞争力的重要保障。

（3）推进工程总承包、全过程工程咨询等全生命周期的精益化管理模式。通过工程总承包、全过程工程咨询等管理模式的推广，有助于明确绿色建造的责任主体，有效整合各方要素，充分发挥各方资源的积极效应，对建设项目全过程进行系统兼顾、整体优化。

3.6 建造过程专业化

由于建筑行业受计划经济影响时间较长、影响程度较深，既属行政干预较大的行业，又属竞争进入障碍较低的行业，加上分属各部门和各地方管理，施工生产分散，市场集中程度较低。建造过程专业化是现代建筑产业体系建设程度和水平的重要体现，也是能否将建筑产业纳入社会化大生产范畴的重要标志。

（1）建造过程专业化将实现产品对象的专业化生产和施工。对于精、难、高、尖等专业性较强的建筑产品，建造过程专业化可以发挥其在管理、技术和装备上的优势，形成完整、高质量的生产工业。此外，施工工艺专业化将把建筑施工过程中某些专业技术，由传统的小而散的生产模式转变为某一种专门从事这项工作的建筑业企业承担，可以带来更大的边界效益。

（2）培养构建专业化建筑人才和团队。中国建造的持续发展，将依赖于传统工程与材料、机械、计算机等学科的深度交叉融合，应完善继续教育，加强工人教育培训，加大交叉学科人才培养，注重各层次人才队伍建设，在劳务、电气、水暖、装饰装修、设备安装等领域，培养兼备管理能力、技术水平和工匠精神的专业化作业队伍和专业技术及管理团队。

（3）信息化与工业化的协同将会提高专业化效率。智能建造与建造专业化协同发展，将有助于形成涵盖科研、设计、生产加工、施工装配、运营维护等全产业链融合一体的智能建造产业体系，同时其科技含量高、产业关联度大、带动能力强的特点不仅会推进工程建造技术的变革创新，还将从产品形态、商业模式、生产方式、管理模式和监管方式等方面重塑建筑业。

3.7 建造活动低碳化

基于建筑业资源能源消耗大、污染排放高的现状，建筑活动将更强调有效降低建造全过程对资源的消耗和对生态环境的影响，同时减少碳排放，最终实现生产方式和生活方式的低碳化。

（1）绿色立项、低碳设计将由点向面、由分散向集约、由建筑单体向区域规划和城市集成规划转变。在设计层面，将由原先各专业分散设计向集中设计转变。在立项层面，低碳型立项策划将贯穿整个项目生命周期。在项目初期就明确建筑活动低碳化目标，统筹整个建造和建筑运行过程的环境保护、资源节约和减碳等低碳化实施方案；而在宏观层面，建筑活动低碳化将由单体建筑策划向区域规划甚至城市绿色规划转变。

（2）绿色低碳建材将成为推进低碳建造的物质基础。建筑材料作为建造全过程中与环境、能源和资源密切相关的一环，对建造活动低碳化至关重要。推动利用绿色低碳建材的研发以及提高建筑材料寿命与建筑产品寿命的匹配度、采用低能耗和零污染的建材生产工艺，完善建材评价标准和产品认证体系等将成为绿色低碳建材重点强化的发展方向。

（3）绿色低碳施工技术及管理措施将更加完善。低碳建造的实施需要构建完善绿色施工体系和市场配套产业，切实解决低碳施工技术推广应用的障碍。在行业层面，低碳绿色施工生产体系和生产要素市场体系也将逐步完善，配合绿色施工新技术的专业化产品和材料、设备服务和加工企业等相关产业也将逐步形成市场规模，为新要求下的绿色施工提供必要的生产要素市场和条件。

4 绿色建造发展的几点建议

绿色建造的发展必须统筹兼顾、整体施策、多措并举，通过科学管理和技术进步从全方位、全行业、全过程角度做好顶层设计，明确开展绿色建造的总体要求，体现政府引导和市场主导作用，既要从"提高认识、强化激励、建章立制、系统推进、技术先行、管理保证"等方面系统推动，也要从宏观政策体系到工程项目建设过程的微观运作等层面持续推进。为此，从工程体制、标准规范、精益建造、智能建造及科技创新五个方面提出绿色建造发展建议如下

（1）加速推进工程体制转变。推广工程总承包方式，引导骨干企业提高项目管理、技术创新和资源配置能力，培育具有综合管理能力的工程总承包企业，落实工程总承包单位的主体责任，保障工程总承包单位的合法权益。大力发展以市场需求为导向、满足委托方多样化需求的全过程工程咨询服务，培育具备勘察、设计、监理、招标代理、造价等业务能力的全过程工程咨询企业。

（2）建立绿色建造标准体系。加快制修订现有标准在节能降碳、资源利用等与建造活动绿色化有关的关键技术标准，提升环保刚性约束，着力推动绿色建造标准应用实施，确保建造绿色概念与绿色效果的一致。结合建筑业、各地方自身特点，着力提高绿色建造相关标准的适用性和有效性，突出以人为本、资源节约与循环利用、环境保护、"双碳"目标等与绿色发展理念直接相关的标准化项目。积极开展中外标准对比研究，绿色建造技术指标要全面提升至国际领先水平，促进我国工程建设水平整体稳步提升。

（3）实施精益建造提升管理品质。推动建造理念的转变，精益建造以顾客的最大化价值为项目的最大目标，积极改革项目组织关系，业主和施工方要建立良好的合作关系，用双赢的思想来获得共同利益。建立在量化、流程化的基础上，在基层从业人员素质不高情况下，要加快企业管理信息系统、项目管理信息系统的建设和优化，固化流程、提高效率。

（4）大力推进智能建造。应做好顶层设计，整体规划，分步实施，研发具有自主知识产权的三维图形系统、BIM及建造信息化模型、人工智能设施。攻克"卡脖子"的三维图形系统的技术难关，

研究形成我国具有自主知识产权的三维图形引擎、平台和符合中国建造需求的智能建造体系。

（5）提高建造技术创新水平。发展新型建造方式，在新材料、新装备、新技术的有力支撑下，工程建造正以品质和效率为中心，向绿色化、工业化和智慧化程度更高的"新型建造方式"发展。深化创新机制体制改革，不断探索企业组织管理模式改革，建立完善企业标准管理、员工观念培养、监督机制"三位一体"的管理模式，推动精细化转型；不断探索工程建造方式变革，促进标准化设计、工业化建造和信息化管理，全面提高建设效率和工程品质；不断探索建造技术革新，增强核心技术储备，提高工程科技含量和企业竞争力。

新时代砌体建筑的创新实践与发展建议

Innovative Practice and Development Suggestions for Masonry Buildings in the New Era

徐 建[1] 王凤来[2] 梁建国[3] 杨春侠[3]

（1. 中国机械工业集团有限公司；2. 哈尔滨工业大学；3. 长沙理工大学）

几千年来，砌体建筑伴随着人类社会的发展进步，自掘土为穴、构木为巢，直接利用石块石材，到制备利用植物纤维土坯砖、烧结砖、琉璃瓦、瓦当等丰富的建材制品，形成了石砌体、夯土砌体、砖砌体、飞檐斗拱等完整的建筑技术体系，以注重自然和生活生产相协调的方式，诠释了中国建筑极为丰富且极具智慧的思想观念、理论原则和技术方法。当今社会，资源的发掘与充分利用是人类利用自然、改造自然、征服自然的重要工作，是新时代满足人类社会发展和实现人民安居乐业的需要。新时代条件下，系统阐述具有悠久历史的中华砌体建筑意义与价值，发挥砌体结构在绿色低碳城建设的作用，是当代土木工程科技工作者的责任，也是社会和产业界工作者亟须形成共识的新时代命题。

1 烧结制品面临的发展困境与分析

20世纪50年代我国陆续颁布了砌体材料产品标准和砌体结构设计与施工标准，推动了砌体结构的快速发展，顺应了我国经济社会发展的需求，成为我国建筑的重要结构形式；20世纪末砌体结构建筑与建筑总量之比达到90%左右；20世纪90年代，随着受城市建设快速发展、需求猛增和日益严峻的环保压力，我国实行了"禁止使用实心黏土砖"（简称"禁实"）和"限制使用黏土制品"（简称"限黏"）的产业政策；在高层建筑日益增多，砌体结构建设高度受限的不利因素下，2005年全国住宅房屋建筑中砌体结构占比仅为61%，并呈下降趋势。唐山和汶川地震中大量不符合要求的砌体建筑倒塌，使人们对砌体结构产生了极大的偏见，导致适用于多层建筑的砌体结构陷于窘境。

传统黏土烧结砖的能源消耗问题与生产工艺密切相关，一方面在节能成为社会普遍共识的前提下，通过工艺创新改进，不断提升能源利用效率、降低能耗水平，已取得显著成效；另一方面，就材料制备的稳定性而言，烧结仍是更具普遍性和适用性的工艺方法。在现代技术条件下，通过不断提高工艺水平、降低能源消耗，从而实现材料的节能制备，是更客观把握的发展方向。

砌体材料的优势是符合就地、就近取材原则，经定型、烧结或养护工艺，依托集中生产，在工程中广泛应用。烧结砖的优势是经烧结后具备的化学稳定性，兼具承重、保温隔热、蓄热、隔声、吸湿解析和美学多样性功能，现代的制坯工艺，摆脱了传统简单制坯的局限性，使砌体材料具备了利用工业固体废弃物进行高品质砌体材料生产的优势，是现代工业固废综合利用的重要方向，具有显著的环保优势。

2 砌体建筑的发展困境与分析

近年来，传统砌体材料存在着明显的劣势，由于砌体强度限制了建筑高度的适用范围；同时制砖选材和生产上的标准不断降低，砖质量和尺寸精度均大受影响。1998年内蒙古自治区技术监督局对部分施工工地采用的烧结普通砖进行专项监督检查，39个批次烧结普通砖中，劣质砖有25个批次，合格率为35.9%，这个结果基本上代表了20世纪末全国烧结砖的质量水平。烧结砖质量的降低导致砖砌体丧失了"清水墙"的饰面功能，取而代之用抹灰弥补，辅以涂料或瓷砖做二次装饰，采用抹灰饰面层工艺，改变了外墙的湿热传递功能，各种材料间的变形不协调发展成为工程质量通病，形成了饰面层开裂、空鼓、脱落和墙面脏旧等成为城市建筑的弊病，不仅丧失了砌体建筑的美学功能，而且带来安全隐患。由于水泥砂浆的滥用，建筑饰面返碱现象严重影响了建筑美观，成为现代材料和工程技术的缺憾。

震害调查表明，1976 年唐山地震中烈度为 10 度、11 度区的砖混结构房屋倒塌率为 63.2%。2008 年汶川地震中，按国家标准设计施工建造的住宅、办公楼、教学楼等砌体结构建筑，设计中采用了圈梁-构造柱，这些建筑都经受住了强地震的严峻考验而未发生倒塌，倒塌的 700 万余间房屋中80% 是完全未按国家标准设计建造的砖砌体农房。

从建筑安全的角度看，砌体结构技术的发展与砌体材料的融合创新，提高了砌体强度，创新发展了结构体系，采用了与钢筋混凝土结合发展的砖混结构，使砌体结构安全性获得极大改善，圈梁-构造柱结构体系的应用，大幅提升了无筋砖砌体结构的抗倒塌性能和防灾减灾能力。圈梁-构造柱的核心体现了集中加"筋"技术的有效性，弥补了无筋砌体抗拉强度和变形能力不足的缺点，大幅提高了结构延性，是现代砌体结构技术的重要飞跃。汶川、玉树等地震震害资料表明，设置完备圈梁-构造柱的砌体结构建筑经受了地震的考验，表现出较强的抗震能力和防灾减灾能力。

3　新时代砌体建筑的任务与要求

节能、利废、绿色、低碳、环保，是新时代砌体建筑发展需要面对的任务要求。

（1）依托现代工业能力、工艺和技术，不断改进建材生产工艺，采用先进的干燥室和焙烧窑代替传统轮窑，降低生产能耗水平，大幅提高墙材质量，恢复呈现清水砖砌体的建筑色彩和艺术价值，增加建筑师的创作空间，为改变"千城一面、万楼一貌"的城乡建设局面提供材料支撑。

（2）大力发展采用工业固废材料制备墙体材料的综合利用技术和产品，特别是在非承重墙体材料领域，加大建筑功能一体化材料和配套技术的研发，在满足建筑功能需要的同时，让建筑市场成为工业生产固废材料的消费群，让建材生产与固废利用和环保相结合，体现新时代材料的环保生命力。

（3）大力发展具有更强防灾减灾能力，与城乡建设相适应的建筑结构技术体系，实现装配化建造。配筋砌块砌体剪力墙结构的发展实现了砌体结构的性能飞跃，突破了传统砌体结构只适用于多层建筑的瓶颈。装配式配筋砌块砌体剪力墙结构的创新研发与工程应用，填补了装配式技术的空白，与装配式混凝土结构、装配式钢结构、装配式组合结构和装配式木结构共同构成了各有所长的技术体系族。

（4）大力发展工厂自动砌筑机械装备，实现建材生产与构件预制效率的大幅提升，提高生产力水平。砌块生产实现了全自动生产线生产，配合装配式技术的突破，墙体的工厂化生产成为新需求，为采用机械化全自动砌筑生产创造了基础条件。实现完全替代瓦工的全自动砌筑作业，充分结合信息技术、数字孪生和 BIM 智慧建造技术，摆脱了受专业技术工人技能水平的束缚，实现产品溯源，明确安全质量责任，进一步提高砌筑效率、砌筑质量和工程质量，提升产业效率和发展质量，降低产业碳排放水平都具有极其重要的作用，也是大幅降低工程成本并趋向零边际成本的重要路径。

4　砌体材料与技术协同创新，成为减排降碳的主力军

随着我国工业化、城镇化进程加快，大宗固体废弃物逐年增加，造成环境和环保压力。据统计，到 2019 年，煤矸石、粉煤灰、尾矿、冶炼渣、工业副产石膏、建筑垃圾、农作物秸秆 7 类主要品类大宗固废产生量达到 63 亿 t，其中地下工程弃土成为当前城市建设的一大难题。大宗固体废弃物的积累，占用大量土地堆存面积，生态和污染问题日益突出。国家相继颁布了《中华人民共和国固体废物

污染环境防治法》等法律法规，国家发展改革委于2019年和2021年印发《关于推进大宗固体废弃物综合利用产业集聚发展的通知》《关于"十四五"大宗固体废弃物综合利用的指导意见》和《关于开展大宗固体废弃物综合利用示范的通知》，科技部将固废资源化利用纳入国家重点研发计划专项。我国砌体材料在固废利用方面已取得大量研究成果，新产品和应用技术不断涌现，并建立了一些具有现代化特征的生产基地。现有资料表明，与传统实心黏土砖相比，1.5亿块标准砖块生产，可消纳建筑固体废弃物40余万t，消纳粉煤灰4万t，减少取土24万m³，节约标准煤1.5万t，减少排放的二氧化硫360t，已成为最大的固废综合利用渠道，新产品与应用技术见图1。

　　　(a)　　　　　　　　　　(b)　　　　　　　　　　(c)

图1　多功能烧结墙材产品与应用技术

(a) 夹心保温墙体；(b) 填料保温墙体；(c) 烧结砖砂浆断桥

　　砌体材料的节能主要体现在生产工艺自动化、机械装备智能化等方面，如全煤矸石制砖隧道窑余热发电、节能型隧道窑逐步取代轮窑、窑炉余热利用及变频等技术应用日益普遍。实践表明，节能型隧道窑焙烧技术成熟可靠，以年产6000万块砖（煤矸石或粉煤灰）生产线为例：投资约2000万元，节约占地近3万m²，年利用工业废弃物煤矸石12万t或粉煤灰7.2万t。采用新技术的建设周期缩短40%，减少窑炉及厂房长度，节约建设资金约400万元，提高了热效率，降低了单位能耗，可节约标准煤达4700t/年，经济效益、环境效益和社会效益明显。

　　历经30多年的技术革新，我国砌体材料生产企业在烧结制品生产设备、制作工艺、原料配比和产品种类等方面已取得长足进步。企业通过设备升级与工艺改造，淘汰了传统落后的生产方式，制造装备逐步向大型机械化、信息自动化发展；在生产线中大量应用全自动切坯切条系统、全自动码坯系统、机器人码坯系统等装备，实现了生产方式的工业化和规模化；生产焙烧以大断面平吊顶隧道窑代替传统轮窑，窑炉内的码垛方式不断优化，坯垛在窑内分布更加合理，焙烧更为均匀，产量也得到不同程度的提高，同时降低了单位能耗。这些革新克服了传统烧结制品的弊病，拓宽了原材料来源，使现代烧结制品材料绿色性能优势得到了更为广泛的认可。

　　自20世纪90年代国家推动墙材改革以来，水泥制品得到快速发展。与烧结砖相比，混凝土砌块等产品的强度大幅提高，但工程中的裂渗漏问题十分突出，其根本原因是技术与材料性能之间的不匹配，材料使用中忽视了非烧结制品线膨胀系数和收缩率增大1倍的不良影响。在工程上产生的不良后果，使砌块产业经历了工程应用由热到冷的过程。

　　为了解决砌块砌体建筑开裂的难题，我国该领域的科技工作者进行了大量科技攻关。一方面，采用墙体孔洞灌芯工艺，让灌芯混凝土砌块砌体强度达到11.46MPa，强度与C25混凝土相当，是M10砖砌体强度的6.06倍，强重比提高4.6倍，实现了砌体结构轻质高强性能的提升，也成为突破适用高度限值的材料基础；另一方面，将砌块砌体与通过墙内孔洞灌芯形成的钢筋混凝土密肋框架形成一体化结构，既通过配筋改善了墙体的均质性，也全面提升了剪力墙的抗剪、抗弯和抗震性能，剪力墙的配筋方式与构成如图 2 所示。

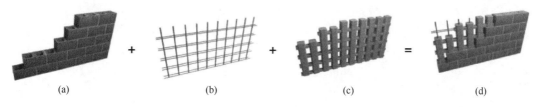

図 2　配筋砌块砌体剪力墙的配筋方式与构成

(a) 砌体墙；(b) 双向钢筋网；(c) 墙内密肋框架；(d) 配筋砌块砌体剪力墙

在砌块生产过程中，配筋砌块砌体剪力墙结构已经完成大部分混凝土收缩，降低了收缩应力带来的开裂风险，解决了现浇混凝土结构需要大量构造配筋防止开裂的难题，在保证结构性能的同时降低了配筋量。相关国家标准规定：配筋砌块砌体剪力墙的最小配筋率为 0.07%，约为现浇钢筋混凝土最小配筋率的 1/3，节省配筋量十分可观。此外，配筋砌块砌体剪力墙对钢筋的保护作用更强，有效降低了因混凝土碳化导致钢筋锈蚀引发的耐久性和安全性问题，这也是当今混凝土结构长期安全使用难以规避的难题，从而在同等条件下实现更长的使用年限，将在降低运维成本和减排方面发挥更大作用。

5　新时代砌体建筑的创新发展

在砌体结构技术体系方面，配筋砌块砌体剪力墙结构体系的研发具有标志性意义和重要价值。针对配筋砌块砌体剪力墙结构的材料性能、力学参数、构件静动力性能、抗震性能和结构性能等方向开展了系统研究，在块型设计、组砌方法、配筋方法、施工工法、计算理论和设计方法等方面均得到充实完善，相应成果已纳入国家标准《砌体结构设计规范》GB 50003 和《建筑抗震设计规范》GB 50011，相应质量检验、验收等配套标准也相继颁布实施，为该结构体术的发展应用积累了宝贵的工程经验。

在装配式建造技术方面，哈尔滨工业大学完成了装配式配筋砌块砌体剪力墙技术体系研发，进行了工程应用，编制了团体标准《装配式配筋砌块砌体建筑技术标准》ASC/T 29 和地方标准《装配式配筋砌块砌体剪力墙结构技术规程》DB/T 2066，填补了装配式砌体技术空白，实现了高层砌体建筑的装配式建造。同时，国内外还进行了装配式无筋砌体结构的研发，为低层建筑应用提供了技术方案。

在技术和工程应用方面，装配式砌体结构技术实现了砌体墙构件的工厂预制和现场装配化施工，改变了传统砌体结构的施工组织管理模式。装配式配筋砌块砌体剪力墙的技术路线，将对砌体结构发展带来深远影响，其独有优势表现在以下几个方面：

（1）预制墙构件采用三维截面的稳定性优势：预制砌体墙构件利用组砌灵活性，直接预制 T、L、Z 字形等三维截面构件，既能保证预制构件的截面稳定性，保持预制、存储、运输和安装过程中与结构受力状态的一致性，利于各环节的安全，又直接通过预制环节解决了装配式结构在交角部位连接的复杂性难题，如图 3 所示。

（2）预制墙构件的重量优势：预制砌块砌体墙构件空心率达 50%，在相同墙厚条件下，单位墙面面积重量减轻 50%，预制构件数量大幅减少，预制构件间连接缝减少，吊装和运输效率更高，施工周期更短。

（3）装配式结构钢筋连接优势：预制墙构件安装前完成竖向钢筋连接，通过钢筋"无占位"连接，实现采用任一通用钢筋连接方法和钢筋的错位连接，检查合格后进行墙构件安装，这是国内外首次从技术路线和工艺上突破了装配式混凝土砌块结构钢筋连接关键技术。

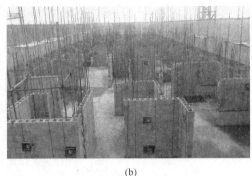

(a)　　　　　　　　　　　　　　　　(b)

图 3　预制砌块砌体墙构件与构件楼面安装施工
(a) 预制砌块砌体墙构件；(b) 预制墙构件楼面装配安装施工

　　(4) 产业效率优势：砌块材料采用全自动设备，实现不依赖图纸的标准化生产；预制砌体墙构件具备全自动砌筑条件，满足工程个性化需求；既有建材产能可通过升级改造充分利用，赋予装配式产业新动能，产业适合在城乡发展，也有利于构建以绿色矿山、绿色建材、预制构件、绿色建造服务于一体的绿色建筑全新产业链。

6　新时代砌体建筑的创新实践

　　砌体建筑的工程实践既是技术理论研究成果展现，又是在实践中发现问题解决问题的过程，具有极其重要的作用。总体来看，20多年来国内砌体建筑具有标志性的创新实践包括以下几类。

6.1　配筋砌块砌体剪力墙结构在高层建筑的应用

　　该技术在国内的工程实践始自1997年，中国建筑东北设计研究院在辽宁盘锦设计建成了15层配筋砌块砌体剪力墙结构住宅楼，该工程7度抗震设防，Ⅲ类场地土，主体13层，局部15层，建筑高度分别为39.4m和46m。1998年同济大学、哈尔滨工业大学和湖南大学等单位做技术支持，由上海住宅总公司在上海市园南新村建成18层配筋砌块砌体剪力墙结构塔式住宅楼，该工程7度抗震设防，Ⅳ类场地土，地下一层，地上18层，局部20层，地下−2.9m，结构总高度51.4m，该试点项目的相应研究成果获得国家科技进步二等奖，成为我国开展配筋砌块砌体剪力墙结构研究与应用的标志性项目，如图4所示；2000年辽宁抚顺建成6.6m大开间12层配筋砌块砌体剪力墙结构板式住宅楼和16层配筋砌块砌体剪力墙结构住宅楼。

(a)　　　　　　　　　　　　　　　　(b)

图 4　配筋砌块砌体剪力墙结构住宅建筑应用
(a) 上海园南小区住宅；(b) 大庆奥林国际公寓住宅

黑龙江省 1999 年建成 13 层哈尔滨阿继科技园住宅楼，2000 年建成 18 层哈尔滨阿继科技园综合住宅楼，底部 5 层商业建筑，上部 13 层住宅，建筑总高度为 62.5m，该工程的两栋塔楼曾是国内最高和开间最大两项配筋砌块砌体剪力墙结构建筑。国家标准《砌体结构设计规范》GB 50003 和《建筑抗震设计规范》GB 50011 颁布实施后，黑龙江省开始推广该结构体系的规模化应用。例如：2002 年大庆祥阁小区 3 栋 12 层住宅楼、大庆世纪家园小区 3 栋 12 层住宅楼、2004 年黑龙江省委 16 层住宅综合楼、大庆东湖上城小区 14 栋 14～17 层住宅楼、2006 年大庆奥林国际公寓 D 区 52 栋高层住宅楼，如图 4 所示。据不完全统计，该体系在黑龙江省已应用超过 1200 万 m²，据市场调查，该体系的经济性、施工速度和建筑质量均受到建设单位、施工单位及居住者的广泛认同。

根据工程实践对比分析，采用配筋砌块砌体剪力墙结构建设的中、高层住宅建筑，具有"四节一环保、一省一提高"的应用优势，即节省工程总造价 10%～18%、节省建筑用钢量 30%～40%、节省模板使用量 40%～50%、节省墙面抹灰 50%，增加使用面积 3%～5%，提高施工速度 20%～25%，具有十分显著的技术适用性、经济效益和社会效益。

6.2 百米级高层为砌体建筑树立了新的里程碑

砌体结构于 2012 年突破了适用高度发展的新阶段，采用配筋砌块砌体剪力墙结构建造高度为 98.8m 的黑龙江省建工集团办公楼项目通过超高超限工程专家审查论证。该项目底部最大层高 5.0m，结构高宽比达 6.6，2012 年 9 月动工建设，2013 年 5 月底完成结构封顶，如图 5 所示。该项目由哈尔滨工业大学和黑龙江省建投集团合力建设的示范工程，成为当前世界上"砌筑"最高的建筑。该示范工程以理论和试验研究为基础，开发了 290mm 厚的系列砌块产品，研究了材料基本力学性能、构件的抗震性能，完成了 1/4 比例地震模拟振动台试验，开展了严格的有限元弹塑性计算模拟分析，得到在风荷载及 7 度罕遇地震作用下的受力性能和破坏模式，验证了采用配筋砌块砌体剪力墙结构建设超高层建筑的可行性和可靠性。示范工程与现浇钢筋混凝土剪力墙结构相比，节省模板量 53.4%、用钢量 15.7%、混凝土用量 15.8%，建造过程减排二氧化碳 39kg/m²，降碳达 8.3%，土建造价节省 74.7 元/m²，占工程造价 5.8%。

(a) (b)

图 5 百米级配筋砌块砌体剪力墙结构办公楼建筑

（a）百米砌体结构主体封顶；（b）黑龙江省建工集团办公楼

6.3 装配式配筋砌块砌体剪力墙结构的规模化应用

2013 年哈尔滨达城绿色建筑股份有限公司开发了装配式配筋砌块砌体剪力墙建造技术，为装配式建筑发展提供了新技术路线。2014 年开始工程实践，先后完成哈尔滨闫家岗农场住宅小区二期工程、哈尔滨市车站小学、呼兰锦澜嘉府住宅小区、哈尔滨地铁宿舍楼等各类公共及民用建筑项目，实现了规模化应用，系统解决了拆分组装、墙构件预制、绑扎吊装、墙构件运输、配套工具等成套技术，编制了结构设计地方规程、建筑设计团体标准，完善了相应的工艺工法，形成一整套完备的产业能力。

6.4 砌体建筑美学的实践应用

砌体结构与建筑功能的结合，是砌体结构的优势之一，将受力安全、防火安全、防止裂渗漏与节能和建筑外立面相结合，是体现砌体建筑功能性与多样性的重要方面。采用夹心保温墙系统，解决了寒冷地区的吸湿和湿热解析功能，实现了彩色劈裂混凝土饰面效果，解决了保温层材料老化、外保温体系竖向变形协调、风荷载下损伤积累、保温层防火性能不足及保温系统工作年限不足的工程难题，实现了外围护系统节能性能与结构同工作年限的工程目标，如图 6 所示。

(a) (b)

图 6　多姿多彩的砌体建筑
（a）云南弥勒东风韵美憬阁精选酒店；（b）哈尔滨某林下经济办公楼

7　结束语

砌体建造技术是五千年历史中华文明的重要组成部分，在新时代条件下，深入领悟中华砌文化的丰富内涵和思想精髓，准确把握以"小块"的标准化灵活性，实现"大工程"的个性化多样性，把农耕社会条件下取材源于自然和转换为充分利用工业固体废弃物的思维。在现代工业技术支撑下，通过学科交叉融合创新，不断推动技术和产业发展，以满足人民对美好居住空间的需求。

在创新实践的基础上构建新时代砌体建筑及其产业，彻底改善"千城一面、万楼一貌"的城乡建设局面，让中国建筑更具有中国特色、更具有中国文化特征、更富有中国精神特质，更能体现自然和谐绿色环保低碳特点的创新发展过程，砌体建筑必将发挥自身优势，做出重要贡献。

建设领域"双碳"实践的若干认知

Cognition of "Double Carbon" Practice in Construction Field

王有为

（中国城科会绿建委、中国建筑科学研究院）

2021 年下半年，中央政府对"双碳"工作、绿色发展连发三个文件，强度之大密度之高是罕见的，充分显示了伟大的战略、坚定的理念，必胜的雄心。三个文件简称"工作意见""发展意见""行动方案"，其中尤以《中共中央 国务院关于完整准确全面贯彻新发展理念做好碳达峰碳中和工作的意见》为重中之重，文件分十三个部分（三十七）个条款，详尽地表达了国家的方针政策，涉及建设领域的内容丰富、全面、科学，是每个工程技术人员必读之文件。本人就初步阅读领会中的体会，谈实践中若干认知。

1 碳排放的表达方式与计算时间

十几年前，业内已对碳排放的三种表达方式得到共识，即人均排放、单位 GDP 排放、单位地域面积排放（每平方公里地域的碳排放量），以至于迄今仍有以此表达方式的，如香港认为城市已碳达峰，近年一直维持在 4000～4500 万 t 二氧化碳当量，发电量是其最大的碳排放量，占总排放量约70%，其打算逐步利用更多的天然气发电替代部分煤电发电，公布的人均碳排放量是 2014 年 6.2t/人，2020 年<4.5t/人，2030 年 3.3～3.8t/人。

因为当今国际国内人口流动的情况非常突出，故计算人均排放时，对消耗的能源与碳排放能基本把握，但总人数的量难以正确估算，水分含量较大，故不太适用。地域面积与人口总量同样难以正确估算，各地区各城市均由平原、山地、水域等面积组成，占地又不一样，若以每平方公里的排放量对比，会发生较大的差异，不具备可比性，故很少有人应用。国家、地区、城市的 GDP 是世界经济发展的重要参数，联合国对其的统计方法作了许多规定，具有一定的可靠性，所以用单位 GDP 的能耗与碳排放基本获得共识。中国是以一万元人民币的 GDP 统计其能耗与碳排放，国际上是以一千美元的 GDP 统计其能耗与碳排放，这样就有一定的可比性。北京市公布 2020 年万元 GDP 能耗和碳排放分别下降到 0.21t 标准煤和 0.42t 二氧化碳，为全国最优水平，上海市万元 GDP 的能耗为 0.31t 标准煤，杭州市万元 GDP 的能耗为 0.29t 标准煤。数值的大小，与城市的性质有关，北京的经济主要增长点来自金融、科技等产业，具有能耗低、技术先进、附加值高等特点，它的高能耗高排放产业几年前就外迁，人口不断往雄安疏解。上海是生产型城市，与国外大都市不一样（以居住为主，碳排放主要来自建筑和交通），它的制造业发达，为国家产生较高的 GDP，当前二氧化碳年排放量 2 亿 t 左右。据世界资源研究所的数据，其中来自工业、交通和建筑三大领域的碳排放比分别占 45%、30% 和25% 左右。2025 年建筑领域碳排放量控制在 4500 万 t 左右，也就是说要在保持经济增长的同时，将碳排放量 5000 多万 t 降低 500 多万 t，压力相对较大。香港是消费型城市，外向型经济体，大部分物品都依靠进口，与生产及运输进口食品、物料和产品相关的碳排放所外在的，只有调控消费需求，才可减少碳排放。所以做城市的碳达峰分析时，要与城市的性质结合起来考虑，不能以绝对值的大小来判断城市的低碳程度。

中央工作意见文件中，分列了 2025 年、2030 年、2060 年三个时段的主要目标。近期工作肯定是以 2025 年的主要目标为主要考虑。文件写道：到 2025 年，绿色低碳循环发展的经济体系初步形成，重点行业能源利用效率大幅提升，单位国内生产总值能耗比 2020 年下降 13.5％，单位国内生产总值二氧化碳排放比 2020 年下降 18％；非化石能源消费比重达到 20％左右；森林覆盖率达到 24.1％，森林蓄积量达到 180 亿 m³，为实现碳达峰、碳中和奠定坚实基础。这个目标传递了几个重要信号，碳排放的表达方式是以单位 GDP 用掉的能耗与碳排放来体现的，它不仅要给量化指标，还要求 2025 年与 2020 年相比，满足减幅指标，非化石能源比重要达到 20％，同时明确了固碳的要求。

建设领域如何实施呢？笔者主观想象，大范围可以一个城市，一个城区（园区）来分析计算，如上海虹桥商务区核心区面积为 3.7km²，人口为 110458 人，核心区的 GDP 为 207.5 亿元，碳排放量 60.06 万 t CO_2e/a，单位面积碳排放的量 162.32kgCO_2e/（m²·a），单位人口碳排放量 5.44tCO_2e/（人·a），单位 GDP 碳排放量 0.289tCO_2e/万元，相当于同类商务区 2005 年的碳排放水平，减碳比达 58.35％，这是我国绿色生态城区评审中得分率最高的一个新城新区，十几年前就考虑绿色低碳发展，这里的人均排放、单位地域面积排放仅供参考，但其万元 GDP 的碳排放量为 0.289t 是个相当先进的数字。中小范围我们可缩小到一个建筑，甚至施工企业接到某项目的施工任务。建造新项目大致分为基础工程、主体结构与装修装饰机电设备安装三个阶段，基础工程采用挖土机、推土机、打桩机、压路机，能源以油为主，后两个阶段以电为主。笔者在深圳绿色施工示范时，曾对吊车、施工电梯、电焊机、钢筋切割机、木工电锯、泵送混凝土、食堂、办公室、工人宿舍等安排了 17 块电表，每天的用能情况全部进入能源监测仪，从进场第一天到竣工验收那天，所用的油、气、煤、电全部智能记录，这样项目的合同总额，可以推算出万元 GDP 的能耗与碳排放，再结合工地上采用可再生能源的情况，若结合主动措施（设备更新、管理制度加严、施工工艺创新等）与 2020 年时的能耗与碳排放作比较，就可评判是否绿色低碳了。若在我国的中心城市和省会城市，对较大的项目都实施类似的真正意义上的绿色建造，充分体现建造阶段的能源与碳排放的精细测算，应该是国际领先水平的。

建筑碳排放过去以建材生产、运输、施工、运营、维修、拆除、废弃物处理七个阶段全生命周期考虑，运营时间各国基本以 40~60 年为准考虑，中国是以 50 年为准考虑，所以运营的碳排放占比最大，为 80％~90％（中国建筑碳排放案例汇编一书证明了此比例）。目前，国际国内高度关心气候变化与碳排放，纷纷要求短期内做到碳达峰，我国也在联合国大会上表示二氧化碳排放力争于 2030 年年前达到峰值，所以原有的全生命周期（50 年）的理论已跟不上形势要求。中央已要求以年为步长来计算汇报分析碳排放的量值问题。施工一般 2~3 年，在 50 年的全生命周期中占比很小，未引起重视。若以年为步长，施工引起的能耗强度、排放强度，立即上升到显眼的位置，当今基本划分为建造（含建材、运输、施工）与运营（含维修等）两个阶段，各种资料数据不一，统计口径有异，笔者认为，建造占全社会排放的 24％，运营占 20％，似相对靠谱，当然随着国家基本建设的方针调整，会随之而变化。

2 建筑设计依托的标准

中央"双碳"工作意见（十八款）规定，大力发展节能低碳建筑。持续提高新建建筑节能标准，加快推进超低能耗、近零能耗、低碳建筑规模化发展。由于国内标准化工作的放开，各省市地区协会学会大力开展建筑标准的编制工作，形成名目众多的局面。除绿色建筑、节能建筑、被动式建筑、主动式建筑、健康建筑外，按能耗程度，又有超低能耗、近零能耗、零能耗三类建筑，按碳排放不一，又有低碳建筑、零碳建筑，当然还有智能建筑、生态建筑、百年建筑，出于不同角度命名的建筑名。全球找不到一个国家能像中国给建筑有那么丰富多彩的冠名，以致常有人议论，我们到底去设计哪种建筑。针对当前的形势，"双碳"工作意见给出的答案很明确，能耗与碳排放是建筑考虑的重中之重。

天津市的老专家在一次讨论中发言说："评上绿建三星的建筑，其能耗比非绿色建筑还高，连国外也如此"。此话的科学性且不深入展开，却暴露了工程界设计、计算、分析、评价中的一个问题。

我们所做的基础是静态负荷下的分析，如三十年的气象资料、室内外的温差、围护结构的传热系数、门窗的气密性、硬件设备的效率、室内工况条件的设定等，但对动态负荷缺乏分析，工作时间的变化，人员的增减，电梯使用的频度，气候的变化，物业管理的到位，特别是人的行为，开了窗开空调或暖气，温度设置的高低等均是无法估算的，形成了实测能耗与计算能耗的差异，这在日后的"双碳"工作中应给以高度的关注。特别是行为节能，会议中、口头上都有共识，落实到行动，或量化分析，始终没见到有效的研究。某次论坛上剑桥大学的教授指出，英国的建筑碳排放占 27%，既有建筑改造后可减少 3%，但如果抓行为节能后可减 9%，是旧房改造的 3 倍；新加坡某处长指出，有调查报告得出行为节能已占建筑能耗的 50%。虽没细究，但这些信息是惊人的。我国的标准已有涉及行为节能的起步，如国家标准《绿色生态城区评价标准》GB/T 51255—2017 中 11.2.6 鼓励城区节能，有促进节能的措施，评价总分为 6 分，应按下列规则分别评分并累计：①制定管理措施，公共建筑夏季室内空调设置不低于 26℃，冬季室内空调设置不高于 20℃，评价分值为 3 分；②制定优惠措施，鼓励居民购置一级或二级节能家电，评价分值为 3 分。有研究表明，夏天温度降低 1℃，能耗增加 9%，冬天温度升高 1℃，能耗增加 12%，温度设置的行为与节能有如此大的关联，所以中央明确近五年开展碳达峰中七项重点工作之一就是绿色低碳生活，行为节能应含在绿色低碳生活中，绿建委对此的工作规划之一就是开展对青少年的绿色低碳科普教育。我们组织专家编写了大学、中学、小学三个层次的绿色低碳教材，分别在部分省市开展了科普教育，取得一定效果，让青少年从小就树立起绿色低碳理念，为民族的文化进步作出一点贡献。

设计启动前，一张白纸一片空地，估算未来建筑的能耗与碳排放当然是以软件为基础，不同的软件不同的工况条件，计算结果会有一定的差异，可作为分析对比参考作用。中央文件既然强调了超低能耗、近零能耗、低碳建筑规模化发展，工程界应尽可能按此标准设计且评定能耗与碳排放。但需清醒地认识到，中央所指 2030 年的碳达峰，绝对是指实际的能耗与碳排放，而不是设计分析的能耗与碳排放。

3 建筑节能减排的重点与具体做法

民用建筑基本分为居住建筑与公共建筑两部分。过去的经验，公共建筑是居住建筑能耗的 5~10 倍，这引发了一个问题，抓建筑能耗与碳排放的技术路线如何制订。居住建筑占比较大，涉及以人为本的问题，高层居住建筑能耗又肯定大于多层、低层居住建筑，最关键的是居住人的贫富不一、行为不一，有的人家中电器齐全，所有房间灯光、空调全部打开，行为无法控制；公共建筑分为办公建筑（政府办公楼、商务办公楼、企业办公楼）、星级宾馆（高星级与中低星级）、商厦（大型、中小型）、医院建筑（不同级别）及体育馆、图书馆、博物馆、展览馆等建筑，能耗明显高于居住建筑，最重要的是公共建筑有条件装上智能设备，将其每天的能耗（分项记录中的照明、插座、空调、动力等）自动记录在案，便于向国家交出实测能耗数据，更是未来碳交易的充分依据。碍于管理工作量的约束，建议针对高能耗高排放的建筑，如高星级宾馆、大型商厦、高级别医院、政府办公楼（起到示范作用）数据信息中心强制安装能源监测装置，交出实测数据。

纽约为世界第三大碳排放城市（建筑排放占 69%，交通占 23%），纽约政府为节能减排，对 2.3 万 m² 以上的建筑实施配额管理，每超 1t 二氧化碳罚款 268 美元，迫使业主采取各种措施，将能耗与碳排放降下来。中央工作意见文件中（十八款）指出，大力推进城乡既有建筑和市政基础设施节能改造，提升建筑节能低碳水平，逐步开展建筑能耗限额管理，推行建筑能效检测评识，开展建筑领域低碳发展绩效评估。国内外的经验表明，配额和碳价是促进节能减排的两个杀手锏。

上海市在 2018 年对纳管企业就下达了 1.58 亿 t 的配额总量，分配方法如下：①行业基准线法：发电企业、电网企业、供热企业；②历史强度法：工业企业、航空港口及水运企业、自来水生产企业；③历史排放法：商场、宾馆、商务办公、机场等建筑，以及产品复杂、近几年边界变化大、难以采用行业基准线法或历史强度法的工业企业。每类核算方法均有细节规定。

碳排放权交易，归根结底还是一种带有金融性质的政策性工具。它并不鼓励企业花钱买配额完成任务，而是通过市场手段来促使企业逐步降低碳排放强度，碳排放的配额分配主要靠行政手段实施。每年根据宏观经济的发展，节能减排技术的进步以及国家应对气候变化政策的发展，对分配给各企业的碳排放配额进行调整，促使企业不断提升能源利用效率。

除了配额的约束作用，碳价的变化也是促使企业不断节能减排的一个重要因素。中国目前的碳价是52元人民币/t，欧盟的碳价年内已从58欧元/t涨到85欧元/t。专家判断，我国的碳价近期会上扬。碳价与配额是推进我国节能减排的两个杀手铜。

"双碳"工作要以实际的能耗与碳排放作为交卷成果，应该引起我国工程界的高度关注，当前超低能耗、近零能耗、零能耗、近零碳、零碳的呼声很高，但几乎看不到最终实测数据的建筑分析（二层的小别墅无实用意义，不在此例）。不妨以日本三菱电机在神奈川县镰仓市（与北京气候相近）所建 $6400m^2$ 的办公大楼为例，其通过结合自发电子节能设备实现能源消耗实际为零，该大楼已获得第三方机构的零能耗"ZEB"认证，在日本尚属首例。

该办公楼为四层，楼内还设有升降梯和食堂等能耗较高的设备，维持作为办公大楼的便利性。空调和照明为自动控制，以实现优先利用自然通风和采光，能耗较同规模的大楼消减了63.5%，在屋顶和各层的屋檐设置了约1200块太阳能电池板，作为大楼的能源供应。约260名员工在此工作，进行约1年时间的验证，投资成本较高，约40亿日元（约合人民币2.5亿元），即每平方米造价约4万元人民币。

中国建筑的节能减排一定要经得起第三方机构的检测认证，才算是真正落实中央的"双碳"要求，才能进入碳市场进行交易。

4 建筑电气化在"双碳"工作中的地位

能源转型是"双碳"工作中的重要环节。能源转型既要突出清洁能源取代化石能源的工作，又要加大电能在终端能源中的比重，即加快建筑电气化、工业电气化、交通电气化。这三大产业中，建筑具有电气化的最大优势。

中国节能协会公布的几个关键数据引人深思。2018年建筑运营碳排放占全国能源碳排放的22%，全过程碳排放占比约51%。直流建筑联盟指出"2060碳中和"目标下，在建筑用能需求合理增长的前提下，建筑电力系统至少达到双90%（即建筑电气化率90%，建筑电力供给中非化石比例90%），同时大力推进建筑节能工作，建筑碳排放量才有可能降到5.5亿t左右，基本满足巴黎协定2度目标的要求，如果没有足够大比例的清洁能源作为终端用能，再电气化，负荷再增长也只会增碳，所以非化石能源是在建筑领域电气化是非常重要的前提。

建筑本身的直接碳排放包括炊事、热水、供暖三个部分，电气化意味着这三块通过电气化兑现（电气化率90%），加上电力供给中非化石比例90%，降碳的作用很明显。

2019年全国非化石能源发电量23938.9亿kWh，占全国发电量的比重为32.7%。五大发电集团相继对中央表态至2025年达峰。建筑获得的是绿电，这就是建筑电气化的基础。

建筑电气化解决方案是"光、储、直、柔"系统，"光"指分布式光伏，未来城市有近50亿 m^2 的屋顶和可见光垂直表面。利用其80%做光伏，可解决目前建筑用电的近40%，农村可利用屋顶150亿 m^2，利用其80%的光伏，可发电量是目前农村用电总量的3～4倍（据直流建筑联盟）。这意味着，通过与电网的柔性交互，建筑电气化不仅消纳来自电网的清洁能源电力，还能支持区域内的电力用户，如工业和公共事业。国家能源局2021年6月20日下发《关于报送整县（市、区）屋顶分布式光伏开发试点方案的通知》要求党政机关、学校、医院、厂房等屋顶安装不同比例的光伏发电，且将过去的BAPV（附在建筑物上的光伏）系统提高为BIPV（建材型光伏组件）。建筑电气化得有一个前提，光伏得有足够的量，如果没有足够的量还需要电网输出很多的负荷，这样电网的压力就比较大。"储"，中国国内宁德时代、比亚迪企业全部锂电池储能设备的产能占全球产能的70%以上的市场，近年已发展到钒电池，瞬间充电，安全性高、容量大、环保性强，使用寿命是锂电池的九倍。但与美国相比，将光能储存在墙内，还是有相当的差距，下一步要充分解决分布式电储能技术，分布式储能非常重要，没有它就很难实现柔性的交互，很难与区域电网交互。"直"指建筑直流配电，我国西电东送已建十条直流输送线（建设成本低、能量损失小），六条交流输送线，可与现有的交流配电系统共生共用。"柔"指柔性负载，消纳区域内的清洁能源发电，帮助电网实现调峰和调度，有助于提高建筑和城市的韧性。

结论：建筑降碳的要素中，电气化是决定性的！

建议各省、市、区在贯彻落实碳达峰过程中，可启动建筑电气化的示范点，对比其"光、储、直、柔"系统，总结其碳排放的量化数据，有希望让建筑走在工业与交通的前面。

"双碳"目标下的中国建造

Construction of China under the "Double Carbon" Goal

毛志兵

（中国建筑股份有限公司）

气候变化是人类面临的重大全球性挑战，我国是全球最大二氧化碳排放国，"2030 碳达峰、2060 碳中和"目标的提出，是党中央经过深思熟虑做出的重大战略决策。实现"双碳"目标，绝不是就碳论碳的事，而是多重目标、多重约束的经济社会系统性变革，需要统筹处理好发展和减碳，整体和局部，短期和中长期，政府和市场，国内和国际等多方面多维度关系，采取强有力措施，重塑我国经济结构、能源结构，转变生产生活方式。

目前，中央层面已印发《关于完整准确全面贯彻新发展理念做好碳达峰碳中和工作的意见》，对碳达峰碳中和进行系统谋划和总体部署，作为"1"，是管总的，在碳达峰碳中和"1＋N"政策体系中发挥统领作用；与 2030 年前碳达峰行动方案共同构成贯穿碳达峰、碳中和两个阶段的顶层设计。两个文件为工程建设行业减碳指明了方向，对建设美丽中国具有重大意义。

"双碳"目标与中国建造整体水平紧密相关，中国建造的优化升级直接决定着建筑业实现"双碳"目标的进程。因此，必须大力发展以绿色化、智慧化、工业化为代表的新型建造方式，推动中国建造优化升级，助力建筑行业高质量发展，为实现"双碳"目标助力。

1 全生命周期视角认识"双碳"目标

工程建设行业是一个劳动密集型且发展方式较为粗放的产业，我国是全球既有建筑量和每年新建建筑量最大的国家。据统计，2019 年全国建筑领域全过程碳排放量为 49.97 亿 tCO_2，约占全社会总量的 50%，接近全球碳排放总量的 15%。围绕"双碳"目标推动建筑行业发展方式的变革已刻不容缓。

1.1 建筑全过程碳排放的主要来源

一般而言，建筑碳排放可以按建材生产、建材运输、建筑施工、建筑运营、建筑维修、建筑拆解、废弃物处理七个环节构成全生命周期排放量。更宏观地，也可以大致按照物化阶段、运行阶段、拆除阶段来划分，其中物化阶段主要包括建材生产和施工建造过程的碳排放，可称作隐含碳排放或内涵碳排放。多数研究认为，一般情况下，建筑全过程碳排放中运行阶段占据最大比例，为 60%～80%；其次是建材生产的碳排放，为 20%～40%；施工过程仅占 5%～10%，拆除阶段占比更低。尽管一些学者和机构对各阶段的具体占比存在一定的分歧，但都普遍认同建筑全过程碳排放主要源于建筑运行和建材生产这一基本共识。

1.2 各阶段"双碳"目标潜力简析

（1）基于行业特性看建材端"双碳"目标。建筑材料是建筑减碳的前提条件，从整体看，建筑选材用材决定了碳减排的基础，这就要求在规划设计阶段的建材选材设计时，要优选低碳绿色环保材料，强制性推动绿色材料在既有建筑改造中的应用，明确新建建筑碳减排指标。建材工业是典型的高能耗重工业，需要持续改进工艺，推进生产过程低碳化，才能实现碳达峰，要持续完善绿色建材产品认证制度，开展绿色建材应用示范工程建设，鼓励使用综合利用产品。

（2）基于转型升级看建造过程低碳化。与先进制造业相比，工程建造过程劳动密集特征明显，生产工艺过程标准化程度低、机械化程度低、信息化程度低，建造过程的组织管理还不够集约和精益。建筑业一是要"补旧课"——提高工业化水平；二是要"学新课"——探索智慧建造；三是要"降影响"——推动绿色建造，才能促进生产方式的全面转型升级。

（3）基于占比与潜力看运行阶段"双碳"目标。建筑运行碳排放达峰时间很大程度上取决于电力系统碳排放达峰时间，并且建筑运行碳排放将更早达峰。随着未来电力系统零碳化，间接排放趋于零，建筑碳中和的目标将取决于直接碳排放。

2　"双碳"目标对我国建筑业的影响

"双碳"目标直接关系着建筑业未来的可持续发展，将对建筑业产生巨大冲击和影响，同时也蕴藏着广阔的市场机遇。

2.1　挑战前所未有

实现碳达峰，建筑行业节能减碳面临重大挑战。随着人们生活品质不断提升，我国建筑领域的碳排放量在未来10年内仍会有所攀升。建筑业管理链条长、涉及环节多、精准管理难。与一些发达国家相比，我国建筑业工业化程度较低、建造技术尚有提升空间，建筑业传统生产方式仍占据主导地位。我国新增的建筑工程每年产生的碳排放约占总排放量的18%，主要集中在钢铁、水泥、玻璃等建筑材料的生产、运输及现场施工过程，建筑全产业链低碳化发展任重道远。此外，建筑存量较大，运营过程碳排放占比最高。我国是世界上既有建筑和每年新建建筑量最大的国家。数据显示，我国现有城镇总建筑存量约 650 亿 m^2，2020 年我国房屋新开工面积 224433 万 m^2。不少既有建筑存在高耗能、高排放的现状。

2.2　全产业链颠覆

在"双碳"目标下，涉及建筑设计、施工及运营全过程的产业链将被颠覆。"双碳"目标要求绿色的生产方式和建设模式，设计阶段应从建筑的全生命周期角度考虑节约资源、保护环境。加快推动近零能耗建筑规模化发展，鼓励积极开展零能耗建筑、零碳建筑建设。生产和建造阶段，加大绿色建造力度，节约资源、保护环境，从而减少碳排放，尤其是注重加大绿色建材的应用，从占比最高的钢筋混凝土处通过技术提升减排。要提高绿色建筑标准，需要构建目标指标体系、标准技术体系、政策法规体系、监测考核体系，在引导绿色施工、推动绿色应用上循序渐进。建筑碳排放与建筑用能密切相关，减少碳排放必须从节能开始。

2.3　机遇空间广阔

建筑领域实现碳达峰、碳中和，对于全行业转型发展，是挑战也是机遇。2021 年 10 月，中共中央办公厅、国务院办公厅印发了《关于推动城乡建设绿色发展的意见》，提出到 2035 年，城乡建设全面实现绿色发展，碳减排水平快速提升，城市和乡村品质全面提升，人居环境更加美好，城乡建设领域治理体系和治理能力基本实现现代化，美丽中国建设目标基本实现。

从中可以看出，未来工程建设要实现全过程绿色建造，向绿色化、工业化、信息化、集约化、产业化建造方式转型。大力发展装配式建筑，完善绿色建材产品认证制度，完善工程建设组织模式，加快推行工程总承包，推广全过程工程咨询，加快推进工程造价改革。未来在节能建筑、装配式建筑、光伏建筑、建筑垃圾循环利用等方面市场空间巨大。碳达峰与碳中和发展目标将强化建筑绿色化、工业化这一趋势。

3　"双碳"目标促进新型建造方式应用升级

新型建造方式以"绿色化"为目标，以"智慧化"为技术手段，以"工业化"为生产方式，以工程总承包为实施载体，以绿色建材为物质基础，实现建造过程"节能环保、提高效率、提升品质、保障安全"。新型建造方式（Q-SEE）是在建造过程中，以"绿色、智慧、工业化"为特征，更好地实现建筑生命周期"品质提升（Q），安全保障（S），节能环保（E），效率提升（E）"的新型工程建设方式，其落脚点体现在绿色建造、智慧建造和工业化建造。

3.1　科学把握生产方式向新型建造发展是必然趋势

我们需要站在历史观、未来观和全局观的视角，紧紧抓住实现"双碳"目标的关键领域和短板，通过改革和创新来推动行业转型升级、提质增效。新型建造方式其落脚点体现在绿色建造、智慧建造和建筑工业化，将推动全过程、全要素、全参与方的"三全升级"，促进新设计、新建造、新运维的"三新驱动"。

站在历史观，深刻理解新型建筑工业化是实现"双碳"目标的基础。站在未来观，准确把握智慧建造是实现"双碳"目标的关键。站在全局观，紧紧抓住绿色建造是实现"双碳"目标的核心。

3.2　准确把握"三造"协同是实现"双碳"目标的必然要求

绿色建造、智慧建造、工业化建造是相互关联的三个方面，绿色建造是工程建设的发展目标，工业化建造是实现绿色建造的有效生产方式，智慧建造实现绿色建造的技术支撑手段。实现"双碳"目标，于建筑企业而言，必须大力推行绿色建造，以"三造"协同完成绿色发展目标。

（1）绿色建造是工程建造的终极要求。绿色建造是按照绿色发展的要求，通过科学管理和技术创新，采用有利于节约资源、保护环境、减少排放、提高效率、保障品质的建造方式，最大限度实现人与自然和谐共生的工程建造活动。绿色建造是在绿色建筑、绿色施工的概念基础上提出的，具有更广阔的覆盖面和更好的适用性。绿色建造是从工程策划、设计、生产、施工等阶段进行全面绿色统筹，提高资源利用水平，厉行环境保护，以"绿色化、工业化、信息化、集约化、产业化"为特征改造升级传统建造方式，切实把绿色发展理念融入生产方式的全要素、全过程和各环节，实现更高层次、更高水平的生态效益，为人民提供生态优质的建筑产品和服务的建造活动。绿色建造的目标是实现建造过程的绿色化和建筑最终产品的绿色化，根本目的是推进建筑业的持续健康发展。

（2）智慧建造实现绿色建造的支撑手段。智慧建造是综合运用信息技术、自动化技术、物联网技术、材料工程技术、大数据技术、人工智能技术，对建造过程的技术和管理多个环节进行集成改造和创新，实现精细化、数字化、自动化、可视化和智能化，最大限度节约资源、保护环境，降低劳动强度和改善作业条件，最大程度提高工程质量、降低工程安全风险的工程建造活动。智慧建造主要体现在三个方面：一是"感知"，借助物联网和虚拟现实等技术，扩大人的视野、扩展感知能力以及增强人的某部分技能；二是"替代"，借助人工智能技术和机器人等设备，来部分替代人完成以前无法完成或风险很大的工作；三是"智慧决策"，随着大数据和人工智能等技术的不断发展，借助其"类人"的思考能力，替代人在建筑生产过程和管理过程的参与。构建智慧工地，生产智慧工程产品是智慧建造的核心任务，智慧建造是实现绿色建造的必然选择与最佳途径。

（3）工业化建造是实现绿色建造的有效方式。工业化建造是指以提升建筑业建造质量、效率、安全和环保水平为目标，借鉴工业产品社会化大生产的先进组织管理方式与成功经验，以设计施工一体化，部品生产高度工厂化，施工现场高度装配化，建造管理全过程高度信息化与智能化为特征，对传统建造方式在技术与管理各方面进行的系统化持续改进提升的新型建造方式。工业化建造是建筑产业生产方式的变革，是建筑业发展的必然趋势，以标准化设计、装配化施工、工厂化生产、一体化装修、信息化管理为主要特征，不断提升建筑工业化水平，有助于进一步提高工程的品质和建造效率，推动生产方式转型升级，提高精益建造能力，是实现绿色建造的有效途径。

4　实现"双碳"目标的路径规划

"双碳"战略目标将全面引领中国建筑绿色低碳转型，充分发挥科技创新的支撑引领作用，有助于形成节约资源和保护环境的产业结构、生产方式、生活方式和空间格局，增强在新领域的竞争力。

4.1　紧紧抓住"三造"融合，驱动建筑业实现"双碳"目标

对中国建筑业而言，如何借助中国制造、中国创造、中国建造这"三造"融合来推动技术创新与行业变革，将是建筑业实现"双碳"目标的重要途径。中国创造引领中国制造，中国制造支撑中国建造，中国建造带动中国创造中国制造更好发展。"三造"融合不但可改变中国，还将影响世界。

4.2　牢牢把握"三全"特征，依托"三体"落实"双碳"责任

目标需要行动来落实，建筑业的"双碳目标"要牢牢把握全生命期、全过程、全参与方的特征。

"全生命期"即建筑业碳排放贯穿于规划设计、施工建造、运营全过程，和建筑全产业链紧密相关。"全过程"即碳减排要全过程参与，要充分了解建筑行业的特点和属性，制定有针对性的措施。"全参与方"即参与方众多，建筑业碳减排涉及政府、企业、居民等多方利益主体。

同时抓住"三体"即城市、社区、项目三大载体，通过大力推进绿色建造来"做优存量、做精增量"，履行好"双碳目标"责任。

4.3　大力发展"新型建造"方式，规划"双碳"目标落地路径

（1）大力推广绿色低碳生产方式。实施"双碳"目标是一项长期、复杂而艰巨的任务，需坚持系统观念，加强顶层设计，多方参与、多措并举，才能确保战略目标如期实现。于建筑业而言，首先要开展碳排放定量化研究，确定碳排放总量及强度约束，制定投资、设计、生产、施工、建材和部品、运营等碳排放总量控制指标，建立量化实施机制，推广减量化措施，分阶段制定减量化目标和能效提升目标。其次，加强减碳技术的应用与研发，建立绿色低碳建造技术体系。要聚焦"双碳"战略目标，发挥科技创新的战略支撑作用，瞄准国际前沿，抓紧部署低碳、零碳、负碳关键核心技术研究，围绕新型建造方式、清洁能源、节能环保、碳捕集封存利用、绿色施工等领域，着力突破一批前瞻性、战略性和应用性技术。

（2）营造新型建造应用环境。建立新型建造方式体制机制，建立健全科学、实用、前瞻性强的新型建造方式标准和应用实施体系，完善绿色建造、智慧建造、工业化建造技术体系和建筑产品，强化新型建造方式下建筑产品理念。保障新型建造方式资源投入，加快对在数字科技、智能装备、建筑垃圾、低碳建材、绿色建筑等领域重点领域的技术、产品、装备和产业的战略布局。建立新型建造方式平台体系，打造创新研究平台、产业集成平台、成果应用推广平台。

（3）推进全产业链协同发展。形成涵盖科研、设计、加工、施工、运营等全产业链融合一体的"新型建造服务平台"。加快发展现代产业体系，发展先进适用技术，打造新型产业链，优化产业链供应链发展环境，加强国际产业合作，形成全产业供应链体系。做强"平台＋服务"模式，通过投资平台、产业平台、技术平台，把绿色低碳等都统筹起来，作为城市整体绿色低碳服务商，推进产业链现代化。关注超低能耗建筑和近零能耗建筑、新型建材等新兴产业。

（4）推动数字化转型。大力发展数字化产业，开拓智慧建造新产业，实现智慧建筑、智慧园区和智慧城市等业态的设计、施工、运营、运维等全生命期数字化、智慧化管理和持续迭代升级。探索研究 BIM 与 CIM 技术融合及数字孪生技术，加强数据资产的建设与管理，建立可存、可取、可用的工程项目大数据系统，实现数据的互联互通。依托项目探索研究"互联网＋"环境下建筑师负责制、全过程咨询和工程总承包协同工作机制，建立相应的组织方式、工作流程和管理模式，加快数字化新技术与主营业务深度融合。

（5）推动工业化发展。加大投入，形成差异化竞争优势，实现由"服务商"到"产品＋服务"的升级。创新"伙伴产业链模式"，建立相关评价指标，形成长期稳定的企业协同创新链条。在装配式建筑的基础上，基于标准化技术平台将设计、生产、施工、采购、物流等全部环节整合，形成多个项目间可资源协同的经营模式，实现规模化效益。加快产业工人培育，重点培育掌握 BIM、信息系统、数字化和智能化设备及专业技术方面的产业技术工人和基层技术人员。

新时代高质量绿色建筑设计体系的构建与实施

Construction and Implementation of High-quality Green Building Design System in the New Era

刘　恒

（中国建筑设计研究院有限公司）

1　技术背景

在近 20 年的高速城镇化发展过程中，我国绿色建筑取得了举世瞩目的理论与实践成就。截至 2021 年，我国绿色建筑总面积超过 85 亿 m²。绿色建筑的评价、技术标准不断完善，绿色建筑设计理念逐步从"技术主导"回归到结合气候适应性的"被动式设计主导"，从建筑学视角出发的建筑学视角出发的绿色建筑设计研究趋于成熟，从基于经验积累的定性分析向基于性能表现的定量化模式总结转变。绿色建筑呈现多维度、立体化的高速发展趋势。

2021 年 10 月 21 日，中共中央 国务院办公厅印发《关于推动城乡建设绿色发展的意见》中指出，我国现阶段建筑领域仍存在"整体性缺乏、系统性不足、宜居性不高、包容性不够"等问题，大量建设、大量消耗、大量排放的建设方式尚未得到根本扭转。同时，该文件提出，要"坚持人与自然和谐共生、尊重自然、顺应自然、保护自然，推动构建人与自然生命共同体"的总体原则，要"建设高品质绿色建筑，推动高质量绿色建筑规模化发展"。

2022 年上半年，国家发展改革委印发《"十四五"新型城镇化实施方案》，住房和城乡建设部印发《"十四五"建筑节能与绿色建筑发展规划》，其中多次提到要促进建筑行业绿色低碳转型，以专栏的形式将"高品质绿色建筑发展重点工程"固化下来，并提出"到 2025 年，建设一批高质量绿色建筑项目，人民群众体验感、获得感"明显增强。

然而，正如《关于推动城乡建设绿色发展的意见》提到的，我国绿色建筑的体验感、获得感仍有待提升。社会、企业甚至建设行业的设计龙头对绿色建筑的普遍认知均以结果为导向，绿色建筑变成了诸多技术选择的勾选项。真正从绿色角度出发的设计作品却少之又少，能提供运营数据供观察参考的项目更是凤毛麟角。

同时，真正全生命周期的绿色建筑体系上尚不完善，现实处境也仍然存在着地区发展不平衡，对地域环境气候条件关注不够，节能价值未充分体现，人性化不足，用户获得感较少，增量成本大且后期难以平衡，不被市场所接受等种种阻碍。星级较高的绿色建筑多有不惜代价技术堆砌之误区，由于短期内开发成本增加较大，部分项目"增量"后的效果又不太明显，因此，建设单位积极性往往不高；消费者对绿色建筑带来的使用安全、舒适、便利等"好处"感触不深，不愿为增量成本买单；同时作为项目可研立项参与策划及方案创作和设计主持的国家注册建筑师，对于如此结果导向的绿色建筑评价现状，缺乏系统性方法论上的认知，进而缺少参与热情，成为绿色建筑推广的一个瓶颈。

在我国很多地区，完全有条件通过建筑师在前期建筑方案布局和功能合理组织，优化建筑布局、采用被动措施等方式就可实现经济舒适绿色、接近零能耗节能的效果，不必采取增加投资和能耗的一些技术措施。生硬"嫁接"绿色技术，常常不能达预期节能效果。

目前，国家生态文明建设的新时代绿色发展机遇环境下，更加需要对绿色建筑的全生命周期、全建设行业行为模式加以研究探讨，在科学的设计牵头标准体系里，回归绿色建筑设计的本源问题，创新出符合中国国情的适应时代发展的高品质绿色建筑。

面对现阶绿色建筑设计过程中的诸多问题，如何从根本上系统化阐明绿色建筑设计的价值观体系及出发点，并将这些内容有效地进行分解，明确绿色建筑设计的方法与策略，最终从全生命周期的角度，指导新时代高质量绿色建筑的设计，是该技术体系所试图解决的核心和关键问题。

新时代高质量绿色建筑设计体系致力于建立更系统的解决方案，引导设计师在创作伊始就走上一条绿色化的道路。明晰绿色创作价值观，掌握实施的路径，并不断积累其中的方法，不断验证最终的效果。该体系以设计指导为切入点，以"理论、体系、要素、实践"多维创新为主要思路，致力于形成从宏观理念到具体绿色要素的稳定联系，并最终建立覆盖建筑设计全周期、全专业，从理念价值观入手到具体的绿色方法策略的实战应用手册——《新时代高质量绿色建筑设计导则》（以下简称《导则》）。

2　新时代高质量绿色建筑设计体系的构建

2.1　技术内容

新时代高质量绿色建筑设计指导体系是从理念价值观解析入手到具体的方法策略的应用指导的综合性体系，它既是绿色理念的重新整合梳理，也是绿色策略与方法的集成。从价值宣贯到体系重构，并按照不同专业、不同阶段来指导设计生成和工具应用。改变目前对标式评价的方式，以正向绿色设计体系引领建筑创作与技术深入。

该体系系统性地探究了建筑设计绿色本质，明确了对新时代高质量绿色价值观的准确理解，深入解析了"本土化、人性化、低碳化、长寿化与智慧化"新时代高质量绿色建筑发展方向与核心理念，整合了国内外不同绿色建筑研究体系的方法标准，形成了符合新时代高质量绿色价值观的绿色建筑设计体系。

该体系基于设计的正向逻辑展开，通过系统搭建来规避技术和条目的拼凑，用整合式思考方式和设计的正向逻辑架构来构建绿色建筑的核心要素，提出了"方法检索＋多元评估"的绿色设计方法系统。同时通过绿色策略的梳理和大量优秀项目的深入剖析，针对不同专业，不同气候按设计的时序分别展开方法策略。在具体的建筑设计中，不同专业设计师在总体方向和设计系统的指引下，可根据不同前置条件选择不同的方法加以组合。指导设计团队在绿色设计过程中有效应用。

该体系还整理了不同气候区的绿色特质，指导设计介入；梳理了绿色设计工具的内容，进行实时验证、评估绿色效能；通过一系列示范案例的验证，来评测各项策略与方法的实施情况，以项目示范指导实践。

2.2　理论体系与时序

绿色建筑设计是一个大范畴的系统，也是不同维度的内容组合。基于此，该体系首先提出绿色建筑设计应该杜绝以纯粹的形式化、个性化等为出发点，而是要将绿色生态的价值观作为设计实现的核心与输入输出依据，去创造理性的、地域的、与自然和谐的建筑表达。在这一核心价值的指导下，绿色建筑设计应遵循本土化、人性化、低碳化、长寿化、智慧化五大考量维度。

新时代高质量绿色建筑设计，要从五大考量维度出发，坚持从整体到局部、从空间到措施的设计时序；要坚持由地域条件入手，从被动优先到主动优化的绿色方法；要坚持从多元平衡的角度推进绿色设计；要以全生命周期作为考量范畴挖掘绿色创作的可能性；要遵循贯彻始终的经济性原则；要创造有地域文化精神的绿色美学，破解千城一面的难题。通过挖掘绿色基因展开设计，在设计深入的不同阶段不断融合绿色策略，通过整体平衡的方式选取最适宜的解答，建筑师应发挥其引领作用，与各专业协同推进。

将绿色建筑的理念、设计方法和要点融入设计流程，是体系与时序部分的核心。新时代高质量绿色建筑设计的体系与时序，以"正向设计思路"切入，对传统的绿色建筑设计与咨询体系进行了重构，明确绿色建筑设计应以"方法检索"为主线，以"多元评估"为过程反馈，建立了全专业正向设计思路的框架体系并对建筑全生命期各阶段设计管理及要点进行了详细说明。

2.3 全专业实践要素与方法

全专业实践要素与方法是对绿色建筑全专业设计的具体指导。按照设计的正向时序，建立了覆盖设计全周期各阶段、全专业的设计实践要素与方法体系。

（1）建筑专业。覆盖建筑专业绿色设计不同阶段的方法策略体系，是体现建筑师主导、从源头解决绿色效果问题的创新内容。建筑师需根据不同的前置条件，在总体逻辑下选取最适宜的方法加以组合。A1 场地研究是针对场地内外前置条件的研究，也是从根源上找到绿色解决方案和设计创新的重要前提；A2 总体布局是在宏观策略指导下的规划方式，也是最大化节约资源的重要方面，绿色方法的贡献率往往远大于一般的局部策略；A3 形态生成是需要重新审视建筑对形式的定义，以环境和自然为出发点实现形态的有机生成，避免简单的形式化与装饰化；A4 空间节能是绿色节能具有突破意义的理念内容，重新梳理用能标准、时间与用能空间，以空间作为能耗的基本来源进行调控，是绿色真正决定性的因素；A5 功能行为以人的绿色行为为切入点创造人性化的自然场所，既有绿色健康与长寿化使用等新理念的扩展，也包含了室内环境的物理要素的测量和人性设施的布置等技术要素；A6 围护界面是绿色科技主要的体现，是设计深入过程的重要内容，也是优质绿色产品出现和技术进步的直接反映，与建筑的品质和性能直接相关；A7 构造材料为绿色设计提供了多样的可能性，既需要总量与原则性的控制，也有细部节点的设计，围绕减少环境负担和材料可再生利用来展开。

（2）结构、机电、景观专业。结构专业：包括工程选址、材料选择、结构寿命和结构选型方面的绿色设计策略及方法。设计师可以根据不同的设计条件因地制宜，予以选择；给水排水专业：主要从能源高效合理利用、建筑节水、非传统水源利用、建筑环境和空间的集约利用方面对绿色建筑给水排水设计提出要求；暖通专业：秉持节能性和舒适性相结合、能源利用和环境保护相结合的原则，从人工环境、系统设施、能源利用、气流组织、设备用房、控制策略几个方面对绿色建筑暖通设计提出要求；电气专业：从构建合理配电网络，充分利用清洁能源，集约利用建筑空间，注重自动化运维，节约能源、降低能耗，减少环境污染，营造舒适照明环境等方面提出要求；景观专业：从景观布局、景观空间、景观材料、景观技术等方面提出要求，景观设计师需根据不同的前置条件，在总体逻辑下选取最适宜的方法加以组合；智能化专业：建立了信息设施系统、公共安全系统、建筑能效监管、建筑空间利用、运维管理平台等方面策略体系。

2.4 "五化"的平衡分析及自评估方法

五化的平衡分析及自评估方法是对绿色设计的优劣权重进行实时的评估核定。在总结国内外标准的基础上，从"五化"理念角度出发，对我国绿色建筑评价标准、实现策略与国际主流标准进行对比。最终提炼了人性化策略 59 条、本土化策略 6 条、低碳化策略 33 条、长寿化策略 13 条、智慧化策略 6 条，实现了从使用者体验感角度出发，对绿色建筑品质的综合评价。

2.5 技术创新及要点理论创新

（1）理论创新。该体系明晰了新时代高质量绿色建筑设计的核心价值观、绿色理念的目标方向和重要的思考方式，实现了绿色建筑理念的创新梳理。传统评价标准体系中，建筑的绿色性能通过"安全耐久、健康舒适、生活便利、资源节约、环境宜居"定义。新时代发展形势下的社会要求为绿色建筑的发展和设计理念提出了更高的要求。《导则》从全生命周期角度出发，对绿色建筑的基础理论进行创新补充与完善，提出了五化理论，强调从建筑与环境相协调、与需求相适应、与智慧相融合的绿色建筑设计，使绿色建筑能够具有更灵活的功能属性，为未来轻量化改、扩建提供良好的基础条件。

（2）方法创新。该体系建立了以建筑师主导全专业协同的正向整合设计模式，形成了基于方法检索和多元评估的绿色设计实施路径，实现了绿色设计体系的重新构建。传统绿建设计多以评价标准对标形式为主，然而绿色技术的堆砌并不能有效保证其全生命周期能源消耗与绿色化水平最优。《导则》创新性地对原有绿色建筑设计逻辑进行重构，基于正向设计逻辑，从宏观到微观逐层展开，更加充分、更逻辑性地对各项绿色建筑技术进行综合、平衡，将简单的技术堆砌转变为基于模拟、数值分析等数值化策略分析与方法技术选择，从根本上转变了技术堆砌的现实，真正提高建筑实际的"绿色化"水平。

（3）要素创新。

该体系重新梳理了基于地域气候全专业、各阶段的绿色设计要素，尤其在场地、形态、空间、行为等方面具有显著的突破意义，实现了绿色设计要素创新。传统绿色建筑多以技术性能的提升与多项技术的耦合应用为切入点，不断提高绿色建筑的性能水平。然而，我国很多地区，完全有条件通过建筑师在前期建筑方案布局和功能合理组织，优化建筑布局、采用被动措施等方式就可实现经济舒适绿色、接近零能耗节能的效果，不必采取增加投资和能耗的一些技术措施。项目对于该类要素的创新与拓展，强化了被动式理念在设计前期的介入与表达，真正实现了绿色建筑的"绿色设计"。

2.6　适用范围

新时代高质量绿色建筑设计体系以建筑的正向生成逻辑为核心，建立了从宏观理念到技术方法体系间逐层展开、层层分解的稳定联系。该体系的中基于正向设计逻辑展开形成的"场地研究、总体布局、形态生成、空间节能、功能行为、围护界面、构造材料"7个方面的要素与方法体系，结合全专业的技术要点支撑，不仅能够有效指导项目的规划策划、建筑设计、绿色咨询，同时也为绿色建筑领域的科学研究、产品研发及平台建设奠定了基础和框架。

（1）绿色建筑体系策划。新时代高质量绿色建筑设计体系可应用于各类民用建筑项目的绿色体系策划。各项目可结合其规划条件、地域气候特征、场地资源特征，以及建筑类型、使用功能的特征，以正向设计逻辑展开，从场地研究入手，建立考虑场地、空间、布局、形态、功能等诸多要素需求下综合平衡的绿色建筑策略及技术体系。

（2）绿色建筑设计。新时代高质量绿色建筑设计体系适用于各类民用建筑项目绿色建筑的设计的全过程。新时代高质量绿色建筑正向设计体系框架是该技术的核心内容。各项目在该体系的应用过程中，可结合其具体的建设目标、星级要求，以及其他关于绿色建筑的目标要求（近零能耗、近零碳、健康建筑）等进行适度调整、补充。

（3）绿色建筑咨询。新时代高质量绿色建筑设计体系为绿色建筑咨询提供了模式与方法。绿色建筑咨询需以正向绿色设计为原则，在前期策划、方案设计和技术深化等设计全过程中提供技术咨询辅助建筑设计。结合项目特点开展绿色设计策略的分析，并结合绿色性能模拟帮助设计落地，最后确保项目的整体绿色效能达到最优。

（4）绿色建筑科技研发。新时代高质量绿色建筑设计体系为绿色建筑领域的科技研发奠定了总体性的研究框架。一方面，以系统性为核心的设计及技术研究可参照该体系的框架，结合不同的研究背景与约束条件，实现特定情境下的设计方法及技术体系的研究与创新；另一方面，以专项技术为核心的研究，也可按照该体系框架进行组织，在保证每个单项技术研究深度的同时，提升研究整体体系的完整性与完善性。

（5）绿色建筑产品研发。新时代高质量绿色建筑设计体系为绿色建筑产品的研发提供了新的视角。该体系突出强调了"多元平衡"这一理念在绿色建筑实践过程中的重要性。新时代高质量绿色建筑产品的研发，其重要方向之一就是在通风、遮阳、保温、隔热等建筑物理性能，以及工程造价、施工难度等方面取得综合平衡，从而进行产品层级的应用型创新。

（6）绿色建筑领域的平台建设。新时代高质量绿色建筑设计体系为绿色建筑领域的学术交流、城市咨询、标准创新、产品创新平台建设提供了共同的语境。该体系整合了当前主流的绿色建筑、近零能耗建筑、健康建筑等诸多的理念和具体实践，对绿色相关理念具有较强的包容性。政府机构、行业企业、学会协会等机构，可在该体系的基础上，针对各项理念的差异进行更加充分的交流，并对城市咨询、标准编制、产品创新等领域进行更有意义的探索。

3 新时代高质量绿色建筑设计体系的实施

3.1 工程案例

（1）雄安设计中心项目。雄安设计中心属于新时代高质量绿色建筑办公类改造实践（北方地区、严寒寒冷气候），是体系应用和验证的第一个示范项目。项目利用原有澳森制衣厂生产主楼进行改造，遵循"微介入式"改造方向，以回归本元的绿色设计为导向，通过绿色生态空间建构、智慧共享社区营造等设计手段，积极响应国家关于雄安新区"生态优先、绿色发展"的整体定位。通过生长理念营造共享的活力社区，以现代手法延续中国传统院落空间和集群组合的意念。低成本的生态化建造过程全面应用了绿色化材料和结构体系，并借助创新定义的室内外过渡空间打造阳光外廊。能源循环方面，围绕光—电—水—绿—气五类能源构建自平衡循环系统，并将改造拆除过程中的废弃砖块、玻璃捣碎填充，重新形成由建筑废渣建构的景观片墙。项目最终实现年耗电量节约 58.13 万 kWh，节能率达到 59%（图 1）。

图 1 雄安设计中心项目绿色效果验证

（2）重庆广阳岛大河文明馆项目。重庆广阳岛大河文明馆项目属于新时代高质量绿色建筑展览类实践（西南地区、夏热冬冷气候）。项目综合广阳岛整体绿色开发策略、整体风貌以及周边自然和人文要素等，采用"轻介入设"计策略，覆土景观式建筑类型，结合大河文明园景观建筑一体化设计。在整个地块上达成布局上的均衡，并达到建筑、生态设计的统一。项目借助场地现状"遗痕"展开绿色生态设计，立足于重庆本土的气候特点与广阳岛的生态本底特征，项目采用了生态屋面、开放庭院、天井天窗等一系列绿色设计手法，力求做到自然能源与生态资源利用的最大化；建筑布局应紧凑高效，各建设区域主题明确，功能复合，可满足多种不同规格、场景下的功能使用需求；合理配置建设资源，对场地内现存或建造过程中产生的碎石、巨石等进行景观化再利用。项目最终实现全生命周期减碳 15.8 万 t（图 2）。其中缩短用能时间减碳 5.5 万 t、高效空调系统减碳 3.8 万 t、复层绿化碳汇 2.3 万 t、可再生能源减碳 2.2 万 t、空间节能减碳 1.9 万 t、建筑材料减碳 0.1 万 t。

（3）上海临港星空之境游客中心项目。上海临港星空之境游客中心项目属于新时代高质量绿色建筑文化类实践（东南地区、夏热冬冷气候），是应用本设计指导体系形成的零能耗（零碳）建筑。建设地点位于临港星空之镜西南角入口，紧邻入口集散广场。主要功能包含旅游咨询服务、电动车换乘等候、水吧、开放展厅、活动发布舞台、智慧管理运营中心等功能。工程用地面积为 3000.50 m²，总

图 2 重庆广阳岛大河文明馆项目绿色效果验证

建筑面积为 2190.4m²，其中室内（空调）部分 415.30m²，半室外（非空调）部分 1775.1m²。设计将游客服务中心屋檐下 70% 的空间均定义为室外非空调空间，如开放展厅、咖啡简餐区、活动发布舞台等区域。外界面幕墙非传统意义的封闭式幕墙，而是采用通透的不锈钢螺旋金属网，过渡季依靠风压最大化的促进内部区域通风。在电动车换乘休息区区域设置室外喷雾降温装置，确保炎热季节等候的舒适性。顶棚采用白色不透光薄膜光伏板与铝板组合屋面，光伏建筑一体化，提升建筑自身绿色性能。项目最终实现全生命周期减碳 4982t（图 3），全年发电量约 5.7 万 kWh，建筑年总用电量约 4.3 万 kWh，通过光伏系统发电量可完全覆盖建筑的实际能耗，是一座真正意义上的零能耗建筑。

图 3 上海临港星空之境游客中心项目绿色效果验证

3.2 应用现状

2019—2022 年间，得益于住房和城乡建设部，中国建筑学会等行业学协会，清华大学、北京建筑大学等高校，以及中国建设科技集团及其所属企业的支持，新时代高质量绿色建筑设计体系在行业内的普及程度逐步提升，应用该体系所完成的设计项目逐步增多，并且正逐渐形成覆盖不同气候区、不同建筑类型、不同星级的绿色建筑示范与时间体系。

3.2.1 研究拓展与丰富

"十三五"期间，由崔愷、孟建民、王建国和庄惟敏等院士负责的"地域气候适应型绿色公共建筑设计新方法与示范""目标和效果导向绿色建筑设计新方法及工具""经济发达地区传承中华建筑文脉的绿色建筑体系"和"基于多元文化的西部地域绿色建筑模式与技术体系"等国家"十三五"重点研发计划项目，从建筑师设计的视角完善发展了绿色建筑与本土设计的理论和方法，极大地丰富了新时代高质量绿色建筑设计体系的相关研究工作。其中：

（1）地域气候适应型绿色公共建筑设计新方法与示范。该研究由崔愷院士牵头，哈尔滨工业大学建筑设计研究院、中国建筑设计研究院、上海市建筑科学研究院、清华大学、华南理工大学等行业龙头单位与业内高校参与。研究立足于气候响应机制的绿色公共建筑设计新方法，按照"基础理论—设计方法—技术体系—工具支撑—示范应用—平台统筹"的递进逻辑，以新时代高质量绿色建筑设计体系框架的"场地、布局、功能、空间、形体、界面"为组织逻辑，重点围绕地域气候适应型的绿色公共建筑设计机理、方法与技术体系，以及辅助设计工具、协同技术平台的研发等方面开展关键技术研究，并形成了适应不同气候区、服务于建筑设计全过程的各类指引性技术导则。系列研究成果可推动外延进一步拓展、内涵进一步丰富、品质进一步提升的本土化绿色建筑发展体系与模式的建立，全面引领建筑设计行业工作方式的变革。

（2）目标和效果导向绿色建筑设计新方法及工具。该研究由孟建民院士牵头，天津大学、沈阳建筑大学、东南大学等高校，中国建筑股份有限公司、深圳市建筑设计研究院总院有限公司等企业共同完成。研究立足人工智能时代语境下的计算性思维发展趋势，剖析了计算性思维求解复杂科学与工程问题的巨大潜力，揭示了计算性思维赋能绿色建筑创作的途径，聚焦建筑师主导的建筑设计阶段，尤其是对绿色建筑性能影响较大的前期方案设计阶段，提出了绿色建筑性能驱动的设计方法，以及研发的建筑环境信息建模、建筑绿色性能智慧预测、绿色建筑设计决策支持关键技术，并结合实践案例介绍了上述方法与技术的应用效果，在新时代高质量绿色建筑设计体系与信息化深度融合方面进行了探索，并形成了有效的设计工具体系，丰富了新时代高质量绿色建筑设计工具体系。

（3）经济发达地区传承中华建筑文脉的绿色建筑体系。该研究由王建国院士牵头，由东南大学、南京大学等高校，华东建筑集团股份有限公司、华南理工大学建筑设计研究院有限公司等企业共同完成。研究针对经济发达地区传统建筑文化中绿色智慧的挖掘及科学化认知，经济发达地区富含文脉要素的绿色建筑评价，传承中华建筑文脉的绿色建筑设计方法、关键技术和工程示范三大关键科技问题，对长三角、珠三角、环渤海地区实地调研，建立城市（聚落）、街区、建筑多尺度的绿色理论、设计模型、实现路径、操作管理的体系，重视文化和人，在传承历史文化的同时改善现有指标而实现高效绿色，提出文脉要素定性与定量结合的评价方法，并对文脉要素进行价值判定，通过量化分析得出不同的文脉要素指标及其相应的权重系数，帮助中国未来绿色建筑迈上"绿而文，绿而美"的新台阶。

（4）基于多元文化的西部地域绿色建筑模式与技术体系。该研究由庄惟敏院士牵头，由西安建筑科技大学牵头，联合清华大学、同济大学、重庆大学和中国建筑设计研究院有限公司等17家单位共同承担。研究聚焦西部传统建筑绿色性能优异的科学机理，梳理地域建筑理论和绿色建筑理论，以地域建筑理论和绿色建筑理论为基础，以新时代高质量绿色建筑设计体系为框架，建立"地域绿色化"和"绿色地域化"两个基本路径，融合地域文化与绿色技术。西部地域绿色建筑学理论的外延是西部地域建成环境的总和，内涵是在西部地区气候与自然条件极端化、民族与地域文化多元化、经济水平整体欠发达等条件下，探索地域影响要素与绿色技术的契合，并通过技术的适宜性应用，达到建成环境品质的整体提升和地域文化特色的可持续发展。该体系具有理论的开放性和包容性，并适用于当代建筑设计，具有广泛的实践应用性。"文绿一体"的融合，也体现了建筑学自身科学与艺术、理工与人文相结合独有的学科特征。

（5）其他相关研究。随着新时代高质量绿色建筑理念的提出、技术的形成、探索实践的丰富，行业内相关机构也在该体系框架下，开展了针对诸多技术要点的深入研究。中国建筑科学研究院有限公司结合当前绿色建筑发展情况及未来发展趋势，从新时代高质量绿色建筑评价及技术支持的角度出发，主持研究编制/修订了《绿色建筑评价标准》GB 50378—2019、《建筑节能与可再生能源利用通用规范》GB 55015—2021、《近零能耗建筑技术标准》GB/T 51350—2019 以及《建筑环境通用规范》GB 55016—2021 等系列标准，并研发、完善了支持新时代高质量绿色建筑评价的 PKPM、IBE 等系列软件；上海建筑科学研究院致力于建筑钢结构、现代木结构的研究与应用，发表了十余篇现代木结构受力分析相关论文、申请了多项专利发明，并主编/参编了多项团队标准，其研究成果也应用与上海临港自贸区新片区、西郊宾馆、崇明体育训练基地游泳馆等诸多项目中。新时代高质量绿色建筑设计体系的研究逐渐由基础性的理论研究向技术实践与应用转变。

3.2.2 项目应用

截至目前，该技术已经在超过 50 个项目中进行具体的跟踪应用，项目类型覆盖文化类、展览类、教育类、科研实验类等多中建筑类型，覆盖京津冀、长三角、珠三角、成渝等重点地区、重点城市，建筑面积从 2000m² 到 20 万 m² 不等。部分典型项目清单见表1。

部分典型项目清单 表1

编号	项目名称	编号	项目名称
1	雄安设计中心	21	西安市红会医院高新铁成院区
2	海口职工活动中心	22	中国农业大学艺体中心
3	张家港金港文化中心	23	呼和浩特开的广场绿色改造项目
4	北京市通州运河核心区方案设计	24	国家残疾人冰上运动比赛训练馆
5	仁寿城市会客厅项目	25	灯笼湖旅游服务中心项目
6	成都市农博园核心区重要建筑布局及规划项目	26	邯郸市第四医院扩建项目
7	北京首都博物馆东馆项目初步设计、施工图设计	27	北京中医药大学和平街校区基础医学院楼绿色加固改造项目
8	慈溪全民健身中心	28	安德里北街23号院住宅项目
9	人民大学通州校区艺术学院	29	雄安启动区西部高中项目
10	北京城市副中心行政办公区二期行政办公启动地块	30	华大基因中心项目
11	厦门地体育中心	31	伴山伴海广场项目
12	第十一届江苏省园艺博览会未来花园项目概念设计	32	昆明小麦溪中学项目
13	山东省青岛市博物馆改扩建项目	33	周和庄大厦项目
14	厦门象屿集团总部办公楼	34	太子城冰雪小镇国宾馆山庄项目
15	景德镇艺术职业大学项目 A 区项目	35	玖龙废纸原料采购结算总部暨再生资源交易中心项目
16	北京市通州区北京国际设计周永久会址项目方案设计	36	深圳市第二十二高级中学项目
17	遂宁宋瓷文化中心项目	37	南方科技大学附属医院项目
18	哈尔滨工业大学（深圳）重点实验室集群项目	38	深圳前海泰康国际医院项目
19	重庆广阳岛大河文明馆项目	39	上海临港星空之境游客服务中心项目
20	北京经开区33号地块社区卫生服务中心	40	北京丰台区师范学校附属小学改扩建工程

其中，雄安设计中心、遂宁宋瓷文化中心项目、哈尔滨工业大学（深圳）重点实验室集群项目、上海临港星空之境游客服务中心项目、重庆广阳岛大河文明馆项目等诸多实践获得了业主及民众的高度认可。

3.2.3 企业应用

在国家生态文明建设的总体要求以及"双碳"战略的引导下，行业内诸多企业也纷纷开始将促进新时代高质量绿色建筑发展作为其近期/中长期发展目标。中铁建设集团以集团立项的方式，结合及业务实践，基于新时代高质量绿色建筑设计体系开展近零碳住宅技术体系的研究，并拟将研究成果在集团范围内进行推广；深圳市建筑工务署积极响应国家高质量发展、绿色建筑与"双碳"战略部署，基于新时代高质量绿色建筑设计体系，形成了适用于深圳地域、政府投资类建筑的设计导则，形成了低碳导向的设计方法体系，从而引导其承建/管理项目的绿色设计水平的提升。

2021年，中国建设科技集团作为行业的龙头企业，结合其自身的业务布局，要求所述企业在完成项目工程设计的同时，均需以该技术体系为遵循，并建立了相应的管理制度与实施方案。中国建筑设计研究院有限公司、中国城市发展规划设计咨询有限公司、中国建筑标准设计研究院有限公司、深圳华森建筑与工程设计顾问有限公司等集团所属企业也先后发文，要求其各业务部门自2022年起所承担的工程设计项目均按这一体系开展设计。

与此同时，为了保障新时代高质量绿色建筑设计体系的理念、方法能够有效、准确应用到实际工程项目中，上述单位集合其具体的项目实践，开展了十数次、针对不同专业的技术培训，确保一线工程设计人员能够对该体系形成系统、准确的理解，并应用到项目实践过程中。

3.2.4 行业重要事件

（1）绿色建筑设计论坛与学术展示周——《新时代高质量绿色建筑设计导则》发布。2021年5月底，"绿色建筑设计论坛与学术展示周"开幕，并召开了行业规模的《导则》发布会。住房和城乡建设部、科学技术部、中国勘察设计协会相关领导受邀出席会议，中国建设科技集团党委副书记、总裁孙英出席开幕式并致辞。来自全国各地的300余位专业人士到现场参会，万余名业内人士通过视频观看了直播。发布会后，与崔彤大师、冯正功大师、桂学文大师等15位来自全国各大设计院的专家就《导则》展开沙龙研讨，对《导则》的价值观、技术策略体系进行更深度地解读与探讨，同时对绿色建筑设计的未来发展方向进行了探讨。

（2）贵阳生态文明国际论坛"城乡建设绿色低碳发展"—— 新时代高质量绿色建筑设计体系的国际交流。2021年7月12日，生态文明贵阳国际论坛"城乡建设绿色低碳发展"主题论坛上，崔愷院士在视频主题演讲中强调，绿色建筑的设计应立足本土，学习传统智慧，探索绿色建筑新美学——即绿色建筑要遵循本土化、开放化、轻量化、长寿化、再生化、产能化的设计策略。联合国人居环境署执行主任麦穆纳·穆罕穆德·谢里夫，中国工程院院士，工程力学专家、管理科学专家刘人怀教授，哈佛大学设计研究生院副院长尼尔·柯克伍德教授，香港大学建筑学院院长克里斯托弗·韦伯斯特教授，住房和城乡建设部科技与产业化发展中心副主任陈伟，重庆大学环境与生态学院院长何强教授，北京建筑大学建筑与城市规划学院总规划师丁奇教授等参加了会议。

（3）"专董讲堂"中央企业专职外部董事专题讲座——新时代高质量绿色建筑设计体系的政府先行。2021年9月14日，中央企业专职外部董事党委第七期"专董讲堂"举办，专职外部董事党委书记延彦东、第一党支部书记林万里、第二党支部书记谭星辉及20余位专职外部董事参加了此次活动。活动由第一党支部书记林万里主持。中国建设科技集团党委委员、副总裁樊金龙，董事会秘书赵旭，中国建筑设计研究院有限公司副书记、总经理马海，中国建筑设计研究院有限公司绿色建筑设计研究院院长刘恒等建设科技集团代表作为特邀嘉宾到会。中国建设科技集团刘恒作为与会嘉宾作《新时代绿色低碳设计体系与实践》专题讲座，详细解读了雄安设计中心在雄安发展建设、城市更新、绿色低碳、带动社会活力等多方面的策略、方法和成果，将新时代绿色低碳设计体系的理论落到实处，希望汇聚众人之力共同发展绿色设计之路。

（4）2022年全国节能宣传周｜第二届中国建筑节能行业助力碳达峰碳中和推进大会——新时代高质量绿色建筑设的发展与转型交流。2022年6月14日上午9时，由中国建筑节能协会主办的第二届中国建筑节能行业助力碳达峰碳中和推进大会暨宣传周系列活动正式启动。大会以"绿色节能低碳，建筑砥砺前行"为主题，一同探讨"双碳"背景下城乡建设领域建筑绿色节能低碳发展的国家战略、技术方向及解决方案。6月14日下午，中国工程院院士、全国工程勘察设计大师崔愷院士分享了《"双碳"形势下绿色建筑的转型发展》主题报告；中国建筑科学研究院有限公司王清勤副总经理分享了《绿色建筑助力"30·60"双碳目标实现》主题报告；深圳市建筑科学研究院股份有限公司叶青董事长分享了《重新定义建筑，探索点绿成金的未来》主题报告。以上报告以新时代高质量绿色建筑设计体系所倡导的价值观，结合当前碳达峰、碳中和的国家战略部署，对我国新时代高质量绿色建筑的未来发展方向与技术措施进行了深入的探讨与解析。

（5）2022 第十八届国际绿色建筑与建筑节能大会——新时代高质量绿色建筑设计体系的碳中和专题交流。7 月 12 日，2022 第十八届国际绿色建筑与建筑节能大会开幕式暨综合交流会以"线上线下"结合的形式，在北京、沈阳、深圳三地同步举行。大会以"拓展绿色建筑，落实'双碳'战略"为主题，由中国城市科学研究会和沈阳市政府共同主办。国际欧亚科学院院士、中国城市科学研究会理事长仇保兴，世界绿色建筑委员会（WGBC）前主席戴礼翔、中国工程院院士、中国城市科学研究会副理事长江亿，中国工程院院士、中国建筑学会副理事长崔愷，深圳市城市建筑科学研究院股份有限公司董事长叶青，中国工程院院士、2010 年上海世博会总规划师、中国城市科学研究会副理事长吴志强在线上作主题演讲。会上，各位专家、学者针对绿色建筑维度的拓展、"双碳"战略目标的实现进行了主旨发言，进一步强调了新时代高质量绿色建筑所倡导的"本土化、人性化、长寿化、智慧化、低碳化"等理念对于可持续发展的重要意义，并针对各项设计措施与技术的研发进行了深入的交流。

3.3　发展方向解析

随着我国城镇化进程进入"增量结构调整、存量提质改造"的新阶段，以及建设行业在智能化、智慧化等方向的转型与重大变革，未来新时代告高质量绿色建筑设计体系也将随着这一改革的进程不断调整、完善，具体体现在如下几个方面。

3.3.1　实践过程中与信息化的深度融合

随着 BIM 技术、人工智能、大数据等技术的不断发展，其对于建筑行业的影响也愈加深入。如何通过更加智能化、智慧化的方式，将新时代高质量绿色建筑设计体系与传统的设计流程、当前及未来的设计工具进行深度的融入，是未来一段时间从实践角度出发面临的重要课题。"十三五"期间，天津大学、清华大学、东南大学、同济大学、中建集团等国内三十家企业和高校共同开发形成了基于性能驱动的建筑设计工具体系，为实践新时代高质量绿色建筑设计的性能模拟及优化环节奠定了基础。2021 年，由中国建设科技集团发起，集团所属企业参与，共同完成了新时代高质量绿色建筑设计体系信息化应用研究工作，形成了以查询、检索为核心，以伴随式应用为特征的设计辅助软件。然而，如何通过智慧化的方式，实现设计策略的自动推荐、设计实践的自动判别、绿色建筑综合性能的及时评估仍将是未来新时代高质量绿色建筑在设计实践过程中所面临的重点、难点问题。

3.3.2　策略体系与城镇化发展的深度融合

住房和城乡建设部《"十四五"建筑业发展规划》中指出，我国城市发展由大规模增量建设专为存量体质改造和增量结构并重的新阶段。在这一宏观发展背景下，势必要求新时代高质量绿色建筑在既有的本土化、人性化、长寿化、智慧化、低碳化理念的指导下，基于既有的新时代高质量绿色建筑设计体系、时序与框架，如何结合当前的城市更新与既有建筑改造提升，是当前该体系所面临的紧迫和重要问题。2022 年，内蒙古工业大学建筑学院团队联合行业内龙头企业率先对此展开研究，基于新时代高质量绿色建筑设计体系框架，从场地处理、保障安全、改良性能、更新界面等维度出发，初步建立了适用于既有建筑更新改造的策略体系。

同时，面向我国地理类型、气候类型复杂，城市经济发展程度差异较大而导致的不同地域的绿色建筑设计策略差异问题，中国建筑设计研究院有限公司与深圳市建筑工务署深入合作，结合深圳的地域气候、地理特征、人文特色的基础上，以新时代高质量绿色建筑设计体系为框架，编制了《深圳市工务署 政府工程建筑设计导则》，以人文、绿色、智慧、创新、开放为核心理念，促进深圳地区政府工程设计品质的提升。

3.3.3　技术体系与时代发展的同步迭代

2021 年 9 月，中共中央　国务院《关于完整准确全面贯彻新发展理念做好碳达峰碳中和工作的意见》印发，将碳达峰、碳中和作为国家战略提出。住房和城乡建设部、国家发展改革委员会《建设领域碳达峰实施方案》等文件的印发，为新时代高质量绿色建筑的发展与"双碳"目标的协调提出了更高的要求。

同时，随着我国建设行业整体科技水平的不断发展、建筑材料、部品、构件的性能不断提升，建筑系统能效水平不断升级，新的设计策略、方法及技术不断涌现，如何将各项技术创新融入既有的设计指导体系框架，对现有体系不断完善、扩充、丰富，是新时代高质量绿色建筑设计体系将持续面临的重要问题。

4 结语展望

新时代高质量绿色建筑设计指导体系从理念价值观入手，形成了包含理念、设计时序、设计策略及方法的设计指导体系，它既是绿色理念的重新整合梳理，也是绿色策略与方法的集成。从价值宣贯到体系重构，并按照不同专业、不同阶段来指导设计生成和工具应用。改变目前对标式评价的方式，以正向绿色设计体系引领建筑创作与技术深入。

在当前从国家、到各行业、再到各省市均将高质量发展与绿色发展作为重要原则的背景下，新时代高质量绿色建筑设计体系也将逐步与碳达峰、碳中和等发展战略与理念进行更深程度的融合，在城镇化高质量发展的过程中适度调整，并伴随着行业发展过程中形成的诸多技术创新进行更深层次的完善、丰富和扩充。

中国智能城镇化的挑战与未来

Challenge and Future of China's Intelligent Urbanization

（同济大学）

1 中国智能城镇化面临的主要问题

2010 年，我在担任上海世博会园区总规划师期间，详细研究对比了全球 252 个国家城镇化过程后，提出中国正处在城镇化的转型窗口期，应当尽快进入以智力创新驱动的城镇化模式，即智力城镇化，否则将会像大部分拉丁美洲国家一样掉进发展陷阱。2010 年中国的城镇化率刚过 50%，而这个数字在 2021 年达到 64.72%。如全球城市的发展规律所呈现的，城镇化过程与整个社会的智能化结合，是保障高质量的城镇化、实现转型发展的一个重要路径，我把这个路径称为"智能城镇化（Intelligent Urbanization，IU）"。现在几乎全球都认识到了智能城镇化的重要性，而这个概念是由中国人提出的，并且在中国提出后传遍了世界，形成一种共同的认识，即走智能城镇化的道路是决定一个国家城镇化是否成功的关键。

智能城镇化对中国的意义特殊，中国的城镇化堪称地球上人类最大规模的运动，IU 这一关键词出现的本身，就是中国的城市规划在治理过程中，走到世界领跑地位的一个标志。全球城镇化的第一梯队，即早已经进入成熟城镇化阶段的发达国家，例如美国、英国等，很少使用城镇化一词；而相对落后的一些发展中国家，例如一些非洲国家，尽管正在蓬勃发展，还没有主动大规模地推进国家的智能化发展，智能水平普遍较低，因此也很少有国家将城镇化和智能化结合。今天的中国因其特殊的发展条件，成为在全球范围内将智能化和城镇化的过程紧紧凝结起来的一个特别的国家。可以预见，100 年后，回顾人类城市发展历史，中国智能城镇化将和 150 年前由工业革命推动的英国城镇化一样，成为现代城镇化过程中一段对人类具有里程碑意义的历史。

在这个背景下，我们再看中国智能城镇化面临的两个问题：

（1）智能城镇化的过程受到这次新型冠状病毒肺炎（Convid-19）疫情的挑战。中国自 2019 年以来正经历着历时近三年的大规模疫情，并且仍在持续，在疫情进入常态化的今天，中国的城镇化道路还是这样吗？这一问题引发了诸多尖锐而深刻的探讨。一些观点质疑中国的疫情之严重与过去 40 年的快速城镇化关系重大，大量人口在城市集聚和流动，为以人为媒介的流行病提供了广泛传播的条件。相比之下，在农村人口密度低、建设少、绿化覆盖高的地区，疫情很少发生，即便发生也不会出现在城市地区由于大面积传播而不得不采取封控措施，造成生活供给很难保障的情况。而另一些观点则认为，城镇化与疫情关系不大，假如中国的城镇化率只有约 20%，难道就不会经历疫情吗？事实并非如此，例如，1940 年代全国范围内爆发的疟疾、1970 年代末遍及中国 16 个省市自治区的血吸虫病、1980 年代上海毛蚶引发的罕见甲肝，这些流行病同样造成了大量农村地区的感染。但是这些流行病没有像 Convid-19 一样引起从未有过的广泛的社会警觉。其原因在于，在城镇化率较低的情况下，一个农民感染产生的后果，明显小于城镇化率较高情况下一个市民感染产生的后果，因此社会敏感度以及对整个国家的影响完全不同。这可以解释为什么同样是人口大国的印度对疫情的警觉远不及中国。在对城镇化的研究中，很少真正将疫情与城镇化的规律结合在一起。城镇化影响的不是"疫"，

61

而是"情"字，疫情的"情"超过了病毒本身，假如没有人，那么即便有病毒也不会构成疫情，城镇化产生的大城市人口规模以及人口密集度与疫情息息相关。恰恰是中国正处在这样一个智能城镇化的关口，更加需要清醒、冷静地去分析。

（2）中国的智能城镇化与智能技术的发展紧密结合，而在疫情发生以后，智能技术的发展也产生了巨大的变化。这一变化体现在，那些原先需要经过 15 年完成的智能化设备、设施，那些在我们生活中作为中长期规划的战略性技术，在疫情影响下忽然变成了应急措施。人们迫切需要依靠更有效的智能技术来解决快速城镇化过程中产生的问题，因此社会的智能化进程被加快，人民的生活更加急迫地需要得到智能技术的支撑。这不论给技术发展，还是社会结构与人的生产、生活方式都带来了巨大的挑战。

在 2022 年的今天，不论是城镇化还是智能，都应该和疫情结合起来进行思考，在人类社会遭受疫情，付出如此之大代价的情况下，重新审视智能城镇化过程中的经验和教训。没有过去的快速城镇化，就不会有影响深远的疫情；没有智能化，我们就无法应对这一挑战。因此，智能城镇化在疫情条件下，显得更加迫切和必要。

2 未来智能城镇化的技术机遇

我在 2006 年筹备上海世博会规划时就提出了城市智能模型（City Intelligent Model，CIM）的概念，后经四代实践，逐步发展成为当前城市信息化不可或缺的新型基础设施。CIM 的建设不仅仅是一个技术问题，更应当关注在还原一个真实城市的数字系统，即数字孪生城市的基础上，以智能模型为驱动，进一步实现未来城市治理、辅助城市问题决策以及促进人民美好生活的核心目标。在 2022 年进一步提出了跨代（Generation Cross，GX），认为应当借助智能技术看到城市的历史、今天和未来。智能城镇化涌现出新技术的方向，值得注意的转变体现在城镇化开始进入虚拟世界。在智能城镇化过程中，城镇化的实体——大地上的进程和虚拟的城镇化生活同时快速迭代，一实一虚两个事件同时推进；甚至在真实世界的城镇化开始受阻、停滞的时候，虚拟的城镇化开始大规模推进，在虚拟空间中，人们同样可以享受城镇化带来的价值。因此产生了又一个关键词，"虚拟城镇化"（Virtual Urbanization，VU）。例如在 2022 年 7 月的第五届数字中国建设峰会中，我提出了"福元宇宙"，以"人人都可构筑的愿景"为核心思想，在福州闽江两岸以及海峡国际会展岛通过"真实场景＋AR 技术（RAR）"实现了人人可以感知的沉浸式数字体验。假如说 IU 是中国带领的话，那么到了 VU 阶段，应当是中国开始大规模领先世界。在全球范围内没有一个国家，能够像中国这样，在大规模城镇化的过程中遇到了大数据、人工智能、移动互联网、云计算、区块链等诸多数字科技的支持。虚拟城镇化正是建立在大量智能技术的基础上形成的中国特有的概念，在发达国家很难形成这样的思考。虚拟城镇化将会对世界未来 50 年的发展产生重要的影响，本质上是将城市的生产、生活元宇宙化，在虚实结合的城市空间中创造新的价值。

3 中国智能城镇化未来发展的关键步骤

在智能城镇化的过程中寻找需求方和支撑方的结合点，是保障城镇化科学、有效的核心环节。支撑方，即智能技术的供给。我在 2017 年提出将人工智能技术大规模地导入城市规划和设计，并在全国开展了大量的智能诊断、智能推演实践，用科学方法辅助对城镇化的战略性判断。而在今天，人工智能的普及已经远远超过我们的认识，技术大众化成为必然趋势。随着越来越多的人开始使用 python，以及人工智能的开源开放算法平台的日渐成熟，人工智能已经不再是神秘的、掌握在少数人手中的技术，而是每一个公司、个体都可以灵活使用的工具，这将激发出巨大的创新潜力。我把这个过程叫作 AI 的"计算器化"，正如 20 世纪初电子计算器的普及，到了大众都可以使用人工智能技术的时代，整个世界将发生新的历史性的转变。另一项关键性的技术是 5G 的大规模导入城市生活，甚至农村生活。《中国制造2025》提出全面突破5G技术，突破"未来网络"核心技术和体系架构。在可预见的未来，5G甚至6G技术将会成为深刻改变城市社会结构的一项关键技术，高效、便捷的远程通信使人与人的交往更加密切，缩短了在虚拟空间中的人的距离，虚拟城镇化的价值得到体现。

另外，需求方，即智能技术的使用者，也在发生转变。需求方的迭代也是智能城镇化的关键环节。疫情为城市治理带来了转变，在过去城市职能部门的管理模式基础上，社区开始发挥越来越重要的作用。自上而下与自下而上相结合的城市治理模式转型，对智能技术发展起引领作用，带动了人工智能、区块链、元宇宙等技术的创新应用，可以称之为"抗疫城市""抗疫城镇群"。在城镇化的过程中，强调以智能技术来减少城市的抗疫损失、维护城市生命安全底线。2022年上半年长三角城镇群的城市经济增速由于疫情出现了不同程度的下降，因此，建立一个更加韧性的城市十分关键，这不仅依靠智能技术，同样依靠制度的创新。

4 中国智能城镇化的展望

人类特大城市的规模，第一层面在东京，东京都市圈有约3700万人，第二层面是中国的北京、上海，包括印度的孟买，人口规模约在2000万到2500万。我曾经提出过城市规模与其治理能力的关系，规模的好坏不在其本身的大小，而应当与城市的治理能力相匹配。中国的城镇化不应一味追求城市的规模，而应当考虑与城市治理的能力相匹配的，能够保障人民生命、生活、财产、健康安全的城镇化规模。借助新技术可以提高城市的治理能力，进而推进更高水平的城镇化进程。

因此，城市的发展不能盲目，而应当非常冷静地审视自身的治理能力，否则将会产生极其严重的后果。2000年前的古罗马，人口规模超过100万，整个罗马帝国达到约7000万人，随后经历了分裂成东罗马和西罗马、衰败，最终成为大片废墟。那么1000年后的未来，我们的城市会成为一座废墟，还是一座有生命的安全的活体，城市健康发展、人民美好生活的可持续的城市？这是一个中国的城镇化过程中值得注意的问题。

中华民族历史上的一些伟大城市，例如唐朝长安，其城市治理的价值是巨大的，自秦汉沿用下来的里坊制度在唐朝得到充分的执行，每一个街坊都封闭设施，接受高效的管理。今天，我们每一个街道都有一个管理委员会，居委会的在现代城市社会中，特别在面对大规模疫情时发挥了重要的作用，这是中华民族对世界的伟大贡献之一。但是，也有一些问题值得思考：在社会治理中，居委会的权力是谁授予的？居委会和业主的关系是什么？是政府出资还是完全民间的组织？上述问题反映了智能城镇化过程中对新型治理模式内核的思考，在中国城市的土地上我们正在进行大规模的试验，如果成功，全世界将会再次认可中华民族的思想，并重新审视究竟哪种治理模式是最高效的。中国的智能城镇化治理将会成为新的里程碑，并为全球提供一个中国样板。

欧洲建筑业数字化和低碳环保发展趋势

The Development Trend of Digitalization and Sustainability in European Construction Industry

杨 倩 武文斌 黄锰钢

（广联达科技股份有限公司）

1 引言

目前，先进的建筑技术主要集中在数字化和低碳环保方面，这两者在某些条件下可以进行结合，兼顾了经济效益和可持续发展，达到双赢的效果。放眼全球，欧洲的数字建筑和环保科技均处在世界领先水平，其中英国和瑞典又是该领域的排头兵。因此，本文将以英国和瑞典为例，探索欧洲数字建筑和低碳环保方面的现状和应用情况，以供我国的建筑企业学习借鉴，共同促进行业的升级转型。

本文首先从市场宏观角度对英国、瑞典两国进行分析，探寻催生出先进建筑技术的社会背景。此后，对欧洲主流的数字化，绿色环保技术以及它们的应用情况进行分类阐述。最后，本文将以英国和瑞典典型的几家施工企业为例，观察它们是如何应用这些技术促进自身发展的。

2 市场宏观分析

本章节将从宏观经济数据、行业政策动态、社会问题三方面对英国和瑞典建筑业进行抽丝剥茧的分析，便于读者更好的理解催生出建筑行业数字化和低碳环保技术的经济政治和社会大背景。

2.1 宏观经济数据

2.1.1 英国建筑业 GDP

2021 年英国建筑业 GDP 为 1452.18 亿欧元，年同比增长率回弹至 13.65％，基本恢复到疫情以前的正常水平（图 1）。建筑生产力已从疫情带来的最初冲击中基本恢复，蓬勃发展的国内房地产市

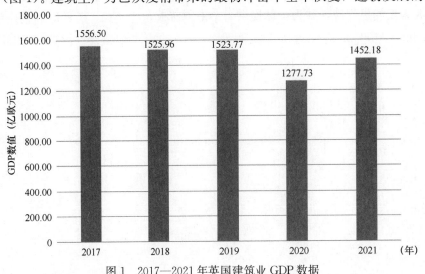

图 1　2017—2021 年英国建筑业 GDP 数据

场，维修保养和改善行业的需求大幅增加，以及 HS2 等大型基础设施项目，都显著促进了行业需求的复苏。

2.1.2 瑞典建筑业 GDP

瑞典 2021 年建筑业 GDP 达到 281.95 亿欧元，同比增长 0.39%。2020 年和 2021 年均处于稳定回升的状态（图 2）。建筑业经济在一定程度上受到了俄乌战争爆发所造成的后果的抑制，例如能源和原材料价格上涨和利率上涨，而且还受到瑞典不断逼近的水泥短缺情况的影响。

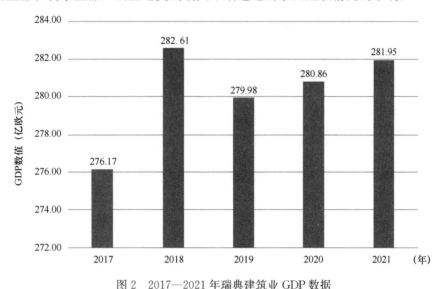

图 2 2017—2021 年瑞典建筑业 GDP 数据

2.2 影响建筑业发展的社会问题

2.2.1 英国

（1）人口

英国的总人口在 2019 年达到了 6680 万，预计到 2030 年中期将增加到 6920 万。从人口结构上来看，2020 年中期有 170 万人在 85 岁及以上，占英国人口的 2.5%。到 2045 年中，这一数字预计将翻一番，达到 310 万，占总人口的 4.3%。人口结构的这种转变将推动对医院，养老院和卫生基础设施的需求，为英国建筑业创造更多的机会。

（2）住房

据 2018 年的统计数据，英国总人口的 91% 居住在城市，尤其是聚居在大型城市，这增加了伦敦等主要城市的住宅建设压力。尽管政府将公平社会住房列为优先事项，英国仍面临住房危机。政府计划到 2031 年，每年建设 30 万套住宅，包括廉租房。这将进一步刺激建设活动的持续增长。

（3）就业

建筑业是英国经济中最大的行业之一，雇用了 310 万人或超过 9% 的劳动力。它依赖于劳动密集型的商业模式，由于人口变化的影响，这种模式变得不可持续。在目前的英国建筑劳动力中，32% 的人年龄在 50 岁以上，另有 58% 的人年龄在 25 至 49 岁之间。只有 10% 的人年龄在 25 岁以下。该行业面临提升人员的数字化技术水平，同时招募和留住足够的具有传统技能的人的双重挑战。

（4）疫情对建筑行业的影响及政府的支持性政策

1）材料价格。整体来看，自疫情开始的 2020 年，英国建材价格持续攀升，2022 年价格指数 121，达到近 12 年的最高值，同比增长幅度也达到了最高值 18.5%。从材料类别来看，2021 年 9 月同比 2020 年 9 月，钢材和木材价格涨幅最大。由于铁矿石成本上涨和能源成本的上涨，钢材价格同比上涨 73%。随着越来越依赖进口来满足国内木材需求以及一些木材生产国实施原木出口禁令，整个英国的木材供应仍然面临压力。2021年9月同比2020年9月进口锯材和刨光材价格涨幅为73%（图3）。

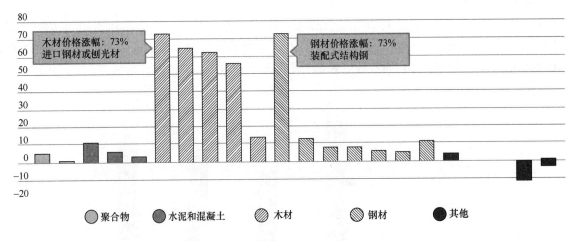

木材价格涨幅：73%
进口钢材或刨光材

钢材价格涨幅：73%
装配式结构钢

⬤ 聚合物　　⬤ 水泥和混凝土　　▨ 木材　　▨ 钢材　　● 其他

图3　2020—2021年英国具体材料价格上涨幅度

2) 人力成本。除了材料短缺之外，建筑业还面临着某种程度的劳动力危机。根据英国国家统计局统计，2021年9月职位空缺数量创历史新高，共产生48000个空缺职位。据估计，2020年近四分之一的欧盟建筑劳动力离开了英国。劳动力需求远大于供给，推高了人力成本。为帮助企业从疫情的阴霾中尽快走出，恢复经济，英国政府在2021年3月出台了复苏贷款计划（Recovery Loan Scheme）。该计划目前向任何规模的企业开放，支持他们获得贷款和其他类型的融资，以便他们能够在过渡期后恢复。这项政策对缓解建筑行业企业现金流的压力有一定的帮助。

2.2.2　瑞典

（1）人口

2020年瑞典总人口数为1030万，预计到2030年将增长7.5%（达到1110万）。2020年瑞典劳动年龄人口占总人口的62.2%。65岁以上人口占总数的20%，预计到2030年增加到。预计该国的人口趋势将推动对公共设施建设的需求，例如医院、养老院和其他护理设施。

（2）住房

瑞典的家庭数量增加了24.7%，从2010年的446.03万增加到2020年的556.38万。据州抵押贷款提供商（SBAB）称，预计未来几年将建造约5万套新房，这些住房是为跟上人口增长趋势所必需的。这意味着大约9万套的住房短缺会在2027年之前解决。

（3）就业

2020年瑞典就业于建筑行业的人数为718148人，其中施工行业吸纳了64.8%（465081人）的大部分劳动力，其次是建筑与工程活动（15.8%，113132人），房地产活动和制造业分别占比12.8%和6.7%。

（4）疫情对建筑行业的影响及政府的支持性政策

1) 材料价格。2018—2021年瑞典建筑材料价格指数（按季度）如图4所示。自2021年Q1起，建材价格指数迅猛攀升，到2022年5月指数达到154.6的最高点，同比增长24.78%（图5）。原因可能为瑞典放开了疫情封锁，开工量恢复，拉高了需求。但全球供应链尚未完全恢复，加之俄乌战争推高了能源价格，也增加了建材生产的成本。在"建材"组别中，木制品和钢筋的成本居高不下。2022年2月份同比2021年2月份分别增长了60.3%和44.5%。包括钢筋在内的钢铁成本上涨了35.4%。其他建筑材料组的成本也有所增加。

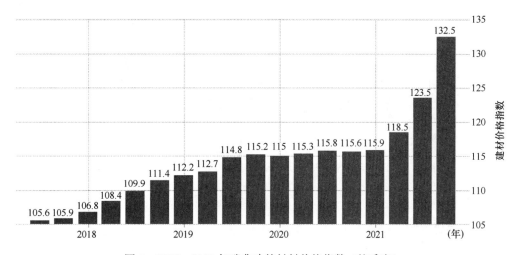

图 4　2018—2021 年瑞典建筑材料价格指数（按季度）

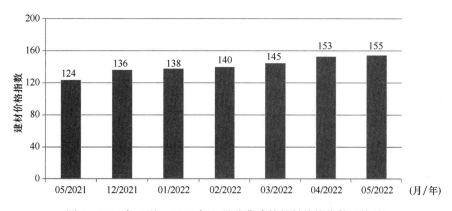

图 5　2021 年 5 月—2022 年 5 月瑞典建筑材料价格指数（按月）

2）人力成本。2018—2021 年瑞典建筑业人力成本指数（按季度）如图 6 所示。自 2020 年 Q4 后，人力成本指数波动上升，到 2022 年 5 月达到最高值 114.5，同比增长 2.3%（图 7）。

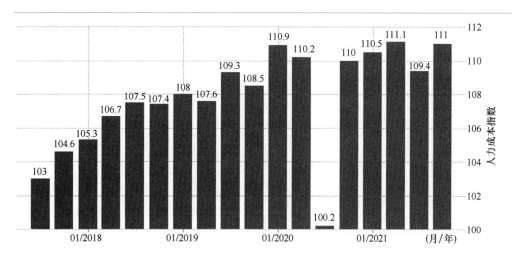

图 6　2018—2021 年瑞典建筑业人力成本指数（按季度）

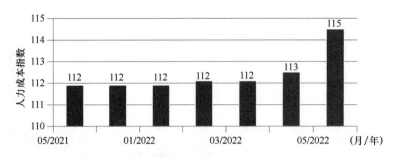

图7 2021年5月—2022年5月瑞典建筑行业人力成本指数（按月）

2.3 行业政策动态

2.3.1 英国行业政策动态

英国行业政策动态见表1。

英国行业政策动态 表1

类别	政策内容	发布机构	发布时间	对当地总包可能产生的影响	细分方向
数字化相关	**政策名称**：BIM 3 级项目（BIM Level 3 Programme） **核心内容**：延续英国 BIM 政策，推动建筑企业在 2025 年之前达到 BIM 3 级，实现全员具备 BIM 模型协同能力。Level 3 将实现建筑环境中不同元素的互联数字设计，并将 BIM 扩展到资产在其生命周期内的运营。它将支持智能城市、服务和电网的加速交付。业主和运营商将能够更好地管理资产和服务，因为他们跟踪其实时效率，最大限度地提高利用率并减少能源使用。 **当前进展**：2016—2020 年英国政府大力推动 BIM 应用，希望到达 BIM 2 级，目前实际效果不及预期，以满足政府要求为主，施工总包企业疲于应对，政府颁布 BS EN ISO 19650 等标准，政府推动力出现下降，鼓励与其他技术结合达到 3 级	英国政府	2015	1. 研究政府要求，满足承接政府项目 BIM 要求。 2. 加速挖掘 BIM ＋其他技术在施工阶段价值	BIM
数字化相关	**政策名称**：国家数字孪生计划（National Digital Twin Programme） **核心内容**：为确立在数字孪生技术开发和应用方面的世界领先地位，2018 年 7 月，英国财政部启动了由剑桥大学主办的国家数字孪生计划（NDTp）。旨在建筑行业中建立数字孪生生态系统，为行业提供信息管理框架，搭建行业内企业合作平台。 **当前进展**：过去 3 年数字孪生成为行业热点话题，政府联合剑桥大学成立"英国数字建造中心"，2018 年发布数字孪生路线图，截至 2022 年，已有 1599 个行业内企业及组织加入数字孪生计划，形成 67 个数字孪生应用案例，数字孪生话题热度持续走高	英国政府，英国数字建造中心（CDBB）	2018	针对数字孪生如何落地，如何实现的需求逐步增强	数字孪生
环保相关	**政策名称**：碳排放零变化项目（Carbon Zero Change Program） **核心内容**：英国计划到 2050 年实现国家净零碳排放，其中建筑业占碳排放 40%，为此 Build UK 协会组织行业领导委员会中超过 100 家总包头部企业联合组织碳排放清零行动计划，预计在 2050 年实现零碳目标。 **当前进展**：已有 100＋总包企业参与零碳行动，将减碳作为重要战略方向，明确对碳排放进行评估，采用多种方式减少碳排放。后续碳排放评估计算可能纳入行业法规	建筑业领导委员会（The Construction Leadership Council）	2021	必须掌握碳排放计算，评估，减少方式，逐步落地实现	净零碳排

类别	政策内容	发布机构	发布时间	对当地总包可能产生的影响	细分方向
环保相关	政策名称：供暖与建筑策略（Heat and Buildings Strategy） 核心内容：该战略阐述了政府将如何提高住房的供暖和能源效率，鼓励人们在家中安装低碳供暖系统，并鼓励行业以更具适应性的方式开展工作，以降低热泵的总体成本。 当前进展：政府已表示有意升级现有的燃气锅炉系统以提高效率，更换过时、低效的锅炉系统	英国政府	2021	在未来几年会有更多的旧宅翻新项目，总包将获得更多的翻新项目合同的机会	供暖
环保相关	政策名称：BRE 环境评估方法（BREEAM-BRE Environmental Assessment Method） 核心内容：该评估方法是英国领先且应用最广泛的建筑环境评估方法。它由建筑研究机构（BRE）开发，已成为英国建筑环境性能的事实上的衡量标准。减少运营碳排放是 BREEAM 的一项关键要求。能源是 BREEAM 新建筑 2018 中权重最高的部分（16%），并且有强制性的运营碳要求才能达到"优秀"和"杰出"评级。BREEAM 获取数据的目的是量化建筑能源建模中的能源和温室气体排放。此建模必须由设计团队使用符合英国国家计算方法（NCM）的经批准软件进行。 当前进展：尽管目前是自愿的，但许多公共资助/采购的建筑物都需要通过 BREEAM 评估并达到最低 BREEAM 等级	英国建筑研究所 Building Research Establishment（BRE）	2018	目前是自愿的，未来可能会通过立法强制，类似瑞典的气候影响申报	运营碳排放
其他	政策名称：国家基础设施策略（National Infrastructure Strategy） 核心内容：预计未来 10 年，英国政府将投入 6500 亿英镑到基础设施建设，例如交通，能源，教育，房建翻新等领域。 当前进展： 继 2020 年 11 月发布《国家基础设施战略》后，《国家基础设施和建设管道》是迄今为止最雄心勃勃的战略目标。它规定将策略落地所需的未来采购和投资水平以及劳动力需求	英国政府	2020	获得政府基建类项目合同机会增加	投资

2.3.2　瑞典行业政策动态

瑞典行业政策动态见表 2。

瑞典行业政策动态　　　　　　　　　　　　　　　　　　　　　　　　表 2

类别	政策内容	发布机构	发布时间	对当地总包可能产生的影响	细分方向
数字化相关	瑞典政府尚未针对建筑数字化出台明确的法律法规，但政府持支持鼓励的态度。数字化发展主要依靠民营企业的力量，诸多本土建企在公司内部成立了专门的数字化部门，致力于孵化新技术，新产品。同时，这些企业也在市场上广泛寻找合作伙伴，汇集众智来提升自身数字化水平。瑞典是北欧乃至欧洲的重要数字化力量				
环保相关	政策名称：建造建筑物时的气候声明申报（Climate Declaration When Constructing Buildings） 核心内容：建造新建筑时，必须在气候声明中报告其气候影响。气候声明的目的是通过强调这些影响来减少建筑施工中的碳排放。 当前进展：已于 2022 年 1 月 1 日生效实行	瑞典政府	2019	需要在建造中提供气候声明报告，增加工作量和复杂度（虽然文件中提交主体是地产开发商，但是总包承担按业主诉求提供计算结果等责任）	气候申报

续表

类别	政策内容	发布机构	发布时间	对当地总包可能产生的影响	细分方向
环保相关	政策名称：绿色复苏将使瑞典摆脱双重危机（Green Recovery will Lift Sweden out of Dual Crisis） 核心内容：政府认为仍需要大量投资以实现更好的能源绩效和解决现有建筑存量的翻新需求。 当前进展：政府已在2021年提供9亿瑞典克朗，以支持提高能效和翻新公寓楼的新形式	瑞典政府	2020	客户有机会承接政府的翻新项目，增加营收	旧楼翻新

2.4　市场宏观分析小结

从宏观经济层面看，两国的建筑业GDP，在2019年都有明显下滑。虽然英国建筑业受疫情打击的降幅要低于瑞典，但瑞典的恢复更快，2019年后GDP便逐渐回升，英国到2021年才出现。两国的建筑业产值均已基本恢复到疫情前水平。

影响建筑业发展的社会问题涵盖了更多类别。在人口结构上，两国均预测了老龄化将在未来25年中愈加严重的情况，医院，养老院和卫生基础设施的需求将不断增长。在住房方面，随着住房需求的日益增长，住房短缺问题逐渐凸显，两国均需增加住房的供给，尤其是在大城市的经济适用房，这将带动两国的建筑业发展。从建筑业的整体就业情况来看，施工行业和建筑与工程行业吸纳了大部分的就业人口。疫情对建筑行业的影响聚集在材料价格和人力成本大幅上涨两方面，这推高了建筑成本，削减了利润率，使企业本就吃紧的现金流雪上加霜。

在行业政策动态方面，英国在建筑数字化方面有更加完善的法律法规，包括BIM和数字孪生。瑞典政府尚未出台该行业数字化的明确规定，但这并未影响瑞典建筑业的高度数字化程度。两国在减碳环保上均确定了国家级目标，英国承诺在2050年实现国家净零碳排放，瑞典则在2045年。瑞典在新建筑对气候影响的申报上走在了欧洲的前列，相关法律已在2022年1月1日生效并开始实行。

3　数字化，低碳环保主要技术

下文将从欧洲的主流数字化技术和低碳环保技术两方面进行介绍，这些技术在英国和瑞典均有广泛应用。

3.1　主流数字化技术分类和相互关系

本部分根据意识水平，采用率，市场发展以及带来的好处分析两国采用的主要数字技术。这些技术分为三类：数据采集、自动化流程以及数字信息与分析，详见表3。

建筑中的三类数字技术　　　　　　　　　　　　　表3

数据采集类技术	自动化流程类技术	数字信息与分析类技术
◇传感器（Sensors） ◇物联网（IoT） ◇3D扫描（3D Scanning）	◇机器人（Robotics） ◇3D打印（3D Printing） ◇无人机（Drones）	◇建筑信息模型（BIM） ◇数字孪生（Digital Twins） ◇虚拟和增强现实（VR/AR） ◇人工智能（AI）

在某些情况下，上述所介绍的技术是高度互联的。图8对不同数字技术之间的交互和实现进行了简要概述，需要注意的是，该图无法捕捉所有的可能性，旨在对它们的相互联系做出说明。

数字技术不仅可以应用于施工阶段，还可以应用于建筑生命周期的其他阶段，包括设计、运维、翻新和拆除，参见图9。这些技术往往被使用在新建建筑物，而不是额外投资在现有的建筑物中，因为从一开始将它们整合并根据用途来构建项目更容易且更具有成本效益。

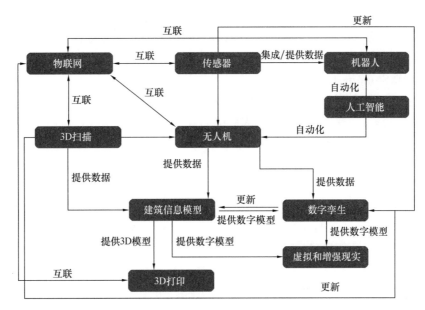

图 8　建筑行业数字技术之间的相互作用概述

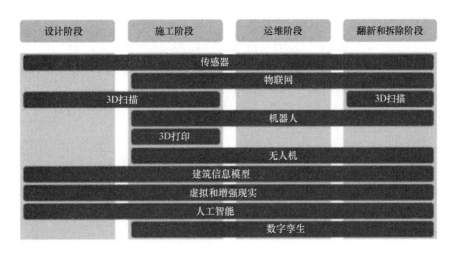

图 9　数字技术在建筑生命周期各阶段的应用

3.2　主流数字化技术详细介绍

3.2.1　传感器（Sensors）

传感器适用于建筑物的整个生命周期，即设计、施工、运营和维护、翻新和拆除阶段。目前在欧洲，瑞典是传感器采用率最高的国家之一。

在施工阶段，传感器具有三重优势，预防，安全与优化，和高效管理。嵌入机器中的传感器使机器操作员和现场管理人员能够及时评估机器何时需要维护，不仅降低了维修成本，还降低了使用机器人员的风险。同样的逻辑也适用于施工期间使用的个人防护设备中，提高了施工现场的安全性并保护工人的健康。

传感器不仅可以收集数据，还可以将这些数据导入计算机和云网络进行分析，比如通过物联网系统，或直接输入数字孪生、BIM 等。

3.2.2　物联网（IoT）

物联网在欧洲的采用率相对较低，尚未被认为是一种完全成熟的技术，其实施通常仅限于试点项目，主要在施工、运维和拆除阶段进行测试。

在施工阶段，项目经理和现场主管可以使用物联网通过传感器系统来监控工人的安全，以确保他们不会暴露于有害物质或身体危险中。此外，通过将建筑机械连接到云端，物联网可以远程管理车队，也可以远程管理机器在工人无法进入的污染或危险区域进行施工。

3.2.3 3D扫描（3D Scanning）

据估计，采用3D激光扫描可使项目成本降低5%～7%，项目时间缩短10%～12%。

在新建筑的施工阶段，3D扫描通常与无人机中的其他传感器相结合，对用于施工的区域进行勘测和扫描，以便在施工前和施工过程中收集测量数据。扫描后，点数据可以转换为3D模型。施工过程中，项目经理可以使用3D扫描，将设计模型（BIM模型）与当前施工状态进行比较，从而评估一切是否符合最初的计划。

3D扫描可以与无人机相结合，对难以从地面接近的物体进行扫描，如桥梁，铁路和水上建筑。例如，德国铁路公司Deutsche Bahn使用3D扫描仪来调查其基础设施的实际情况，以开发BIM模型。

3.2.4 机器人（Robotics）

机器人在欧洲建筑工地的使用仍然非常有限，市场采用处于起步阶段，但预计未来几年机器人市场将稳步增长。该项技术在英国和瑞典的采用程度高于欧洲平均水平。

在施工阶段，机器人可以交付更精确和统一的工作。他们可以在涉及困难体力劳动或危险环境中代替工人，或替代重复性任务。一方面，它降低了工人的安全风险，另一方面，它显著降低了出错的可能性。这意味着更高的施工质量，更低的最终成本和工期延误可能性。例如，工人在举重物或处于使身体不舒服的位置时使用外骨骼，即佩戴的机器人身体装置，可以降低执行任务时的安全风险。机器人也可以用于砌砖，挖掘等重复性体力活，提升现场工作效率。

在运维阶段，机器人技术可以与传感器、物联网等其他技术相结合。例如，无人在家时自动锁门、调整灯光等。

3.2.5 3D打印（3D Printing）

目前，3D打印的应用仅限于较小规模，而较大部件或使用多种材料的打印仍然是一个挑战。

3D打印主要应用于施工阶段，通过使用更省时、省材料的机器降低整体施工成本。特别是在用于生产模块化元件时，可减少最终的建筑垃圾量。3D打印不仅可以替代传统生产方式，还可以实现传统方法难以实现的独特设计和形状。其使用还被发现与减少建筑工地受伤直接相关。例如，意大利公司WASP制造了世界上最大的3D打印机之一，可以使用黏土打印可持续房屋。

3.2.6 无人机（Drones）

在欧洲，越来越多的公司使用无人机，比率约21%，使用率平均分布在大型公司和中小型公司。英国和瑞典对无人机的采用程度排在欧洲前列，德国公司h-aero开发的无人机可用于扫描，盘点和检查隧道、发电厂和其他场所。

无人机因其能够以有效且廉价的方式支持具有精确坐标和值的建筑工地的映射而受到赞赏。他们可用于捕捉场地的鸟瞰图，然后可以将这些数据转换为3D模型。这比其他技术更快、更经济，并且有助于消除测量员在工作中的危险。

3.2.7 建筑信息模型（BIM）

BIM可以说是建筑行业最发达和使用最广泛的数字技术。BIM有助于显著提高效率，降低成本，降低出错的可能性，加快交付进度，减少沟通不畅、不准确和延误，增加商业机会以及减少碳排放和浪费。

在BIM的使用方面，特别是与其他数字技术的结合方面，正在出现一些新的趋势。例如，BIM模型可用于打印特定的建筑构件。它可以与通过传感器收集的信息集成，以便在建造之前将建筑元素可视化，这对于大型基础设施项目特别有益。BIM还可用于开发和更新数字孪生。此外，地理信息系统（GIS）和参数化/生成式设计是与 BIM 模型相关联的特定方法，用于特殊用途。

3.2.8 数字孪生（Digital Twins）

鉴于这种创新技术仍处于初期状态，尚无关于数字孪生市场采用的详尽数据，他们主要用于试点或实验项目。该项技术正在被越来越多的国家关注，因为它代表了该领域最横向、最有益、最有前途的数字创新之一。英国在数字孪生的实验上排在欧洲前列，这可从英国政府在 2018 年启动的国家数字孪生计划上得到印证。

数字孪生的好处是多方面的，主要集中在施工和运维阶段。在施工阶段，项目经理可以利用数字孪生将 4D BIM 模型中最初计划的时间表与实际情况进行比较，从而帮助他识别偏差，做出科学的决策，及时采取行动。该技术与传感器、无人机相结合，可以不断实时更新项目数据，及时识别错误，减少延误的可能性，从而实现更高效的管理。在运维阶段，数字孪生可以提供自动资源分配监控和废物跟踪，使资源得到更有效的分配。除了 BIM 模型，数字孪生还可以使用来自公共交通的 GPS 数据，天气数据，流经城市的河流水位，不同街道上的空气污染，甚至是主要购物街上的人数，来生成城市数字孪生的模型。这将为公民，政策制定者和相关管理人员提供做出明智决策的数据依据。

图 10 所示为数字孪生反馈回路。

3.2.9 虚拟和增强现实（VR/AR）

据估计，欧洲 VR/AR 市场在 2019 年到 2025 年期间将以每年 36% 的速度增长，市场潜力巨大。瑞典在该项技术的采用程度高于欧洲平均水平。

VR/AR 在建筑生命周期的多个阶段广泛应用，特别是在设计和施工阶段。VR/AR 提供一个模拟环境，工程师、项目经理和客户可以在其中体验，从而对最终结果，其特征和功能进行逼真的可视化。VR/AR 还用于在进入建筑工地之前为工人提供风险识别和预防的培训。此外，越来越多的房地产公司运用该技术让买家在建筑物建成之前进行虚拟参观。

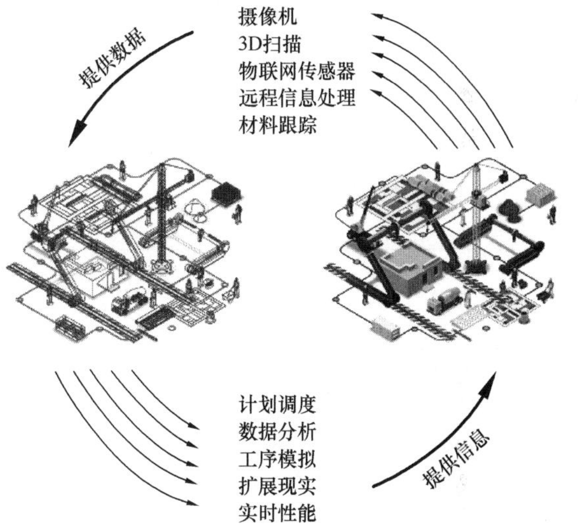

图 10 数字孪生反馈回路

3.2.10 人工智能（AI）

得益于计算能力上取得的重要进展，人工智能近年来获得了突破性的能力，其影响可以贯穿建筑物的整个生命周期。

在设计阶段，人工智能可为设计师提供生成式设计方法，与 BIM 软件集成，探索设计所有可能的错误和变化。在施工阶段，建筑公司和建材制造商、分销商可利用 AI 基于项目规模，合同类型和项目经理的能力水平等因素预测成本超支情况。项目经理可将历史数据，如计划开始和结束日期，输入到预测模型中，以预测未来项目的时间线。

基于 AI 的解决方案变得越来越流行，这些解决方案使用得越多，就越精确可靠，因为它们有越来越多的数据可供机器学习。

3.3 主流低碳环保技术分类

根据美国能源信息署 EIA 的数据，建筑业每年产生近 50% 的全球二氧化碳排放量。在这些总排放量中，建筑运营（通常被称为运营碳排放）约占 27%，建筑材料和施工约占 10%，其他建筑活动约占 10%。后两者通常被称为隐含碳排放。在隐含碳排放中，建材生产制造所带来的碳排量占比最大，尤其是混凝土、钢材和铝材这三种材料，分别占全球总排放量的 11%、10% 和 2%。基于上述情况，低碳环保技术按照其对应的建筑环节，主要分为减少建筑运营碳排放和减少建材制造碳排放两类，见表 4。

建筑业中的两类减碳环保技术 表 4

减少建筑运营碳排放	减少建材制造碳排放
◇太阳能热水（Solar Hot Water） ◇空气源热泵（Air Source Pumps） ◇地源热泵（Ground Source Heat Pump） ◇热电联产（Combined Heat and Power-CHP） ◇生物质供暖（Biomass Heating）	◇水泥低碳生产技术 ◇钢材低碳生产技术

3.4 减少建材制造碳排放技术介绍

（1）水泥低碳生产技术，见表 5。

水泥低碳生产技术 表 5

序号	技术描述	注释
1	对所有工厂进行最佳技术改造	当前的最佳可行技术是带有预热器的长干法窑，该预热器从熟料加热装置中回收热量
2	用温室气体含量较低的凝胶材料（高炉渣、煤或废飞灰）替代熟料	高炉渣或粉煤灰在市场上很常见
3	用温室气体含量较低的凝胶材料（煅烧黏土和石灰石）替代熟料	水泥中高达50%的熟料可以用当地的煅烧黏土和磨碎的石灰石代替，这可以在提高水泥强度的同时减少高达50%的碳排放
4	使用多尺寸且分散良好的骨料	混凝土强度可以变化4倍或更多，具体取决于骨料的混合、分散和间隔技术。专业的工业混合和分散剂可以使用更少的水泥生产更坚固、更轻的混凝土
5	使用替代性的低温室气体燃料，例如废气	这是在许多市场的常见做法。需要特殊的空气质量许可和废气清洁设备
6	碳捕获和利用	最先进的项目之一是比利时的LEILAC，它用一个浓缩过程二氧化碳的装置取代了煅烧炉，使其处理起来更容易、更便宜
7	用生物甲烷、氢气、氨气进行加热	任何生物甲烷、氢气或氨气都可以产生石灰石煅烧或熟料生产所需的热量
8	碳酸盐循环	碳酸盐循环是一种从烟道气（如钢铁厂，煤电厂）中分离二氧化碳的潜在方法，但需要不断补充吸附剂材料——氧化钙
9	生产碳化	水泥在其整个生命周期内或多或少地重新吸收二氧化碳，具体取决于其暴露在空气中的程度。生产碳化旨在一开始就使用来自其他行业的废二氧化碳
10	代替OPC的水泥化学成分，例如：可碳化硅酸钙熟料、磺酸钙铝酸盐、地质聚合物/碱活化粘合剂、硅酸镁或超硅酸镁质水泥	所有这些化学物质都有很大潜力，但需要广泛的试点和商业化。建筑师、设计师、土木工程师和承包商都需要熟悉它们的属性

（2）钢材低碳生产技术，见表 6。

钢材低碳生产技术 表 6

序号	技术描述	注释
1	氢气直接还原法	SSAB（一家钢铁生产商），LKAB（一家铁矿石球团制造商）和 Vattenfall（一家电力公司）成立了一家合资企业，开发直接还原的氢气
2	标准还原法中天然气的部分氢替代	Salzgitter AG 和 Fraunhofer Institute 之间的合作
3	水电解/电积	Siderwin 是一个最初由欧盟自助的研究项目
4	波士顿金属-熔融氧化物电解/电积	波士顿金属公司正在开发生产各种金属的技术
5	燃烧后捕获 CCUS 的还原法	Al Reyadah 是阿布扎比国家石油公司的全资子公司，正在从阿联酋钢铁公司运营的商业规模的直接还原法工厂捕获二氧化碳，用于提高石油采收率

序号	技术描述	注释
6	炉顶煤气再循环	将 90％以上的 CCS 添加到当前最佳可用技术中。目前没有试点项目
7	Hisarna，捕获 80％～90％ CCS	Hisarna 采用升级的熔炼还原工艺，一步处理铁矿石，消除了焦炉和结块。它可以高效地生产浓缩的二氧化碳流。在荷兰有小型试点，将在印度开展商业化试点
8	用氢气代替焦炭，用于工艺加热和还原	Thyssenkrupp 试点项目
9	将废气用于化学品或燃料	Thiessen Krupp 项目用此法生产乙醇，减少了 50％的碳排放

3.5　数字化和低碳环保技术的结合

3.5.1　建筑中隐含碳计算器（Embodied Carbon in Construction Calculator-EC3）

EC3 工具最初由瑞典建筑公司 Skanska 构思并与 C Change Labs 一起开发，由 Skanska 和微软联合种子基金资助。该项目总共有近 50 个行业合作伙伴，包括地产开发商、建筑师、工程师、承包商和材料供应商，为建筑商和设计师提供建材选择过程中建材隐含碳的信息。这使建筑商和设计师在选择建材时兼顾价格和碳成本，为低碳产品提供优势。

EC3 工具有效利用了来自施工估算和建筑信息模型的建筑材料数据，以及强大的第三方验证的环境产品声明（Environmental Product Declarations，EPD）数据库。EC3 工具根据在设计和采购阶段选择的材料估算建设项目的整体隐含碳排放量，使建筑师、工程师和承包商能够就低碳材料做出更明智的决定。

3.5.2　模块化（或预制）建筑技术（Modular/Prefabricated Construction）

几十年来，建筑业的生产力一直落后于其他行业。模块化建筑为行业提供了一个变革的机会，它将建筑活动的许多方面从传统的建筑工地转移到生产预制构件的工厂。

模块化（或预制）建筑并不是一个新概念，但技术进步、经济需求和不断变化的思维方式意味着它正在吸引前所未有的兴趣和投资浪潮。如果它站稳脚跟，它将极大地提高行业的生产力，帮助解决许多住房危机，并重塑建筑方式。最近完成的模块化建筑项目证明该技术使建造时间缩减了20％～50％，参见图11。

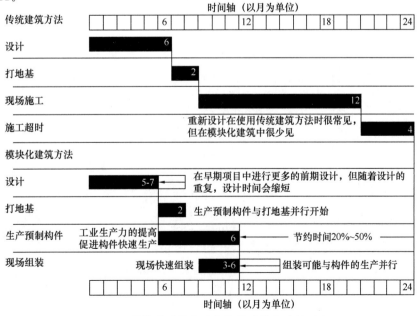

图 11　模块化建筑方法与传统建筑方法的对比

4 英国、瑞典施工企业对数字化、低碳环保技术的应用

4.1 保富万喜合资企业应用新的无人机技术降低 HS2 项目成本

（1）公司介绍。保富万喜（Balfour Beatty VINCI-BBV）是两家全球领先的关键基础设施承包商之间成立已久的合资企业。其中保富集团（Balfour Beatty plc），成立于 1909 年，是国际性的基础设施建造公司，亦为英国最大建筑承包商，年营业额约合 98 亿欧元。万喜集团（Vinci Group）是一家拥有 100 年以上历史的法国建筑企业，也是世界领先的建筑承包商，在全球 120 多个国家开展业务，每年开工项目数超过 26 万，年营业额约合 494 亿欧元。

（2）项目介绍。英国 2 号高速铁路（High Speed 2-HS2），是英国一条计划中的高速铁路路线，以 Y 字形连接伦敦、伯明翰、曼彻斯特、利兹等英格兰境内的主要城市，设计时速达 400km，预计 2033 年全线完工，预计成本达到 1259 亿欧元。保富万喜公司在 2020 年中标 HS2 的 N1、N2 地段的主要土木工程工作，合同价值高达 57.5 亿欧元。

（3）无人机技术应用。保富万喜使用新的无人机技术 ArcGIS 站点扫描（Site Scan for ArcGIS）将 HS2 施工工作流程数字化，降低了成本并提高了过程中的安全性。ArcGIS 站点扫描是端到端基于云的无人机测绘软件，被用于无人机现场勘测、管理总库存和监控施工进度，旨在彻底改变影像收集和施工现场管理。它通过自动机队管理全面了解使用者的无人机库存和飞行历史，通过可重复的飞行计划确保在飞行无人机时捕获高质量的数据，准确的图像，在可扩展的云环境中安全的处理图像，以创建高质量的 2D 和 3D 图像产品（图 12）。这些图像产品可以在任何设备上快速共享，使用测量和分析工具从数据中快速获得所需信息。更快、更高效的无人机技术可为该公司在 HS2 项目的每个工地施工进度勘测中每年节省 2 万英镑，这将取代物理勘测和 CAD 模型更新的模式。据估计，如果第一年在 80 个工地上应用相同的工作流程，可以节约 160 多万英镑。该无人机技术带来的另一个好处是减少了 800 个"在风险中工作"的天数，仅用单个无人机操作员就可以在 20min 内进行 3D 体积测量。以前承包商需要一整天的时间来实际测量库存并计算运输需求，而且通常在陡峭困难的环境中工作。公司创新总监 Dan Fawcett 说："我们需要合适的软件来管理日益复杂和多样化的无人机使用，满足从物流、现场经理，到工程师多个团队的需求。新的数字化工作流程正在迅速取代传统方法，将效率、准确性和安全性提高到新的水平。在 HS2 等重大项目中，实现的投资回报率非常可观。"

图 12 HS2 项目中的无人机图像

4.2　Peab 公司在发展低碳环保建材方面的一系列实践

（1）公司介绍。Peab 是瑞典的一家建筑和土木工程公司。它是瑞典和北欧地区的第三大建筑公司，年营收超过 48 亿欧元，在瑞典、挪威和芬兰拥有大约 130 个区域办事处和 14578 名员工。

（2）使用环保钢材。Peab 在 2021 年与瑞典一家钢材公司 SSAB，就无化石能源的优质环保钢材建立了合作伙伴关系，这意味着它是第一家将 SSAB 环保钢材应用于建筑项目的建筑公司。该合作伙伴关系将持续到 2026 年，两家公司还将一起分析无化石钢材如何减少建筑行业的碳足迹在未来的各种可能性。SSAB 的无化石环保钢材产生于 HYBRIT（Hydrogen Breakthrough Ironmaking Technology）计划，该计划由铁矿石生产商 LKAB 和能源公司 Vattenfall 共同发起。这是世界上第一个无化石炼钢技术，使用氢和无化石电力代替炼钢生产中传统使用的炼焦煤和其他化石燃料。SSAB 计划在 2026 年以商业规模生产无化石钢。"Peab 制定了雄心勃勃的气候和环境目标，这是我们到 2045 年实现气候中和的重要一步。我们已经采取了多项举措减少对气候的影响，从我们的商业模式和本地社区建设到家庭环保产品。获得无化石钢将进一步增加我们的机会。"Peab 总裁兼首席执行官 Jesper Göransson 说道。

（3）生产代替水泥的粘合剂。Peab 的子公司 Swecem 拥有自己的 Meirt 生产工厂，这是一种基于钢铁工业副产品炉渣的粘合剂。Merit 可以替代混凝土中的部分水泥，从而减少对水泥的需求和混凝土的气候足迹。在 2021 年，Swecem 继续扩大粘合剂的仓储地点，以便更多项目可以使用 Merit。Peab 已在瑞典的赫尔辛堡、谢莱夫特奥、乌克瑟勒松德港口和芬兰的科维尔哈港口建立码头仓储。此外，在瑞典的特乐尔赫坦还设有一个存储仓库。对谢莱夫特奥码头的投资部分中由 Climate Leap Initative 组织提供资金。

（4）生产绿色沥青。Peab 与芬兰的拉赫蒂市密切合作，共同寻找和开发减少温室气体排放的新解决方案。合作计划的第一步就是绿色沥青，它通过 Peab 在拉赫蒂市的沥青厂推出。在生产绿色沥青时，化石燃料被食物残渣产生的生物燃料所取代。这个举措将沥青生产导致的碳排放量减半。去年 1 万 t 绿色沥青用于铺设拉赫蒂市的街道，相当于大约 7km 的道路，减少了 171100kg 的二氧化碳排放量。"减少沥青碳排放是拉赫蒂市在 2025 年实现碳中和目标的重要一步。实现这一目标需要不同参与者的合作和投资。Peab 的绿色沥青是一个很好的例子，说明我们通过简单的措施就可以显著影响沥青的碳排放。在投资，开发和测试新解决方案方面，Peab 等公司发挥着重要的作用。"拉赫蒂市欧洲绿色首都奖 EGCA 2021 项目经理 Saara Vauramo 说道。

（5）将新材料等环保技术应用于新社区建设。在瑞典城市马尔默的码头旁边，以前用来做造船厂的地方正在经历彻底的改造。一个新社区正在兴起，包含住宅区，办公楼，餐厅和公园等设施（图 13）。这个改造项目的亮点是可持续性，在建设过程中尽可能多地重复利用老建筑中的材料。

图 13　Peab 参与建设的瑞典马尔默新社区 Fyrskeppet

Peab 使用由环保钢材和环保水泥预制的构件进行社区建设，最大限度地减少二氧化碳的排放，减少的排放量达 1300t。可持续发展的理念渗透到整个项目的方方面面，从安装太阳能电池板，设置种植区，到利用废水和废弃铸铁板、砖块等材料生产再生能源。Peab 不仅对自身有严格的要求，还对分包商提出了有关机器和运输燃料选择绿色能源的要求。"我们真的在这个项目的各个方面都考虑到了气候影响。它是我们开发可持续建筑的指南。"Peab 气候概念负责人 Embla Winge 讲到。就像 Peab 在瑞典和挪威的所有住宅开发项目一样，这个项目也贴上了令人骄傲的环保标签。

5 结语

建筑业对国民经济的繁荣有举足轻重的作用，行业升级主要依赖数字化和环保技术。促进先进建筑技术的发展首先需要一个稳定的国家经济环境，其次需要国家在政策方面给予支持和引导。健康的人口结构和就业率会自然的拉动地产需求，同时对建筑企业融资的便利政策会增加地产供给，两者正向循环，共生共存。

疫情对全球经济的打击余波未消，加之俄乌战争推高全球能源价格，建筑业的材料和人力成本居高不下，导致诸多建筑企业现金流紧张。与此同时，国际的环保呼声愈发高涨，作为所有行业中碳排放量占比最大的建筑业，行业升级转型迫在眉睫。

文中英国和瑞典的数字化和低碳环保技术可为处在这个充满挑战的经济环境中的建筑企业指明一些方向，两国建筑企业对新技术的应用也可作为学习的对象。

BIM 发展 20 年：现状、挑战和对策

20 Years of BIM Development：Status，Challenge and Solution

何关培

（广州珠江外资建筑设计院，广州优比建筑咨询有限公司）

2022 年是 BIM 这个专业术语被全球行业普遍接受的第 20 年。20 年来，BIM 普及应用取得了很大进展，大大促进了建筑业从以图形为主要生产方式到同时以图形和模型为生产方式的转变，模型在工程项目规划、设计、施工、运维和行业管理中的作用越来越大。但同时也面临着巨大的挑战，包括 BIM 理论和产品落后、与其他技术的集成方法不成熟、标准规范可执行性差、从业人员能力普遍不足等，这些因素综合带来的最终结果就是企业和项目 BIM 应用效益不够理想，BIM 价值实现程度不高。

如果要对过去 20 年 BIM 的发展现状做一个总体画像的话，个人倾向于这样表述：BIM 是建筑业数字化的基础，美国提供了最多的 BIM 软硬件产品，英国提供了最成体系的 BIM 应用顶层设计和应用标准，中国提供了最多工程项目的 BIM 应用。但中美英对如何完成建筑业数字化都还没有找到明确的解决方案和实现路径，中美英至今为止的前一阶段 BIM 应用和数字化目标都没能按期实现，而且差距很大。下一阶段需要找到 BIM 进一步发展的中国方案，需要找到建筑业数字化的中国方案。是些什么原因导致了前面 20 年 BIM 发展的这种结果？接下来应该和可以从哪些方面入手去解决 BIM 发展的问题呢？本文从 BIM 基础理论、软件产品、标准规范、项目应用和人员能力这五个影响 BIM 发展应用的要素维度进行梳理与分析，如图 1 所示。

1 BIM 基础理论

虽然 BIM 这个专业术语是在 2002 年为行业广泛接受的，但基于模型的工程项目信息结构化管理和可视化应用，以及一个模型多种用途、信息一次输入多次使用的 BIM 基础理论起源于 20 世纪 70 年代。这个基础理论在 BIM 专业术语确定 20 年以来基本没有进展，BIM 与其他相关信息技术（GIS、XR、CAX 等）的融合或集成应用至今也没有很好解决问题的办法。因此需要对 BIM 的基础理论与相应产品，以及 BIM 与相关技术融合和集成应用的方法和工具开展研究，找到能够有效实现 BIM 目标价值的基础理论。

2 BIM 软件产品

目前使用的 BIM 软件绝大多数比 BIM 这个专业术语的年龄大，主要核心软件以三维图形引擎和制造业软件为基础改进而来，只能实现部分 BIM 价值，而且改进空间非常有限，包括模型组织方式对业务需求的适应性不强、多源异构数据集成缺乏简单易行的方法、大模型处理能力不足、模型支持多种不同应用的能力不足、不同软件信息共享没有从本质上解决问题的办法，过去 20 年行业采取的应对策略包括使用更高的硬件配置、采取合理的应用方法和流程、开展定制研发等，都还没有从根本上解决问题。所以除此之外一种需要考虑的对策可能是要另起炉灶，使用全新的方法和思路开发 BIM 软件。

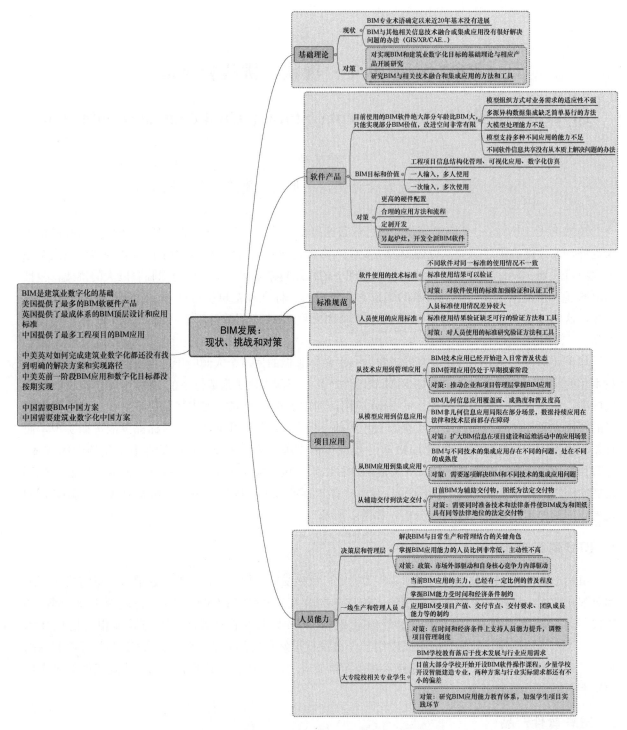

图 1　BIM 发展：现状、挑战和对策的五维度分析

3　BIM 标准规范

　　BIM 标准或规范可以划分为软件使用的技术标准和人员使用的应用标准两类。对于前者，标准的使用结果是可以验证的，但目前不同软件对同一标准的使用水平和结果不完全一致，因此需要对软件使用的标准其使用的程度和水平加强验证与认证工作。对于后者，人员标准使用情况差异较大，而且标准使用结果验证也缺乏可行的验证方法和工具，因此需要对人员使用的标准研究相应的验证方法

和工具。

4　BIM 项目应用

　　BIM 应用总体上呈现从技术应用到管理应用、从模型应用到信息应用、从 BIM 应用到集成应用、从辅助交付到法定交付这样一个趋势。现阶段 BIM 技术应用已经开始进入日常普及状态，BIM 管理应用仍处于早期摸索阶段，需要推动企业和项目管理层掌握 BIM 应用；BIM 模型几何信息应用覆盖面、成熟度和普及度都比较高，BIM 非几何信息应用还局限在少量场景，数据的持续应用在法律和技术层面都仍然存在障碍，需要扩展 BIM 模型信息在项目建设和运维活动中的应用场景；BIM 与不同技术的集成应用存在不同的问题、处在不同的成熟度，需要逐项解决 BIM 和各种不同技术的集成应用问题；目前 BIM 为辅助交付物，图纸为法定交付物，需要同时准备技术和法律条件使 BIM 成为和图纸具有同等法律地位的法定交付物。

5　BIM 人员能力

　　站在建筑业从业人员的角度这里主要是指 BIM 应用能力，谈 BIM 应用能力可以把人员分为企业和项目决策管理层、一线生产和管理人员、建筑业相关专业大专院校学生三类。决策层和管理层是解决 BIM 与日常生产和管理结合的关键角色，但掌握 BIM 应用能力的人员比例非常低，主动性不高，需要制定政策和通过市场进行外部驱动，以及通过自身核心竞争力建设的内部驱动来解决；一线生产和管理人员是当前 BIM 应用的主力，已经有一定比例的普及程度，这类人员的关键挑战包括掌握 BIM 能力受时间和经济条件制约，日常工作应用 BIM 受项目产值分配、交付节点、交付要求、团队成员能力等的制约，需要通过调整项目管理制度，以及在时间和经济条件上支持他们的 BIM 能力提升；大专院校相关专业 BIM 的学校教育普遍落后于技术发展与行业应用需求，目前大部分学校开始开设 BIM 软件操作课程，少量学校开设智能建造专业，两种方案与行业实际需求都还有不小的偏差，需要研究与我们 BIM 应用和建筑业数字化转型相适应的 BIM 应用能力教育体系，加强学生项目实践环节。

　　BIM 发展 20 年，本人从事 BIM 工作 19 个年头，建筑业数字化转型的工作还刚刚起步。胜利不会朝我们走来，我们必须自己向胜利走去，千里之行，始于足下。谨以此文致敬同行和团队。

建筑企业数字化转型的卓越之道

Excellent Way of Digital Transformation of Construction Enterprises

邓尤东

（中国建筑第五工程局有限公司）

2022年年初，国务院印发《"十四五"数字经济发展规划》，明确提出"数字经济是继农业经济、工业经济之后的主要经济形态"，数字经济上升为国家战略。虽然建筑业是目前数字化应用较低的行业之一，但是很多建筑企业把数字化转型提升到了战略高度，因为，转型则"生"，不转型则"死"。

1 数字化转型的必要性

为什么要转型？我们应从三个维度来看：

（1）数字化转型新时代发展战略的需要，我们要准确把握新时期信息化发展方向，紧跟国家发展战略。数字化代表着新的生产力和新的发展方向，已经成为引领创新和驱动转型的先导力量。当前，新基建、数字医疗、在线教育等数字经济新业态、新模式异军突起，成为对冲经济下行压力的"稳定器"，展现出强大的抗冲击能力和发展韧性，成为引领经济高质量发展的重要引擎。作为建筑央企，要主动适应现代经济发展新要求，充分融入数字经济，以信息技术创新和商业模式创新双轮驱动为手段，在主营业务领域充分注入数字化基因，拓展数字化新空间。

（2）数字化转型是行业创新发展的需要，我们要以新发展理念为指引，抢抓建筑业发展新机遇。长期以来，建筑业作为一个传统行业，高消耗、高风险、高投入、低利润的问题日益突出。这种粗放型发展模式已难以为继，也不符合创新、绿色的新发展理念要求。这就迫切需要建筑企业加大数字化转型力度，以扁平化管理取代多层级管理，以工业化建造替代人工施工，以生态协作取代传统项目管理模式，走出一条融合创新式发展之路。

（3）数字化转型是企业管理升级的需要，我们要创新应用信息技术，赋能企业高质量发展。现在大家都能深刻感受得到，随着BIM、5G、云计算、大数据、物联网、人工智能等新型信息技术正不断渗透融入，持续改变着建筑企业和施工现场的生产管理方式。同时也认识到建筑企业数字化转型不是简单的新技术创新应用，而是企业发展理念、生产方式、管理模式、商业模式、组织方式等全方位的转变，是融合企业业务、技术和组织三大领域的系统工程。建筑企业数字化转型是围绕企业战略愿景和业务管理目标提出来的，简单讲就是当前构建的IT和技术能否高效、敏捷支撑企业业务管理目标和战略达成，实现企业运营管理在线分析、在线检查、在线考核、风险线上预警，用数据驱动业务，赋能企业高质量发展。

2 数字化转型存在的问题

从数字化转型的实际效果来看，大部分建筑企业仍处在转型的初级阶段，而且面临对数字化转型目标不明晰、转型人才短缺、组织协同困难、部门利益壁垒等诸多困难，数字化转型进入了"深水区"，主要存在图1所示的五大问题。

（1）转型目标不明晰。目前，建筑企业普遍缺乏对数字化转型的深刻理解，很难找准数字技术与

图 1　数字化转型存在的五大问题

业务场景融合的切入点，因此无法制定科学、系统的方法推进转型，更多是购买第三方产品满足业务需求，逐渐偏离顶层设计，呈现战略规划与落地实施形成"两张皮"，加之转型周期长、资源投入大、成效不显著，使得企业各级产生自我怀疑，动摇信心，转型价值难以显现。

（2）管理体系较僵化。建筑企业特别是大型建筑公司，各部门职责分工明确，逐渐形成专业壁垒，跨部门协同协作等开放、共享意识不足，部门与部门之间、岗位与岗位之间低耦合，形成"温水煮青蛙"现象，部门只关注自己的"一亩三分地"，格局站位待提高，工作体系僵化，很难打破现状和优化体系。此外，管理团队的业务知识、组织能力、业务逻辑、管理模式沿用以前成功的经验，欠缺足够的数字业务管控经验，也缺乏学习数字化管理新模式的工作热情，一定程度上的"内卷"与"躺平"更难以适配现阶段企业高质量发展需要。

（3）机制变革难度大。建筑企业组织管理模式多为层级式、金字塔结构，组织结构复杂且调整难度大，决策权位于金字塔顶端，决策落实为自上而下模式，流程长、落地慢，过程中逐渐模糊化，管控精细化程度和力度都不够，缺乏管理手段和决策依据。并且建筑企业管理关系复杂，体制机制变革艰难，顶层统筹力度偏弱，企业主要领导很难真正参与并有效推动落实数字化转型战略，而且数字化转型也需要通盘企业考核指标、真实运营数据的内外有别等因素，对决策者的统筹能力和改革魄力都带来更高要求。

（4）思维能力有差距。数字化转型已经不再是一道选答题，而是一道必答题，是企业全员参与的一项持续性、系统性工程。企业部分管理者特别是领导者的思维被传统的管理理念和体制机制所束缚，对数字化转型有一定的畏难、抵触思想。而且建筑行业缺乏数字人才，仅靠传统的 IT 人才已不能满足企业数字化转型的需要，真正需要的是横跨多领域、学习能力更强、综合素质更高的复合型人才——既懂数字技术，又懂业务和管理。目前建筑企业数字化转型组织尚未有效运转，也缺乏数字化人才的培养和赋能体系，更缺乏针对数字化转型人才的岗位体系、绩效考核、激励机制、职业通道等系统性规划。这些问题是现实存在的。

（5）数字生态不健全。建筑行业已经形成基本共识，数字化转型一定是秉持开放、共享原则，携手行业监管部门、数字科技企业、产业链上下游企业，构建数字生态共同体。而数字化转型战略规划一定是"一企一策"的定制化实施，需要强有力的供给侧服务，包括软硬件技术产品与实施方法论等，这对数字科技企业和咨询服务机构提出了更高的要求，但目前供给侧的数字化解决方案是满足不了需求的，亟需探索多主体协同发展的合作机制和商业模式。

3　数字化转型的主要途径

从中建五局的数字化转型实践来看，在和用友十五年的合作过程中，我们从标准化起步，通过标准化和信息化的融合初步解决了业财一体化和企业内部管理的问题，而今，从信息化迈向数字化的新时期,我们要重点解决从业财一体走向产业链协同,从业务管理赋能到平台化商业创新。在这个过程中,必须要实现图2所示的六个转变。

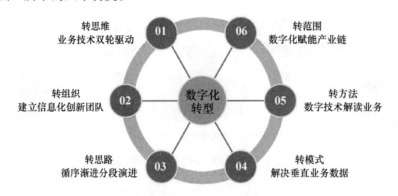

图2　数字化转型的主要途径

(1)转思维,业务技术双轮驱动。"转思维",就是各级主要领导数字化思维要与信息化、数字化、智能化建设同频。关键的关键是如何让业务部门主动参与,使技术和业务深度融合、协同发展,推动数字化转型落地。这个思维的转变,我们称之为"双轮驱动",即业务和技术双轮驱动,用信息技术推动业务变革,从而实现战略目标、业务目标的达成,最终形成企业管理的核心竞争力。

(2)转组织,建立信息化创新团队。"转组织",就是要成立信息化创新团队。过去企业实施信息化时,往往是信息化部门主导系统的开发,业务部门提出需求改进建议,优化业务系统来满足业务的诉求,但往往业务诉求不明晰、不充分,结果就是业务部门用不好、不愿用,信息化部门无目标、无动力。显然,这种方式是落后的,"业务技术双轮驱动"并非是思维与意识上双轮驱动,还要落实到具体的应用场景上,各级信息化创新团队应由各部门及单位具有互联网和信息化思维的业务人员构成,基于对于业务的深入了解,探索业务管理上的变革点,培育"产品经理"能力,提交业务需求,深度参与开发过程,协助开发契合实际业务需求的应用,更好的打通业务与信息化、数字化的联动,最好的方式是交换业务角色,3~6个月交叉挂职,考核合格后再回原岗位,逐步培养既懂业务与管理,又懂数字化和信息化技术的复合型人才。

(3)转思路,循序渐进分段演进。"转思路",就是要实现数据的连接和共享。遵循先从标准化到信息化,在由数字化到智能化的有序演进,从企业内到企业外逐步打通的思路。在进行数字化转型建设的时候首先解决管理标准化和业务信息化。其次是建立数字化底座,实现数据协同、连接、驱动运营,让数据贯穿整个数字化建设生命周期,即业务和数据建设两条线并行与协同,让数据不断地反哺业务,支撑业务运营,使大数据积累到一定程度后,最后实现智能化。

(4)转模式,解决垂直业务数据。"转模式",就是要解决信息化阶段没有完成的业务工作。当前数字化转型建设一定是按垂直业务线条逐个去解决,解决信息化时期没有完成的业务,确保业务管理"原数据"的真实性、及时性、唯一性、精准性、有效性,再进行系统的整合和优化,才能实现数据的连接和协同问题,但以前"竖井式"的建设模式肯定是不可取的,要有新的平台型的架构来实现业务快速响应,比如用友的IUAP数字化平台。因此,垂直业务数据一定要遵循"数出一源、一源多用"的原则,实现源数据的纵向互通、横向互联、集成共享。

(5)转方法,数字技术解读业务。"转方法",就是要进行业务流程再造的一场变革。数字化转型的一个重要方面就是用数字化的思维重新解读业务,重构业务管理模式,一是业务模型数字化,要把业务应用场景的传统逻辑与思维,运用数据中台的数据治理、数据模型,最终用图表、模型等解构出来,变成具体的IT逻辑与数字化语言;二是业务管控线上化,业务管理部门要厘清管理重点、管理思路,主动变革,把业务流程从线下转到线上。

（6）转范围，数字化赋能产业链。"转范围"，就是要实现建筑企业全业务、全产业链的数字化。企业如果要把数字化转型作为企业核心战略，就一定要针对企业的全业务链、全局视角来设计，不然很容易导致标准不统一、数据割裂的现象，带来系统间业务联动成本高、协作差的问题，也不利于数字资产的沉淀。因此，我们需要扩大数字化转型范围，用数字化赋能建筑工业化、综合投资与地产等非主营业务的全产业链。通过使用"投、建、营"一体化平台，打通投资业务的投融资、建造到运营的整条产业链，实现投资项目全生命周期的过程管理，有效风险预警管控、科学经营快速决策。

4　数字化转型的重点工作

要实现上述六个转变，建筑企业还需做好如下两个重点工作：

（1）项目数字底座建设。工程项目是建筑产业的业务原点，企业的生产经营数据都来源于项目，如果企业没有大量真实的项目数据，大数据无从谈起。因此，通过数字化平台、管理系统、物联网、移动设备等采集到真实、唯一、精准、有效的工程项目资金、成本、进度、质量、安全、技术等数据后，打通生产线和经济线，使之融通，进行多角度汇总和分析，通过各种可视化展现方式，使企业决策层及时、准确了解项目、公司运营情况，领导者才能快速做出科学决策，实施精准管理。

（2）企业全面风险预警管理。在激烈的市场竞争环境下，建筑企业面临战略、市场、投资、运营、财务、法律、合同及项目管理等诸多风险。必须通过数据中台建立风险监控预警体系，科学设置监控指标，及时掌握、分析关键风险的变化趋势，向决策层及时发出预警信息并提前采取预控措施，实现对关键风险的动态管理和有效管控，最终把风险控制在企业风险承受度的范围之内，为企业的可持续发展保驾护航。

企业数字化转型是一个很艰难的过程，它并非是一个单纯的技术问题，建筑企业要想实现高质量发展，就必须要有正视问题的自觉和"刀刃向内"纵深推进自我革命的勇气，推动数字化转型走向深入，为建筑业高质量发展贡献力量。

以科技创新和数字智能化支撑引领冶金建设企业高质量发展

Supporting and Leading the High-quality Development of Metallurgical Construction Enterprises with Scientific and Technological Innovation and Digital Intelligence

金德伟

（中国冶金科工集团有限公司）

中冶集团是全球最大最强的冶金建设承包商和冶金企业运营服务商；是国家确定的重点资源类企业之一；是国内产能最大的钢结构生产企业；是国务院国资委首批确定的以房地产开发为主业的 16 家中央企业之一；也是中国基本建设的主力军，在改革开放初期，创造了著名的"深圳速度"。2016 年公司荣获中央企业负责人 2015 年度经营业绩考核 A 级企业、中央企业负责人 2013—2015 年任期经营业绩考核"科技创新优秀企业"，在"世界 500 强企业"排名中位居第 290 位，在 ENR 发布的"全球承包商 250 强"排名中位居第 8 位。

1 科技创新体系建设

习近平总书记强调，科技兴则民族兴，科技强则国家强。创新是企业最好的名片，国际上久负盛名的一流企业，如华为、苹果等，无一不是科技创新型和技术引领型企业。科技创新也是中冶集团的一张靓丽名片。特别是近年来，集团以"四个面向"作为科技创新工作的根本遵循，深入贯彻落实创新驱动发展战略，积极肩负起冶金建设国家队的历史使命和责任担当，加快构建完善科技创新体系，加大关键核心技术攻关力度，集团科技创新屡创佳绩，取得多项历史性突破，为企业转型升级和高质量发展提供了有力支撑。

1.1 提升集团总部科技决策水平，加强科技创新顶层制度设计

近年来，中冶集团主动对标世界一流，瞄准世界科技前沿、面向国家重大需求和集团主责主业，建立规范长效的全局性、战略性和方向性科技决策机制，充分利用全社会高端智库，提高集团科学决策水平。同时，积极构建顺应科技发展趋势、符合科学规律的科技战略规划与顶层设计体系。按照习近平总书记及党中央提出的建设世界科技强国战略、"碳达峰碳中和"发展目标及强化国家战略科技力量等相关要求，进一步完善企业科技发展战略，以解决"卡脖子"关键核心技术及行业共性关键技术为着眼点，制定并实施了冶金建设"国家队"顶层设计和体系升级版，明确在钢铁冶金 8 大部位 19 个业务单元的技术创新均要瞄准世界第一的目标，突出解决打造"国家队"瓶颈问题，巩固提升全流程系统集成能力和竞争优势，力争通过 3～5 年时间，形成独占鳌头的国际一流核心技术，承担起引领中国冶金实现智能化、绿色化、低碳化、高效化发展的央企责任，并在全球钢铁冶金市场的占有率由目前的 60% 提升到 80%。

1.2 完善科技创新组织管理体系

近年来，中冶集团持续加强宏观管理和统筹协调保障，提升和发挥子企业科技创新主体作用，扩大科技创新承担主体自主权，引导子公司科技管理部门从管理职能向支撑和保障职能转变。同时，以科技发展规划、科技研发平台体系建设、研发投入及科研项目管理、知识产权管理、科技成果总结与

科技奖励管理、标准工法管理、科技成果推广应用、协同创新、科技人才与团队管理、科技考核评优十个方面为重点，加快构建和完善科技创新管理体系。通过管理创新与技术创新形成双轮驱动，强化企业核心竞争力，为企业转型升级和高质量发展保驾护航。

1.3 提高研发经费投入强度，加大关键核心技术攻关力度

近年来，中冶集团围绕产业链布局创新链，以创新链产业链双轮驱动企业高质量发展。加强行业共性关键技术和"卡脖子"核心技术的攻关，力争形成一系列国内第一、国际一流的系统性核心技术，确保"核心技术升级、实用技术普及、高新技术突破"，巩固和提升传统技术优势，用先进技术改造提升传统技术，促进科研与工程一体化的创新优势，不断提高核心技术能力和系统集成能力。着力加大研发经费投入力度，明确集团科技专项经费的引导作用，增强研发投入的针对性和有效性，加强研发投入的过程监管，积极理顺投入与产出的关系，提升研发投入的效益与成果产出。近五年，集团研发经费投入强度持续保持在 3.0% 以上。2021 年，印发了《中国冶金科工股份有限公司重点研发项目暂行管理办法》，加大对集团重点研发项目，特别是"卡脖子"的关键核心技术的支持力度。2019 年 3 月，中冶集团发布实施了"2020 计划"首批 10 项、第二批 15 项重大研发项目。2021 年又启动实施了冶金建设国家队"181 计划"首批 37 项、第二批 25 项重大研发项目，相关项目涉及工艺流程、绿色发展、绿色建筑、智能制造、智慧建造、建筑工业化领域核心关键技术及前沿关键技术。通过项目实施，推动冶金行业实现智能化、绿色化、低碳化、高效化发展。

1.4 科技创新成果

近年来，中冶集团持续加大的研发经费投入强度产出了丰硕成果。截至目前，中冶集团的有效专利已超过 40000 件，其中有效发明专利突破 10000 件；2021 年中冶集团专利申请量达到 12000 件，获得专利授权接近 8000 件；2009 年以来累计获得中国专利奖 82 项（其中 2015—2017 连续三年获得中国专利奖金奖）。近三年（2019—2021 年），中冶集团组织完成科技成果鉴定 364 项，其中达到国际领先和国际先进水平的科技成果 185 项，为集团冶金建设、基本建设和新兴产业三大领域的市场开拓提供了有力的科技支撑。同时，丰硕的科技成果产出也为集团获取高等级的科技奖励做好了技术储备和提供了前提条件。自 1999 年 5 月《国家科学技术奖励条例》发布实施以来，中冶集团累计获得国家科技奖 55 项，其中国家科技进步一等奖 5 项，特别是 2018 年度中冶集团首次牵头荣获国家科技进步一等奖，实现了重大突破，为集团在国家层面赢得重大荣誉。

"清洁高效炼焦技术与装备的开发及应用"由中冶焦耐牵头，联合北京科技大学、鞍钢集团等单位共同完成，以解决炼焦行业清洁高效生产的关键问题为导向，依托国家 863 计划重点项目，在清洁炼焦关键技术与装备方面进行研究并取得重大突破，并荣获 2018 年度国家科技进步一等奖（图 1）。该成果在鞍钢、宝钢、台塑越南河静、印度 TATA 和 JSW 等 47 个海内外项目中实现系列化应用，实现国内大型焦炉市场占有率达 96%，海外市场占有率达 60% 以上，每年节约优质炼焦煤 1290 万 t，累计节约建设投资 160 亿元，并使我国大型焦炉占比提高 37%、产业集中度提升 3.8 倍，吨焦污染物排放强度下降 12%，有力促进了钢铁行业集约与绿色发展，提升了我国工业制造的核心竞争力。

依托湖南省节能减排重大专项和国家 863 计划项目，中冶长天开发了"活性炭法烟气多污染物净化技术"，以该成果为核心创新点的"工业烟气多污染物协同深度治理技术及应用"项目成功获得 2020 年度国家科技进步一等奖。该成果建立了吸附脱硫、热解二噁英、碳/金属基还原脱硝的协同控制理论方法，开发了分层错流多位喷氨吸附、多段可控整体流再生、多点卸料"Z"形输送、余氨循环利用及废水零排放等技术及装备，成功打破了国外技术垄断与封锁，实现了国产环保技术及装备的重大突破，并在宝钢湛江、宝钢本部分别建立了烧结烟气活性炭法单级、双级吸附示范工程（图 2）。与国内传统技术相比，该技术真正实现了多污染物的同步脱除及副产物的资源化利用，污染物排放二氧化硫小于 20mg，氮氧化物小于 50mg，颗粒物小于 10mg，并具有更好的性价比和更低的碳排放；与国外同类技术相比，脱除效率更高，投资下降约 40%，运行成本更低。该成果在宝钢湛江、宝钢

图 1　国家 863 计划依托项目鞍钢四期焦化总承包工程

本部成功应用，开创了我国钢铁烟气治理新的里程碑事件，被国家工信部列为"国家鼓励发展的重大环保技术装备目录"大气防治类首位；实现了超低排放，为生态环境部等五部委出台《关于推进实施钢铁行业超低排放的意见》提供了技术支撑。该成果共申请专利 198 件（其中发明专利 107 件），授权专利 103 件，"活性炭法烟气净化装置及烟气净化方法 PCT/CN2016/105451" 等 11 件专利以 PCT 途径进入马来西亚、印度尼西亚、俄罗斯、韩国、越南、巴西六个国家。该成果相继在安阳钢铁、武钢、山西晋南钢铁、河北永洋钢铁、金鼎重工、江苏中天钢铁、永锋钢铁等国内外 20 多个烧结球团配套烟气净化工程广泛应用，为中冶长天新增销售额 30 多亿元。

图 2　宝钢本部烧结烟气活性炭法双级吸附示范工程

聚焦预应力时变作用对结构服役效能的重要影响，面向预应力作用科学测控的技术瓶颈，中冶建研院牵头并联合东南大学等单位，自 1995 年起，率先针对预应力时变作用分析、实时作用评定、高应力力流重构等关键难题，进行了系统深入研究，形成以系列发明为核心的突破性创新成果，实现了预应力结构服役效能的显著提升。中国工程院院士等组成的专家组评价"总体达到国际先进水平，其中结构全寿期预应力作用分析，时变预应力度结构评价方法，预应力结构抗倒塌系统控制技术达到国际领先水平"。"预应力结构服役效能提升关键技术与应用"项目成果荣获 2020 年度国家技术发明奖二等奖，累计获得授权发明专利 25 件、软件著作权 5 项，主编行业标准 4 项，发表论文 86 篇（SCI/EI 45 篇）、专著 3 部。应用项目成果完成预应力设计、评估与施工项目千余项，范围涵盖机场航站楼、体育场馆等公共建筑（图 3）、核电、冶金、机械等行业工业建筑，塞尔维亚、巴基斯坦、斯里兰卡等国家的海外工程，取得了显著的经济效益，近三年合计新增销售额 22.44 亿元。

图 3　杭州国际博览中心（G20 会场）结构检测评估项目

2　数字化应用

智能化是钢铁行业未来发展的两大趋势之一。近年来，中冶集团着力加大智能钢铁领域技术研发和科技攻关，大力推进冶金工程数字化应用，大力加强建筑信息模型（BIM）技术的推广普及，将BIM 技术与物联网、人工智能、三维激光扫描等先进技术相结合，实现工程项目的数字化施工与运维，打造智慧工地。在 2022 年 2 月中国建筑业协会发布的第六届建设工程 BIM 大赛获奖名单中，中冶集团共获得一类成果奖 12 项，二类成果奖 14 项，三类成果奖 10 项，获奖数量和质量显著提升。

中冶京诚承担总体设计的河钢集团唐山乐亭临港钢铁基地智能工厂项目（图 4）是目前世界最大的在建搬迁钢铁项目，项目总投资达 400 多亿元。该项目承建的大型施工制造设施的处理系统极其复杂，中冶京诚采用 Bentley 软件的协同设计和数字化交付等解决方案，探索了数字化工厂与实体工厂同步设计、同步建设、同步交付与同步运行的建设模式，利用新技术让传统工厂走向数字化、智能化。在互连数据环境中简化设计和施工流程，优化了实体工厂的施工并建立了数字孪生模型来执行实时监视和模拟分析，成功打造智能制造生产设施，可以实时可视化并监视设备与运营数据，优化某些流程以最大限度提高能源效率。通过建立数字孪生模型并将设计、施工、生产和运营信息相结合，实现了多维可视化数据集成和资产的透明化管理，提高运营效率，并优化了设备维护。在数字孪生模型的基础上，自动化、控制和流程模型全部集成在一起，把运营和管理数据联系起来，又使得数字世界与现实世界保持同步，可以根据运营需求来定制化方案以实现最优生产。数字孪生工厂在设计效率、施工进度、运维水平、管控效率、节能降耗方面都有显著提升：与同类型工程相比，材料量统计精确化提高 5%，累计经济效益达 6300 余万元；设计返工率减少 25%，建设周期缩短近 6 个月；非标设备的参数化设计积累，提高设备设计效率约 85%，减少设计周期近 1 个月；通过数字化运维管控平

图 4　河钢集团唐山乐亭临港钢铁基地智能工厂项目

台，钢厂的整体管控效率提升 5％；虚拟培训方式较传统培训效率提升 60％。

　　国家雪车雪橇中心是北京冬奥会所有比赛场馆中设计难度最大、施工难度最大、认证最为复杂的场馆之一，赛道总长 1975m，垂直高差 121m，包含 16 个弯道，具有全球独具特色的 360°回旋弯道，似游龙盘旋于山林之间，具有鲜明中国特征（图 5）。作为国内首条赛道，国家雪车雪橇中心赛道的建设前期面临极大的困难和挑战。在国内无施工标准和验收规范，缺乏可借鉴的相关经验，而国际经验的封闭性较强且定制化程度高，赛道建造核心技术长期被西方国家垄断。中冶集团上海宝冶项目技术团队克服各种困难，组织了多项核心技术攻关，创新研发了空间双曲面竞速型赛道全流程、全要素数字建造技术等多项新技术和赛道喷射混凝土材料，其中"雪车雪橇赛道喷射混凝土施工技术研究与应用""新型精密工程测控技术体系构建及其在国家雪车雪橇场馆建设中的应用"及"异型双曲面非线性雪车雪橇赛道氨制冷管道系统建造关键技术"整体达到国际先进水平。该项目共计获得专利授权 64 件，其中发明专利 10 件，发表论文 30 篇，制定标准 5 项。2018 年 7 月 25 日，赛道模块测试以满分成绩一次性通过国际单项认证，成功打破国外对赛道施工技术的垄断，填补了国内空白。通过该项目的建设，上海宝冶培养了我国首支雪车雪橇赛道喷射队伍和制冰修冰队伍，形成了以标准化设计、工厂化生产、装配化施工、信息化管理、智能化应用为一体的技术积累和专利布局。国家雪车雪橇中心项目于 2022 年入围 2022 年—2023 年度中国建设工程特别鲁班奖（国家优质工程）。

　　创新永无止境，唯有只争朝夕，才能不负韶华。中冶集团将在加强自主创新和实现高水平科技自

图 5　上海宝冶承建的北京 2022 年冬奥会国家雪车雪橇中心项目鸟瞰图

立自强方面积极主动作为，按照"做世界一流冶金建设国家队、基本建设主力军先锋队、新兴产业领跑者排头兵，长期坚持走高技术高质量创新发展之路"的战略定位，始终站在国际水平的高端和整个冶金行业发展的高度，用独占鳌头的国际一流核心技术、持续不断的创新研发自主可控能力、无可替代的冶金全产业链整合集成优势，承担起引领中国冶金实现智能化、绿色化、低碳化、高效化发展的央企责任和使命担当，助力中国早日建成世界科技强国。

跨海交通工程的现状与展望

Current Situation and Prospect of Cross Sea Traffic Engineering

林 鸣[1,2] 黄醒春[2] 程 斌[2]

（1. 中国交通建设股份有限公司；2. 上海交通大学）

1 综述

1.1 跨海交通基础设施建设发展

跨海交通基础设施建设与经济社会的发展需求密切相关，从时间上看，可以划分为三个重要的建设高潮期：第一发展期是 20 世纪 50～70 年代，主要建设国家为北欧诸国、日本、美国，主要区域为费马恩海峡、博斯普鲁斯海峡、维萨札诺海峡等，代表性工程有美国切萨皮克湾大桥、维萨札诺海峡大桥和挪威的莱尔多海底公路隧道；第二阶段是 1980 年至 20 世纪末，主要建设国家为日本、挪威、英国、丹麦等，主要建设区域为津轻海峡、直布罗陀海峡，代表性工程包括日本青函隧道、明石海峡大桥和英法海底隧道、丹麦的大贝尔特桥等，中国处于起步和追赶阶段；第三阶段为 21 世纪以来，主要建设国家为中国、韩国，北欧发展变缓，但在浮式桥梁和隧道方面处于稳步发展阶段，主要建设区域为中国珠三角、杭州湾、大连湾等地，代表性工程有港珠澳大桥、厦门翔安海底隧道等。

1.1.1 跨海交通工程的热力区域分布特点

从已经建设的跨海交通设施（桥梁和隧道）空间分布变化看，由于世界经济发展和沿海发达国家经济社会发展需求，20 世纪跨海交通工程主要分布在北欧、北美、东京湾等经济发达地区和国家，21 世纪开始，我国经济进入高速发展阶段。随着中国交通规划《国家高速公路网规划》（2004）、《"十三五"现代综合交通运输体系发展规划》（国发〔2017〕11 号）方案的实施，长三角、珠三角、环渤海等区域迅速成为跨海交通工程建设的热力地区，先后建成跨海桥梁 55 座、跨海隧道 20 余条。

根据《"十四五"中国交通工程发展规划纲要》以及大洋洲经济的发展，未来 30 年，跨海交通建设的热点区域将主要分布于三个区域：（1）中国沿海和海湾海峡地区，包括渤海海峡跨海通道、台湾海峡跨海通道、琼州海峡跨海通道、沪舟甬杭经济区、珠三角大湾区等；（2）印度尼西亚、马来西亚、新加坡及马六甲海峡、印尼巽他海峡区域；（3）白令海峡跨国海上通道。如我国目前在建的深中跨海通道和大连湾海底隧道将成为未来几年的代表性跨海交通工程。

1.1.2 跨海交通工程的时间分布特点

截至 1989 年为国外跨海桥梁平稳发展阶段，这期间中国几乎没有跨海桥梁成果。1990 年开始，国外跨海桥梁工程进入逐步衰退时期，中国则进入高速发展阶段；尤其进入 21 世纪，中国跨海桥梁工程遥遥领先于全世界；2010—2021 年间，中国跨海桥梁工程数量达到世界（除中国外）总量的 4.5 倍。

国外海底隧道起步较早且 1970—1999 年进入稳步快速发展阶段，21 世纪开始进入快速衰退期。中国 1970 年开始至 2009 年，进入海底隧道稳步发展阶段；2010 年开始，中国海底隧道工程步入高速发展时期，2010—2021 年，中国建成的海底隧道超过同时期国外海底隧道的 3 倍。

1.2 技术特点及总体发展趋势

跨海交通设施建设的技术特点之一是其长度规模。以跨海桥梁工程为例，为适应海洋航道通航要求、海洋地质及风浪流等环境的约束，跨海桥梁长度规模不断增大，建造技术难度和资金投入不断增大。因此，跨海设施长度规模是表征跨海交通设施建造技术水平和国家经济实力的主要技术特征和量化指标。针对迄今世界上已建成的跨海交通工程（桥梁），按不同长度区间统计并分别作年代分布柱状如图1所示。

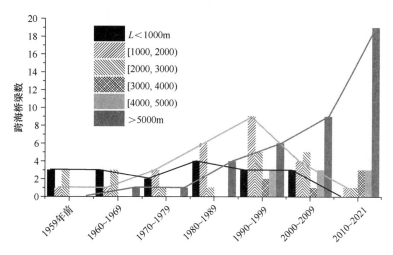

图1　跨海通道规模和技术特点变化趋势

结果显示：①截至1999年，世界范围内绝大多数桥梁跨海长度≤3000m，其中尤以≤2000m长度桥梁占比最大；②1990年开始，大于4000m长度桥梁数量逐步增多；③进入21世纪，小于2000m长度桥梁数量逐步减少，而大于5000m的跨海桥梁数量占全部桥梁数的80%以上。

从未来可能的跨海交通工程建设愿景看，中国东南沿海及三大海峡通道、白令海峡通道、马六甲海峡通道、印尼巽他海峡通道等工程长度和规模都将远远超过现有工程。

为适应更大规模和更高技术标准的跨海通道建设需求，跨海交通工程的总体发展趋势在于：①突破更大跨度的新型结构和高性能材料；②提升和完善建设技术（设计理论和方法、施工技术与装备、防灾减灾技术等），实现产业化、工业化和智能化；③提升和完善建设规范和技术标准，建立适合国家和地区技术经济和社会状态的跨海交通设施建造规范和技术标准；④加快信息化建设，满足跨海交通工程建管全生命周期的智慧管理需求；⑤建设管理和法规体系的不断完善，充分适应工程所在国家或地区的社会制度、经济系统和交通安全风险防控需求。

1.3　"十四五"规划中的跨海交通

《国家综合立体交通网规划纲要》（国发〔2021〕27号）提出了面向2035年，远景至21世纪中叶的国家综合立体交通网建设计划。重要跨海交通工程包括：

（1）三条跨海通道。"京津冀—粤港澳"主轴中的台湾海峡跨海通道、西部陆海走廊（西宁—三亚）琼州海峡跨海通道、京哈走廊中的渤海海峡跨海通道（125km）。

（2）长三角重要通道。沪舟甬跨海通道（公路150km，铁路169km）、沪甬跨海通道、东海二桥跨海通道。

（3）珠三角大湾区跨海通道。黄茅海跨海通道、狮子洋跨海通道、莲花江跨江通道。六横公路大桥和甬舟铁路桃夭门公铁两用大桥已经国务院工可审批正在启动建设。工可获批，规划设计中的沪舟甬公铁跨海通道，总长度达到169km，建成后将是世界上最大的公铁混合跨海通道。

渤海海峡、琼州海峡、台湾海峡愿景跨海通道。这三个海峡通道对中国的社会、整治、经济等分别具有重大的划时代意义。以渤海海峡通道为例，工程位于辽东、山东两大半岛之间的渤海海峡，既是外海进入渤海的海上必经通道，又是我国南北陆路交通的天堑，阻断了南北的铁路、公路交通，制约了环渤海、东北、山东半岛及东部沿海地区的经济社会发展。近30年来，国内专家学者，对渤海海峡跨海大通道进行了深入研究，取得了一系列成果，2020年，中国国际经济交流中心课题组提出了"建议将渤海海峡跨海大通道建设纳入国家'十四五'规划"的建议报告。渤海海峡跨海大通道从实施国家重大战略、区域协调发展、建设交通强国、高水平对外开放等方面具有十分重要的意义：①东北进出关第二大战略通道；②有利于促进东部地区、渤海湾两岸区域城市群融合发展和一体化发展；③有利于促进两大半岛互联互通，加速渤海海峡南北区域协调发展，缩小南北差距；④有利于加强军民融合，保障国防安全；⑤有利于促进东北亚区域经济长远合作发展，提高对外开放水平。

为适应国家社会经济发展要求，实现《"十四五"交通运输发展纲要》战略目标，交通运输部根据交通领域新形势，提出了"四个交通"战略任务，从供给侧发力，对交通领域的服务品质提出了新的要求和推进交通运输现代化发展的总体路径。

（1）以综合交通为核心。顺应新型工业化、信息化、城镇化、农业现代化同步发展的新需求，实现运输方式一体化、集约化发展。

（2）以智慧交通为关键。新建工程应适应信息化、智能化需求，为现代信息技术与交通运输管理和服务全面融合提供基础保障，全面提升交通运输供给能力、运行效率、安全能力和服务质量。

（3）以绿色交通为引领。以节约资源、提高效能、控制排放、保护环境为目标，把绿色循环低碳发展理念贯穿落实到新建工程全产业链，推动交通运输转入集约内涵式的发展轨道。

（4）以平安交通为基础。将安全发展理念贯穿于新建工程全产业链条，报保障人民群众安全出行放在首位，强化安全治理体系和致力能力建设，提高交通运输安全发展的防、管、控能力。

基于上述交通发展战略任务，我国未来跨海交通工程建设的总体趋势无疑是大型化、集约化、工厂化、智能化和绿色环保、低碳安全。

2 跨海桥梁

2.1 发展概况

跨海大桥始于1826年建成的麦奈海峡大桥和1850年建成的布坦尼亚跨海铁路大桥。20世纪30年代，跨海大桥进入建设热潮，代表性工程为美国1937年建成的旧金山金门大桥（全长2737m、主跨1280m）。20世纪60年代，日本和丹麦开始实施宏伟的跨海桥梁建设计划。1970年至20世纪末，日本先后建成主跨712m的关门大桥、连接本州和四国的本四联络线工程（公路线总长178.5km，铁路线总长122.2km，跨海大桥25座），其中的明石海峡大桥（悬索桥，1991m）和多多罗大桥（斜拉桥，890m）分别创造了当时世界悬索桥、斜拉桥的跨度纪录。1970年，丹麦建成主跨600m的小贝尔特桥，随后也开始了大规模的跨海工程建设，其中连接西兰岛和菲因岛的大贝尔特桥，是世界第三的悬索桥，主跨1624m。

日本和丹麦的跨海桥梁建设，推动了世界跨海桥梁工程的热潮。20世纪世界桥梁建设最高水平和跨度纪录的大桥，多为跨海工程。中国的跨海桥梁工程，起始于20世纪90年代，目前已建、在建和拟建的著名跨海大桥有杭州湾跨海大桥、舟山连岛工程（5座跨海大桥，最大跨度1650m）、东海大桥、青岛胶州湾海湾大桥、港珠澳跨海大桥以及香港的昂船洲大桥、青马大桥等。集中体现了我国跨海桥梁工程技术水平的发展进步，进一步推动了我国由"桥梁大国"向"桥梁强国"迈进。

2.2 代表性桥梁工程

2.2.1 跨海斜拉桥

世界上第一座斜拉桥是1955年建成的瑞典Stromsund桥，跨度为74.7m＋182m＋74.7m。1964年美国建成切萨皮克湾大桥，全长37000m。1970年以来，随着设计理论的发展、计算机技术的不断提高、新材料的出现以及建筑技术的进步，斜拉桥的发展进入了一个新的时代。法国圣纳泽尔大桥于1975年竣工，主跨404m，突破400m大关。1990年前，跨海斜拉桥经历了稳定发展阶段，主要建造国家为欧美日等经济高速发展国家。20世纪90年代后期，中国加入跨海斜拉桥建设行列并以惊人的速度迅猛发展。21世纪,随着中国综合国力提高,越来越多跨海大桥相继建成且其规模、形式不断创新突破,中国以遥遥领先的姿势引领跨海斜拉桥建设规模和技术创新发展,2000—2022年,世界典型跨海斜拉桥中,约80%为中国建造。迄今,世界十大最长跨海大桥中有5座为中国建造,且港珠澳大桥和胶州湾跨海大桥稳居前两位。在建造技术、建设装备及施工管理水平等均处于世界领先行列。

迄今,典型跨海斜拉桥如图2所示。

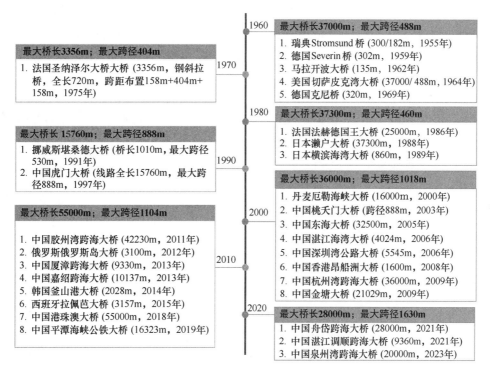

图2 跨海斜拉桥典型工程

2018年10月23日,被誉为"新世界七大奇迹"之一的港珠澳大桥建成通车,标志着中国跨海桥梁建设的国际领先水平。项目主线全长约55km,其中:主体工程长29.6km,包括桥梁长22.9km、海底隧道长约6km、2个人工岛各长625m;香港连接线长约12km;珠海连接线长约13.9km,港珠澳大桥概貌如图3所示。

图3 港珠澳大桥概貌

项目建设过程中,推行"大型化、工厂化、标准化、装配化"工程工业化建设理念,解决了工程技术、施工安全、环境保护、建设管理等方面的重大挑战。在地标性桥梁建筑景观设计、大型钢管复合桩技术、埋床法全预制墩台设计与施工技术、大悬臂钢箱梁耐疲劳结构设计技术、超大尺度钢箱梁的制作与安装等领域取得一系列重大创新成果。堪称 21 世纪世界跨海大桥工程的一座里程碑。

2.2.2 跨海悬索桥

近代悬索桥的主缆采用高强度钢丝作为主要承拉结构，具有跨度能力大、受力合理、能最大限度发挥材料强度、造价经济等特点，悬索桥因其极强的跨越能力，已成为千米大跨径桥梁的最优选择。以布鲁克林桥的建成为分界点，悬索桥向大跨径快速发展，代表性悬索桥包括美国在 1937 年建成的主跨 1280m 的旧金山金门大桥、日本明石海峡大桥（大桥线路全长 3910m，主桥长 1990m）。

中国的现代悬索桥起步虽晚，后来居上。从 1995 年的广东汕头海湾大桥建成（主跨 961m），到 2008 年的舟山西堠门大桥（主跨 1650m）等一系列大跨度悬索桥，展示出我国不断超越、领跑世界的悬索桥技术。世界典型悬索桥如表 1 所示。

世界典型悬索桥　　　　表 1

序号	桥名	主跨（m）	国家	完成年份
1	华盛顿桥	1067	美国	1931
2	金门桥	1280	美国	1937
3	麦金纳克桥	1210	美国	1957
4	韦拉扎诺桥	1298	美国	1964
5	博斯普鲁斯大桥（1）	1074	土耳其	1973
6	亨伯尔桥	1410	英国	1981
7	南备赞濑户桥	1158	日本	1988
8	博斯普鲁斯大桥（2）	1090	土耳其	1988
9	汕头海湾大桥	961	中国	1995
10	青马大桥	1377	中国	1997
11	明石海峡大桥	1991	日本	1998
12	大伯尔特大桥	1624	丹麦	1998
13	江阴长江大桥	1385	中国	1999
14	江苏润扬长江大桥	1490	中国	2005
15	武汉阳逻长江大桥	1280	中国	2007
16	南京长江第四大桥	1418	中国	2007
17	西堠门大桥	1650	中国	2009
18	矮寨大桥	1176	中国	2012
19	哈当厄尔大桥	1310	挪威	2013
20	博斯普鲁斯大桥（3）	1300	土耳其	2016
21	武汉杨泗港长江大桥	1510	中国	2019

可见，1990 年代至今建成的 13 座代表性悬索桥中，有 9 座为中国建造；7 座跨海悬索桥中，有 3 座为中国建造。

跨度最大的悬索桥是日本明石海峡大桥，连接日本列岛的两个主要岛屿。为主跨 1991m 的铁路、公路两用大桥。1988 年开工建设，1998 年竣工。明石海峡大桥横跨全长 4km 的明石海峡，海峡在桥道上最大深度为 110m，最大潮流为 4m/s。海峡中部划定为 1.5km 宽的国际航道，日通航量为 1400 艘。在桥梁的规划阶段，航行安全是优先。因此，两座塔必须位于航道外 200m 以上渠道。大桥建成至今，其主跨长度仍然位居世界第一。明石海峡大桥概貌如图 4 所示。

主跨径位居世界第二的西堠门大桥（图 5）位于浙江省舟山市，是长达 50km 的舟山大陆连岛工程中的第 4 座跨海特大桥,连接舟山群岛的册子岛与金塘岛,大桥主跨 1650m。大桥位处沿海高风速带,台风频繁,冬季季风盛行,风环境非常恶劣,水道内裸露孤丘和暗礁形成多处强漩涡,水流湍急,建设过程中克服诸多技术难题,取得了多项科技创新成果。西堠门大桥的建成奠定了中国在跨海悬索桥建造的技术水平和地位。

图 4 明石海峡大桥概貌

图 5 西堠门大桥概貌

2.2.3 悬浮桥梁

浮桥的历史可以追溯到公元前 2000 年。超长跨距、超大水深和极端海底地基条件下,浮桥可能会成为一个很好的选择。现代浮式桥梁的发展始于 19 世纪 40 年代,早期的代表性工程当属美国西雅图市的 LaceyV Murrow 大桥、Evergreen Pointy 大桥、Third Lake Washington 大桥和胡德运河大桥,分别竣工于 1940 年、1963 年、1989 年和 1961 年。挪威于 1992 年和 1994 年分别建成的 Bergsysund 桥和 Nordhordland 桥。2000 年建于日本大阪的 Yumemai 桥则是一座主跨 280m、全长 410m 的可活动浮式钢拱桥,该桥采用两个钢浮箱为基础,在大型船舶通航时可绕桥梁一端的转轴旋转以打开航道。2002 年,日本土木工程师协会(The Japan Society of Civil Engineers)发布了新的浮式桥梁设计指南。

挪威 Nordhordland 桥是典型的悬浮桥梁(图 6),1994 年竣工,最大水深 500m。为满足通航要求,采用斜拉桥与 1246m 浮式结构相连。斜拉桥全长 350m,通航宽度 50m,净空 32m。同时,座桥以最小曲率半径为 1700m 的水平弯曲形式布置,在满足交通线路要求的同时最大限度提高浮桥的横向抗弯刚度,对后续跨海浮桥的选型提供了良好的示范作用。

近 20 年来,悬浮隧道发展缓慢,世界上少见有规模性的跨海浮桥。中国偶有浮式桥梁的试验和理论研究成果发表,但至今无现代意义的跨海浮桥工程。

图 6 挪威 Nordhordland 桥

2.3 跨海桥梁工程面临的技术挑战

随着国家海洋强国战略与"一带一路"倡议的不断推进,中国跨海桥梁建设发展将从近海走向深海。跨海桥梁工程的环境和建设需求将面临:①复杂严酷的环境作用,如强风、巨浪、急流、强震、海啸等,具有强度大、随机性强和耦合性显著的特点;②长期处在高温、高湿、盐害、冻融及海雾等强腐蚀自然环境下,结构性能退化更早、更快、更严重,结构耐久性问题突出;③最大水深将可能突破 100m、水文和地质条件更加复杂;④需满足公铁合建、全天候通车、高速铁路交通等多功能要求,且跨度将突破 2000m。现行桥梁工程设计理论及桥型结构难以满足跨海桥梁工程的设计要求,未来跨海桥梁建设将面临以下多方面的重大挑战。

(1) 跨海桥梁工程环境作用及其组合尚无专门规范。基于可靠度理论的极限状态法的应用,大大推动了桥梁工程设计由定值法、半概率法到近似概率法的发展。目前,跨海桥梁工程借鉴港口工程等行业规范来进行波浪力的计算,与海洋环境作用的基本特点(强度大、变化幅度大、变化速度快,具有明显的随机性和强耦合性)状态有较大差异,确定远离海岸的桥梁工程所承受的波浪力、多场荷载耦合作用(风-浪-流耦合作用、地震-海啸作用等)的组合方式及其组合系数,形成符合海洋环境特点的跨海桥梁设计规范尚需开展大量的理论及试验研究,且存在研究的依托工程样本较少的难题。

(2) 跨海桥梁工程结构耐久性定量化设计有待研究。跨海桥梁工程耐久性设计是工程设计中最为关注的课题之一,它不仅涉及工程长期安全、耐久的重大问题,还关系到资源、环境、国计民生等一系列重大经济与社会问题,对跨海交通工程可持续发展具有重要的现实意义。在海洋高盐、高湿、高温等环境条件下,桥梁工程混凝土结构和钢结构耐久性受到严峻挑战。海洋混凝土结构因混凝土碳化、氯离子渗透、钢筋锈胀导致功能退化。钢结构和海洋高盐环境下的氯离子之间产生化学相互作用导致性质变化及功能损伤。目前,结构耐久性尚存在性能与寿命之间的关系不明确、基于性能的耐久性设计理念和定量化设计方法尚未完全建立、不同行业技术标准的差异性较大等难题。需要重点突破混凝土结构损伤机理、抗力衰减与预测模型、损伤检测与评估方法、钢结构重防腐涂料与涂装工艺、基于腐蚀的健康监测和检测、防腐蚀全寿命设计、高性能耐腐蚀钢种等关键技术瓶颈。

(3) 跨海桥梁工程结构疲劳的耦合作用问题有待探究。结构疲劳是在重复荷载作用下由局部损伤诱发的结构永久破坏。跨海桥梁工程的公路或铁路运输荷载与内陆桥梁存在显著的差异性,不仅面临和内陆同样的运营车辆产生的疲劳作用,还面临严酷的海洋风和洋流产生的长期疲劳作用。目前桥梁工程抗疲劳设计还存在疲劳作用类型及疲劳荷载谱研究等技术挑战,需要重点突疲劳荷载谱、车辆与海洋环境耦合作用、疲劳与腐蚀相互作用、破疲劳寿命评估方法等关键技术与理论。

(4) 跨海桥梁工程全寿命设计有待突破。桥梁工程实现从规划设计、施工建造、运营管养、拆除或回收再利用的全寿命周期内总体性能(功能、成本、人文、环境等)最优的设计,即全寿命期设计还很不完善。跨海桥梁工程更是如此,需要重点突破周期成本计算模型与标准、风险评估体系与实用方法等关键技术。

(5) 跨海桥梁工程适用桥式和结构亟待创新。跨海桥梁工程面临海水深度大、自然环境严酷等困难条件,施工难度大、风险高,需要研究适应海洋环境的桥型方案和主要结构形式。常用的大跨度桥型方案主要有斜拉桥、悬索桥、斜拉-悬吊协作体系桥,宜开展多塔长联缆索承重桥梁技术研究,以适应深远海大跨度和方便通航的要求。进一步研究提高每一孔的跨度、扩展连续孔数,解决桥梁刚度和主缆抗滑移等技术难题。研发深水大直径管柱、大型沉井、大型基础及大型水下施工装备等,在主梁大节段预制拼装结构、钢主塔预制吊装结构以及下部结构预制安装结构等方面,应重点突破新结构体系、高性能材料、深水地基处理、大型自动化施工及智能化检测装备等关键技术。

2.4 跨海桥梁未来展望

2.4.1 从"十四五"规划看中国未来跨海桥梁建造愿景

《国家综合立体交通网规划纲要》(国发〔2021〕27号)中规划的跨海交通详见1.3。

以渤海海峡跨海通道为例,七条走廊中的"京哈走廊"支线1,沈阳经大连至青岛。其关键性工程集中在烟台蓬莱到辽宁旅顺的跨海通道建设。以跨海桥梁、海底隧道或桥梁隧道结合的方式,按公路、铁路双通道计算,总投资约2000亿元~3000亿元,投资规模堪比三峡工程。

2.4.2 未来跨海桥梁智能建造与技术创新

依赖航运便利的区位优势,世界各国家和地区的沿海地带通常是经济发达和人员密集的区域。随着各国对经济发展的愈发重视,沿海地区的公路交通建设将广泛推进,将面临大量的海湾跨越、陆岛衔接、岛岛联通等工程场景。《国家综合立体交通网规划纲要》(国发〔2021〕27号)指出,"推进沿边沿江沿海交通建设"是综合交通融合发展的重要组成部分;提出要"加强过江、跨海、穿越环境敏感区通道基础设施建设方案论证"。可见，我国的跨海桥梁工程在未来一段时期内将持续发展和推进。

在未来的跨海桥梁建设中，将不可避免地面临更加复杂的工程条件（如深水环境、恶劣天气、抗震要求等）、更加丰富的功能需求（如公铁两用、高铁交通等）、更加巨大的工程体量（如跨越琼州海峡、台湾海峡等）。在此背景下，新技术的发展和应用将是跨海桥梁的施工与服役安全重要保证。未来的跨海桥梁工程技术发展将围绕以下几方面进行突破：

（1）新型材料的应用。海洋环境具有高腐蚀性，各种荷载作用呈现随机动力特征，为保证桥梁结构在海洋高腐蚀环境下的长期服役安全，发展耐腐蚀、耐疲劳超高性能材料的应用是跨海桥梁工程高寿命需求的重要手段。

（2）结构体系的探索。跨海桥梁的建设将逐步走向更宽水面、更高水深的工程环境，更大跨度斜拉桥、悬索桥的技术研究，以及悬浮桥梁、悬浮隧道的发展应用，将是未来发展跨海桥梁技术储备的重要方向。

（3）工程装备的研制。跨海桥梁的海上施工环境复杂，面临深水、大风等不利环境条件，针对性地发展跨海桥梁大型施工装备，提升跨海桥梁施工的自动化、智能化，将是保证施工安全、高效实施的重要保证。

（4）技术体系的完善。跨海桥梁工程设计理论、技术进一步完善，工程经验的积累和丰富，建立符合中国国情和海洋环境条件的跨海桥梁设计规范、建造技术体系、质量保障和验收标准，实现从跨海桥梁建造大国向建造强国的实质性跨越。

（5）建造质量的提升。在桥梁技术上，大跨度桥梁将向更长、更大、更深水的方向发展，海上全桥 GPS 控制测量定位更加准确，桥梁抗风抗灾害能力逐步增强，大型构件吊装及安装技术水平日益精准，大型深水基础工程施工技术水平显著提高，在发展过程中更加注重新材料的开发和应用，更加重视桥梁美学及环境保护，重视人与自然的和谐可持续发展。

3 跨海隧道

3.1 概述

截至 2021 年 12 月，全世界已建成规模以上海底隧道 61 条（其中，国外 35 条，中国 26 条）。海底隧道的建造工法总体上包括矿山法、盾构法和沉管法。根据统计资料，海底隧道数量最多的国家是中国和挪威。其中，挪威以矿山法海底隧道为最多，中国以沉管隧道居世界最多。海底隧道地区分布比例如图 7 所示。海底隧道技术类型比例如图 8 所示。

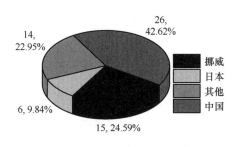
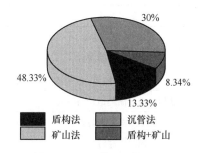

图 7 海底隧道地区分布比例　　图 8 海底隧道技术类型比例

图 7 显示，中国海底隧道数量占全世界的 42.62%，是当之无愧的海底隧道建设大国。图 8 显示，矿山法隧道占比 48.33%；其次为沉管法隧道，占比 30%。61 条海底隧道中的世界之最有：

（1）世界最长海底隧道——日本青函海底隧道。全长 53.86km，一条隧道挖了 12 年。日本本州的青森与北海道的函馆两地隔海相望，中间横着水深流急的津轻海峡。青函隧道通车以前，两地的旅客往返和货运，除了飞机以外，就只能靠海上轮渡。从青森到海峡对岸的函馆，海上航行要 4.5h，到了台风季节，每年至少要中断海运 80 次。1971 年 4 月正式动工开挖主隧道。1988 年 3 月 13 日，青函隧道正式通车。主隧道全长 53.86km，其中海底部分长 23.3km。除主隧道外，还有 2 条辅助坑道：一条是调查海底地质用的先导坑道，另一条是出碴进料的运输作业坑道。

（2）世界最长盾构法海底隧道——英法海底隧道。英法海底隧道又称英吉利海峡隧道（the Channel Tunnel）或欧洲隧道（Euro-tunnel），是一条把英国英伦三岛与欧洲大陆连接起来的铁路隧道，于 1994 年 5 月 6 日建成。它由 3 条长 53km 的平行隧道组成，其中海底段的隧道长 38km，是世界第二长的海底隧道及世界海底段最长的铁路隧道。2 条铁路隧道衬砌后的直径为 7.6m，开挖洞径为 8.36～8.78m；中间一条后勤服务隧道衬砌后的直径为 4.8m，开挖洞径为 5.38～5.77m。从 1986 年 2 月 12 日法、英两国签订关于隧道连接的坎特布利条约（Treaty of Canterbury）到 1994 年 5 月 7 日正式通车，历时 8 年多，是世界上规模最大的利用私人资本建造的工程项目。

（3）世界上最早的海底隧道——日本关门海峡隧道。该海底隧道建成于 1942 年，日本在本州的下关和九州的北九州市之间修筑了一条长 6.3km 的海底隧道——关门海峡隧道。

（4）世界上最繁忙的海底隧道——中国香港海底隧道。香港海底隧道是 3 条不相断的海底隧道，包括港九中线隧道、港九东线隧道和西线隧道，它们越过维多利亚海湾，把港岛与九龙半岛连接起来，每天流量约 40 万车次。

（5）世界上最长的沉管隧道——中国港珠澳通道海底隧道。该隧道海底部分长达 6.7km。隧道共由 33 个管段组成。是迄今为止世界最长、埋入海底最深（最深处近 50m）、单个沉管体量最大、设计寿命最长、隧道车道最多、综合技术难度最大的沉管隧道。

（6）世界上海底隧道最多的国家——中国。中国以 26 条海底隧道远远超越挪威（15 条）成为目前世界上海底隧道最多的国家。

3.2 典型跨海隧道工程

3.2.1 矿山法海底隧道

矿山法是相对传统且早期技术比较成熟、可靠的隧道施工方法，主要适用于岩石地层。早期的海底隧道工程主要采用矿山法建造，从图 8 可以看出，矿山法海底隧道占整个海底隧道的 48.33%。矿山法海底隧道绝大多数建于挪威，我国福建厦门等地海底岩石地层发育，因此该地区的海底隧道也多采用矿山法建造。

世界典型矿山法海底隧道见表 2，代表性海底隧道为日本的青函海底隧道。

世界典型矿山法海底隧道 表 2

序号	隧道名称	长度（m）	国家	完成年份
1	新关门铁路隧道	18700	日本	1975
2	青函海底隧道	53850	日本	1988
3	莱尔多隧道	24500	挪威	2000
4	赫尔辛基过港隧道铁路隧道	13500	芬兰	2008
5	奥斯陆湾海底隧道	7230	挪威	2016
6	厦门海底隧道	9000	中国	2009
7	厦门翔安海底隧道	8695	中国	2010
8	青岛胶州湾隧道	7808	中国	2011
9	海沧海底隧道	7090	中国	2021

青函海底隧道如图 9 所示。

青函隧道横越津轻海峡，全长 54km，海底部分 23km，连接青森和函馆。青函海底隧道 1964 年动工，1987 年建成，前后用了 23 年时间。

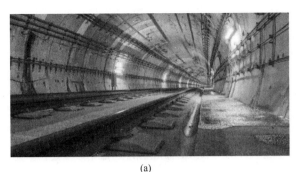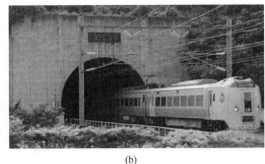

(a)　　　　　　　　　　　　　　　　　(b)

图 9　青函隧道特征概图
(a) 隧道内部状态；(b) 隧道出口

（1）基本情况。青函隧道南起青森，北至函馆，是一条连接本州和北海道的海底铁路隧道。由 3 条隧道组成，其中 2 条主隧道，1 条服务隧道。主隧道全长 53.85km，其中海底部分 23.3km，陆上部分本州一侧为 13.6km，北海道一侧为 17km。隧道位于海底 100m（海平面 240m）以下。1964 年开工建设，1988 年建成投入运营。是世界上第一条长距离的海底隧道，也是世界十大著名铁路隧道之一，至今仍然是世界已建最长的海底隧道。

（2）融资模式和运营模式。青函隧道由日本政府出资建设，总投资约 6890 亿日元（约 53.8 亿美元），建设、运营、管理均为日本国家铁路公司。共计约 1200 万人参加了工程建设，其中有 34 人亡于工程事故。与世界其他海底隧道不同的是，青函隧道还建有两座海底车站，即位于本州端起 13km 处及 41km 处的“龙飞海底站”及“吉冈海底站”。一旦发生危险，列车可迅速就近驶入海底车站避难，保证了隧道的安全运行。隧道自开通以来，没有发生过一起安全事故。

（3）施工特点。海底隧道的开凿，使用巨型掘岩钻机，从两端同时掘进。掘岩机的铲头坚硬而锋利，无坚不摧。钻孔直径与隧道设计直径相当，每掘进数十厘米，立即加工隧道内壁，一气呵成。为保证两端掘进走向的正确，采用激光导向。在海底地质复杂，无法这样掘进的情况下，就采用预制钢筋水泥隧道，沉埋固定在海底的方法。

中国在建的胶州湾第二海底隧道是迄今世界上最长的矿山法海底公路隧道（图 10）。

胶州湾第二海底隧道工程主线起点位于西海岸新区淮河东路千山南路路口以东，终点位于市北区杭州支路新冠高架路口以东，全长约 17.9km，其中隧道长约 15.9km（海域段 11.2km＋陆域段 4.7km）。隧道工程定位为以客运为主、兼顾中小型货运的跨海通道；主线隧道采用双孔行车隧道＋中间服务隧道的布置方式，双向六车道；道路等级为城市快速路；设计速度为主线 80km/h、匝道 40km/h；设计使用年限 100 年；抗震设防类别为乙类，抗震设防烈度 7 度。

图 10　胶州湾第二海底隧道入口

完全由中国自主设计、建造的厦门翔安隧道，连接厦门本岛和翔安区，兼具公路和城市道路双重功能。隧道两端为厦门岛东部的五通码头和同安刘五店，2005 年 9 月开工建设，2010 年 4 月 26 日开通运营。总投资 32.8 亿元，全长 8695m，其中海底隧道长 6050m，跨越海域宽约 4200m，设计行车速度 80km/h。设计采用三孔隧道方案，两侧为行车主洞各设置 3 车道，中孔为服务隧道。隧道最深处位于海平面下约 70m，最大纵坡 3%。左、右线隧道各设通风竖井 1 座，隧道全线共设 12 处行人横通道和 5 处行车横通道，横通道间距为 300m。厦门翔安海底隧道概图如图 11 所示。

(a)

(b)

图 11 厦门翔安海底隧道概图
(a) 隧道出口位置图；(b) 隧道内径效果

翔安隧道采用钻爆法暗挖方案修建，在施工过程中攻克了陆域全强风化地段大断面浅埋暗挖施工、浅滩段透水砂层施工、海底风化深槽施工等技术难关，对中国隧道建设技术的进步和发展，缩小与世界先进水平的差距，具有里程碑式的作用。

3.2.2 盾构法海底隧道

世界上采用盾构法建造的海底隧道不多，世界典型盾地构法海底隧道如表 3 所示。

世界典型盾构法海底隧道　　　　　　　　　　　　　表 3

序号	隧道名称	长度（m）	国家	完成年份
1	关门铁路隧道	3600	日本	1944
2	关门公路隧道	3460	日本	1958
3	英法海峡海底隧道	50500	英国、法国	1994
4	东京湾海底隧道	9100	日本	1996
5	大贝尔特海底隧道	8020	丹麦	1998
6	狮子洋隧道	10800	中国	2011
7	长江口隧道工程	8900	中国	2012
8	妈湾跨海隧道	8050	中国	2022

最具影响力的盾构法海底隧道当属英法海峡海底隧道，断面布置概图如图 12 所示。

图 12 英法海峡海底隧道断面布置概图

英法海峡海底隧道由三条长 51km 的平行隧洞组成，总长度 153km，其中海底段的隧洞长度为 3×38km，是世界第二长的海底隧道及海底段世界最长的铁路隧道。两条铁路洞衬砌后的直径为 7.6m，开挖洞径为 8.36～8.78m；中间一条后勤服务洞衬砌后的直径为 4.8m，开挖洞径为 5.38～5.77m。从 1986 年 2 月 12 日法、英两国签订关于隧道连接的坎特布利条约（Treaty of Kanterbury）到 1994 年 5 月 7 日正式通车，历时 8 年多，耗资约 100 亿英镑（约 150 亿美元），也是世界上规模最大的利用私人资本建造的工程项目。

隧道横跨英吉利海峡，使由欧洲往返英国的时间大大缩短。英法海峡海底隧道全长 51km，其中海底部分长 37km。单程需 35mins。通过隧道的火车有长途火车、专载公路货车的区间火车、载运其他公路车辆的区间火车。隧道由欧洲隧道技术公司经营，但因为隧道建造费用极高，债务沉重。

3.2.3　沉管法海底隧道

沉管隧道的历史可追溯到 19 世纪初期，wyatt 和 Hawkins 于 1810 年在伦敦泰晤士河首次尝试修建沉管隧道。1885 年西特奈湾的自来水管工程和 1894 年美国波士顿下水管线工程的原理与如今的沉管隧道工法基本一致。1910 年美国成功应用沉管法建成的跨越美国与加拿大之间的底特律河铁路隧道被誉为历史上第 1 条真正的大型沉管隧道。1928 年建成的美国波西隧道是第 1 条钢筋混凝土沉管隧道；1941 年建成的荷兰马斯河隧道首次采用矩形断面钢筋混凝土管节；20 世纪 50 年代以后，随着科学技术的进步及施工经验的增长，沉管施工技术难题逐步被克服，成为修建跨越河流和海湾隧道的常用技术。到目前为止，中国、挪威、日本、美国、荷兰、丹麦等 20 多个国家已建成了近 100 条沉管隧道，其中 2000m 规模以上的沉管隧道仅 20 条。目前世界上已建成的沉管隧道中，总长度最长的是中国的港珠澳通道海底隧道，全长 6700m；单节管节最长的隧道是荷兰的海姆斯普尔隧道，最长管节长达 268m；管节最宽的隧道是比利时的压珀尔隧道，宽达 53.1m，全长 336m；美国纽约东 63 街隧道环境条件很差，海水流速非常急，达 2.7m/s；比利时的斯海尔德隧道，河水流速 3.0m/s，潮位差很大。此外，在世界范围内已建成的大型沉管隧道工程还有厄勒海峡（Oresunnd）、韩国釜山巨济（Busan-Deoje）、土耳其 Bosphorus 海峡沉管隧道等，这些工程的成功建设均为大型跨江越海通道的建设提供了新思路。沉管隧道在中国的发展起步较晚，香港是中国沉管隧道的发源地，20 世纪 70 年代起，相继修建了 5 条沉管隧道，包括 1972 年建成的跨港隧道、1979 年建成的港湾隧道、1990 年建成的东区隧道、1996 年建成的西区铁路隧道和 1997 年建成的西区公路隧道。中国大陆已建成的海底沉管隧道主要有 2002 年建成的宁波常洪沉管隧道、舟山沈家门隧道、港珠澳跨海桥隧工程以及在建的深中通道沉管隧道、大连湾沉管隧道等。中国得天独厚的地理地貌和水域特点，具有大力发展沉管隧道工程，推进地域间联系与合作的巨大优势，大量沉管隧道工程必将在 21 世纪的中国建成。

港珠澳大桥跨越珠江口伶仃洋海域，是连接香港特别行政区、广东省珠海市、澳门特别行政区的大型跨海通道，是我国国家高速公路网规划中珠江三角洲地区环线的组成部分和跨越伶仃洋海域的关键性工程。其主要功能是解决香港与内地及澳门三地之间的陆路客货运输要求，建立连接珠江入海口东西两岸新的陆路运输通道。海底隧道工程是港珠澳大桥的控制性工程，隧道由东西岛头的隧道预埋段和每节排水量达 8 万 t 的 33 节预制沉管以及长约 12m 重达 6500t 的"最终接头"拼接而成，全长约 6.7km，如图 13 所示。

 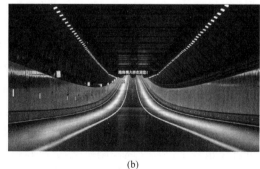

(a)　　　　　　　　　　　　　　　(b)

图 13　港珠澳通道与海底沉管隧道
（a）桥岛隧连接；（b）隧道内部效果图

3.3　海底隧道未来发展

3.3.1　国外跨海隧道工程展望

20 世纪至今，国外海底隧道的建造地区主要在欧洲（尤其北欧）、日本和北美，海底隧道建设的热点区域将极有可能转向印尼、马来西亚等东南亚及大洋洲地区，如马六甲海峡、巽他海峡以及各岛屿之间的峡湾区域。

印度尼西亚、马来西亚等国家与地区一直以来对沟通岛屿之间的交通网络抱有极大热情。印尼政府曾于 2013 年计划斥巨资修建 27.5km 的巽他海峡大桥和海底隧道，后因为 250 亿美元资金筹措能力及地震灾害防范措施不够而搁浅。2018 年，马来西亚副首相指出，大马和印尼已经原则上同意兴建衔接霹雳州峇眼拿督和印尼苏门答腊的海底隧道，2050 年国家转型计划（TN50）预测该海底隧道的建设预算为 200 亿美元。马六甲州政府也曾在数年前提出，计划斥资 127 亿美元建造马六甲海峡大桥，连接印尼苏门答腊岛。其他，如柔佛海峡跨海通道、爪哇岛-马都拉岛跨海通道、东爪哇岛-巴厘岛跨海通道等一大批建设规模空前的海底隧道计划已经在这一地区酝酿已久。

俄罗斯曾谋划过一项雄心勃勃的超级工程：耗资高达 120 亿美元，在白令海峡海底修建一条 103km 的隧道，从而将俄罗斯西伯利亚和美国阿拉斯加连接起来。但由于俄美关系的日渐恶化，加上隧道建设利益的失衡，使得白令海峡隧道至今无法提上俄美两国的谈判桌。但白令海峡隧道对两岸甚至整个欧洲和北美洲社会经济发展以及人类和平的不可估量的巨大影响，将很有可能成为人类世界最伟大的海底隧道工程。

除此之外，北欧丹麦、挪威、芬兰等国家和地区，为了地区区域经济发展，对国际间的跨海隧道建设将继续保持一定的热力。

3.3.2 从"十四五"规划看中国未来跨海隧道建设愿景

中国从 21 世纪开始，一跃成为全世界跨海交通设施建设成就最辉煌的国家，已建成的海底隧道数量占全世界总量的 42.62%，且工程体量、规模和技术创新程度均跃居国际前沿。

《"十四五"中国交通工程发展规划纲要》计划建设渤海海峡、琼州海峡、台湾海峡三条跨海通道中的海底隧道工程，东南沿海、沪杭甬、粤港澳等将成为今后 20～30 年海底隧道建设热度最高的地区。胶州湾湾口海底隧道、港岛-北大屿山海底隧道、孙逸仙大马路-友谊大马路海底隧道、澳凼第一海底隧道、澳凼第二海底隧道、长江口海底隧道以及一系列规划设计中的海底隧道工程将在 21 世纪中叶前建成投入运营。

毫无疑问，今后的 30 年是中国海底隧道建设的重大机遇期，通过一系列环境条件复杂、建设规模巨大且质量要求严格的海底隧道工程建设，实现我国在建设规模数量、技术创新程度、设计方法完善、施工装备研制、全生命周期管理水平等综合能力实现从赶超到引领世界海底隧道建设的高质量发展和飞跃。并通过技术输出，服务东南亚大洋洲地区海底隧道建设，提高中国的国际地位，获取对外经济利益。

3.3.3 跨海隧道智能建造与技术发展趋势

（1）沉管隧道智能建造。包括沉管隧道工程技术（①隧道结构标配式通用模块化设计方法；②大体积混凝土管节成型精度和成品质量高精度原位快速检测技术与装备；③几何形态自适应可调管节接头结构研发）、新型沉管隧道建造工艺创新（①基槽开挖-沉放对接-回填一体化沉管隧道建造方法及其工艺的可行性；②基槽开挖-沉放-回填一体化施工装备）、管节水下拼装实时可视化精确定位、反馈控制技术与装备（①外海条件下高精度水下摄影集群机器人；②基于北导系统的隧道沉放对接过程实时可视化精确定位及反馈控制系统）、沉管隧道高性能长寿命止水结构国产化（①隧道管节止水结构性能衰变及其耐久性预测的试验和计算方法；②高性能长寿命沉管隧道止水结构国产化）。

（2）悬浮隧道建造技术。包括海洋环境悬浮隧道结构稳定性（①海洋环境悬浮隧道动力稳定建模与理论分析方法；②悬浮隧道水下固定方式及其环境适应性；③悬浮隧道结构设计计算方法及其技术指标体系）、大水深悬浮隧道建造方法与工艺（①大深度水下悬浮隧道安装固定技术；②悬浮隧道管段结构水下拼装技术；③高性能长寿命悬浮隧道止水结构国产化）、灾变荷载作用下悬浮隧道安全性（①悬浮隧道地震反应模型、抗震设计计算方法；②人为致灾荷载下隧道灾变风险预测与控制技术；③极端环境荷载下隧道灾变风险预测与控制技术）。

（3）盾构隧道技术创新。包括适用于海底地层盾构装备研发（①研发浅覆土大型盾构装备，减小海底隧道埋深，缓和隧道线型并减小两岸隧道长度和工程量，提高盾构隧道对海水深度的适应性；②研发适用于海底强风化复合地层的大型盾构装备，提高刀盘道具的耐磨性和软硬互层、裂隙地层的通过能力）、施工质量和风险预控智能技术研发（①研发极端复杂海底地层盾构施工姿态自动检测和智能防偏纠偏技术；②研究完善超大水深盾构机开舱带压换刀作业及其安全保障技术）、海底盾构隧道结构寿命及耐久性预测评价技术（①潮汐荷载与超高水压条件下结构的防排水和疲劳寿命预测理论和技术；②海洋腐蚀环境条件下，隧道结构腐蚀损伤演化计算理论、实用方法及其防腐技术）。

（4）矿山法隧道技术升级。急需研究强渗流和施工扰动双重作用下衬砌结构的动态演化破坏机理，并着重研究地震、火灾等对深水长线隧道结构设计的影响，突破现有隧道设计理念。建设方面，水下隧道面临深水不良地质预报和精细化勘察的难题，需突破钻爆法或掘进机穿越浅覆土层、陆域流沙层、海域风化槽等不良地层的施工关键技术。运营方面，应加强对衬砌结构健康监测与运营安全管理的研究，尤其是发生火灾时的预警救援与应急逃生，实现复杂地质条件下高水压、大断面海底隧道施工与运营的安全管理。

4 跨海通道工程技术发展趋势

4.1 形式多样化、规模大型化

（1）在规模上，跨海工程将逐渐向长距离发展。不管是跨海大桥还是海底隧道，跨越的海峡将越来越长，穿越的海域将越来越宽，连接的海岛将越来越多。海峡不再是地区之间、国家之间、洲际之间难以逾越的天堑，而是成为连接五大洲、各国各地的纽带。

（2）在范围上，未来的跨海工程将越来越多地跨越国界、地区界，从一个国家发展到国家与国家或地区与地区。一条条跨海通道就像一道道彩虹，将不同的国家和地区连接在一起。

（3）在分布上，跨海通道将不再仅局限于欧美、日本等发达国家和地区，而是将向发展中甚至不发达国家拓展，遍布世界各地，凡有海峡、海湾、海岛的地方，都有可能出现跨海工程。特别是拉丁美洲和大洋洲，在未来许多跨海工程有望修建在一些岛国之间，将这些岛国连接起来。

（4）在形式上，将有更多新的跨海工程不断地展现在世人面前，除了跨海大桥和跨海隧道将保持快速发展外，人工岛、海上机场、海底管道等，在未来也有望迎来一个发展的黄金时期。人类的生存空间将从陆地向海上甚至海底拓展，"海上城市""海上机场""海上公园""海底村庄"等有可能应运而生。而科学家也大胆预测，到21世纪末，人类将有1/10的人口从陆地移居海洋城市。

（5）在桥梁技术上，大跨度桥梁将向更长、更大、更深水的方向发展，海上全桥GPS控制测量定位更加准确，桥梁抗风抗灾害能力逐步增强，大型构件吊装及安装技术水平日益精深，大型深水基础工程施工技术水平显著提高，在发展过程中更加注重新材料的开发和应用，更加重视桥梁美学及环境保护，重视人与自然的和谐可持续发展。

（6）在海底隧道技术上，钻爆法对各类岩石地层的适应形逐渐增强，已攻克超前地质勘探、超前深孔帷幕注浆、穿越海底风化深槽和断层破碎带等关键技术；大型掘进机修建大断面隧道技术、海底长距离掘进技术发展迅速；在海中修建人工岛增加通风竖井，通风和防灾救援技术日趋提高，而公路隧道也正在克服通风和防灾救援的困难，长、大公路隧道将日趋增多。

4.2 桥隧一体化、技术最优化

桥隧组合工程是针对桥梁、隧道工程的优缺点，对于跨海距离较远、工程地质条件、水文条件较复杂的海峡、海湾所采用的一种跨海通道形式。这种组合结构形式不但解决了由于隧道过长，施工和运营、通风、防渗和防灾等技术上的难题，而且解决了跨海桥梁妨碍航行、影响生态环境等缺点，且对于整个工程可以因地制宜，充分利用地形地貌和地势条件，分段实施，缩短建设周期，充分发挥了跨海桥梁、海底隧道各自的优点，有效规避了各自的缺点。对于长、大跨海工程，国际上大多采用桥隧组合方案，如东京湾横断公路工程、大贝尔特海峡通道、厄勒海峡跨海通道、切萨皮克海湾桥隧工程等。世界上第一座桥隧组合工程位于美国弗吉尼亚的汉普顿公路上。1964年，美国建成了切什彼克（ChesapeakeBay）桥隧系统，全长28km，该工程在20世纪60年代创造了长度和工程规模的世界纪录，曾被称为当代的世界工程奇迹。丹麦是桥隧组合工程的代表性国家。为联通丹麦本国及丹麦与瑞典、丹麦与德国的交通网络，先后修建了丹麦大贝尔特海峡、厄勒海峡跨海通道，还计划修建一条长19km的铁路隧道或是一条桥隧组合跨越丹麦与德国之间的费马恩海峡。在中国，已建成通车的上海崇明越江通道、港珠澳跨海大桥、泉州湾跨海通道及在建的深中跨海通道工程等，均采用桥隧组合方式。论证规划中的渤海海峡跨海工程备选方案，南桥北隧也是其中的代表性方案。

随着跨海通道长度的增大，为适应海洋通航、环境保持和设施建造技术的可能性，桥隧岛组合的结构形式无疑是长大跨海交通设施的最优选择。

5 海上漂浮式机场

海上浮式交通设施包括漂浮式机场、悬浮隧道和水中悬浮桥梁以及连接桥梁和海底隧道的浮岛。水中悬浮桥梁在挪威等国家和地区已有工业化应用，其他漂浮式结构总体处于研究阶段。

关于超大型浮体的研究已经开展了近百年，1924年，美国最早提出海上漂浮机场概念，于1940年至1990年间对适用的结构形式及大型浮体水动力特性开展了理论和试验研究。日本、挪威、英国、韩国、新加坡、中国等先后开展了海上漂浮式机场的研究工作。

5.1 技术特点

超大型浮体一般有两种结构形式：箱式（Pontoon Type）和半潜式（Semi-submersible Type）。其中，箱式浮体构造简单，维护方便，内部可用空间较大，典型概念案例如日本的"Mega-float"；半潜式浮体构造复杂，制造难度较大，但水动力性能更加适合风浪环境较为恶劣的海域，典型概念案例如美国的移动式海洋基地（MOB）。两种形式如图14所示。

其优点是远离城市，噪声干扰小，空气污染小，不必填海埋石，不必考虑海床地质及其变迁，对

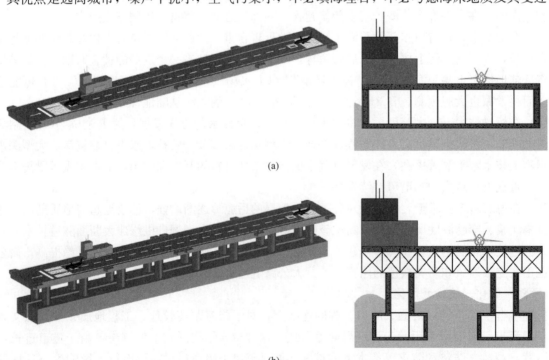

(a)

(b)

图14 超大型浮体基本结构形式

（a）超大型箱式结构物示意图；（b）超大型半潜式结构物示意图

潮流变化不用担心，适用性强，使用灵活，可按需要拖曳到指定地点，维护和修理均很方便，对海洋生物繁衍无影响。

5.2 发展现状

海上浮式机场始于 Edward R. Armstrong 的专利《超大型海上浮式基地 very large floating structures（VLFS）》，（1942：Sea Station），设想用于跨大西洋（欧—美）飞机导航和补给。但该想法最终未能落成。

美国在 Edward R. Armstrong 提出海上大型浮式机场概念并申请了相关专利的基础上，进行了一系列的技术和理论研究；直到1992年，美国国防部启动 MOB 研究计划，以可移动的后勤基地为目标；半潜式模块连接而成等实用研究。1950年，日本学者提出海上浮式城市的概念，先后经历了理论研究、基于模型试验研究，并于1995年开始，围绕实际应用开展了足尺平台试验和大型示范性平台设计和实验研究。成立了 Technological Research Association of Mega-Float（TRAM），专门研究大型浮体结构 Mega-Float project。1995—2001年，分两期开展浮箱式结构研究，完成了1000m×（60～120）m×3m 的示范平台起飞和着陆试验、为关西机场提出设计方案；SRCJ 于2001年后继续研究，并为羽田机场提出设计方案。加拿大、挪威、荷兰等国也先后开展了海上浮式机场的研究工作。加拿大1981年提出建造海上浮岛的构想并进行了相关技术的研究；挪威、荷兰主要进行半潜式大型浮体研究，研究焦点为复杂的海洋水动力环境中大型浮体的响应特性以及模块结构强度分析。

我国的大型人工浮岛（浮式机场）研究起步于21世纪初，主要研究焦点在于大型浮式结构的水动力特性、模块结构接头力学性态的分析研究。2013年，针对大型海上浮式结构物布设于岛礁海域所面临的不同于开阔海域的波浪荷载、动静力学等重大科学问题，科技部启动了973计划项目"海洋超大型浮体复杂环境响应与结构安全性"的研究。该项目于2017年顺利通过科技部验收，在关键科学领域取得了中重大突破。

加拿大于1981年提出了建造海上的"浮岛"即浮体机场的构想，供地方小型航空公司客机增加新机场或作备降机场使用。设计"浮岛"全长604m，宽68m，结构排水量134000t。为美国海军最大航空母舰的1.64倍，能搭载4架50座级的DHC-7型客机，并供其起降。"浮岛"采取跑道迎风系泊，设在水深100～200m，离岸200km的水域。

此外，"浮岛"上还设有居住舱、机械库、动力舱、休息厅、娱乐厅、百货店、医院、通信和气象台等专门配套设施。据称，其除完成机场主功能外，还兼作水产渔业、石油开发、海底施工平台，或用作沿岸警备基地。

日本研发了平底船式和浮筒平台型两类浮岛结构（前者相当于一个巨型浮式码头附加机场设施；后者则由水下的浮筒支承着水面的浮体平台，再附加有关的机场设施而成）。这两类"浮岛"采用全金属或钢筋混凝土结构。上文所述的TRAM示范平台中，浮体甲板面积12万m²，为美国最大航空母舰甲板面积的4.7倍。浮体平台下方有横排4个，纵列32个，共计128个直径各8m、长28m、吃水14m的浮筒支承。该设计的最大优点是浸水面积仅占平台面积的5%，从而削弱了水流和海浪的影响。且"浮岛"整体强度按照可抗百年一遇的强台风设计，可抗42m/s风速及13m浪高的冲击。平台上设有指挥塔、停机坪、跑道、阻拦网等设施，平台下设有机库、电站、油库、居住舱等设施。可供E-2预警机（机长17.54m，翼展24.56m，机高5.58m，最大起飞重量23560kg）、T-38、T-4等喷气教练机和大型直升机起降。浮岛为条泊型，通过12根链索，在水深200m处用锚固系留，并调整在迎风方向。

5.3 建设需求和未来趋势

21世纪以来，随着我国经济高速发展及人口向东部沿海聚集，沿海地区的生存空间受到挤压，沿海城市该方面问题尤为严重，在我国，沿海省份以仅13%土地，集中了全国42%人口、50%大城市及60%的GDP，粤港澳大湾区更是以0.6%土地、5%人口创造了全国13%的经济总量。庞大的经济和人口体量与受限的空间之间的矛盾俨然成为阻碍沿海城市进一步发展的巨大羁绊，从陆地走向海洋在当下已成为民间和政府的共识，这也与世界各国大力发展海洋经济的主流趋势不谋而合。

海洋是生命的摇篮、资源的宝库、交通的命脉、战略的要地。我国是一个海洋大国，有 1.8 万多公里的大陆海岸线，近海区域有宽广的大陆架，渤海（18m）及黄海（44m）平均水深较浅，东海大陆架浅海区与黄海大陆架连成一片，是世界上最广阔的大陆架区之一；南海以西南部的大陆架宽达 900 多千米。根据《联合国海洋法公约》和我国专属经济区及大陆架法，我国可主张的专属经济区和大陆架面积可达 300 万 km^2，这对人口基数大、人均资源量少的我国，既提供了发展的资源基础，也提供了"第二生存空间"。

面对日渐增长的滨海空间需求、日益严峻的海洋安全形势和日趋激烈的海洋权益斗争，拓展我国所属海域范围内海洋发展空间、捍卫国家领土领海主权和海洋权益的任务艰巨而又繁重。大力开发新的海洋工程技术已经成为当务之急。大型漂浮工程（Large Floating Engineering Project，LFEP）的开发和建设能较好地解决上述问题，并将逐渐成为我国海洋工程领域发展的重点，具有重大的现实意义。填海造陆可满足城市发展所需土地空间，但也存在适用水深较浅、地质条件要求高、对地震敏感、影响海洋生态系统等限制条件和不利因素。相对于填海机场，大型漂浮机场可充分利用水的浮力作用，对水深没有太多要求，对海洋破坏性小，且具优良的经济性，在掌握关键建造技术后，可推广应用于漂浮交通设施（浮桥、悬浮隧道）、海上移动基地、离岸浮式港口、近海石油储备基地和海上垃圾处理厂、能源岛、海上娱乐设施、特种平台及未来城市等。

5.4 技术瓶颈与创新

对于海上漂浮式机场，尽管世界上已有许多研究成果，仍然存在许多亟待研究解决的技术瓶颈问题。概要如下：

（1）设计计算理论和技术标准。迄今，还没有可用于海洋环境漂浮式机场的设计规范，亟待研究解决模块集群式超大型海上机场设计计算理论和技术标准。包括：①海上机场国内外研究成果的调研和系统分析，形成可供制订设计规范的系统性技术资料；②研究形成海洋环境多模块集群漂浮结构的实际计算方法；③形成超大型海上浮式机场设计理论和评价标准。

（2）集群模块结构耦合动力响应。开展模块集群超大型浮体结构耦合建模及动力响应研究。包括：①模块接触模式、接触力学模型、参数及其敏感性研究；②集群锚索连接结构耦合波动响应研究；③复杂海洋环境荷载下模块集群式超大型浮体结构动力特性及其稳定性控制。

（3）超大型组合浮式结构位移控制技术。亟待研究解决超大型浮式结构的刚度及位移控制关键技术问题。包括：①多模块集群结构连接方式波动影响特性及有效控制技术；②针对随机动力问题研发减振和消能装置；③浮体竖向绝对位移、差异升沉位移、轴向漂移规律及其有效控制技术；④波动荷载长期作用下，基础承载力衰变及其对浮体升沉的影响预控技术。

（4）工艺创新及风险管理。亟待解决施工过程相互影响及其风险管理问题。包括：①水下密集桩基和锚固基础相互影响、力学效应、承载力设计计算问题；②水下大规模基础并行施工管理系统优化、质量保障及风险管控技术；③多模块集群结构施工工艺和管理系统优化、质量保障及风险管控技术。

（5）极端环境条件下风险预控。台风、海啸等极端恶劣海洋环境下，强非线性超大型浮体的动力学与结构响应预报、多模块超大型浮体基础构型、系泊、锚固装置的优化以及非线性网格动力学在超大型浮体分析中的应用等。

城市地下空间开发与利用发展趋势

The Development Trend of Development and Utilization for Underground Space in Cities

雷升祥　丁正全　邹春华

（中国铁建股份有限公司）

1　引言

"十三五"以来，我国新型城镇化取得重大进展，城镇化水平和质量大幅提升，2020年末全国常住人口城镇化率达到63.89%，户籍人口城镇化率提高到45.4%。根据《中华人民共和国国民经济和社会发展第十四个五年规划和2035年远景目标纲要》预测，我国常住人口城镇化率到"十四五"末将提高到65%，预计在今后十年，中国城市化的大体趋势是"大集中，小分散"。所谓大集中，就是在中国目前的城市化和工业化阶段，资金流、人流、物流、信息流、科技流主要是继续向粤港澳大湾区、长三角、环渤海湾（包括京津冀、山东半岛、辽东南）和成渝经济圈四个经济热点地区集聚。

伴随着这种集聚效应，随之而来的是大量人口集中涌入区域热点城市，一线城市和中心城区人口更加集聚，城市居住人口急剧增加，城市中心区建筑密度增大，交通拥堵、环境恶化、资源短缺、城市内涝、房价高企、城市特色风貌丧失等"城市病"日益突出。在有限城市地表空间的前提下，向地下空间发展成为未来大城市发展的必然选择，这对于解决土地资源不足，降低土地成本、提高综合收益，节能节水，改善城市环境，提高城市综合抗灾能力，有效缓解城市交通压力及交通矛盾，减少地面噪声，有效解决城市综合征，扩充基础设施容量，保护历史建筑等具有现实意义。开发利用城市地下空间是拓展城市发展空间、解决城市病、提升城市韧性及促进可持续发展的重要载体。以高层建筑和高架道路为标志的城市向上发展模式不是扩展城市空间的最佳模式，城市要向三维或四维空间发展，实行立体化再开发，这才是城市发展及改造的现实可行途径。而城市郊区化，也不适合我国国情。纵观世界城市发展进程，向地下要空间、要资源已经成为21世纪城市发展的必然趋势。

截至目前，我国已成为世界上城市地下空间开发速度最快、规模最大、技术最复杂的国家，仅2016—2019年间我国新增地下空间建筑面积达11.01亿 m^2，2020年我国新增地下空间建筑面积2.59亿 m^2，占同期城市建筑竣工总面积的22%。地下空间开发利用高速发展的同时，也逐渐暴露出规划落后于城市建设实践、连通性及系统性不足、开发利用水平有待进一步提升等问题。在现状条件下新的建设理念、建设规模、结构形式、拓建方式等对地下空间建设提出了更高的要求，特别是高标准的浅埋地下大空间建设尤具挑战性。

本文在分析我国城市地下空间开发利用现状及不足的基础上，提出需从提升新开发地下空间的规划设计理念及建造新技术，增强既有城市地下空间更新改造能力两个方面，解决城市地下空间开发利用中存在的不足。介绍了以中国铁建为代表的城市地下空间研究团队在城市地下空间规划设计理念、安全风险防控、网络化拓建施工技术、关键装备及智能化监控平台等多方面取得创新和突破，指出我国城市地下空间开发利用未来技术发展方向，旨在为我国城市地下空间开发与利用提供解决方案。

2　国内城市地下空间开发与利用现状

我国城市地下空间资源的开发利用相比于世界发达国家起步晚，根据其发展特点主要可以分为三个阶段：①自20世纪50年代人民防空工程规模化修建开始到20世纪90年代中期，我国城市地下空间开发与利用主要是结合人防工程展开；②自20世纪90年代后期，随着城市地铁建设的逐步启动和城市房地产的迅速发展，地下空间开发与利用主体发生显著变化；③进入21世纪后，大规模地铁建设及其围绕交通节点、综合交通枢纽、商业中心的地下空间开发，开启了我国大规模开发与利用地下空间资源、加速推进城市现代化进程的历史步伐。

"十三五"期间，我国累计新增地下空间建筑面积达到13.3亿 m²，占现有地下空间总量的55%。近10年来，轨道交通发展迅猛，新开通城市数量为2010年的2.1倍，新增运营里程为2010年的2.87倍。截至2020年底，我国大陆地区共有45座城市开通城市轨道交通运营线路244条，总长度7970km，当年新增运营线路长度1233.5km，其中，地铁运营线路6280.8km，占比78.8%；其他制式城轨交通运营线路1688.9km，占比21.2%。

随着城市地下空间建设由点-线-面向区块化及网络化方向发展，如高速铁路进城地下敷设、城市地下立体交通、城市大型地下综合体、地下空间多层开发等，以及以雄安新区为代表的高起点、高标准的新型城市开发与建设，地下空间呈现出空间多维化、规模大型化、结构复杂化、环境人性化、建造智慧化、管理数字化等特点，建设品质和标准化水平不断提升，对复杂地下大空间结构的规划设计、安全建造、品质营造等方面提出了更高要求。

3 我国地下空间利用主要问题

虽然我国城市地下空间开发利用已取得长足的发展进步，但相较于发达国家，从规划理念、设计水平、建造技术、品质营造等多方面仍处于发展前期阶段，尚存在诸多亟待解决的科学问题和技术问题。

（1）全国各地区、城市间地下空间开发利用发展不平衡，对地下空间利用的认知不足。2020年，以陕西、四川、广西、云南为代表的省级行政区，其城市建设速度缓慢上升，地下空间新增面积与东部地区的差距逐渐扩大，差距值同比增加13.25%。二、三线城市地下空间统筹规划、开发规模、建设运营水平及公众认知度仍较低，目前对地下空间利用仍局限在围绕地下交通、人防设施等设施的单线规划范围；而地下空间属于典型的不可再生资源，一旦开发利用将不易重复循环利用，后期采取资源恢复及补救保护将花费数倍高额代价，因此，树立前瞻性思维，统筹规划设计是未来城市地下空间利用的重要命题。

（2）地下空间利用形式单一，开发布局分散。目前，城市地下空间开发利用涉及人防、建设、市政、环保、电力、交通、通信等诸多部门，由于在各部门之间对地下空间利用无统一规划，因此，各部门在开发、管理中呈现各自为阵的"九龙治水"模式，往往根据其所管辖范围进行针对性开发，如地铁建设过程往往与市政管线、通信电缆等统筹布局考虑不足，导致城市地下空间开发利用成为缺乏长远规划的科学性和前瞻性。因此，开展城市地下空间资源开发利用的有序管控，进行合理布局和统筹安排各项地下空间功能设施建设综合部署，是未来城市地下空间开发与利用的基本前提。

（3）地下空间开发缺乏分层化、地上地下协调化。目前，城市地下空间开发仍集中于浅层开发（<50m），且缺少对不同地下构筑物分层化规划思维，造成地下交通、市政管线、通信电缆混布、交叉甚至冲突，由此引发的工程事故时有发生。因此，根据不同地下构筑物开发功能、实际布置深度地质要求等，开展不同竖向分层规划研究，考虑不同层级容纳对象及具体开发要求，恰当考虑深层地下空间的分阶段开发，将是后期地下空间开发必须考虑的研究课题之一；此外，城市空间作为地表、地下联动的完整有机体，进行地上地下协调化开发利用很有必要。而目前受城市前期规划设计所限，地下空间开发被动适应地表建筑物实际需求，带来诸多现实困难。

（4）城市地下空间开发利用政策与立法存在严重滞后。受历史因素影响，目前我国尚无针对城市地下空间开发利用管理的专项法律法规，而目前通用的《城市地下空间开发利用管理规定》尚仅为部门行政规章，法律效力不足，且该规章制定时间较早，部分内容已不合时宜，且因条款量化规定不详细，导致对实践指导性不强。因此，出台国家级地下空间综合管理法律法规，实现对城市地下空间开发统一的管理体制，是近期我国地下空间开发亟待解决的重要问题之一。

上述问题显著制约着我国地下空间开发利用发展，由此引起的负面效果也逐渐显现，主要表现在：①早期建设的既有地下空间系统性不足、连通性较差、与地面空间协调不足，不仅影响了地下空间的高效利用，同时也威胁到地下空间接续施工安全；②近 20 年开发过程中，因前瞻性考虑不足，规划的制定和调整时常落后于建设实践，带来新的技术难题和留下缺憾；③在大型、特大型城市修建新的地下空间时，存在大量的与既有地下空间结构空间冲突、相互干扰与制约的问题。

为打造有生命力、有温度、有活力的地下空间，提升城市地下空间使用功能和利用效率，有效解决"城市病"，需要从两方面入手解决上述问题。其一，提升新建地下空间的开发利用规划设计理念与思路，开发与保护相结合，重视规划的前瞻性与超前思维，地上与地下协同发展，保障新开发地下空间的合理性、安全性、统一性和接续性；其二，对既有城市地下空间进行更新改造，采取系列技术手段连通和改善既有地下空间，解决新旧地下空间相互干扰的系列技术难题，从而消除安全隐患、扩展空间功能、提升空间品质，将老的地下空间激发出新的活力，促进城市地下空间健康快速发展。

4　新理念、新技术、新装备发展现状

以中国铁建为代表的城市地下空间研究团队，针对我国城市地下空间开发利用存在的问题，经过多年的理论研究和实践探索，从规划设计理念、安全风险防控、网络化拓建施工技术、关键装备及智能化监控平台等多方面取得了系列创新成果，形成了集"基础理论-规划设计-安全建造-品质评价"为一体的综合性"铁建方案"，为我国地下空间开发与利用提供有力的技术支撑和安全保障。

4.1　地下空间开发与利用新理念

雷升祥等基于国内外地下空间开发现状分析，提出了未来地下城市规划建造新理念，从法制构建角度倡导树立第四国土、地下红线理念；从规划、设计、建造角度提出融合设计、规划留白、智慧建造等理念；从空间角度提议采用节点 TOD 空间布局理念；从可持续发展角度坚持以人为本理念。并在此基础上，系统研究并提出未来城市地下空间开发的人本、绿色、智慧、韧性、透明、法制"六大理念"，以及相互逻辑关系，形成了理念体系，即人本地下是目标、绿色地下是标准、智慧地下是手段、韧性地下是要求、透明地下是技术、法制地下是保障。以上理念与未来地下城市规划布局有机结合，将更好地提升我国城市地下空间开发利用的效能与综合水平。

雷升祥等以构建高品质地下空间为目标，基于"以人为本"理念，从人的感知出发，围绕人对"安全、舒适、高效、绿色、质量、效益"6 个维度，提出以人为本的地下空间品质评价指标体系（图 1），提炼网络化地下空间品质优化规划设计要素，提出城市地下空间品质评价指标体系并建立与之适应的评价方法，通过以评促建，科学打造高品质地下空间提供技术支撑。基于此制定了《城市地下空间品质评价标准》，开发了全过程、开放性的品质评价 App，并已

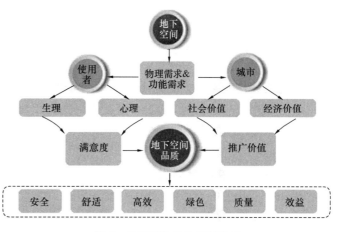

图 1　品质评价量化指标体系

成功用于上海五角场地下空间、武汉地铁 7 号线徐家棚站等多项大型地下空间工程的品质评价。

4.2 安全建造高可靠、全过程风险预控方法

与传统方法相比,雷升祥提出在风险分析中考虑多因素耦合与动态演化,引入风险耦合系数及计算方法,实现风险量化分析与动态评估。其方法框架如图2所示。

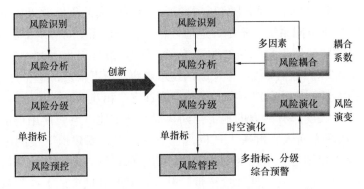

图2 考虑多因素耦合与动态演化的风险分析方法框架

团队的李小雪、谭忠盛等,在雷升祥提出的理论框架基础上,针对城市地下大空间施工风险因素多、成险机理复杂、风险防控难度大的特点,完善了风险多因素耦合的概念,形成了风险因素耦合效应计算方法。雷可、谭忠盛等探讨了风险演化的定义,建立了基于马尔科夫链的风险演化模型,并给出了模型参数的确定方法。进一步揭示了城市地下大空间施工风险多因素耦合与动态演变机理(图3、图4),构建了基于多因素风险耦合与动态演变的风险评估方法及施工风险评估系统,实现了城市地下大空间施工风险的全过程、实时化、自动化评估。

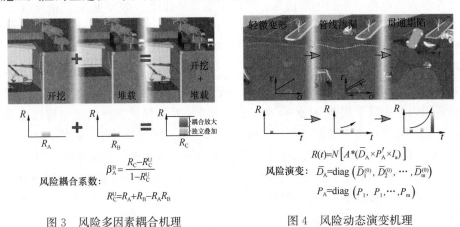

图3 风险多因素耦合机理   图4 风险动态演变机理

团队的罗向龙、甘文娟、陈永红、王立新等针对地下空间施工监测预测数据"滞后性明显"和"自适应性差"的问题,通过引入施工关键工序控制区间,提出了"以点控线"(数值模拟修正LSTM预测)与"以线牵点"(实测数据修正数值模拟)相融合的双牵引预测模型(图5),可实现地表沉降预测准确度大于90%。雷升祥等针对城市地下大空间施工单指标预警不准等问题,构建了施工安全状态多指标综合分级预警方法(图6),为城市地下空间安全建造合理预测及准确预警奠定了基础。

4.3 网络化安全拓建关键技术

针对既有城市地下空间更新改造发展需求,以及更新改造过程中面临的扰动效应不明确、体系不清晰、关键技术不完善等一系列难题,雷升祥在总结分析多年研究成果和实际工程案例的基础上,创新性提出地下空间网络化拓建概念以及五大拓建模式,建立了各种拓建模式对应的典型分析方法、典型力学模型,从"岩土-环境-既有结构-新建结构"之间的作用转换解释拓建施工的关键科学问题。针

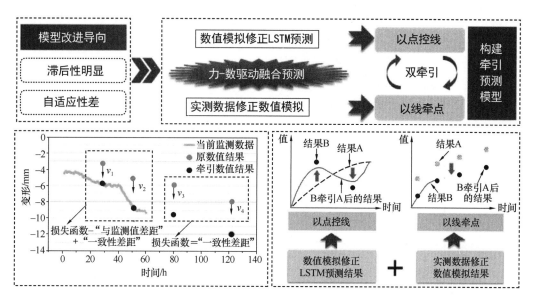

图 5　数据双牵引预测模型

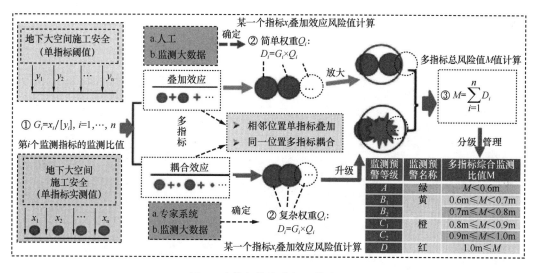

图 6　多指标综合分级预警方法

对网络化拓建面临的既有结构保护、环境扰动控制及新建结构安全保障等技术难题，以拓建扰动诱发的各要素应力、位移等为主要评价指标，提出了网络化拓建扰动度概念、计算方法（式 1-1）及分级评价标准（表 1），建立了与不同拓建形式和结构类型间的定量关联。形成了基于拓建扰动度分级的安全控制方法及技术措施，集成了城市地下空间网络化安全拓建的地层加固、既有结构防护、开挖与支护、临近建（构）筑物保护等施工关键技术，为城市地下空间更新改造提供了新的思路和方法手段。在北京地铁宣武门站新增换乘通道工程示范应用中（图 7），控制 2 号线轨道最大沉降量 0.49mm，4 号线轨道最大沉降量 0.44mm，远小于运营安全控制值 2mm，实现微扰动毫米级沉降控制。

$$U = U_1 + U_2 + U_3 + U_4$$
$$= \sum_{j=1}^{6}(P_1 Q_{1j} + P_2 Q_{2j}) + \sum_{j=1}^{6}(P_3 Q_{3j} + P_4 Q_4 j) + \sum_{j=1}^{6} P_5 Q_{5j} + \sum_{j=1}^{6} P_6 Q_{6j} \tag{1-1}$$

式中　U_1、U_2、U_3、U_4——分别为既有结构、拓建结构、地层及周边环境的拓建扰动度，即拓建施工对拓建体系 4 个构成要素的扰动影响效应；

113

P_i——评价指标的权重值，P_1、P_2、P_3、P_4、P_5、P_6分别为K_{1a}、K_{1b}、K_{2a}、K_{2b}、K_3、K_4的权重，根据专家打分，采用层次分析模型获得其取值，归一化处理，使$\Sigma P_i = 100\%$；

Q_{ij}——评价指标的隶属度，下标i代表K_{1a}、K_{1b}、K_{2a}、K_{2b}、K_3、K_4 6个评价指标，下标j代表每个评价指标取值范围的6个等级，根据评价指标取值范围获取对应隶属度取值，$0 \leqslant Q_{ij} \leqslant 1$。

扰动度分级评价标准   表1

拓建影响等级	拓建影响程度	拓建扰动度 U（%）	工作状态			
			既有结构	新建结构	地层条件	周边环境
Ⅰ	极严重	80～100	拆除重构或结构开裂，影响正常使用	结构劣化，耐久性降低	地层损失率大，地层参数显著降低	影响显著
Ⅱ	严重	60～80	结构劣化，耐久性降低	发生较显著位移和应力	地层损失率较大，地层参数降低	影响大
Ⅲ	中等	35～60	发生较显著位移和应力变化	正常使用	地层损失率小	影响较大
Ⅳ	轻微	10～35	正常使用	状态良好	正常状态	影响小
Ⅴ	无	0～10	状态良好	状态良好	正常状态	无影响

 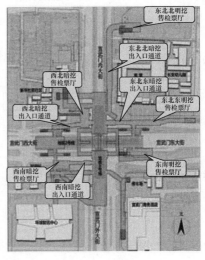

图7　北京地铁4号线宣武门站新增换乘通道工程

4.4　一体化与快支护新技术

雷升祥、宋玉香等针对城市环境敏感区浅埋暗挖大跨地下结构毫米级沉降控制难题，提出了以结构方式解决岩土问题的理念，构建了全环一次性封闭管幕预筑结构受力体系，提出了钢板-混凝土变截面组合结构偏心受压承载能力计算方法，建立了分阶段沉降控制标准（图8）。同时，研发了"精确定位、锁扣连接、双管顶进、单管出土、及时注浆"的长距离锁扣式连续管棚帷幕加固止水施工工法，形成了管棚帷幕加固、群管精准顶进、管间土体加固、分段切割焊接、分段分层浇筑混凝土、安全监测的支护结构一体化施工关键技术，并在太原市迎泽大街下穿火车站通道工程中成功应用，开挖跨度18.2m、最浅覆土2.7m的条件下，控制最大沉降值9.7mm，实现了毫米级微沉降控制。

团队的宋远、杨旭、董云生等针对地下空间不良地质段开挖过程中因围岩暴露时间长而引发坍塌的难题，提出了即时形成大刚度面支护承担围岩荷载的快速装配支护结构承载机制（图9），建立了

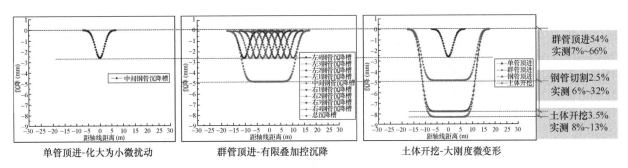

图8　管幕预筑一体化结构施工分阶段沉降控制标准

"空间网架＋喷射混凝土"的力学分析模型，研制了新型模块化空间网架结构（图10）和快速连接接头。在此基础上形成了模块化网架结构制造工艺、无损运输、快速精准拼装、变形自动监测的成套施工技术，在广州地铁番禺广场站暗挖隧道工程成功应用，实现了初支2h拼装成环，迅速抑制围岩变形，保障施工安全。

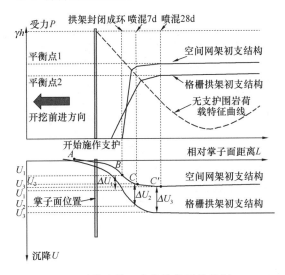

图9　快速装配支护结构承载机制

图10　新型模块化空间网架结构

4.5　安全施工关键装备及智能监控平台

为解决城市地下空间预筑管幕法钢管内空间狭小封闭，切割焊接作业环境恶劣及施工难度大等问题，研发了交互式图像取点、线激光选位的切割与焊接轨迹自动生成技术，发明了智能行走控制系统、切割和焊接操作系统、监控系统，研制了AGV智能小车承载的可视化三维成像焊接及切割机器人（图11），可实现狭小空间双曲面自动行走、精准定位、快速切割焊接，实现了狭小空间内安全、高效、绿色、少人化作业。

面向城市地下大跨空间快速支护作业需求，研制了三臂架结构和六自由度终端抓取的地下大空间多功能作业台车（图12），具有多方向自行走、重型构件抓举、快速定位、精准拼装等功能，单臂抓举重量可达1.5t，整机作业宽度可达21.5m，单机作业覆盖面积超过300m²，可实现不同支护构件种类、断面形式、施工工况的装配结构快速精准拼装，此装备可在大段面交通隧道施工中推广应用。

为解决城市地下大空间连通接驳通道施工机械化程度低、环境影响大的问题，研发了无需预先施作围护结构的浅埋盖挖快速装配支护一体机（图13），集成了开挖、支护、拼装、覆土回填等功能，可实现不中断路面交通条件下地下空间机械化开挖施工、结构快速装配、覆土即时回填、快速恢复道路。

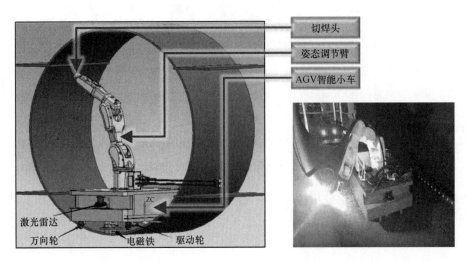

图 11　钢管内切割、焊接智能化设备

图 12　多功能作业台车及现场应用

图 13　盖挖快速装配支护一体机

　　针对我国城市地下空间施工安全监测系统彼此独立、预测方法简单、预警指标单一等问题,构建了地下大空间施工安全监测新的指标体系,研发了具备信息高精度感知、多源数据融合、监测对象与信息 3D 可视化、施工安全状态动态预测、多因素综合分级预警的智能监控系统,构建了城市地下大空间施工安全智能监控平台(图14)。有效提升了城市地下空间风险防控能力,为城市地下大空间施工安全提供有力保障,在北京地铁宣武门站改造工程进行调试与验证后,推广应用于西安多个自动化监测项目,效果良好。

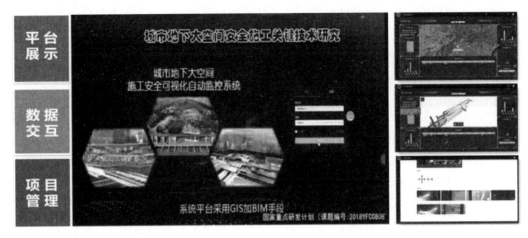

图 14　智能监控平台功能与界面

5　地下空间开发利用发展趋势

城市发展迈入新阶段，提升空间品质，形成网络化、集约型地下大空间，是满足人民对美好生活向往的必然要求。未来的城市地下空间开发要坚持"问题导向、需求导向、目标导向"，着力解决影响人民生活质量及人民生命财产安全的突出问题。

5.1　以人为本及安全前置规划设计理念

"以人为本"是科学发展观的第一要义，对地下空间规划而言，要充分考虑地下空间存在的诸如空间幽闭、采光差、潮湿易腐等天然缺陷，从人类发展的人居环境、视觉环境、心理环境等方面全盘开展地下空间规划研究，努力营造适应于人类生活、工作、娱乐休闲的生态化地下空间。树立地下空间规划"浑然天成，道法自然"的哲学文化思维，善于利用地形条件、城市特色进行地下空间开发，如平原、山城、水城、丘陵地区等应结合自然特色进行差异化空间开发，古都与现代化都市地下空间开发也应有所不同。另外，需要充分考虑城市地质承载能力特点，实现有特色的城市发展与空间有机结合。

此外，城市地下空间规划需充分考虑城市地下空间开发"6 个协调"，即上下层协调、深浅层协调、近远期协调、聚与散协调、区块与区块协调、地上与地下协调。从节点开发、线状地下空间、网络化地下空间到立体城市，规划要有超前意识、安全建造意识、可持续发展意识，保持前瞻性，对城市地下空间开发及更新改造进行安全前置的规划设计。安全是贯彻全过程的，规划阶段考虑建设、运营的安全风险，减少不必要的技术难度和挑战才能从源头上降低风险；设计阶段工法的确定必需基于安全、技术、经济性一体化考虑，做到全阶段安全控制，全面落实安全第一、生命至上的理念，助力实现地下空间建设的本质安全。

5.2　全资源探测及全要素评价推进地下透明化

未来城市地下空间将向深部、主动式开发转变，呈现地下信息透明化、环境保护生态化、协同规划科学化、空间建造智能化、运维管理智慧化发展趋势。

需要研究地下地质结构（地层分层、活动断裂、地裂缝、地面沉降等）、地质属性参数（工程地质、水文地质、物理场、化学场等）、既有地下空间（工程设施、人类历史文化等）等全要素的信息特征及其语义关系，实现城市地下全要素信息的高效集成管理。在此基础上，研究城市地下三维全资源整体评价理论、技术与方法，建立地下全资源（地下空间、矿产、地下水、地温能、地质材料、地质文化等）规模、品质、品级及开发强度等评价指标体系，实现城市地下空间全资源评价。研发城市抗干扰地球物理探测关键技术，抗干扰被动源与主动源面波联合勘探技术，包括高分辨 SH 横波勘探、大深度低频探地雷达、高光谱特征成像、高保真定向钻取芯、大孔距 CT 成像等技术，实现透视地下。

5.3　网络化拓建改造升级既有地下空间

党的十九届五中全会通过的《中共中央关于制定国民经济和社会发展第十四个五年规划和二〇三五年远景目标的建议》明确提出实施城市更新行动，这是以习近平同志为核心的党中央站在全面建设社会主义现代化国家、实现中华民族伟大复兴中国梦的战略高度，准确研判我国城市发展新形势，对进一步提升城市发展质量作出的重大决策部署，为"十四五"乃至今后一个时期做好城市工作指明了方向，明确了目标任务。全面实施的城市更新行动，为城市地下空间进一步开发利用与更新改造提供了良好的契机，同时也将面临更大的技术挑战。

地下空间的更新改造是城市更新的重要组成部分。网络化拓建是地下空间开发的升级形式，是城市更新的重要手段。通过网络化拓建改造、升级、提升既有地下空间的安全性、舒适性、连通性，构建有温度、有活力、有色彩、有生命力、可持续发展的高品质城市地下空间。城市地下空间开发难度大，网络化拓建更是难上加难。

未来的网络化地下空间具有以下特点：①破解地下空间常见的孤岛问题；②强调便利性，地下空间与地面建筑或公共空间融为一体，具有综合功能；③强调安全性，出入口设置、防灾应急、疏散导向、智能监控等设施考虑人的安全；④强调舒适性，考虑净空尺度和谐、色系标识清晰、人造阳光、生态植被、空气质量、环境温度、清洁度等因素，打造宜居健康空间；⑤强调人文因素，体现艺术性、文化性、地域性的内部景观，体现人的参与性，引入智能动态信息系统；⑥具有结构韧性，能够承受或吸收外部干扰，保持结构整体稳定和防护功能，且具备可恢复性；⑦防控减灾韧性：充分利用抗爆、抗震特性，提升防烟、防洪、公共安全防控等主动防灾能力，具备灾后快速恢复能力。

5.4　提高城市韧性与防灾减灾能力

未来的城市地下空间需要充分满足防灾减灾的需要，一方面开发具有防灾减灾功能的地下空间，如民防掩蔽、地震避难等；另一方面城市地下空间要有完善的灾害防御和疏散能力，除了充分发挥其抵御地震、风暴、恐怖袭击、战争等灾害的强大能力之外，需要重点研究应对火灾、水灾、疫情等灾害的防御能力和应急能力；解决融合民防、消防功能的地下空间标准问题、地下空间的抗震性能、地下空间的通风、供水、防排水、供配电可靠性问题、深部空间的应急管理等问题。同时，继续向地下拓展交通、物流、仓储等功能，并开发深部蓄排水、地下河等新功能地下空间，解决"城市病"，改善"脆弱性"，提高城市承载与防灾减灾能力，满足城市可持续发展的需要。

5.5　新时代军民融合地下空间

坚持平战结合，研究现代战争条件下传统民防的不适应性及升级改造技术，开发全新的民防地下空间，以适应现代战争的需求。新时代的人防战略是改变现有人防体系，建立城市应急避难与人防结合的军民融合新体系，做到与地下交通网融合，防与疏结合，建设城市人防与避难中心（一级）；与生命救援系统融合，落实以人为本，建设城市人防与避难救援站（二级）；与单体建筑地下空间融合，建设掩体（建筑融合，三级）；打造综合管廊（水/电/气/油/讯/网络）系统，支撑城市运行；与地下商业融合，建设战略物资储备；与地下设施融合，建设应急保障系统，包括地下供电/地下指挥/地下给水/新风系统等；与深层地下空间开发融合，建设多用途的防灾救援空间。

5.6　智能化建造与智慧运维

开展城市地下空间智能化建造与运维技术研究，加强新技术、新材料、新装备在城市地下空间开发中的应用，安全建造高品质的地下空间，助力城市深度开发利用及更新改造升级。

针对工程建造业务协同中数据多源异构、知识非结构化、信息传递不畅、管理工具滞后等问题，研究多源异构数据感知、传输与融合处理技术，基于区块链的数据跨链协同与运行机制，以及全寿命周期一体化协同建模方法。充分发挥 BIM、GIS 等新技术在智慧建造中的作用，将大数据、云管理、

VR三维可视化等新方法用于智慧建造,通过地层数字化、周边环境数字化、地下结构数字化、建设管理数字化、运营维护数字化,建设勘察、设计、施工、运维、防护于一体的全寿命周期管理平台。建立城市地下空间开发网络化拓建数据库,通过新增工程不断补充完善,应用大数据分析技术,完善建造技术和风险预控技术。

为满足智慧城市发展需求,未来的城市地下空间在规划建造、升级改造过程中需考虑融入智能化运维所需的传感、传输技术,为融入城市智慧治理系统创造条件。一是采用GIS+BIM等支持智能运维的信息化建造技术,建造模型融入城市信息模型(City Information Modelling,CIM),为智能运维打下坚实基础;二是在地下空间建造和改造中采用智能材料、埋置智能感知元器件,组成智能健康监测的重要感知源,广泛采集应力、形变、位移、声谱、温度、水位、振动等参数,为智能健康监测提供依据;三是在地下空间各部位安装自动化传感及监控设备,广泛采集图像、声音、温度、水位、烟尘、气味等信息,为安全高效运营提供依据。各类感知设备通过新一代信息网络接入公共管理智慧平台,实现城市地下空间的智慧运维。

6 结语

(1)我国城市地下空间开发前景广阔,需求与规模巨大,以轨道交通、综合管廊和地下综合体等为代表的地下空间开发利用发展迅速,同时也暴露出划落后于城市建设实践、连通性及系统性不足、开发利用水平有待进一步提升等问题,严重制约着我国城市地下空间的高效发展。

(2)城市地下空间进入高质量发展新阶段,对存量地下空间需要网络化拓建,消隐扩能、提质增效;对增量地下空间需要按新理念、新格局、新目标进行开发,满足人民对美好生活的向往。应从革新地下空间的规划设计理念及研发建造新技术,增强既有城市地下空间更新改造能力两个方面,解决城市地下空间开发利用中存在的问题。以中国铁建为代表的城市地下空间研究团队,提出了城市地下空间集"基础理论—规划设计—安全建造—品质评价"为一体的综合性"铁建方案",为我国地下空间开发利用提供借鉴思路和技术支撑。

(3)城市发展迈入新阶段,提升空间品质,形成网络化、集约型地下大空间,是满足人民对美好生活向往的必然要求。未来的城市地下空间开技术发展方向包括以人为本及安全前置规划设计理念、地下空间透明化、网络化拓建升级改造、城市韧性及防灾、新时代军民融合及智能化建造与智慧运维等,需坚持"问题导向、需求导向、目标导向",着力解决影响人民生活质量及人民生命财产安全的突出问题。

第二篇 技 术 和 装 备

我国建筑业从规模上已经达到了世界第一的位置，但发展质量还有待提升，劳动密集型的特征依然显著，科技含量也有待提高。与先进的制造业相比，工程建设行业还是一个劳动密集型且发展方式较为粗放的产业，亟待推动生产方式的绿色化、工业化、数字化发展。当前，我国建筑业正走在以新型工业化变革生产方式、以数字化推动全面转型、以绿色化实现可持续发展的创新发展新时代。第二篇聚焦绿色化、工业化和数字化发展技术和装备，组织了15篇文章，分为四部分，分别为绿色化、工业化、数字化发展，以及国内外先进技术综述等内容。

第一部分为绿色低碳内容。"双碳"目标是党中央经过深思熟虑做出的重大战略决策，是一场广泛而深刻的经济社会系统的变革。2022年住房和城乡建设部发布的《"十四五"建筑节能与绿色建筑发展规划》（建标〔2022〕24号）提出，到2025年，城镇新建建筑全面建成绿色建筑，建筑能源利用效率稳步提升，建筑用能结构逐步优化，建筑能耗和碳排放增长趋势得到有效控制，基本形成绿色、低碳、循环的建设发展方式，为城乡建设领域2030年前碳达峰奠定坚实基础。建筑领域除降低用能实现"双碳"目标，更需要通过技术创新来实现绿色的发展。这部分聚焦绿色施工技术，选取了《水泥工程新型预热器结构设计及施工工艺》《基坑工程倾斜桩无支撑绿色支护技术》以及《中国水下大盾构法隧道修建技术》三篇文章。

第二部分为工业化内容。2020年，住房和城乡建设部等九部门联合印发了《关于加快新型建筑工业化发展的若干意见》（建标〔2020〕8号），强调通过新一代信息技术驱动，以工程全寿命期系统化集成设计、精益化生产施工为主要手段，整合工程全产业链、价值链和创新链，实现工程建设高效益、高质量、低消耗、低排放的建筑工业化。以工业化方式重新组织建筑业，是提高劳动生产率、提升建筑质量的重要方式，对带动建筑业全面转型升级、打造具有国际竞争力的中国建造品牌具有深远的历史意义。这部分聚焦装配式建造技术，选取了《钢结构模块建筑技术》《基于系统思维的工业化绿色钢结构建筑产品》以及《基于BIM的装配式建筑智能设计技术》三篇文章。

第三部分为数字化与智能化内容。以物联网、人工智能等新一代信息技术为代表的第四次科技革命给建筑业实现数字化转型提供了契机。推动行业数字化转型的意义重大而深远。从数字化到智能化，再到智慧化，已成为全球建筑产业未来发展的主要方向。当下，数字技术加速发展，不断与实体经济融合，推动着产业革命，催生传统产业的新业态。如何抓住数字时代的新风口，依托数字技术发动新的增长引擎、探寻新的增长动能，成为当前各行各业面临的新课题。这部分选取了《移动式高精度测量机器人技术》《隧道施工HSP法超前地质预报智能化技术》《高层建筑施工风险数字化监控技术》《高水平数字建造产业链平台》以及《基于BIM的机电全过程智能建造技术》五篇文章。

此外，第二篇还包括了国内外先进技术的综述内容，有《建筑工程施工安全双重预防管理技术》《城市防灾减灾系统韧性建设技术》《建筑摩擦摆隔震支座》以及《"建造4.0"》四篇文章。

上述内容，汇聚成第二篇"技术和装备"，供同行学习参考。

Section 2　Technology and Equipment

The construction industry in China has reached the first place in the world in terms of scale, but the quality needs to be improved, the characteristics of labor-intensive are still significant, and the scientific and technological level needs to be improved. Compared with advanced manufacturing industries, the engineering construction industry is still a labor-intensive industry with an extensive development mode. It is urgent to promote the green, industrialized and digital development of the production mode. At present, the construction industry in China is walking in a new era of innovative development, in which new industrialization is applied to transform the production mode, digitization is applied to promote comprehensive transformation, and green is applied to achieve sustainable development. Section 2 focuses on the green, industrialization and digital development of technology and equipment, includes 15 articles, which are divided into four parts, including green, industrialization, and digital development, and advanced technologies at home and abroad.

The first part is for the green and low-carbon development content. The "double carbon" goal is a major strategic decision made by the CPC Central Committee after careful consideration, and a broad and profound transformation of the economic and social system. In 2022, the Ministry of Housing and Urban-Rural Development issued the *"Fourteenth Five Year" Building Energy Efficiency and Green Building Development Plan* (JB [2002] No. 24), which proposed that by 2025, all new urban buildings shall be built as green buildings, building energy utilization efficiency will be steadily improved, building energy structure will be gradually optimized, building energy consumption and carbon emission growth trends will be effectively controlled, and a green, low-carbon and circular construction and development mode will be basically formed. It will lay a solid foundation for carbon peaking in urban and rural construction by 2030. In addition to reducing energy consumption to achieve the "double carbon" goal, the construction industry needs to achieve green development through technological innovation. Focusing on green construction technology, this part selects three articles, including *"The Innovation of Frame Structure Design and Construction Technology for New Type Preheater in Cement Engineering""Braceless Green Retaining Technology of Inclined Pile in Excavation Engineering"* and *"Overview of the Development of China's Underwater Large Shield Tunnel Construction Technology"*.

The second part is for the content of industrialization. In 2020, nine departments, including the Ministry of Housing and Urban-Rural Development, jointly issued *Several Opinions on Accelerating the Industrialization of New Buildings* (JB [2020] No. 8), which emphasized that the whole industrial chain, value chain and innovation chain of the project should be integrated by means of systematic integrated design and lean production and construction throughout the life cycle of the project, driven by a new generation of information technology, so as to realize construction industrialization with high efficiency, high quality, low consumption and low emission. Reorganizing the construction industry in an industrialized way is an important way to improve labor productivity and construction quality, and has far-reaching historical significance in driving the overall transformation and upgrading of the construction industry and building a Chinese construction brand with international competitiveness. This part focuses on the prefabricated construction technology, and selects three articles, including *"Technical of Steel Modular Buildings""Research and Application of Industrialized Green Steel Structure Building Products Based on System Thinking"* and *"Intelligent Design of Prefabricated Building Based on BIM Technology"*.

The third part is for the digital and intelligent development content. The fourth scientific and technological revolution represented by a new generation of information technology, such as the IoT and AI, has provided an opportunity for the construction industry to achieve digital transformation. It is of great significance to promote the digital transformation of the industry. From digitalization to intelligence, and then to intelligence, it has become the main direction of the future development of the global construction industry. At present, the accelerated development of digital technology and its continuous integration with the real economy are promoting the industrial revolution and spawning new forms of traditional industries. How to seize the new wind of the digital era, to launch a new growth engine and to explore new growth momentum relying on digital technology, has become a new topic facing all walks of life. This part selects five articles, including *"Report on the Development of Mobile High-precision Measuring Robot Technology""Intelligent Technology of Geological Prediction by HSP Method In Tunnel Construction""Digital Monitoring Technology of Construction Risk"* *"High-level Industry Chain Platform for Digital Construction"* and *"The Whole Process Intelligent Construction Technology of Electromechanical Based on BIM"*

In addition, Section 2 also includes a summary of advanced technologies at home and abroad, including four articles, namely, *"Double Prevention Mechanism of Construction Engineering Safety"* *"Urban Resilience for Disaster Prevention and Reduction System Technology Development Report"* *"Friction Pendulum Isolation Bearings for Buildings"* and *"Construction 4.0"*.

The above contents are summarized into Section 2 "Technology and Equipment" for reference by peers.

水泥工程新型预热器结构设计及施工工艺

The Innovation of Frame Structure Design and Construction Technology for New Type Preheater in Cement Engineering

孙小永

（中材建设有限公司）

1 技术背景

当前水泥业主对水泥项目结构的要求趋于向多元化方向发展，尤其针对水泥项目核心工艺车间之一的预热器工艺车间结构越来越多的业主倾向于采用混凝土结构。

受水泥生产工艺技术特点制约，预热器工艺车间结构需要建筑整体高度达到120m，且每层高度比较大，一般为12~15m，柱或者墙间梁体跨度在6~15m间不等。当前水泥项目的预热器工艺车间结构设计有两种传统设计方案，即全混凝土结构或者全钢结构，而水泥行业中普遍存在的共识是预热器结构采用钢结构设计方案较之混凝土结构设计方案更易于组织施工，且能使结构施工与设备安装得到有效充分的衔接，缩短项目建设周期；而全混凝土结构尽管具备可大幅度应用地材，降低材料运输费用的特点，但结合其施工难度、施工周期等特点仍不具备优势。

在此种背景下对该水泥项目的核心预热器结构从设计源头着手，结合当前相对先进、高效、安全的施工技术引导设计理念进行创新；同时针对现有施工技术的不足，结合结构特点进行施工装备及施工工法的创新，形成适合于水泥项目的专有设计结构形式及施工装备、施工技术。通过创新可解决当前混凝土预热器结构施工工艺老旧状况下存在的施工效率低下、施工周期长、成本高、安全风险诸多等问题；同时也获得了较钢结构更为经济合理的全新的工程设计和实施方案。

2 技术内容

2.1 技术原理

结合水泥项目预热器结构特点，从设计源头抓起、从设计理念着手，采用施工引导设计、用设计推动工法变革方式，促成设计与施工的有效结合。应使两者做到相辅相成，有机结合，做到结构设计适合于先进、科学以及利于项目属地实施（针对国际工程）的施工工艺的应用与推广；同时也需做到设计不盲目迎合施工工艺，对具有水泥特色的施工工艺进行创新与开发，以设计推动施工工法的革新，从而实现提升项目综合效益的目的。

2.1.1 通过施工引导设计，进行结构设计理念创新

为规避传统设计理念带来的施工周期长、工效低及不利于后续安装工作开展等状况，因此在设计方案研讨及确定前，即结合成熟、先进的施工工艺对结构设计选型进行分析、论证，通过从设计源头的控制，达到使结构易于施工、利于将蓝图转变为实体的目的。通过对高层建筑竖向结构常用的较为成熟、高效的施工工法进行分析和筛选，最终选定采用爬模工艺作为预热器结构竖向结构的施工工艺。

在结构初步设计阶段结合预热器结构所具备的工艺特点、满足施工工艺以及快速安装需求，形成初步结构设计方案，其特征如下：建筑物外墙采用框剪结构形式，使其更适合爬升/滑升施工工艺要求。

对工艺和布置方案审核，最终确定预热器结构初设方案，初设详细参数见图1，在初设的基础上，收集各类资料，建模，开展结构的详细设计工作。

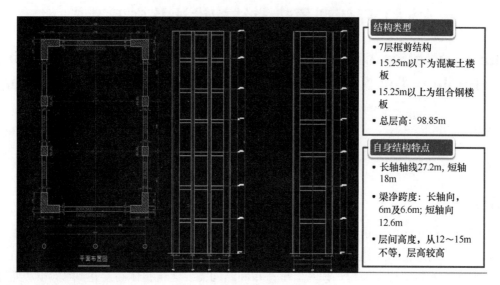

图1　结构初设参数（示意图）

2.1.2　结合设计推动施工方案变革

针对已确定的初步设计方案，对其初步拟定的施工工艺进行详细再论证工作，并结合再论证结论进行必要设计及施工方案修正工作，以及开展必要的创新工作。

因结构由竖向连续性构件及大跨度水平构件两大部分构成，而爬升施工工艺仅适合于竖向连续性构件，而此类具备大跨度梁体结构的框剪结构并不完全适用，故为满足水泥项目特有的结构特点对梁部位的施工工艺进行专项开发，并使其能与爬升工艺匹配。

2.1.3　水平梁体施工装备开发

（1）大跨度梁体结构

因本预热器结构工程层高达到12～15m，梁体跨度达12.6m，混凝土梁高2.5m，故经初步计算梁底模板采用桁架结构进行支撑。根据施工操作的功能需求，本模板桁架支撑体系由如下部件构成：①桁架结构；②梁底模板；③操作平台，同时为满足拆除便利需求设计为折叠式操作平台。具体结构参见图2。

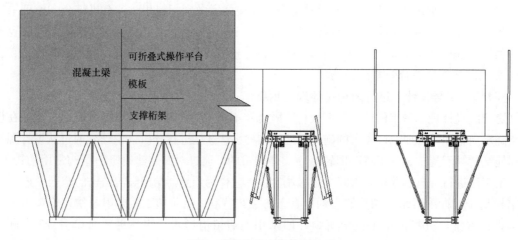

图2　模板桁架支撑体系构成

1）各部件设置原则如下：

① 桁架结构：桁架结构设计及选型根据上部承受梁体荷载及施工荷载进行计算，合理选用杆件。桁架下弦部位进行封闭，作为人员操作折叠平台的通道；对桁架侧壁进行安全防护。

② 梁底模板：梁底模板采用钢模/木梁结构模板，与桁架上弦杆进行固定，形成一个整体。

③ 操作平台（可折叠式）：在桁架两侧上弦杆处分别设置可开启式折叠平台。栏杆与操作平台通过连杆机制一体化配置，平台开启后，栏杆可同时打开，处于操作防护状态。

通过此种设置方式实现梁底模板支撑体系的整装整拆，提升施工效率和周转效率。同时其完全替代高大跨度脚手架支撑架搭设工作，从而既免除了脚手架搭设大量人工、材料耗用，又规避了大量高空作业带来的不安全因素。

2）端部支撑及安装高度调整体系：

端部支撑及安装高度调整体系主要实现将模板桁架支撑体系的受力全部传至梁侧端墙或者端柱，同时兼具模板桁架体系安装高度调整功能。其主要由如下两部分构成：①支撑千斤顶；②支撑牛腿，见图3。

各部件功能及组成如下：

① 支撑千斤顶：作为桁架与支撑牛腿间的传力及调整部件，可通过其实现对模板桁架支撑体系安装高度的精确调整，并将模板桁架支撑体系的

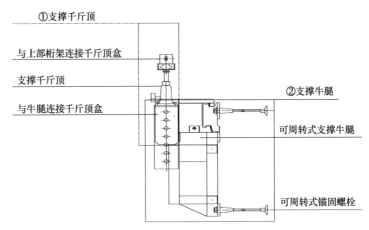

图3 支撑及调整体系

所有荷载传至牛腿；其由与上部桁架连接千斤顶盒、支撑千斤顶及与牛腿连接千斤顶盒三部分组成。

② 支撑牛腿：作为该系统的主受力构件，将上部千斤顶及其传递的所有荷载传至已浇筑完成的混凝土端墙/端柱。为降低成本，该支撑牛腿及锚固螺栓均开发为可周转式。

3）自拆除体系：

此部分拆除体系是整体自拆式梁底支撑装置重点开发部件之一，在支撑千斤顶等部件的配合下，实现模板桁架体系整体自拆除。其主要由如下部件构成：①滑轨梁（带齿条）；②滚轮；③机械盘轮（图4）。

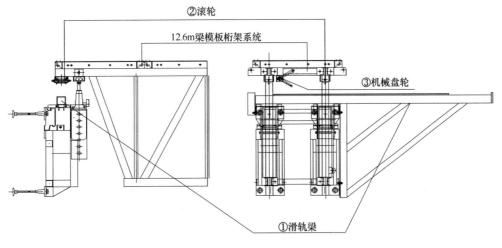

图4 拆除体系

各部件功能及组成如下：

① 滑轨梁（带齿条）：作为自拆除体系的导向装置，模板桁架支撑体系整体沿轨道移除。

② 滚轮：固定于桁架梁上弦杆底部，当千斤顶下落后该滚轮放置于滑轨梁顶面。

③ 机械盘轮：动力驱动装置，驱动盘轮模板桁架整体沿滑轨梁移出梁底部，实现自拆功能。

（2）小跨度梁体结构（7m范围内）

1）小跨度梁底支设具体方案设定如下：

① 采用钢梁作为梁底模支撑，规避脚手架作业。

② 混凝土柱/剪力墙侧面设置牛腿，与钢梁连接，承担梁施工荷载。

③ 辅助支撑有独立支撑及斜支撑两种设置方式，其一独立支撑设置与否根据梁跨度及梁高确定；其二梁底斜支撑根据梁跨及梁底钢梁选型确定是否设置。

2）架体修正方案

因长轴向短跨梁两侧均有爬模架体，如能充分利用爬模架体进行梁底模及侧模安拆施工，将提升施工效率，减少塔式起重机占用率，同时又可降低安全风险，因此对此处模架进行专项开发，模架开发内容如下：

① 模改1：在上层模架上挂装梁侧模模板，利用捯链进行梁模板侧模拆装工作。

② 模改2：梁部位内侧主平台位置爬架距离墙体由200mm改为600～700mm（据梁底模厚度决定）。

通过以上改装可实现利用上部捯链整体拆装梁底模及梁侧模至上层平台。使模板拆装工作更为简便，克服采用塔式起重机需跨越架体进行拆模的困难，使操作流程更为合理。

2.1.4 水平施工装置与爬升架体的匹配

结合爬升施工工艺特点及结构特性，对爬升架体爬升点位、架体高度、设置方式等进行细化，且使之与爬升工艺相匹配。

2.2 施工工艺流程

2.2.1 整体施工工艺流程

结合施工装备设置特点，采用如下的施工工法。

a. 施工准备，进行预热器专用爬架装备的组装；

b. 柱、墙部位整体/分区爬升施工，爬升至梁底部位并浇筑混凝土；

c. 安装分体式支撑，用于承担上部梁施工荷载；

d. 跨度7m以内梁底模板吊装就位，通过千斤顶进行标高调整后予以锁死；

e. 进行柱、墙及7m跨度以内梁钢筋绑扎工作；

f. 爬模部件整体/分区域爬升一步，跨度7m以上通道平台与7m跨度梁梁底持平；

g. 安装跨度7m以上梁分体式支撑；

h. 安装跨度7m以上梁底模板，并通过千斤顶进行标高调整后锁死；

i. 绑扎7m以上跨度梁钢筋；

j. 封闭柱、墙、梁模板进行混凝土浇筑；

之后每层均执行b～j循环工作。

其中，在上述各个步骤中，还执行上述施工步骤。

b工序中：每次爬升均实施钢筋绑扎—架体爬升—模板封闭—混凝土浇筑的循环工作。除首层外，其他层高爬升期间需进行7m跨度小梁梁底模板的拆除工作，工作可划分为：

b1，爬上两个模板高度，预计周期为7d（此时混凝土的预估强度为75%）；

b2，此时利用挂机平台进行跨度7m以内模板的拆除工作，并放至液压平台靠放架体上；

b3，持续进行竖向构件的爬升工作，爬升至梁底部位并浇筑混凝土；

d工序中：用钢筋平台上挂点采用捯链安装，安装跨度7m梁底模板，通过千斤顶进行标高调整后锁死。

h工序中：除首层梁底模安装外，其他层此项工作前均需实施梁底模拆除工作，可将该工作分解为h1，h2两项工作：

h1，利用大跨梁底支撑装备平台底侧通道进行操作，收起梁侧折叠式操作平台，操作梁底模车拆除跨度7m以上梁并移除混凝土梁侧面。

h2，将梁底模整体吊装转至上一层，并予以安装就位调平后锁死。

通过在预热器中实施本爬升施工方法，能够实现缩短施工周期、提高效率和施工质量、安全性能大幅度提升等诸多优势。

2.2.2 局部安装/拆除流程示意详解

（1）对工序h2整体自拆式梁底支撑装置的安装操作的详细描述如下：

1）整体安装支撑及调整体系。

2）整体吊装模板桁架支撑体系。

3）调整千斤顶进行梁底标高控制，调整完成后千斤顶予以锁死。

4）利用桁架支撑下走道打开梁侧可折叠式平台。

5）在平台上进行后续钢筋绑扎及侧模板安装混凝土浇筑等作业操作。

（2）对工序h1整体自拆式梁底支撑装置的拆除操作流程如下：

1）利用桁架内侧通道收起两侧可折叠式操作平台，以此减少模板桁架侧向移动距离。

2）调整千斤顶装置下降桁架梁体，将滚轮放置到滑轨梁上。

3）操作机械盘轮将模板桁架体系整体侧向移除梁侧面。

4）在预设吊点位置挂装钢丝绳，将模板桁架转至下一层施工面。

具体拆除示意图见图5。

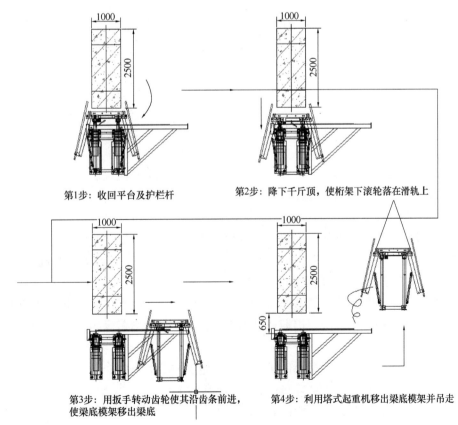

图5 拆除工艺流程示意

127

（3）对于7m以内小跨度梁底模板的安装拆除流程，即描述中的b2流程可参见图6。

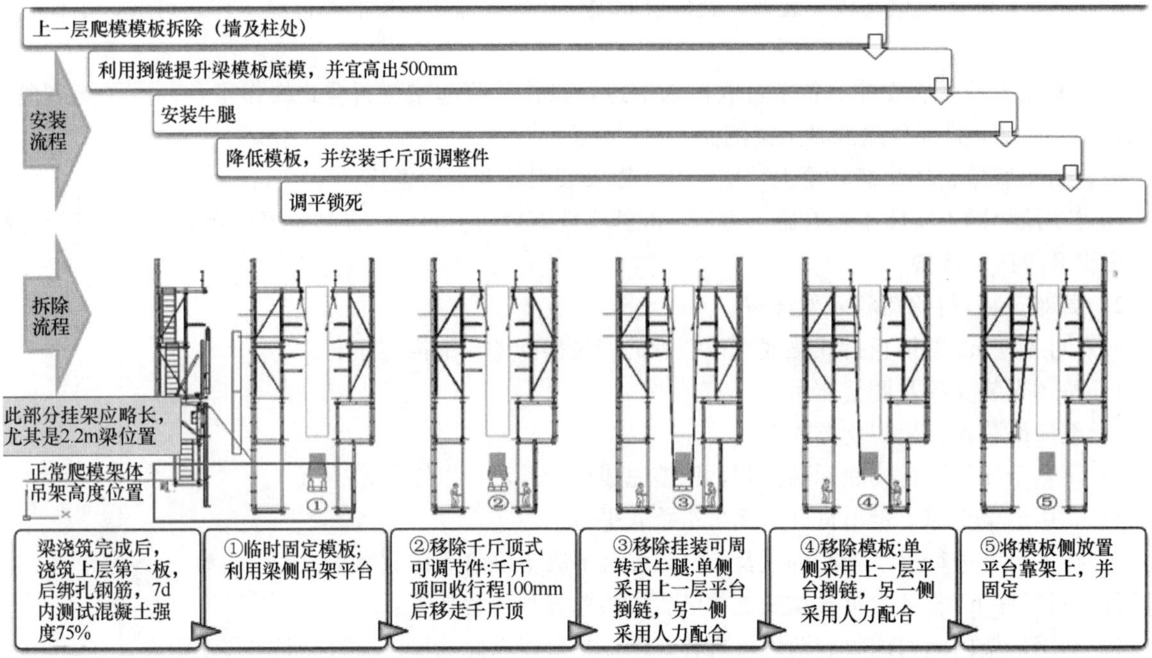

图6 短跨梁处梁底模安拆操作流程

3 技术指标

3.1 关键技术

借鉴爬模装备特点，结合水泥预热器结构特点，对整套设备进行开发，该专用装备由如下三大装置组件构成：

（1）连续构件处的爬模装置；

（2）跨度7m以内梁位置处的架体结构设置及梁装置；

（3）跨度超过7m梁位置处的架体设置及大梁装置。

针对以上内容共申请了3项发明专利及1项实用新型专利。

3.2 应用过程中控制及检测

通过专项装备的开发使该项施工工法在应用过程中较常规施工工法控制更为简便，将施工技术逐步向机械化方向推进，重点控制内容如下：

（1）爬升系统的协调性。

（2）端部支撑及安装高度调整体系安装质量控制：检查螺栓拧紧度及与混凝土的贴合度。

（3）整体自拆式梁底支撑装置以及7m以内梁底支撑装置：检查安装位置及标高控制。

3.3 与现有技术相比，该施工工艺所具备的优势

该新型水泥预热器结构爬模施工装备及施工工法的开发旨在解决当前混凝土预热器结构施工工艺老旧状况下存在的施工效率低下、施工周期长、成本高、安全风险诸多等问题；通过水泥预热器专用施工装备取得如下效果：

（1）施工效率得到本质提升，人员耗用量不足传统施工方案的30％。

（2）对超高层结构，整体施工作业环境得到了大幅度改善。

（3）施工周期短，与传统施工工艺相比较缩短3~4个月，并且能为后续安装工作尽早提供工作面。

（4）项目实施综合成本得以降低。

4　适用范围

它是专门为水泥项目中预热器结构而开发的一种专项施工工艺，同时也适用于具备类似特点的高层大跨工业建筑。尤其是其中的自拆除体系可与多种施工工艺相匹配，如滑模工艺、悬臂模板工艺等。

5　工程案例

该项技术目前已在中材建设承揽的塞内加尔项目上予以成功应用。实施图片见图7。

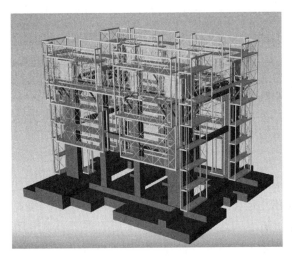

图 7　塞内加尔项目实施图片

5.1　社会经济效益

在该项目的实施过程中，新型结构的特点得以发挥，规避了钢结构设计形式具备的高成本现状，大幅度降低了运输成本。同时通过应用专有的预热器结构爬升施工工法，既发挥了爬升工艺的优点，同时也解决了爬升工艺对框剪结构的不适用，取得了较好的经济效益，其具体表现如下：

（1）充分利用了爬升工艺特点，平台稳定性好，提升方便，并可实现单榀提升，安全性高，通过自升平台大幅度降低塔式起重机负荷；

（2）水平梁体施工作业更为简便，完美克服传统爬升工艺的缺陷；

（3）施工塔式起重机利用率得到小提升，释放70%的效力应用于后续的安装作业；

（4）大幅度减少了施工劳动力的投入，具备施工作业效率高、进度快的特点。

经对塞内加尔项目的应用测算，仅从施工角度测算，其较传统翻模施工节省工期50%；与传统翻模施工相比，大大地节省了满堂架搭设人工，各种材料倒运人工和钢筋现场绑扎人工，在考虑工期的前提下预计总节省人工70%；同时由于爬模施工自带工作平台，极大地节省了脚手架使用量，经测算爬模平台及设备等采购费要比传统翻模满堂脚手架等材料费节省162万元。具体见表1。

塞内加尔项目预热器爬模施工与传统翻模施工对比　　　　　　　　　　　　　　　　表1

序号	子项	单位	爬模施工	传统翻模施工	备注
1	+14.85m以上6层框架施工人工数对比	人·月	570	1860	爬模施工要比传统翻模施工节省人工70%
2	爬模设备与传统翻模满堂脚手架等材料费对比	万元	459.5	621.5	爬模设备要比传统翻模满堂脚手架节省材料费162万元
3	+14.85m以上6层框架施工工期对比	月	6	12	爬模施工要比传统翻模施工节省工期50%

综合而言，该种通过推动设计与施工相融合的方式，从设计端实现了预热器结构型式的突破，从根源上降低了工程造价；同时通过创新施工工法再一次降低了建造成本，从而实现了设计与施工的双向共同节费效果。另对水泥行业而言，获得了一种全新独创的专有设计和施工技术，更有利于推动国际工程进步。

5.2 存在的问题和采取的措施

5.2.1 在推动设计与施工融合过程中，忽视了如下细节

（1）问题：预埋件锚筋底部有锚板或者锚筋过密，抗剪键太大且数量多，同时钢筋间距小，造成预埋件无法正常安装。

（2）后续改进：预埋件尽量设计成只有锚筋的形式，而且锚筋选择直径粗且长的螺纹钢以便减少锚筋数量，埋件抗剪键设计在满足安全要求的前提下尽量不要超过保护层厚度。

5.2.2 爬升平台架体设计问题

（1）问题：爬模平台架体设计时爬模平台架体上下爬梯洞口，架体内侧临边孔洞及俩侧爬模平台架体连接处孔洞等未考虑防护措施，存在安全隐患。

（2）后续改进：爬模平台架体设计需充分考虑上下爬梯位置、架体内侧及架体连接等处的孔洞防护，宜设置为翻板防护洞。

6 结语

通过推动设计与施工的相互融合，不仅在一定程度上改变了传统预热器设计结构模式，从而可充分发挥地材优势，大幅度降低了钢结构的运输成本问题。同时通过对水泥预热器结构专用爬模施工装备和施工工法的创新，解决了当前采用的老旧施工工艺的各种弊端，同时也解决了当前相对先进装备对水泥预热器结构施工的各种不适用，从而形成了水泥行业或者类似结构的专用施工装备，其不仅大幅度降低了项目整体投入，同时施工操作的安全性也得以大幅度提升，施工作业更趋于简便化，从而提升施工效率。其将推动水泥行业建设向着经济、效率、安全方向发展，其更将引领国际工程向着更易于属地化方向迈进。

基坑工程倾斜桩无支撑绿色支护技术

Braceless Green Retaining Technology of Inclined Pile in Excavation Engineering

郑　刚

（天津大学建筑工程学院，滨海土木工程结构与安全教育部重点实验室（天津大学））

1　引言

随着城市和重要基础设施的建设进入快速发展阶段，基坑工程规模和数量呈现上升趋势。其中深度 15m 以内基坑数量占基坑总量 60%～80%。悬臂支护和水平内支撑支护是软弱土地区最常见的两种基坑支护方式。悬臂支护结构具备施工便捷，材耗低且工期短的优势。其类似设置于土体中的悬臂梁结构，仅发挥自身地基梁作用挡土，因此，变形控制差且自稳能力低，一般仅适用于软弱土地区开挖深度 5m 以内的基坑。当基坑开挖深度大于 5m 时，为控制基坑施工期间的变形及其对周边环境的影响，软弱土中的基坑长期采用水平内支撑体系。基坑内支撑支护体系具有自稳能力高和变形控制强的优点，却存在突出缺点：①材耗高造价贵：内支撑的材料消耗（砂石、水泥和钢材）和工程造价可占基坑支护结构体系总材料消耗和总造价的 20%～40%；②施工周期长：内支撑施工和拆除占用基坑总工期的 20%～40%，工期延长 20～60 天；③施工难度大：钢筋混凝土内支撑的施工普遍采用劳动密集型的施工方式，且导致土方开挖和地下结构施工难度增大。此外，水平内支撑拆除时将产生大量固体废弃物、噪声、粉尘等。特别是水平内支撑的存在导致无法实现管廊工业化施工。

可持续发展已成为人类社会发展的必然要求。2018 年的统计表明，全国建筑全过程碳排放总量占全国碳排放的比重为 51.3%，其中建材生产阶段碳排放约占全国碳排放的 28.3%。传统水平内支撑支护施工周期长、工程材耗高，施工难度大，且难以实现工业化建造，不符合绿色、低碳和可持续发展的要求。针对软弱土地区 5m 以上深度基坑，急需研发稳定性高、变形控制能力强的新一代基坑支护结构，解决内支撑支护技术存在的突出问题，实现传统基坑支护技术的突破。

针对能否取消水平内支撑的难题，经过十余年产学研联合攻关，推出了一种可高效控制基坑变形的新型绿色低碳基坑支护技术，实现了软土地区 15m 深度内基坑可取消水平内支撑的重大技术突破。建立新一代绿色、减碳和可持续发展的基坑工程技术，为我国实现"双碳"目标做出贡献。

2　无支撑绿色支护技术及其优势

传统基坑支护技术的支护桩一直采用竖直支护桩，若将桩体与竖直方向呈一定角度倾斜设置，并由冠梁连接，称为倾斜支护结构。为进一步控制变形，可将倾斜支护桩与竖直桩组合形成一系列支护形式（图 1），包括斜直交替桩组合支护、八字形倾斜桩组合支护、个字形倾斜桩组合支护和斜直组合双排桩支护等，均能有效控制基坑变形，可将软弱土地区无支撑支护基坑的开挖深度拓展到 15m。该技术突破了传统基坑支护技术瓶颈，兼备竖直悬臂支护和水平内支撑支护的优点，形成自稳能力高、变形控制强、适用深度大、施工速度快、工程材耗低且施工难度易的支护结构。

在天津城区软弱土质条件下，将无支撑绿色组合支护结构与传统支护进行了变形与弯矩对比，如图 2、图 3 所示。基坑深度达到 7.0m 时，悬臂支护桩变形过大、不能维持稳定性，采用倾斜 10°～20°的支

131

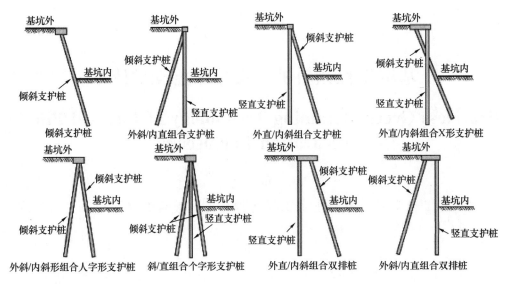

图 1　倾斜桩无支撑支护结构

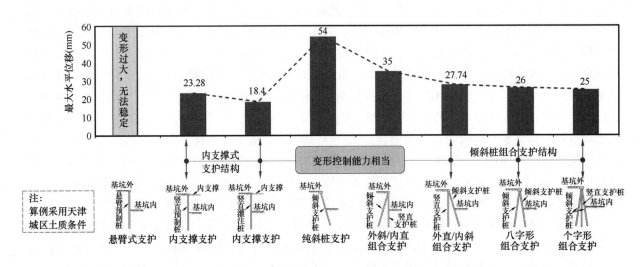

图 2　不同类型支护结构桩身最大位移对比（基坑深度 7m，桩长 20m）

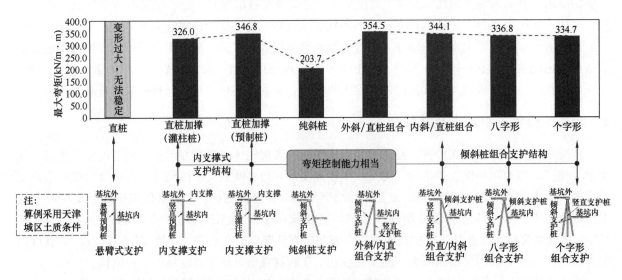

图 3　不同类型支护结构最大桩身弯矩对比（基坑深度 7m，桩长 20m）

护桩与竖直支护桩进行组合形成的支护结构可显著降低桩身变形。对于开挖深度 7m 的算例来说，相比于内支撑支护结构，倾斜桩无支撑支护结构的变形控制能力与内支撑支护结构几乎相当，均能将桩身最大位移控制在 30mm 以内，且取消内支撑后的支护桩桩身受力几乎没有增加。证明自稳型倾斜桩支护技术能在取消水平内支撑的情况下，有效地控制基坑变形及其环境的影响，从变形和内力控制方面为自稳型倾斜桩无支撑支护技术在深度大于 5m 的基坑应用奠定了基础。

3　无支撑绿色支护技术工作机理

　　传统悬臂支护和水平内支撑支护作为竖向放置于土体中的梁，发挥抗弯和抗剪作用支挡主动区土体，其未发挥桩的轴向承载作用，轴力对支护结构稳定性和变形控制能力的贡献可忽略。即传统竖直的支护结构没有利用桩体与土之间潜在的摩擦与端承作用在桩身中产生的轴力，发挥控制支护结构稳定性和变形方面的作用。项目组通过数值分析、模型试验和工程实测，揭示了倾斜桩无支撑支护技术具有五个重要的作用，如图 4 所示。

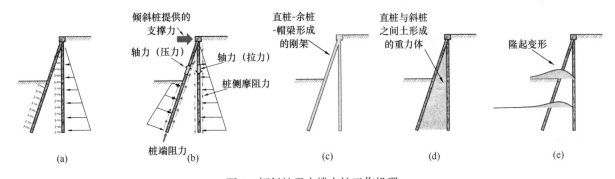

图 4　倾斜桩无支撑支护工作机理
(a) 地基梁作用；(b) 支撑作用（自撑作用）；(c) 刚架作用；(d) 重力作用；(e) 减隆作用

　　(1) 地基梁作用：倾斜桩无支撑支护中的竖直桩和倾斜桩均具备如前所述的地基梁作用，即支护桩作为放置于土体中的梁通过受弯和抗剪作用发挥支挡作用。

　　(2) 自撑作用。通过调动桩身侧摩阻力和端承力，支护桩充分发挥轴向承载作用，使支护桩既发挥竖直支护桩的挡土作用，又可发挥桩体轴向支撑作用。倾斜桩、竖直桩均可产生较大的桩侧摩阻力，其中倾斜桩产生轴向压力，竖直桩产生轴向拉力。倾斜桩作用在竖直桩顶的轴力可在竖直桩桩顶产生较大的水平分力，起到了提供水平支撑的作用，即产生了自撑作用，有效控制基坑变形。自撑效应使主动区土压力不完全由被动区土体反力平衡，加之桩体发挥侧摩阻力所需的位移相对较小，避免了自撑效应分担的水平土压力由被动区土体平衡时产生的较大的附加位移。

　　图 5 是竖直悬臂支护桩、倾斜支护桩和倾斜＋竖直组合支护结构在桩身变形上的自撑效应对比。可以看出，竖直悬臂支护桩与倾斜支护桩没有自撑效应，桩身水平位移曲线分布未出现反弯，具备典型的悬臂型支护桩的桩身位移特征。对于倾斜＋竖直组合支护结构，随着倾斜桩倾斜角度的增大，支护桩的水平变形分布的反弯现象愈发显著，与水平内支撑支护结构的桩身变形分布规律相似，自撑效应越来越强。综上，倾斜桩无支撑支护技术充分利用倾斜桩轴向承载产生的自撑效应高效控制基坑变形。

　　(3) 刚架作用：前后排桩与桩顶连梁刚接，形成抗扭能力较强的刚架，可减小支护结构在主动区土体作用下的变形。前后排桩的摩阻力还可形成力偶，平衡倾斜桩－竖直桩组合支护的倾覆力矩，提高抗倾覆稳定性。

　　(4) 重力作用：前后排桩之间的土体重力可平衡部分倾覆力矩，提升支护结构抗倾覆稳定性。

　　(5) 减隆作用：软弱土中的基坑，坑底隆起将导致支护结构位移和坑外土体变形。倾斜桩插入基坑内土体隆起量最大的部位，通过土体与倾斜桩界面的侧摩阻力减小坑底的隆起，从而控制支护结构

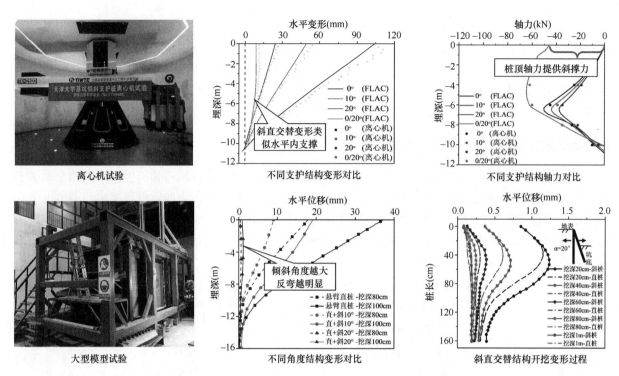

图5　竖直悬臂支护桩与倾斜支护桩、倾斜＋竖直组合支护结构变形的自撑效应对比

位移和坑外土体变形。

4　无支撑绿色支护技术施工设备

　　港口与海岸、近岸工程中在施工倾斜工程桩（主要承担竖向荷载）常采用柴油锤锤击沉桩，锤击方式伴随严重噪音和振动，无法应用于城市环境中预制倾斜桩的基坑支护施工。倾斜灌注桩具备刚度大的特点，可进一步提高基坑变形和稳定控制能力，然而其施工存在着成孔、钢筋笼吊装和导管下放等系列施工困难，需研发专门施工技术与装备。

　　为实现在城市环境的倾斜桩施工，实践中研发了系列预制桩倾斜静压施工设备，适用于0～20°的边斜桩施工和−20～20°的中斜桩施工。可实现方桩、管桩和钢板桩等不同桩型的低噪声、低振动施工，同时可满足前倾，后倾及竖直桩的施工，具备绿色环保、操作简便等技术优势。最大倾斜角度时极限压桩力为450t，中直桩的最大允许压桩力为600t，其智能监测系统可实时监测、显示和记录桩体施工的倾斜角。为适应不同基坑深度和桩长需要，研发了YZY300X、YZY800X型斜桩静力压桩机、YZY800XJ斜搅拌桩机（插入型钢时可实现拔出回收）。其中YZY800型可以静压大尺寸预制矩形桩，具体技术参数如图6所示。研发了国内外适用于城市环境中的低振动、低噪声倾斜支护桩施

YZY800X斜桩静力压桩机			
中直桩最大压桩力(t)	600	倾斜桩最大压桩力(T)	450
压桩倾斜角度范围(°)	±20	压桩行程(mm)	1800
长船油缸行程(mm)	3000	短船油缸行程(mm)	600
平台回转角度(°)	12	行走方式	液压步履式
接地比压(MPa)	≤0.14	行走速度(km/h)	0-0.75
机体重量(t)	215	操纵方式	液压先导+手动
液压系统压力(MPa)	25	电机功率(kW)	[75+75+3]+45
液压油箱容积(L)	2500	液压泵型号	A4VSO180 ×2
圆桩桩规格(mm)	Φ600	矩形规格(mm)	600 ×475
最大单桩桩长(m)	15	方桩规格(mm)	500 ×500

图6　预制斜桩静力压桩机

(a) YZY300X边斜桩静力压桩机；(b) YZY800X斜桩静力压桩机及技术参数；(c) 施工实景

工设备，解决了倾斜预制桩在基坑工程中倾斜应用的"卡脖子"难题。

当基坑深度较大或场地存在密实砂层时，可能导致预制倾斜桩应用困难，可采用大直径钻孔倾斜灌注桩予以解决。实践中研发形成了全套管回转钻机结合旋挖钻机交替作业或流水作业、泥浆护壁旋挖成孔作业的倾斜钻孔灌注桩施工技术，解决了倾斜桩施工过程中成孔、下笼、混凝土灌注的难题，如图 7 所示。

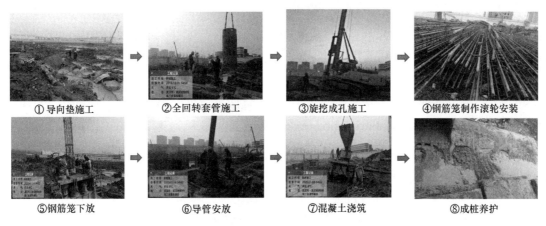

①导向垫施工　②全回转套管施工　③旋挖成孔施工　④钢筋笼制作滚轮安装
⑤钢筋笼下放　⑥导管安放　⑦混凝土浇筑　⑧成桩养护

图 7　倾斜钻孔灌注桩施工技术

①针对硬质地层，进行"短钻杆、短套管、旋挖引孔、钻头超前"施工；②针对软弱地层，开展"长钻杆、长套管、套管超前、提前支护"施工，成桩施工质量高；③针对可钻性强地层，采用全套管回转钻机一次完成套管下压，旋挖钻机跟进取土流水作业，保证高效施工；④针对地层自稳性好、桩深适宜工况，采用泥浆护壁旋挖斜向成孔施工，兼顾高工效与低成本特性。此外，可采用倾斜搅拌桩＋内插型钢或预制桩的倾斜支护结构，避免桩间土的流失滑塌，进一步增加倾斜桩的斜撑效应，优化倾斜桩支护结构的工作性能，更好地控制变形。克服了倾斜角度保持、倾斜灌注桩桩孔坍塌、倾斜钢筋笼吊放、导管下放、倾斜桩孔灌注混凝土和全套管回收的难题，实现了各类地层条件下无支撑倾斜钻孔灌注桩施工技术，保证了大直径倾斜灌注支护桩安全施工和绿色施工。

5　典型工程应用

5.1　国家重大科技基础设施"大型地震工程模拟装置"

大型地震工程模拟研究设施是我国地震工程领域首个国家重大科技基础设施，建成之后将成为世界最大地震工程模拟研究设施，工程投资 15 亿元以上。该项目土建过程中基坑典型开挖深度 14.7m（三层地下室），基坑面积约 29500m²，基坑开挖深度范围内分布有厚层淤泥质软土。原设计采用了两道水平支撑支护，两层支撑自身的施工和拆除占用的工期，以及支撑导致的土方开挖、外运、基础与地下结构施工难度大，且基坑支护结构与地下结构交叉施工不能满足振动台基础底板分块浇筑要求，基坑支护费用高达 6600 万元。因此，提出了采用倾斜桩无支撑支护技术进行基坑支护的方案。

考虑到场地区域的土层性质较差，在基坑开挖范围内存在 5.8m 厚的淤泥质粉质黏土层，为满足基坑变形控制要求，采用了上部放坡 2.5m 结合斜直交替桩的支护形式，如图 8 所示。本基坑工程采用二级支护方式。一级开挖深度为 5.5m，组合支护结构中直、斜桩桩长均为 12m，斜桩倾斜角度为20°，斜桩与直桩采用帽梁连接。二级支护桩距离一级支护直桩 13.5m，二级开挖深度为 6.7m，采用直桩＋锚杆的支护方式。选从实测数据可发现，当一级开挖完成后，桩身水平变形类似于内支撑变形模式，最大桩身水平位移约为 40mm，在基坑变形控制范围内。大面积基坑采用无支撑支护技术为土方开挖外运、地下结构的施工提供了显著便利，工期节省 72 天，基坑造价节约 1100 万元。

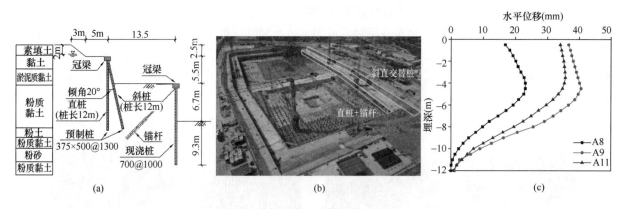

图 8　大型地震工程模拟装置项目
（a）基坑东南侧支护方案；（b）现场照片；（c）桩身水平位移实测数据

5.2　海和院基坑工程

仁恒海和院倾斜支护桩大面积基坑工程项目位于天津海河教育园区雅润路与同德路交口西侧，基坑占地面积约 46000m²，场地分布厚度为 7～9m 的淤泥土层。基坑开挖深度 4.9m，为了对比传统悬臂支护结构和倾斜桩支护结构的变形控制能力，在基坑整体上采用斜直交替支护结构的基础上，在部分处设置了单排悬臂支护结构。斜直交替组合支护结构斜桩倾斜角度为 20°。对比两种支护方式的桩身位移曲线（图 9），实测表明桩数和桩长相同条件下，悬臂支护的桩顶位移约 110mm，自稳型倾斜桩无支撑支护的桩顶位移仅为 38mm，变形减小 65%。传统悬臂支护结构由于变形过大，必须采用内支撑。由于基坑面积达 46000m²，内支撑支护方式材料消耗大、造价高工期长，该项目最终采用了项目组的自稳型倾斜桩支护技术，见图 9（b），相比于原设计方案（水平内支撑支护技术），造价降低 660 万元，工期缩短 30 天。

图 9　大型地震工程模拟装置项目
（a）斜直交替桩；（b）现场照片；（c）桩身水平位移实测数据

5.3　武汉市三金潭基坑项目

武汉市三金潭基坑项目基坑主体开挖深度为 10m，场地包含 11.2m 厚淤泥质黏土层，地下水埋深 1.5m。该项目采用了项目组研发的自稳型前排倾斜后双排桩无支撑支护技术，桩体采用灌注桩 $\phi1000@1500$，桩长 30m，倾斜角 15°，如图 10（a）所示，基坑开挖到底后的实景如图 10（b）所示。如图 10（c）所示，基坑主体开挖深度达到设计深度 10m 后，桩顶最大水平位移约 50mm，证明了自稳型无支撑技术具备变形控制能力。为了验证其稳定和变形控制能力，继续超挖了 2m 深度（宽 10m），支护桩最大水平位移仅约 80mm；进一步在基坑外地面填筑 1.5m 高超载（相当于基坑深度 13.5m），桩顶位移虽然超过 200mm，但仍然保持稳定，体现出卓越的自稳能力。

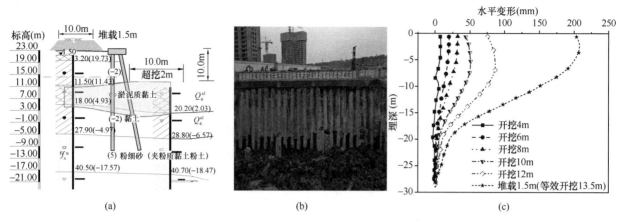

图 10　倾斜钻孔灌注桩施工技术应用实例

（a）土层分布及基坑剖面；（b）基坑开挖后实景；（c）实测倾斜桩位移

6　经济效益

成果已应用于天津、上海、江苏、浙江、福建、湖北等 15 个省市共 159 项基坑工程，共节省支出 5.31 亿元。高效控制支护结构和坑外土体变形，有效地取消了水平支撑，显著降低了土方开挖难度，有效避免水平内支撑拆除所带来的振动、噪声、粉尘、固体废弃物，有效地控制支护结构和坑外土体变形，显著降低工程造价材耗、缩短了工期，实现了节材、降耗、减碳，形成新一代绿色可持续发展的基坑支护技术。项目成果的技术、经济、社会效益优势显著，成果先进性、适应性、示范性和推广性强，应用前景广阔。根据近 4 年的审计报告，主要完成单位取得直接经济效益 12.68 亿元、新增利税 3.42 亿元。

7　结语

针对软弱土地区量大面广的地下一层～地下二层（或更深）的基坑工程技术长期存在的突出问题，倾斜桩支护结构能高效提升基坑支护结构的稳定性和变形控制能力。条件适当时，软弱土地区地下一层～地下二层甚至更深的基坑工程可取消内支撑，采用新一代、绿色可持续发展的无内支撑基坑支护技术，具体良好的经济效益和环境效益。

中国水下大盾构法隧道修建技术

Overview of the Development of China's Underwater Large Shield Tunnel Construction Technology

雷升祥[1]　王华伟[2]　刘四进[2]

（1. 中国铁建股份有限公司；2. 中铁十四局集团有限公司）

1　引言

近年来，在交通强国、区域经济一体化等国家战略驱动下，我国跨江越海水下隧道得到了迅猛发展，盾构法具有占地少、对通航影响小、通行能力稳定、承载能力强等优点，已成为我国穿越水域阻隔的主流施工工法，在市政、地铁、公路、铁路、管廊等领域得到广泛应用，并体现出大直径、长距离、高水压、智能化等发展特点。

从 1965 年在上海黄浦江畔修建盾构直径为 10.22m 的打浦路越江隧道、1982 年修建盾构直径为 11.3m 的延安东路越江隧道开始，揭开了我国利用盾构法修建大型水下隧道的历史。随着南京长江隧道、武汉长江隧道、扬州瘦西湖隧道等一大批水下大盾构法隧道的修建，我国在大盾构隧道勘察规划、工程设计、施工技术、装备制造、标准规范、施工管理等方面积累了丰富的经验，我国水下大盾构法隧道修建技术得到创新发展，正向更大直径、更高水压、多工法组合等方向发展，水下大盾构法隧道综合修建技术已达到了国际领先水平。

近 60 年的发展历程中，我国水下大盾构隧道修建规模和难度都属世界之最，隧道施工技术发展速度迅猛，为全面梳理我国水下盾构法隧道修建技术发展演进，本文回顾了我国水下大盾构隧道修建技术的发展历程，明晰了水下大直径盾构隧道施工取得的关键技术，并对水下大盾构隧道发展与展望进行探讨，可为后续水下大盾构隧道工程的建设与技术发展提供借鉴和指导。

2　水下大盾构隧道发展历程

截至目前，国内普遍认为直径 10m 以上的盾构隧道为大直径盾构隧道，直径 14m 以上的盾构隧道为超大直径盾构隧道。据此，依据开工年份统计了我国大直径水下盾构隧道工程，如图 1、表 1 所示。

分析图 1 不难发现，国内超大直径水下盾构数量整体呈增长趋势。具体地，2000 年之前水下大盾构隧道尚处于起源阶段，期间开工建设完成的 3 项大直径水下盾构隧道均在上海；相比 2000 年之前，2001—2009 年间国内水下大盾构隧道工程数量有所增加，并且出现超大直径盾构隧道，但该阶段内新增隧道数量较少，我国仍处于起步阶段；在 2010—2018 年国内大直径水下盾构处于快速发展阶段，期间大直径水下盾构隧道增长率由 67% 增加至 80%，相较于起步阶段开工项目数量增加了 55%；2019 年以后我国大直径和超大直径水下盾构隧道数量均实现了大幅增长，同时，各种新材料、新工艺、新装备在各项目中得以应用，我国大直径水下隧道进入了高质量发展阶段。

水下大盾构法隧道起源阶段，国内盾构隧道的施工水平、机械化水平低，穿越地层单一，比较有代表性的有打浦路隧道以及延安东路隧道，分别如图 2 和图 3 所示。

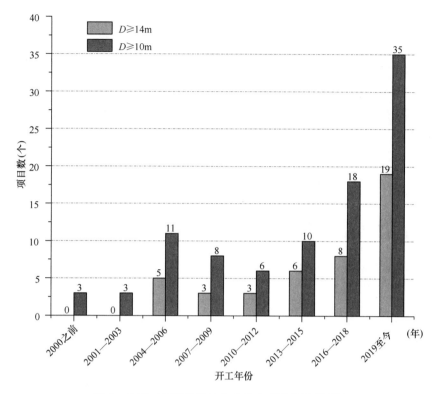

图1 按开工年份统计的大直径水下盾构隧道项目

各阶段代表性大直径水下盾构隧道 表1

发展阶段	工程名称	刀盘外径（m）	盾构段长度（m）	用途	开工年份
起源阶段	打浦路隧道	10.22	1322	公路	1965
	延安东路隧道	11.30	1476	公路	1982
	延安东路复线工程	11.22	1310	公路	1994
起步阶段	武汉长江公路隧道	11.38	2540	公路	2004
	上海长江隧道	15.43	7470	公铁合建	2004
	南京长江隧道	14.93	3022×2	公路	2004
	广深港狮子洋隧道	11.18	4820/4520	高铁	2006
	杭州钱江隧道	15.43	3250	公路	2007
快速发展阶段	扬州瘦西湖隧道	14.93	1278	公路	2010
	南京地铁3号线过江隧道	11.57	3354	地铁	2012
	武汉三阳路越江隧道	15.76	2590	公铁合建	2013
	汕头海湾隧道	15.01/15.03	3048	公路	2016
	苏通GIL综合管廊工程	12.07	5468	电力隧道	2016
	济南济泺路黄河隧道	15.76	2519	公铁合建	2017
	南京第五长江大桥夹江隧道	15.40	1158	公路	2017
	南京和燕路过江通道	14.93	2970	公路	2017
	芜湖城南过江隧道	14.50	3850	公路	2017
	温州S2线瓯江水下海底隧道	14.93	2664	地铁快线	2017
	杭州艮山东路过江隧道	14.93	3160	公路	2018

续表

发展阶段	工程名称	刀盘外径 （m）	盾构段长度 （m）	用途	开工年份
高质量 发展阶段	汕汕高铁海底隧道	14.50	9191	高铁	2019
	上海银都路越江隧洞	15.43	1172	公路	2019
	深圳妈湾跨海隧道	15.43	2063/2060	公路	2019
	杭州富阳秦望过江隧道	15.76	940×2	公路	2020
	江阴靖江隧道	16.06	4952	高速公路	2020
	长沙湘雅路过江隧道	15.01	1500×2	公路	2020
	珠海十字门隧道	15.73	940	公路	2020
	佛山季华路西延线隧道	15.43	1472×2	公路	2020
	珠海隧道	14.50	2930	公路	2020
	广湛铁路湛江湾海底隧道	14.50	7352	铁路	2020
	海珠湾隧道	15.03	2077×2	公路	2020
	济南济泺路黄河隧道北延段	15.20	2040	公铁合建	2020
	武汉两湖隧道工程（东湖段）	14.50	1690	公路	2020
	南京建宁西路过江通道工程	15.07	2349+2349	公路	2021
	珠海横琴杧洲隧道	15.01	900	公路	2021
	济南黄岗路穿黄隧道	17.10	3290	公路	2022
	青岛第二海底隧道	15.00	15900	公路	2022

图2　打浦路隧道网格挤压盾构机

图3　延安东路隧道

随着盾构施工技术水平的提高，水下大盾构隧道施工相继进入起步阶段、快速发展阶段及高质量发展阶段，一大批越江跨海隧道逐步开工建设，我国在隧道施工、装备制造等多个方面取得了突破性进展，中铁装备、铁建重工、上海隧道、中交天和等国内盾构制造企业迅速崛起。在2000年以前，我国水下大盾构隧道施工主要采用江南造船厂制造的网格挤压式盾构，或引进日本三菱重工泥水平衡盾构。从2000年以后，如图4所示，国产大直径泥水盾构占比整体呈增长趋势，特别是2004—2006年间，大直径盾构机国产化已经实现了由0到1的突破；相比之下，2007—2009年，国产大直径盾构占比由10%迅速增至38%；自2016年以后，国产大直径盾构占比一直保持在40%以上。由此可见，我国正从盾构大国向盾构强国、盾构设备制造强国迈进，代表性国产大盾构设备如图5所示。

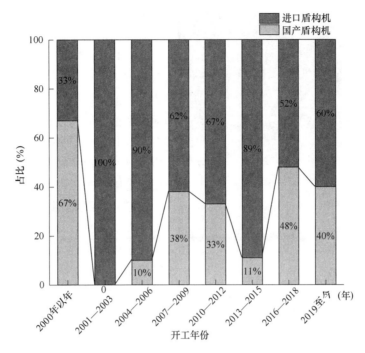

图 4　不同年份国产盾构机占比

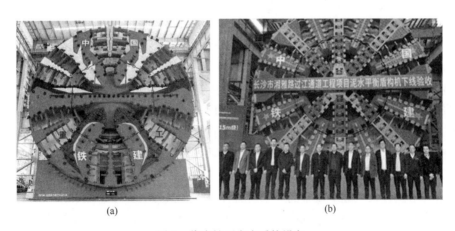

(a)　　　　　　　　　　　　(b)

图 5　代表性国产大盾构设备
(a) 北京东六环盾构 ϕ16.07m；(b) 湖南湘雅路盾构 ϕ15.01m

3　水下大盾构隧道施工关键技术

我国已建成及在建的水下大直径盾构几乎都遭遇过复杂地质情况，再加上水下隧道施工时存在很多不可预知因素，施工过程中极易出现地层严重变形、开挖面失稳等事故。因此，大直径水下盾构隧道施工面临极大的风险，亟待结合具体工程进行科技攻关与技术突破，本节从水下大盾构法施工特点，归纳主要修建创新技术如下。

3.1　水下大直径盾构选型及刀盘刀具配置技术

盾构机选型与地层适应性是影响盾构法隧道施工成败的关键，不少工程因盾构机型与地层不相适应导致刀具磨损严重，甚至造成较大的工程事故。盾构机选型应以工程地质、水文地质条件为主要依据，综合考虑周边环境、断面尺寸、隧道长度及埋深等因素。盾构机选型时，应重点关注刀盘形式（常压刀盘或常规刀盘）、开口率、开口尺寸、刀具类型、刀具数量以及刀具的布置位置等参数。如深圳春风隧道针对长距离全断面穿越硬岩层，采用了常压刀盘，在保证刀盘整体刚度的条件下，尽可能

图6 超大直径泥水平衡盾构"沅安号"

增大开口率，有利于中心区域渣土流动，减少中心刀具的磨损。为了提高破岩能力，中心采用17寸双轴双刃滚刀、正面及边缘采用19寸双轴双刃滚刀、最外轨迹为19寸单刃滚刀。

目前，我国已经掌握了从软土地层到硬岩地层全面的盾构设计集成技术（图6）；针对孤石群、断裂带、溶洞群、软硬不均等特殊地质，已经掌握了针对性的解决方案，并成功应用于全国各类工程项目中。

3.2 精准穿越风险源微沉降控制技术

水下大直径盾构在城市内长距离掘进时，不可避免地穿越堤防、地铁隧道、高速公路、铁路以及棚户区等建（构）筑物。此类建（构）筑物对变形敏感，因此在盾构穿越时要严格控制地面沉降。严格控制掘进参数、泥浆参数，保证壁后注浆质量，及时纠偏和实时沉降监测是控制地表沉降的关键。如武汉地铁8号线，通过合理地设置掘进参数，采用高密度、高黏度的泥膜，及时注浆等措施，最终将地表沉降控制在20mm以内，成功穿越高密度棚户区。京张铁路清华园隧道综合运用克泥效技术、复合锚杆桩防护技术及自动化监测技术，成功将地表沉降控制在2.5mm以内。

我国通过多年的技术积累和工程实践验证，探明了大直径泥水盾构穿越复杂环境全过程地表变形规律；研发了敏感环境沉降变形控制新材料；形成了大直径盾构微沉降控制理论体系和关键技术。

3.3 长距离掘进与刀具更换

长距离掘进过程中，对刀具进行修复或者更换是不可避免的，常压换刀有省时省力、安全高效的优点，大大降低了换刀风险。常压换刀是指人员在常压下由通道进入刀盘辐条臂内，在常压下对刀具进行检查维护。相较于带压换刀，常压换刀有明显的技术优势：

（1）换刀整个过程均在常压下进行，作业人员无需置身高压环境中开展换刀作业，施工安全系数高，且对作业人员身体健康无影响；

（2）常压条件下换刀人员施工效率高，同时省掉了带压换刀时加压进舱、减压出舱等操作，并消除了带压换刀作业时间长度受限的不利影响，常压换刀比带压换刀的施工效率提高了4～5倍；

（3）减少了带压进舱作业所需的高黏度泥浆制备、泥浆置换和专业潜水作业及操舱人员等，精简了作业工序。

我国南京长江隧道在全球首次实现常压换刀作业。随着盾构技术的不断发展，南京地铁10号线工程首次开发应用了"小空间常压换刀装置和技术"，导向杆换成了液压油缸＋刀箱的模式，操作更简便、换刀速度更快，安全性和可靠性也大大提高。近年来，我国又在常压换刀技术上实现了重大突破，武汉地铁8号线过江隧道工程

图7 常压滚刀、齿刀互换技术

首次成功实现了常压下更换滚刀技术和常压下滚刀、齿刀互换技术（图7），大幅缩短了换刀时间，降低成本，实现了大直径盾构复合地层穿越技术的新飞跃。

3.4 盾构渣浆无污染处理技术

盾构掘进施工中会产生体量巨大的渣土和废弃泥浆，存放和处理面临严峻问题，传统的露天堆放或填埋的处理方式已经不能满足当前可持续发展需求，甚至造成环境污染和资源浪费。为解决盾构掘进产生的大体量渣土和泥浆，我国已经形成了盾构无害化处理及资源化利用的配套技术。如京沈城际望京隧道项目，通过合理的泥水分离系统实现了泥浆的"零排放"，对分离后的浆液重新利用保证了泥浆的"零污染"；上海隧道工程有限公司研发了与盾构掘进参数相匹配的泥水分离系统（图8）；中铁十四局从泥浆处理系统、处理材料、处理工艺以及渣土循环利用等环节入手，研发了高效的泥浆处理工艺。

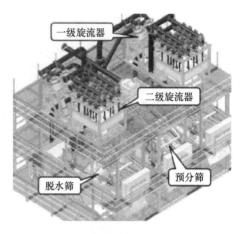

图8　泥浆分离系统示意图

3.5 超大直径盾构高效施工同步双液注浆技术

壁后注浆是防止地层变形、提高隧道抗渗性，确保管片衬砌稳定的重要措施。目前大多数盾构工程采用单液注浆技术，对于大直径水下盾构隧道，单液浆易引发地层沉降、渗水等安全质量问题。北京东六环改造工程首次将双液注浆技术应用于超大直径盾构项目中。通过东六环改造项目，我国研制了同步注浆材料、配套设备，研发了同步注浆工艺，形成了大直径盾构同步双液注浆技术，有效控制了超大直径管片上浮等难题（图9为双液注浆原位试验现场）。我国将把同步双液注浆技术应用于水下大直径盾构工程中去。

图9　双液注浆原位试验

3.6 超大直径盾构隧道全预制结构快速装配技术

全预制结构快速装配技术采用工厂标准化预制，通过现场拼装形成整体结构的技术，具有机械化程度高、施工速度快、施工质量高、作业环境好等优点。然而，预制装配式结构在地下工程应用中仍面临一些问题，如构件形式选择及划分考虑不全、轨下结构与盾构管片连接困难、预制构件的拼装精度及效率低等。为此，王善高等结合南京纬三路过江盾构隧道工程，研究了公路盾构隧道内部结构预制施工技术，实现了公路隧道内部结构的预制拼装施工。京张高铁清华园隧道是我国首条全预制拼装的高铁隧道，通过该工程，我国掌握了全预制拼装结构的设计要点，克服了轨下结构与盾构管片连接难题，形成了轨下结构注浆工艺，并研发了拼装机器人，确保拼装精度，提高拼装效率（图10）。

图 10　轨下结构拼装完成

3.7　盾构智能化建造技术和绿色集成建造技术

隧道掘进装备的智能化、无人化是其技术发展的必然趋势。既有隧道的建设过程中，由于智能化水平低、换刀风险高、不能及时感知掌子面前方可能出现的溶洞、孤石等，给盾构施工带来一些隐患。为减小施工安全隐患，国内一些专家学者们从自动巡航、智能驾驶等多个角度出发，为我国盾构智能化发展奠定了基础。如上海隧道股份将搭载"自主巡航"系统的"智驭号"盾构机用于杭州至绍兴的城际铁路工程区间隧道施工；中铁十四局开发的盾构远程驾驶系统，测试了总部研发基地远程控制下沙杭州、北京东六环项目盾构机的启停、掘进等功能；宏润集团、徐工集团、大连理工大学、东北大学等为降低换刀风险及换刀时间，致力研发智能换刀机器人，极大促进了我国盾构智能化建造技术的发展。

另一方面，大直径盾构掘进期间，会产生大量泥浆和渣土，处理不当将对周围环境产生污染。为响应国家可持续发展战略的号召，各企业正在积极探索绿色建造之路。如中建工程研究院有限公司，研发了盾构工程绿色建造关键技术，首次提出了盾构工程绿色建造的思维导图及实现路径。中铁十四局集盾构隧道全预制拼装技术、泥浆无污染绿色处理技术以及新能源建造技术于一体，形成了超大直径盾构绿色集成建造技术。

4　水下大盾构隧道发展与展望

我国水下大盾构隧道施工技术，在盾构选型、沉降控制、渣浆处理等方面，取得了系列创新与突破，并在武汉三阳路越江隧道、汕头海湾隧道、江阴靖江长江隧道等特大直径盾构工程上得到成功应用。未来，为适应水下盾构隧道向"超大埋深、超长距离、超高水压、特大直径"方向发展，仍需从修建技术的多元化、智能化等方面开展创新研究。

4.1　快速同步推拼

常规盾构施工过程中，盾构推进一直保持着"先掘进一环、后整环管片拼装"的"串联"工作方式。因此，盾构工期主要由掘进和拼装两部分时间组成，且两者用时接近。然而，将常规盾构作业方法运用到长（超长）距离盾构施工项目上将产生过长的项目建设周期，与当下快速的物流和经济发展速度并不匹配。若能将掘进和拼装两者同步进行，形成"并联"的方式，必将显著提高盾构施工工效，降低施工成本。

目前，国内多家大型盾构制造厂商借鉴日本在盾构同步推拼技术的经验，正在进行推拼同步的技术研发。快速同步推拼施工方面，以上海机场联络线 3 标工程为例，梅富路工作井—2 号风井区间隧道（长 5658m）施工采用搭载推拼同步系统的"骥跃号"盾构，已实现常规推进和推拼同步无缝切换。采用盾构快速同步推拼技术，单环管片的理论作业时间将缩短 31.6%。

4.2　海底地中对接

随着一大批穿越"江、河、湖、海"的水下大盾构隧道涌现，尤其是十公里级以上超长海底隧道项目，采用两台盾构从隧道两端同时相向掘进的地中对接技术，可以缩短施工工期，降低工期成本。由于盾构对接精度要求极高，需要拆卸盾构装备且开挖面无法保压，特别是在高水压条件下，盾构对接过程中的对接精度要求、掘进面稳定性、结构安全性等都给水下盾构对接带来了较大挑战。

广深港客运专线狮子洋海底隧道施工首次应用了盾构地中对接技术，狮子洋海底隧道位于岩石地层，围岩强度高、稳定性好，盾构机直径 11.18m，掘进距离 9.34km，这也是迄今为止国内唯一采用此技术修建的隧道。即将建设的甬舟铁路金塘海底铁路隧道工程，由于盾构段掘进距离长达 10.87km，拟采用盾构地中对接形式进行隧道开挖，盾构隧道主要位于岩土复合地层，开挖直径达 14m，各项条件更为复杂。

4.3　盾构新型破岩技术

自 1966 年修建上海打浦路越江隧道以来，我国水下大盾构隧道开挖依次经历了：①采用挖掘机械进行机械式开挖；②使用切刀切削软土以及盘形滚刀破碎岩石。由于水下盾构隧道施工环境的复杂多变，盾构掘进由以往的单一软土地层向全断面硬岩发展，以深江铁路工程为例，岩石最大单轴抗压强度达到 124MPa。伴随着各种新兴技术的成熟，水力切削、激光冲击、液氮冻融、声波共振等技术作为新型的破岩手段，逐渐被关注和应用。

高压水射流破岩速度是常规刀具破岩速度的 2～3 倍；激光法属于熔融和气化方式，较其他常规破岩方式具有更高的破岩效率。可见，高压水射法和激光破岩是今后最具发展潜力的盾构新型破岩方法。新型联合破岩在 TBM 隧道领域已经进行了一定探索，中铁装备集团研发的国内首台高压水力耦合破岩 TBM"龙岩号"，已成功下线并应用于福建龙岩市万安溪引水工程隧洞。今后，以高压水射流、激光等联合机械滚刀的联合破岩技术，或以新型破岩技术为主的新一代无刀化破岩技术，必将促进水下大盾构施工技术的飞跃发展。

4.4　盾构智能换刀

盾构在长距离穿越强渗透卵石土、基岩突起、上软下硬、极强硬岩等复杂地层时，刀具严重磨损导致盾构反复停机换刀。无论是常压开舱换刀还是带压开舱换刀，作业人员均需在高温、高湿、含有害气体的恶劣环境下进行作业，对身体的伤害不可避免。带压开舱换刀方式下，作业人员还需要在密闭空间内带压工作，当前，国内在压缩空气条件下带压进舱作业的最高压力高达 0.65MPa。

采用智能换刀机器人，不仅可以提高盾构机自动化水平和换刀效率，还可避免进舱作业对作业人员带来的身体伤害和人身安全。当前，中铁装备与铁建重工等几家企业，联合浙江大学、东北大学、大连理工大学等高校，针对机器人刀具检测高效避障、传统刀具机器拆卸难、重载高精度换刀等难题，开展了智能换刀机器人相关的技术研究工作。随着盾构向智能化和少人化的方向发展，未来，以机器人监测与换刀为核心的智能换刀技术代替人工势在必行。

4.5　盾构数字化

进入高质量智能化发展阶段，更多大直径、高智能的盾构机得到发展，随之而来的是水下大盾构隧道施工技术的数字化和智能化。为了减少不必要的施工差错，同时在一定程度上提高施工效率，可以在施工前通过多种数字智能化手段进行施工模拟。深圳市春风隧道工程利用 BIM 技术对施工过程进行可视化处理，并对施工方案进行比选和优化，项目实施初期通过对项目管理人员进行三维交底，并对隧道进行了漫游模拟，让设计和施工人员清晰了解到隧道的具体情况，为后续的决策和指导提供了有利条件。

此外，BIM＋VR 技术的广泛应用对盾构隧道的开挖也起到了很多积极作用。该技术应用于青岛地铁 8 号线和 13 号线、武汉地铁 8 号线、深圳轨道交通 8 号线和 14 号线等，通过 BIM＋VR 技术让数据模型和虚拟影像相结合，施工人员戴上 VR 眼镜，可直观形象地进行工序施工、大型设备吊装等技术模拟，有效减少了因错看图纸、交叉碰撞等带来的拆改问题。

4.6 综合管廊、污水深隧等新领域应用

近年来，随着水下盾构隧道施工技术的不断成熟，综合电力管廊隧道、污水深隧等工程领域正成为水下大盾后施工发展的新方向。

世界首条超高压苏通 GIL 综合管廊水下越江隧道是淮南—南京—上海 1000kV 交流特高压输变电工程的控制工程。其采用盾构法施工，盾构段长 5469m，最大水压力 0.8MPa，盾构开挖直径 12.07m，采用 2 层布置，上层布置 2 回路 GIL 管道及运输安装和检修维护通道，下层两侧预留 2 回路 500kV 电缆廊道。另外，作为上海市深层调蓄管道系统工程的先行段，苏州河深隧工程（全长 15.3km）克服特深竖井、超深覆土盾构施工等难题，开始了直径为 10m 的试验段（全长 1.67km）盾构施工。

5 结论与讨论

我国大直径水下盾构隧道建设取得了巨大成就，推动了我国乃至世界大直径水下盾构隧道技术的发展和进步。今后较长时间内，我国大直径盾构隧道仍将处于高速建设发展期，面临的建设条件将越来越复杂，技术难度和挑战也越来越大，要实现水下大直径盾构隧道快速、安全、健康发展，需要在施工建造技术方面进行完善和创新，解决处理好大直径盾构隧道技术领域的关键问题，重视地质基础研究，优化工程设计方案，完成盾构制造关键核心技术的突破，提高综合施工技术管理水平，防范施工重大事故发生，促进我国大直径盾构隧道向高质量、高智能、高安全性、低能耗方向发展。

钢结构模块建筑技术

Technical of Steel Modular Buildings

娄 霓[1,2] 易国辉[2] 庄 彤[2] 彭明英[2] 张 鹏[2]

（1. 中国建筑设计研究院有限公司；2. 国住人居工程顾问有限公司）

1 发展现状

钢结构模块建筑（以下简称"模块建筑"）是主要采用钢结构集成模块单元在施工现场组合而成的装配式建筑。其中，钢结构集成模块单元（以下简称"模块单元"）是由工厂预制完成的钢结构主体结构、围护墙体、底板、顶板、内装部品、设备管线等组合而成的具有建筑使用功能的三维空间体（图1）。

图1 工厂生产完成的成品模块单元

国外模块建筑设计思想起步较早，自工业革命以来一直伴随着工业技术的发展而不断完善，目前模块建筑已在欧洲、北美、澳大利亚以及亚洲等发达国家得到了较为广泛的应用（图2），建成的模块建筑高度达到44层，是目前国际上现场装配程度、工厂完成度与集成度、建设效率都处于领先水平的装配式建筑体系。由于模块集成设计建造技术的应用，模块建筑在提供高品质建筑的基础上还能有效节省人工、缩短建造周期，在国外发达国家具备较强的市场竞争力。

(a)   (b)

图2 国外典型模块建筑项目

(a) 英国伦敦温布利诺富特酒店项目；(b) 美国纽约布鲁克林公寓塔楼项目

近年来，在国内绿色节能与低碳发展战略背景下，模块建筑在我国北京、天津、江苏、江西、广东、深圳等省市逐步得到应用，项目类型涵盖了住宅、公寓、办公楼、酒店、学校、军事设施建设、应急救灾建筑等，最高建成高度为18层。2022年3月住房和城乡建设部发布的《"十四五"住房和城乡建设科技发展规划》和《"十四五"建筑节能与绿色建筑发展规划》明确指出：大力发展节能低碳建筑，全面推广绿色低碳建材，推动建筑材料循环利用，以及大力发展装配式建筑，有序提高绿色建筑占新建建筑的比例。未来模块建筑可成为国家大力推进节能低碳建筑技术战略的有效技术载体，应用潜力可期。

2 技术特点

模块建筑在设计时将建筑空间模块化，并进行建筑一体化和集成化设计；生产制作方面，模块单元能实现工厂标准化流水线定级生产，建筑质量的均好性得到良好的保证；施工安装方面采用整体模块单元装配式安装方式，装配效率快，且在设计、生产与建造全流程中有利于实现数字化信息协同、追踪与管理，是一种较彻底的工业化建造技术。主要技术特点体现在以下五个方面。

2.1 建筑空间模块化

模块建筑的主要部分由模块单元拼接组成，建筑主要功能空间均由模块单元分割与组合而成，可将建筑物按照模块特点进行空间模块拆分。模块拆分不仅要考虑建筑功能，还要考虑设备系统设置、运输条件限值、现场吊装场地限制、吊装顺序、吊装装置、防水抗渗措施等多种因素，是设计中非常重要的环节，对后期建造速度、成本节约均有较大影响。

2.2 设计制造一体化

模块建筑中的模块单元是一种功能集成设计的建筑单元，且在工厂集成生产制造完成，设计与制造一体化考虑，设计全专业以及产业链协同特征明显。模块建筑设计应注重与制造的协同，考虑生产制造工序、工艺的特点，提高生产效率。同时工厂进行模块单元深化设计时，要对主体结构、围护系统、内装部品以及设备管线等在模块单元的加工深化图上进行集成表达。

2.3 生产工艺标准化

模块建筑中模块单元是根据标准化生产流程和加工组装工艺制作完成，厨房、卫生间可标准化生产，管线系统高度标准化，是一种较彻底的标准化建造技术产品。工艺的标准化对成本和效率影响较大，模块建筑设计时应充分考虑模块单元与构件标准化生产的需求，模块单元与构件生产时应制定标准化生产流程与质量控制措施，提高效率，降低损耗。

2.4 建筑施工装配化

模块单元在工厂生产加工制作完成后，运输到现场进行整体吊装与施工装配，模块单元间以及模块单元与非模块单元结构间通过装配式接口连接成型，现场用工需求大幅减少，装配效率有效提高。施工周期大幅降低，模块建筑的现场装配连接应注重连接的便捷性与精度控制，还应兼顾后期的维修检查的便捷性甚至是可更换、拆除的需求。

2.5 建筑运行低碳化

相较于传统建筑，模块建筑在绿色低碳运行方面优势显著。首先，模块建筑较少采用碳密集型产品（如混凝土、水泥等材料），且模块建筑材料可回收利用率高，减少大量材料生产碳排放。其次，模块在受控的装配线环境中"异地"生产，并在现场高效组装，单次运输效率高，减少了大量运输阶段碳排放。模块建筑施工现场所用机械、台班数量较少，节省大量施工机械产生的碳排放。结合相似体量的项目案例分析，采用钢结构模块化的建筑单位面积碳排放比采用现浇混凝土的建筑减少50%以上。

3 技术应用要点

3.1 适用场景

（1）模块建筑标准化程度高，适用建造公寓、酒店、学校、宿舍、住宅、办公等建筑类型。

针对公寓、酒店、学校、宿舍、住宅、办公等建筑类型，本身功能空间为单元式，建造标准固定、标准化、单元化特征明显，容易实现通用化和标准化设计，适宜采用标准化程度较高的模块化的装配式钢结构建筑形式，既可以保证建筑品质的优良化，又可以提高建设速度、有效控制建造成本。

（2）模块建筑可重复拆装，适用有整体搬迁与规模拓展需求的项目。

模块建筑采用模块单元整体吊装施工方式，模块单元间通过可拆装节点连接成整体，可实现反复拆装与重复利用，为未来项目的整体搬迁与规模拓展提供可能。项目后期可根据需求进行整体回收再利用，保障能力适应性强，绿色度高。

（3）模块建筑组装便利，建造迅速，适用有应急工程建设需求的项目

新冠疫情爆发后，应对突发重大传染病疫情，多地应急安置项目采用了装配式钢结构模块建筑技术。装配式钢结构模块建筑可以有效压缩建筑的建设周期，摆脱传统建筑建设方式对施工场地的要求，并允许地处偏远、资源不足或在自然灾害发生时场地条件恶劣情况下进行空间基地的建设，在近些年自然灾害与传染病频发的背景下，具有实际的备战意义。

（4）模块建筑产品海运方便，适用海外缺少劳动力与产业资源的地区项目工程。

单元集成模块单元整体刚度较大，海运及陆运技术成熟，整体模块单元产品可以海运结合陆路运输的方式从国内生产地发至工程现场。与传统建筑的物资分批散货运输的形式相比，由于模块建筑产品的标准化与集成度高，运输效率可大幅提高，可以实现运输成本可控、时间可控。

3.2 设计技术

3.2.1 建筑体系

（1）模数协调设计与模块组合

模块建筑轴线的定位与传统的建筑不同，设计制图时，应充分考虑施工图与深化图技术内容表达以及与施工定位关键构件的衔接性。模块建筑平面设计应以模块单元的基本平面尺寸作为设定组合模数的依据，模块单元的基本平面尺寸应以模块单元最外缘结构外皮为计量基准面，目前工程中关于平面尺寸与轴线的表达有以下两种方式，一是双轴线的表达形式，即以每个模块单元的最外缘结构外皮为定位轴线，如图3所示，此时定位轴线间距离可直接表示模块单元的基本平面尺寸以及相邻模块单元最外缘结构外皮间隙距离；二是单轴线模式，即以模块单元墙体中心线或模块单元间间隙中心线为定位轴线，如图4所示，此时也应额外表示模块单元的基本平面尺寸以及相邻模块单元最外缘结构外皮间隙距离。

此外按照模块建筑的标准化与多样化相协调的原则，模块建筑可通过少量类型的标准化模块单元

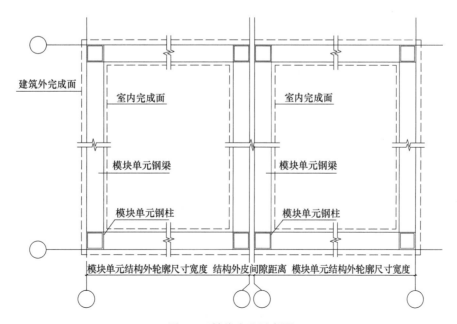

图3 双轴线表达示意图

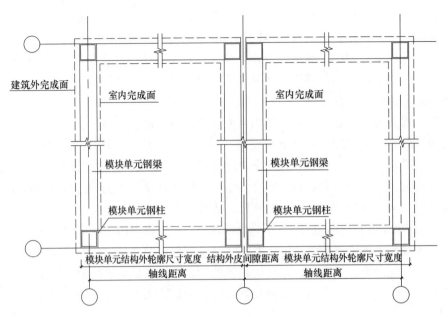

图 4　单轴线表达示意图

体进行多种排列组合方式来实现建筑的多样性和灵活性（表1）。

模块建筑的组合方式　　　　　　　　　　　　　　　　　　　　　　　表 1

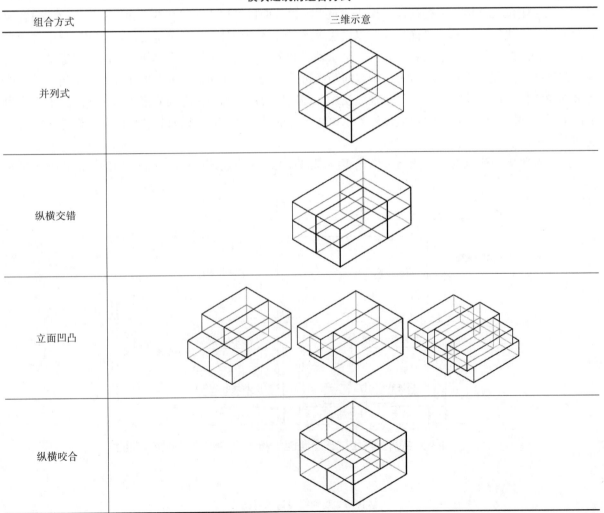

组合方式	三维示意
并列式	
纵横交错	
立面凹凸	
纵横咬合	

（2）建筑防火

模块建筑水平相邻模块间墙体形成双墙，竖向相邻模块间形成双板，且拼缝较多，与常规钢结构建筑防火构造特征区别较大。在钢结构构件防火方面，现状技术一般采用防火板包覆做法与防火涂料做法两种形式，典型构件防火包覆做法如表2所示；在模块间缝隙防火方面，模块建筑的相邻模块单元间的水平缝、竖缝，模块单元和非模块单元的水平缝、竖缝，模块单元间洞口周围缝隙、模块单元和非模块单元间的洞口周围缝隙、底层模块单元与支座连接处等位置，应采用不燃材料进行填塞封堵，不燃材料填塞封堵深度不宜小于200mm，且任何接缝都应保证不减弱相邻部位建筑的耐火性能。

模块建筑主要构件防火构造　　　　　　　　　　　　　表2

构件名称	主要设计材料	耐火极限设计值（h）
防火墙	3×12mm 耐火纸面石膏板 ＋100 龙骨（填 100mm 厚 100kg/m³ 岩棉） ＋3×12mm 耐火纸面石膏板	3.00
楼梯间和前室的墙 电梯井的墙 单元之间的墙和分户墙	2×12mm 耐火纸面石膏板 ＋75 龙骨（填 50mm 厚 120kg/m³ 岩棉） ＋2×12mm 耐火纸面石膏板	2.00
管道井、排气道等竖向井道井壁 疏散走道两侧隔墙 房间隔墙	12mm 耐火纸面石膏板 ＋75 龙骨（填 50 厚 100kg/m³ 岩棉） ＋12mm 耐火纸面石膏板	1.00
模块单元承重钢柱	构造做法一：12mm 纤维增强硅酸盐板 ＋50 龙骨（填 50mm 厚 100kg/m³ 岩棉） 构造做法二：高性能耐火石膏板由内向外厚度分别为 20mm、20mm、15mm。耐火石膏板分层固定，相互压缝，拼缝采用防火腻子填缝抹平	3.00
模块单元承重钢梁	25mm 耐火石膏板	2.00
梁和楼板复合系统　模块单元底板	上部 24mm 水泥纤维板	2.00
梁和楼板复合系统　模块单元顶板	下部 2×9mm 纤维增强硅酸钙板或同等性能防火板（配合使用 50mm 厚 60kg/m³ 岩棉）	

注：采用梁和楼板复合系统防火构造时，在确定材料品牌后应补充耐火试验。

（3）建筑防水

由于模块建筑的缝隙较多，做好防水非常重要。既要考虑模块自身的防水性能，还要考虑模块运输、吊装期间的临时防水措施，避免在此期间遇到雨水对整个模块建筑造成隐患。模块建筑的外墙整体防水设计应包括外墙防水工程的构造、防水层材料的选择和节点的密封防水构造。模块单元自防水应在工厂完成，模块在运输、现场存放时的临时防水措施一般采用防水篷布包裹。

工程安装现场模块单元之间水平及竖向拼缝、模块单元与非模块单元水平及竖向拼缝、模块单元顶部和墙面开洞处及变形缝、屋面、女儿墙等现场作业部分应进行防水处理，典型缝隙防水构造做法见图5。

3.2.2　结构体系

（1）结构抗震体系

模块结构体系是钢结构的一种形式。模块结构体系由模块单元组合形成稳定的几何不变体系，可

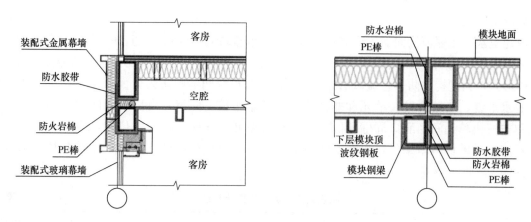

图5 典型缝隙防火构造做法

选用纯模块结构体系、模块-钢框架结构体系、模块-钢框架支撑结构体系或模块-剪力墙/核心筒结构体系等类型（图6）。

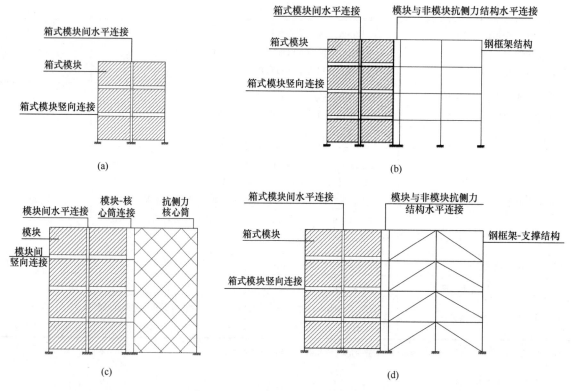

图6 典型模块建筑结构体系类型

（a）纯模块结构；（b）模块-钢框架结构；（c）模块-混凝土核心筒混合结构；（d）模块-钢框架-支撑结构

　　纯模块结构体系依靠模块自身的抗侧能力抵抗水平作用，多用于低多层建筑。对于多高层建筑，可通过在模块钢结构中引入其他的抗侧结构，如框架支撑结构、剪力墙或核心筒结构等，提高模块结构体系的抗侧能力，增加建筑功能的灵活性。

　　（2）模块节点类型

　　模块单元是模块建筑的基本组成单元，模块单元间的连接节点是结构体系中的关键传力部位，直接影响结构的整体性能。同时节点设计应构造合理、便于施工，能与模块内部装修和使用功能相适应。

　　目前，模块建筑结构连接节点主要包括建筑底部模块单元与下部结构的连接、模块单元与非模块单元抗侧力结构的水平连接、相邻模块单元的水平连接、相邻模块单元的竖向连接以及屋面结构与相邻下部模块单元间的连接五种形式。其中建筑底部模块单元与下部基础或地下室混凝土结构的连接可采用地脚螺栓或锚栓连接，也可采用焊接与地脚螺栓或锚栓组合连接。地脚螺栓或锚栓连接典型构造可参考图7做法形式；模块单元与非模块单元的结构水平连接应考虑释放施工期间的竖向变形差，采用仅传递水平荷载的连接节点形式，采用螺栓连接时可参考图7所示连接形式；相邻模块单元的水平连接应满足楼层平面内水平力传递的要求，可设置在模块单元顶面，可采用螺栓连接、焊接连接（图8）或焊接与螺栓混合连接等；相邻模块单元的竖向连接一般设置在模块单元柱端位置，可采用螺栓连接、焊接连接、焊接与螺栓混合连接（图9、图10）等方式；屋面结构与相邻下部模块单元间的连接可采用装配整体式混凝土叠合做法增加结构体系的整体性，连接节点的设计可参考图11。

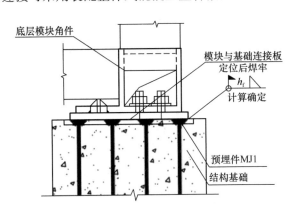

图7　地脚螺栓或锚栓连接典型构造

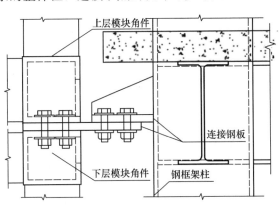

图8　模块单元与非模块单元的结构水平连接

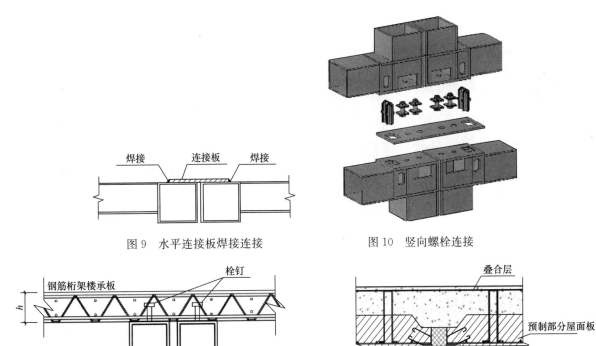

图9　水平连接板焊接连接　　　　　图10　竖向螺栓连接

(a)　　　　　　　　　　　　　　　　(b)

图11　屋面结构与相邻下部模块单元间的连接

（a）屋顶钢筋桁架楼承板整体式连接；（b）屋顶叠合板整体式连接

153

此外，国内外学者针对模块单元间其他连接节点形式的研发成果已有不少。比如旋转式节点、预应力节点、混合节点和自锁节点等（图12），针对模块中柱等特殊连接部分，连接操作空间受限，施工操作困难，现状连接技术可选用改进型的螺栓连接节点、自锁式连接节点与混合节点。后续随着模块钢结构建筑的推广使用，模块连接节点的做法会更加成熟。

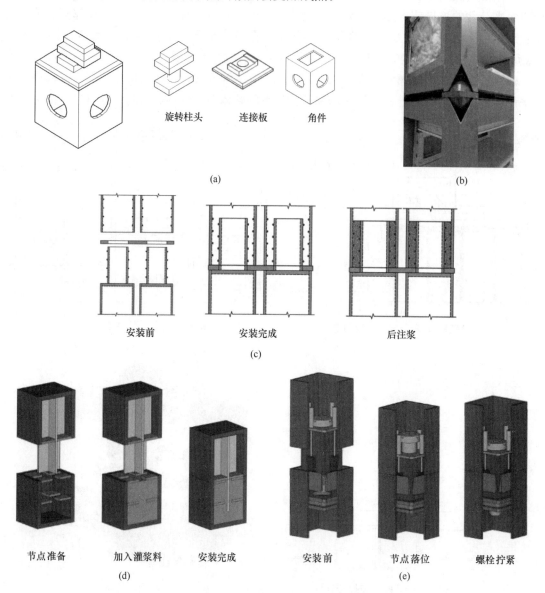

图12 典型模块建筑结构连接节点类型
（a）旋转式节点；（b）预应力节点；（c）混合节点一；（d）混合节点二；（e）自锁节点

（3）模块钢结构防腐设计

模块建筑钢结构的防腐设计，主要从材料防腐、构造防腐等方面考虑。材料防腐方面可选用抗腐蚀性较强的建筑材料，如采用耐候钢和不锈钢等作为结构材料，也可采用热浸镀锌防腐技术或油漆防腐技术，使钢材表面形成一层保护膜，以提高钢材防腐性能；构造防腐方面可采用板材包覆，使钢材与大气隔开，以减缓钢材腐蚀速度。对于模块建筑，模块单元间的双层墙板与双层楼板构造将钢结构包覆在多层板材内，自带构造防腐设计，耐腐蚀性能也能相对提高。

现状模块建筑钢结构防腐较多采用的是材料防腐与构造防腐相结合的做法，在对抗腐蚀性要求较高的地区，还可同时考虑钢结构的腐蚀裕量来进一步加强模块建筑钢结构的耐久防护。

3.3　工厂制作与运输
3.3.1　生产制作流程

现阶段模块单元生产制作基于批量化与标准化的工厂流水线作业形式进行，主要工序流程包括骨架组装→围护墙、板构件组装→设备管线集成敷设→室内装饰装修施工→成品完成→打包待运（图13）。制作集成模块的各工序应紧密衔接。每一工序应按工艺要求进行质量控制，实行工序检验，相关各工种之间应进行交接检验，各工序的施工应在前一道工序质量合格后进行。在成熟的生产条件下，国内成品模块单元（含装修）的生产效率目前可达到90mins/个。

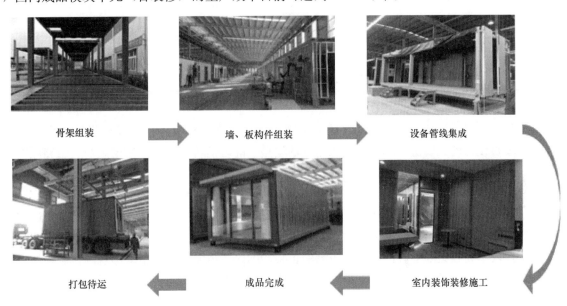

骨架组装　　墙、板构件组装　　设备管线集成

打包待运　　成品完成　　室内装饰装修施工

图13　模块单元工厂生产流程示意

3.3.2　生产制作精度控制

相对于普通钢结构工程，模块建筑的整体安装特征对模块单元的生产制作精度提出了更高的要求，特别是涉及用于现场连接定位的连接盒节点制作定位精度要求相对更高，达到1mm之内，如表3所示。

模块单元生产制作允许偏差要求　　　　　　　　　　　　　　　表3

项目		允许偏差（mm）
模块单元整体	长度	−6 或 +6（当长度 $L \leq 12$m）； −10 或 +10（当长度 $L > 12$m）
	宽度	−3 或 +3
	高度	−3
	长度方向对角线差	10.0
	宽度方向对角线差	5.0
	底部堆码角件地面平整度	3.0
梁	底板梁上表面平整度	3.0
	顶板梁下表面平整度	4.0
柱	定位偏差	±2.0
	垂直度	3.0
门、窗洞口	大小尺寸	+3
	定位尺寸	±2

续表

项目		允许偏差（mm）
门、窗洞口	对角线尺寸	+3
	立柱、横梁的直线度	3
	立柱、横梁的垂直度	3
连接盒	中心平面定位	±2.0
	模块单元柱顶连接盒顶面以及模块单元柱底连接盒底面的水平度	L/1000（L 为连接盒测量方向边长）
	预留螺栓孔中心平面定位	±1.0
	孔径	0，+0.5
起吊吊件、堆码角件	起吊吊件或堆码角件沿模块单元长度方向的定位尺寸	±8.0
	起吊吊件或堆码角件沿模块单元宽度方向的定位尺寸	±5.0

3.3.3 运输

模块工厂与项目建设地点之间的道路运输限制条件往往会对模块单元的规格设计产生决定性影响，在具体项目设计时，要进行路勘调研，对运输线路上的车辆转弯半径、桥梁限高、道路限宽等进行落实确认，避免运输问题的发生。所以模块单元的运输要提前做好运输方案，现状国内工程实践一般控制模块单元外轮廓长度不大于 15m，宽度不大于 4.5m，竖向模块单元高度不大于 3.6m。

模块单元的运输方式分为陆运和海运两种（图 14）。陆运一般采用平板货运车工具，海运则采用类似运载集装箱的货船进行。海外工程项目或建设地距离工厂较远时，上述两种运输方式可能会反复交替进行。模块单元在运输前应使用防水防潮的包装，确保在运输过程中不致出现因包装损坏而引起的模块受潮和污损，在运输过程中应牢固固定，并应采取措施防止运输过程中造成损坏。必要时，应进行运输过程中强度和刚度验算。

图 14 模块单元运输方式示意

3.4 现场吊装与施工

3.4.1 现场吊装方式

模块单元为一空间立体结构，在工厂已完成围护装修及设备设施配套集成，因此现场吊装时除考虑吊装调节效率外，还要兼顾变形对产品质量的影响。为有效避免模块单元的变形，吊装受力应与模块单元主框架的受力特征相匹配，吊点宜设置在模块单元柱上保证其垂直受力，并减少因弯矩作用导致的梁挠度变形，对于重量较大的精装修模块单元，更应严格控制受力变形，此时建议选择设置分配梁或分配桁架的吊具，并应保证起重设备主钩位置、吊具及模块单元重心在竖直方向上重合。目前常见吊装方式如图 15 所示。

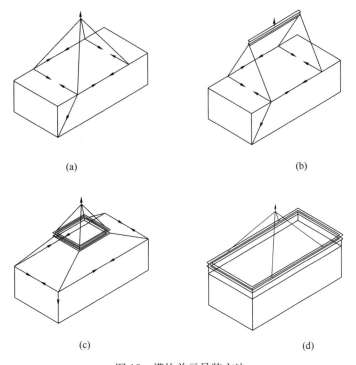

图 15　模块单元吊装方法
(a) 模块单元直接进行提升；(b) 通过单独的横梁进行提升；
(c) 通过独立的二级框架进行提升；(d) 通过等尺寸的重型框架进行提升

3.4.2　施工建造精度控制

　　模块建筑施工建造过程中的现场误差调整较为困难，应重视模块单元的施工定位精度控制，并考虑误差累积对结构性能的影响。施工建造精度控制的好坏直接决定模块建筑的建造安全与可建造高度的大小。现阶段国内多高层模块建筑的施工建造精度控制标准如表 4 所示。相较于其他类型建筑，模块建筑对施工精细化程度更高，精度控制更严，实际工程施工时，现场采用锥形定位用于模块单元的准确定位（图 16）。

模块建筑的安装允许偏差　　　　　　　　　　　　　　　　　　表 4

项目	允许偏差（mm）	图例	项目	允许偏差（mm）	图例
模块单元底座中心线对定位轴线的偏移 Δ	3.0		模块单元间连接板顶水平度 Δ	$l/1000$（l 为连接板测量方向边长）	
单层模块单元垂直度 Δ	3.0		模块建筑整体垂直度 Δ	$\Delta \leqslant H/2500+10$，且 $\Delta \leqslant 50.0$	
模块单元间连接板顶标高与设计标高之间高差 Δ	± 1.0		主体结构整体平面弯曲 α	$\leqslant L/1500$，且 $\leqslant 25.0$	

(a)   (b)

图 16　模块单元施工锥形定位件
（a）建筑底部模块锥形定位件；（b）中间层节点锥形定位件

3.4.3　模块间连接部位施工

模块建筑现场连接装配时，施工人员需要在模块外侧站位进行节点及接缝处理，而传统搭设脚手架的方法与模块建造的高效建造方式不匹配，国内目前配套使用的替代传统脚手架的方案主要有搭设升降式施工操作平台与附着式模块化操作平台两大类（图 17）。其中升降式施工操作平台采用独立于模块单元外桁架式支撑结构以及架设于支撑结构之外的升降式平台组成，能同时满足多个模块单元间的连接作业空间需求，升降灵活快捷方便。附着式模块化操作平台连接依附于已吊装完成的模块单元，平台尺寸相对较小，施工较为轻便简单，能满足 2~3 个模块的连接作业需求。

(a)   (b)

图 17　模块单元连接施工操作平台
（a）升降式施工操作平台；（b）附着式模块化操作平台

4　效益分析

4.1　经济效益

相对于传统土建建造方式，模块建筑的建筑主体装配率可达 90% 以上，现场用工量可比传统模式减少 70%，综合建设工期可比传统建造方式工期缩短 1/3 以上。所需的工时大幅度降低，可有效节约劳务成本，同时可使开发单位加快资金回笼，减小资金的时间成本。且模块建筑建造方式可有效整合开发、产品策划、科研、设计、构配件生产、新型建材与产品制造、装饰装修、施工、物流、物业运营管理的全产业链资源，持续有效拉动项目应用当地金融、地产、制造、建材、物流等建筑相关产业链企业经济技术增长，带动全链条技术人员就业，经济效益显著。

4.2　社会与环境效益

模块建筑代表着国内绿色建筑产业现代化技术的先进生产力，在绿色与低碳方面，模块建筑与传统建造方式相比，可减少现场建筑垃圾 75％以上，减少 90％以上的现场施工噪声污染，绿色度高，在实现标准化生产、快速集成装配的同时保证了工程项目的高品质和工程建设绿色低碳发展，产业化技术标杆作用明显，能产生很好的新型绿色建筑产业化技术示范效应，推动建筑行业发展转型升级，社会与环境效益明显。

5　应用案例

5.1　泰兴新城吾悦广场 23 号、25 号楼——住宅类模块建筑

项目建设地点位于江苏省泰兴市，建筑面积 1.76 万 m^2，建筑层数为 12 层，采用钢密柱模块-钢框架-支撑结构体系，供采用了 512 个住宅模块单元，实现了现场全装配施工建造，总建设周期仅用了 6 个月时间。本项目是国内第一个高层全钢结构模块住宅项目，采用钢框架核心筒的钢密柱集成模块建筑体系的高层商品住宅项目，装配率达到 95％。核心筒采用钢结构框架现场装配，模块部分工厂加工生产完成，现场、工厂同时作业大大缩短了建设周期，建设过程及建成效果如图 18 所示。

图 18　泰兴新城吾悦广场建设过程及建成效果

5.2　香港科技园人才公寓项目——公寓类模块建筑应用案例

香港科技园人才公寓项目是香港采用模块化建筑体系（香港称"组装合成建筑法（MiC）"）的先导项目之一。项目坐落于香港新界大埔的科学园东南面入口，建筑面积 15300m^2，楼高 18 层（图 19），其中第 4～18 层采用中集模块化建筑体系设计建造，共 418 个模块。模块类型包括一人间公寓、双人间公寓、开放式单人公寓、家庭公寓四种不同功能类型。项目于 2019 年 5 月启动，仅用一年半时间，香港首个永久性高层模块化建筑项目成功落成。

图 19　香港科技园人才公寓项目建成效果

香港科技园人才公寓项目采用箱式模块建筑体系,适用于 4 层以上高层建筑,工厂完成模块装饰装修 90％以上,再运输到工地吊装搭建完工。得益于模块化建筑的非现场建造因素,对当地周边影响小,不受施工场地天气环境限制,减少施工噪声和扬尘污染。项目相较传统建筑节省成本 8％,节省工期 30％,总体减少 30％建筑废料和 35％的碳排放,有效解决了香港建筑业转型升级的问题,为香港建筑业劳动密集型转化为高集成类智能化建造的实现起到积极的推动作用。

5.3　深圳国际酒店——应急酒店类模块建筑应用案例

项目位于深圳市宝安区国际会展中心北侧,总建筑面积 5.9 万 m²,最高建筑层数为 7 层(图 20),共计采用 1288 个集成模块单元与现场钢框架支撑结构组成拼装,仅 4 个月时间即完成项目

图 20　深圳国际酒店项目建成效果

的建设交付。项目遵循快速建设的原则，功能上既要符合疫情时作为隔离酒店使用的要求，同时亦要兼顾疫情后作为周边资源的配套建筑，建成后尽量少改动，统筹做好"平疫"功能转换衔接，满足建筑全寿命周期的功能需求。外墙采用单元式幕墙体系，均在工厂安装完成，现场模块间水平及竖向拼缝处的幕墙是工厂预制现场安装。室内装修均采用装配式内装体系，全部在工厂完成，提高了模块加工生产效率。

5.4　雄安市民服务中心——办公类模块建筑

项目位于雄安新区，主要由企业办公用房（6栋）、酒店（1栋）、配套服务用房（9栋）以及为整个园区服务的设备机房（1栋）组成，单体建筑地上3层（图21），总建筑面积3.6万 m^2，装配式模块建筑面积3.0万 m^2，共计采用593个模块单元拼装而成，装配率95％，为AAA级装配式建筑。项目采用标准化的具有建筑使用功能的模块化空间单元进行组合。外围护幕墙体系、内装修和设备管线均可实现工厂化生产，随着模块单元运至现场，进行简单的装配式连接即可投入使用。模块单元间的拼接在现场通过螺栓在节点处进行装配式连接。由于高集成度和高装配化的技术手段，为项目在后期使用中进行快速拆除，甚至异地快速重建提供了可实现性和可操作性，真正体现了全生命期的绿色建设理念。

图21　雄安市民服务中心项目建成效果

5.5　北京市西城区应急学位保障工程——学校类模块建筑应用案例

北京市西城区应急学位保障工程采用板式钢结构模块化建筑技术，项目建设规模共计1.1万 m^2（图22）。项目在原有箱式模块的基础上，对模块箱体进行拆分，分为集成墙板模块单元和集成楼板模块单元，各模块单元间通过螺栓连接以及焊接形成整体。板式集成模块单元均在工厂完成大部分装修及设备管线安装，在现场吊装拼接后，仅需完成少量装修工作即可投入使用。拆分后的板式集成模块单元自重轻，可适用于更小型的起重设备，施工便捷，同时解决了项目现场运输条件受限不能行驶超长超宽车辆的难点。项目的成果为城市更新尤其是老旧城区更新中装配式建筑技术的应用提供了新的解决思路。

图22　北京市西城区应急学位保障工程建成效果

6 结语展望

模块建筑具有标准化、集成化、工业化的特点,符合住房和城乡建设部等部门制定的《关于推动智能建造与建筑工业化协同发展的指导意见》《关于加快新型建筑工业化发展的若干意见》中提出的建筑工业化、智能化、绿色化的发展方向。得到了政府与行业越来越多的关注与认可。我国现阶段模块建筑已在国内外公寓、酒店、学校、宿舍、住宅、医疗、办公、应急类建设等多种类型的民用和工业建筑中得以广泛应用。特别是在抗击新冠肺炎疫情阻击战中,模块建筑凭借其全国范围内统一调配资源、超快的建设速度、较高的建设质量、大兵团施工组织模式等优势,为高效防控疫情和保障人民群众生命安全发挥了重要作用。2022 年 6 月,住房和城乡建设部发布技术公告——《装配式钢结构模块建筑技术指南》,从项目策划、建筑设计、结构设计和竣工验收等方面进行了系列规定,对进一步推动我国模块建筑的发展起到了积极的正向引导与促进作用。

然而,模块建筑技术在我国的发展仍处于初期阶段。在设计技术方面,主要应用于非抗震区的国外模块项目设计建造经验对国内的参考指导价值有限,国内现阶段关于模块建筑抗震技术的研究开展与成果不多,抗震连接技术特别是高层建筑的抗震连接问题较为突出,尚需开展模块建筑抗震结构体系、抗震连接等方面的技术攻关;在生产建造技术方面,国内现状模块单元的生产制造自动化程度不高,生产质量良莠不齐,与现代先进的工业化、信息化深度融合不够,自动化。柔性高精度生产建造技术有待进一步研究突破与应用;在建造技术标准方面,模块单元产品化生产应用特征明显,未来应进一步加强建筑产品化方向的技术标准制定,研究制定基于产品应用机制的模块建筑工程验收标准与管理流程。

基于模块建筑领先的绿色低碳建造特征,未来我国模块建筑技术必将不断发展与完善,并持续推动我国装配式建筑领域的技术进步和绿色低碳发展。

基于系统思维的工业化绿色钢结构建筑产品

Research and Application of Industrialized Green Steel Structure Building Products Based on System Thinking

郝际平

（西安建筑科技大学）

1 技术背景

1.1 国家政策法规背景

在供给侧结构性改革大背景下，去产能、去库存、去杠杆成为社会热词。通过大力推广、发展钢结构建筑，既可化解钢铁产业过剩产能，也可推进建筑绿色化、工业化、信息化，实现传统产业转型升级。

装配式钢结构建筑是指：标准化设计、工业化生产、装配化施工、一体化装修、信息化管理、智能化应用，支持标准化部品部件的钢结构建筑。发展装配式钢结构建筑是建造方式的重大变革，是推进供给侧结构性改革和新型城镇化发展的重要举措，有利于节约资源、减少施工污染、提升劳动生产效率和质量安全水平，有利于促进建筑业与信息化工业化深度融合、培育新产业新动能、推动化解过剩产能。

2016 年是供给侧结构性改革的开官之年，装配式建筑和钢结构建筑产业政策密集出台，钢结构产业迎来发展前所未有的发展机遇。2016 年 2 月 1 日，国务院发布《关于钢铁行业化解过剩产能实现脱困发展的意见》，其明确指出推广应用钢结构建筑，结合棚户区改造、危房改造和抗震安居工程实施，开展钢结构建筑推广应用试点，大幅提高钢结构应用比例。2016 年 2 月 6 日，中共中央、国务院《关于进一步加强城市规划建设管理工作的若干意见》中指出，在发展新型建造方式方面加大政策支持力度，积极稳妥推广钢结构建筑。2016 年 3 月 5 日，第十二届全国人民代表大会第四次会议上政府工作报告中提出积极推广绿色建筑和建材，大力发展钢结构和装配式建筑，提高建筑工程标准和质量。这是在国家政府工作报告中首次单独提出发展钢结构。2016 年 9 月 14 日，国务院常务会议中认为按照推进供给侧结构性改革和新型城镇化发展的要求，大力发展钢结构、混凝土等装配式建筑，具有发展节能环保新产业、提高建筑安全水平、推动化解过剩产能等一举多得之效。会议决定以京津冀、长三角、珠三角城市群和常住人口超过 300 万的其他城市为重点，加快提高装配式建筑占新建建筑面积的比例。2016 年 9 月 27 日，国务院办公厅发布《关于大力发展装配式建筑的指导意见》，要求按照适用、经济、安全、绿色、美观的要求，推动建造方式创新，大力发展装配式混凝土建筑和钢结构建筑，不断提高装配式建筑在新建建筑中的比例。

2019 年，住房和城乡建设部建筑市场监管司 2019 年工作要点中要求开展钢结构装配式住宅试点工作；2019 年 7 月，住房和城乡建设部陆续批复了山东、浙江、河南、江西、湖南、四川、青海七省的试点方案，以推动建立成熟的钢结构装配式住宅建设体系。

在 2022 年 6 月国家发展改革委发布的关于"十四五"新型城市化实施方案及关于城乡建设领域碳达峰实施方案的通知里指出，大力发展装配式建筑，推广钢结构住宅，到 2030 年装配式建筑占当年城镇新建建筑的比例达到 40%。在《钢结构行业"十四五"规划及 2035 年远景目标》提出，到

2025 年底，全国钢结构用量达到 1.4 亿 t 左右，占全国粗钢产量比例 15％以上，钢结构建筑占新建建筑面积比例达到 15％以上。到 2035 年，我国钢结构建筑应用达到中等发达国家水平，钢结构用量达到每年 2.0 亿 t 以上，占粗钢产量 25％以上，钢结构建筑占新建建筑面积比例逐步达到 40％，基本实现钢结构智能建造。

1.2 市场环境情况

2020 年，全国 31 个省、自治区、直辖市和新疆生产建设兵团新开工装配式建筑共计 6.3 亿 m²，较 2019 年增长 50％，占新建建筑面积的比例约为 20.5％，完成了《"十三五"装配式建筑行动方案》确定的到 2020 年达到 15％以上的工作目标。2020 年，京津冀、长三角、珠三角等重点推进地区新开工装配式建筑占全国的比例为 54.6％，积极推进地区和鼓励推进地区占 45.4％，重点推进地区所占比重较 2019 年进一步提高。其中，上海市新开工装配式建筑占新建建筑的比例为 91.7％，北京市 40.2％，天津市、江苏省、浙江省、湖南省和海南省均超过 30％。在装配式建筑产业链中，装配化装修成为新的亮点，2020 年装配化装修面积较 2019 年增长 58.7％。

2020 年 9 月，为贯彻住房和城乡建设部等 9 部门印发的《关于加快新型建筑工业化发展的若干意见》要求，将标准化理念贯穿于新型建筑工业化项目的设计、生产、施工、装修、运营维护全过程，住房和城乡建设部标准定额司着力打造"1＋3"标准化设计和生产体系，即启动编制 1 项装配式住宅设计选型标准，3 项主要构件和部品部件尺寸指南（钢结构住宅主要构件尺寸指南、装配式混凝土结构住宅主要构件尺寸指南、住宅装配化装修主要部品部件尺寸指南）。2021 年 1 月 8 日，为规范绿色建筑标识管理，推动绿色建筑高质量发展，住房和城乡建设部制定了《绿色建筑标识管理办法》，自 2021 年 6 月 1 日起施行。2021 年 3 月 16 日，住房和城乡建设部发布《绿色建造技术导则（试行）》（简称《导则》）明确了绿色建造的总体要求、主要目标和技术措施，是当前和今后一个时期指导绿色建造工作，推进建筑业转型升级和城乡建设绿色发展的重要文件。《导则》分为总则、术语、基本规定、绿色策划、绿色设计、绿色施工和绿色交付共七章。为落实《国务院办公厅关于大力发展装配式建筑的指导意见》，构建装配式建筑标准化设计和生产体系，住房和城乡建设部组织编制了《装配式混凝土结构住宅主要构件尺寸指南》《住宅装配化装修主要部品部件尺寸指南》，于 2021 年 9 月 17 日发布。

2021 年作为"十四五"规划的启航之年，对我国经济高质量发展提出了全方位的要求。其中，装配式建筑凭借着高效率、低成本、低污染等优势，符合智能建筑及建筑工业化发展趋势，已经成为地方"十四五"规划的明确鼓励方向。根据各省市制定的建筑产业"十四五"规划，天津、福建、安徽、浙江等地均明确提出装配式建筑的发展方向；此外，2022 年多个省市规划的"装配式建筑指导意见"也对装配式建筑渗透率提出了更高的要求。例如内蒙古、吉林、上海、重庆、石家庄等地区给出 2025 年装配式建筑占新建建筑比例目标，有些省份规划目标比例为 30％以上，有些省份则达到 50％。伴随着政策鼓励的不断深化，装配式建筑也将迎来新一轮的发展空间。

1.3 研发目的

目前我国正进入社会经济产业转型、高质量发展的新阶段，要解决传统建筑业存在的问题，实现建筑业的转型升级，必须从根本上认识到工业化的装配式建筑应该是一个现代化工业产品。现代工业化产品以用户体验为核心，是从规划、设计、加工、安装、运营、维护、拆除全过程考虑的高质量成品，而不是只考虑某个或某几个环节的半成品。要在建筑产品的全生命周期融入现代工业化生产方式就必要整合各个相关的产业、集成各种适用的技术。在整合和集成的过程中建筑、结构、设备与管线、内装修等相关专业必须要并行设计。总而言之，现代工业化产品必须采用系统化思维，不能将用户需求与建筑产品分割，不能将建筑产品全生命周期中的每一个环节割裂，也不能将建筑产品涉及的各个产业、各个专业、各种技术分离。以现代工业化产品理念建造房子，类似"制造汽车一样建造房子"，像"做仪表一样精密的建造房子"。

　　西安建筑科技大学钢结构科研团队以产品思维和系统思维出发,研发了一套独有的西安建大绿色装配式建筑体系:以建筑功能为核心,结构为基础;注重集成,集合成熟可靠的围护体系和精装修技术;关注构件标准化、工业化、信息化;注重全产业链思维和综合投资成本,企业投资小,安装简单,易于产业化产品化;结构少规格,多组合,同时具有较好的抗震、抗风性能。

2　技术内容

2.1　装配式建筑系统构架

　　系统一词起源于古希腊语,原意是指事物中共性部分和每一事物应占据的位置,即部分构成整体的意思。一般系统论的创始人冯·贝塔朗菲(Ludwig Von Bertalanffy)把系统定义为"相互作用的诸要素的综合体",并强调必须把有机体当作一个整体或系统来研究,才能发现不同层次上的组织原理。美国著名学者阿柯夫(Ackoff)认为:系统是由两个或两个以上相互联系的任何种类的要素所构成的几何。我国著名科学家钱学森认为:系统是相互作用和相互依赖的若干组成部分结合的具有特定功能的有机整体。

　　钱学森指出:系统论是整体论与还原论的辩证统一。在应用系统论方法时,也要从系统整体出发将系统分解,在分解后研究的基础上,再提炼综合到系统整体,实现系统的整体涌现,最终从整体上研究和解决问题。为处理系统问题,人们所应做的第一步工作(起步工作)是要把具体问题抽象为一个具体系统问题,即完成系统识别和系统描述工作。以装配式建筑内容和特征为基础,结合装配式建筑信息流、管理流和工作流,将装配式建筑系统分解为如图1所示的六个子系统。

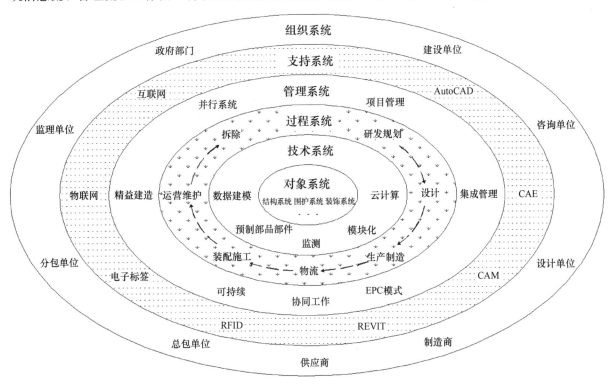

图1　装配式建筑系统结构图

2.2　基于系统思维的装配式钢结构建筑产品设计

　　装配式建筑在国家政策的大力推动下迅速发展,涌现了一系列创新性研究和实践,但同时也暴露出对装配式建筑基本认识与顶层设计较片面、新型建筑设计与建造理论方法及其建筑集成体系不完善等一系列问题。就建筑师而言,问题的关键在于对装配式建筑设计集成思想和方法认识不全面、不系统,从而阻碍了建筑师充分发挥装配式系统的优势。

因此下面将从建筑产品的全过程即规划、设计、加工制造、建造安装、运营维护以及报废拆除几个方面介绍。

2.2.1 装配式钢结构规划设计

装配式钢结构建筑产品的规划策划阶段主要对钢结构建筑的结构类型,抗侧力构件的选择与加工制造,装配施工安装可行性,结构围护体系选用,内装与厨房,卫生间等集成产品的选择以及维修更换和拆除等过程的可行性和经济性分析以及评估,从而指定技术方案,技术方案要考虑到项目定位、建设规模、装配化目标、成本限额以及各种外部因素,并根据标准化、模块化设计原则制定合理的建设方案,为后续阶段提供设计依据。

2.2.2 装配式钢结构建筑产品设计

(1)基于系统思维的钢结构设计

面向制造业技术产品的技术创新,自20世纪50年代以来经历了三代创新模式(图2):分别为第一代:线性技术推动模式(Technology Push Model);第二代:线性的市场拉动模式(Demand Market Pull Model);然而第一代、第二代产品创新模式没有采用系统思维,整体考虑。

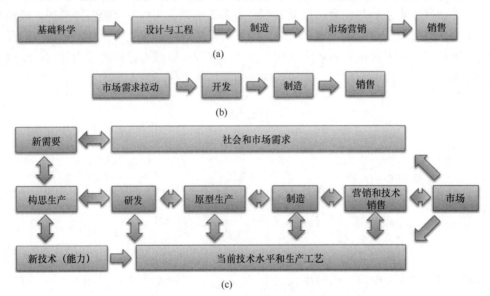

图2 面向制造业技术产品的技术创新模式

(a)线性技术推动模式(Technology Push Model);(b)线性的市场拉动模式(Demand Market Pull Model);

(c)多因素耦合创新模式(Interactive and Coupling Model)

产品设计需要考虑市场需求、技术水平(制造工艺与装配)等多个因素,即应用系统的思维,这就是第三代:多因素耦合创新模式(Interactive and Coupling Model)。

总结设计制造领域的理论规律,设计是工程学应用的集中体现,采用系统思维的方法,工程学通过新产品开发、加工、软件、系统以及组织的建立满足社会对产品的需求。可以将设计过程归纳为客户域、功能域、结构域、工艺域之间的映射,其四个域的描述变量分别是客户属性(CAS)、功能需求(FRS)、设计参数(DPS)、功能变量(PVS)(图3)。其中应用领域应用范围包括:产品设计、制造生产设计、软件设计、控制系统设计、组织结构设计等方面。在建筑产品(装配式钢结构设计)设计应该考虑多方面因素,其中工艺域是考虑产品设计的最重要因素之一,即面向制造与装配的钢结构设计模式。

(2)面向制造和装配钢结构设计模式

传统钢结构设计与后端制造加工、安装完全脱离,装配式钢结构与传统钢结构不同,需要标准

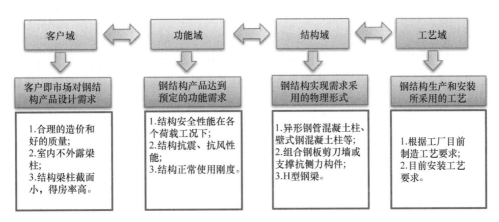

图 3 建筑产品的设计流程

化、规模化、工业化生产，设计要按照产品设计、工业设计思路来设计，在汽车、机械、电子工业等领域，合理的产品设计可以大幅度减低成本。

在传统建筑产品开发模式下，产品开发过程分为产品设计阶段和产品制造阶段，在产品设计阶段，结构工程师关注的是如何实现产品的功能、外观和可靠性等要求，而不去关心产品是如何制造、如何装配的；当产品设计完成后，由制造工程师进行产品的制造和装配，制造工程师不关心产品的功能、外观和可靠性等要求。

借鉴先进设计思想，西安建筑科技大学绿色装配式钢结构研发团队提出钢结构设计新模式：面向制造与装配的产品设计 DFMA 以及更进一步的 DFX 设计模式，如图 4 所示。

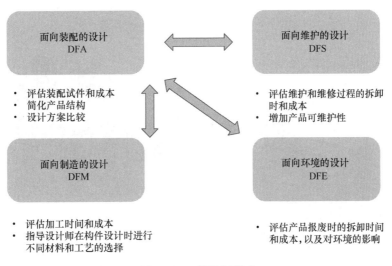

图 4 DFX 设计新模式

面向制造和装配的设计（DFMA：Design for Manufacturing and Assembly，面向制造和装配的设计），在考虑产品外观、功能和可靠性等前提下，通过提高产品的可制造性和可装配性，从而保证以更低的成本、更短的时间和更高的质量进行产品设计。其中一方面可制造性是制造工艺对零件的设计要求，确保零件容易制造、制造成本低、质量高等。另一方面可装配性指的是装配工序和装配工艺对产品的设计要求，从而确保装配效率高、装配不良率低、装配成本低、装配质量高等。面向制造与装配的钢结构产品设计应遵循以下基本原则：

1) 构件标准化、通用化：

尽量使用标准件和通用件，减少设计、制造时间，降低设计制造成本，同时便于规模化加工，易于保证质量，易于维护。

2）连接节点设计逻辑化、参数化：

工业化设计需要流水线重复式操作，如果采用机器生产更是如此，节点是钢框架结构的关键，设计遵循可以规律化、逻辑化、参数化设计原则（如果采用自动化加工设备，相关加工参数可编程化是基本需求），并尽量减少生产步骤，传统节点在实际生产步骤很难符合工业生产逻辑，导致生产成本较高。

3）结构体系的模块化和组合化：

结构体系需要进行创新设计（类似乐高式的模块化设计思想），以标准化、通用化的构件基础上，进行多种形式的组合，形成各类结构体系，如钢框架-连肢壁柱、钢板剪力墙核心筒体系，把标准化、通用化的壁柱或钢板墙通过钢连梁形成核心筒（图5）；壁柱-防屈曲/加劲钢板剪力墙框架体系，将模块化钢板墙和钢柱组合形成构件，根据刚度需要可以在需要的位置布置（图6）。

图5　钢框架-连肢壁柱、钢板剪力墙核心筒体系

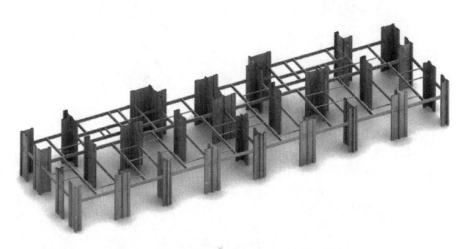

图6　壁柱-防屈曲/加劲钢板剪力墙框架体系

4）需要进行装配工艺性设计：

（a）减少装配工作面。

（b）在构件外进行装配。

（c）构件进入端设计倒角和锥度。

（d）避免错误装配。

（e）先定位后固定。

（f）避免零件缠绕。

（g）设计导向特征。

（h）为重要零部件设计装配定位特征。

（i）避免装配干涉为辅助工具提供空间。

2.2.3　装配式钢结构建筑产品的加工制造

目前多数构件生产企业在部品部件加工环节仍采用手工加工的形式，加工环节极耗费工时和劳动力。相比现浇方式，其生产效率没有得到质的提升。在面向加工制造和装配的工业化装配式钢结构建筑产品设计下，研发基于 BIM 的部品部件，计算机辅助制造（Computer Added Manufacturing，CAM）和工厂加工执行系统（Manufacturing Execution System，MES）通过将构件的 BIM 三维结构数据转换为生产设备需要的 MES 系统数据，然后经过任务计划资源的执行，将 MES 系统数据传输给设备端，并通过 CAM 系统输出设备的一系列自动化动作；搭建构件信息管理平台，实时追踪物流信息，接入企业 ERP（企业管理系统）系统等。采用 BIM 技术＋智能制造产线，实现装配式钢结构建筑工业化产品部品部件的高效智能制造（图7）。

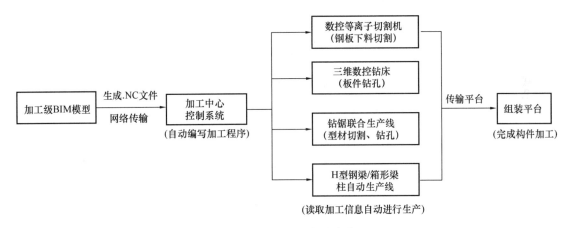

图 7　BIM＋智能制造产线

通过满足受力性能的同时发挥数控设备切割、钻孔、焊接等优势。真正做到标准化设计、工业化生产，数字化加工，典型的钢结构加工生产线如图 8 所示。

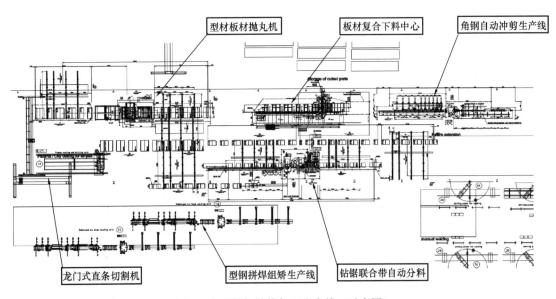

图 8　典型的钢结构加工生产线（示意图）

2.2.4 装配式钢结构建筑产品的智能建造

新型建筑工业化在技术发展和生产方式方面的目标是采用数字化信息技术控制下的智能建造系统，使大规模成批建造方式向大产量定制建造方式转变，并实行菜单式订购。

新型建筑工业化下装配式体系将更多地采用智能建造方式，并对项目管理、安装精度提出更高的要求。装配式钢结构建筑体系采用装配式施工方式，由于构件系统复杂且数量庞大，容易造成构件的运输与安装工作效率低，施工团队在装配过程中错误率高等问题。在施工阶段，运用 BIM 技术进行施工图深化、管线综合，同时利用 BIM 技术平台对全专业建筑信息模型进行施工过程模拟，提前找出现施工中可能存在的难点，方便制定切实可行的施工方案，避免因施工安装出现错误而造成的返工。具体应用流程如图 9 所示。

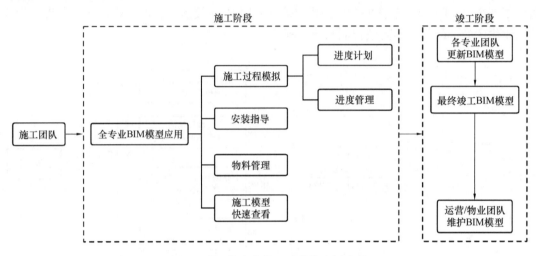

图 9　BIM 技术在施工阶段的应用流程

此外，相比于传统建筑，装配式建筑增加了施工工序和技术难度，同时带来了一些新的技术问题，如构件或设备的位置碰撞冲突，工序的冲突等。在数字化建造的大背景下，各专业的协同设计成为行业的发展趋势，各个专业之间，如结构与水暖电等专业之间的碰撞是传统二维设计无法准确预测的，通常都是在具体施工的时候才会发现各种问题，像管线碰撞、施工空间不足等，这时就需要将已经做好的工作返工，不但浪费时间，还会增加成本。采用 BIM 技术可以将整个施工过程直观地呈现出来。

在 BIM 可视化技术的影响下，能够对每一个流水段的情况有十分详尽的了解，包括具体的设计图纸、进度时间、劳动量等，结合 BIM 技术了解到相关内容，将各项工作安排得更加详尽，确保在实际工作展开中更加规范、合理。

2.2.5 装配式钢结构建筑产品的运营维护

传统的建筑运维阶段管理模式相对原始，主要依靠各阶段管理人员通过人工采集、处理、整合信息的方式对各阶段数据进行记录。建筑所产生的数据来源于四个阶段：规划阶段、设计阶段、施工阶段和运维阶段。运维管理模式如图 10 所示。通过数据信息的流通链可以发现，在整个管理过程中，各阶段人员需要整理的数据信息庞大而冗杂，且各个阶段的工作相对独立，数据信息难以集成和统一，造成传统的运维管理模式不能有效应对信息的高速运转。

将 BIM 技术应用于建筑运维管理阶段，能够解决由于人为因素引发的信息缺失及信息模糊等问题，实现运维阶段数据的集成共享，提高工作效率。BIM 运维管理模式是利用 BIM 技术对建筑四个阶段的数据进行录入，通过对数据的整合、处理，使 BIM 数据库中项目全生命周期的所有基本信息，通过数据可视化平台，可随时被查询到。同时，可三维动态地观测设备实施运行状态，使管理人员实时了解设备使用情况，提前预测设备可能发生的故障并进行维修保养。

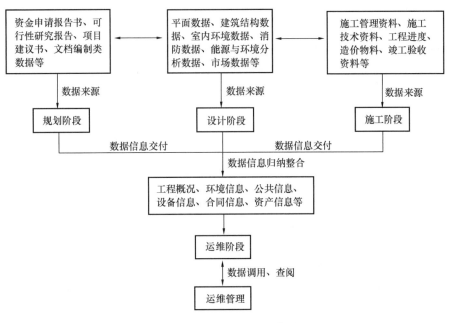

图 10 传统的运维管理模式

2.2.6 装配式钢结构建筑产品的报废拆除

建筑产品在其生命周期的最后阶段必然面对拆除过程。Pulaski 将建筑的拆除设计的定义为：通过使用具有二次利用、循环利用、重新加工再利用（Down Cycling）性能的建筑材料，运用可视化的建造方式和拆除方式，在建筑拆除后得到可恢复的建筑元素、构件、材料，并以经济有效的方式循环再利用。并针对建筑材料、建造方式、结构空间关系、设计手法四个方面进行拆除适应性的研究，使建筑材料能够转移到下一个生命周期的形式。在建筑产品的拆除阶段应考虑以下方面：

（1）从时间成本方面考虑，要求快速拆除既有建筑产品，使即将在原位建造的建筑产品更早地进入施工阶段。

（2）从经济成本方面考虑，要求减少拆除既有建筑产品的工具和设备的成本，以及专业操作人员的使用。

（3）从环境方面考虑，要求减少拆除既有建筑产品过程中产生的废物副产品，尤其是对环境有污染的部分。

（4）从资源与能源方面考虑，要求提高能进入下一个建筑产品全生命周期的可重复使用和具有回收性的材料的数量；防止在拆除过程中被损坏。

这就要求在规划和设计阶段就应该选择对环境污染小的材料，如钢结构等；在建筑产品的组成部分使用监测技术；在满足安全性的前提下使用方便拆除的连接方式。另外，既有建筑产品的拆除还应系统的考虑周围建筑产品和即将在原位建造的新的建筑产品的情况，如考虑既有建筑产品的拆除对地基的影响等。

2.3 基于系统思维的西安建大绿色装配式钢结构建筑产品

针对传统建筑业存在的问题，西安建筑科技大学钢结构科研团队以产品思维和系统思维为核心，采用并行设计方法，研发了一套独有的西安建大绿色装配式建筑产品：从全生命周期考虑，以建筑功能为核心，结构为基础；注重集成，集合成熟可靠的围护体系和精装修技术；关注构件标准化、工业化、信息化；注重全产业链思维和综合投资成本，企业投资小，安装简单，易于产业化；结构少规格，多组合，同时具有较好的抗震、抗风性能。

以下将以装配式建筑系统构架思路介绍西安建大的绿色装配式钢结构建筑产品。

2.3.1 主体结构系统

（1）低、多层模块化建筑体系

西安建筑科技大学绿色装配式钢结构研发中心融合国内外低、多层钢结构先进技术，采用"建筑元器件"的设计概念（图11），自主研发了两种适用于低、多层的模块化建筑体系：全装配钢框架建筑体系和盒子型模块化装配建筑体系。

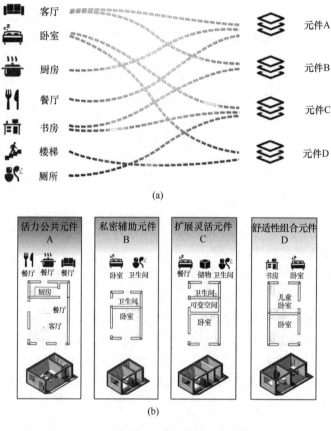

图 11　建筑元件

（a）建筑元件拆分与组合；（b）建筑元件类型

全装配钢框架建筑体系以建筑构件为基本元件，具有构件装配化、围护一体化、户型模数化、生产工厂化等特点，如图12所示。以用户体验为核心，户型均为模数化设计，可依照客户需要调节建筑尺寸，室内使用功能灵活多变，为客户提供更多的选择。考虑设计、运输和施工之间的关系，全装配钢框架梁、柱、墙面、楼板及屋面均实现螺栓连接，操作简单便捷，有效缩短施工工期；构件尺度小，对于交通不便利的地区和现场缺乏施工设备的场地有良好的适应性；各个专业之间并行设计，主结构和围护墙板及水暖电管线等均为一体化设计，在工厂加工时将部分管线埋入整体墙面内，钢梁预先留管线孔，现场安装时只需穿管线连接接头，无需因管线问题进行二次改造；采用 BIM 系统全数字化管理，主结构和围护系统工厂化率达到90%。

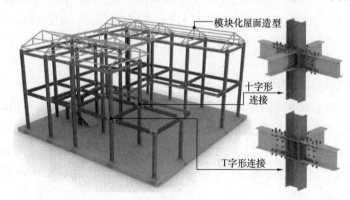

图 12　全装配钢框架结构体系

盒子型模块化建筑体系将客厅、卧

室、厨房等功能单元作为建筑元件进行功能组合搭建，实现较高的装配效率。建筑元件是指对生活空间进行最原始的拆分，并进行合理化的拼接，形成新的组合模块，该组合模块称为建筑元件。以用户体验为核心，盒子型模块化建筑以热轧型钢为基本构件，装配为 3×3、3×6、3×9 等标准模数单元，采用冷弯薄壁型钢-轻质砂浆复合保温墙体，配备标准一体化卫浴单元和楼梯单元。考虑设计和施工之间的关系，单元间采用全螺栓连接，可实现快速模块化拼装。该类型房屋可以用在使用品质要求较高的临时办公室、救灾中心等建筑，如图 13 所示。

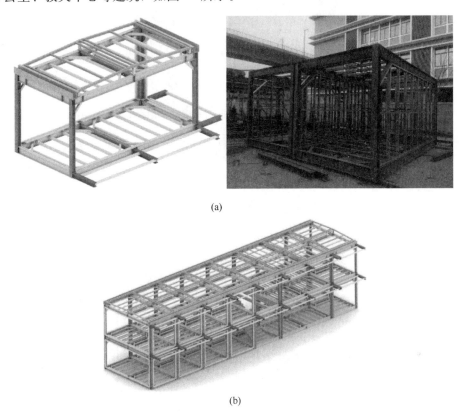

(a)

(b)

图 13　盒子型模块化建筑
(a) 建筑元件模型及实体；(b) 模块化组合

（2）装配式壁柱建筑体系

装配式壁柱建筑体系，是由西安建筑科技大学钢结构团队在西建大及国内外技术的研究基础上，以系统工程思维为指导，以"少规格，多组合"的思路，由壁式柱逐级组合形成的多种结构体系，同时从全产业链角度出发，集成围护体系、内装设备体系的一套完备的装配式钢结构建筑体系，见图 14。

装配式壁柱体系有以下特点：

1）建筑特点，大空间、灵活可变。

以用户体验为核心，开发了全生命周期百年住宅，户型具有大空间和定制化设计的特点，可变性强，南北通透等特点。通过取消、减少室内承重墙，采用轻质隔墙，实现大跨度空间，为将来户型的可变预留可能性和自由度，实现在不同家庭人口模式下，购房者可以根据居住人数来选择居住房间的数量和大小，满足不同家庭需要（图 15）。

2）结构特点，不外露梁柱、加工简单、含钢量低、通用性强、结构不超限。

壁柱结构体系的钢管混凝土柱高度在 180~250mm 之间，高宽比在 1:4~1:2 之间，模块化钢板（组合）剪力墙高度在 180~250mm 之间，截面宽高比在 1:5 以内，宽度不大于 3m。采用上述结

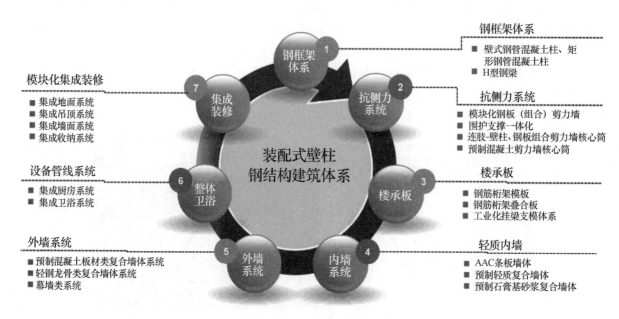

图 14　装配式壁柱钢结构建筑体系

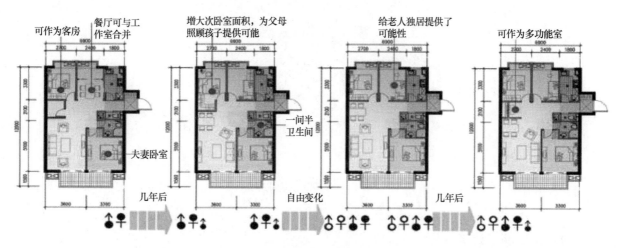

图 15　开发全生命周期住宅

构可做到不外露梁柱，同时具有"少规格、多组合"的优势，由壁柱组合逐级组合形成多种结构体系。从构件截面形式和连接形式创新发展到构件单元化、组合化创新，从而实现适用于各类功能的结构体系。考虑设计与施工之间的关系，开发了与之配套的多种侧板式节点，取消了内隔板和贯通外隔板的设置。一方面，工厂内制作加工简便；另一方面，管内混凝土容易浇灌密实。壁式柱和抗侧力构件可组合形成多种建筑体系，壁柱框架、壁柱框架-支撑结构体系、壁柱框架-钢板复合墙结构体系、壁柱框架-模块化组合墙结构体系、壁柱框架-连肢壁柱筒体结构、壁柱框架-连肢钢板组合墙筒体结构体系（图16），体系不但适合住宅，而且适合公建使用，是通用性体系。

各个体系根据适用范围不同，主要分为低多层钢结构建筑体系和高层钢结构建筑体系。其中高层钢结构建筑体系-MCFTS（Multi-core Concrete Filled Steel Tube System）分为高层住宅建筑和公共建筑两大体系。其中，MCFTS住宅建筑体系为多腔钢管混凝土-支撑结构体系或组合多腔钢管混凝土异形柱-支撑结构体系，如图17、图18所示；MCFTS公共建筑体系为多腔钢板墙核心筒-钢管混凝土框架结构体系，如图19所示。

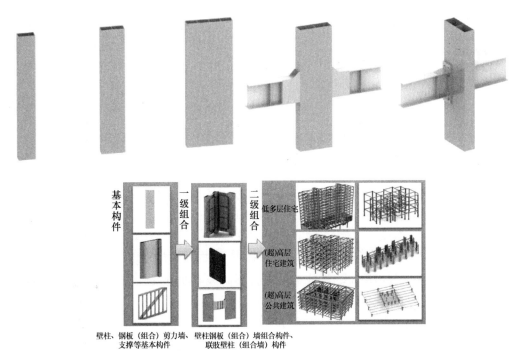

图 16　壁柱结构技术体系

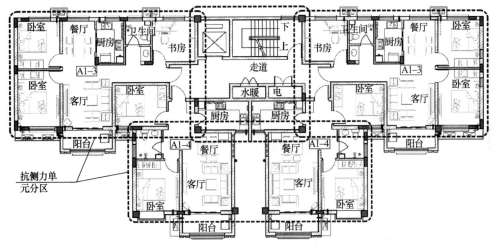

图 17　MCFTS 高层住宅平面图

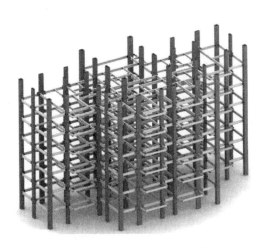

图 18　高层住宅 MCFTS 结构体系

图 19　高层办公建筑 MCFTS 结构体系

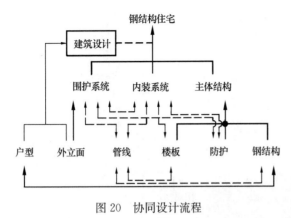

图 20　协同设计流程

MCFTS多腔钢管混凝土-支撑和组合多腔钢管混凝土异形柱-支撑结构体系采用协同设计理念及流程，如图20所示。首先，在不影响建筑功能品质的前提下，以标准柱网为单位设计户型；其次，结构与建筑协同划分抗侧力单元；最后，形成合理的建筑功能布置和有效的传力体系。

MCFTS多腔钢板墙核心筒-钢管混凝土框架体系采用截面高宽比为6的多腔钢板墙和高跨比为1的耗能钢连梁形成组合核心筒，外围采用传统钢管混凝土框架。MCFTS公共建筑体系具有以下特点：①大截面高宽比多腔钢板墙抗侧刚度大，材料利用率高；②大高跨比钢连梁使多腔钢板墙协同受力，形成空间筒体受力体系，抗侧效率大大提高；③罕遇地震作用下，钢连梁首先剪切屈服，形成第一道抗震防线，能有效耗散地震能量，保证整体结构安全。

MCFTS体系针对多腔钢管混凝土柱研发了双侧板（Double Side Plate，DSP）梁柱连接节点，如图21所示。该节点使用双侧板连接梁端与钢柱，梁端与钢柱完全分离。双侧板迫使塑性铰由节点区域外移，并增加了节点核心区的刚度，消除了传统梁柱节点转动能力对柱节点区的依赖。梁柱之间的物理隔离，消除了梁翼缘与柱翼缘处焊缝脆性破坏的可能性。

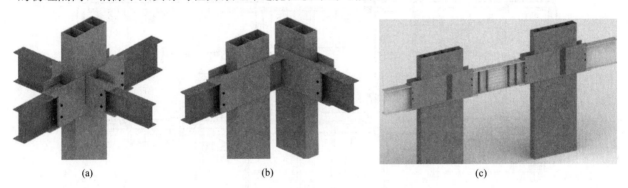

(a)　　　　　　　　　　　(b)　　　　　　　　　　　(c)

图 21　双侧板梁柱连接节点

（a）梁柱抗弯连接节点；（b）组合异形柱；（c）钢连梁抗剪连接节点

2.3.2　建筑围护系统

团队与围护体系经验丰富的厂家密切合作，将成熟围护技术集成在体系里，采用以下几项节能关键技术：

（1）围护体系

1）墙体技术：高效装配、节能围护体系，采用多层次构造墙体，实现降低能耗目标。

2）冷热桥处理技术：自主将研发的防火保温—一体化石膏基砂浆用于梁柱与板材的细部处理，该砂浆抗开裂性好，做法有效地解决钢结构的墙板和冷桥问题。

3）节能门窗技术：门窗是能源损失最多的部品，采用节能门窗可以有效地节约能源。

（2）节能外墙

节能外墙围护体系采用了高效装配、节能围护体系技术，采用多层次构造墙体（图22），实现降低能耗目标。如采用ALC双层板体系＋120（空气层或岩棉）的复合结构，复合保温的方式具有良好的保温性能，解决了冷桥效应；防水性能好，中间留有空气层，外层漏水不会影响室内；施工速度快，湿作业量非常低，防火性能好。

（3）装配式内墙系统

结构和管线与设备专业并行设计，内墙系统将具有自主知识产权的轻质石膏基砂浆预制墙板干挂在轻钢龙骨上形成复合墙体，可以将管线放在墙体内，方便地实现管线分离，敲击也没有空鼓声（图23、图24）。这种墙体具有装配率高，构造简单成熟，易于实现产业化，生产线投资低等特点。

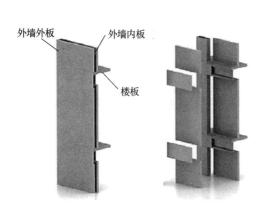

图 22　多层次构造墙体示意图　　　　　　图 23　装配式复合内墙系统

图 24　装配式复合内墙系统相关试验研究

（4）冷热桥处理-喷涂式包裹轻质砂浆

热桥是指围护结构中传热能力比较强，热流比较密集，能量损失明显高于附近区域的部位。热桥部位是供暖和制冷期内热冷损失最为突出的部位。热桥会导致建筑物结露、发霉，提前破坏。喷涂式包裹砂浆绿色环保（图25），主要由灰浆混合料、聚苯乙烯颗粒和矿物基础黏合剂等组成，该材料通

 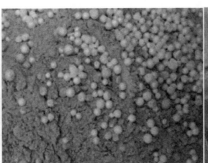 

图 25　喷涂式包裹轻质砂浆

过喷涂方式,快速初凝,经过一定时间养护,形成具有一定强度,并兼有良好保温、隔声以及耐火等性能的新型轻质建筑材料。砂浆以电厂废料石膏材料为主,水泥用量较少,是一种生产能耗较低的建筑材料。砂浆是可回收,循环使用的无污染的建筑材料。通过砂浆包裹,解决了围护体系使用隔声、气密性差等问题,同时兼有保温和防火效果。喷涂式包裹轻质砂浆凝结时间可根据需要进行调节,可极大节约施工周期。这种技术简单有效地解决了隔声、开裂等问题;具有良好的保温、防火性能;能够调节空气干湿度,提高舒适度。

图 26　节能门窗构造

(5)装配式建筑配套高效节能门窗

据统计,不合格的门窗能耗占到建筑物总能耗的40%以上,装配式建筑体系与门窗的配套节点和门窗是低能耗技术的关键。我国近年来也在不断提高门窗的节能系数,门窗的节能性能得到了极大的发展,比如配合被动房使用的门窗其 K 值可以达到0.8以下,通过断桥技术、暖边技术、多层真空或充填惰性气体等方式可以极大提高门窗保温性能(图26)。

(6)系统集成墙体

系统集成墙体(图27)以系统思想为指导,提出系统墙体理念,采用西建大团队特有的石膏基砂浆防护梁柱技术,结合 SPP 技术(喷涂防护材料,即 Spray Protective Polymer),经过特殊改性的、高性能的、超越其他常规材料性能的特种高分子材料,处理板材接缝处,解决目前围护防水、气密性的外墙痛点。

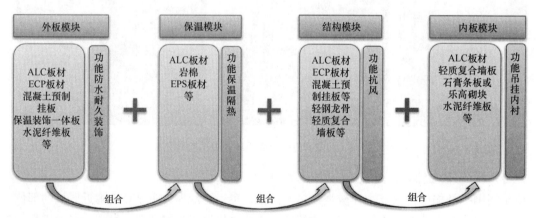

图 27　系统集成墙体

2.3.3　装饰装修系统

在装配式装修系统与壁柱建筑系统结合,进行了户型模块化、装修模块相关研究和设计,在设备管线分离、生活收纳等方面做了探索性研究和示范(图28)。

2.3.4　工业化智能制造

在 BIM 建模标准、户型库、族库,设计计算、深化绘图等方面均有研发软件支持。基于LOD400级高精度模型,提出适用于装配式建筑的全流程管理模式,研发了装配式钢结构建筑体系多方协同管理平台系统。

本装配式体系在绘图、放样、施工等与传统钢结构均有不同,配合建筑体系,开发了绘图工具、计算工具、放样工具、协同平台。校核和深化设计辅助软件 TSST,可以进行壁式柱校核、钢梁校

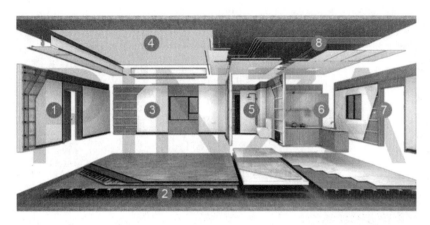

① 非砌筑内隔墙模块
② 楼面地面部品模块
③ 饰面墙板部品模块
④ 集成吊顶部品模块
⑤ 集成卫浴部品模块
⑥ 集成厨房部品模块
⑦ 内门窗套部品模块
⑧ SI布线部品模块

图28　模块化装配式装修及设备系统

核，还可以深化设计专用参数化节点，如图 29所示。

装配式生产线体系具有全套核心技术，从装配式钢结构生产线设备规划、选型→配套围护产品生产线设备规划、设计→加工、施工工艺标准→ EPC-BIM 协同管理平台→后期产品完善和研发，到各种建筑体系的设计，可以提供完备的全套解决方案和技术服务，也可以提供装配建筑产园的规划和策划服务。

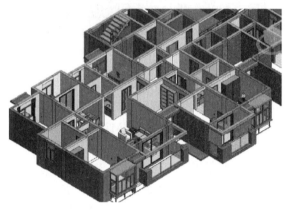

图29　BIM（REVIT）建模工具

2.3.5　智慧建造

智慧建造一体化协同管理平台。通过 BIM 技术与绿色建筑相结合，提升建造的能力，同时有效降低能耗，节省材料，降低工期。整合相关技术手段，最终形成设计-施工-运营全过程的数字化信息技术服务体系（图30）。

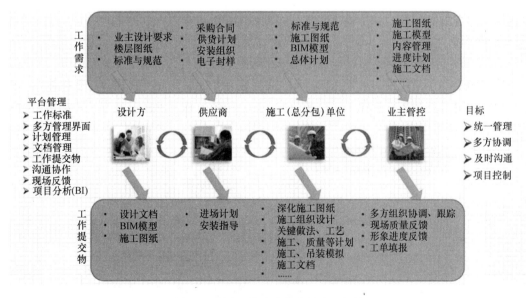

图30　全过程数字化信息技术服务体系

智慧建造一体化协同管理平台（图31）是一个基于建筑全生命周期的协同工作平台。由于装配式建筑参与方较多，它把项目周期中各个参与方集成在一个统一的工作平台上，改变了传统的分散交流模

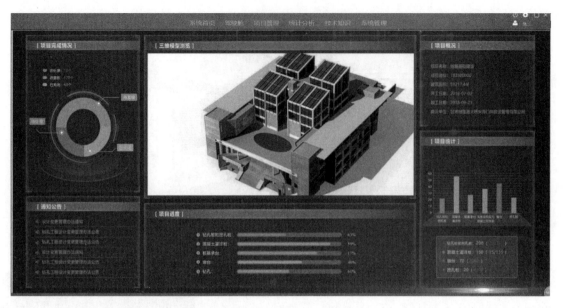

图 31　智慧建造一体化协同管理平台

式，实现了信息的集中存储与访问，从而缩短项目的周期，增强信息的准确性和及时性，提高各参与方协同工作的效率。做到四个协同：设计协同、深化协同、加工协同、施工协同。同时实现项目全生命周期管理，同时通过 BIM4D、BIM5D、进度填报及成本预算等实现对工程建设成本有效过程管控。

2.3.6　结构体系抗震性能研究

西安建筑科技大学钢结构研发团队对壁柱结构进行了系统的抗震性能研究，完成各类构件及节点足尺试验 40 余个，数值模拟数千个，系统的获得了壁式钢管混凝土柱、双侧板连接节点的内力分布模式和破坏机理，获得了壁式钢管混凝土柱、双侧板连接节点的内力分布模式和破坏机理，编制了相关设计方法及计算公式。

3　技术指标

西安建大工业化绿色装配式钢结构建筑产品的优势主要有以下几个方面：

（1）体系的系统、完备性

相比国内同类体系，部分体系以结构为主不同，装配式壁柱多高层钢结构建筑体系以系统工程学为基础，从全产业链做了系统性的研发工作，联合多个企业，在建筑标准化设计、结构体系、围护体系、附属构件、工业化内装方面均做了研究和开发工作，集成了大量成熟的技术，完善系统的装配式建筑系统（图 32）。装配式建筑体系的结构构件、围护构件等采用"少规格、多组合"的思路，标准

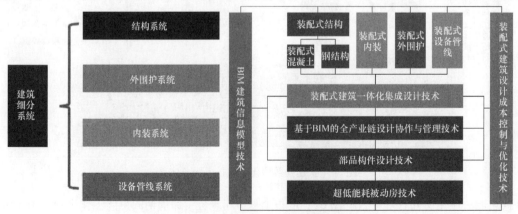

图 32　装配式壁柱建筑系统研发技术架构

化程度高，使体系便于形成产业化，便于工程应用推广。

（2）较好地解决三板问题

采用防火保温一体化喷涂式砂浆包裹梁柱及填充缝隙，解决了传统围护体系的隔声、气密性差等问题，并且兼有保温和防火效果，较好地解决了三板问题，行业痛点。

（3）全生命周期建筑

开发以建筑功能为核心，开发了全生命周期百年住宅，户型具有大空间和定制化设计、可变性强、南北通透等特点，同时具有节能好、舒适度高等优势。

（4）智慧建造平台解决多方协同问题

装配式建筑参与方较多，采用BIM技术和协同管理平台系统的应用可有效地提高各方提高配合效率，以信息化协同工具多方协同多方组织，以工业化产品思路信息化手段来进行管理模式变更，可有效解决装配式建筑多方协同问题。

（5）产业投资少，成本造价低

产业投资少，可以利用多种已有产业配套进行组合，钢结构无需购买专有设备，墙板生产线投资也较少。根据装配率的不同，整个产品针对不同地域、不同装配率有完善的解决方案，造价相比目前同类产品，有一定优势。

与传统现浇混凝土结构住宅体系相比，装配式壁柱多高层钢结构建筑体系的上部结构造价比现浇混凝土结构高 $200\sim300$ 元$/m^2$，进一步考虑钢结构自重轻，下部地基基础部分的费用会比现浇混凝土结构降低，在高烈度区，综合的结构造价与现浇混凝土结构相差不大，可做到几乎持平。

当项目有装配率要求时，在满足同等装配率的条件下，装配式壁柱多高层钢结构建筑体系的造价要低于预制混凝土结构（PC），且装配率要求越高，相差幅度越大，装配式壁柱多高层钢结构建筑体系的优势会更加明显。

（6）体系兼容性强，不超规范，无需超限审查

结构体系开发性强，可与多种围护体系进行配套，在不同区域根据产业链布局的不同可进行优化调整。体系属于规范框架内，在山东、重庆、陕西、安徽、海南等多地有示范工程，均无需进行专门的超限审查。

（7）具有完全自主知识产权

获得百余项发明及实用新型专利，获得12项软件著作权，多部设计、施工、加工标准。

（8）建筑体系整体加工、制造技术要求低

根据项目具体情况不同，以系统优化集成为基础进行体系集成，体系整体造价明显低于国内同类体系，做到了结构含钢量低、加工难度小、可靠性好。

4 工程案例

（1）重庆新都汇示范项目（图33）

图33 重庆新都汇示范项目

项目位于重庆市綦江区东部新城，建筑高度90.3m，层高3.1m，共29层。结构主体采用壁柱框架＋支撑结构，围护体系采用ALC双板体系，管线分离设计，属AA级装配示范项目。

（2）莱钢淄博文昌嘉苑项目示范楼（图34）

项目位于山东淄博，小高层，共11层，主体采用壁式钢管混凝土框架结构，围护采用ALC双板体系，属A级装配示范项目。

图34　莱钢淄博文昌嘉苑项目示范楼

（3）西安高新一号超高层住宅项目（图35）

项目位于西安市高新区，主体高度150m，采用壁柱框架-联肢钢板组合墙结构体系，围护采用单元式幕墙。

图35　西安高新一号超高层住宅项目

（4）阜阳市裕丰佳苑保障房项目（图36）

项目位于安徽阜阳，小高层，共12层，主体采用壁式钢管混凝土框架结构，围护采用ALC单板＋保温装饰一体板，属A级装配示范项目。

（5）天水恒瑞心居装配式钢结构住宅项目（图37）

项目位于甘肃省天水市，建筑高度60m，主体采用壁式钢管混凝土框架＋支撑结构，围护采用ALC双板，属A级装配示范项目。

（6）凯丰·滨海幸福城西区住宅项目（图38）

项目位于海南省，属于多层高档别墅群项目，采用壁式钢管混凝土框架结构，围护采用保温装饰一体板。

图36 阜阳市裕丰佳苑保障房项目

图37 天水恒瑞心居装配式钢结构住宅项目

（7）汉中南郑区人民医院综合楼（图39）

项目位于陕西省汉中市南郑区，主体采用钢管混凝土框架＋支撑结构，外围护采用PC单板＋轻钢龙骨＋石膏基砂浆预制板。

图38 凯丰·滨海幸福城西区住宅项目　　　　　图39 汉中南郑区人民医院综合楼

（8）甘肃省天水传染病医院项目（图40）

项目位于甘肃省天水市，主体采用钢管混凝土框架＋支撑结构，围护采用石膏基砂浆复合预制板墙。

图40　甘肃省天水传染病医院项目

（9）陕西省中医药大学创新科技大楼项目（图41）

项目位于陕西省西安市，采用框架支撑结构体系，围护体系采用结构保温一体化墙板，属A级装配示范项目。

（10）西安高新国际会议中心项目（二期酒店部分）（图42）

项目位于陕西省西安市，采用偏心支撑（或屈曲约束支撑）＋框架结构体系，围护体系采用外幕墙，属A级装配示范项目。

图41　陕西省中医药大学创新科技大楼项目　　　图42　西安高新国际会议中心项目

5　结语展望

"十四五"期间是我国开启全面建设社会主义现代化国家新征程、向第二个百年奋斗目标进军的重要发展时期，也是建筑业转型升级的重要战略机遇期。作为国民经济支柱产业的建筑业是构建新发展格局中不可或缺的板块，也是国民经济高质量发展的重要组成部分。随着信息产业为主导的经济发展时期的到来及"碳达峰""碳中和"重点任务的提出，建筑行业面临着一系列新变革。应从以下几个方面积极推进建筑业转型升级。

（1）树立建筑成为"现代的工业化产品"理念

建立建筑从整体规划、加工制造、安装、运维直到拆除的全过程管理体系，注重建筑业的"工业化、现代化、标准化、自动化、信息化、智能化"转型升级。建立以标准部品为基础的标准化、专业化、规模化、信息化生产体系。加快推动新一代信息技术与建筑工业化技术协同发展，在建造全过程加大建筑信息模型（BIM）、互联网、物联网、大数据、云计算、移动通信、人工智能、区块链等新技术的集成与创新应用。逐步降低构件和部品生产成本，满足标准化设计选型要求，以学校、医院、办公楼、酒店、住宅为重点，强化设计引领，推广装配式钢结构建筑体系。

（2）注重系统引领，集成创新，全产业链协同发展

推进数字化设计体系建设，统筹建筑结构、机电设备、部品部件、装配施工、装饰装修，推行一体化集成设计。加快构建数字设计基础平台和集成系统，实现设计、工艺、制造协同。积极推进钢结构建筑智能制造，加快部品部件生产数字化、智能化升级，推广应用数字化技术、系统集成技术、智能化装备和建筑机器人，实现少人甚至无人工厂。

（3）积极推行绿色建造

实行工程建设项目全生命周期内的绿色建造，以节约资源、保护环境为核心，通过智能建造与建筑工业化协同发展，提高资源利用效率，减少建筑垃圾的产生，大幅降低能耗、物耗和水耗水平。推动建立建筑业绿色供应链，推行循环生产方式，提高建筑垃圾的综合利用水平。

（4）探索新的产业体系

探索新型组织方式、流程和管理模式。工程总承包企业，统筹建造活动全产业链，推动企业以多种形式紧密合作、协同创新，形成以工程总承包企业为核心、相关领先企业深度参与的开放型产业体系。强化上下游协同工作，形成涵盖计、生产、施工、技术服务的产业链。

（5）提升产业技术能力

要有创新的技术、精湛的工艺、高效的管理、优质的服务，才能真正将建筑业还给工业。为了提升产业技术能力，应该完善并推广适合不同建筑类型的安全可靠、经济适用的装配式钢结构建筑技术体系，建立钢结构建筑关键技术和配套产品评估机制，编制钢结构建筑技术体系应用指南、钢结构建筑技术和产品评估推广目录。

建筑工程施工安全双重预防管理技术

Double Prevention Mechanism of Construction Engineering Safety

孙建平　刘　坚

（同济大学城市风险管理研究院）

1　概述

　　构建安全风险分级管控和隐患排查治理双重预防机制是有效防范遏制生产安全事故的关键途径。安全生产理论和实践表明，事故的发生必然存在危险因素从危险状态失控传导形成人员伤亡和财产损失后果的事故链条，安全风险管控不当形成隐患，隐患未及时消除导致事故，这是事故发生的内在基本规律。因此，构建安全风险分级管控与隐患排查治理双重预防机制，目的就是要斩断危险从源头（危险源）到末端（事故）的传递链条，形成风险识别管控在前、隐患排查治理在后的"两道防线"。

　　构建双重预防机制，安全风险分级管控是隐患排查治理的基础，隐患排查治理是安全风险分级管控的深化。通过安全风险分级管控弥补隐患排查治理的漏洞，使隐患排查治理重点突出。双重预防机制通过建立全面、符合项目实际的安全风险分级管控制度和隐患排查治理制度作为机制建设依据，由安全风险分级管控制度建立安全风险清单和数据库，由隐患排查治理制度建立隐患排查治理台账或数据库，对重大风险和重大隐患分别制定重大安全风险管控措施和重大隐患治理实施方案进行管控治理，同时通过"双制度"教育培训，设置重大安全风险公告栏，制作岗位风险告知卡等方式告知管理人员和作业人员风险排查方法、隐患治理措施和岗位风险等情况。通过以上措施，形成一种完整流程机制，真正达到把每一类风险都控制在可接受范围内，把每一个隐患都治理在形成之初，把每一起事故都消灭在萌芽状态。而整个机制的建立，风险识别是基础、风险分级是难点、隐患排查是关键、风险管控是重点。

　　建立实施双重预防体系，核心是树立安全风险意识，关键是全员参与、全过程控制，目的是通过精准、有效管控风险，切断隐患产生和转化成事故的源头，从根本上防范事故，实现关口前移、预防为主，落实政府、部门、企业、岗位全链条安全生产责任制。

2　术语和定义

　　（1）施工安全风险

　　在建筑工程施工过程中发生危险事件或有害暴露的可能性，与随之引发的人身伤害、健康损害、财产损失或环境影响的严重性的组合。

　　（2）作业单元（风险点）

　　风险伴随的设施、部位、场所和区域，以及在设施、部位、场所和区域实施的伴随风险的作业活动，或以上两者的组合。

　　（3）危险有害因素（危险源、危险因素）

　　施工过程中可能导致人身伤害和（或）健康损害和（或）财产损失和（或）环境影响的根源、状态或行为，或它们的组合。危险有害因素包括但不限于人的行为、物的状态、环境因素和管理因素。

　　（4）风险识别

识别危险有害因素的存在，并确定其分布和特性的过程。

（5）风险评估

运用定性或定量的分析方法对危险有害因素所伴随的风险进行分析、评估的过程，得出评估结果。

（6）风险分级

据风险评估的结果，对不同风险按照需要关注程度进行排序过程。风险分级从高到低划分为四级：A级（重大风险/红色风险）、B级（较大风险/橙色风险）、C级（一般风险/黄色风险）、D级（低风险/蓝色风险）。

（7）风险分级管控

按照风险不同级别、所需管控资源、管控能力、管控措施复杂及难易程度等因素而确定不同管控层级的风险管控方式。

（8）事故隐患

施工企业违反安全生产法律、法规、规章、标准、规程和安全生产管理制度的规定或者因其他因素在生产经营活动中存在可能导致事故发生的人的不安全行为、物的不安全状态、场所的不安全因素和管理上的缺陷。

3 安全风险分级管控体系建设

应建立健全施工安全风险分级管控的体制机制，制定安全风险分级管控制度，明确责任主体，采取有效措施，全面、系统识别风险，科学分析、评价风险，在工程项目活动全过程中对施工安全风险进行有效管控。通过体系建设形成施工安全长效机制，提升企业安全生产水平，有效防范各类事故，确保安全生产形势持续稳定好转。

（1）风险管控责任主体

建设单位是施工安全风险管控的首要责任主体，应在工程建设全过程中牵头组织各参建单位实施施工安全风险管控；施工单位是施工安全风险管控的实施主体。施工总承包单位负责施工安全风险管控的总体协调管理，专业承包单位和专业分包单位应服从施工总承包单位的施工安全风险管理。建筑施工企业及其工程项目部应分别建立以企业负责人、项目负责人为第一责任人的风险分级管控组织机构，明确各级职责，制定相应制度，按照制度运行考核；监理、勘察、设计、检测、监测等单位对工程项目风险分级管控负职责内的实施与管理责任。

（2）风险识别

1）作业单元（风险点）划分原则

合理、正确划分作业单元（风险点）既可以顺利开展危险有害因素识别、风险分析和风险评价工作，又可以保证危险有害因素识别、风险分析和风险评价的全面性和系统性，是整个危险有害因素识别、风险分析、风险评价和风险分级管控的重要一环。建筑施工安全作业单元划分（风险点）可按照以下原则进行划分：

① 设施、部位、场所、区域

《建筑施工安全检查标准》JGJ 59—2011、《危险性较大的分部分项工程安全管理规定》（住房和城乡建设部令第 37 号）以及《建筑工程施工质量验收统一标准》GB 50300—2013 各分部分项工程所涉及的设施、部位、场所、区域。

② 作业活动

《建筑施工安全检查标准》JGJ 59—2011、《危险性较大的分部分项工程安全管理规定》（住房和城乡建设部令第 37 号）以及《建筑工程施工质量验收统一标准》GB 50300—2013 各分部分项工程所涉及的作业活动。

2）作业单元（风险点）排查

施工单位应组织对施工全过程进行风险点排查，形成包括风险点名称、类型、可能导致事故类型及后果和区域位置等内容的基本信息。风险点排查应按施工工艺流程的阶段、场所、设备、设施、作业活动或上述几种方法的组合等进行，通过调阅档案资料、现场调研、座谈询问等方法，由技术、安全、质量、设备、材料等专业人员组织开展。其中作业活动清单样张详见表1；设备设施清单样张详见表2。

作业活动清单样张 表1

作业活动名称	作业活动内容	岗位/地点

设备设施清单样张 表2

设备设施名称	类别	位号/所在部位

3）施工过程危险有害因素

根据《生产过程危害和有害因素分类及代码》GB/T 13861—2009，从人的因素、物的因素、环境因素、管理因素等方面，对施工过程涉及的所有场所、设备设施、作业环境、作业活动和人员进行排查，逐一列举发现的危险和有害因素，危险有害因素类型详见表3。

危险有害因素类型表 表3

危险和有害因素类型	危险和有害因素
人的因素	负荷超限：体力负荷超限等
	健康状况异常：伤、病期等
	辨识功能缺陷：感知延迟等
	指挥错误：指挥失误、违章指挥等
	操作错误：误操作、违章作业等
	其他人的因素
物的因素	设备、设施、工具、附件缺陷：强度不够、刚度不够、稳定性差、应力集中等
	防护缺陷：无防护、防护装置缺陷、防护设施缺陷、防护不当、支撑不当、防护距离不够等
	电伤害：带电部位裸露、漏电、电火花等
	运动物伤害：抛射物、飞溅物、坠落物、反弹物、土（岩）滑动、料堆（垛）滑动等运动物伤害
	明火
	标志缺陷：无标志、标志不清晰、标志不规范、标志选用不当、标志位置缺陷等
	化学性危险品：爆炸品、压缩气体和液化气体、易燃液体、易燃固体、自燃物品等
	其他物的因素
环境因素	室内作业场所环境不良：室内地面滑，室内作业场所狭窄，室内梯架缺陷，地面、墙和顶棚上的开口缺陷，室内安全通道缺陷，房屋安全出口缺陷，采光照明不良，作业场所空气不良，室内温度、湿度、气压不适等
	室外作业场所环境不良：恶劣气候与环境（大风、极端温度、雷电、大雾、冰雹、暴雨雪等），作业场地湿滑，作业场地狭窄，脚手架、阶梯和活动梯架缺陷，地面开口缺陷，门和围栏缺陷，作业场地安全通道缺陷，作业场地安全出口缺陷，作业场地光照不良，作业场地空气不良，作业场地温度、湿度、气压不适，作业场地涌水等
	地下作业环境不良：地下作业面空气不良、地下水等
	其他环境因素

续表

危险和有害因素类型	危险和有害因素
管理因素	安全组织机构不健全
	安全责任制未落实
	安全管理规章制度不完善：建设项目"三同时"制度未落实、操作规程不规范、事故应急预案及响应缺陷、培训制度不完善等
	安全投入不足
	其他管理因素

4）可能发生的事故类型

风险识别应当充分考虑其可能导致的后果，识别可能发生的事故类型，根据《企业职工伤亡事故分类》GB 6441—1986 和《建筑施工易发事故防治安全标准》JGJ/T 429—2018，建筑施工安全常见事故类型详见表4。

建筑施工安全常见事故类型表　　　　　表4

事故类型名称	事故描述
物体打击	上下交叉作业中，上层物体坠落打击人体造成的伤害事故
车辆伤害	机动车辆在行驶中引起的人体坠落和物体倒塌、下落、挤压伤亡事故，不包括起重设备提升、牵引车辆和车辆停驶时发生的事故
机械伤害	施工机具部件直接与人体接触引起的伤害事故
起重伤害	各种起重作业以及其中机械安拆、检修、试验过程中发生的挤压、撞击、坠落、坠物打击及其中机械倾覆等造成的伤害事故
触电	配变电线路及用电设备、设施的电流经过人体造成的伤害事故
淹溺	施工现场人员淹没于水中，由于窒息造成的伤害事故
火灾	施工过程中因失火而造成的伤害事故
高处坠落	在高处作业过程中人员坠落而造成的伤害事故
坍塌	基坑（槽）、边坡、桩孔、施工临时设施、临时建筑、钢筋、模板、预制构件等在外力或地基不均匀沉降作用下，超过自身的承载力极限或因结构稳定性破坏而造成的伤害事故
冒顶片帮	隧道在开挖、衬砌过程中因开挖或支护不当，顶部或侧壁大面积垮塌造成的伤害事故。侧壁在岩土压力作用下变形、破坏而脱落的现象称为片帮，顶部垮落的现象称为冒顶
透水	在地下工程施工过程中，由于止水措施不到位而导致地表水和地下水透过裂隙、土层、塌陷区等各种通道失去控制涌入施工工作面，造成的伤害事故。在基坑施工中亦称为管涌，在地下隧道施工中亦称为突水
爆炸	火药与炸药在运输、储藏过程中发生爆炸造成的伤害事故，或可燃性气体、瓦斯、煤尘与空气混合引起化学性爆炸造成的伤害事故
放炮	爆破施工、建（构）筑物拆除施工中，进行放炮作业造成的伤害事故
中毒和窒息	有毒有害气体或作业空间缺氧造成的中毒、缺氧窒息和中毒性窒息
其他	—

5）常用的危险有害因素识别方法

识别时应根据《生产过程危害和有害因素分类及代码》GB/T 13861—2009 的规定充分考虑四种不安全因素：人的因素、物的因素、环境因素、管理因素，并充分考虑危险有害因素的根源和性质。危险有害因素识别范围应覆盖所有的作业活动和设备设施。对于作业活动，可采用作业危害分析法（JHA）进行识别，对于设备设施，可采用安全检查表法（SCL）进行识别。

① 作业危害分析法（JHA）

工作危害分析法（JHA）是指从作业活动清单中选定一项作业活动，将作业活动分解为若干个相连的工作步骤，识别每个工作步骤的潜在危险有害因素。JHA 方法是美国葛理玛教授（John D Grimaldi）于 1947 年提出的一套防范事故方法。美国安全工程师学会将工作危害分析定义为将工作方法或程序分为各个细项，以了解可能潜在的危害，并定出安全作业的要求。工作危害分析（JHA）又称作业安全分析（Job Hazard Analysis，JSA）、作业危害分解（Job Hazard Breakdown），是一种定性风险分析方法。

采用作业危害分析法（JHA）进行分析时，应先将建筑工程的施工作业活动划分成多个施工工序，找出每个施工工序中的危险源，并判断其在现有安全控制措施条件下可能导致的事故类型及其后果。若现有安全控制措施不能满足安全施工的需要，应制定新的安全控制措施以保证安全施工；危险性仍然较大时，还应将其列为重点对象加强管控，必要时还应制定应急处置措施加以保障，从而将风险降低至可以接受的水平。

② 安全检查表法（SCL）

安全检查表法是一种定性的风险识别方法，是将一系列项目列出检查表进行分析，依据相关的标准、规范，对工程已知的危险类别、设计缺陷以及与一般工艺设备、操作、管理有关的潜在危险有害因素进行判别检查。适用于对设备设施、建构筑物、安全间距、作业环境等存在的风险进行分析。包括编制安全检查表、列出设备设施清单、进行风险识别步骤。安全检查表编制依据包括：有关法规、标准、规范及规定，例如《建筑施工安全检查标准》JGJ 59—2011、《危险性较大的分部分项工程安全管理规定》（住房和城乡建设部令第 37 号）等；国内外事故案例和企业以往事故情况；系统分析确定的危险部位及防范措施；分析人员的经验和靠的参考资料；有关研究成果，同行或类似行业检查表等。

（3）风险评估

1）风险评估方法选择

针对识别出的每一项危险有害因素，应当采用合适的方法开展安全风险分析和评估，并确定风险的大小和等级。风险评估的方法有很多，既有定性分析，也有定量分析。

风险定性分析往往带有较强的主观性，需要凭借分析者的经验和直觉，或者是以行业标准和惯例为风险各要素的大小或高低等级定性分级，虽然看起来比较容易，但实际上要求分析者具备较高的经验和能力，否则会因操作者经验和直觉的偏差而使分析结果失准；半定量分析方法大都建立在实际经验的基础上，合理打分，根据最后的分值或概率风险与严重度的乘积进行分级。由于其操作性强，且还能依据分值有一个明确的级别，因而广泛用于建筑工程施工、地质、冶金、电力等领域；定量分析是对构成风险的各个要素和潜在损失的水平赋予数值或货币金额，当度量风险的所有要素都被赋值，风险分析和评估过程的结果就得以量化。定量分析比较客观，但对数据要求较高，同时还需借助数学工具和计算机程序，其操作难度较大。

作业条件危险性分析法（LEC）和风险矩阵法（L·S）作为简单易行，便于分析评价人员在较短时间内掌握的半定量分析评价法，可以通过半定量计算，分析出各危害因素的风险等级，进而采取控制措施，适合施工单位在施工安全风险评估中使用。目前国内建筑施工行业风险评估多采用这两种方法，详见表5。

国内建筑施工行业风险评估方法　　　　表5

相关标准或文件	发布单位	评估方法
建设项目施工现场安全风险管控标准（试行）	安徽省住房和城乡建设厅	专家调查法或作业条件危险性分析（LEC）

续表

相关标准或文件	发布单位	评估方法
《建筑施工企业安全生产风险分级管控体系细则》DB37/T 3015—2017	山东省质量技术监督局	宜采用作业条件危险性分析法（LEC）
《昆山市城市安全风险辨识评估工作指导手册》《昆山市城市安全风险评估建筑施工企业成果文件参考手册》	昆山市安全生产委员会办公室 国家安全生产监督管理总局研究中心	采用作业条件危险性分析（LEC）
北京市房屋建筑和市政基础设施工程施工安全风险分级管控技术指南（试行）	北京市住房和城乡建设委员会	可采用风险等级矩阵法进行风险评价，也可根据企业自身情况和工程项目施工实际选择其他适宜的风险评价方法
《公用民防工程安全风险评估技术标准》DG/TJ08-2281—2018	上海市住房和城乡建设管理委员会	宜采用风险矩阵法

2）风险评估

以常用的作业条件危险性分析（LEC）为例，对施工安全风险评估过程进行介绍。

① LEC 法概述

作业条件危险性分析法（LEC）是作业人员在具有潜在危险性环境中进行作业时的一种危险性半定量评价方法。它由美国人格雷厄姆（K·J·Graham）和金尼（G·F·Kinney）提出的，他们认为影响作业条件危险性的主要因素有事故发生的可能性、人员暴露于危险环境中的频繁程度、发生事故可能造成的后果这三个因素。用公式来表示，则为：

$$D = L \times E \times C$$

式中：D——危险源带来的风险值，值越大，说明该作业活动危险性越大、风险越大；

　　　L——发生事故的可能性大小；

　　　E——人员暴露在这种危险环境中的频繁程度；

　　　C——发生事故会造成的损失后果。

② 事故发生可能性（L）分值

事故发生的可能性与其实际发生的概率相关。在实际施工中，事故发生的可能性范围非常广泛，因而人为地将可能性小，完全出乎意料的情况规定为 1；能预料将来某个时候会发生事故的分数值规定为 10；在这两者之间再根据可能性的大小相应地确定几个中间值，如将"可能但不经常"的分数值定为 3，"相当可能发生"的分数值规定为 6。同样，在 0.1 与 1 之间也插入了与某种可能性对应的分数值，将事故或危险事件发生可能性的分数值从实际上不可能的事件定为 0.1，很不可能发生事件的分数值定为 0.5。具体分数值详见表 6。

事故发生可能性（L）分值表 　　　　　　　　　　　　　　　　　　　　　表 6

分数值	事故发生的可能性
10	完全可以预料
6	相当可能；或危害的发生不能被发现（没有检测和监测系统）；或在现场没有采取防范、监测、保护、控制措施；或在正常情况下经常发生此类事故或事件或偏差
3	可能但不经常；或危害的发生不容易被发现（没有检测和监测系统）；或在现场有控制措施，但未有效执行或控制措施不当；或危害可能在预期情况下发生
1	可能性小，完全意外；或没有保护措施（如没有保护装置、没有个人防护用品等）；或未严格按操作程序执行；或危害的发生容易被发现（有检测和监测系统）；或过去曾经发生类似事故或事件
0.5	很不可能，可以设想；或危害一旦发生能及时发现，并定期进行监测

续表

分数值	事故发生的可能性
0.2	极不可能，或现场有充分有效的防范、控制、监控、保护措施，并能有效执行，或员工安全意识相当高，严格执行操作规程
0.1	实际不可能

③ 暴露于危险环境中的频繁程度

施工人员暴露于危险作业条件的次数越多、时间越长，则受到伤害的可能性也就越大。为此规定连续出现在潜在危险环境的暴露频率分值为10，一年仅出现几次非常稀少的暴露频率分数值为1。以10和1为参考点，再在其区间根据在潜在危险作业条件中暴露情况进行划分，并对应地确定其分数值。例如，每月暴露一次的分数值定为2，每周一次或偶然暴露的分数值为3。具体分数值见表7。

暴露于危险环境中的频繁程度（E）分值表 表7

分数值	暴露于危险环境中的频繁程度	分数值	暴露于危险环境中的频繁程度
10	连续暴露	2	每月一次暴露
6	每天工作时间内暴露	1	每年几次暴露
3	每周一次或偶然暴露	0.5	罕见地暴露

④ 发生事故可能造成的后果

发生事故可能造成人身伤害或物质损失可在很大范围内变化，因此，将未造成人员伤亡或直接经济损失≤1万元的后果规定为分数值1，以此为基准点将造成2～3人以上死亡或4～9人以上重伤或直接经济损失≥300万元的后果规定为分数值100，作为另一个参考点。在两个参考点1～100之间，插入相应的中间值。具体分数值见表8。

发生事故可能造成的后果（C）分值表 表8

分数值	发生事故可能造成的后果	
	人员伤亡	直接经济损失（万元）
100	2～3人以上死亡，或4～9人以上重伤	≥300
40	1人死亡，或2～3人重伤	100～300
15	1人重伤	20～100
7	伤残	5～20
3	轻伤	1～5
1	无伤亡	≤1

⑤ 风险等级划分

确定了上述3个具有潜在危险性的作业条件的分值，并按公式进行计算，即可得危险性分数值。要确定其危险性程度时，可按下述标准进行评定。

由经验可知，危险性分数值在20以下的属低危险性，一般可以被人们接受，这样的危险性比骑自行车通过拥挤的马路去上班之类的日常生活活动的危险性还要低；当危险性分数值在20～70时，则需要加以注意；危险性分数值70～160的情况时，则有明显的危险，需要采取措施进行整改；当危险性分值在160～320的作业条件属高度危险的作业条件，必须立即采取措施进行整改。危险性分值在320分以上时，则表示该作业条件极其危险，应该立即停止作业直到作业条件得到改善为止。具体风险等级见表 9。

风险等级表　　　　　　　　　　　　　　表 9

分数值	风险级别	风险颜色	危险程度
>320	A 级（重大风险）	红色	不可容许的危险
160～320	B 级（较大风险）	橙色	高度危险
70～160	C 级（一般风险）	黄色	中度危险
<70	D 级（低风险）	蓝色	轻度危险

3）风险评价分级

施工单位应当根据安全风险评价结果，结合自身可接受风险等实际，确定每一项危险有害因素相应的安全风险等级。安全风险等级从高到低划分为 4 级：

A 级：重大风险/红色风险，属不可容许的危险。意指现场的作业条件或作业环境非常危险，现场的危险源多且难以控制，如继续施工，极易引发群死群伤事故或造成重大经济损失。

B 级：较大风险/橙色风险，属高度危险。意指现场的施工条件或作业环境处于一种不安全状态，现场的危险源较多且管控难度较大，如继续施工，极易引发一般生产安全事故，或造成较大经济损失。

C 级：一般风险/黄色风险，属中度危险。意指现场的风险基本可控，但依然存在着导致生产安全事故的诱因，如继续施工，可能会引发人员伤亡事故，或造成一定的经济损失。

D 级：低风险/蓝色风险，属轻度危险。意指现场所存在的风险基本可控，如继续施工可能会导致人员伤害，或造成一定的经济损失。对于现场所存在的低风险，虽不需要增加另外的控制措施，但需要在工作中逐步加以改进。

对有下列情形之一的，应当判定为 A 级（重大风险/红色风险）：

① 违反相关法律、法规、规章以及强制性标准的；

② 发生过死亡、重伤、重大财产损失事故，且现在发生事故的条件依然存在；

③ 超过一定规模的危险性较大的分部分项工程；

④ 具有中毒、爆炸、火灾、坍塌等危险场所，作业人员在 10 人以上的；

⑤ 构成危险化学品一级、二级重大危险源的场所和设施。

对有下列情形之一的，应当判定为 B 级（较大风险/橙色风险）：

① 危险性较大的分部分项工程；

② 具有中毒、爆炸、火灾、坍塌等危险场所，作业人员在 3 人（含）以上，10 人以下的；

③ 构成危险化学品三级、四级重大危险源的场所和设施。

（4）风险控制措施

风险控制措施可包括工程技术措施、管理措施、教育培训、个体防护、应急处置等。应定期对风险控制措施进行评估，当现有控制措施不足以控制此项风险，应提出改进措施。

1）工程技术措施

工程技术措施是指作业、设备设施本身固有的控制措施，通常采用的工程技术措施有：

① 缓解。通过合理的设计和科学的管理，尽可能从根本上消除危险、危害因素。

② 预防。当消除危险、危害因素有困难时，可采取预防性技术措施，预防危险、危害发生。

③ 减弱。在无法消除危险、危害因素和难以预防的情况下，可采取减少危险、危害的措施。

④ 隔离。在无法消除、预防、减弱危险、危害的情况下，应将人员与危险、危害因素隔开和将不能共存的物质分开。

⑤ 警告。在易发生故障和危险性较大的地方，配置醒目的安全色、安全标志，必要时，设置声、

光或声光组合报警装置。

2）管理措施

通常采用的管理措施包括：制定安全管理制度、成立安全管理组织机构、制定安全技术操作规程、编制专项施工方案、组织专家论证、进行安全技术交底、对安全生产进行监控、进行安全检查以及实施安全奖惩等。

3）培训教育措施

通常采用的培训教育措施包括：员工入场三级培训、每年再培训、安全管理人员及特种作业人员继续教育、作业前安全技术交底、体验式安全教育及其他方面的培训。

4）个体防护措施

通常采用的个体防护措施包括：安全帽、安全带、防护服、耳塞、听力防护罩、防护眼镜、防护手套、绝缘鞋、呼吸器等。

5）应急处置措施

通常采用的应急处置措施包括：紧急情况分析、应急预案制定、现场处置方案制定、应急物资储备、应急演练等。

（5）风险分级管控

1）管控层级和管控措施

安全风险分级管控应当遵循固有安全风险越高、管控层级越高的原则，对操作难度大、技术含量高、固有风险等级高、可能导致严重后果的设施、部位、场所、区域以及作业活动应重点管控。上一级负责管控的风险，下一级必须同时负责管控，并逐级落实具体措施。

风险管控层级可以分为企业、项目部、施工班组、作业人员等。

① A 级风险的管控，由施工单位（集团公司、区域公司）负责管控；

② B 级风险的管控，由项目部负责管控；

③ C 级风险的管控，由施工班组（包括专业分包、劳务分包单位）负责管控；

④ D 级风险的管控，由作业人员负责管控。

2）编制分级管控清单

应编制包括全部风险点各类风险信息的作业活动和设备设施安全风险分级管控清单。项目部应当在工程项目开工前，对危险有害因素进行识别、分析和评价，编制完善安全风险分级管控清单，并随着工程进度情况及时更新；施工单位（集团公司、区域公司）在综合工程项目部管控清单基础上，根据承包工程情况及时更新完善安全风险分级管控清单。

作业活动安全风险分级管控清单应当包括作业单元（风险点）、作业活动、危险有害因素（危险源、危险因素）、风险等级、事故类型、管控措施、管控层级、责任部门、责任人等；设备设施风险分级管控清单应当包括作业单元（风险点）、检查项目、标准、风险等级、事故类型、管控措施、管控层级、责任部门、责任人等。

3）风险告知

施工单位应当将识别出的风险及其控制或者防范措施、应急处置方法，纳入岗位操作规程，做到"一岗位一清单"。建立完善安全风险公告制度，公告可采用设立公示牌、标识牌、告知卡、安全警示标志和安全技术交底等多种形式。

工程项目对属于 A 级的重大危险有害因素进行公示，在施工现场醒目位置设置重大危险有害因素公示牌，公示牌应注明作业单。

城市防灾减灾系统韧性建设技术

Urban Resilience for Disaster Prevention and Reduction System Technology Development Report

王　磊　李　欣　方永华　李　茜　张　媛

（中国城市发展规划设计咨询有限公司）

1 现状和趋势

1.1 韧性城市建设的提出

（1）韧性城市的概念与特征

韧性来源于英文"Resilence"，译为"弹性""复原力"等，在不同学科领域，韧性具有不同的内涵和解释。2002 年，为了应对越来越严峻的气候变化形势和多发的城市自然灾害，国际组织"倡导地区可持续发展国际理事会 ICLEI"首次提出"城市韧性"（Urban Resilience）议题，并将其引入城市与防灾研究。

国际多个流派对韧性城市概念形成总的共识为：城市自身能够有效应对来自外部与内部的对其经济社会、技术系统和基础设施的冲击和压力，能在遭受重大灾害后维持城市的基本功能、结构和系统，并能在灾后迅速恢复、进行适应性调整、可持续发展的城市。

2015 年之前，国内开始了"韧性城市"理念的引进和推介，2016 年至 2020 年，进入理论研究和实践的积极推广阶段。2021 年，《中共中央关于制定国民经济和社会发展第十四个五年规划和二〇三五年远景目标的建议》中提出，要"增强城市防洪排涝能力，建设海绵城市、韧性城市"，至此"韧性城市"建设上升至国家高度。

归纳总结国内外韧性城市理论研究和实践，韧性城市具有九大特征。

自组织：能利用从外界社区的物质和能量组成自身的具有复杂功能的有机体，并在一定程度上能自动修复缺损和排除故障，以恢复正常的结构和功能。

多样性：有许多功能不同的部件，在危机之下带来更多解决问题的技能，提高系统抵御多种威胁的能力。

冗余性：具有相同功能的可替换要素，通过多重备份来增加系统的可靠性。

鲁棒性：亦称稳健性，系统抵抗和应对外部冲击，主要功能不受损伤。

恢复力：具有可逆性和还原性，受到冲击后仍能回到系统原有的结构或功能。

适应性：系统根据环境的变化调节自身的形态、结构或功能，以便于环境相适合，需要较长时间才能形成。

智慧性：利用新的技术进行风险辨析与判别，并能有效管理资源，优化决策，最大化资源利用效益。

协同性：各部门相互协作共享而产生"1＋1＞2"的整体效益，即城市系统应促进利益相关者的积极参与和共治。

学习转化能力：通过学习转化，从经历中吸取教训并转化创新的能力。

（2）韧性城市建设对象与内容

"韧性城市"建设的重点是针对自然和人为的综合"不确定性"风险。狭义理解，主要指的是防范自然灾害风险，特别是防范因气候变化带来的雨洪灾害等。广义理解，除了气候灾难，还包括自然灾害、事故灾难、公共卫生事件和社会安全事件，也是我国目前韧性城市建设的主要内容。随着全球风险社会来临，其建设范畴还将不断拓展：极端天气风险、重大流行疾病、流动性风险、技术变革引发的风险、能源和经济危机风险等。

《国际城市发展报告》将韧性城市建设的主要内容分为硬韧性和软韧性两大类，见图1。"硬韧性"主要是指城市硬件设施，主要包括城市交通设施、管网能源生命线设施、城市建筑、生态维护设施、数字化新基建等。"软韧性"主要是指城市社会、经济、制度三个方面。

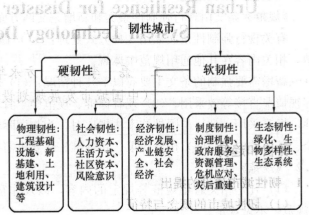

图1 韧性城市建设主要内容

1.2 城市防灾减灾建设概念

（1）城市防灾减灾主要内容

我国城市综合防灾主要内容为：应对地震、洪涝、火灾及地质灾害、极端天气灾害等各种灾害，增强事故灾难和重大危险源防范能力，并考虑人民防空、地下空间安全、公共安全、公共卫生安全等要求而开展的城市防灾安全布局统筹完善、防灾资源统筹整合协调、防灾体系优化健全和防灾设施建设整治等综合防御部署和行动。"以防为主，防救结合"是最主要的建设原则。

（2）城市防灾减灾面临的趋势

随着灾害变化趋势以及城市快速发展，城市不断面临新的风险挑战。

首先是灾害风险类型和复杂性不断增加。灾害复杂性、叠加性、连锁型、动态性，大城市中还容易引发次生灾害、衍生灾害甚至"灾害链"；新技术发展产生的信息安全等新的安全风险；全球气候变化导致极端洪涝灾害等。

其次是城市发展带来新的挑战。城市密度提高，加大城市系统复杂性、受灾对象集中性、同等强度灾害在大城市，尤其是超大城市产生的破坏力和影响力更大，对风险抵御能力提出更大挑战。人口多元化和流动性，人口向大城市、超大城市不断聚集，交通拥堵等大城市病及犯罪增加等社会问题增加了城市的不稳定因素。承灾体脆弱性高，高层超高层建筑增多，地面道路交通环境复杂，地下空间和基础设施系统错综复杂，且存在设施老化、管理维护不足等潜在安全隐患。而灾害-城市耦合效应导致灾害防御更加困难。

（3）城市防灾减灾的韧性建设需求

传统的综合防灾减灾规划主要关注物质系统能够抵御灾害的力量。韧性城市体系相对于与现有综合防灾减灾系统，内涵更为丰富，从注重单一防灾扩展到公共安全等全领域，强调"多风险综合"应对；从传统被动防御性思维转向全过程适应性思维，在时间维度上向后端延伸，注重提升系统受到冲击后"回弹""重组"和"学习、转型"等能力；全过程系统监管、全社会共同参与。

1.3 城市防灾减灾中的韧性发展措施

韧性防灾减灾主要理论及应用领域

《中华人民共和国国民经济和社会发展第十四个五年规划和二〇三五年远景目标纲要》中明确提出"顺应城市发展新理念新趋势，开展城市现代化试点示范，建设宜居、创新、智慧、绿色、人文、韧性城市"。在国家"十四五"规划的指引下，北京、上海等先进城市相继提出推动韧性城市建设的发展举措和行动路线，以适应当代多样化、复合型的灾害情境，并将韧性城市的建设要求融入规划建设发展的全过程中。北京市常委会发布的《关于加快韧性城市建设的指导意见》中提出了韧性城市的建设重点：统筹拓展城市空间韧性、有效强化城市工程韧性、全面提升城市管理韧性、积极培育城市社会韧性、强化保障措施。

韧性城市建设需要以长远、全局、变化的眼光看待城市发展，不断提高城市应对冲击和风险的响应和转型能力，这就需要充分发挥规划引领作用，做好韧性城市规划，先做好城市的"硬韧性"。

1.4 相关标准规范的发展综述

我国防灾减灾相关标准规范主要针对我国普遍的气象灾害、地质灾害以及消防等单灾种普遍存在，主要从"减灾、灾前预防"角度规定设防标准及设施建设，如《城市综合抗震防灾规划》GB/T 51327、《城市抗震防灾规划标准》GB 50413、《城市防洪规划规范》GB 51079、《城市消防规划规范》GB 51080 等。

随着韧性城市建设的实践探索，韧性安全领域相关标准规范进入起步阶段，虽然已经陆续出台《建筑抗震韧性评价标准》GB/T 38591、《安全韧性城市评价指南》GB/T 40947，但其多为从设施设计角度出发的规范建设等级与标准，缺少灾前预警、灾中干预、灾后恢复的全过程的韧性建设规范。

1.5 城市防灾减灾韧性建设发展分析和研判

郑州"7·20"特大暴雨、新冠肺炎疫情等重大灾害风险助推了城市防灾减灾韧性建设的脚步和技术探索发展。在政策引导、风险评估技术、韧性城市规划、韧性指标体系、防灾减灾救灾信息化平台等多个方面快速发展。

国家"十四五"规划以及北京等地方陆续发布推进韧性城市建设的政策、发展举措和行动路线，推动和引导城市韧性建设。

抓住"风险"和"韧性"的内在逻辑，发展风险问题判别、分析、评估技术：如建立风险数据库、数据库耦合激励机制下多灾种综风险评估、风险脆弱性评估、城市韧性评价等。

韧性指标体系研究，基于"风险-脆弱性-韧性度-实施响应"的动态化调控机制，建立标准化韧性城市评价指标体系和标准体系。

韧性城市规划体系：落实国土空间规划提出的"安全格局"和"安全韧性城市建设"，强化基础设施体系的保障能力等，并将韧性城市规划纳入到不同层次的法定规划体系中。

智慧信息化技术，在风险评估阶段可利用 GIS、GPS、三维建模等技术；利用大数据、云计算、人工智能等新技术提升城市防救灾响应能力和应急救援能力。

2 技术内容

国内韧性城市经过 5 年的探索、研究与实践，已经被城乡建设领域广泛接受，并成为我国新型城镇化建设的目标之一，就城乡建设领域而言，城市防灾减灾系统韧性建设技术是焦点问题，从城市规划建设管理全流程角度考虑，包括韧性评估技术、系统规划理念与方法、安全风险防控技术与方法、信息管理平台建设技术。

2.1 韧性评估技术

韧性评估技术是城市防灾减灾系统韧性建设的基础，该技术是在灾害风险综合评估基础上，构建城市系统韧性评测模型，科学、客观地评估城市防灾减灾系统中可预知风险。

城市灾害风险综合评估是韧性评估的基础。城市灾害风险综合评估以确定城市风险地区为目标，在对单灾种的致灾危险性、承载体脆弱性、防灾应急能力、次生衍生事件综合评估的基础上，获取单灾种空间特征，提取城市典型灾害；在此基础上，充分考虑各灾种间相互作用机制，利用风险风险评价综合模型对多灾种进行风险综合评估，识别城市风险空间、获取城市灾害特征、划定城市灾害风险分区。目前常用的城市灾害风险综合评估模型是耦合关系矩阵模型。

城市系统韧性评价模型构建以辅助判别影响城市防灾减灾系统的根源性问题和战略方向为目标。该模型以建筑、基础设施、交通、生态环境等城市防灾减灾系统相关城市要素为评价目标，以城市灾害风险综合评估中城市灾害特征为重要参照，构建多维度、多层次的韧性评价指标体系，并根据该模型开展指标评价查找城市防灾减灾系统问题、寻找系统短板，进行战略研判。

2.2 系统规划理念与方法

系统规划理念与方法是充分利用城市规划"技术＋公共政策"的双重属性，提升城市防灾减灾系统的韧性，包括城市空间布局韧性提升、市政基础设施韧性提升、社区韧性提升三方面。

城市空间布局韧性提升技术是在城市规划阶段，对城市布局中生态、生产、生活空间进行合理布局，整体提升城市韧性。城市布局中的区域格局，城市结构，功能区分布及交通空间、绿地空间、应急空间、弹性空间布局等规划设计内容均对城市防灾减灾系统的韧性能力产生影响。城市空间布局韧性提升技术是在韧性评估技术的基础上，对城市各类空间进行合理布局、对各类防灾建设空间及设施进行协同布局，并提出用地安全对策及相关管控对策，达到韧性理念前置的效果。

市政基础设施韧性提升技术是在规划设计阶段对交通物流、市政能源、通信保障等城市生命线工程系统及地下空间、轨道交通等影响人民生命、财产安全的重要市政基础设施进行提前布局，提升其冗余度、稳定性。市政基础设施韧性提升技术是在城市空间布局韧性提升基础上，从标准提升、技术革新、冗余建设、管理提升、设施更新等方面提出韧性提升策略，增强抵御灾害风险的能力。

社区韧性提升是根据社区是城市治理最小单元的基本属性，通过硬件设施提升、软性环境提升相结合的方式，综合提升社区韧性，使其成为城市风险管理的基本单元。社区韧性提升的主要内容包括：社区多元系统防灾救灾体系建设，社区安全隐患排查及构筑物工程防灾韧性提升，结合生活圈的设施防灾减灾设施空间布局优化提升，社区防灾救灾服务管理能力建设，全民安全韧性意识提升教育等。

2.3 安全风险防控技术与方法

安全风险防控技术与方法是在城市设计建设、管理运维过程中，结合新方法，采用新工艺、设备、材料、产品等新技术，达到提高设施强度等关键指标，实现韧性提升的目的。

城市设计建设阶段的韧性提升技术，是在工程设计建造施工阶段，坚持韧性提升理念，提升工程韧性。具体措施包括：适度提升重大工程的防灾抗灾标准，进行工程韧性提升专项设计；通过空间布局、指数优化、工程韧性数字化模拟、多方案比选等方法提高工程韧性；鼓励开展抗震、耐火、防风、防水等高性能新材料、新设备的研发、应用；在设计建造阶段，编制通俗易懂的科普宣传资料，利用平面媒体、新媒体等多种方式全面推动社会治理和居民参与的力度等措施。

城市管理运维阶段的韧性提升技术，是利用智能防控技术与方法将传统的防灾减灾向韧性弹性提升、风险预警预防、实时联动响应方向转变。具体通过城市诊断、城市体检等手段，借助传感技术、大数据分析、智能识别等技术，对城市安全敏感区域、城市中心区、灾害高风险区域、城市避难场所区域、城市生命线关键检测区域及城市供水、供电、排水、燃气、热力等城市基础设施关键节点的关键数据进行实时监测、分析，对灾害情况实施模拟、智能预警，提高城市对灾害的感知力；同时，利用通信网络、交通标识等设施，对城市安全隐患、应急处理结果进行系统播报，提高灾害应对能力。

2.4 信息管理平台建设技术

信息管理平台建设技术是指利用计算机、网路和数据库等信息化、数字化、智能化手段，CIM、BIM、GIS、IOT等技术，辅助城市防灾减灾系统进行韧性评估、系统规划、安全风险防控。信息化管理平台建设技术主要包括数据融合与韧性技术，智能分析技术，应急处理技术：

数据融合与韧性评估技术，是指运用统一的信息平台（如CIM平台）将城市灾害风险信息，城市生命线、建筑工程、救灾仓储设施等城市安全相关数据进行数据融合、统一管理，并进行城市灾害风险综合评估，形成城市"风险一张图"，支持韧性城市规划决策。

智能分析技术，在数据融合与韧性评估技术基础上，运用北斗定位、物联网、大数据等手段，通过城市诊断的方法，结合气象、传感器等多源信息，借助人工智能等信息定期识别城乡空间变化引发的城市安全隐患，实现对灾害智能预警、提前感知。

应急处理技术是在智能分析技术基础上，将智能监测技术、人工智能技术与设施管理手段相结合，通过设施安全承载能力阈值设定、城市应急预案设定、城市平灾结合方案设计等方式，快速进行城市重要功能区或重要设施的受灾能力测定及应急转化能力测定，并形成最优应急方案。

3　标准和规范

我国城市防灾减灾系统韧性建设所涉及的标准和规范主要分为相关政策、国家标准、行业标准以及团体标准四类。

3.1　相关政策

党中央、国务院、住房和城乡建设部等曾先后发布城市防灾减灾系统韧性建设的相关政策，具体包括但不限于：

（1）中共中央 国务院关于推进防灾减灾救灾体制机制改革的意见（中共中央国务院，2016 年 12 月）。

（2）国务院办公厅关于印发国家城市轨道交通运营突发事件应急预案的通知（国办函〔2015〕32 号，国务院办公厅 2015 年 4 月）。

（3）国务院办公厅关于保障城市轨道交通安全运行的意见（国办发〔2018〕13 号，国务院办公厅 2018 年 3 月）。

（4）住房城乡建设部办公厅关于印发贯彻落实城市安全发展意见实施方案的通知（建办质〔2018〕58 号，住房和城乡建设部 2018 年 11 月）。

（5）住房和城乡建设部关于修改《市政公用设施抗灾设防管理规定》等部门规章的决定（住房和城乡建设部，2015 年 1 月）。

3.2　国家标准

涉及防灾减灾系统韧性建设的相关国家标准可分为综合防灾类，地震、洪涝、极端天气等自然灾害类，以及公共安全与公共卫生类，具体包括但不限于：

（1）综合防灾类

《城市综合防灾规划标准》GB/T 51327—2018

《防灾避难场所技术标准》GB 51143—2015

《安全韧性城市评价指南》GB/T 40947—2021

《灾后过渡性安置区基本公共服务》GB/T 28221—2011

《救灾物资储备库管理规范》GB/T 24439—2009

（2）自然灾害类

《防洪标准》GB 50201—2014

《地质灾害危险性评估规范》GB/T 40112—2021

《自然灾害承灾体分类与代码》GB/T 32572—2016

《城市抗震防灾规划标准》GB 50413—2007

《防震减灾术语》GB/T 18207—2008

《城市防洪规划规范》GB 51079—2016

《城镇内涝防治技术规范》GB 51222—2017

《城市防洪工程设计规范》GB/T 50805—2012

《蓄滞洪区设计规范》GB 50773—2012

《电力设施抗震设计规范》GB 50260—2013

《电信设施安装工程抗震设计标准》GB/T 51369—2019

《城市轨道交通结构抗震设计规范》GB 50909—2014

（3）公共安全与公共卫生类

《城市消防规划规范》GB 51080—2015

《建筑设计防火规范》GB 50016—2014 局部修订

《消防给水及消火栓系统技术规范》GB 50974—2014

《地铁设计防火标准》GB 51298—2018

《城市轨道交通工程安全控制技术规范》GB/T 50839—2013

3.3 行业标准

住房和城乡建设部、民政部等各部委已制定防灾减灾的相关行业标准，具体包括但不限于：

（1）综合防灾类

《城市绿地防灾避险设计导则》（建办城〔2018〕1 号）

《全国综合减灾示范社区创建规范》（MZ/T 026—2011）

《全国综合减灾示范社区创建管理暂行办法》

《市政公用设施抗灾设防管理规定》

《自然灾避灾点管理规范》（MZ/T 052—2014）

（2）自然灾害类

《建设工程抗震管理条例》（国务院令第 744 号）

《城市抗震防灾规划管理规定》（住房和城乡建设部令第 9 号）

《室外给水排水和燃气热力工程抗震设计规范（征求意见稿）》（建标〔2011〕17 号）

《通信建筑抗震设防分类标准》YD 5054—2019

《电信设备安装抗震设计规范》YD 5059—2005

（3）公共安全与公共卫生类

《电力安全事故应急救援和调查处理条例》（国务院令第 599 号）

《城市消防站建设标准》（建标〔2017〕75 号）

《城市轨道交通安全预评价细则》（AQ 8004—2007）

《城市轨道交通运营突发事件应急预案编制规范》JT/T 1051—2016

《国家通信保障应急预案》（2011 修订）

《国家处置电网大面积停电事件应急预案》（国办函〔2015〕134 号）

《国家电网公司应急预案管理办法》（国网（安监/3）484—2014）

3.4 团体标准

消防救援、交通、气象、通信、农业等众多行业领域在涉及防灾减灾系统等方面均定制了相应的团体标准，以此对国家标准、行业标准等进行必要的补充，具体包括但不限于：

《建筑火灾应急避难系统技术规程》T/CECS 767—2020

《火灾后工程结构鉴定标准》T/CECS 252—2019

《海绵城市绿地建设管理技术标准》T/CHSLA 50009—2022

《海绵城市建设工程施工及验收标准》T/CMEA 7—2020

4 应用和实践

4.1 防灾减灾系统韧性建设实践应用

城市具有多系统、复杂性的特点，灾害具有不确定性，防灾减灾系统的韧性建设，是以提升城市防灾减灾的整体性和系统性为出发点，全方位、多视角、动态性地研究城市防灾问题，并实践应用于社会发展建设中。

在应用地域方面，我国幅员辽阔，不同区域的城市差异性明显，防灾减灾侧重点也各有不同。以北京、上海等城市为例，由于城市建设密度大，气候变化所导致的极端气象灾害的发生频次加快、危害增加，此类超大城市的防灾减灾系统的韧性建设多侧重于因地制宜地对各自潜在的耦合型灾害进行全领域应对系统构建，强调多风险综合应对，全过程系统监管，多部门协同参与。

在应用领域方面，郑州市在经历"7·20"特大暴雨后，对防洪排涝系统的韧性建设注重于提升城市防洪排涝能力的整体提升与系统性整合。四川省在抗震韧性建设实践中，全省一盘棋，增强"防灾减灾韧性"，着力于兼顾抵抗、吸收和适应灾害的高效可恢复性城市系统的构建。经历疫情后的武汉市，在公共卫生安全韧性建设过程中，注重于构建多层级叠合、相对独立同时具有一定自救互助能力的联防联控与生产生活保障系统。

在应急救援平台的实践方面，以杭州市余杭区的"小流域防灾应急管理平台"为例，通过构建小流域灾害监测感知体系、山洪预报与淹没模拟分析模型，对灾前、灾中和灾后进行全过程防灾减灾辅助工作，以提升防灾减灾系统韧性。

在标准规范的实践方面，以南京为例，在建设安全韧性城市的实践过程中，以《安全韧性城市评价指南》GB/T 40947—2021为抓手，完善强化城市韧性的短板与弱项，提升对重大风险与突发事件的应对能力与水平。

在信息化、数字化实践方面，在地理信息系统和遥感等技术支撑下，获得高效、精准、详细的基础数据，通过信息提取分析、动态监测等手段，提升灾害识别能力、空间分析和预测水平，以及灾情灾损评估能力，构建能够总览全局的决策支持系统、数据空间化可视化的防灾减灾管理系统与指挥平台，是构建防灾减灾韧性系统实践过程中不可或缺的技术应用。具体应用包括国家气候中心气象灾害风险管理系统、内蒙古自治区应急广播"村村响"系统与突发事件预警信息发布系统互联互通工程、成都超算中心山地灾害风险模拟与险情预报平台、福建省应急通信工程项目与"应急资源一张图"等。

4.2 北京防灾系统韧性建设

北京市经过多年探索时间，形成了从政策引导、理论体系、技术方法、规划响应到实践应用的架构。

政策方面，为防范应对自然灾害、安全生产、公共卫生等领域的重大灾害，持续提升城市整体韧性，2021年10月，北京市印发《关于加快推进韧性城市建设的指导意见》，把韧性城市要求融入城市规划建设管理发展之中。坚持以防为主、平战结合，把韧性城市要求融入城市规划建设管理发展之中，全方位提升城市韧性。并提出了建设目标和具体建设重点内容。

风险分识别和评估方面，北京已建立风险数据库，识别出37种频率高、影响大的典型致灾因子，作为重点研究对象。在单灾种风险评估基础上，北京市还建立耦合模型，构建不同风险源的耦合关系矩阵，建立多灾种耦合的综合风险评估体系。

规划层面，北京新一轮城市总体规划中，提出"加强城市应对灾害的能力和提高城市韧性"。针对城市应对风险的能力，采用了P（Plan规划）D（Do实施）C（Check监测）A（Answer响应）的韧性城市规划技术框架，从风险识别、风险评估、规划响应到适应性管理形成全过程的闭合链条。

5 学习和借鉴

5.1 国外城市防灾减灾系统韧性建设的发展趋势

韧性城市是城市安全发展的最新理念，尤其随着全球气候变暖等因素的影响，韧性城市建设已成为世界性共同议题。防灾减灾系统韧性建设作为韧性城市建设的先行环节，在国际上已积累了一定的经验，为我国的防灾减灾系统韧性建设发展提供了思路与启示。

一是，组织先行，为防灾减灾等系统韧性建设提供有力的制度保证。防灾减灾系统韧性建设作为政府的一项重大战略任务，需要有专门的领导和管理机构，在城市层面进行统一领导、整体设计，实现"城市防灾减灾系统韧性建设制度化"，为韧性城市建设提供强有力的组织领导保障，这是国际社会中各国推动韧性城市的首要经验。从城市防灾减灾系统韧性建设的整体性、综合性和系统性要求出发，注重创建跨地域、跨部门、跨领域的协同建设机制，克服"烟囱"效应，整合资源，形成合力，确保城市防灾减灾系统韧性建设项目的有效实施。

二是，规划引领，为城市防灾减灾系统韧性建设提供有力的法律保障。城市规划作为公共政策，防灾减灾系统韧性规划对于城市提升防灾减灾和气候变化适应能力有着重要价值。在规划编制中充分体现韧性城市理念，将气候变化的潜在影响积极融入至城市规划编制与实践中，甚至编制出台专门应对气候变化的韧性城市发展计划或规划，以此统领和指导韧性城市发展，成为国际社会中各国推动韧性城市的重要经验之一。

三是，硬软结合，制定城市防灾减灾系统韧性建设的全方位系统性举措。城市防灾减灾系统韧性既体现在城市设施具有超强抵抗力的"硬实力"，更体现在社会民众能够自救互救、社区韧性、社会组织健全有效等方面的"软实力"，是一个综合安全防范体系。从具体措施上来看，软硬兼施、刚柔并举，全方位构筑核心基础设施韧性（防洪堤坝）、个人韧性（提高防灾减灾意识和自救互救能力）、社区韧性（协作互联）、社会韧性（社会规范、社会资本、互惠信任等）、制度韧性体系，是国际社会中各国推动韧性城市建设的主要做法和战略选择。

四是，分布布局，注重城市设施的分布式、去中心化布局设置。城市防灾减灾系统韧性建设必须与各种各样分布式基础设施、分布式生命线、分布式服务系统结合在一起。超大规模的城市进行分组团改造实际上是必然趋势，这种多组团分布式的体系，韧性就要明显强于原来单一的基础设施。某个组团失效后的功能可以被其他组团承担，不至于城市功能的全城中断或整体瘫痪，有效提高了城市的韧性。

五是，技术支撑，构筑针对城市安全威胁的数字化风险感知预警系统。在大数据、人工智能等新技术快速发展的数据化网络时代，韧性城市的建设离不开数字科技的帮助和支持，尤其是如何利用现代科技手段，在全面收集城市安全运行多部门多领域数据、实时互通共享的基础上，第一时间检测并捕获感知危险风险的来源，为科学决策、及时响应、快速恢复提供科技支撑，成为城市防灾减灾系统韧性建设的关键环节，也是国际社会中各国开展其城市防灾减灾系统韧性建设的重要依托。

六是，应急体系，为城市灾后快速恢复提供有力的制度保障。城市防灾减灾系统韧性建设是集灾害评估、灾难准备、灾难适应、灾后恢复等过程为一体的全生命周期过程，灾难发生以后的城市功能恢复力，直接体现着城市防灾减灾系统韧性能力的强弱。全方位加强城市应急管理体系建设，为可能发生的各类灾害做好最充分的准备，等灾难发生后，确保城市能够快速恢复，是国际社会中各国落实其城市防灾减灾系统韧性建设的主要方略。

5.2 国外相关典型政策法规

（1）Rules of the City of New York、New York City Administrative Code 美国纽约市地方法律。

（2）Unified Stormwater Rule 美国纽约地方法（2022年2月通过实施）。

（3）Zoning for Coastal Flood Resiliency（美国纽约市）沿海抗洪韧性分区（2021年5月通过）。

（4）Delta Programme 荷兰《三角洲规划》（2001年），国家级空间规划。

（5）Infrastructure and Spatial Structure Vision 2040 荷兰《基础设施和空间结构愿景（2040）》，国家级规划。

（6）National Water Plan 2016—2021。荷兰《国家水体规划（2016—2021）》，国家级规划。

5.3 国外相关重要标准规范

（1）Standard Green Infrastructure Specifications 绿色基础设施规范标准（2020年6月实施）。

（2）Standard Designs and Guidelines for Green Infrastructure Practices（NYC）（纽约市）绿色

基础设施实践标准设计和指南（2020年6月实施）。

（3）Guidelines for the Design and Construction of Stormwater Management Systems（NYC）（纽约市）雨水管理系统设计及建造指引（2012年7月实施）。

（4）New York City Stormwater Manual纽约市雨水手册（2022年2月通过实施）。

5.4　国外典型城市案例实践

（1）荷兰：从"安全抵御洪水"到"与洪水安全共存"的韧性转变

荷兰是典型的低地之国，除南部和东部有一些丘陵外，绝大部分地势都很低。同时，荷兰位于莱茵河和马斯河两大河流的下游，极易遭受洪涝灾害的侵袭。荷兰在与水共生的历史中，在如何应对极端自然灾害、解决城市洪涝问题、提升洪涝防御能力和城市韧性等方面经历了从"安全抵御洪水"到"与洪水安全共存"的转变。

规划建设管理等环节均重视"可浸性"。荷兰的防洪排涝相关韧性规划中重视周期性洪水的环境动态特征，从城乡规划、工程设计与管理维护等环节增强区域和城市的"可浸性"（Floodability），来主动适应洪水与内涝，而非被动抵抗。即，在现有的防洪工程体系以及防洪安全标准基础上，调整局部地区的土地利用方式，给河道以更大空间，以"与洪水共存"的理念灵活应对超设防标准的洪水。在无需加高堤防的情况下，通过区域的空间规划，对流域进行分割及功能划分，以有限区域内的暂时性的洪水淹没来达到削减洪峰、增大流量、降低水位的目标，从而在总体上减小灾害损失，降低洪涝风险。

将分析与动态测评结论体现在各层级空间规划中。在国家级空间规划中融入"韧性"理念，围绕雨洪安全等方面的适应性提出空间规划方案。在省级空间规划中着重将韧性理念中的"适应性"加以体现，并纳入空间规划方案中加以实施。在市级空间规划中将防洪排涝的韧性安全理念体现于土地利用、开发功能和建筑类型等更加具体、更具针对性的分配方式中。

充分重视"灾后恢复力"建设。当洪涝灾害无可避免时，荷兰通过科学有效的监测与分析，获得风险区分布、淹没区（半淹没区）空间分布、安全优先保障区域类别与空间分布等，并通过各层级空间规划等手段，对该类区域施加工程措施与非工程措施以进行分类保障。由此，来达到"在遭受灾害时，政府与民众可以有序防御与撤离；在遭受灾难破坏后，受灾程度与经济、社会、生态损失可以相对最低，可以用最小的时间与资金代价来恢复至原有状态"的韧性发展目标。

（2）美国纽约：与多领域跨部门的非结构性措施相结合，提升城市洪涝安全韧性

从空间结构性入手，多层级多角度提升防减灾系统韧性。纽约市通过在空间规划中增加韧性城市规划细则和措施，逐步将洪涝灾害应对由工程措施发展至韧性应对，对海岸线保护、绿色基础设施改造、给水排水等方面提出了应对策略和措施，并针对不同行政区域提出防灾减灾系统韧性规划的相关具体工程项目，旨在提高控制洪涝能力、提高城市对灾害承受能力，并强化城市灾后恢复能力。

从多部门合作发力，空间韧性与管理韧性相结合。随着观念的转变和规划设计的创新，在传统城市防洪工程设施建设的基础上，纽约通过景观整合等方式，以多部门、跨领域的协作方式，提高建成环境的洪水适应性，以进一步提升城市洪涝韧性水平。在具体实施方面，城市洪涝水系韧性策略可分为两类：第一类是滞洪区、绿色河道、建筑材料等结构性措施，涉及城市水系的组成要素，如绿色河道、渗透系统等，具体可分为径流管理、洪水适应、洪水调节和防洪建筑四大策略；第二类是流域管理、灾害预警、经验学习等非结构性措施，涉及新管理实践的引进或对已有管理实践的改进，主要包括灾害预警、社区参与、民众教育等策略。

5.5　国外新技术与新产品

（1）日本"虚拟洪水体验系统（VFES）"

日本在减少洪涝灾害、增强韧性的创新技术研究与推广方面有着自己的发展需求与应用平台。虚拟洪水体验系统（VFES）通过雨洪模型来模拟降雨径流过程和洪水淹没过程；通过无人机、点云、

摄影测量等手段获取空间数据;再将现实空间中的洪水要素及空间要素,在虚拟空间中进行重建,最终能够使人们体验虚拟的洪水过程并且训练其撤离行为,在虚拟现实中进行技术评估、行为观测、撤离训练以及洪水体验传播等。

(2)英国集成式泄漏和压力管理(ILPM)解决方案

集成式泄漏和压力管理(ILPM)解决方案,不仅可以提高可持续发展水平,还可通过减少水资源浪费解决干旱和缺水问题。该系统能够检测漏水现象,甚至预测漏水位置,使盎格鲁配水网可以根据数据分析结果主动做出响应,而不必等待服务中断以后才获知潜在问题。通过最大限度减少漏水现象,盎格鲁配水网可以将更多的饮用水送至客户手中,从而减少水处理任务并保护和节约社区可用的自然资源。

建筑摩擦摆隔震支座
Friction Pendulum Isolation Bearings for Buildings

邓　烜　雷远德　李戚齐

（中国建筑标准设计研究院有限公司）

1　发展现状

摩擦摆隔震支座（Friction Pendulum System / Bearing），简称 FPS/FPB，是一种能够自动复位的曲面滑移支座，发明于 1985 年的美国加州大学伯克利分校。随后，对其开展了系统化的隔震效果和应用方法研究，并在多个国家进行推广。目前，摩擦摆隔震支座已在国外多个重大工程项目进行了应用，例如美国苹果新总部大楼、旧金山机场国际航空港、土耳其阿塔图尔克国际机场、日本新北九州市立八幡医院、美国加州海沃德礼堂等，取得了较好的效果。

国内关于建筑摩擦摆隔震支座的研究始于 20 世纪 90 年代，工程应用则在 2017 年之后开始，主要原因在于我国建筑隔震技术在前期的相关标准中仅有橡胶类支座的相关要求，摩擦摆隔震支座工程应用依据不足。2019 年《建筑摩擦摆隔震支座》GB/T 37358—2019 标准发布，2021 年《建筑隔震设计标准》实施，对建筑摩擦摆隔震支座的产品、设计、施工及维护均做出了明确的规定，摩擦摆隔震支座开始在建筑工程中广泛推广。

由国务院颁布的，于 2021 年 9 月 1 日起施行的《建设工程抗震管理条例》（简称"条例"）要求位于高烈度设防地区、地震重点监视防御区的新建学校、幼儿园、医院、养老机构、儿童福利机构、应急指挥中心、应急避难场所、广播电视等建筑应当按照国家有关规定采用隔震减震等技术，对其他类建设工程鼓励采用隔震减震技术。每年预期开工隔减震工程建筑面积将超过 3000 万 m²，市场前景较为广阔。目前建筑隔震工程的主流支座产品为橡胶类隔震支座和摩擦摆隔震支座，且二者不能兼容。在既有市场环境下，摩擦摆隔震支座作为一种新型的隔震产品，正凭借其技术优势快速推广开来，并将在未来的市场中占据一定份额。

2　技术要点

建筑摩擦摆隔震支座的主要技术指标包括竖向承载力、极限位移、等效曲率半径（摆动周期、屈服后刚度）、摩擦系数等，其中核心关键技术指标主要有两个：等效曲率半径和摩擦系数。这两个指标决定了支座的力学性能，等效曲率半径决定支座的弹性回复力，影响支座在不同地震作用下的复位能力和频率；摩擦系数决定了地震作用下支座的阻尼效果，与等效曲率半径共同决定摩擦摆隔震支座的整体回复力，影响支座的应用效果。

技术指标主要通过在不同速度下的剪切性能试验来判定，其中高速（对磨面速度 150mm/s）运动下的动摩擦系数上限是整个支座的核心设计参数。试验分为型式检验和出厂检验，型式检验包含支座的所有技术参数检验，是对厂家生产能力和产品类型的认定；出厂检验包含部分关键检测项，是对单个项目或一批支座的性能判定。

与传统隔震支座相比，建筑摩擦摆隔震支座的优势主要体现在性能优势、经济优势和设计优势三个方面：

（1）摩擦摆隔震支座的主体材料为金属，机加工容易保证生产质量，可靠性更高，性能更加稳定；由于摩擦副材料主要为不锈钢和 PTFE，不存在老化问题，其耐久性更好，经试验确认的累积滑动距离长；金属材料承压能力更强，且机加工可根据设计需要生产任意尺寸。

（2）摩擦摆隔震支座的性价比更高，其一般只有四个螺栓将支座与上（或下）支墩相连，施工更加便捷；其大变形无损伤，大变形试验后支座可正常投入工程应用，且地震大变形后无需更换，降低了生产和维护成本。

（3）摩擦摆隔震支座参数简单，力学性能仅与等效曲率半径和摩擦系数有关，可以快速进行概念化设计；摩擦摆支座可自动调节隔震层偏心率，设计时无需考虑隔震层扭转变形；支座变形量与竖向承载力无耦合关系，确定关键技术指标后即可进行分析，支座选型仅与分析结果相关，无需根据选型结果重新计算。

3 应用特点

建筑摩擦摆隔震支座是近年来发展起来的一种基于滑动摩擦的隔震支座，支座基于其凹面几何形状和表面的摩擦特性，使结构在遭遇地震等震动时在凹面上滑动并通过摩擦耗散能量。在建筑设计上更加简单、适用于各类新建建筑和加固改造项目、地震后支座无损伤，具有较强的建筑工程应用适应性和良好的隔震效果。

（1）简化设计过程。建筑摩擦摆隔震支座主要由上下的弧形滑板和中间的滑块组成，滑块与弧形滑面之间有聚四氟乙烯材料和不锈钢板组成的摩擦副，滑动凹面的材料根据摩擦系数的不同有所不同。建筑摩擦摆隔震支座这种构造使隔震结构对激励的频率不敏感，且建筑摩擦摆隔震支座的竖向刚度取决于中间的滑块，水平刚度取决于凹面的摩擦性能，即水平刚度与竖向刚度无关。支座具有一定

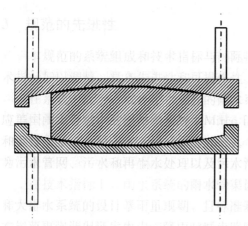

图1 建筑摩擦摆隔震支座剖面图（双摆）

的初始刚度，保证其在风荷载或小震作用下不产生滑动，不起隔震作用；当地震力大于静摩擦力时，滑块开始沿凹面做类似于单摆的滑动，重力的分力与摩擦力一起形成的恢复力使摩擦摆可以自复位。根据滑动面的个数可以将建筑摩擦摆隔震支座分为单摆型，双摆型和三摆型等，常见的双摆型建筑摩擦摆隔震支座剖面图见图1。与只有一个滑动面的单摆摩擦摆相比，双摆和三摆摩擦摆有多个滑动面，可以提供更大的水平位移，若每个滑动面的曲率半径和摩擦系数不同，则可以在不同阶段提供不同的刚度，为设计提供更多灵活性。

（2）适用于各类新建建筑工程项目。新建建筑中，对于常见的公共建筑，如医院、幼儿园、学校等，其通常体量不大、楼层不高，一般采取基础隔震或正负零隔震，一般采用常规的双摆型建筑摩擦摆隔震支座，支座的大小取决于其轴向力和极限位移。对于机场等大型公共建筑，其体量较大，楼层不高但因为跨度较大导致支座的竖向承载力较高，在高承载力方面建筑摩擦摆隔震支座更具有优势，因为其主体材料为钢材和 PTFE 材料，可承受的面压大，同时可以根据需要通过增大支座尺寸来满足承载力需求。此外，摩擦摆隔震支座还可用于大跨屋架、连廊等局部隔震，因其自身构造具备限位和自复位功能，可以减少隔震层其他功能装置的使用，施工和布置都较为简单。

（3）适用于既有房屋的隔震加固改造。在加固改造项目中，由于上部结构以及荷载的变化，实际支座的竖向荷载会随着施工以及使用过程中发生变化，摩擦摆隔震支座的实际竖向变形小、承载力强能够有效保证支座的受力安全；既有建筑加固项目由于上部建筑的装修、改造等情况，实际的上部结构质量以及周期都会与理论值存在一定的差异，采用摩擦摆支座隔震结构，其隔震周期与上部结构的

质量几乎无关，能够一定程度允许上部结构周期出现一定的变化，能够有效保证隔震效果；隔震设计中需要着重调整质心与刚心的位置，防止出现较大偏心，导致结构扭转。而加固改造项目，上部结构的质量存在不确定的特点，同时由于隔震层施工的高度偏差，容易导致结构内力重分布，上部结构质心不容易精确计算。而摩擦摆支座的水平刚度与竖向荷载呈正相关关系，能够实现质心和刚心的实时重合，从而控制结构扭转。

（4）地震之后无损伤。

在隔震相关设计标准中，对于隔震支座的连接支墩支柱的设计中都明确提出需要给支座预留更换条件，这条规定既是考虑可能出现性能偏差的支座产品，也是为地震后支座的损伤提供更换可能。而建筑摩擦摆隔震支座作为新一代高性能隔震支座产品，由于其特殊的构造特征和材料性能，具有在罕遇地震作用下不损伤的特点，保证了地震之后建筑隔震性能的可靠性，降低支座更换的成本。

建筑摩擦摆隔震支座常见的布置方式主要有基础隔震、层间隔震、柱顶隔震以及大跨度屋盖结构隔震等。支座安装在要隔震的结构下部，主要起到减小层刚度，延长结构周期以达到减少上部结构地震力的效果，保证了上部结构的安全以及其内容物和人员的安全和舒适度，达到保护生命财产安全的目的。一般的房屋建筑类型可以采用双摆类型支座来降低支座尺寸，减小对建筑空间的占用；对于柱顶隔震和大跨度屋盖结构隔震，可以选用主滑动面在上的单摆类型支座，以减小附加弯矩对下部结构的影响，降低下部结构的设计难度，提高设计的可靠性和经济性；对于高度较高、高宽比较大的建筑，可以适当搭配抗拉摩擦摆隔震装置或提离释放装置，来提高建筑的抗倾覆能力和结构可靠性。

支座在进场施工安装前，根据《建筑隔震设计标准》GB/T 51408—2021 第 5 章规定，应满足型式检验和出厂检验的相关要求。建筑摩擦摆隔震支座的型式检验应满足《建筑摩擦摆隔震支座》GB/T 37358—2019 的产品要求，且检验报告的有效期不得超过 6 年。建筑摩擦摆隔震支座的出厂检验报告只对采用该产品的项目有效，不得重复使用。隔震支座是影响隔震建筑工程安全性的关键部件之一，控制隔震产品出厂检验的数量是保证隔震工程质量的有效手段，因此《建筑隔震设计标准》GB/T 51408—2021 规定了隔震支座在安装前进行出厂检验的检测比例，对于特殊设防类和重点设防类建筑每种规格产品抽样数量应为 100%；标准设防类建筑，每种规格产品抽样数量不应少于总数的 50%，有不合格试件时，应 100% 检测。建筑摩擦摆隔震支座的试验项目主要分为支座用材料试验和整体支座试验。支座用材料主要包括摩擦材料、不锈钢板、黏结剂、防尘板橡胶等。整体支座主要的试验项目有外观质量、尺寸偏差（包络摩擦材料、金属摩擦面、机加工件、整体支座）以及支座力学性能试验（包括竖向压缩变形、竖向承载力、剪切性能试验、剪切性能相关性试验和水平极限变形试验）。

建筑摩擦摆隔震支座具备竖向承载力大、隔震周期固定、水平刚度与竖向荷载相关等特性，使上部结构无需考虑隔震周期、荷载改变对隔震效果的影响和隔震层偏心等问题，在简化设计和安装上具有显著的技术优势，有利于保障建筑隔震技术的有利实施；同时产品构造简明、加工质量有保障，在工程应用中有显著的性价比优势，有利于推广隔震技术；产品在震后无损伤的特点，能够有效保障震后建筑及功能的可持续，有助于保障震后人民生命财产安全及经济社会的可持续发展。

4 效益分析

建筑摩擦摆隔震支座本体为金属和 PTFE 材料，两种材料都具有良好的耐久性，同时建筑摩擦摆隔震支座大变形后无损伤的特性使其进行极限变形试验后仍可正常投入工程应用，且地震后可继续使用无需更换，减少了支座的废弃率，且生产过程为机加工，污染元素少，更符合绿色建筑的理念，对环境更加友好。

建筑摩擦摆隔震支座的应用可以对隔震建筑起到良好的隔震效果，地震来临时，大大减小了结构构件和非结构构件的破坏，减少了人员伤亡和财产损失。保证了建筑功能的可持续，使建筑功能以及建筑内正在进行的生产生活活动不被中断，降低了使用者或业主因为生产生活中断而造成的经济损失。保证了建筑在震后的功能可持续，避免或减少了破坏建筑修复、非结构构件拆除重建、人员安置等费用，同时减少了建筑垃圾的产生以及修复重建作业中对环境污染的影响。

对于电力、给水排水等生命线工程以及医院、消防、指挥中心等应急救援建筑采用建筑摩擦摆隔震支座后，可保证其震后功能可持续，保护了这些建筑中贵重的仪器设备和复杂管线，同时保证了应急救援工作第一时间开展，节约了社会资源，缓解了救援压力，最大限度地挽回灾害带来的损失。建筑摩擦摆隔震支座的应用可以降低人民对地震的恐慌，是技术进步提高人们生活质量和安全的重要体现，减少经济损失的同时可以稳定人心，维护社会稳定，降低地震对社会生产造成破坏性打击的概率，具有巨大的社会效益和经济效益。

5　应用案例

摩擦摆支座具有对地震激励全部频率范围的低敏感性和高稳定性、较强的自限位和复位能力、优良的隔震和消能机制等综合性能，自发明以来，已经在很多工程中得到应用。

旧金山国际机场位于圣安德烈斯地区，该地区的抗震设防等级为 7 度，由于机场的特殊性抗震等级提高到 8 度。该建筑使用了 267 个摩擦摆隔震支座，是世界上较大的隔震建筑之一，如图 2 所示。

图 2　旧金山国际机场

美国听证法庭位于加州旧金山市。该建筑具有悠久的历史，面积为 32500m²。该结构外部为花岗石内部为大理石，装饰有石膏和硬木，基础使用摩擦摆支座隔震，如图 3 所示。

图 3　美国听证法庭

美国苹果新总部是世界最大的隔震项目之一，其采用基础隔震，将 44.5 万 m^2 的环形建筑建于 700 个摩擦摆隔震支座之上，将确保建筑物可以向任何方向移动 4.5 英尺，而不会在地震期间功能中断，如图 4 所示。

图 4　美国苹果新总部

在国内，宕昌县职业中等专业学校实训楼项目选址位于陇南市宕昌县新城区，建筑面积约为 6000m^2、建筑高度为 23.70m，抗震设防烈度 8 度（0.20g），由于学校的特殊性，需要在地震发生时保证学生的安全，并在震后给附近的居民提供空间场地进行庇护，所以在设计时采用了摩擦摆隔震装置以保证主体结构在地震作用下的冗余度，如图 5 所示。

图 5　宕昌县职业中等专业学校

该项目设计时结合《建筑抗震设计规范》GB 50011—2010 第 12 章和《建筑摩擦摆隔震支座》GB/T 37358—2019 的相关规定，对重力荷载代表值下各支座的长期压应力、隔震层抗风验算、隔震层偏心率、减震系数、中震作用下位移角、大震下支座位移、大震下位移角、罕遇地震下支座反力等进行了校核，确定了隔震设计时主要的考虑指标。

此外山西省临汾市三星凤凰府幼儿园、玉门志远中学、北京未来城学校等建筑也采用了摩擦摆隔震支座。除了学校，还有许多医院建筑采用了摩擦摆隔震支座进行隔震设计，例如邯郸中医院、东明县第二人民医院、漳县人民医院等。

图 6　漳县人民医院医疗综合楼

漳县人民医院位于甘肃省定西市漳县，其医疗综合楼（图 6）面积约为 5.4 万 m²，分为五个区，其中一二区为框剪结构，三四五区为框架结构，该项目依据《建筑隔震设计标准》GB/T 51408—2021 进行隔震整体设计，主要考虑指标包括重力荷载代表值下各支座的长期压应力、隔震层抗风验算、隔震层偏心率、底部剪力比、中震作用下位移角、大震下支座位移、大震下弹塑性位移角、罕遇地震下支座反力等。

从既有项目中可以看到，建筑摩擦摆隔震支座可以在隔震效果、位移角控制等方面满足设计要求，可以达到与传统橡胶支座同样的效果，且其自身在施工安装、设计等方面具有一定的优势，随着计算软件分析工具的不断完善，建筑摩擦摆隔震支座在设计便捷度方面的优势也会更加明显。

对于对支座有特殊要求的项目，建筑摩擦摆隔震支座也可在外形或构造上做出一定的调整，具有与实际工程匹配的灵活性。

6　结语展望

隔震技术作为当今土木建筑领域一项重要技术，在解决建筑抗震难题方面发挥着重要作用。摩擦摆隔震支座作为独具特点的隔震支座产品，正在建筑行业中快速发展应用。

从国内外的应用案例上看，摩擦摆支座已在医院、学校建筑、加固改造项目、大跨空间结构、LNG 储罐等方面进行了较为广泛的推广，尤其是铁路公路领域，摩擦摆隔震支座已经成为一种趋势，占据了较大的市场份额。我国在《建设工程抗震管理条例》的推动下，隔震技术在高烈度地区的应用已经成为必须，摩擦摆隔震技术已经成功应用于建筑结构、生命线工程、工业建筑、加固改造建筑等工程，但是仍旧有着广阔的发展空间。

由于摩擦摆支座独特的技术特征，在一些特定工程领域也将具有较好的技术应用和产品发展。摩擦摆隔震支座不随着上部结构质量变化的隔震效果，在 LNG 储罐等具有明显的质量变化结构中具有显著的技术优势，具有良好的发展前景；对于在地铁上盖建筑中振动控制的需求，摩擦摆隔震支座可以充分利用结构上的优势，提高其对微振的控制效果，提高建筑的舒适度；通过将摩擦摆隔震技术与其他先进结构控制技术相结合，探讨将其应用于新型、复杂、特殊、高柔的结构中形成新的隔减震结构体系的可行性，开拓该技术新的研究和应用领域。

我国摩擦摆隔震支座的相关试验和工程应用等方面相对而言处于前期阶段，随着条例的全面落地和隔震技术的蓬勃发展，摩擦摆隔震结构的科研、设计、管理水平、产品的标准化、产业化都将得到全面的提升和发展，高性能、标准化、高性价比都将是对产品未来新的需求和发展方向。

"建造 4.0"

"Construction 4.0"

马智亮　李佳益

（清华大学土木工程系）

1 技术背景

1.1 "建造 4.0"的背景

建筑业是众多制造行业中的一类。建筑业的工作对象——住宅、道路、桥梁、隧道、地铁、大型商业综合体等，由于其单件体量大、能源及资源消耗大、温室气体及废弃物排放量大、易受老龄化引发的劳动力短缺影响等特殊性，难以像汽车、家电、电气设备、生活用品等工业产品一样，伴随工业化的变革，实现工业生产范式的快速转型。但是，随着全球第四次工业革命和由此产生的"工业4.0"在产业智能化应用领域的快速发展，建筑业也有机会跨越到更高效的生产制造、商业营销和价值链接中。

我国政府相关部门为加速推动建设领域的高质量发展，于2020年发布了推进智能建造与建筑工业化协同发展的相关指导意见。在此背景下，2021年，作者等在住房和城乡建设部信息中心领导下主编出版了《中国建筑业信息化发展报告（2021）——智能建造应用与发展》，其中，对建筑工程领域"智能建造"的理论及实践进行了系统阐述。国外也有类似的关注和提法，主要是"建造4.0"，它被看作是"工业4.0"在建筑业的延伸，但其具体内涵尚未被我国所认知。幸运的是，2020年英国跨国出版公司Routledge邀请了60多位建筑工程领域学术专家、企业精英、行业从业者，针对"建造4.0"的理论及实践进行了全面梳理，出版了《建造4.0——建筑环境的创新平台》一书。本文将以此为基础，从技术背景、技术内容、技术指标、适用范围几个方面，扼要介绍"建造4.0"的状况，以便读者对其有更加具体的了解，助力我国智能建造的早日实现。

1.2 "建造 4.0"的概念

"建造4.0"旨在以信息物理系统为核心驱动，以数字生态系统为依托，整合多项要素技术，为实现建设领域的设计、施工和运行维护各阶段建造活动的信息互通、互惠共荣提供标准数字平台和应用框架。

"建造4.0"能够为建筑生产过程营造创新环境，提升建筑工程行业形象，促进工程项目质量、安全、进度、成本管理的有效性，还能优化建造过程中的沟通效率和交付运营后的最终用户体验。

2 技术内容

信息物理系统（CPS，Cyber Physical System）和数字生态系统是"建造4.0"的两大支撑。CPS实现物理层面的信息互通；数字生态系统则在数字层面提供一个由基于云存储的虚拟模型数据库。"建造4.0"通过多种要素技术的整合应用，提出有针对性的解决方案，最终服务于建筑工程从设计、施工到运维全过程的智能化。"建造4.0"的框架如图1所示。

根据该框架，"建造4.0"涉及的要素技术包括：CPS、数字生态系统、建筑信息模型（BIM，Building Information Modeling）技术、通用数据环境（CDE，Common Data Environment）技术、

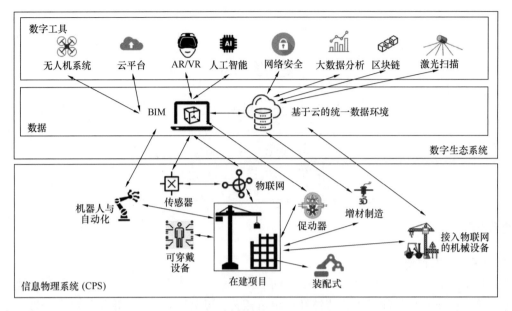

图1　"建造4.0"的框架

基于BIM的构件预制技术、数字制造技术、数据存储和交换技术、人工智能技术、建造自动化和机器人技术、机器视觉技术、无人机系统（UAS，Unmanned Aerial System）、物联网（IoT，Internet of Things）技术、云计算技术、混合现实（MR，Mixed Reality）技术、光电子技术、增材制造技术、网络安全技术和区块链技术等。以下选择其中不常见的技术进行简介。

2.1　CPS

CPS是集成了计算、通信与控制的新一代高度互联智能系统，可以实现物理设备、传感器和后端计算平台的紧密耦合，旨在通过人机交互接口的应用，实现建筑环境中的智能控制对象的交互，使得虚拟世界和物理世界能够高效协作、链接和共生，以创建一个真正有效的数字孪生世界；同时，通过IoT和嵌入式系统的应用提高集成和协作的可能性。CPS可以在建筑生产设备和传感器之间建立通信，促进自动化数据采集、建筑生产过程监控和运行过程控制。CPS在建造领域的应用又称为CPCS（Cyber Physical Construction System），是3C（Computation，Communication，Control）技术与建造领域的深度协作和有机融合。CPCS分为感知层、网络层和应用层，在感知层当中，通过分布在施工现场的设备上的传感器与现实世界进行交互，多个传感器组成无线传感器网络，形成与现实世界的接口；CPCS网络层利用现有的各种网络进行建造数据的交互与传输；应用层是这种交互的主体，它不仅包括参与建造过程的人，还包括人所操作的系统。典型的CPCS就是具有高度智能的建筑机器人。

在CPCS中，BIM技术可用于创建数字孪生世界并成为CPCS的一部分，并与增强现实（AR，Augmented Reality）、虚拟现实（VR，Virtual Reality）、MR等技术整合应用于增强不同利益相关者之间对设计意图的沟通和可视化展示，还可用于提供自动化制造和机器人技术提供数据平台支持，以实现标准化和重复的程序。

CPCS也可使用无人机、BIM、GIS等多项技术的互联系统实现现场实际进度与BIM模型中的计划进度对比，从而进行施工进度监控。CPCS整合条形码技术、射频识别（RFID）技术、AR技术和BIM技术，可以实现对建筑资产的快速定位和高效运维。CPCS还可通过包括BIM在内的集成和互联系统对建筑耗能监测和管理。

2.2　数字生态系统

数字生态系统是一组相互依存的人、产品、事物、组织的复杂交织，这些组织在共享数字平台上工作，实现横向与纵向的多维度整合，进而实现互利目的和价值共创。数字生态系统以能为系统核心功能提供可扩展代码库的平台为基础，由多个数字组件组成，例如软件开发工具包和应用程序编程接口等。例如，苹果公司的 iOS 操作系统是一个数字生态系统，该系统支持各种形式参与者的创新成果在该手机上进行应用，包括组织机构（苹果公司、APP 开发商、硬件制造商等）、人（手机用户、设计师、应用程序开发人员等）、产品（iPhone、iPad、iPod 等）和事物（附加硬件和软件）。

从建筑业外的其他行业发展来看，数字生态系统是行业变革的关键驱动力。建筑领域的平台和生态系统的概念大致可以追溯到采购招标平台、材料和设备供应门户网站的应用。数字生态可以引领"建造 4.0"的转型，助力建筑企业成为真正的数字化企业。虽然数字生态系统在建筑领域的应用还处于发展的早期，但是，近来，已经有部分建筑业的主流软件开发企业，特别是以客户需求为中心的科技创新企业已开始采用数字生态系统，希望数字生态系统能给客户带来更多价值，例如 Autodesk 公司的 BIM360 生态系统、Procore 的开发者生态系统、Bentley 公司的模型服务器生态系统。

2.3　基于 BIM 的构件预制技术

预制构件的供应是装配式建筑生产过程的一个关键制约因素，其制造的分散性和交易便捷性对建筑产品生产的进度和效率有重要影响。在预制构件生产过程中使用 BIM 技术，可以使 BIM 模型成为数据交换和集成平台，通过建筑信息的集成，消除传统方式下的"信息孤岛"和"信息壁垒"，进而提高构件预制交易的便捷性，同时，结合点云技术，BIM 模型在场外预制构件设计和安装过程中能够通过识别精度偏差，为制造和组装过程提供帮助。

2.4　数字制造技术

数字制造是将设计过程和建造过程的数据转换为制造所需的计算机代码，将该代码转化为驱动数字制造过程的数控工具。数字制造是一种建造方法或系统，包含例如用于预制或者现场建造过程中的机器人制造和组装、大规模的增材制造、使用专门的自动化系统进行材料加工、各种形式的混凝土加工和复合材料的制造等。数字制造技术还处于发展阶段的初期，其定义并不是一成不变的，随着数字技术的快速发展，它将持续发展并随着新技术、新方法、工作流程、协议和实践的发展而进一步实现演化和扩展。

2.5　数据存储标准和数据交换技术

数据交换标准是成功实现计算的关键。IFC 标准的实施旨在提供一个开放的建筑对象和数据交换范式，但是现有的开放式建筑信息交换标准尚未达到在数据传输、应用程序和商业价值创造等方面彻底变革。新一代数据交换标准借鉴了网络服务、云架构和支持协议等，重新建构当前开放标准的基本假设。将现有建筑数据标准的数据建模范式转换为网络链接数据模型范式，将成为"建造 4.0"应用的重要支持。

2.6　建造自动化和机器人技术

建造自动化和机器人技术相关研究最早可以追溯到 1970 年前后的苏联时期，历经 40 多年探索后的今天，建造自动化和机器人技术在建筑中应用所发挥的作用仍然有限。建造自动化和机器人技术的应用初衷一直都致力于获取经济收益、提高产品质量、优化作业环境和利用新兴技术的优势，但是效果暂不明显。1980 或 1990 年代后陆续出现的智能设备、云计算、大数据、深度学习、无线传感器网络和 BIM 等技术，使得建造自动化和机器人技术在建筑设计、建造和设施管理等领域成功应用的可能性与前 40 年相比实现了大大提高，机器与人类的协作也会随着建造自动化和机器人技术的逐步发展而实现持续增长。

建筑机器人可以根据电源、形状、尺寸、应用类型、自由度、机械结构、运动特性、认知能力、与人类协作的能力或者建造环境特征进行分类，已有研究中的建筑机器人包括砌砖机器人、钢梁装配机器人、进度监控无人机、竣工建模机器人、建筑性能监控机器人等。这些建筑机器人的基本功能主要涉及任务分配、路线规划、定位和导航。

2.7 机器视觉技术

机器视觉研究从1970年代初的数字图像处理，到现阶段的实物识别，实现了较大的技术跨越，使计算机能够感知现实世界的三维实体。实际工程建造过程中存在的进度滞后、费用超预算等问题，随着机器视觉工程应用的实现找到了新的解决方案。

智能手机、固定摄像头、无人机、地面车辆以及激光扫描等技术的快速发展，为建筑全生命周期的数据采集和分析提供了便利。学术研究领域已经实现基于机器视觉技术进行实时三维重建，通过重建模型、标准BIM模型和项目进度表的集成应用和对比分析，实现项目控制、安全检查、质量评估/控制、生产力分析、运营维护和建筑能源分析等。该过程既是"建造4.0"所致力于实现的从建筑实体到数字模型，再到建筑实体的转变，也就是CPS的应用。

2.8 UAS

UAS是无人的空中硬件平台，可以收集和处理数据，并且能够自主操作或直接人工控制，常见类型包括固定翼无人机和旋转翼无人机。

UAS在军工领域的应用可以追溯到大约150年前用于高射炮技术训练，并在1990年以后快速发展。其行业应用的关键因素包括易用性、可移动性、敏捷性、低成本数据捕获能力，以及与红外传感器、激光、雷达、热传感器、相机、陀螺仪、全球定位系统（GPS，Global Positioning System）等设备的搭载应用。无人机在建造领域的初步应用涉及土方测量、安全检查、损坏评估、施工监测、现场检查、空中建造和建筑设施维护等。UAS与CPS可以在"建造4.0"中进行功能整合后作为设计、施工，以及施工后阶段的监控和数字化建造工具，然而，无人机在建造领域应用所面临的最大挑战是禁飞区管制和合法性问题。

2.9 MR技术

MR系统是先进的可视化工具，旨在通过改善建造过程中对虚拟信息的获取途径，提高人与人之间的交流和信息共享水平以支持协作决策和问题解决。例如用于设计审查、安全培训、施工和设施管理过程的信息获取。VR技术和AR技术都属于MR技术，通过可视化和模拟来提高对虚拟数据信息的理解、交流和共享。

MR技术被列为最具潜力的变革性技术之一。在过去的几年里，学术研究领域和工程应用领域在MR技术开发领域取得了长足发展，不同施工领域的MR解决方案实施使得全球的建筑公司、设计办公室和研究机构受益匪浅。MR技术已经开始彻底改变建造领域的工作方式，对设计环境、培训计划、施工和设施管理等过程产生了重大影响。

2.10 光电子技术

光电子技术是指用于发射、调制、传输和感应光，并对采集的信息具有收集、存储、处理和展示功能的电子设备。光电子学在建造领域中的四个基本应用包括进度跟踪、质量控制和评估、结构健康监测和竣工设施数据维护。现有的光电子技术产品包括机载激光扫描仪、移动激光扫描仪、地面激光扫描仪等。光电技术与BIM技术、机器视觉、摄影测量等信息技术的功能整合，可以为建造过程提供理想的解决方案，以快速创建和更新竣工数据。

光电子设备是"建造4.0"下作为传感工具来构建数字孪生世界过程中的重要工具。"建造4.0"寄希望于通过图像传感和光电技术的应用，努力追赶其他工业领域的发展速度，例如航空航天、制造、汽车生产等。

2.11 增材制造技术

增材制造技术结合了材料科学、建筑设计、计算机和机器人德国技术的集成，例如3D打印技术、材料喷射技术等。建筑业生产过程中需要大量的资源和能源，随着社会变迁，建筑业逐步从商业驱动转向社会经济和环境驱动。增材制造技术作为生态创新解决方案是建筑工业取得进步的重要方面。

2.12　区块链技术

区块链技术也称为"信任协议"，是几种安全去中心化数据技术的融合管理和价值交易。去中心化加密货币的想法在 2008 年提出，比特币在 2009 年推出，成为区块链技术最早的成功应用。区块链在其架构中具有提供安全性、匿名性、出处、不变性和数据用途的特性，无需任何第三方组织控制数据。由于这种自动化，区块链在许多领域创造了新的机会数字应用程序和生态系统。

区块链技术在建造领域的应用，可以提高建造过程中实时数据收集的质量、可追溯性和安全性。不可变更的数字账本能够实现项目映射，并且对每个阶段进行跟踪。区块链作为信息技术将设计和施工活动与建筑环境融合在一起，包括共识模型在设计过程中可能意味着什么和实现什么，这样的探索值得深究。例如，可通过区块链技术对建筑防水等需要进行隐蔽工程验收的设计图纸、施工过程信息、质量问题记录等在数字账本中进行记录和跟踪，以便后期出现漏水等质量问题时进行追溯。这个数字账本可能需要依托用于运维的 BIM 模型才能真正服务于项目全生命周期管理。

3　技术指标

随着建筑工程领域新技术的推陈出新，每一种技术都能在设计阶段、生产阶段、施工阶段以及运行维护整个建造过程的某一阶段，服务于施工单位、设计单位、监理单位、业主单位、物资或者服务供应商等个别项目参与方，以实现安全、进度、成本、质量管控的局部提升。例如：

（1）在数字生态系统中，新技术的应用能实现数据库中各种信息的链接，使得人们可以更加容易地获取希望得到的信息。

BIM 技术可用于 BIM 模型的建立和施工现场模拟；CDE 技术用于收集，管理和传播整个项目过程中涉及的图形模型和非图形数据；UAS 能够实现图像数据快速高效地采集；云计算技术可以实现建造数据的快速传输和处理；VR/AR 技术则能够适用与建造过程全流程中的各种场景；人工智能可以用于解决一些重复性的工作，例如数据分类，趋势预测，图像处理，信息挖掘和解决方案的制定等；网络安全技术用于建筑实体-数字信息-建筑实体循环过程中信息的安全保障；区块链技术的应用可以将智能合约、信任协议和维护记录等引入建造管理过程，以实现提高建造过程中实时数据收集的质量、可追溯性和安全性；激光扫描则可以为点云计算数据的收集提供便利，为高精度建模打下基础。

（2）在信息网络系统中，新技术的应用加强了人、物、数据之间的信息传递使得部分信息收集整理和分析处理更加便捷，或者部分生产过程得以优化。

建筑机器人和自动化设备可用于施工现场的运输、装配和生产；传感器技术为收集位置、温度、湿度和运动等大量的信息提供便捷途径；IoT 技术实现了人、物、数据三者之间的互联互通；可穿戴传感设备的应用可以实时采集现场作业人员的位置、温度、湿度和运动信息，以实现现场人员管理的智能化；增材制造技术能够为模型的打印和生产提供性能较好的材料；装配式制造将制造业引入建筑业，实现部分建筑配件的产业化制造；传感器技术可以用于辅助设备或构件的安装流程，以避免出现安装顺序错误或者位置错误等问题。

但是，建筑工程项目管理是一个系统的过程，单项要素技术往往在建造过程中可以解决局部的问题，技术功能的局限性、技术采纳的回报率、技术应用的复杂度等影响因素都可能会导致新技术的应用受阻，甚至因为技术采纳效果不佳而最终被行业淘汰。例如在施工管理过程中，BIM 技术只能是一种工具手段，如果想要实现项目管理水平的提升，单纯靠 BIM 来解决所有项目管理的问题并不现实。

因此，"建造 4.0"的提出，提供了一个整合数据层和实物层系统功能的新技术集成应用平台。新技术在建造过程中的功能优势各有不同，通过不同技术的组合应用可以形成特定的工程应用解决方案，共同服务于"建造 4.0"下建筑工程行业的变革和进步。

4 适用范围

建造过程一般包含设计阶段、生产阶段、施工阶段和运营维护阶段（简称"运维阶段"）。虽然"建造4.0"也能应用于已投产并进入运维阶段的建筑工程项目，但在"建造4.0"应用的重点是设计阶段、生产阶段和施工阶段，而不是运维阶段。"建造4.0"的最终目标是通过综合解决方案的实施，实现建设领域在本质上全方位的深度变革，这种变革既包括行业层面行业形象提升、科技含量提高、环境污染和资源浪费减少，也包括项目层面安全、质量、进度、成本的优化和危险性高、重复性高的作业内容的机器替代，以及全参与方沟通协调效率的提升。总而言之，"建造4.0"可以应用于建筑工程项目全参与方、全阶段、全专业，支持各方的工作，提升各方的工作水平。

5 工程案例

在《建造4.0——建筑环境的创新平台》一书中，结合"建造4.0"的具体内容有较多的案例，但是大多数案例是结合单项要素技术或者单个系统进行介绍，只提供了3个综合性案例。本文选取其中综合性相对较强的两个案例进行介绍，以便读者能够尽快了解"建造4.0"的应用及发展情况。

5.1 案例一：施工现场物流规划中的4D BIM技术应用

位于巴西东北部彼得罗利纳市的一项实证研究对象是巴西政府的公共住房计划建造项目。项目内容是在钢筋现浇混凝土墙体结构施工中采用钢模板系统。涉及四个流程：钢筋绑扎、电气设备安装、模板组装和混凝土浇筑。该项目使用的模块化钢模板属于大型钢板框架，需要应用大型起重设备，并且必须由熟练的工人操作，项目任务是需要在7个月内完成。案例研究的目标是确定与运输大型钢模板的卡车有关的物流问题以避免不必要的搬运。研究内容包括：收集数据以确定影响现场物流效率的关键施工过程；建立BIM模型用以优化钢模板安装的执行顺序；应用该模型进行4D BIM模拟、分析，确定在钢模板组装过程的物流方案，以减少不必要搬运的实际贡献和技术局限性。

从项目实施成果分析来看，4D BIM技术的应用使得物流运输的往返时间缩短了25%。另外，通过安装过程模拟，在安装前向施工作业人员展示了整个安装流程，使得部分安装问题在实施前就能进行讨论并找出的解决方案。此外，模拟过程的截图有助于协调现场运输的过程中的时间和空间问题，使得运输能在更短的时间和更受限的空间内顺利完成。

该案例结果表明，对施工现场物流相关内容的掌握程度是4D BIM技术成功应用的关键，技术开发的前提是必须了解所需要的设备参数和数量、执行运输活动所需的工人数量、场地需要具备的条件和需要预留的空闲时间。传统管理模式下，这些信息是碎片化的，但是在4D BIM技术的应用场景中，碎片化的信息在整合后可以为施工现场物流规划提供便利，提高工作效率、优化工作流程，提升工作质量。

5.2 案例二：维基之家

开源系统是软件开发中的概念，它允许通过公共协作来完成项目，开发者允许任何人修改其源代码。这种软件开发合作模式在已开始应用于建筑领域，形成开源架构的新概念。开源架构中最著名的项目之一就是维基之家项目。维基之家项目使用由在英格兰和威尔士注册的非营利公司Open Systems Lab创建于2012年的数字建筑系统，称为Wren系统。Wren系统是基于Grasshopper、Rhino、SketchUp等BIM系列软件进行开发的，可用于从系统中的三维模型可以提取出二维图纸、组装说明和其他建筑信息。在普通房屋设计费高昂的情况下，用户通过维基之家数字建筑系统就可免费登录、浏览、下载设计图册和三维建筑模型，经过简单处理后就可以找供货商进行订购，然后非专业人士就可以在不需要起重设备的情况下，只在少数环节借助专业人士的服务，然后可以快速搭建自己的房屋。

通过上述过程，高性能、适应性强的维基之家只需要每平方米800英镑的价格，大约是类似规模传统方式下建造成本的一半。在建筑工程项目的建造过程朝着智能化不断发展的过程中，"建造4.0"

的成功推行，对建造领域产生的变革不仅仅是建造过程的安全、质量、成本、进度等项目管理过程的变革，可能会直接影响到项目各参与方的参与方式和深度，甚至会影响到整个建筑工程领域全产业链的运行模式。

该案例中的开源架构的载体是维基之家数字建筑系统，我们可以将其理解为"建造 4.0"下的数字生态系统，另外，Grasshopper、Rhino、SketchUp 等 BIM 技术和计算机数控（CNC，Computer Numerically Controlled）技术等的综合应用对建造领域的流程实现了变革，对经济、社会和环境也具有重要影响，也因此可能会打破建筑工程领域原有的运行模式。

总体来看，"建造 4.0"的应用似乎尚且还没有大型综合项目的成功案例，其有效性验证还需要建筑工程领域相关研究人员和实践工作者的共同努力。

6 结语展望

可以看出，"建造 4.0"与我国目前正在积极推进的"智能建造"异曲同工。两者都能服务于建设工程项目的设计、生产、施工、运维全生命周期，都需要依托于系统，并对多项要素技术进行整合应用。不同点在于，"建造 4.0"强调为建设领域的设计、施工和运维各阶段建造活动的信息互通、互惠共荣提供标准数字平台和应用框架；智能建造强调使计算机系统拥有人类才具有的能力，并将其用于从事以往只有人类才能从事的工作，从而实现完全取代人或减少对人的需求。总体上看，"建造 4.0"与智能建造殊途同归，都希望实现建筑业向科技赋能的方向迈进。

可以预见，"建造 4.0"的成功落地必将带来建造领域的深度变革，虽然变革的过程可能会产生一些负面后果导致部分脆弱的利益相关者被淘汰，但是成功的行业变革将激发领域创新，并对行业发展产生积极推动作用，使得工程项目建设及管理更迅速、更精简、更安全、更高质量和更可预测，使得建筑产品更智能化、更环保、更易维护。

基于 BIM 的装配式建筑智能设计技术

Intelligent Design of Prefabricated Building Based on BIM Technology

许杰峰

（中国建筑科学研究院有限公司）

为顺应国家建筑产业化、智能化发展的政策引导，针对当前装配式建筑设计深度不够、设计工作量大、缺少智能化设计、专业间缺少协同、数据传递效率低下等问题，本文提出基于建筑信息模型（BIM）技术的智能设计方法。以装配式建筑的设计阶段为切入点，详细阐述了基于 BIM 技术的装配式建筑智能设计技术。通过技术背景、技术内容、技术指标、适用范围、工程案例章节对该技术进行系统性介绍，并总结其技术特点及未来发展方向，以期为产业链相关企业提供可实施的技术建议。

1 技术背景

1.1 我国建筑行业信息化程度较低

党的十九届五中全会提出要坚定不移贯彻创新、协调、绿色、开放、共享的新发展理念，以推动高质量发展为主题，以深化供给侧结构性改革为主线，以改革创新为根本动力。如图 1 所示，建筑业作为国民经济支柱产业之一，改革开放几十年来实现了快速发展，但也存在信息化率低，相对于其他行业信息化率不足 0.03%，导致生产率下降，主要表现为管理粗放、效率低下、浪费较大、能耗过高、科技创新不足、技术和管理手段落后。迫切需要利用"互联网""BIM"为代表的先进科技手段，实现建造方式的转型升级与跨越式发展。

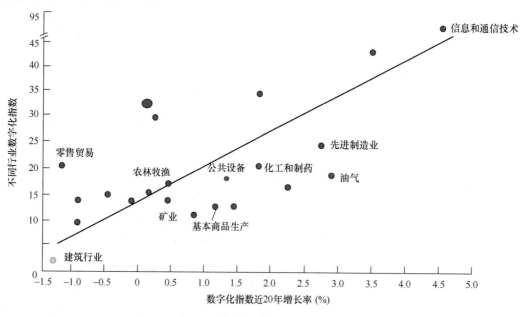

图 1　建筑行业信息化率不足 0.03%

1.2 倡导建筑工业化与智能化协同发展

在国家提出要加快推动建筑行业工业化与智能化协同发展的大背景下，全面向工业化、智慧化转

218

型已成为建筑行业的主要发展方向。2017年国务院办公厅发布《国务院办公厅关于促进建筑业持续健康发展的意见》（国办发〔2017〕19号）等相关文件，提出"推进建筑工业化、数字化、智能化升级，加快建造方式转变，推动建筑业高质量发展"。2020年，住房和城乡建设部、国家发展改革委、科技部等十三部委联合印发了《关于推动智能建造与建筑工业化协同发展的指导意见》（建市〔2020〕60号），要求围绕建筑业高质量发展总体目标，以大力发展建筑工业化为载体，以数字化、智能化升级为动力，创新突破相关核心技术，加大智能建造在工程建设各环节应用。2021年，住房和城乡建设部发布的《"十四五"住房和城乡建设科技发展规划》中提出"迫切需要加快推动智能建造与新型建筑工业化协同发展，促进中国建造从价值链中低端向中高端迈进"。

1.3 设计环节信息化至关重要

装配式建筑具有标准化、精细化、集成化和体系化的特点，BIM是装配式建筑体系中的技术关键和最佳平台，它能够在全生命周期内提供协调一致的信息，对装配式建筑全产业链提供有力支持。而设计作为全生命周期的重要环节，从现有数据调查上来看，应用数字化程度也相对较高。如图2所示，据相关机构调查，设计环节应用BIM技术为64%，并高于其他环节，充分证明了在市场端，设计企业对信息化的需求也是相对较高，同样也是比较重要的环节。

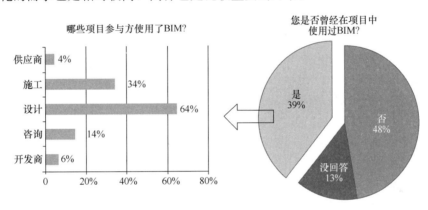

图2 BIM应用情况调研

1.4 国内外发展现状

国外发达国家经过几十年的发展，装配式建筑已进入相对成熟的阶段，北美、欧洲、日本、新加坡等地区和国家均已实现了建筑工业化和信息化的融合，基于BIM技术的装配式建筑发展模式日趋成熟。

与此同时，国内各科研机构相继开展了装配式建筑的BIM技术应用研究，包括基于IFC的BIM体系架构、面向设计与施工的BIM建模系统、数据集成管理平台及BIM数据库的研究。"十二五""十三五"期间我国开始大力推广BIM和建筑工业化，重点是住宅建筑。一批大型企业进行积极的研究与探索，已将BIM技术应用在装配式住宅项目的设计、生产和施工的各个环节中。

1.5 国内现有问题

设计环节是在装配式建筑全生命周期当中的重要一环，关系到装配式工业化建筑"产品"的质量、精细度、现场安装可操作性等关键因素。从现有发展情况来看，我国装配式建筑数字化设计环节主要有以下几大问题。

（1）全球化竞争新格局背景下，我国卡脖子技术的窘境日益凸显。

作为"工业制造的大脑和神经"，我国工业软件市场由国外工业软件巨头所垄断，国产工业软件行业的羸弱成为中国建筑业进一步发展的瓶颈之一。尤其随着近年来美国对华贸易战、技术封锁的升级加码，我国高科技产业面临的技术封锁风险不断增加，工业软件特别是研发类高端设计软件和芯片一样也存在被"卡脖子""捏软肋"的巨大风险。

（2）国外设计软件不符合设计需求，智能化程度不够。

全球116家建筑事务所联名Autodesk公司的公开信指出：不满Autodesk对Revit长期开发停滞和费用增加，以及不关注为改善客户满意度而发生改变。根据2020年6月的一项用户调查，总分10分，Revit用户的各项满意度几乎都低于3分。种种现象可以看出，国外设计软件出现了缓慢发展的状态。同样，在国内应用国外BIM软件也出现不符合国内的相关标准规范和工作流程，设计师上手难不容易学习，后期服务跟不上设计要求等现象，现有应用主要依赖于大量的软件二次开发。

（3）协同设计不足，多为"被信息化状态"。

BIM技术作为信息集成的工具，为工业化建筑各阶段施工搭建了沟通的桥梁。目前BIM技术在工业化建筑设计中已经有了较多的应用，主要集中于在传统设计流程基础上提出的软件优化、多主体协同、信息编码、数据库建立等，而非真正的建筑、结构、设备、室内各专业协同。且大多数设计还停留在翻模层面，属于逆向设计方式。在设计过程中，BIM模型被视为附加设计成果，是设计院为应对相关要求而采取的"被信息化"手段，未体现BIM的真正价值。

（4）装配式建筑的产品设计思维是对现有设计师能力的挑战。

设计环节是装配式建筑技术体系建立的重要环节，从横向看建筑、结构、设备、室内各专业设计师需要协同配合，从纵向看设计师在工作时，还需要了解用户需求、了解部品、材料生产、施工安装、成本等因素，这对现有习惯于传统建造方式的设计师能力是一种挑战，且鲜有设计师能统领全局。

1.6 小结

针对与以上发展情况和问题，本文将提出基于BIM的智能化设计技术，以期用数字化、智能化的手段解决装配式建筑设计现有问题，通过阐述主要核心技术内容、技术指标、适用范围、工程案例几个方面系统说明对应措施及解决方案。

2 技术内容

2.1 搭建全过程自主化BIM平台

为保证BIM技术在装配式建筑全过程的集成化应用，首先要搭建支撑装配式建筑全流程的基础数据平台、协同工作平台和专业应用集成平台，建立装配式建筑BIM数据通用化、标准化描述、存取与管理架构，实现装配式建筑设计、生产、运输、施工等各环节的数据共享和软件集成。

为解决中国工程建设长期以来缺失自主BIM平台，国产BIM软件无"芯"的"卡脖子"关键技术问题，中国建筑科学研究院下属的北京构力科技有限公司于"十三五"期间承担了国家自主BIM平台软件重大攻关项目，于2021年推出国内首款完全自主知识产权的BIM平台软件——BIMBase系统（图3），为工程建设行业提供了数字化基础平台。BIMBase支持软件开发企业研发各种行业软件，目前已在建筑、电力、交通、石化等行业推广应用，为行业数字化和工业化转型提供了有力保障。

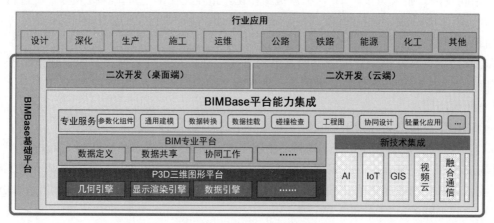

图3 BIMBase应用体系架构

2.2 装配式建筑智能设计技术

基于 BIM 的装配式建筑设计技术，按照装配式建筑全产业链一体化、集成化应用模式，涵盖全专业全流程（包括深化和装修）、前置生产、施工工艺要求，内置多项智能化设计内容（图4）。基于 BIM 实现智能化构件拆分与预拼装、全专业协同设计、构件深化与一键出图、碰撞检查、材料统计等功能。符合标准化数据要求，利用标准化部品部件库，设计数据直接接力到生产加工设备，提高设计效率和质量。

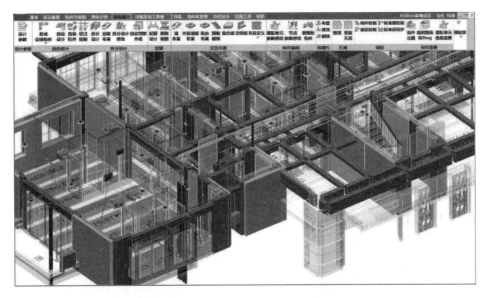

图4 基于 BIM 技术的装配式建筑全专业智能化设计

中国建筑科学研究院基于自主 BIMBase 平台的装配式建筑设计软件 PKPM-PC，软件按照装配式建筑全产业链集成应用模式研发，在 BIMBase 平台下实现了智能化构件拆分与预拼装、全专业协同设计、构件深化与详图生产、碰撞检查、材料统计等功能，设计数据直接接力到生产加工设备。为广大设计和生产企业提供专业软件，提高设计效率和质量，助力建筑工业化发展。其中智能设计主要包括如下功能特点：多专业智能建模、专业间智能提资、变更自动提醒、装配式构件智能拆分、结构抗震优化、管线智能连接、冲突智能检测、建筑性能设计、自动化成图、智能统计工程量。

2.2.1 多专业智能建模

建筑专业可以满足从方案阶段到施工图阶段的正向设计的要求。具有建模快速、调整便捷的特点。可以更好地处理建筑细节完成 BIM 精细化设计。通过建筑材料剪切大幅减少精确建模的工作，自动形成准确的建筑细部节点，满足出图及精确算量要求。可基于统一的 BIM 模型完成、效果图渲染、分析图创建（图5）、施工图绘制等工作，一模多用，减少重复建模工作，助力建筑智能化设计。

图5 分析图创建

结构专业对于已有建筑模型，可通过建筑转结构方式（图6），实现结构模型自动生成，同时实现建筑、结构模型统一；对于已有结构计算模型，可通过导入计算模型方式，一键完成结构模型创建（图7）；对于已有图纸项目，可通过识别二维平面图纸，自动生成梁、墙、板、柱等构件，快速完成三模建模工作（图8），满足 BIM 深化设计应用需要。

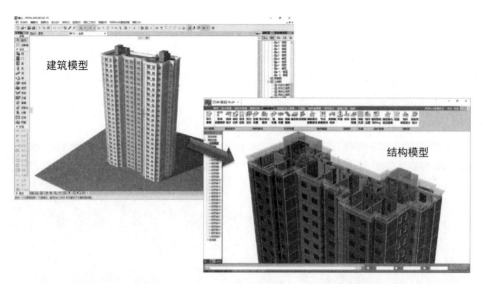

图 6　建筑转结构

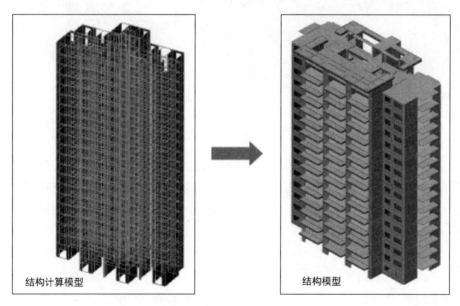

图 7　计算模型转结构模型

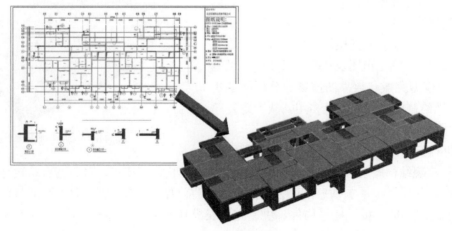

图 8　自动识图建模

机电专业可直接读取建筑模型，灵活参照其他专业，在二维和三维视图下进行模型构件精确绘制；智能识别管道和构件连接路径，自动完成管线连接（图 9）；并提供高效局部调整工具，快速进行模型调整优化，高效智能地实现三维精细化建模。

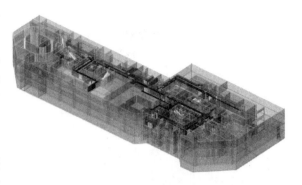

图 9　管线智能连接

2.2.2　专业间智能提资

可精确地对建筑、结构、装配式专业构件进行机电管线自动开洞及预埋计算，并生成相应的开洞及预埋提资信息，各专业通过 BIM 协同平台获取专业提资条件后，针对机电、精装等开洞及预留条件可完成装配式预制构件管线预埋开洞设置（图 10、图 11），从而使得 BIM 模型在装配式建筑深化设计阶段达到面向生产需要的精细程度。

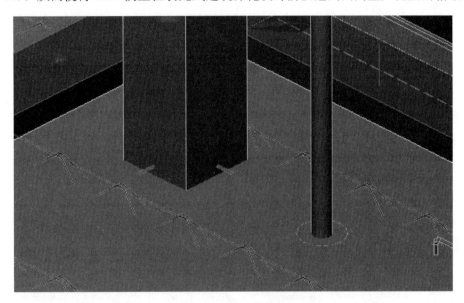

图 10　机电开洞提资标记

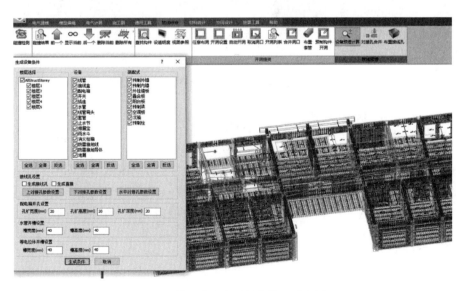

图 11　装配式确定开洞条件（示意图）

223

2.2.3 装配式构件智能方案

采用 BIM 建筑设计软件完成装配式建筑方案设计过程中，应考虑建筑主体结构、建筑内装修以及内部部品等相互间的尺寸协调。模数的采用及模数的协调应符合部件受力合理、生产简单、优化尺寸和减少部件种类等要求。要根据使用功能、经济能力、构件工厂生产条件、运输条件等分析可行性，不能片面追求预制率的最大化。在拆分时，综合考虑以上因素，实现智能拆分，满足工程实际要求（图 12、图 13）。

数据共享
整合各方的部品来源，公开提供部品的属性、图纸、文档，以及三维模型的在线展示，并提供对应模型的下载等应用服务

设计对接
无缝对接PKPM-PC装配式设计软件，并提供PC装配式构件快速建模工具，支持预制构件直接批量上传、下载、在线游览等

接口开放
建立开放的部品数据库，对外提供数据服务接口，可供不同的设计软件、客户端等连接调用

品质严控
平台对各企业上传的部品在入口处实行严格审核把控，以保证公共服务平台内的部品信息真实有效

图 12　云平台构件库

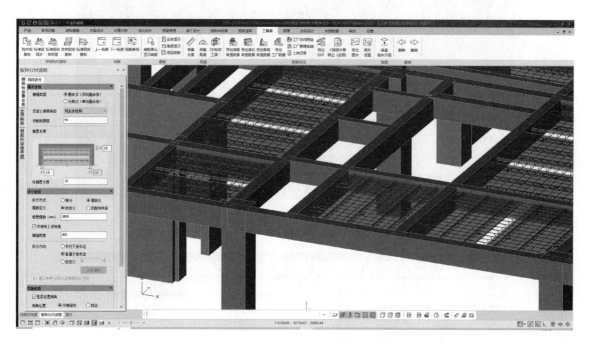

图 13　根据生产加工、运输、施工要求自动形成拆分方案（示意图）

2.2.4 结构抗震优化

为保证地下车库顶板远离事故、更加安全，PKPM 提供了结构楼板有限元模块，它以更智能的有限元理论来保证计算的准确性，充分考虑结构的抗震性能，以及多种荷载作用下的剪切（图 14）。PUSH&EPDA 可快速对结构进行罕遇地震作用下的弹塑性静力和动力分析（图 15），进而了解结构的抗震性能，自动确定薄弱层位置并进行罕遇地震作用下结构的弹塑性变形验算，智能化评价结构的抗倒塌能力。

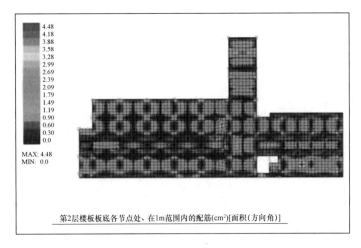

图 14　楼板有限元智能分析

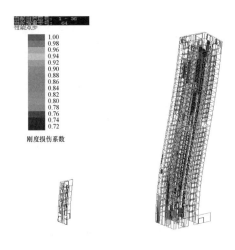

图 15　弹塑性静力和动力分析

2.2.5　规范化装配式结构计算

根据国家相关规范，可直接将 BIM 模型接力结构计算分析，同时结合装配式结构计算要求，在符合现浇结构计算的基础上，补充对装配式结构计算内容，现浇部分内力放大（图 16）、现浇部分、预制部分承担的规定水平力地震剪力百分比统计、叠合梁纵向抗剪计算、预制梁端竖向接缝的受剪承载力计算、预制柱底水平连接缝的受剪承载力计算、预制剪力墙水平接缝的受剪承载力计算等，满足装配式建筑安全设计要求。同时可考虑构件在生产、施工过程中安全要求，进行短暂工况验算，并生成详细报告书。

图 16　现浇部分内力放大

2.2.6　管线智能连接与检测

机电专业可智能识别管道和构件连接路径，快速自动完成相关连接（图 17、图 18），确保管道路径的合理性同时大大提高设计师工作效率；并可灵活选择和设置多种连接方式，支持自定义相关参数，最大限度满足各种实际项目需要。

机电专业可智能识别管道和构件连接路径，快速自动完成相关连接，确保管道路径的合理性同时大大提高设计师工作效率；并可灵活选择和设置多种连接方式，支持自定义相关参数，最大限度满足

图 17　管线智能创建

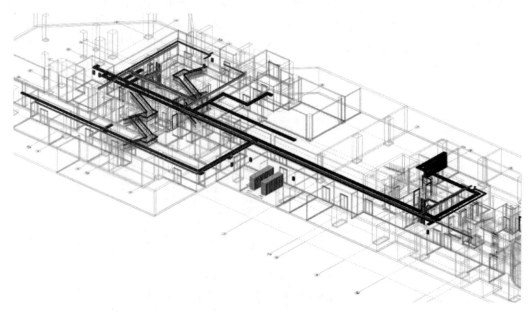

图 18　管线智能连接（示意图）

各种实际项目需要。

（1）预制构件间的钢筋碰撞检查（图 19）。

（2）专业内和专业间碰撞检查。

机电专业软件基于信息化数据平台，提供了分楼层、分类型、分专业的详细碰撞规则，可智能快速地实现专业间及专业内的碰撞点位检测（图 20），并提供高效的模型调整工具，直接在平台上对模型进行调整优化，有效减少错、漏、碰、缺，提升设计质量。

2.2.7　建筑性能设计

应用全专业 BIM 模型，利用信息技术将建筑环境、空间、材料、功能及设备数据集成管理，可直接进行绿色建筑方案设计、建筑节能计算，同时可实现绿色建筑评价所需的风、光、声等方面的技术指标分析与评估，提出降低能耗与合理有效利用自然能源的整体解决方案。

图 19　钢筋碰撞检查

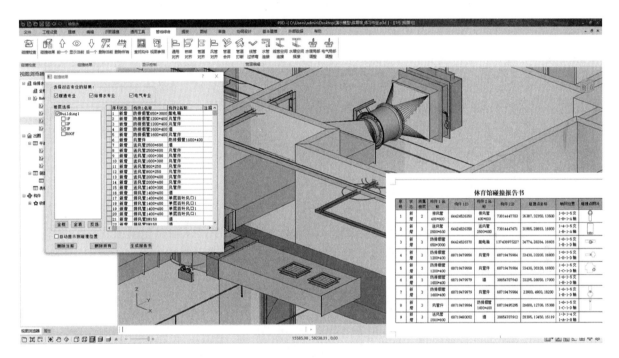

图 20　碰撞点位检测（示意图）

2.2.8　自动化成图

在基于 BIM 模型完成装配式三维设计后，可直接通过模型自动生成施工图、构件加工详图，大幅提高装配式成图效率。在构件详图图纸中，提供各类预制构件所需的物料清单，用以指导生产过程。另外可根据企业标准配置详图排布方案、图纸目录，使得项目实现一键成图目标。

2.2.9　智能统计工程量

基于 BIM 全专业信息数据库，可结合国家及各地装配式建筑评价标准实时计算装配率得分、并自动统计各类预制构件数量及详细物料清单（图 21），使设计师准确了解设计方案成本构成，帮助开发企业节省项目资金。

2.3　大容量 BIM 数据的高效存取与交换技术

装配式建筑全流程的 BIM 数据来源于不同软件和设备，数据格式各异，为实现装配式建筑中的全过程数据共享，需解决多源异构数据在不同软件及设备间的数据交换问题。通过开放的标准化数据格式在 BIM 核心数据库中集成各类信息，并通过各类软件与核心数据库的转换接口解决数据交换问题。

构件名称	长度(mm)	宽度(mm)	厚(高)度(mm)	单块砼体积(m³)	分项砼总体积(m³)	单块砼重量(T)	分项砼总重量(T)	板块数量	1F	2F	3F	4F	5F	6F	7F	8F	9F	10F	11F	12F	13F
2-20、WPCB1	1920	1860	60	0.2143	4.286	0.5357	10.714	20	0	1	1	1	1	1	1	1	1	1	1	1	1
2-20PCB2	1920	1460	60	0.1682	3.1958	0.4205	7.9895	19	0	1	1	1	1	1	1	1	1	1	1	1	1
WPCB2	1920	1460	60	0.1682	0.1682	0.4205	0.4205	1	0	0	0	0	0	0	0	0	0	0	0	0	0
2PCB3	2520	2320	60	0.3461	0.3461	0.8653	0.8653	1	0	1	0	0	0	0	0	0	0	0	0	0	0
3-20、WPCB3	2520	2320	60	0.3508	6.6852	0.877	16.663	19	0	0	1	1	1	1	1	1	1	1	1	1	1
2-20、WPCB4	3920	1640	60	0.3857	7.714	0.9643	19.286	20	0	1	1	1	1	1	1	1	1	1	1	1	1
2-20、WPCB4a	3920	1640	60	0.3857	7.714	0.9643	19.286	20	0	1	1	1	1	1	1	1	1	1	1	1	1
2-20、WPCB4b	3920	1640	60	0.3857	7.714	0.9643	19.286	20	0	1	1	1	1	1	1	1	1	1	1	1	1
2-20、WPCB5	3820	2020	60	0.452	9.04	1.1299	22.598	20	0	1	1	1	1	1	1	1	1	1	1	1	1
2-20PCB6	2020	1520	60	0.1775	3.3725	0.4438	8.4322	19	0	1	1	1	1	1	1	1	1	1	1	1	1
WPCB6	2020	1520	60	0.1775	0.1775	0.4438	0.4438	1	0	0	0	0	0	0	0	0	0	0	0	0	0
2-20、WPCB7	3220	1840	60	0.3555	7.11	0.8887	17.774	20	0	1	1	1	1	1	1	1	1	1	1	1	1
2-20、WPCB7a	3220	1840	60	0.3555	7.11	0.8887	17.774	20	0	1	1	1	1	1	1	1	1	1	1	1	1
2-20、WPCB7b	3220	1840	60	0.3555	7.11	0.8887	17.774	20	0	1	1	1	1	1	1	1	1	1	1	1	1
2-20、WPCB8	2720	1320	60	0.2154	4.308	0.5386	10.772	20	0	1	1	1	1	1	1	1	1	1	1	1	1
2PCB8a	2720	1320	60	0.2154	0.2154	0.5386	0.5386	1	0	1	0	0	0	0	0	0	0	0	0	0	0
3PCB8a	2720	1320	60	0.2154	0.2154	0.5386	0.5386	1	0	0	1	0	0	0	0	0	0	0	0	0	0
4-20、WPCB8a	2720	1320	60	0.2154	3.8772	0.5386	9.6948	18	0	0	0	1	1	1	1	1	1	1	1	1	1
2PCB9	4820	1320	60	0.3817	0.3817	0.9544	0.9544	1	0	1	0	0	0	0	0	0	0	0	0	0	0
3-20、WPCB9	4820	1320	60	0.3817	7.2523	0.9544	18.1336	19	0	0	1	1	1	1	1	1	1	1	1	1	1
2PCB9a	4820	1320	60	0.3817	0.3817	0.9544	0.9544	1	0	1	0	0	0	0	0	0	0	0	0	0	0
3-20、WPCB9a	4820	1320	60	0.3817	7.2523	0.9544	18.1336	19	0	0	1	1	1	1	1	1	1	1	1	1	1
2-20PCB10	3060	2320	60	0.4149	7.8831	1.0373	19.7087	19	0	1	1	1	1	1	1	1	1	1	1	1	1
WPCB10	3060	2320	60	0.4149	0.4149	1.0374	1.0374	1	0	0	0	0	0	0	0	0	0	0	0	0	0
2PCB10R	3060	2320	60	0.426	0.426	1.0649	1.0649	1	0	1	0	0	0	0	0	0	0	0	0	0	0
3-20PCB10R	3060	2320	60	0.4149	7.4682	1.0373	18.6714	18	0	0	1	1	1	1	1	1	1	1	1	1	1
WPCB10R	3060	2320	60	0.4149	0.8298	1.0374	2.0748	2	0	0	0	0	0	0	0	0	0	0	0	0	0

图 21　预制构件物料清单统计

2.4　小结

综上所述，完善的装配式建造模式离不开设计阶段智能化的 BIM 技术支撑，同时装配式建筑也为 BIM 技术提供了发挥自身优势的绝佳舞台，装配式＋BIM＋智能化的设计工具的融合将加速建造方式由粗放型模式向集约型模式转变，促进建筑建造方式的升级换代。

3　技术指标

3.1　技术简介

中国建筑科学研究院通过研究 BIM 技术解决了装配式建筑各环节中协同工作的关键技术问题，将"信息化"与"工业化"深度融合，形成基于自主 BIM 平台（BIMBase）的装配式建筑全流程集成应用系统（图22），提升了装配式建筑全流程一体化协同工作效率，从信息化层面支撑了我国装配式建筑大力发展的需求。同时，此平台也是由中国自主开发，解决了国外软件的"卡脖子"问题。

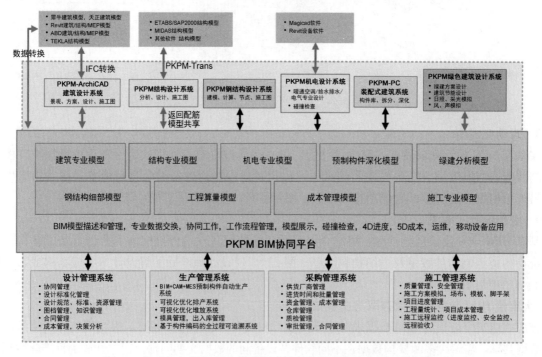

图 22　基于自主 BIM 平台的装配式建筑全流程集成应用系统框架

3.2 技术产品特点及经济效益

该软件重点解决基于 BIM 技术的装配式建筑方案设计和深化设计问题,内置国标预制部品部件库,提供智能化构件拆分、全专业协同设计、结构计算分析、构件深化与详图生成、碰撞检查、设备开洞与管线预埋、装配率统计与材料统计、设计数据接力生产设备等模块。软件已通过权威机构组织的专家评测,达到国际先进水平,已在国内逾千家设计、生产企业和大量实际工程中得到应用。与传统的设计方式相比,采用 PKPM-PC 的装配式设计效率可提高 20% 以上,并大幅减少"错漏碰缺"等现象的发生,设计精度大为提高。

3.3 与国内外同类先进技术的比较

与国外 BIM 软件相比,由于自主 BIMBase 平台的几何引擎、显示引擎和数据引擎都针对建筑工程的特点进行了针对性优化,提供了按需动态加载机制,占用资源少,可使 PKPM-PC 软件在较低配置的电脑上实现大体量模型、图纸的流畅显示和编辑,支持数千张图纸同时生成,实现图纸"秒出"。

PKPM-PC 与国内外进行装配式工作的主要软件 PLANBAR、REVIT 从软件专业功能、成果输出、工作效率等方面进行对比,主要情况见表1。

PKPM-PC 与国外主要软件对比　　　　　　　　　　　　　　表 1

对比内容	PLANBAR	REVIT	PKPM-PC
专业能力	装配式建筑 BIM 软件,可实现预制构件的自动拆分和深化,应用范围涵盖简单标准化到复杂专业化的预制构件设计	BIM 建模和应用软件,支持多专业设计,在装配式设计方面需要配合相应插件使用	装配式建筑 BIM 设计软件,可进行多专业协同设计,支持计算分析、构件校核验算、多地装配率计算等。对于国标及各地常用构件支持自动设计及深化
成果输出能力	可生成构件详图、构件清单、物料清单等,支持导出数据对接生产	配合插件可生成构件详图、构件清单、物料清单等,支持导出数据对接生产	可生成构件详图、构件清单、物料清单等,支持导出数据对接生产
工作效率	支持大模型运行,出图效率高	大模型运行对电脑配置要求较高	支持大模型运行,出图效率高

通过以上对比可知,在专业功能方面国产软件均优于国外同类软件,成果输出方面国外与 PKPM-PC 各有优劣。总体来看,PKPM-PC 本土化、易用性较好,专业性强、功能与性能占优。与此同时,PKPM-PC 经国家建筑工程技术研究中心评审,与国内外同类型技术产品相比达到国际先进水平。

4 适用范围

自 2015 年以来,PKPM-PC 已服务全国设计单位、构件厂两千多家,并用于大量实际工程项目中。软件适用于装配式住宅及公建项目的全流程设计,为设计师降低了装配式设计门槛,有效地提高设计效率及质量。与基于 CAD 软件传统的设计方式相比,减少了大量错漏碰缺现象的发生,设计精度大为提高。同时,PKPM-PC 可以导出生产数据对接预制构件生产厂商的 CAM 应用,使生产成本有明显的降低。适应国家和各地装配式建筑体系。

PKPM-PC 融合国家标准,建立完善统一的、完整的设计体系,将包括墙、梁柱、楼板、悬挑板及楼梯等构件在内的标准化构件融入拆分设计流程中,实现自动拆分及配筋设计,参数化管理预制构件;结合各地装配式发展,逐渐完善特色构件,内置了飘窗、ALC 墙板、梁带隔墙等多种预制构件类型,并提供针对异形预制构件的自由设计工具,方便用户自行扩充;同时与远大、三一筑工、碧桂园、中建科技等企业合作,研发对应构件类型,满足多种体系自动设计要求。

在产品更新方面,PKPM-PC 全面替换为完全自主国产 BIMBase 平台,从软件实际情况出发,不断完善：基于 BIMbase 推出完全自主研发的建筑模块，支持快速建模、识别图纸生成模型、AI 识别 PDF 图纸生成模型、规范审查、对接节能分析等多场景应用；结构模块全面优化建模方式，提升建模效率，建立生态环境，与 EasyBIM 施工图对接，实现结构建模、计算、出图的正向设计应用；机电模块增加自动翻模、电气照明自动布置、暖通水力计算、防雷计算、平面图出图等功能；装配式专业解决装配式结构的整体分析、相关内力调整及连接设计问题，同时，基于 BIM 模型高效地完成深化设计、专业协同、生产施工预留预埋的处理。PKPM-PC 可以提供满足图审要求的计算书、构件详图，对装配式指标的计算可以支持国标、上海、深圳、湖南、广东、四川、江苏等 20 多个省市。此外关注 BIM 数据应用，设计数据在对接生产管理系统、对接 BIM 报审系统等方面均有了成熟落地应用。

通过不断为用户产生价值，得到大量用户认可，同时市场收入连续多年不断增长，累计到 2021 年底产值已超过 1 亿元。

5　工程案例

本案例是 PKPM-PC 软件在北京市中铁门头沟曹各庄项目的应用。该项目位于北京市门头沟区（图 23a），由中国建筑设计研究院有限公司设计，为装配整体式混凝土框架-剪力墙结构，地上 11 层，地下 3 层，地上建筑面积约为 7773m^2。该项目预制构件采用预制叠合楼板、预制叠合梁、预制楼梯、预制剪力墙、预制柱，外围护及内隔墙采用非砌筑，公共区及卫生间采用集成管线和吊顶（无厨房），全楼模型见图 23（b）。项目单体预制率 40%，单体装配率 50%。

(a)   (b)

图 23　中铁门头沟曹各庄项目设计图

（a）曹各庄项目效果图；（b）全楼模型

5.1　应用过程

5.1.1　装配式建筑方案设计

方案阶段需要在满足建筑功能设计、符合结构分析结果的基础上，考虑生产及施工等因素进行的初步设计，并形成各个预制构件方案模型，具体设计过程如下：

（1）预制构件生成。基于预制构件"标准化、模数化"的特点，程序以输入参数→框选构件→批量拆分→模型调整的方式生成预制构件三维模型，再通过标准层到自然层的构件复制、同层构件镜像复制等功能，实现全楼预制构件的快速生成，具体成果见图 24。

（2）智能重量检查。通过软件对构件进行重量、尺寸检查以确保满足生产、吊装、运输要求。

（3）连接节点设计。基于 BIM 技术进行三维连接节点设计，包括主次梁、梁柱节点、预制墙间现浇段、PCF 板、灌浆套筒等，以保证选定可靠的结构连接方式。

(a)   (b)

图 24　项目各层方案设计成果
(a) 标准层 1 拆分方案；(b) 标准层 2 拆分方案

（4）装配率计算。运用 PKPM-PC 进行装配式相关方案设计，确定初步方案，进行装配率统计，并进一步调整模型，推敲方案，本项目预制率 40%，装配率达到 50%，满足地方标准要求。

（5）方案展示。方案展示利用 BIM 软件模拟建筑物的三维空间关系和场景，通过爆炸图功能和 VR 等的形式提供身临其境的视觉、空间感受，辅助相关人员在方案设计阶段进行方案预览和比选。

（6）结构计算。项目在软件中直接进行内力和承载力计算，并生成对应施工图纸。

5.1.2　装配式建筑深化设计

在完成装配式建筑设计阶段后，需根据设计施工图，进行构件深化设计。

（1）机电预留预埋设计。通过协同机电专业自动生成、识别机电图纸布置或者交互布置多种方法灵活便捷实现预埋件的布置。

（2）构件单构件验算。根据脱模吊装要求，确定吊点位置，并生成对应的吊装验算报告书。

（3）碰撞检查及节点钢筋精细化调整。利用碰撞检查，确定构件、钢筋碰撞位置，通过批量调整、交互调整等功能，对钢筋进行避让处理（图 25、图 26），并在三维钢筋模型中实时查看相对位置；根据相关规范要求，自动处理洞口处钢筋加强。

（4）算量统计。按成果要求分类型统计单个、整层、全楼的预制构件清单，也可采用更灵活的自定义清单功能，自由配置清单样式。

（5）构件详图及成果输出。根据 BIM 模型，通过批量出图功能生成全套装配式平面、构件详图图纸共 371 张。同时生成生产所需数据包。

5.2　应用成效

5.2.1　解决的实际问题

（1）解决了二维设计图纸无法处理的复杂预制构件生成与节点钢筋避让问题。

通过 PKPM-PC 全楼碰撞检查功能，定位钢筋碰撞和构件碰撞点，如图 27 所示的梁柱节点，通过智能避让工具和自由交互调整工具，可以设计钢筋弯折并准确、实时地查看避让效果，确保钢筋之间不发生碰撞、避免设计错漏、便于后期施工。

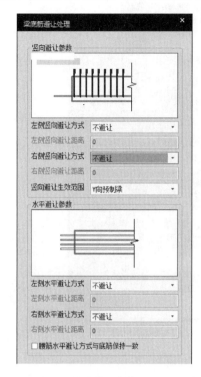

图 25　梁底筋避让批量处理

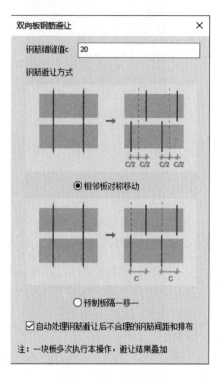

图 26　双向板底筋智能避让

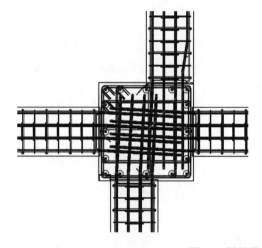

图 27　梁柱节点钢筋精细模型

（2）提升指标计算准确度，助力构件设计安全性。

PKPM-PC 中的指标与检查功能，可实现全国近二十个地区的装配率计算，满足各省市工程实际要求。同时软件支持自动设计符合验算要求的吊点点位，并批量进行短暂工况验算，生成短暂工况验算报告书，并给出详细计算过程、规范依据，帮助设计师了解计算细节，保证构件吊装安全。

（3）解决大量详图批量出图及修改问题。

在 BIM 模型设计完成后，可直接批量生成图纸，减轻设计师工作量，同时如发生设计变更和调整，可在模型中调整后，重新出图，有效减少了因二次修改产生的重复工作量，降低设计成本、提高设计质量和效率。

（4）实现设计、生产数据自动对接。

支持导出生产加工数据包，对接至装配式智慧工厂管理系统。使得生产的多个环节无需人工录入分配，降低人工成本，提高生产效率。并能通过信息传递，实现 BIM 设计数据在生产过程中三维可视化查看与管理，促进项目进度模拟以及生产控制。

5.2.2　工程应用效果与价值

（1）利用 PKPM-PC 软件，可直观从三维层面进行设计，随时观察设计结果，及时发现设计问题并解决，并可利用软件自带的钢筋碰撞检测功能进行检查，最大限度减少修改和返工的时间，有效地降低设计成本，并进一步改善当前设计与施工间的割裂，带来显著的社会效益和经济效益。

（2）软件提供的合理参数设置、交互设计及图纸清单统计等功能，充分考虑装配式设计、生产到施工各阶段的应用特点，促进装配式设计更合理。

（3）工程师可从繁重的绘图任务中解放，避免将大量时间浪费在重复绘图、改图中，专注于设计。对于设计过程中因各专业协同而产生的修改，可以直观地体现在模型上。对于类似本项目体量规模的项目，仅需一名工程师约两周即可完成整个项目装配式设计制图，真正实现辅助装配式设计提质增效。

（4）PKPM-PC 基于自主可控的 BIMBase 平台开发，软件实现了 BIM 与装配式专业深度融合应用。可实现多专业基于同一个环境，同一个平台，同一个模型，多专业协同数据的无缝衔接，消除数据孤岛。同时设计成果对接后端生产加工，促进了装配式全产业链进一步发展。

6　结语展望

装配式建筑是通过工业化的设计生产装配和运营管理模式，来代替分散的、低生产水平的、低生产效率的传统手工建造方式。以先进的工业化、智能化、信息化技术装备为支撑，实现建筑产业生产方式的变革和建筑产业经营组织管理模式的创新。

在装配式建筑设计中由于涉及的内容多、周期短、建模软件缺乏，因此寻求一种能够有效解决以上问题的技术就显得十分紧迫。智能化 BIM 技术的出现可以让设计人员以更加直观的方式对建筑模型进行设计，并且能够对模型中存在的一些问题进行有效的分析和调整，是实现 BIM 技术的装配式建筑全生命周期应用的必要条件，最终达到提高协同设计质量的目的。

综上所述，我们可以了解设计阶段是装配式建筑全生命周期当中枢纽环节，数字化和智能化设计技术能有效提升装配式建筑设计的效率和质量。从纵向看说，设计环节对接用户需求，对横向看，为生产、施工、运维各环节奠定数字基础，是促进装配式建筑高质量发展的重要一环，为建筑行业成功转型的有力抓手。

移动式高精度测量机器人技术

Report on the Development of Mobile High-precision Measuring Robot Technology

彭明祥 卢 松 王开强 代 涛

（中建三局集团有限公司）

1 技术背景

1.1 国家政策法规

2020 年 7 月，住房和城乡建设部等 13 部门联合发布《关于推动智能建造与建筑工业化协同发展的指导意见》（建市〔2020〕60 号），多次提到推广应用建筑机器人，研究应用建筑机器人，是解决当前及今后建筑业用工问题的重要技术手段。

建筑业"十四五"发展规划也着重提出要积极推进建筑机器人在生产、施工、维保等环节的典型应用，重点推进以测量、材料配送、钢筋加工、混凝土浇筑等现场施工环节为重点，加快建筑机器人研发应用。

1.2 市场环境情况

目前，市面上移动测量机器人产品大多是采用全景/立体影像＋GPS/IMU＋激光扫描的技术方案，该方案具有测量速度快、效率高、点云密度大等特点，但其测量精度普遍只能达到厘米级精度，无法满足路面施工测量的毫米级精度要求。

移动式高精度测量机器人将架设在道路两侧已知坐标的棱镜作为定位基准，用 AGV 小车搭载智能全站仪实现对道路的高精度测量，其测量精度可以达到 2mm 以内，完全满足路面施工的毫米级精度要求。

1.3 重要意义

随着人口老龄化加剧，传统依靠多人配合、手动调平测量仪器进行逐点测量与放样的施工测量方式，越来越不适应现代化的工程施工测量应用需求，因此，研发应用移动测量机器人，不仅能极大地改善测量人员的作业环境，降低劳动强度，有效应对日益严重的"用工荒"问题，还能有效避免因为人为错误导致的返工和成本浪费，在提高测量效率和质量的同时，实现对项目的精细化控制。

1.4 研发目的

通过研发移动式高精度测量机器人，可以达到以下目的。

1.4.1 减少施工测量员数量

传统路面测量需要多人配合完成，特别是路面竣工测量，至少需要 5～6 人配合完成，采用机器人后，只需要 1～2 人即可完成相应测量任务（图 1、图 2）。

1.4.2 提高施工测量效率

传统人工测量方式，一天只能测 3km，应用机器人后，一天至少可以测 5km，并且机器人夜间测量精度比白天更好，必要时可以安排夜间测量（图 3）。

1.4.3 改善测量人员作业环境，降低劳动强度

传统测量方式，测量员的劳动强度极大，应用机器人测量后，测量员可以坐在车里完成测量任

图 1　传统人工测量方式

图 2　机器人测量方式

图 3　机器人夜间测量

务，工作环境得到极大改善（图 4）。

1.4.4　提高工程施工测量质量

传统测量方式，测量质量受人的因素影响很大，应用机器人后，测量数据的客观性更强，测量数据信息更丰富（图 5）。

1.4.5　提高测量数据分析的实时性

传统测量方式，测量数据需经内业计算才能知道施工偏差情况，机器人测量方式，可以实时显示

图 4　人工测量与机器人测量环境对比

序号	时间	时间间隔	里程桩号	偏距	设计数据			实测数据			高程偏差（mm）
					北坐标	东坐标	高程	北坐标	东坐标	高程	
1	9:03:17		K34+280	2m	3659261.554	499100.111	23.868	3659261.545	499100.0962	23.8579	-10.1
2	9:03:23	0:00:06	K34+280	4.5m	3659263.982	499099.516	23.818	3659263.986	499099.5245	23.8188	0.8
3	9:03:32	0:00:09	K34+280	7m	3659266.41	499098.921	23.768	3659266.416	499098.9456	23.7832	15.2
4	9:03:44	0:00:12	K34+280	9.5m	3659268.839	499098.326	23.718	3659268.84	499098.3445	23.733	15
5	9:03:50	0:00:06	K34+280	12m	3659271.267	499097.73	23.668	3659271.267	499097.7328	23.6683	0.3
6	9:04:02	0:00:12	K34+290	12m	3659273.651	499107.42	23.568	3659273.648	499107.4239	23.5499	-18.1
7	9:04:13	0:00:11	K34+290	9.5m	3659271.224	499108.019	23.618	3659271.223	499108.0227	23.6038	-14.2
8	9:04:21	0:00:08	K34+290	7m	3659268.797	499108.619	23.668	3659268.791	499108.591	23.6584	-9.6
9	9:04:31	0:00:10	K34+290	4.5m	3659266.37	499109.218	23.718	3659266.332	499109.1775	23.7026	-15.4
10	9:04:47	0:00:16	K34+290	2m	3659263.943	499109.818	23.768	3659263.932	499109.8122	23.7422	-25.8
11	9:05:00	0:00:13	K34+300	2m	3659266.349	499119.521	23.664	3659266.35	499119.5189	23.6267	-37.3
12	9:05:14	0:00:14	K34+300	4.5m	3659268.775	499118.917	23.614	3659268.775	499118.917	23.5934	-20.6
13	9:05:26	0:00:12	K34+300	7m	3659271.201	499118.313	23.564	3659271.213	499118.3586	23.5512	-12.8
14	9:05:35	0:00:09	K34+300	9.5m	3659273.627	499117.709	23.514	3659273.657	499117.7463	23.5019	-12.1
15	9:05:49	0:00:14	K34+300	12m	3659276.053	499117.105	23.464	3659276.04	499117.096	23.4503	-13.7
16	9:06:04	0:00:15	K34+310	12m	3659278.472	499126.786	23.359	3659278.463	499126.7707	23.346	-13
17	9:06:16	0:00:12	K34+310	9.5m	3659276.047	499127.394	23.409	3659276.044	499127.3878	23.4022	-6.8
18	9:06:29	0:00:13	K34+310	7m	3659273.622	499128.002	23.459	3659273.62	499127.9937	23.452	-7
19	9:06:42	0:00:13	K34+310	4.5m	3659271.197	499128.611	23.509	3659271.195	499128.5872	23.4921	-16.9
20	9:06:53	0:00:11	K34+310	2m	3659268.772	499129.219	23.559	3659268.772	499129.2129	23.5267	-32.3
21	9:09:18	0:02:25	K34+320	2m	3659271.213	499138.913	23.454	3659271.189	499138.8771	23.4238	-30.2
22	9:09:32	0:00:14	K34+320	4.5m	3659273.637	499138.3	23.404	3659273.623	499138.2693	23.3883	-15.7
23	9:09:45	0:00:13	K34+320	7m	3659276.06	499137.688	23.354	3659276.057	499137.6774	23.3432	-10.8
24	9:09:58	0:00:13	K34+320	9.5m	3659278.484	499137.075	23.304	3659278.484	499137.075	23.2937	-10.3
25	9:10:08	0:00:10	K34+320	12m	3659280.908	499136.463	23.254	3659280.908	499136.459	23.2381	-15.9
26	9:10:14	0:00:06	K34+330	12m	3659283.362	499146.135	23.149	3659283.361	499146.1369	23.1496	0.6

图 5　机器人测量数据示例

现场施工偏差，对施工质量的实时控制具有重要作用（图 6）。

1.4.6　降低现场测量人员的技术门槛

传统测量方式，对测量员的专业基础要求较高，机器人测量方式操作简单，没有专业基础的人员，也可以操作机器人完成相应测量任务。

1.4.7　提升企业的数字化管理水平

应用机器人后，可以将所有测量数据自动上传到云管理平台进行自动分析和统计，极大地提升了企业的数字化管理水平。

图 6　人工计算数据与系统自动分析数据对比（示意图）

2　技术内容

2.1　技术原理

该机器人利用全站仪三角高程法替代传统水准测量方式，实现对待测面的高精度测量，其测量精度主要依靠机器人的移动设站和近距离免棱镜测量来保证（图7、图8）。

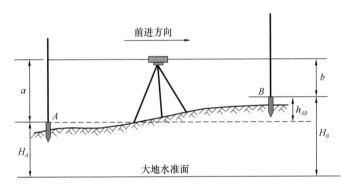
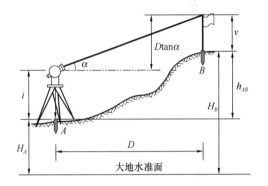

图 7　传统水准仪测量原理示意图　　　　　图 8　全站仪三角高程法测量原理示意图

如图9所示，通过AGV小车搭载智能全站仪，AGV小车行驶到目标测站后，先完成设备的自动调平，然后照射分布在道路两侧已知坐标的棱镜进行设站，设站完成后，全站仪得到自身的精确坐标，然后利用全站仪的免棱镜测量功能，完成前后各2个断面的测量任务。

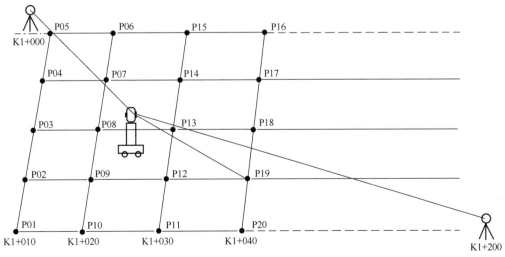

图 9　机器人测量原理示意图

2.2 试验验证结果

2.2.1 免棱镜与有棱镜测距精度对比测试

为了对比全站仪免棱镜测距与有棱镜测距的精度差异，可以将全站仪固定架设在同一位置，分别测离全站仪不同距离处的标定点坐标，第一次通过对中杆架设棱镜测量，第二次通过全站仪免棱镜直接测量标定点的坐标，然后将两次测量的坐标数据进行对比，通过对比发现，在15m内，全站仪免棱镜测量精度极高，基本能达到有棱镜测量的精度水平（图10、表1）。

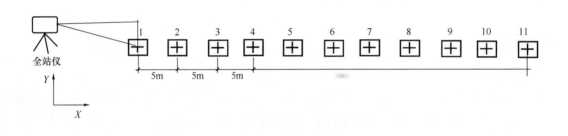

图10 全站仪免棱镜测距验证方法示意图

全站仪免棱镜测距测试数据对比表 表1

序号	有棱镜测量（m）			免棱镜测量（m）			偏差分析（mm）		
	X	Y	Z	X'	Y'	Z'	ΔX	ΔY	ΔZ
1	−5.5378	0.1192	−1.4924	−5.5356	0.1190	−1.4917	−2.1	0.2	−0.7
2	−10.8096	0.7122	−1.5299	−10.8052	0.7115	−1.5293	−4.4	0.6	−0.6
3	−16.1800	1.1700	−1.5945	−16.1728	1.1690	−1.5938	−7.2	0.9	−0.7
4	−21.4480	1.4272	−1.6633	−21.4187	1.4250	−1.6608	−29.2	2.3	−2.5
5	−26.6822	1.4629	−1.7410	−26.6378	1.4603	−1.7381	−44.4	2.6	−2.9
6	−32.0472	1.9448	−1.8228	−31.9800	1.9406	−1.8188	−67.2	4.2	−3.9
7	−37.4189	2.3589	−1.8831	−37.3080	2.3513	−1.8777	−110.9	7.6	−5.4
8	−42.6005	2.6883	−1.9511	−42.4246	2.6770	−1.9433	−175.9	11.3	−7.8
9	−47.9072	2.9972	−2.0284	−47.7081	2.9844	−2.0203	−199.1	12.9	−8.2
10	−53.1594	3.3727	−2.0887	−53.0299	3.3640	−2.0828	−129.6	8.7	−5.8
11	−58.6476	3.9244	−2.1905	入射角太小，无法实现免棱镜测量					

2.2.2 全站仪自动设站精度测试

为了验证全站仪通过自动照射棱镜实现自动设站的精度，需要在现场布置了3个360°棱镜（TW01、TW02、TW03）和一个免棱镜测量标记点（TW04），然后将全站仪架设在任意一点（TN01）处，给全站仪假定一个初始坐标和方位角，然后手动操作全站仪分别测出3个360°棱镜和一个标记点在该假定坐标系中的坐标数据，再将测得的坐标数据当作已知点，移动全站仪到另一任意指定点（TN02）处后，打开全站仪的自动设站功能，全站仪开始自动搜索现场的三个"已知"坐标的棱镜，完成自动设站后，再测出三个棱镜和一个免棱镜点的坐标值，为了增加对比数据，又将全站仪移到另一点（TN03）处，重复上述自动设站和测量过程（图11）。

通过测试数据可以看出，全站仪在不同位置的自动设站精度较高，完全满足路面施工测量的毫米级精度要求（表 2）。

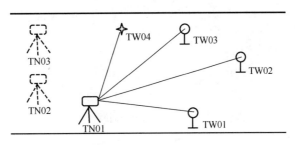

图 11　全站仪自动设站精度测试方法示意图

全站仪自动设站精度测试数据对比表 　　　表 2

编号	X(m)	Y(m)	Z(m)	ΔX(mm)	ΔY(mm)	ΔZ(mm)	备注
TW01	9.2957	−1.953	0.0958	—	—	—	布置在已知坐标位置的 3 个 360° 棱镜
TW02	10.8324	5.7573	0.1102	—	—	—	
TW03	4.9746	5.5385	0.1098	—	—	—	
TW04	13.7009	6.0555	0.4621	—	—	—	已知标记点
TW01A	9.2957	−1.9528	0.0956	0.0	−0.2	0.2	第 1 次设站后测得的坐标数据及偏差情况
TW02A	10.8319	5.7571	0.1100	0.5	0.2	0.2	
TW03A	4.9751	5.5385	0.1092	−0.5	0.0	0.6	
TW04A	13.7011	6.0559	0.4621	−0.2	−0.4	0.0	
TW01B	9.2959	−1.9537	0.0958	−0.2	0.9	−0.1	第 2 次设站后测得的坐标数据及偏差情况
TW02B	10.8322	5.7576	0.1103	−0.3	−0.5	−0.3	
TW03B	4.9746	5.5389	0.1098	0.4	−0.4	−0.5	
TW04B	13.7006	6.0555	0.4619	0.5	0.4	0.2	
TW01C	9.2952	−1.9520	0.0957	0.7	−1.6	0.1	第 3 次设站后测得的坐标数据及偏差情况
TW02C	10.8319	5.7572	0.1103	0.3	0.3	0.0	
TW03C	4.9756	5.5376	0.1098	−0.9	1.3	0.0	
TW04C	13.7008	6.0555	0.4621	−0.2	0.0	−0.2	

2.2.3　机器人综合测量精度测试

为了验证机器人综合测量精度，需要在测试路段两个基准点中间，每隔 10m 垂直路中线均匀布设 5 个检测点，共布设 60 个检测点，并用喷漆做好标记，利用 RTK 进行平面坐标采集，然后利用徕卡 DNA03 高精度电子水准仪和铟瓦水准标尺进行高程采集，以水准测量得到的高程值作为道路机器人横断面碎部点高程测量精度测试的标准值进行比较（图 12、图 13）。

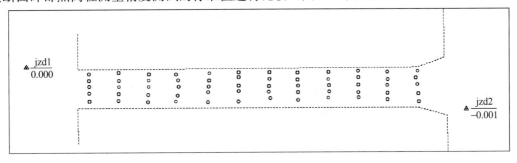

图 12　机器人测量精度测试场地布置示意图

图 13　机器人测量精度测试过程照片

2.2.4　机器人测量稳定性测试

为了验证机器人测量的稳定性，检测单位选择了早、中、晚三个时段，利用机器人分 3 次对标记的 48 个基准点进行测量，然后将测得的坐标数据绘制成曲线图，从测试数据分布情况来看，机器人的测量稳定性较好（表 3、图 14）。

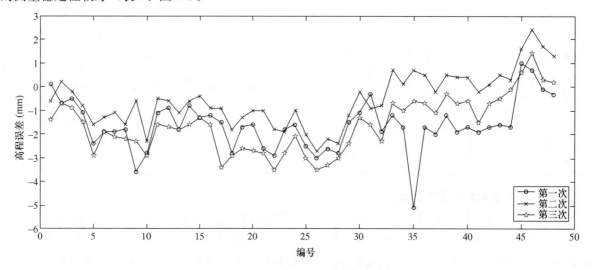

图 14　不同时间段机器人测量数据对比

机器人测量稳定性测试部分数据　　　　　　　　　　　　　　　　　　　　　　表 3

里程编号	第一次测量			第二次测量			第三次测量		
	ΔX (mm)	ΔY (mm)	ΔH (mm)	ΔX (mm)	ΔY (mm)	ΔH (mm)	ΔX (mm)	ΔY (mm)	ΔH (mm)
K1+000	−1.7	−3.9	0.1	0.0	0.0	−0.6	3.7	8.4	−1.4
K1+000	−1.9	−9.5	−0.7	0.2	1.2	0.2	1.4	7.8	−0.7
K1+000	−1.3	8.3	−0.5	0.6	−3.2	−0.2	−0.4	3.3	−0.9
K1+000	−1.1	3.0	−1.1	2.2	−8.1	−0.8	−1.1	4.1	−1.5

续表

里程 编号	第一次测量			第二次测量			第三次测量		
	ΔX (mm)	ΔY (mm)	ΔH (mm)	ΔX (mm)	ΔY (mm)	ΔH (mm)	ΔX (mm)	ΔY (mm)	ΔH (mm)
K1+010	1.6	1.7	−2.4	0.2	0.2	−1.6	−0.2	−0.1	−2.9
K1+010	−3.2	−7.4	−1.9	−2.4	−5.1	−1.3	−4.3	−9.0	−1.9
K1+010	2.7	−8.1	−1.9	1.7	−4.9	−1.1	2.8	−8.9	−2.1
K1+010	−2.2	2.9	−1.8	5.5	−6.6	−1.6	6.1	−8.3	−2.2
K1+020	−6.1	3.8	−3.6	−3.5	2.1	−0.6	−9.3	5.6	−2.3
K1+020	−4.8	6.9	−2.8	−5.0	7.5	−2.3	−6.1	8.2	−2.9
K1+020	1.8	3.0	−1.1	0.6	1.2	−0.5	2.7	5.0	−1.6
K1+020	3.6	3.4	−0.9	2.6	2.8	−0.6	5.4	5.5	−1.7
K1+030	0.1	−0.5	−1.8	−0.3	0.6	−1.1	3.3	−7.6	−1.8
K1+030	1.5	−7.9	−0.8	0.1	−0.8	−0.6	0.2	−1.2	−1.6
K1+030	1.7	9.9	−1.3	0.7	3.9	−0.4	−0.5	−3.0	−1.3
K1+030	0.3	1.1	−1.2	1.8	6.3	−0.9	0.3	1.4	−1.6
K1+040	−4.5	−11.7	−1.5	−0.8	−2.1	−0.9	1.9	4.7	−3.4
K1+040	−1.6	−9.5	−2.8	0.9	5.0	−1.8	0.4	2.8	−2.9
K1+040	−0.2	0.0	−1.7	−0.1	2.7	−1.3	−0.4	3.3	−2.6
K1+040	−3.1	11.0	−1.6	−3.4	12.9	−1.0	−3.6	13.4	−2.7
K1+050	−7.6	−6.8	−2.6	−8.2	−7.2	−1.0	−1.4	−1.1	−2.8
K1+050	−0.6	−1.2	−2.9	−4.2	−7.5	−1.8	0.2	0.4	−3.5
K1+050	−1.1	3.9	−1.8	2.8	−8.2	−1.9	−1.1	3.5	−2.8
K1+050	4.7	−6.5	−1.6	2.7	−3.8	−1.0	0.4	−0.5	−2.1
K1+060	−2.3	1.4	−2.5	−2.2	1.4	−2.0	−1.6	1.2	−3.0

2.3　设计施工方法

2.3.1　内业工作流程

传统测量方式下，道路桩号坐标数据主要依靠人工计算得到，在机器人测量模式下，外业测量效率大大提高，内业数据计算与分析就会成为制约整个测量施工效率的瓶颈，因此，需要借助 BIM 技术来提升内业工作效率，新的内业工作流程主要包括 BIM 建模、桩号坐标数据提取、测量数据校核、路标设置分析及机器人行驶路径规划等步骤（图 15）。

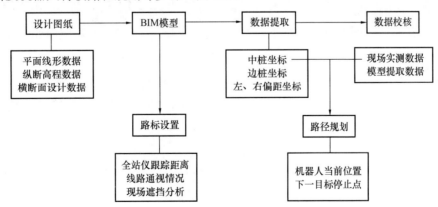

图 15　机器人内业数据准备流程框图

2.3.2　外业工作流程

移动测量机器人的外业测量工作流程见图 16，机器人到达施工现场后，先按照规划好的棱镜位置坐标架设三个 360°棱镜，然后启动机器人系统，进入待机状态，当系统接到测量人员发出的指令后，开始检测全站仪定位底板的倾斜角度，然后启动自动调平装置将定位底板调平至水平状态，再利用后方交会原理进行全站仪自动设站，设站完成后，机器人导航系统会根据当前位置的实测坐标和从BIM模型中提取的目标位置坐标自动规划出一条行驶路线，然后启动机器人的行走装置行驶到目标位置附近停下，系统再次完成全站仪的自动调平和自动设站，然后利用免棱镜测量功能测出所有待测点的实际坐标，待全部测站完成后，移动棱镜到下一规划位置，重复上一测量过程。

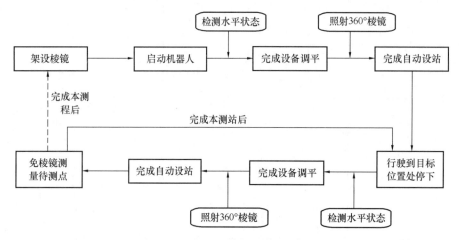

图 16　机器人外业测量工作流程框图

项目现场可用的水准高程控制点一般间距为 500～1000m，而机器人需要每 200m 布设一个棱镜控制点，如果用水准仪加密控制点，需经多次转站，费时费力，如果用全站仪加密控制点，则效率会高很多。

如图 17～图 19 所示，若在 K1+000、K1+200、K1+400 三个位置加密控制点，可以先用 GPS分别测出棱镜 L1、L2、L3 的平面坐标，再用水准仪从 K1+000 附近的已知水准点引测出棱镜 L1 的高程 H_{L1}，然后将机器人开到 K1+100 位置处，分别测出棱镜 L1 和 L2 的高程 H1 和 H2，则棱镜 L2的高程可通过公式 $H_{L2} = H_{L1} - H1 + H2$ 计算得到，后面的棱镜 L3 可用同样的方法从棱镜 L2 计算得到，引测到下一个已知水准点时，用水准仪进行高程校核。

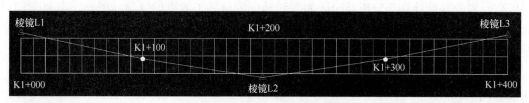

图 17　现场控制点加密方法示意图

图 18　现场水准参考点及 GPS 坐标基准点

图 19　现场控制点棱镜架设照片

控制点加密计算表　　　　　　　　　　　　　　　　　　　　　　　　　　　　表 4

起始水准点	DL49	23.929			
引测水准点	23.501				
棱镜 L1	K34+280	（左幅）	北坐标（GPS）	东坐标（GPS）	高程（水准）
			3659273.376	499097.18	
水准读数					
前	后	前-后			
1.861	2.063	−0.2020			23.299
全站仪引测					
H1	H2	H1-H2			
21.3179	21.1165	0.2014			23.2996
棱镜 L2	K34+480	（右镜）	北坐标（GPS）	东坐标（GPS）	高程（水准）
			3659297.386	499297.68	
全站仪引测					
H1	H2	H1-H2			
22.8573	20.9228	1.9345			21.3651
棱镜 L3	K34+680	（左幅）	北坐标（GPS）	东坐标（GPS）	高程（水准）
			3659382.099	499480.911	
全站仪引测					
H1	H2	H1-H2			
22.6867	21.5488	1.1379			
22.6855	21.5494	1.1361			
22.6871	21.5484	1.1387			
平均值		1.1376			20.2275
棱镜 L4	K34+880	（右幅）	北坐标（GPS）	东坐标（GPS）	高程（水准）
			3659382.099	499480.911	
全站仪引测					
H1	H2	H1-H2			
21.5714	22.4401	−0.8687			
21.5703	22.4407	−0.8704			
21.5709	22.4411	−0.8702			
平均值		−0.8698			21.0973

经过加密（表 4）后，可以得到如表 5 所示的棱镜控制点坐标数据，然后将该数据表导入机器人控制软件中，然后再导入设计坐标数据，即可启动机器人进行道路测量了（图 20）。

		棱镜控制点坐标数据表		表 5
桩号	编号	北坐标	东坐标	高程
K34+280	L1	3659273.376	499097.180	25.0996
K34+480	L2	3659297.386	499297.680	23.1651
K34+680	L3	3659382.099	499480.911	22.0345
K34+880	L4	3659420.368	499679.276	22.8973
K35+080	L5	3659517.847	499856.285	23.4727
K35+280	L6	3659565.295	500052.684	23.8231
K35+480	L7	3659664.622	500228.409	22.8458
K35+680	L8	3659711.856	500424.442	21.8992
K35+880	L9	3659810.421	500598.931	20.9372
K36+080	L10	3659854.960	500798.287	21.3330
K36+280	L11	3659963.556	500970.845	23.4059

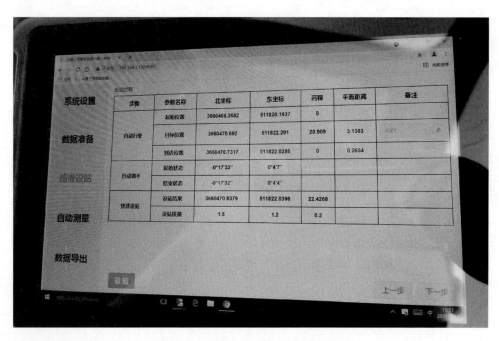

图 20　机器人控制软件界面截图

2.4　关键核心技术简介

2.4.1　机器人定位与导航技术

道路施工现场环境相对单一，定位特征物较少，而且随着施工的进行不断发生变化，因此，传统的激光 SLAM 和视觉等定位技术在该场景中很难应用，如图 21 所示的机器人采用了高精度 GNSS+惯导的组合定位方法，并配置了激光雷达和超声波作为障碍物探测传感器，可适用于此类环境。

2.4.2　测量设备自动调平技术

常用的自动调平技术分电液式和机电式两种，电液式自动调平系统具有调平速度快，负载能力强的特点，但液压系统结构复杂、控制难度大，且液压油易泄漏，维护成本高，因此，不适用于移动测量机器人的应用需求。机电式自动调平系统具有调平精度高、结构简单、安装方便、易于维护等优点，且电机具有抱闸功能，在突然断电时可以自锁，大大提高了系统的稳定性，比较符合该测量机器人对自动调平系统的性能要求。

机电式自动调平系统一般由机械装置和软件系统两部分组成，机械装置主要由电缸、电机、减速器、驱动器、控制器和工作台面等部件组成；软件系统一般由控制程序和调试软件两部分组成。根据实际应用场景特点及设备荷载要求，该机器人最终选择三自由度调平台作为测量设备的调平工作台，见图22、图23。

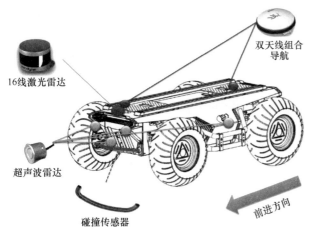

图21 器人定位及感知传感器安装示意图

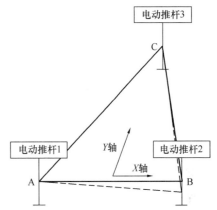

图22 三自由度调平台工作原理示意图

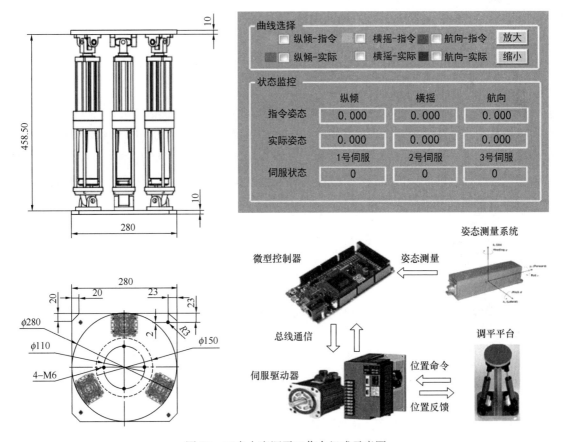

图23 三自由度调平工作台组成示意图

2.4.3 棱镜自动照准及快速设站技术

目前，大多数智能全站仪都具备自动搜索与照准棱镜功能，但是全站仪自带的棱镜搜索功能是360°全视场扫描式查找棱镜，这种方法不仅搜索效率低，而且容易受到现场其他发射面的干扰，导致搜索失败或者错误照准，为了提高全站仪搜索和照准棱镜的成功率和效率，需要采用 RTK 对机器人进行定位和定向，并将定位和定向的结果用于计算棱镜方向，以便于快速搜索棱镜的位置（图24）。

由于 RTK 定位和定向存在一定的误差，特别是定向误差与天线布置的距离有关系，这两个误差都会导致角度计算结果的误差。全站仪自动搜索棱镜有一定的角度范围，只要能控制最终的计算误差在这个角度范围内，全站仪就能准确地找到棱镜并完成设站过程。

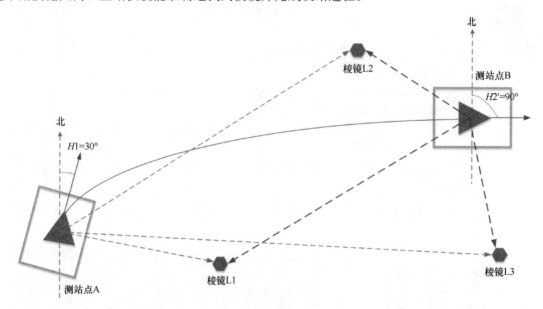

图 24　棱镜自动照准及快速设站技术原理示意图

2.4.4 待测点智能逼近测量技术

理想情况下，全站仪根据设计坐标数据进行放样和测量，激光会直接指向被测点，但现实中，由于被测物体表面一般不是理想的光滑表面，肯定会存在凹凸不平的情况，甚至还会有障碍物的遮挡，因此，根据设计坐标直接放样待测点，往往会与目标点存在一定的偏差，为了避免出现这种偏差，需要开发了一种智能逼近测量算法（图25），实现对目标点高精测量。

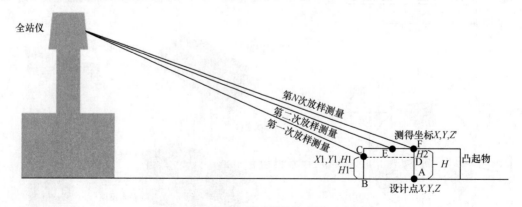

图 25　待测点智能逼近测量技术原理示意图

3 技术指标

3.1 关键技术指标

该机器人的关键技术指标包括机器人行驶参数、自动调平参数、全站仪设站参数、机器人测量参数等几大类，见表6。

移动式高精度机器人关键技术指标表 表6

序号	指标类型	指标名称	技术参数	检验方法
1	机器人行驶参数	位置误差	≤0.3m	现场实测
		航向角偏差	≤0.3°	现场实测
		障碍物探测距离	0.2～150m	现场实测
2	自动调平参数	调平角度	±15°	倾角传感器测定
		调平精度	≤0.01°	倾角传感器测定
		调平速度	≤20s/次	计时测定
3	全站仪设站参数	设站准确率	≥99%	现场实测
		设站误差	≤1.0mm	委托有资质的第三方检定
		单次设站时间	≤30s	现场实测
4	机器人测量参数	高程测量精度	≤2.0mm	委托有资质的第三方检定
		单点测量时间	≤10s	现场实测
		综合测量效率	≥4.0km/d	现场实测
		连续工作时间	≥12h	现场实测

3.2 应用过程中检验方法

3.2.1 机器人行驶参数检验

通过电脑程序分别给小车一个速度指令，通过计算小车运行时间和距离的关系，验证速度反馈的准确性，先在地面做好起始位置标记，然后通过指令控制小车沿直线运行给定时间，小车停稳后，用卷尺测出小车实际运行的距离，即可计算出小车的实际速度，见图26、图27。

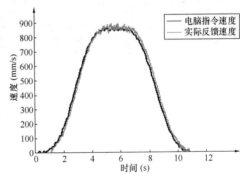

图26 机器人底盘参数检验过程

图27 机器人行驶参数检验过程照片

3.2.2 自动调平参数检验

检验自动调平精度最好的方法技术看其是否能达到全站仪的调平精度要求。将全站仪直接安装在调平工作台上，然后启动自动调平装置（图28），对上台面进行调平，从测试情况来看，该调平装置的实际调平精度可以达到0.005°左右，从20°倾角调至水平状态，仅需15s左右。

3.2.3 全站仪设站参数检验

如图29所示，分别将两个棱镜（L1、L2）间隔200m架设在桩号K1+000、K1+200处，然后控制机器人分别行驶到5个测站（CZ01~CZ05）处，在每个测站位置，将全站仪调平后，自动照射两个棱镜进行设站，每一测站处各设站10次，然后对测量数据进行分析（表7）。

图28 自动调平装置

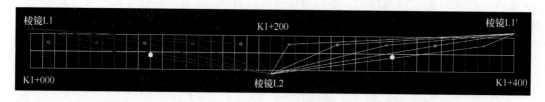

图29 全站仪自动设站参数检验方法示意图

全站仪设站测试数据表 表7

	CZ01				CZ02				CZ03		
序号	X	Y	Z	序号	X	Y	Z	序号	X	Y	Z
1	12.6	9.6	1.6	1	11	10	3.3	1	10.1	10	0.5
2	12.7	9.7	1.9	2	10.9	9.9	2.9	2	10	10	0.6
3	12.6	9.6	2.5	3	11.1	10.1	2.8	3	10.3	10.2	0.2
4	12.7	9.7	2.2	4	11.1	10.1	2.3	4	10.1	10.2	0.4
5	12.8	9.8	2	5	11.1	10.2	2.5	5	10.2	10	0.3
6	12.8	9.7	2.2	6	11.1	10.1	2.2	6	10.5	10.2	0.4
7	12.8	9.8	2.3	7	11.2	10.3	2.3	7	9.8	9.9	0.2
8	12.7	9.7	2.8	8	11.2	10.2	3	8	10	9.9	0.6
9	12.8	9.8	2.7	9	11.2	10.2	2.7	9	9.6	9.8	0.7
10	12.8	9.8	2.8	10	11.1	10.1	2.4	10	10	9.8	0.3

	CZ04				CZ05						
序号	X	Y	Z	序号	X	Y	Z				
1	10.3	9.8	1.3	1	12.2	9.9	2.7				
2	10.3	9.8	1.5	2	12.3	10	2.5				
3	10.3	9.8	0.6	3	12.1	9.9	2.9				
4	10.4	9.9	1.2	4	12.2	10	3.5				
5	10.2	9.7	0.8	5	12.2	10	2.9				
6	10.2	9.7	0.9	6	12.1	9.9	1.9				
7	10.4	9.9	1	7	12.3	10.1	2.1				
8	10.3	9.8	0.4	8	12.2	9.9	2.7				
9	10.4	9.9	1.6	9	12	9.8	2.6				
10	10.2	9.8	0.6	10	12	9.8	2.3				

3.2.4 机器人测量参数检验

由于该机器人具备自动记录和上传数据功能，通过对实测数据进行分析，即可得到机器人的测量参数（表8），其中，关于测量精度方面的检验，由具有资质的第三方检测机构完成，具体方法见前文所述。

机器人测量数据表　　　　　　　　　　　　　　　　　　　　　　　　表8

序号	时间	时间间隔	里程桩号	偏距	设计数据			实测数据			高程偏差（mm）
					北坐标	东坐标	高程	北坐标	东坐标	高程	
1	9：03：17		K34+280	2m	3659261.554	499100.111	23.868	3659261.545	499100.0962	23.8579	−10.1
2	9：03：23	0：00：06	K34+280	4.5m	3659263.982	499099.516	23.818	3659263.966	499099.5245	23.8188	0.3
3	9：03：32	0：00：09	K34+280	7m	3659266.41	499098.921	23.768	3659266.416	499098.9456	23.7832	15.2
4	9：03：44	0：00：12	K34+280	9.5m	3659268.839	499098.326	23.718	3659268.84	499098.3445	23.733	15
5	9：03：50	0：00：06	K34+280	12m	3659271.267	499097.73	23.668	3659271.267	499097.7328	23.6683	0.3
6	9：04：02	0：00：12	K34+290	12m	3659273.651	399107.42	23.568	3659273.648	499107.4239	23.5499	−18.1
7	9：04：13	0：00：11	K34+290	9.5m	3659271.224	499108.019	23.618	3659271.223	499108.0227	23.6038	−14.2
8	9：04：21	0：00：08	K34+290	7m	3659268.797	499108.619	23.668	3659268.791	499108.591	23.6584	−9.6
9	9：04：31	0：00.10	K34+290	4.5m	3659266.37	499109.218	23.718	3659266.332	499109.1775	23.7026	−15.4
10	9：04：47	0：00：16	K34+290	2m	3659263.943	499109.818	23.768	3659263.932	499109.8122	23.7422	−25.8
11	9：05：00	0：00：13	K34+300	2m	3659266.349	499119.521	23.664	3659266.35	499119.5189	23.6267	−37.3
12	9：05：14	0：00：14	K34+300	4.5m	3659266.775	499118.917	23.614	3659268.775	499118.917	23.5934	−20.6
13	9：05：26	0：00：12	K34+300	7m	3659271.201	499118.313	23.564	3659271.213	499118.3586	23.5512	−12.8
14	9：05：35	0：00：09	K34+300	9.5m	3659273.627	499117.709	23.514	3659273.657	499117.7463	23.5019	−12.1
15	9：05：49	0：00：14	K34+300	12m	3659276.053	499117.105	23.464	3659276.04	499117.096	23.4503	−13.7
16	9：06：04	0：00：15	K34+310	12m	3659278.472	499126.786	23.359	3659278.463	499126.7707	23.346	−13
17	9：06：16	0：00：12	K34+310	9.5m	3659276.047	499127.394	23.409	3659276.044	499127.3878	23.4022	−6.8
18	9：06：29	0：00：13	K34+310	7m	3659273.622	499128.002	23.459	3659273.62	499127.9937	23.452	−7
19	9：06：42	0：00：13	K34+310	4.5m	3659271.197	499128.611	23.509	3659271.195	499128.5872	23.4921	−16.9
20	9：06：53	0：00：11	K34+310	2m	3659268.772	499129.219	23.559	3659268.772	499129.2129	23.5267	−32.3
21	9：09：18	0：02：25	K34+320	2m	3659271.213	499138.913	23.454	3659271.189	499138.8771	23.4238	−30.2
22	9：09：32	0：00：14	K34+320	4.5m	3659273.637	499138.3	23.404	3659273.623	499138.2693	23.3883	−15.7
23	9：09：45	0：00：13	K34+320	7m	3659276.06	499137.688	23.354	3659276.057	499137.6774	23.3432	−10.8
24	9：09：58	0：00：13	K34+320	9.5m	3659278.484	499137.075	23.304	3659278.484	499137.075	23.2937	−10.3

续表

序号	时间	时间间隔	里程桩号	偏距	设计数据			实测数据			高程偏差
					北坐标	东坐标	高程	北坐标	东坐标	高程	(mm)
25	9:10:08	0:00:10	K34+320	12m	3659280.908	499136.463	23.254	4659280.908	499136.459	23.2381	−15.9
26	9:10:14	0:00:06	K34+330	12m	3659283.362	499146.135	23.149	3659283.361	499146.1369	23.1496	0.6
27	9:10:21	0:00:07	K34+330	9.5m	3659280.939	499146.752	23.199	3659280.937	499146.7588	23.2012	2.2
28	9:10:27	0:00:06	K34+330	7m	3659278.516	499147.369	23.249	3659278.513	499147.3578	23.2452	−3.8

4 适用范围

该测量机器人采用模块化设计,可针对不同的应用场景配置不同的功能模块,完成多样化的施工测量任务,经过近三年的迭代优化,该器人已完全具备产业化推广应用条件(图30)。

该机器人涉及的自动行驶、自动调平、自动设站、自动测量等技术具有较好的通用性和拓展性,稍经改造,既可以用于隧道、桥梁、地铁、房建等施工领域,还能实现施工现场的变形监测和施工装备的高精度定位与控制等领域。

2019年12月　　　2020年06月　　　2020年12月　　　2021年6月　　　2021年9月
V1.0版样机试制　　V2.0版样机试制　　项目应用测试　　项目示范应用　　V3.0版样机试制

图30 机器人研发迭代过程

5 工程案例

5.1 武汉市四环线项目概况

四环线位于武汉市三环线和绕城高速公路之间,线路全长148km,采用双向八车道高速公路标准建设,设计时速100km,是武汉市"环形+放射"的道路骨架网络的有机组成部分。整个四环线建设分为东四环、西四环、南四环、北四环和青山长江大桥等几个区段。其中,东四环新建线全长8.182km,全程高架,起于武汉绕城高速北湖互通,终点与青山长江大桥段相接,共有特大桥5座,互通立交3处。北四环是四环线新建段中线路最长、投资最大的区段,占四环线总长33%,占四环线总投资的29%。

该机器人先后在东四环和北四环项目开展长达一年的应用测试,采集了近50公里的路面施工数据,经实际应用验证,机器人基本达到预期设计功能,应用该机器人进行路面测量,不仅能极大地减轻测量人员的劳动强度,还能明显提高路面施工测量的效率和质量。

5.2 蚌五高速项目概况

蚌五高速公路(蚌埠—五河高速公路)连接蚌淮、S95凤阳支线高速公路、宁洛、徐明和江苏宁(南京)—宿(宿迁)—徐(徐州)等高速公路,建成后将串联沿淮地区的河南信阳,安徽阜阳、淮南、蚌埠、滁州(凤阳),江苏淮安、宿迁和沿海等地区,打通沿淮快速通道、皖苏省际通道和陆路出海通道，进一步完善中东部高速公路网布局与结构、发挥路网整体效益，对促进沿淮地区、皖北地区与东部沿海地区的联系具有十分重要的作用。项目起讫桩号为 K1+000.000～K52+932.645，路线全长 51.93km。

移动式高精度测量机器人在该项目开展了 10 个月的示范应用（图31），全面验证了机器人对施工现场的适应能力，通过应用测量机器人，项目仅需 1 名测量员即可完成原来有 5 名测量员才能完成的测量任务，不仅为项目节省人工费 80 万元，还实现了 24h 连续测量，为项目确保合同工期提供了技术保障。

图 31　蚌五高速项目现场应用过程照片

5.3　黄陂中环线项目概况

黄陂区中环线是黄陂区的"十二五"综合交通规划的"三纵、两横、三环、四射、一轨"的主要交通路网骨架，作为服务于中心区组团的客货运交通联系，同时也是黄陂区"环网结合、轴向放射"的骨干道路系统，为前川新城主出口通道。前川中环线工程的建设将有效改善区域环境，带动沿线区域的开发建设，引导城市空间有序拓展，实现城市交通与土地利用协调发展，为黄陂区的社会经济发展提供新的空间。

机器人在该项目进行实质应用阶段，完成近 30km 路面测量任务（图32），不仅为项目节省测量

图 32　黄陂中环线项目应用过程照片

人员费用近 50 万元，还为项目因路基质量问题索赔提供数据支撑，挽回材料浪费 200 万元。

6   结语展望

经过近三年的研发和迭代，该机器人已完全具备公路施工现场应用条件，将来还可以拓展应用于桥梁、隧道、机场等应用场景。相比传统测量方式，机器人测量不仅可减少测量人员 70％以上，测量效率提升 5 倍以上，测量数据密度增加 3 倍以上，还能实现夜间高精度测量与放样，为项目顺利履约提供技术保障。随着中国人口老龄化加剧和人力成本的不断上涨，用测量机器人替代传统测量员将是必然趋势，也具有极大的市场前景。

隧道施工 HSP 法超前地质预报智能化技术

Intelligent Technology of Geological Prediction by HSP Method in Tunnel Construction

卢 松 肖 洋 汪 旭 孟 露

（中铁科学研究院有限公司）

1 技术背景

2020 年 7 月，我国住房和城乡建设部、国家发展改革委、科技部、工业和信息化部等 13 个部门联合印发《关于推动智能建造与建筑工业化协同发展的指导意见》（以下简称"意见"）提出，要以大力发展建筑工业化为载体，以数字化、智能化升级为动力，创新突破相关核心技术，加大智能建造在工程建设各环节应用，形成涵盖科研、设计、生产加工、施工装配、运营等全产业链融合一体的智能建造产业体系。2021 年 3 月印发的《中华人民共和国国民经济和社会发展第十四个五年规划和 2035 年远景目标纲要》明确提出发展智能建造，将智能建造提到了新的战略高度。中国中铁、中国建筑、中铁铁建、中国交通等国内外建筑企业在智能建造领域纷纷布局，在新科技驱动下，传统建筑施工技术与物联网、大数据、区块链等新科技实施了融合发展，正在形成智能建造产业，业已成为建筑行业高质量发展的新引擎。

随着"一带一路"建设、长江经济带发展等国家级战略的持续深入实施，交通工程发展迎来新机遇，国家大力发展铁路和城市轨道交通，为轨道交通产业发展提供了巨大空间。根据全国铁路"十四五"规划，到 2025 年，全国铁路营业里程将达到 17 万 km；四川铁路营业里程将达到 6000km 以上。这样势必会采用隧道穿越地质条件复杂的山区，铁路隧道工程建设面临更复杂的地质环境条件，更恶劣的运营环境条件，设计要求和标准越来越高，如川藏铁路，雅安—林芝段隧道全长 789km，隧线比约为 82%，20km 以上隧道长达 16 座，建设过程中面临着高海拔、高地应力、高地温、高地震烈度、高落差、强活动断层等诸多挑战。埋深大、隧道长、修建难度大、地质条件或运营环境复杂是目前及今后较长时期隧道工程建设面临的普遍问题，特别是在隧道环境精细探测技术方面，有众多难题需要不断攻克，安全、优质、环保的隧道工程建设技术是当前隧道建设面临的主要任务。

为进一步保证隧道施工安全，提升我国隧道超前地质预报领域科技支撑力和产业带动力，智能化预报将聚焦隧道超前地质预报基础共性技术、关键核心技术和重大工程应用方向，补短板、锻长板，形成重大关键技术源头供给，打造隧道超前地质预报领域国家战略科技力量。

2 技术内容

2.1 技术原理

隧道施工 HSP 法超前地质预报智能化技术，是中铁西南科学研究院有限公司自主研发技术，经过多年的发展，已成为目前最主要的弹性波预报方法之一。该技术同时适用于钻爆法和盾构（TBM）隧道施工超前地质预报。

该技术遵循惠更斯-菲涅尔原理和费马原理，前提条件是介质存在差异的波阻抗。利用溶洞（腔）、软弱夹层、破碎地层、断层、节理密集带、富水构造带等地质体与背景地层存在明显的波阻抗差异，为地质预报提供了理论基础。

适于 TBM 及盾构施工隧道 HSP 法是利用刀盘滚刀破岩产生的震动信号作为探测震源，对前方不良地质体进行空间成像，实现预测预报。该波场传播速度、质点振动幅度等与介质的组成成分、密度、结构特征等存在密切的相关关系。

2.2 测试方法

HSP 超前预报技术流程如图 1 所示。总体的预报技术流程包含预报前的准备工作、现场数据采集工作、数据处理与解译工作、成果总结与揭露验证工作。其中，在数据采集时，震源信号激发后，受地层波阻抗物征信息的影响，波场产生透射、反射、散射等，并夹杂着各种环境振动噪场，最终由检波器接收、主机记录。

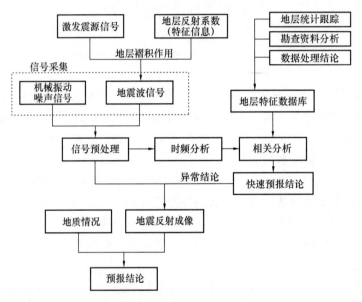

图 1 HSP 超前预报技术流程图

● 接收点
● 激发点

图 2 三维空间观测方式
(新型阵列式 HSP 空间观测方式)

新型阵列式 HSP 法，其在探测布置、数据处理、速度分析、成果展示等方面实现了突破，实现了隧道掌子面前方不良地质的三维探测，可覆盖隧道掌子面前方洞周径向 2 倍范围岩体(浅埋隧道，受边界影响除外)。从检波器布置、仪器设备 A/D 转换位数、采样率、采样长度、数据处理技术等多方面进行了升级，使得数据采集、数据处理更便捷，仪器设备更稳定，将成果形式上从以往的反射能量曲线，拓展到反射能量二维、三维谱图，增加了对前方纵波波速、横波波速、泊松比、杨氏模量等参数的计算，使成果展示更为直观，能更为有效地指导隧道施工。

新型阵列式 HSP 法现场接收点与激发点在隧道轮廓上以三维空间布置，如图 2 所示。适合 TBM 及盾构施工隧道 HSP 法测试布置示意图见图 3。数据处理时，遵循空间观测方式弹性波超前预报技术理论，确定接收点与激发点的三维坐标，以每个震源点和传感器点的位置为焦点，所有可能产生回波的反射体的位置能够确定一个椭球，较多的震源和传感器会形成多个椭球，椭球的交汇区域可以确定每个界面反射的地层位置，并对成像速度进行速度分析与反演，获取最终预报成果。图 4 为 HSP217

型仪器设备展示照片。

图 3　适合 TBM 及盾构施工隧道 HSP 法测试布置示意图　　　图 4　HSP217 型仪器设备展示照片

2.3　试验验证

2.3.1　钻爆法施工地质预报案例（已知界面探测验证）

采用 HSP 隧道超前地质预报进行探测，测试里程为巴南广高速公路枣林隧道出口左洞里程（ZK5＋843～ZK5＋760）。图 5 为现场探测照片。

图 5　现场探测照片

隧道进口段开挖掌子面里程为 ZK5＋758，与实验探测强反射界面所在位置吻合。图 6 为 ZK5＋843 里程探测反演分析成果图。为开挖验证情况地层岩性单一，为较完整砂岩。图 7 为施工地层揭露图片。

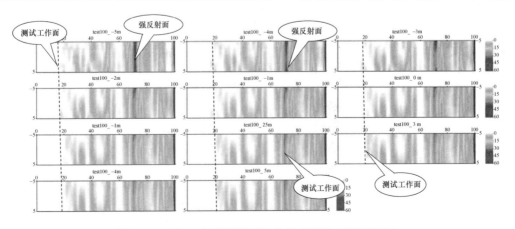

图 6　ZK5＋843 里程探测反演分析成果图（ZOY 切片）

2.3.2　盾构法施工地质预报案例（已知界面探测验证）

深圳地铁 6 号线二期（银湖站～八卦岭站）右线盾构超前地质预报测试时掌子面里程为 YDK6＋190（向小里程方向掘进），采用 HSP 法进行测试。对现场所采集的原始波形曲线进行时频分析及反演成像等处理后得到最终成果，图 8 为现场测试照片。图 9 为反演分析成果图，分析结果见表 1。

图 7　施工地层揭露图片　　　　　　　　图 8　现场测试照片

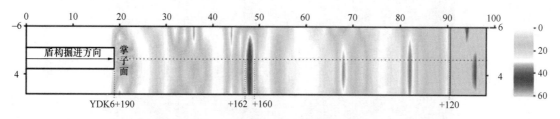

图 9　YDK6＋190 里程探测反演分析成果图（XOY 切片 0m 位置）

预报结果异常分析表　　　　　　　　　　　　　　　　　　　　表 1

异常范围	长度（m）	探测结果
YDK6＋162～ YDK6＋160	2	该段探测结果存在微弱反射异常，存在波阻抗差异，但差异较小，且异常分布较为分散。初步分析认为上述里程仅局部小范围区域岩性有所变化，但考虑本次探测范围内工程地质条件的相对特殊性，故特对此段围岩进行异常解释说明
YDK6＋120～	—	该处位置附近探测结果存在极强反射异常，结合设计资料，分析认为该处位置附近为临空面

验证情况：YDK6＋120 里程处为隧道出洞里程位置，图像出现强反射，与实际情况吻合。

2.4　关键核心技术

2.4.1　多源地震干涉法隧道超前地质预报技术

该技术在开挖隧道的两端或一端布置一定数量的检波器和爆破震源（多震源点），采用地震多震源点干涉技术，对隧道空间目标体进行反射或透射成像。该技术具有连续性、相互验证性等优势，有效提高了预报准确率。

2.4.2　基于 TBM 及盾构破岩（土）震源的实时超前地质预报技术

该技术是利用 TBM 及盾构刀盘滚刀剪切岩（土）时产生的振动信号作为激发震源的一类弹性波探测方法，其特点表现在：

（1）现场测试便捷，无需破爆或锤激。以刀盘滚刀破岩振动作为激发震源，测试的便捷性远胜于主动源地震波预报方法；

（2）检波点布设迎合性强，可布置与隧道轮廓任何位置。采用全空间阵列式布极，检波点可布设于盾尾面后 0～30m 范围隧道轮廓的任一位置，保证检波点相互间距大于 1.5m，记录好坐标位置即可；

（3）无需 TBM 或盾构停机，不影响施工。采用掘进破岩振动作为震源，在 TBM 掘进过程中进行探测，无需停机；

（4）无测前准备工作，现场测试时间短。该方法现场检波器布设 10min 左右，测试时间在 10～15min，测试时间短。与地震波主动源 TSP 法、TRT 法、ISP 法相比，减少或缩短了测前钻孔、检波器布置等时间；

（5）探测对象满足长距离地震波法探测要求。该 HSP 法采用的是地震波反射法探测，可用以探测岩溶、软弱夹层、破碎地层、断层、节理密集带、富水构造带、孤石、基岩起伏等存在波阻抗差异的不良地质（体）。探测有效距离不少于 100m。

2.4.3　地质预报单物性参数的三维成像技术

HSP 隧道地质预报单物性参数三维成像软件是为 HSP 隧道地质预报法的探测成果数据提供直观形象的三维表达、展示和编辑功能。软件实现了物探原始文件加载保存、里程设置、布长设置、里程方向设置、颜色直方图设置、调试板使用。软件基于三维可视化引擎，采用 C♯ 语言进行开发，能实现 HSP 地质预报仪所采集数据的三维可视化动态展示和直观表达，便于预报人员的成果数据解译，整体界面如图 10 所示。

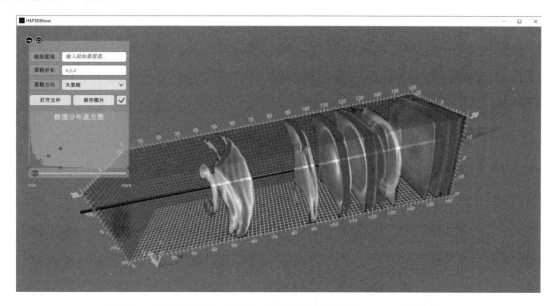

图 10　地质预报单物性参数三维成像软件整体图（HSP 反射能谱）

2.4.4　基于 HSP 地质预报的成果图谱智能识别技术

地质预报成果图在隧道施工过程中起着不可取代的重要作用。目前，针对地质预报成果图像异常区的识别和分析，主要依靠技术人员人工拾取和解释，对于复杂地质条件下大区域复杂异常的识别，存在效率较低、准确性不足等问题。因此，分析和总结超前地质预报物探方法成果图谱特征，开展地质预报成果图谱智能解译研究，为提高工作效率，增强地质预报成果异常识别的准确性和可靠性提供了有利工具。

根据 HSP 法超前地质预报的方法原理，反射成果图像信息直观地反映了地层物理特性，物理特性的差异与地层情况有着必然的联系，并形成对应关系。根据成果图像中的色谱分布，便可识别出因不良地质产生的强反射异常。针对典型实例，采用特征值法实现图像异常识别，并取得了较好的效果。

3 技术指标

3.1 关键技术指标

（1）提出了反射与散射联合成像的地质预报方法，研发了一种隧道超前地质预报新型震源方式，研发了具有较高频率、较宽频带、瞬时动态范围大的弯扭式压电检波器。

（2）研发了基于数字输出方式的地质预报无线传输系统；研发了集采集、数据处理和成果输出于一体的隧道超前地质预报一体机。

（3）形成了针对钻爆法施工及 TBM 施工掘进的多源地震干涉法隧道超前地质预报新技术，通过数值模拟验证了多源地震干涉法隧道超前地质预报技术的有效性及实际应用时的最佳测试方案，研究得到了适于对多源地震干涉法预报技术的数据处理方法，获得了不良地体特征图谱，如空洞、断层破碎带等，形成了相关的判释准则。

（4）研究的实时超前地质预报技术，可以实现盾构机的随掘、随探、随报，在盾构掘进过程中，自动数据采集、实时数据处理与反演、智能图谱解译，获取异常对应里程，整个探测时间在 10min 内完成（数据采集 8min、处理解译不超 2min）。

（5）开发的搭载式预报设备，搭载便捷、不影响盾构机身结构，可通过主机室数控软件实验设备采集参数设置、采集、数据保存等工作。

（6）编制的实时智能预报软件系统，安装于主机室工控电脑上，实现对搭载预报设备的控制与自动化采集、对数据快速处理与成果形成、对图谱异常的智能识别与展示等功能，界面美观、交互便捷。

3.2 同类技术对比

国内外隧道施工地质超前预报技术及方法很多，主要可归为地质法和地球物理方法两大类，地质法是基础方法，地球物理方法各有其优、缺点和适用性。同类技术对比分析表见表 2。由表 2 可知，隧道施工 HSP 法超前地质预报智能化技术适用范围广、操作简便、探测距离长、成果形式多样化，技术优势明显。

同类技术对比分析表   表 2

技术方法	国内外生产厂家	技术优势	目前存在的问题
TSP	瑞士安伯格技术公司	1. 采用炸药震源，能量强； 2. 成果形式多样化（含反射界面图、纵横波速、泊松比等）； 3. 探测距离长	1. 对激发点和接收点的位置有一定的要求，均需在一个平面上，如遇上下台阶，施作存在一定的困难； 2. 采用炸药作为震源，存在安全风险，且审批等流程繁琐； 3. 测试时间长，为 1.5～2h，不含钻孔时间
HSP	中铁西南科学研究院有限公司	HSP 系统不仅适用于钻爆法施工隧道超前地质预报，也适于 TBM 及盾构施工超前地质预报。 矿山法优势：1. 激震点和接收点采用阵列式布置，施作便捷；2. 成果形式多样化（含反射界面图、纵横波速、泊松比等）；3. 采用锤击震源，测试便捷，且探测距离达 100～120m。 TBM 法优势：1. 采用 TBM 刀盘刀具破岩震动为震源，不需停机，不影响施工； 2. 采用全空间阵列式布极，测点布置方便； 3. 探测距离长	矿山法：1. 采用锤击震源能量偏弱，在软弱地层探测时，能量衰减快（>80m）；2. 如激震位置初支背后存在空洞，影响激震效果。 TBM 法：需要连续采集一定时间内的有效数据，可能在这时间内 TBM 的掘进压力、贯入度等存在变化，使破岩不均一，影响干涉效果

续表

技术方法	国内外生产厂家	技术优势	目前存在的问题
TGP	北京华水物探技术研究所	1. 采用炸药震源，能量强； 2. 成果形式多样化（含反射界面图、纵横波速、泊松比等）； 3. 探测距离长	1. 对激发点和接收点的位置有一定的要求，均需在一个平面上，如遇上下台阶，施作存在一定的困难； 2. 采用炸药作为震源，存在安全风险，且审批等流程繁琐； 3. 测试时间长，为1.5～2h，不含钻孔时间
TRT	美国 C-Thru Ground 公司	1. 成果形式多样化（含反射界面图、纵波速度图）； 2. 采用锤击震源，测试便捷，且探测距离超过100～120m	1. 采用锤击震源能量偏弱，在软弱地层探测时，能量衰减快； 2. 如激震位置初支背后存在空洞，影响激震效果； 3. 测试布极有一定的要求，拱顶等区域位置检波点布设存在困难
GPR	美国 GSSI 公司、加拿大 Sensors&Software 公司、中国电波传播研究所、中国科学研究院	1. 低阻异常响应好，常用于地下水探测； 2. 探测便捷	1. 探测距离在30m以内，另搭接5m，有效长度在25m； 2. 探测时要到掌子面前，存在一定安全风险，且受金属台架影响； 3. 测试成果为线状，无法覆盖掌子面前方全空间范围
TEM	加拿大 CRONE 地球物理公司、美国 ZONGE 公司、地大华睿、重庆奔腾、西安物化探研究所	低阻异常响应好，常用于地下水探测	1. 探测时要到掌子面前，存在一定安全风险，且受金属台架影响； 2. 设备笨重，探测深度与发射线框大小和绕线匝数成正比
IP	山东大学、德国 GT 公司	对富水区响应较好，可测一定空间内的水量	1. 需对TBM进行改造，前方刀盘电极易损坏； 2. 探测长度小于30m； 3. 在管片衬砌形式下，无法较好地实施； 4. 需停机，测试较为繁琐

4　适用范围

隧道施工 HSP 法超前地质预报智能化技术不仅适用于钻爆法施工隧道超前地质预报，也适用于TBM 及盾构施工超前地质预报。

（1）钻爆法隧道施工 HSP 超前地质预报智能化技术应用特点

1）激震点和接收点采用阵列式布置，施作便捷；

2）成果形式多样化（含反射界面图、纵横波速、泊松比等）；

3）采用锤击震源，测试便捷，且探测距离达 100～120m。

（2）TBM 及盾构隧道施工 HSP 法超前地质预报智能化技术应用特点

1）采用 TBM 及盾构刀盘滚刀剪切岩体产生的振动信号作为激发震源，无需额外进行激震，且不影响施工；

2）检波器布置采用的是全空间阵列式布极，可以在 TBM 盾尾后任意位置，方便操作。检波器采用的是宽频弯扭式压电检波器，接收频带宽、信噪比高；

3）数据采集过程约 15min，连续采集，累计记录波形信号＞1000 道，有利于反射信号的有效叠加和噪声的去除，增强掌子面前方异常反射区的空间定位；

4）数据处理采用的是地震干涉技术及散射与反射联合成像技术，获取前方地层空间三维异常图谱。

（3）存在的问题

钻爆法隧道施工 HSP 超前地质预报，采用锤击震源能量偏弱，在软弱地层探测时，能量衰减快；如激震位置初支背后存在空洞，影响激震效果。

TBM 及盾构隧道施工 HSP 法超前地质预报，需要连续采集一定时间内的有效数据，可能在这时间内 TBM 的掘进压力、贯入度等存在变化，使破岩不均一，影响干涉效果。

5　工程案例

5.1　适于钻爆法隧道施工 HSP 超前地质预报工程案例

适于钻爆法隧道施工 HSP 超前地质预报智能化技术研究成果已在兰渝铁路、叙镇铁路、新建赣龙铁路、新建兰新第二双线、中老铁路等铁路隧道，绵西高速、九绵高速、广甘高速、映汶高速、达万高速、巴达高速、南大梁高速、纳黔高速等公路隧道工程进行了推广应用。通过对隧道掌子面前方长距离的准确预报，为隧道施工方案制定提供了依据，提高了施工效率；降低了因隧道地质灾害造成的人员生命和设备财产损失，并避免了因灾害处理而造成的工期耽误。该方法现场实施简单，且可持续性跟踪预报，有效提高预报效率和准确率，能更好地满足市场需求，社会经济效益显著。

（1）案例 1

某工程隧道进口 D2K216＋015 里程处掌子面进行阵列式 HSP 法地质预报测试工作，进行聚集成像与速度反演，形成成果见图 11，反射能量增强，纵波速度下降，分析推测 D2K216＋070～D2K216＋120 内围岩较前段变差，岩体破碎～极破碎，节理裂隙发育～极发育，软弱夹层、破碎带和溶蚀发育，局部夹泥或存在溶洞，含水，存在涌水、突泥风险。

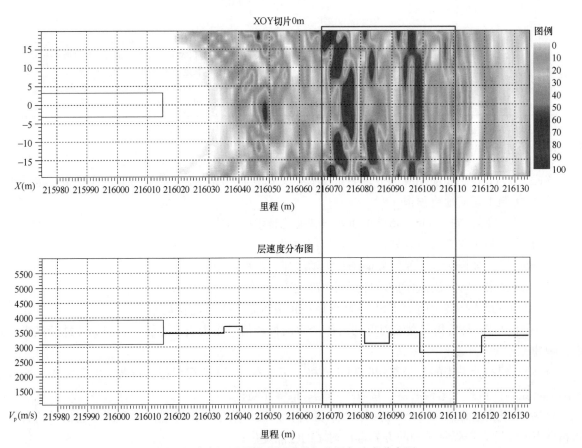

图 11　案例 1 反射波分析成果切片图与速度分布图

成功探测 D2K216＋070～D2K216＋120 里程范围内的岩溶发育带。揭露情况见图 12。

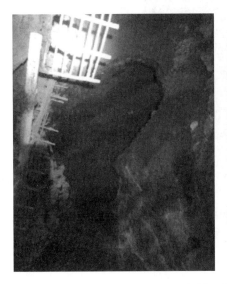

图 12　案例 1 异常区揭露情况照片

（2）案例 2

某工程斑竹林隧道进口 D2K222＋278 里程处掌子面进行阵列式 HSP 法地质预报测试工作，进行聚集成像与速度反演，形成成果见图 13。其中 D2K222＋320～＋330、D2K222＋340～＋350、D2K222＋390～＋398 段，反射能量增强，纵波速度下降，分析认为区域岩体极破碎，节理裂隙密集发育，软弱夹层发育。遇水易软化、失稳滑塌。揭露情况见图 14。

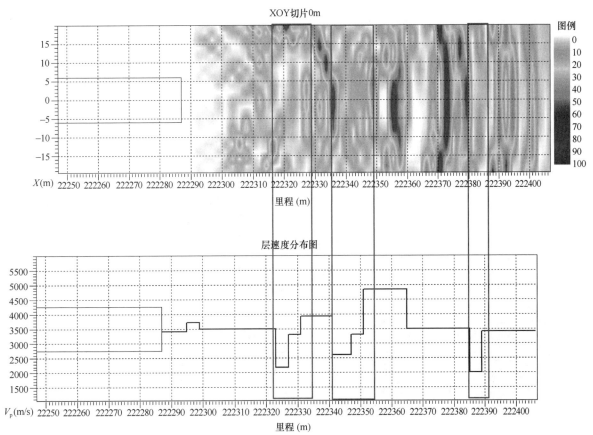

图 13　案例 2 反射波分析成果切片图与速度分布图

261

图 14　案例 2 异常区揭露情况照片

5.2　适于 TBM 及盾构隧道施工 HSP 法超前地质预报工程案例

适于盾构及 TBM 法隧道施工 HSP 超前地质预报智能化技术适用于各类机型的 TBM 与盾构机。目前该技术已在 84 台 TBM 与盾构机上成功应用。能够探出岩溶、软弱夹层、破碎地层、断层、节理密集带、富水构造带、孤石、基岩起伏等各种不良地质。获得了多个业主单位的肯定，积累了丰富的经验。

（1）中铁十五局广州地铁 18 号线案例 1（土压）

2020.4.13 横万区间左线土压盾构掘进在里程 K6＋006.7 范围内，出现直径约 60cm 的未风化石头孤石，影响掘进，见图 15，和探测结果吻合。

（2）贵阳地铁 3 号线案例 2（土压）

图 15　孤石异常区

花明区间右线 HSP 与掘进参数变化对比结果：预报范围内掘进参数共出现 7 处异常变化段，与预报结果对应 5 处。

四皂区间左线 HSP 与掘进参数变化对比结果：预报范围内掘进参数共出现 9 处较大异常变化段，与预报结果对应 7 处。

6 结语展望

隧道施工 HSP 法超前地质预报智能化技术不仅适用于钻爆法施工隧道超前地质预报，也适于 TBM 及盾构施工超前地质预报。该技术占用施工时间少，预报距离 70～100m，预报操作简捷、快速，不影响施工，能有效预报隧道工作面前方断层、岩溶、软弱夹层、节理密集带等不良地质，为隧道施工方案制定提供了依据，提高了施工效率；降低了因隧道地质灾害造成的人员生命和设备财产损失，并避免了因灾害处理而造成的工期耽误，社会经济效益显著。

随着我国隧道施工对安全、优质、环保技术要求的逐渐提高，隧道超前地质预报将向智能化、信息化、低碳化方向发展。主要包括：

（1）开展隧道施工地质预报信息管理智能化保障技术研究。搭建集"预报、施工信息采集、及时预警、联动反应"于一体的覆盖隧道全部作业面的施工超前地质预报信息智能化管理平台，实现"地质预报—风险预警—预警处置—消警"的地质风险闭合管理流程。

（2）开展钻爆法隧道地质状况智能感知与判识研究。针对隧道围岩地质结构复杂、重大地质灾害源探测不明、探测结果判识多解等问题，研究隧道掌子面智能扫描及地质编录技术；研究隧道不良地质灾害源三维精细探测与智能判识技术；研究多源大数据驱动的隧道施工灾害风险评估技术。

（3）开展智能化超前地质预报技术研究。研究隧道钻爆法与 TBM 工作面智能化地球物理超前预报技术与装备；研究隧道超前水平钻探随钻测量技术与装备；研究基于多源信息融合的隧道施工地质智能判识技术与系统；研究复杂地质隧道施工精细化三维地质模型重构技术。

高层建筑施工风险数字化监控技术

Digital Monitoring Technology of Construction Risk

龚　剑　左自波

（上海建工集团股份有限公司）

1　技术背景

1.1　行业需求

建筑业是安全事故最为多发的行业之一，高层建筑施工风险控制一直是安全管理的难点和痛点。近年来，世界各国高度重视施工风险的控制，安全事故的发生在一定程度上得到改善，但是施工安全控制技术仍然比较传统，难以满足施工现场风险因素多、过程动态变化和环境复杂多变等带来的挑战，一些特重大安全事故屡有发生，给人民生命财产安全带来巨大损失。总体而言，安全生产形势仍十分严峻、复杂，迫切需要采取创新的技术手段加以解决。

1.2　国家政策

建筑业安全管理是国家公共安全管控的重要组成部分，各级部门高度重视施工安全。2021 年 4 月住房和城乡建设部办公厅印发了《关于启用全国工程质量安全监管信息平台的通知》，要求全面推行"互联网＋监管"模式，全国工程质量安全监管信息平台自 2021 年 5 月 15 日起正式启用。2021年 6 月第十三届全国人民代表大会常务委员会第二十九次会议通过了《中华人民共和国安全生产法》的修改，确定安全生产工作应当以人为本，把保护人民生命安全摆在首位。

1.3　研究现状

施工风险控制理论方法研究方面，单因素风险静态监控理论相对成熟，主要采用专家经验评价方法，已形成较完善的体系，多因素耦合风险动态预警监控理论不完善，总体上处于初步研究阶段。施工现场人员安全监控技术研究方面，人员安全状态智能识别与控制技术缺乏，人员行为监控技术近乎空白，总体尚处于试验阶段，距离工程应用仍有较大差距。施工设备设施安全监控技术研究方面，施工风险较高的模架设施安全监控技术研究未得到充分重视，安全监控尚缺乏有效的技术手段；施工机械设备作业安全状态监控技术落后，以人员监督、巡查为主，安拆及顶升安全管理存在盲区，程序式安全监控理论缺乏；总体上设备设施监控研究局限于设备本体的安全性评估论证、安全检查、规范管理和关键参数的监测。施工环境安全监控技术研究方面，初步建立了施工环境安全评估和风险控制技术体系，并研发了基坑工程可视化监测系统，并规模化应用于工程实践，但总体上环境安全监控理论不完善，监测自动化程度低，微扰动控制技术缺乏且无法对周边环境进行实时动态评估与控制。施工安全监控平台开发方面，国外发达国家已开发了多个仿真模拟系统，但这些系统无法与现场实测数据高效交互，且不能实现对施工现场耦合风险的监控；国内研究以单一因素安全监测系统开发为主，尚缺乏成熟的人机环等多因素耦合安全监控平台系统。

1.4　发展趋势

从发展趋势看，现有施工风险监控所涉及到的理论、技术、平台等已不能满足施工风险的高标准管控需求，随着物联网、人工智能、信息传输、智能监测和协同控制等技术发展，为施工风险监控数字化转型发展提供了新的思路，发展数字化及物联网等信息化技术与施工安全监控全方位深度融合之路将成为施工风险数字化监控技术发展的必然趋势。表现为：从单一因素静态风险控制理论向多因素耦合动态风险控制理论发展；从施工现场缺乏人员有效管理手段向人员安全及行为全方位高效管控发展；从重大设备设施限于本体监测及高度依赖人员操控向与附着时变实体一体化和作业安全的系统监测及可视化、程序化和远程化控制发展；从低效率低精度环境监测向高效多维多级立体监测与智能控制一体化联动发展；从单一因素安全监测平台向多源风险控制要素一体化协同的精细化施工安全监控智能平台系统发展。

1.5 研发目的

"十三五"期间，上海建工牵头承担了国家重点研发计划项目"建筑工程施工风险监控技术研究"，项目围绕影响建筑工程施工安全的关键因素，对风险监控理论及方法和人、机、环专项安全监控技术以及"人-机-环"安全监控集成平台等进行了系统研究。旨在突破施工风险监控与数字化全方位深度融合的技术瓶颈，完善施工重大风险耦合机理与风险控制基础理论，研发多维多级立体防控技术及智能装置，构筑多源风险控制要素一体化协同的施工安全监控智能平台系统，建立基于数字化的建筑工程施工安全监控技术体系，实现作业人员、设备设施、环境影响等多因素的安全风险精细化控制，切实提高施工安全生产水平。

2 技术内容

2.1 施工风险监控理论与方法

建立了可自动更新建筑工程施工风险事故案例结构化数据库；基于案例数据的多维度分析，形成了可随时空条件变化的动态风险耦合系统网络模型，构建了以数据驱动的风险事故预测方法，风险管理更可靠、高效；研究了施工重大风险事故失效模式和演变路径，建立了耦合风险预警指标体系，形成了考虑风险耦合影响的重大风险事故预警方法，预警更准确；研发了建筑工程施工重大风险定量评估与预警平台系统（图1），涵盖了风险识别、评估、预测与预警的功能模块。研究成果为人、机、环专项安全监控技术及施工安全监控集成平台的研发提供了理论支撑。

图1 建筑工程施工重大风险定量评估与预警平台系统（示意图）

2.2 施工安全专项监控技术

2.2.1 施工现场人员安全状态智能识别与行为控制技术

突破施工现场人员精确定位及跟踪系统核心模块设计、算法仿真等技术，研制出施工现场人员定位跟踪装置（图2）；建立了施工现场危险区域联合分布概率模型和参数识别方法，构建了人员生理及安全状态识别与预警技术；开发了针对洞口临边立体防护的安全风险信息化控制技术及装置（图3），解决了施工现场洞口临边围挡设施信息化管控难题；研发出仿生立体行为识别装置（图4），构建了人员及环境立体感知三维重构的仿生双目立体视觉算法，实现人员及环境的立体感知及三维重构；构建了建筑工程施工现场人员安全监控平台（图5），涵盖人员定位跟踪、安全状态识别与预警、安全行为识别与预警模块。

图2　人员定位跟踪装置　　　　　图3　洞口临边立体防护状态监控装置

图4　仿生立体行为识别装置样机

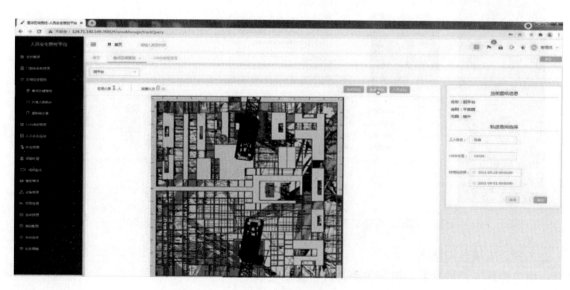

图5　施工现场人员安全监控平台（示意图）

2.2.2 施工爬升模架设备安全状态监测预警及控制技术

研发出爬升模架设备附着混凝土结构实体强度实时监测装置及评估方法，开发出模架设备智能支撑装置（图6），丰富和完善了爬升模架设备重大风险监测内容和监控手段；建立了爬升模架设备安全状态监测评估预警指标体系；提出了基于监测数据的爬升姿态动态评估反馈控制准则，形成了基于传感监测、PLC控制和组态软件一体化的爬升姿态监控技术；建立了爬升模架设备远程可视化安全监控平台（图7），涉及搁置使用状态和爬升状态监控，具体涵盖附着混凝土结构、支撑结构、模架本体和爬升姿态安全监控模块。

图6 模架设备智能支撑装置

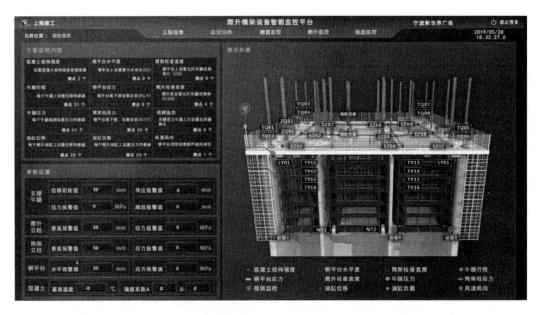

图7 爬升模架设备远程可视化安全监控平台（示意图）

2.2.3 施工垂直运输设备及其作业安全状态监测预警及控制技术

研发出系列垂直运输设备物理量和逻辑量安全监控装置（图8），为垂直运输设备施工现场安全监控提供了数字化基础设施；构建了垂直运输设备本质安全状态监测指标体系；建立了垂直运输设备安装、顶升及拆除程序作业安全逻辑监控方法，开发出垂直运输设备程序作业安全监控程序，实现了程序作业智能导航与安全监控；开发出垂直运输设备安全监控平台（图9），涉及安装、顶升、拆除和作业状态监控，涵盖塔式起重机监控、施工升降机监控、混凝土输送装备监控等模块。

2.2.4 施工紧邻构筑物等环境安全状态监测预警及控制技术

建立了基于模糊评判法的建筑工程施工紧邻环境安全态势评判方法；研发了紧邻环境分布式光纤

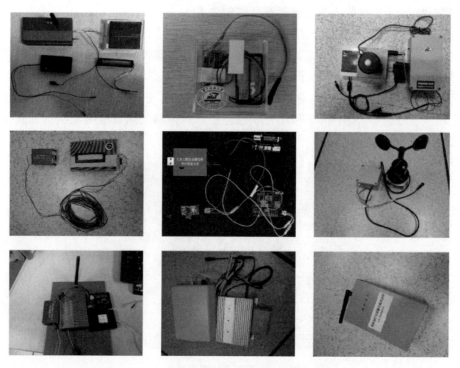

图 8 系列垂直运输设备安全监控装置

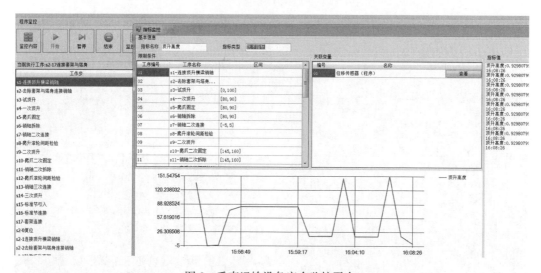

图 9 垂直运输设备安全监控平台

精细化自动监测、地下连续墙测斜自动监测等技术；开发出基坑变形智能主动控制装置（图 10）；开发了建筑工程施工环境安全监控平台（图 11），涵盖了监测数据采集、数据跟踪与分析、安全评价与风险预测、专家在线分析、智能联动控制等模块。

2.3 施工安全监控集成平台

开发了基于 3DGIS 与 BIM 集成架构的建筑工程施工安全风险三维可视化仿真系统，实现了施工环境与关键安全风险管控对象的数字化；构建了基于分布式结构的数据快速存储与读取机制，实现了海量多源异构监测数据的快速传输和分析，以及跨系统跨平台安全风险监测数据交互集成；开发了集三维仿真、耦合风险评估、安全风险控制于一体的"人-机-环"施工安全监控集成平台（图 12～图 14），实现了人员、爬升模架设备、垂直运输设备和周边环境的安全管控和施工风险耦合预警；集成平台涵盖三维模型展示、施工项目管理、风险预警评估和风险管控等功能。

图 10　基坑变形智能主动控制装置

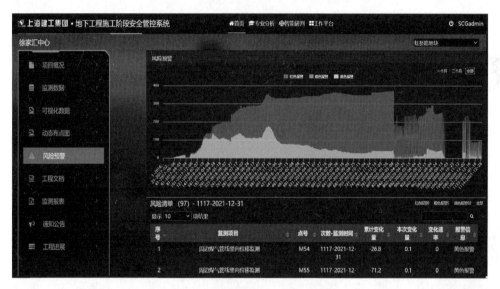

图 11　施工环境安全监控平台（示意图）

图 12　建筑工程施工安全监控集成平台（示意图）

图13　人-机-环安全风险三维可视化（示意图）

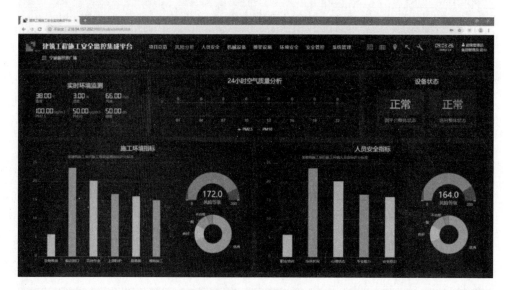

图14　风险监测数据可视化分析与预警（示意图）

3　技术指标

在施工风险监控理论方法方面，施工风险事故案例结构化数据库可自动更新，案例数超过1000项，为风险耦合理论的研究提供必备条件；风险耦合评估技术基于案例库数据驱动创新融合了复杂网络理论和概率风险分析方法，与现有耦合评估技术相比，可应用于安全风险的预控和动态控制中，并随着案例库的增加丰富而具有更高的准确度。事故风险预测和风险预警技术突破了单因素类型指标的局限，基于现场关键指标监测数据综合考虑了人-机-环耦合系统特征，与同类预测预警体系相比，对风险状态预测更全面、准确。施工重大风险耦合技术、基于神经网络算法的施工风险事故预测技术和考虑耦合影响的施工风险事故预警技术总体均达到国际先进水平。相关技术形成团体标准《超高层建筑施工安全风险评估与控制标准》。

在人员安全监控技术方面，研制的施工现场人员定位跟踪装置，空间定位精度≤0.2m，适应大容量、大覆盖范围、复杂动态及严重遮挡环境下人员、物料的高精度实时定位；研发的洞口临边立体防护状态监控装置及技术，为洞口临边安全风险管控提供了新的方法；建立的人员安全状态智能识别与预警技术，可实现人员轨迹跟踪、越界标记及警情判决；研发的仿生双目立体识别装置和技术，可实现施工人员的危险行为实时识别，模型识别准确率≥90％；研发的建筑工程施工人员安全监控平台，可实现对施工现场危险区域、人员安全状态的立体化智能态势分析、在线管理及预警控制。施工人员危险行为及其特征的分析模型技术、施工现场人员安全状态智能识别技术和施工紧邻构筑物环境安全监控技术总体达国内领先水平。

在模架设备监控方面，研发的附着混凝土结构实体强度实时监测系统，实现了实体强度的实时监测，监测精度优于80％，为附着混凝土结构强度全天候实时监测提供了技术支撑，保证了爬升作业安全和工期；开发的智能支撑装置，实现支撑系统受力点承载力的自感知及超限预警以及伸缩行程状态智能识别及自动控制，压力精度＜0.3MPa、位移感知误差＜2.5mm，解决了传统支撑系统需自动化程度低，以及受力点压力大小无法感知高风险的技术难题。研发的爬升模架设备安全状态监测评估预警技术，实现爬升模架设备安全状态的定量监测、评估、预警及反馈控制，根本上改变了传统安全监控"只监不控"模式及现状，为爬升模架设备施工全过程的安全管控提供了有力技术支撑；研发的一体化的爬升姿态监控技术，实现爬升姿态的远程监测与控制，改变了爬升模架设备监测与控制一体化协同联动性差的技术难题，有力支撑了爬升效率、安全平稳性。研发的可视化监控平台系统，实现附着混凝土结构、支撑结构、架体和爬升姿态安全状态一体化集成监测与控制远程可视化监控，监控精度优于控制值的2％，实现了爬升模架设备全风险要素、全过程安全监控，提升了爬升模架设备智能操控和风险监控水平，节省高风险操控人员40％，施工效率可提高30％。爬升模架设备安全状态监控技术总体均达到国际先进水平，爬升模架设备爬升姿态远程监控技术总体达到国际先进水平，部分达国际领先水平。相关技术被行业标准采纳。

在垂直运输设备监控方面，研发的连接件紧固状态感知装置应变监测精度达到2με，应力监测精度达到0.5MPa，变形监测精度1mm；研发的高精度倾角感知装置倾角监测精度达到0.005°。首创研发了垂直运输设备安装、顶升及拆除程序作业安全逻辑监控装置和系统，解决了垂直运输设备结构及程序安全监控问题，实现了程序作业导航与监控，填补了国内外空白。基于"互联网＋"的垂直运输设备安全智能监测技术总体均达到国际先进水平。相关技术形成团体标准《建筑施工垂直运输设备安全风险监控技术规程》。

在环境监控方面，基于长短时记忆神经网络等理论，提出的施工紧邻环境安全态势评判方法，提高了基坑紧邻构筑物安全评价结果的客观性与可信度。研发的施工环境安全监控平台基于精细化协同管理理念，深度融合自动化监测、智能预警与综合信息管理技术，实现了施工环境影响主动控制、安全状态监测预警及被动控制，实现了对施工过程中对紧邻构筑物等环境的有效保护。与传统监测技术相比，不仅能实现数据的采集、汇总和简单分析，而且实现了施工现场精细化管理和自动化监测的数据分析、风险预判和协同管理。建筑工程施工紧邻构筑物环境安全监控技术总体均达到国内先进水平，环境监测指标精度优于控制值的2％。

在施工监控集成平台方面，开发的三维可视化仿真系统，实现了3D GIS与BIM之间无缝和信息无损集成以及建筑工程施工安全风险的虚拟仿真，为全要求风险管控对象的数字化创造条件。研究的数据快速存储与读取机制，为海量多源异构数据的平台化应用奠定基础。研发的施工安全监控集成平台，分节点可支持不少于2000个监测点，分节点数量可根据需要扩展，实现了施工人员、设备设施、环境等多因素安全风险耦合分析、动态评估、预警及精细化控制，提升建筑工程施工风险管控水平。施工安全监控海量数据实时在线采集和快速处理技术达到国际先进水平。施工安全专项监控平台和施工集成平台均形成软件著作权，关键技术形成《数字化施工》专著。

4 适用范围

研发的施工风险数字化监控技术大幅度提升了高层建筑施工安全风险管控水平，为建筑业数字化转型发展提供了关键支撑技术及典型应用场景。该技术适用于建筑工程施工领域，不受地域、规模、环境、资源能源等因素的限制，可推广应用于其他施工领域。

应用中为建筑工程施工安全监督、监测及控制提供先进的、实用的产品化软件和硬件。硬件方面包括：双目仿生装置、UWB精确定位系统、健康状态智能腕表、洞口临边立体防护装置、混凝土结构实体强度监测装置、智能支撑装置、智能开关传感器、程序监控传感器、基坑微变形主动控制装置等。软件方面包括用于施工专项安全控制的施工人员安全监控平台、模架安全监控平台、垂直运输设备安全监控平台和施工环境安全监控平台以及用于施工安全综合管控的施工重大风险定量评估与预警平台和施工安全监控集成平台。

研发的施工风险数字化监控技术成果可复制、可移植、可落地应用，随着我国新型城镇化的建设和发展以及行业数字化转型的迫切需要，具有广阔的应用前景。

5 工程案例

研究形成的施工风险数字化监控理论、技术、装置和平台已在宁波新世界（高度250m）、深圳雅宝大厦（高度356m）、徐家汇中心（高度370m）、吴江太湖绿地（高度358m）、杭州之门（高度302m）、董家渡金融城（高度300m）、深圳乐普大厦（高度148m）、南京NO.2016G11（高度300m）、苏河湾塔楼（200m）等超高层建筑项目进行了工程示范应用，保障了工程建造全过程的安全，综合效益显著。示范工程以外，项目成果推广应用工程遍布国内众多城市，工程数量已达百余项。

下面以宁波新世界和徐家汇中心二项示范工程为例介绍工程应用情况。基于物联网的施工现场安全监测软硬件产品系统的集成应用，验证功能特性和性能指标；基于互联网的数字化安全风险管控平台的规模应用，验证施工场景的可操作性以及复杂环境的适用性。

宁波新世界工程（图15）建筑面积16万 m²，建筑高度250m；施工设备设施包括动臂自升式塔机、整体爬升钢平台模架装备、升降机、输送泵等。徐家汇中心工程（图16）建筑面积78万 m²，T1塔楼高度220m，T2塔楼高度370m，工程紧邻上海地铁9号和11号线，周边人口密集，环境复杂，对施工风险控制要求较高；施工设备设施包括塔机与整体爬升钢平台模架一体化集成装备、升降机、输送泵等。示范工程实施由上海建工集团牵头，上海建科集团、中国科学院上海微系统与信息技术研究所、华中科技大学和东南大学等15家单位参与实施。

(a)   (b)

图 15　宁波新世界工程
（a）效果图；（b）实景图

（a）　　　　　　　　　　　　　　（b）

图16　徐家汇中心工程

（a）效果图；（b）实景图

在风险监控理论方法示范方面，基于开发的施工重大风险定量评估与预警平台的应用，对工程施工现场重大风险进行识别、耦合评估、分析与预警，并提出针对性预控措施，同时并结合监测数据对评估结果进行动态修正，确保对施工安全风险的有效预控和及时预警；参建各方可在线查看重大风险预警和预测结果，项目管理人员可全面预控风险、准确预警隐患、及早规避事故，提升了安全预控能力和安全管理的精细度及成效，取得了较好的应用效果。工程示范期间，先后预防及处理了塔机违规吊装、施工升降机超重、模架提升期间违规使用升降机、极端恶劣天气条件下危险作业等安全隐患数十项，有效降低了事故发生概率。

在人员安全监控示范方面，基于开发的人员远程可视安全监控平台的应用，对施工现场人员安全进行信息化管控，降低了施工现场人员伤害发生率；通过研发的人员定位跟踪技术及装置，对施工人员所处位置进行实时监测，对运动轨迹进行实时跟踪，当人员处于危险区域时，系统发出预警信息，通过洞口临边立体防护装置实现人员安全状态的高效管控；通过生理特征参数监测装置，实现人员身体状态及生理特征的监测和评估，预防因身体状态原因导致的安全事故发生；通过仿生立体行为识别装置，对施工人员作业行为进行识别，实现了人员违规作业行为的有效管控。

在爬升模架设备监控示范方面，基于开发的模架设施远程可视化安全监控平台的应用，通过研发的附着混凝土结构强度监测装置和方法，实时监测混凝土强度的发展，判断可否爬升；通过研发的智能支撑装置及工艺，实时感知支撑结构的支承压力和伸缩状态；通过建立的爬升模架设备安全状态和爬升姿态监控技术及其预警指标体系，实时掌控爬升模架设备的运行状态；通过基于机器视觉的模架封闭性、爬升障碍物监测与预警技术，实现了施工作业状态智能识别和预警；通过爬升模架设备远程监控平台，实现了爬升模架设备实时监测数据与智能控制的一体化协同联动，爬升模架的智能操控和风险管控水平大幅提升。

在垂直运输机械设备安全监控示范方面，基于开发的垂直运输设备安全监控平台的应用，通过塔式起重机结构安全监控装置，对塔式起重机本质安全进行实时监控；通过垂直运输设备程序安全监控智能工控机，对塔式起重机安装、爬升或顶升、拆除等作业工序进行实时监控，根据传感器监测数据判断工序完成状态，语音播报发出提示，操作人员根据语音提示，进入程序逻辑下一工作步；通过前端预警功能的智能传感器，实现垂直运输设备作业安全的有效管控，垂直运输设备安全风险监控水平大幅度提升。

在环境安全监控示范方面,基于开发的地下工程施工环境安全远程监控平台的应用,通过建立的环境安全监测技术体系对基坑本体和周边环境安全进行全天候远程监测;通过开发的主动控制装置对紧邻环境安全进行智能控制,有效减小施工对紧邻环境的扰动;环境安全监控平台将自动化监测技术、信息化数据管理和智能预警技术深度融合,实现了环境安全风险的及时评估、超前预判、即时预警、快速反馈,确保了基坑大规模开挖施工期间基坑本体、周边、建筑物、地铁和管线等紧邻构筑物的安全和影响可控,提升了基坑施工环境安全的防控水平。

在施工监控集成平台示范方面,基于首创的建筑工程施工可视化协同安全监控集成平台的应用,对工程施工现场场景的全方位安全管控,为建设、施工、监理等参建方安全管理提供了全新手段。通过开发的BIM+GIS的三维虚拟仿真系统以及基于参数化建模的三维虚拟场景构建技术,实现了仿真模型与物理实体关联以及施工现场主体结构、人员、设备设施、周边环境的远程可视化;通过构建的分布式快速存储与读取机制,实现了海量多源异构监测数据的快速传输和分析,解决了"人-机-环"子平台与集成平台监测数据同步性难题;通过建立的集三维虚拟仿真模块、耦合风险评估模块、预报警模块、安全风险控制模块于一体的网页端施工安全集成监控平台(图17),对示范工程施工安全风险管控,实现了人员、设备设施和紧邻环境安全风险的有效管控。

图 17　建筑工程施工安全集成监控平台工程应用(示意图)

6　结语展望

建筑业数字化转型发展进入关键时期,本研究覆盖了安全生产所涉及的人、机、环等关键风险因素的监控技术,形成了施工安全风险管控理论、技术、装置、平台创新成果,建立了具有系统自主知识产权的建筑工程施工风险数字化监控技术成套技术。改变了传统建筑施工安全管理理念和模式,为施工重大安全事故防范提供了新的路径;研发了先进的建筑施工安全监督、监测及控制技术手段,提升了建筑工程施工安全风险数字化管控和智能建造水平,推进信息化与建筑工程安全生产的深度融合,为建筑行业数字化转型发展提供了示范引领作用,为国家公共安全保障能力的提升提供了有力技术支撑。

尽管施工风险数字化监控技术已取得丰硕的成果,但是该技术是一个复杂的系统工程,同时建筑业数字化转型也是一个长期过程,因此,所研发的施工风险数字化监控物联网软硬件和数字化平台是一个"应用-改进-迭代升级-再应用"的循环发展过程。

　　致谢：在研究和工程应用中，作者与团队成员周红波、张晓林、黄玉林、赵挺生、李建春等共同承担了国家"十三五"重点研发计划《建筑工程施工风险监控技术研究》项目，研究成果对本文的撰写作出了许多贡献，团队人员还将继续共同努力，研究和总结出系统的成果与读者分享。

高水平数字建造产业链平台

High-level Industry Chain Platform for Digital Construction

左　睿

（中国中铁云网信息科技有限公司）

1　技术背景

新一轮科技革命机遇开启了我国从制造业大国向制造业强国迈进的征程，党和国家高度支持传统行业数字化转型，国有企业数字化转型相关文件也明确指出各企业要坚持"一企一策"，集中力量推进数字化转型工作。

中国中铁等建筑央企作为改革创新的先驱者和务真求实的主力军，身处数字经济的时代大潮，准确识变、科学应变、主动求变，把握新发展阶段、践行新发展理念、构建新发展格局，聚焦建筑行业全产业链信息技术服务，面向一线业务启动"数智升级工程"，在施工现场层面解决管理痛点难点，提升"勘察设计、工业制造、施工建造、投资运营"四个方面的竞争优势，抓牢"理念思维、生产方式、管理模式、技术创新、运营效能、产业协同"六项升级，紧紧围绕工程建设全生命周期业务，探索和利用物联网、移动互联网、大数据、云计算、区块链、人工智能等技术，推进北斗＋BIM 数字孪生技术应用，打通上下游产业，为设计、施工和建设等参建方提供规划咨询、系统集成、数据安全、智慧建造、BIM 应用等服务，在效率、成本、管控等维度创造价值，推进企业数字化、智能化转型升级，优化产业布局，实现中国中铁竞争力、创新力、控制力、影响力、抗风险能力大幅跃升。

2　技术内容

聚焦 BIM、北斗、物联网、人工智能等新一代信息技术，开展数智资源共享平台、BIM 云平台、北斗时空数据服务平台、智慧运维 CIM 管理系统等通用技术平台的研发和应用，为提高工程建设数字化、智能化、智慧化水平造构建统一的技术底座，提供通用的基础服务。

2.1　数智资源共享平台

平台总体设计遵循"总规总集、共建共享、自主可控、价值导向"的原则，由中国中铁股份公司所属各单位共同打造集专家人才、产品、解决方案、示范项目于一体的数字化、智能化专业资源共享平台。平台以中国中铁各示范项目作为重要载体，上架有价值的数字化、信息化、智能化、智慧化应用成果，提供面向中国中铁全业务领域的应用场景和解决方案，共享各单位创新资源，加强各参建单位之间的协作，引领成熟推广类示范类型在示范项目建设中的推广应用，不断增强企业之间的互联互通，构建产业协同创新发展新格局，

该平台根据不同的业务拆分服务，具备低耦合、高内聚，一个服务完成一个独立的功能等能力，系统采用前后端代码分离模式，具备扩展性、负载能力、分布式集群部署能力。数智化资源覆盖用户方八大业务板块，包括设计咨询、工程建造、装备制造、特色地产、资源利用、金融物贸、新兴业务等，涵盖专家人才、平台、软件、硬件、解决方案和示范项目六大类。

2.2　BIM 综合云服务平台

BIM 综合云服务模块定位为以 BIM 应用为基础，立足服务于实际项目应用，提升中国中铁及整

个行业的 BIM 应用能力。系统以人才体系建设和项目管理服务为基础，借助资源服务和应用服务实现管理考核落地，包含 BIM 平台服务中心和 BIM 应用服务中心两部分。

BIM 平台服务中心立足营造中国中铁及整个行业的 BIM 氛围，打造集资源服务、管理服务为支撑的一体化聚合平台，引领 BIM 生态建设。从功能架构上进行拆解，总体包含资源资讯、认证服务、项目服务、考核管理和角色权限管理几个部分。

BIM 应用服务中心以 BIM 应用为基础，以底层技术、工具服务为基础，通过模块化工具服务施工生产，打通上下游产业链，实现资源和应用服务共享；以生态服务为依托，打造基于 BIM 的项目服务中心，包含 BIM 设计服务（BIM 云平台）、BIM＋GIS 数据服务、BIM 技术服务、BIM 项目施工服务等。

2.3 北斗时空数据服务平台

围绕北斗卫星导航系统高精度定位、导航、授时和短报文服务的能力，提供动态厘米级、静态毫米级定位服务，基于高精度位置信息与各大应用场景深度融合、位置关联，建设中国中铁北斗时空信息服务平台，为项目建设和工程管理提供精准时空定位服务设，实现具备北斗通信及高精度定位的能力支撑，为后续更多业务融合应用开展提供基础支撑服务，发挥北斗对社会经济建设和中国中铁数智升级的推动作用，有效提升相关业务的信息化、数字化水平，从而推动衍生出基于北斗时空信息服务的新产品和新服务，为北斗系统在关系国家安全和国民经济命脉的主要行业和关键领域实现大规模应用提供重要的基础支撑。

平台包含北斗时空信息服务、北斗三号短报文服务、高精度地图引擎、时空计算分析、北斗＋BIM＋GIS 融合服务等 8 个模块。依托北斗数字化施工一体化平台，研制了工程人员管理装备、工程人员安全作业装备、机械设备施工管理装备、工程物资定位管理装备、施工测量与放样、数字化施工装备、施工作业环境监测装备等 15 类数字化施工装备，打造面向"人机料法环"工程项目全要素的装备体系。以桥梁转体与合龙作业、地基施工作业、路基施工作业及测量与放样施工作业四大施工作业应用场景系统为核心，有效融合人员、机械、物料、环境四大基础类装备，实现施工作业数智化升级改造。

2.4 智慧运维 CIM 管理系统

探索通过 BIM、物联网、CIM、大数据、云计算、人工智能、区块链和数字孪生等新一代信息技术的深度融合应用，以设施设备全生命期信息的集成管理为基础，为中国中铁布局新基建领域提供数字基础支撑；以算法为支撑，以场景为导向，快速洞察人力难以企及的故障和问题，准确预测风险，化被动为主动运维，提高基础设施的运维管理水平，降低运维管理成本。

中铁信科城市轨道智慧运维 CIM 管理系统的总体架构为分层设计，项目建设需要基础设施，包括提供技术支撑的基础技术和设备，诸如大数据引擎、云计算技术、物联网/移动互联网，以及数据存储设备、数据接入设备、边缘计算设备、网络通信设备等，在基础层之上为本项目核心建设内容，包括感知层、支撑层、应用层和用户层。项目运维的底层（即感知层）数据来源于运维对象的各类设备，主要为视频系统、供电系统、信号系统、机电系统、风系统、水系统、智能照明、火灾报警、广播系统等；感知层之上为支撑层，主要是流程引擎、权限引擎、表单引擎、分析引擎、人脸识别、云平台、网络系统、数据平台、物联网、同城双活等关键技术支撑；应用层包括数字资产管理、数字运维作业、运管驾驶舱；核心包含资产台账、资产分布、供应商管理、合同管理、设备态势、车站态势、设施态势、轨行区态势、工单管理以及知识库建设。

技术架构上采用面向服务的总体技术架构（SOA，Service-Oriented Architecture）和 J2EE 的总体技术路线，支持不同操作系统（Windows、Red Hat Linux、国产麒麟等），实现跨平台部署。统一开放数据管理平台支持多种数据库（MySql、Oracle、国产神州通用等），支持国产的中间件如 TongWeb，支持 OpenJDK，提供符合国家信息技术服务标准（ITSS）的第三方系统集成接口。

2.5 "智慧十"解决方案

面向工程规划、设计、制造、施工、交付、运营全生命期，基于各通用技术平台，围绕北斗、BIM+GIS 等新一代信息技术，在建造过程中充分利用 BIM、物联网、数字孪生等技术，构建应用场景和产业生态，通过信息采集、传输、分析、控制等流程，探索开展底层技术平台、数字化协同设计、智能制造、数字施工、智慧投资运营等五大重点任务，布局智慧公路、智慧园区、智慧城轨、新基建等建设，形成重点业务领域数字化整体解决方案。

3 技术指标

3.1 技术指标

3.1.1 数智资源共享平台和 BIM 云平台

（1）响应时间

软件管理平台系企业内部应用系统，大多数情况都是在企业内网环境访问。保存、修改、作废、提交等简单操作使用持久层框架，响应时间控制在 2s 以内。普通列表查询操作，通过后台数据分页的查询方式，响应时间控制在 5s 以内。关联数据表多，数据量大的复杂查询操作，通过 sql 优化、增加限制条件等方式，响应时间控制在 8s 以内。关联表多，逻辑复杂，不频繁使用且需要把大量数据导出到 Excel 的特殊操作，响应时间可以放宽到 30s 以内。

（2）每秒查询次数

平台系统服务器的机器的性能经常用每秒查询率来衡量，按照使用情况预估，要达到不低于 500 次/s 要求。

（3）并发数

平台并发数要达到不低于 50 个并发访问能力。系统对图片、视频等非结构化数据的支持能力不小于 200TB；对结构化数据的存储和查询数据量支持能力不小于 500GB。

（4）数据性能

系统对图片、视频等非结构化数据的支持能力不小于 200TB；对结构化数据的存储和查询数据量支持能力不小于 500GB。

3.1.2 北斗时空数据服务平台

（1）精度指标

a）区域网络 RTK 双频载波相位差分（95%）：水平（RMS）≤5.0cm，垂直（RMS）≤10.0cm，初始化时间≤1min；

b）后处理高精度相对基线测量（95%）：水平（RMS）≤4.0mm±1ppm×D，垂直（RMS）≤8.0mm±2ppm×D。

（2）性能指标

a）针对实时动态厘米级定位服务，平台架构支持不少于 5 万个终端并发使用；

b）针对静态后处理毫米级定位服务，平台架构支持不少于 1 万个监测站点和基准站点的接入和解算；

c）平台架构设计拓展性和兼容性高，数据解算和播发能力在硬件资源和带宽资源充足的情况下，理论上支持无上限的高精度解算和播发能力。

（3）数据接口和服务能力

北斗高精度时空服务模块支持从第三方 CORS 系统、中央企业北斗时空数据服务平台、中铁自建站接入差分定位服务数据或自建站原始观测数据，进行解算和播发。

3.1.3 智慧运维 CIM 管理系统

采用集中部署模式，其中各服务节点会根据业务需求采用单点或者多点部署模式，支持虚拟化部署和 docker 部署结构。

（1）以资源的查询、管理为主，常规信息查询通过请求后台数据，使用分页形式返回结果，支持响应时间控制在 5s 以内；

（2）关联数据表多，数据量大的复杂查询操作，通过 SQL 优化、增加限制条件等方式，支持响应时间控制在 8s 以内；

（3）关联表多，逻辑复杂，不频繁使用且需要把大量数据导出到 Excel 的特殊操作，支持响应时间可以放宽到 30s 以内。

3.2 技术优势

各平台采用总部＋分中心的架构：在总部和分中心采用分布式架构部署云设计平台，总部对云平台统一监控与管理，各分中心对本地云平台具有监控与管理的能力。系统架构基于 Spring Cloud ＋ kubernets 构造一套微服务＋云原生一体化方案，完整支持 devops 模式，对不同的业务功能模块进行拆分，一个模块完成自己模块内的功能，为了达到高内聚低耦合的特点，将业务按功能区分，开发时有更好的延展性也减少了模块间的功能依赖。

4 适用范围

在设计阶段，在设计标准与规范完成数字化的基础上，研究探索工程设计成果智能审查技术，开展人工智能审图试点，提升审查效率，提高勘察设计质量，推动勘察设计成果向制造、施工阶段的数字化、标准化交付，促进了 BIM 技术在专业设计中的深度应用。

在制造领域，在设计制造一体化关键技术、数字化高精度测量技术等方面开展工作，以智能制造为主攻方向，建立数据共享接口，推动工厂、装备、生产线的数字化、智能化、平台化改造，在梁场、轨道板厂、轨枕厂、钢结构厂等率先迭代，升级具有自主知识产权的全自动化生产线，探索智能制造 4.0，形成生产动态感知、预测预警、自主决策和精准执行能力。

在施工建设过程，结合 BIM、北斗和人工智能等技术，制定应用规范和标准，基于统一底层技术平台，建立基于"生产智能化＋管理数字化"的架构，促进设计、施工一体化，打通感知层、应用层、平台层，实现工程全过程、全类型、全参建各方、全功能体系的管理行为平台化、生产作业数字化与人机协同智慧化。基于 BIM 的智慧工地平台，实现了 BIM 模型轻量化转换及展示、施工安全文明管理、物资管理、质量管理、安全管理、风险监控管理、族库管理、钢构件管理、概预算管理、档案资料管理、工程变更管理、竣工验收管理、机电设备数字化施工等功能，在提高项目管理效益等方面起到了重要作用。

在投资运营领域，融合应用北斗、BIM、GIS、人工智能、物联网、大数据等核心技术，打造智慧投资运营管理体系，强化对运营项目运营成本、设施与资产、运营安全的管控，助力大数据辅助投资项目决策分析。基于智慧投资运营管理平台，全面提升各业务板块项目运营管控水平，推动投资运营项目管理向智慧化方向转型，赋能投资运营产业升级。

5 工程案例

（1）BIM 咨询

BIM 作为智慧建造的核心支撑技术，为工程项目设计、施工、运营等各参与方提供协同工作的基础和数据交互的载体，通过对天津地铁 4 号线北段工程实施 BIM 咨询服务，实现基于 BIM 的深化设计、建模、应用和模型化交付，指导完成 BIM 施组方案，形成轨道交通 BIM 技术应用规则。

（2）北斗数字化施工平台

北斗数字化桥梁转体与合龙应用在廊坊光明桥转体中成功应用，实现了施工过程人机协同作业、减少桥梁转体作业人员 30%、为桥梁转体提供了安全保障。北斗数字化桩体系统在川藏铁路

CZXZZQ-12 澜沧江特大桥上得到应用，桩基施工作业垂直度由 1.5％提高到 1％，深度精度由 30cm 提高到 5cm，并在川藏澜沧江特大桥施工标准化观摩会上进行讲解汇报。北斗数字化路基系统在吉林双洮高速公路施工过程中全线采用，提高土方分层碾压效率 20％，平地机精平效率 20％，由 5％事后抽检提高至 100％过程检验，满足了提质增效的要求。北斗数字化测量与放样施工系统在渝黔铁路重庆东站站房项目中有效提高施工测量与放样精准度，操作复测次数由原来的 100 次减少到 80 次，测量人员由三班作业减少至两班作业，降低了施工技术人员的工作强度，提升了管理效率。

（3）"智慧＋"解决方案

智慧工地融合人工智能、传感技术、虚拟现实等新技术，将"人、场、物"有机连接到一起，实现互联协同、自动监控、智能生产、科学管理，通过"数据＋算法"实现工程建造可视化、智能化管理，从而逐步实现绿色建造和安全建造。

京雄高速"智慧＋"建设方案包括 1 套泛在感知体系、1 套融合通信系统、1 个数据中心、5 个综合应用平台、9 个智慧应用及服务，可实现管理决策科学化、路网调度智能化、出行服务精细化、应急救援高效化，助力京雄高速打造成"国际领先、世界一流"的新时代示范性智慧高速。

中国中铁的北京铁路丰台站等项目探索应用智慧工地系统，广受业主和各界好评，为中国中铁获得荣誉。

智能板厂、轨枕厂、梁厂已广泛应用于中国中铁黄黄铁路、深中通道、张吉怀铁路等工程项目。

6 结语展望

建筑行业新的革命已经开始，由过去的纯人力施工，发展到现阶段依靠"信息技术＋平台"辅助施工，大大提高了建筑过程中的管理效益提升、生产力水平提升、安全水平提升。在可见的未来，设计过程的快速建模仿真，施工过程的无人化、智能化建造模式，管理过程中的精细化、一体化分析决策，运维过程的全产业各参与方在线协同，加速助推建筑行业向更加智能、更高效率、更高质量的方向飞速发展。

总之，在国家数字战略的引领下，随着数字化、智能化服务能力在基建领域的不断提升，中铁信科将始终依托中国中铁全产业链体系，持续提速数字赋能建筑业数字化转型步伐，通过赋能主业，培育产业，构建高水平的数字经济产业链平台，推动业务数据、管理数据传递云端化，强化设计、生产、施工各环节数字化协同和数据共享，推动工程建设全过程数字化成果交付和应用，在新应用、新业务、新模式方面，呈现出更加蓬勃发展的良好局面，形成以数据资产运营为核心的涵盖软件研发、信息安全、物联网、大数据运营、人工智能和智慧建造等产业布局。

基于 BIM 的机电全过程智能建造技术

The Whole Process Intelligent Construction Technology of Electromechanical Based on BIM

周　云　方海存　刘保石

（品茗科技股份有限公司）

1　机电全过程智能建造技术背景

国家高度重视智能建造与新型建筑工业化协同发展，《"十四五"建筑业发展规划》明确提出加快智能建造与新型建筑工业化协同发展，夯实标准化和数字化基础，完善模数协调、构件选型等标准，建立标准化部品部件库，推进部品部件、接口标准化，推广少规格、多组合设计方法，实现标准化和多样化的统一。加快推进建筑信息模型（BIM）技术在工程全寿命期的集成应用，健全数据交互和安全标准，强化设计、生产、施工各环节数字化协同，推动工程建设全过程数字化成果交付和应用。

当前，机电全过程智能建造与数字化技术融合发展趋势明显，工业物联网、低代码、人工智能等新兴技术推动建筑机电行业往新型建筑工业化转型升级。

"双碳"战略为中国经济社会发展全面绿色转型指明了方向。为了推动绿色发展，实现"双碳"目标，建筑安装企业需要从粗放型、高碳排放型企业转型升级为精细型、低碳排放型企业，持续进行管理创新、技术创新和商业模式创新，从传统机电施工分包单一服务模式过渡到设计、生产、装配、运维全过程、全产业链资源整合型服务新模式，坚定不移推动企业高质量发展。

基于 BIM 的机电全过程智能建造技术体系的建设对推动建筑机电安装行业数字化、智能化、生态化转型升级具有重大意义，是全面提升建筑机电安装企业数字化、智能化服务能力的技术前提，是推动机电安装行业智能制造与新型机电工业化协调发展的关键技术，是提升建筑机电系统能效、践行"双碳"战略社会责任的重要科技手段。

2　基于 BIM 的机电全过程智能建造技术研究内容

基于 BIM 的机电全过程智能建造技术包括研究机电建造在设计、预制加工、现场装配、运维中的各项关键技术，为建筑机电安装行业实现工业化转型升级提供技术储备。

2.1　关键技术

2.1.1　建筑机电装配式设计软件关键技术

基于 BIM 三维图形平台，依托数字化协同设计、知识库、规范库、构件库管理的云端化发展趋势，聚焦在初步设计阶段和施工图深化设计阶段，提供以智慧化 BIM 设计为核心的建筑机电专业设计软件。

（1）基于 CAD 的三维识别技术

基于三维可视化图形交互技术，以 BIM 三维图形平台为载体实现机电专业模型快速布置与生成。在技术上，采用了三维预览参数化交互的方式，接收用户对专业模型设置的参数数据，然后将这些数据整理，分析传递到各模块的对应的业务层中处理，最终完成模型的创建。

基于 CAD 图纸识别技术，三维引擎技术，将 DWG 图纸中各元素的二维几何数据和相关参数整理、分析、合并，转化为三维模型数据，并在相应的视图中生成 BIM 模型，实现几何信息模型从二维到三维的快速转变。

（2）建筑机电深化设计及预制构件拆分技术

建筑机电深化设计主要基于三维可视化图形交互技术、三维引擎技术和二维矢量图形交互技术，采用多模式融合的代码设计方案，在已有机电 BIM 模型上进一步应用处理，解决了用户建模模型坐标定位难、流程繁琐、专业要求程度高的问题。

预制构件拆分主要是在深化设计模型基础上进一步地深化加工。通过 Revit 接口服务，获取到已有的基础机电 BIM 模型信息数据，在此基础上通过 Dijkstra、Floyd 等算法解决管道系统、风管系统等系统的路径优化问题，最后完成机电模型的预制加工，并以三维模型的方式呈现。

（3）预制构件自动化出图技术

预制构件自动化出图主要基于 Revit 的视图剖切能力，对模型组生成主、俯、侧、三维不同视角的视图。运用基于规则的标注避让算法，最大程度解决图元标注重叠问题。对模型组中的管道、配件等材料具有按对应编号和相同材料统计的特性。支持图纸向 CAD 格式、统计数据向外部 Excel 表格输入的功能，实现同 CAD 的交互以及预制数据的稳定存储。

（4）布料优化技术

布料优化主要用于解决管线切割下料排布优化，针对工程领域中普遍存在的排样问题，综合运用线性规划、随机搜索、贪心策略和蒙特卡洛构建运算引擎，在保证最快的运行效率和最可靠的置信度前提下，最大限度地节约材料、提高材料利用率，在经济上制造可观的效益。

2.1.2 建筑机电标准预制构件库关键技术

建筑机电标准预制构件库关键技术，通过内置专业预制构件库及 BIM 数据标准支持，提供构件创建工具、云端构件数据库、智能整理引擎、搜索引擎与公共机电预制构件库，支持用户上传、下载、加密等预制构件数据资产应用与管理。

2.1.3 建筑机电建造全过程管理关键技术

从机电建造的设计、预制加工、现场装配、运维出发，整合机电标准预制构件库、建筑运维碳排放监管系统等端口数据，形成对预制构件的自动编码、自动出图、布料优化、数字化质检、物流跟踪、质量管理、安全管理、材料管理、工序管理、运维管理于一体的解决方案。

2.2 主要创新点

2.2.1 基于 BIM 模型的管道预制构件几何约束拆分技术

基于 BIM 模型的管道预制构件几何约束拆分技术是根据机电装配式工厂预制工艺几何约束规则、管线连接工艺规则等对机电设备、管线 BIM 模型进行解析，拆分生成"工厂可预制、过程可运输、现场可装配"的预制组件 BIM 模型库，并对预制组件模型进行规则检查，高亮显示不符合规则的预制组件，便于手动调整预制组件，直至符合规则要求，便于工厂化预制加工。

2.2.2 基于 BIM 模型的管道预制构件双级编码技术

管道预制组件双级编码技术是指预制组件为一级编码、预制组件内构件为二级编码。一级编码主要用于出预制组件加工图、预制组件虚拟拼装、预制组件智能质检及现场装配；二级编码主要用于管道线性规划布料及加工设备数据对接下料。

2.2.3 基于 BIM 模型的多约束线性规划布料算法

工程实际中经常会遇到管道、型钢等长条状型材的下料问题，如何最大限度地节约原材料，提高原材料的利用率，是工厂实际生产中的一项重要原则，对下料问题建立数学模型并且提出解决方案有重要的实际意义和广阔的应用前景。

多约束线性规划布料算法，以整数线性规划、穷举法为基础建立一种多规格、多约束且原材料规格数量可指定的一种便捷、快速地下料算法，通过二次优化，并考虑切割缝影响，引入排料序号，得出所需的规格数量、每种规格的利用率以及完整的排料表，指导管道、型钢下料切割，得到管道、型钢损耗最小的最优布料方案。

3 基于 BIM 的机电全过程智能建造技术应用前景

3.1 提升建筑机电安装企业生产力水平，推动机电安装行业高质量发展

基于 BIM 的机电全过程智能建造技术，可有效提高机电装配式的落地性及协同效率，推动建筑机电工程的精细化管理，提高工程建造的整体运营效率、管理效率和决策效率等。通过价值链整合，重构机电安装产业生态系统，联通直接产业链与间接产业链，形成产业生态圈信息共享、资源共享、价值共创，推动建筑安装行业高质量发展。

3.2 推动建筑安装行业与制造业深度融合应用

基于 BIM 的机电全过程智能建造技术可以将 BIM 工具端软件数据与企业 ERP、管道预制流水线设备控制系统无缝链接，自动排料优化，实现自动化预制加工，推动建筑安装行业与制造业深度融合应用。

3.3 与 BIM 技术共同促进装配式建筑技术向集成化方法发展

随着装配式建筑施工技术的持续发展，在进行建筑工程预制过程中，机电专业和装修专业将同步协同进行，BIM 技术在专业协同、专业同步上具有天然的优势。同时，建筑产业化不仅是主体结构的产业化，也是建筑机电和建筑装饰专业的产业化，工业化建筑机电设计、生产、装配、运维一体化平台必将促进装配式建筑向集成化方向发展，土体结构、建筑机电、建筑装饰各专业之间相辅相成，是未来建筑施工的重要发展趋势。

3.4 加快建筑安装工人向产业工人转型升级

基于 BIM 的机电全过程智能建造技术的应用必将加快机电装配式的高速发展，带动 80％传统意义上的安装工人将工作地点由施工现场转至机电装配式工厂，其工作区域体现较强的固定化特点，能够顺利实行工厂化管理标准。在这种情况下，预制加工工人不再是传统意义上的安装工人，而是更加专业的产业工人。

第三篇　标　准　和　规　范

标准化工作是当前建筑业推进转型升级、实现高质量发展的关键抓手，经过 70 余年的不断探索、发展，我国工程建设国家、行业和地方标准已近 1.2 万项。2021 年 10 月，中共中央、国务院印发《国家标准化发展纲要》，指出要发挥标准化在推进国家治理体系和治理能力现代化中的基础性、引领性作用，建立市场驱动、政府引导、企业为主、社会参与、开放融合的标准化工作格局。

《关于深化工程建设标准化工作改革的意见》明确了构建以强制性工程建设规范为核心的新型工程建设标准体系的建设方针，并在城建建工、铁路、矿山等工程建设相关行业共立项了百余项强制性工程建设规范。新型工程建设标准体系的构建是保障我国工程建设质量、提高基础设施建设水平的先决条件，是建筑行业落实国家标准化改革的重要举措，也是建筑业面向"十四五"规划和 2035 年远景目标实现高质量发展的重要保障。

截至 2022 年 9 月，城建建工行业重点推进的 38 项强制性工程建设规范已有 33 项强制性工程建设规范发布实施。本篇在 2021 年版的基础上，新收录了 12 项已发布强制性工程建设规范以及强制性国家标准产品标准。

本篇按照建筑、市政、园林、施工等专业领域顺序性，分别对 12 项强制性国家标准的编制背景、编制思路、主要内容、亮点与创新点等方面内容进行了介绍。《混凝土结构通用规范》提出了房屋建筑、水利工程、市政工程、公路工程等行业领域的混凝土结构工程项目的建设、使用维护、拆除等全过程核心要求。《建筑给水排水与节水通用规范》按照"综合化、性能化、全覆盖、可操作"的原则，提出了建筑给水排水系统的基本功能和技术性能的相关要求。《建筑节能与可再生能源利用通用规范》提出并构建了清洁低碳、安全高效的能源体系。《建筑电气与智能化通用规范》提出了项目工程设计、施工、检验、验收和运维等环节涉及供电安全、生命安全、财产安全、人身健康、信息互通、数据共享、节能环保等方面的底线性要求。《宿舍、旅馆建筑项目规范》根据宿舍、旅馆项目特点，按照"全生命周期"和"全覆盖"理念，提出解决宿舍、旅馆项目的建设、使用和维护应遵循的原则。《特殊设施工程项目规范》以推进生态文明建设、保障特殊设施合理布局、绿色低碳、安全运营为目标，对城市地下综合管廊、防灾避难场所、城市雕塑等特殊设施项目的规模、布局、功能、性能和关键技术措施提出基本要求。《城乡排水工程项目规范》从保障人身健康、生命财产、生态环境安全、工程质量和促进能源资源利用的角度出发，提出排水工程建设、运行维护和管理全生命周期的技术要求。《供热工程项目规范》覆盖供热项目结果控制和建设、运行、维护、拆除等全生命期，以供热工程的功能、性能为导向，实现保障供热工程安全稳定运行的最终目标。《城市给水工程项目规范》以保障给水工程安全和水质、水量及水压三要素安全的措施为底线，提出了水源和取水工程、给水厂、给水泵站和给水管网的给水工程全流程管理要求。《园林绿化工程项目规范》结合新时期城市管控趋势特点，对 16 类园林绿化工程项目类型提出相应技术要求。《施工脚手架通用规范》以保障工程质量安全，保障人身安全健康，保护环境，节约资源为目标，提出了施工脚手架的材料与构配件，设计，搭设、使用与拆除，检验、检查与验收等的技术要求。《升降工作平台安全规则》提出了保障升降工作平台设计、制造、安装、使用和维护安全的规则与要求。

希望本篇相关内容，对全面了解工程建设标准化改革，把握行业技术创新与标准研制热点，深刻理解和正确实施强制性国家标准，推动强制性国家标准的贯彻落地发挥积极作用，并能有效推动建筑业提质增效，助力建筑业转型升级，支撑建筑业高质量发展。

Section 3　Standards and Specifications

Standardization work is the key to promoting the transformation and upgrade of the current construction industry to achieving high-quality development. After over 70 years of continuous exploration and development, there are already nearly 12000 national, industrial and local standards for engineering construction in China. In October 2021, the CPC Committee and the State Council issued "*The Outline for National Standardization Development*", which pointed out that standardization should play a fundamental and leading role in promoting the modernization of the national governance system and a market-driven, government-led, enterprise-based, social-participated, open and integrated standardized work pattern shall be established.

"*The Opinions on Deepening the Reform of the Engineering Construction Standardization Work*" clarifies the construction policy of building a new engineering construction standard system with Mandatory Standards for Engineering Construction (MSEC) as the core, and has established a total of hundreds of MSEC projects in urban construction, railway, mining and other engineering construction-related industries. The construction of the new engineering construction standard system is a prerequisite for ensuring the quality of engineering construction and improving the level of infrastructure construction, a significant measure for the construction industry to implement the national standardization reform, and an important guarantee to achieve high-quality development for the 14th Five-Year Plan" and the long-term goal of 2035.

As of September 2022, 33 of the 38 MSEC projects that the urban construction industry has focused on promoting have been released and implemented. Based on the 2021 edition, this section newly includes 12 published MSECs and mandatory national product standards.

This section introduces the compiling background, compiling ideas, main contents, highlights and innovation points of the 12 mandatory national standards according to the sequence of professional fields such as architecture, municipal administration, gardening, and construction. The "*General code for concrete structures*" proposes the core requirements for the whole process of construction, use and maintenance, and demolition of concrete structure engineering projects in the fields of housing construction, water conservancy engineering, municipal engineering, highway engineering and other industries. The "*General code design of building water supply and drainage and water saving*" puts forward relevant requirements for the basic functions and technical performance of building water supply and drainage systems in accordance with the principles of "integration, performance, full coverage, and operability". The "*General code for energy efficiency and renewable energy application in buildings*" proposes and builds a clean, low-carbon, safe and efficient energy system. The "*General code for building electricity and intelligence*" proposes the bottom line of power supply safety, life safety, property safety, personal health, information exchange, data sharing, energy conservation and environmental protection in project engineering design, construction, inspection, acceptance, and maintenance. The "*Project code for dormitory and hotel building group*" proposes the principles that should be followed in the construction, use and maintenance of dormitory and hotel projects based on the characteristics of dormitory and hotel projects and the concept of "full life cycle" and "full coverage". The *Project code for special facilities engineering* aims to promote the construction of ecological civilization, ensure the reasonable layout of special facilities, green low-carbon, and puts forward basic requirements for the scale, layout, function, performance and key technical measures of special facility projects such as urban underground comprehensive pipe corridors, disaster prevention shelters, and urban sculptures. The *Project code for urban and rural sewerage* puts forward technical requirements for the entire life cycle of drainage engineering construction, operation, maintenance and management to ensure personal health, life and property, ecological environment safety, engineering quality and to promote the utilization of energy resources. The *Project code for heating engineering* covers the whole life cycle of heating project, including result control and construction, operation, maintenance, and dismantling, and aims to achieve the ultimate goal of ensuring the safe and stable operation of the heating project. The *Project code for urban water supply engineering* takes the measures to ensure the safety of water supply engineering and the safety of the three elements of water quality, water quantity and water pressure as the bottom line, and proposes the whole process management requirements of water supply engineering including water source, water intake engineering, water supply plant, water supply pump station and water supply network. The *Project code for engineering of landscape architecture* puts forward corresponding technical requirements for 16 types of landscaping engineering projects in combination with the trends and characteristics of urban management and control in the new era. The *General code for scaffold in construction* aims at ensuring the quality and safety of the project, ensuring personal safety and health, protecting the environment, and saving resources, and puts forward the technical requirements for construction scaffolding materials and components, design, erection, use and dismantling, inspection, inspection and acceptance. The *Safety rules for elevating work platforms* proposes rules and requirements to ensure the safety of the design, manufacture, installation, use and maintenance of elevating work platforms.

We hope that the relevant content of this section will play a positive role in comprehensively understanding the standardization reform of engineering construction, grasping the technological innovation and standard development hotspots in the construction industry, deeply understanding and correctly implementing mandatory national standards, and promoting the implementation of mandatory national standards, and can effectively promote the construction industry. Moreover, it is hoped that these documents can help improve quality and efficiency, help the transformation and upgrade of the construction industry, and support the high-quality development of the construction industry.

强制性工程建设规范《混凝土结构通用规范》

Interpretation of Mandatory Standards for Engineering Construction "*General code for concrete structures*"

黄小坤　范圣权　姜　波　张渤钰　马静越　宫　璺

（中国建筑科学研究院有限公司）

1 编制背景

混凝土结构作为我国工程建设最常用的结构类型，保证其安全性、适用性和可靠性至关重要。目前混凝土结构领域中，原相关强制性条文约 270 条，分布在近百项国家标准和行业标准中，条文分散、系统性不强，不利于标准实施监督以及标准国际化战略推进。为构建新型强制性标准体系，促进混凝土结构高质量发展，根据国务院《深化标准化工作改革方案》、住房和城乡建设部《深化工程建设标准化工作改革的意见》，按照住房和城乡建设部《关于印发〈2019 年工程建设规范和标准编制及相关工作计划〉的通知》（建标函〔2019〕8 号）的要求，由中国建筑科学研究院有限公司会同有关单位进行全文强制国家规范《混凝土结构通用规范》（以下简称《规范》）的编制工作。《规范》于2021 年 9 月 8 日发布，2022 年 4 月 1 日实施。

作为通用技术类规范，《规范》总结了我国混凝土结构工程的实践经验，梳理了我国相关法律法规、部门规章以及现行相关标准中对混凝土结构安全、适用、耐久性以及节能环保等方面的基本要求，借鉴了欧盟以及国外发达国家建筑技术法规的表达形式与技术内容，研究并提出了混凝土结构工程中需要强制执行的基本性能要求和关键技术措施，以确保混凝土结构工程建设中充分保障人身健康和生命财产安全、国家安全、生态环境安全，满足经济社会管理的基本需要。

混凝土结构作为我国工程建设最常用的材料结构之一，保证其安全、适用、经济、质量至关重要。《规范》作为通用技术类规范，以项目规范中重复的、具体的性能要求和关键技术要求为主要内容。其条文具有原则的共性，除制定满足性能要求的规定如材料性能、设计使用年限、安全等级等外，还应完善各类别工程的设计原则、基本构造等。同时应兼顾个性，针对不同类别工程标准的特点提出不同的具体指标，通过分析不同类别工程的作用、工作环境及其对性能目标的影响，结合现行各类型工程标准相关内容，给出各分类工程应满足的指标。具体编制思路与编制要点如下：

（1）借鉴国际以及国外发达国家建筑技术法规、强制性技术标准的编制模式、技术内容、条文表现形式、实施方法等。

（2）研究分析我国相关法律法规、部门规章、规范性文件等对建筑结构尤其混凝土结构安全、环保、节能等方面的要求。

（3）研究确定现行工程建设标准中可以纳入《规范》的技术条款以及需要补充完善的技术内容，达到逻辑性、系统性、完整性要求。

（4）理清《规范》与现行技术标准的依存关系，以及与工程建设标准体系中其他强制性规范的依存关系，做到协调统一、避免矛盾。

2 规范主要内容

《规范》适用于房屋建筑、水利工程、市政工程、公路工程等行业领域的混凝土应用。《规范》以工程项目的建设、使用维护、拆除为主线编排，共分为六章，包括：总则、基本规定、材料、设计、施工与验收、维护及拆除，具体内容包含混凝土结构工程的基本规定、材料、设计、施工、验收、维护、拆除等全生命周期的基本技术和管理要求。具体内容介绍如下：

（1）总则与基本规定

总则一章系统阐述《规范》制定的目的、适用范围、使用规则及执行《规范》的要求。基本规定一章规定了混凝土结构的安全性、适用性及耐久性等基本要求；环境类别的划分；材料设计强度取值基本要求；钢筋与混凝土共同工作要求；裂缝控制要求；保护层基本规定；既有建筑加固、改造基本要求等。

（2）材料

1）混凝土。规定了水泥、粗细骨料、外加剂等组成成分的质量要求；不同条件下混凝土配合比设计，不同环境下混凝土耐久性性能要求；混凝土强度等级、混凝土轴心抗拉，抗压强度的标准值和设计值等。

2）钢筋。规定了钢筋的强度等级、钢筋屈服和极限强度标准值和设计值、抗拉抗压强度设计值，最大力下的总伸长率等内容。

3）其他材料。

（3）设计

1）基本要求。规定了设计的基本要求，包括作用和作用效应的计算、抗震设计、预应力混凝土结构设计、承载能力极限状态设计、正常使用极限状态设计、连接设计、混凝土和钢筋的选用等。

2）结构体系。规定了结构体系的要求，结构布置、房屋建筑的侧向位移限值、结构顶点风振加速度限值等。

3）结构分析。规定了结构分析模型的要求，结构计算分析，静力或动力弹塑性分析方法、结构整体稳定分析计算和抗倾覆验算等。

4）构件设计。规定了结构承载力极限状态、正常使用极限状态的计算要求，规定了构造要求：截面尺寸、保护层厚度、锚固长度、最小配筋百分率、梁柱等构件的细部构造等。

（4）施工与验收

1）施工。规定了操作人员资质、钢筋代换程序、混凝土运输浇筑和拌制养护规定、模版支架安装等要求。

2）验收。规定了接头检验、预应力钢绞线检验、水泥复验、套筒检验、检验试件抽取原则等要求。

（5）维护及拆除

1）一般规定。规定了管理制度和平台的建立、影响结构使用安全的行为、拆除方案的设计和结构计算分析、拆除原则等。

2）结构维护。规定了日常维护、结构检测与鉴定、结构监测等要求。

3）结构处置。规定了裂缝处理、预警和突发事件处理、封端混凝土破坏处理、裂缝变形超限处理、构件损坏处理等。

4）拆除。规定了相关文件、拆除次序、拆除机械、拆除结构分析、拆除作业、拆除物的垂直运输和处置等要求。

在性能要求上，《规范》为保障结构安全、生命财产安全、生态环境安全，规定了混凝土结构在设计、施工及验收、维护及拆除阶段应满足的安全性、适用性、耐久性要求。

在技术内容上，在材料方面，《规范》规定了混凝土原材料的关键性能、混凝土配合比设计及混凝土性能，钢筋及预应力筋力学性能、钢筋连接接头及预应力锚具夹具性能等；在设计方面，《规范》规定了结构混凝土及配筋材料力学性能取值、结构体系、结构分析、构件极限状态设计以及构件最小截面尺寸、钢筋锚固和连接、构件配筋构造的基本要求和关键措施等；在施工方面，《规范》规定了材料进场检验、模板与支架、钢筋加工及钢筋接头、混凝土浇筑和养护等关键技术要求；在维护方面，《规范》规定了混凝土结构使用维护、检测与鉴定、监测和预警、缺陷处置、结构拆除等关键技术措施。

为实现功能及性能目标，《规范》规定了结构混凝土配合比设计、强度等级及设计指标取值，钢筋及预应力筋材料力学性能指标取值，结构承载力、正常使用极限状态设计和耐久性设计，构件最小截面尺寸、混凝土保护层厚度、结构裂缝控制、既有混凝土结构加固改造设计等关键技术指标。

3　国际化程度及水平对比

（1）与国际标准在内容架构和要素构成等方面的一致性程度

美国《房屋建筑混凝土结构规范》ACI 318从混凝土的材料性能、结构设计、结构细部构造和非建筑结构方面做了规定，适用于现浇结构、预制结构、预应力结构、复合结构等结构体系的组成和连接，设计和施工，适用性，耐久性，荷载组合，结构分析方法，机械和粘合剂混凝土锚固，加固开发与拼接，施工文件信息，和现有结构强度的评估。

欧洲《混凝土结构设计规范》（第一分册）EN 1992-1-1给出了混凝土结构安全性、使用性和耐久性的原则和要求，及针对建筑结构的特别规定。EN 1992-1-1包含以下章节：概述；设计基础；材料；钢筋耐久性和保护层；结构分析；承载能力极限状态；正常使用极限状态；钢筋和预应力筋；构件设计和特殊规则；关于预制混凝土构件和结构的补充；轻骨料混凝土结构；素混凝土和少筋混凝土结构；附录。

我国《规范》的主要技术内容包括了混凝土结构材料性能要求；混凝土结构性能要求，混凝土结构设计方案要求（结构布置、结构性能化设计、抗震概念设计等）、混凝土结构设计原则（承载力设计、使用性设计、耐久性设计、抗震设计等）；结构分析要求；混凝土构件承载能力极限状态、使用性极限状态验算，耐久性设计要求；混凝土结构构造要求；抗震设计要求；混凝土结构施工要求。适用于混凝土结构设计、施工与验收、维护及拆除。

《规范》相比于美国《房屋建筑混凝土结构规范》ACI 318，增加了维护及拆除阶段的技术规定；相比于欧洲《混凝土结构设计规范》EN 1992，增加了施工及维护的技术规定。由于《规范》的强制属性，在结构设计方法及具体措施上，相比于欧美等规范有明显简化。

（2）与国际标准和国外先进标准的对比情况和借鉴情况

《规范》的编制参考了发达国家建筑混凝土结构规范（标准）的覆盖面和细度，同时兼顾条文的系统性和完整性。但我国《规范》与发达国家规范存在差异之处，主要有以下几点：

1）规范条文的法律效力。美国建筑规范条文说明主要为引向能为实施规范的要求和意图提供建议的其他文件。但是，这些文件以及条文说明都不是规范条文的组成部分。而且，美国建筑规范不具有法律地位，除非它被具有政治权利管理建筑设计和实施的政府实体所采纳。而我国规范则是强制性的法律文本，条文说明则是对这些规范文本的解释说明，违反了其中的强制性条文就有可能受到处罚。

2）材料强度指标。欧洲、美国规范的各类材料的标准强度取值原则也与中国规范不同。当需要具体对比欧美规范和中国规范相应材料的设计可靠度水准时，需注意查清"作用"和"抗力"各方所涉及的各项因素在取值原则和取值依据上的一系列重要区别。在混凝土强度指标上，《规范》通过控制混凝土原材料质量及拌合物性能来控制混凝土的力学性能、工作性能和耐久性能，与欧美大体相当；对不同场合最低混凝土强度等级的规定大体相当。在钢筋种类及性能要求上，《规范》普通钢筋及预应力筋的设计指标取值大体相当，对抗震用钢筋的延伸率要求更高。在结构承载力、正常使用设计方面，与欧美规范相当。

3）耐久性指标。在混凝土结构耐久性方面总体与国外相当，过程中控制原材料性能（包括氯离子含量）和配合比设计，其中砂的氯离子含量限值规定（钢筋为0.03%、预应力混凝土为0.01%）处于国际领先水平；在混凝土氯离子含量控制方面，对于部分环境钢筋混凝土的限值比美国规范ACI 318更严格，对于预应力混凝土的限值保持一致；《规范》还在使用维护方面做了规定。

4）配筋率指标。在结构构件最小配筋率方面，《规范》比欧洲规范EN 1992更严格；与美国规范ACI 318比，《规范》规定大体相当，但由于对构件抗震性能划分不一致，我国构件抗震等级划分较细，高抗震等级构件最小配筋率取值相当甚至有些情况更高（比如一级抗震等级的框架柱），低抗震等级构件取值保持一致。

（3）发达国家技术法规对比和借鉴情况

美国、加拿大、澳大利亚、欧盟等经济发达国家和地区均实行一套较为完整的建筑技术制约体制。各经济发达国家和地区的技术制约文件，虽有多种表达形式，但经过多年的发展，已趋同于一种基本模式，即WTO/TBT协定所规定的技术法规与标准相结合的模式。国家以制定、颁布和实施技术法规为主，辅之以技术标准和合格评定程序。

建筑技术法规内容多由两方面构成：管理要求和基本技术要求，如英国、美国、德国、日本等。管理要求包括建筑工程管理和建筑标准化管理两个方面。基本技术要求依照WTO/TBT协定规定的目标范围，包括结构安全、防火安全、施工与使用安全、卫生、健康、环境、节能、无障碍、可持续性等。建筑技术法规内容为偏原则性内容，更详细具体的技术内容引用了其他强制性标准。

我国现行法律、法规和标准体系与发达国家存在较大差异。如果直接将其技术法规规定与拟编制的全文强制性规范进行对应，仅对基本性能进行规定，则与当前的中国国情落差过大，实践上存在困难。但《规范》在编制原则和目标上借鉴了发达国家建筑技术法规：规定了设计、施工、验收维护与拆除过程中技术和管理要求；编制目标为规范建筑市场，保障人身健康和生命财产安全、国家安全、生态环境安全，满足经济社会管理的基本需要。

4 规范亮点与创新点

（1）覆盖混凝土结构工程各领域、全过程

在适用范围上，《规范》首次涵盖了房屋建筑、水利工程、市政工程、公路工程等各行业领域的混凝土结构的通用技术要求和管理要求，贯穿混凝土结构工程建设、运维和拆除等全寿命周期，技术内容全面、系统、完整，体现了顶层规范覆盖面广的基本特点。

（2）提高混凝土结构安全性和耐久性

为提高混凝土结构安全性，《规范》积极推动高强高性能材料应用，增加了混凝土原材料性能、普通钢筋及预应力筋最大力伸长率、钢筋连接和锚固性能、混凝土最小保护层厚度、混凝土结构最小截面尺寸及裂缝控制等现行标准中不强制规定的技术内容，适当提高了结构混凝土最低强度等级要求；为提升混凝土结构耐久性，《规范》增加了混凝土原材料质量控制，规定海砂必须经过净化处理并加严了氯离子含量限值指标；提出了混凝土配合比设计、结构混凝土氯离子含量、混凝土保护层厚度、检测和维护等强制性规定。

（3）聚焦混凝土结构绿色发展

《规范》增加了混凝土结构使用维护及拆除的技术要求，加强维护，延长使用寿命，促进绿色拆除，从全生命周期推动绿色低碳循环发展要求。为更好地满足使用功能，提高舒适性，增加了混凝土结构变形、裂缝和结构舒适度要求，坚持在发展中保障和改善民生，使人民的获得感、幸福感、安全感更加充实，促进混凝土结构健康发展、绿色发展。

（4）《规范》具有国际先进性。

我国现行法律法规和技术标准体系与发达国家存在较大差异，这也是标准化改革和建立新标准管理体系的原因之一。在编制原则和目标上，《规范》借鉴了发达国家的建筑技术法规，突出对保障人身健康和生命财产安全、国家安全、生态环境安全以及满足经济社会管理的基本需要；在具体内容上，《规范》重点借鉴了欧洲规范 EN 1992 和美国规范 ACI 318，但在覆盖面上增加了拆除环节的技术规定。总体上，《规范》体现了国外技术法规的属性，但在具体内容上比国外技术法规更加细化，比欧盟和美国混凝土规范更加原则，更加适用于中国工程建设标准化管理体制，有利于推动我国混凝土行业可持续发展。

5　结语

作为通用技术类规范，《规范》总结了我国混凝土结构工程的实践经验，梳理了我国相关法律法规、部门规章以及现行相关标准中对混凝土结构安全、适用、耐久性以及节能环保等方面的基本要求，借鉴了欧盟以及国外发达国家建筑技术法规的表达形式与技术内容，研究并提出了混凝土结构工程中需要强制执行的基本性能要求和关键技术措施，以确保混凝土结构工程建设中充分保障人身健康和生命财产安全、国家安全、生态环境安全，满足经济社会管理的基本需要。

在《规范》的编制过程中，尚有两个方面的问题有待解决及进一步完善：一是《规范》属于住房和城乡建设部城建建工领域工程建设规范中的通用技术类，是混凝土结构专业标准体系最高层次的通用规范，《规范》内容理应覆盖房屋建筑、水利工程、铁路工程、市政工程、公路工程、水运工程等行业领域，但受限于相关行业间的协调，此次规范技术内容仅包含房屋建筑、水利工程、市政工程、公路工程等行业领域。《规范》中如何将各行业相关规定均包括，且各行业相关规定的协调性与一致性还有待进一步提高，以便更好地发挥对本专业其他层次标准的指导和约束作用。二是各行业通用的环境类别和作用等级、正常使用极限状态通用的量化规定（如挠度、裂缝宽度等）、详细构造措施（最小截面尺寸、构件配筋率和配筋构造）等方面亟待加强基础性研究。

291

强制性工程建设规范《建筑给水排水与节水通用规范》

Interpretation of Mandatory Standards for Engineering Construction *"General code design of building water supply and drainage and water saving"*

(中国建筑设计研究院有限公司)

1 规范制定背景与编制思路

1.1 制定背景

为适应国际技术法规与技术标准通行规则，2016 年以来，国务院及住房和城乡建设部陆续印发《深化工程建设标准化工作改革的意见》等文件，提出政府制定强制性标准、社会团体制定自愿采用性标准的长远目标，明确了逐步用全文强制性工程建设规范取代现行标准中分散的强制性条文的改革任务，新制定标准原则上不再设置强制性条文。逐步形成由法律、行政法规、部门规章中的技术性规定与全文强制性工程建设规范构成的"技术法规"体系。

2021 年 9 月住房和城乡建设部发布了国家标准《建筑给水排水与节水通用规范》（以下简称"规范"）的公告，编号为 GB 55020—2021，自 2022 年 4 月 1 日实施。广受行业关注的标准化改革举措终于有了实质上的落实。国家工程建设强制性标准体系中城乡建设部分设工程建设强制性标准 40 项，以代替目前散落在各标准中的强制性条文。

国家全文强制性规范分为建设项目规范与技术通用规范两类。建设项目规范是以工程项目为对象，以总量规模、规划布局，以及项目功能、性能和关键技术措施为主要内容的强制性标准。从工程项目整体上进行约束，明确工程项目立项、建设、运行、拆除各阶段的约束要求，保障国家方针政策有效落实，功能性能完善程度，质量水平满足需求。技术通用规范是以技术专业为对象，以规划、勘察、测量、设计、施工等通用技术要求为主要内容的强制性标准。从具体专业技术上进行约束，避免通用技术要求在工程项目类规范的重复，同时满足政府实施监管的需求。在全文强制性工程建设规范体系中，项目规范为主干，通用规范是对各类项目共性的、通用的专业性关键技术措施的规定。

1.2 编制原则及亮点

本"规范"按照"综合化、性能化、全覆盖、可操作"的原则，制定建筑给水排水系统的基本功能和技术性能的相关要求。有效发挥建筑给水排水系统的基本功能和性能，是制定本"规范"的重要目的。强制性条文在不断发展与充实过程中，存在强制性条文确定原则和方式、审查规则等方面不够完善的问题，造成强制性条文之间重复、交叉、矛盾，以及强制性条文与非强制性条文界限不清等现象。"规范"在研编阶段，重点对于一些条文在执行过程中存在内涵不清晰、容易引起不同理解或在不同标准中相互矛盾的条文加以梳理，并在"规范"编制中给予明确。建筑给水排水与节水方面的现行标准及强制性条文见表 1。

"规范"实施后，表 1 中序号前 9 项的国家现行工程建设标准中相关强制性条文同时废止，即这些条文（共计 76 条）不再是有效的标准条文，在工程建设中不需要执行。行业标准《公共浴场给水排水工程技术规程》CJJ 160—2011 目前正在修订中，再发布时其强制性条文也将废止。

建筑给水排水与节水有关的现行标准及强制性条文　表1

序号	标准名称	强制性条文数量
1	《建筑给水排水设计标准》GB 50015—2019	30
2	《建筑给水排水及采暖工程施工质量验收规范》GB 50242—2002	20（给水排水7条）
3	《民用建筑节水设计标准》GB 50555—2010	3
4	《建筑与小区雨水控制及利用工程技术规范》GB 50400—2016	7
5	《建筑中水设计标准》GB 50336—2018	10
6	《游泳池给水排水工程技术规程》CJJ 122—2017	8
7	《建筑屋面雨水排水系统技术规程》CJJ 142—2014	3
8	《建筑同层排水工程技术规程》CJJ 232—2016	2
9	《二次供水工程技术规程》CJJ 140—2010	6
10	《公共浴场给水排水工程技术规程》CJJ 160—2011	6
11	《住宅设计规范》GB 50096—2011	65（给水排水6条）
12	《住宅建筑规范》GB 50368—2005	全文强制
13	《城镇给水排水技术规范》GB 50788—2012	全文强制

1.3　国家相关政府部门发文

研究并分析国家相关政府部门规章、规范性文件等在建筑给水排水与节水方面关于安全、环保、节能、节地、绿色等方面的要求，并考虑将及其纳入"规范"的可行性和必要性。编制过程中重点关注《关于进一步加强城市节水工作的通知》（建城〔2014〕114号）、《海绵城市建设技术指南—低影响开发雨水系统构建（试行）》（建城〔2014〕275号）、《关于推进海绵城市建设的指导意见》（国办发〔2015〕75号）、《城镇节水工作指南》（建城函〔2016〕251号）、《全民节水行动计划》（发改环资〔2016〕2259号）等政府发文。

1.4　借鉴国际发达国家技术标准的要求

研究并借鉴国际上发达国家的建筑工程技术标准，主要以欧洲技术标准为对象，以英国技术标准为重点，特别是技术法规的编制模式、技术标准的内容和条文表现形式、实施方法等。英国体系由建筑法、建筑条例、建筑技术准则组成。建筑条例包括两部分：建筑行政管理规定和技术规定。建筑行政管理规定是对建筑全过程的规定，包括工程准备、规划申请、规划审查、开工许可、施工监理、隐蔽工程和专业工程如给水工程检查、工程竣工验收等各个阶段的建筑工程质量管理的要求。技术规定涉及建筑工程与人民生命财产安全、健康、卫生、环保和其他公众利益等方面而达到的建筑的主要功能标准和质量要求。如《英国建筑条例（2010年版）》中的卫生工程、热水安全及用水效率、排水与污水处理等章节；《澳大利亚建筑技术法规（2015）》中性能要求部分；《美国国际建筑规范（2015）》等，以提升工程建设标准国际化程度，但要考虑中国的实际国情。

1.5　落实国家发展战略需求

为实现国家碳达峰碳中和的目标，住房和城乡建设部在《"十四五"建筑节能与绿色建筑发展规划》（建标〔2022〕24号）中提出，到2025年，城镇新建建筑全面建成绿色建筑。在"规范"报批过程中政府主管部门提出，按照国家城乡建设工程强制性标准体系中规范完成的工程项目，应达到国家现行标准《绿色建筑评价标准》GB/T 50378—2019中绿色建筑的基本级，即要满足《绿色建筑评价标准》中全部控制项条文的要求。与给水排水专业相关的控制项共有3条，全部在"规范"中予以体现。

1.6　系统性与完整性要求

将建筑给水排水与节水工程作为一个完整的对象，应系统完整、可操作性强，并体现综合性，为政府部门转变职能、提升市场监管和公共服务水平提供技术支撑。现行国家强制性条文散布于各技术标准中，系统性不强的问题突出，需要补充完善一定的技术内容，以达到"规范"在逻辑性、系统性、完整性上的要求。"规范"编制过程中考虑了各章节的系统性，解决了现行强制性条文是各现行标准中特定条文的汇编，不具有系统性与完整性的问题。

2 "规范"主要内容

2.1 "规范"总体架构

"规范"共计9章、27节，条文173条，其中来自国家现行强制性条文97条，通过与国外法规标准对比后确定的有18条，通过研究分析国家政府发文及市场监管需求后确定的有58条。"规范"与现行的全文强制性规范在编写体例上的区别是目次中无术语一章，而是将术语放到了编制说明部分。在国家工程建设标准体系中，各专业还需要制定相应的术语标准，建筑给水排水的术语标准为《建筑设备术语标准》，目前已完成报批稿。"规范"条文中未采用现行强制性条文为2条，均来自国家现行标准《城镇给水排水技术规范》GB 50788—2012。

2.2 "规范"条文来源示例

（1）来自现行工程建设标准强制性条文，如："规范"第3.3.3条：对可能发生水锤的给水泵房应采取消除水锤危害的措施。来自国家标准《城镇给水排水技术规范》GB 50788—2012第3.3.5条。（2）政府发文、监管及公共安全要求，如：第3.4.5条：公共场所的洗手盆应采用非接触式或延时自闭式水嘴。（3）借鉴国外规范、标准的条文，如："规范"第4.3.2条：室内生活排水管道系统不得向室内散发臭气或有害气体。来自《澳大利亚建筑技术法规（2015）》第三卷性能要求中生活排水系统性能要求：应防止排水系统中的污水、浊气及臭气泄漏至建筑内。（4）绿色建筑基本级的要求，如"规范"第4.5.12条：大于10ha的场地应进行雨水控制及利用专项设计，雨水控制及利用应采用土壤入渗系统、收集回用系统、调蓄排放系统。（5）系统性与完整性要求，如："规范"第4.4.3条：化粪池应设通气管，通气管排出口设置位置应满足安全、环保要求。

2.3 "规范"未采用的现行强制性条文

国家现行标准《城镇给水排水技术规范》GB 50788—2012第3.6.1条：民用建筑与小区应根据节约用水的原则，结合当地气候和水资源条件、建设标准、卫生器具完善程度等因素合理确定生活用水定额。本条是合理确定用水定额应综合考虑的因素，因生活用水定额基本上是一些取值范围，需根据工程所在地的具体水资源条件、政策要求等因素因地制宜地选择，故不再强制；第3.7.6条：管道直饮水系统用户端的水质应符合现行行业标准《饮用净水水质标准》CJ/T 94的规定，且应采取严格的保障措施。本条在"规范"报批稿中有"管道直饮水"一节，共3条，在住房和城乡建设部审查"规范"报批稿时取消。

2.4 "规范"主要技术内容

（1）在术语部分，本次明确了建筑给水排水系统的定义为建筑给水排水管道系统、给水排水设备及设施的总称，即系统的概念最宽。

（2）为防止室外检查井井盖损坏或缺失时发生行人不慎跌落造成伤亡事故，对室外检查井井盖提出应有防盗、防坠落措施，如设置防坠落网等，且检查井、阀门井井盖上应具有属性标识。

（3）为保证给水系统具有不间断向建筑或小区供水的能力，"规范"中明确室外给水管网干管应成环状布置；生活给水系统水泵机组应设备用泵，备用泵供水能力不应小于最大一台运行水泵供水能力的要求。在执行时，除要求由城镇管网直接供水管道成环布置或与城镇给水管连接成环状网外，对于区域加压的小区室外给水管网也应布置成环状网。有些建筑或小区的地下室外轮廓线与建筑红线间的距离较小，给水加压干管布置在地下室内，此种情况下，供水干管也应成环布置。建筑与小区室外给水管网干管要求布置成环状布置除为提高供水安全性外，还有是为减少支状管道，减少死水区，缩短水龄，保障供水水质。

（4）对于配水支管用水点处水压大于 0.2MPa 时，应采取减压措施，如设置支管减压阀，并应满足用水器具工作压力的要求。五星级酒店等高标准建筑中一般都设有总统套房、行政楼层，卫生间设备中配置一些水力按摩龙头，工作压力要求在 0.35～0.50MPa，对于这些特殊功能要求的设备，进水管压力不需要再设减压阀等设施减压。

（5）我国水资源严重匮乏，用水形势极为严峻，为贯彻国家节水政策，避免大量采用自来水对人工水景补水的浪费行为，规定非亲水性的室外景观水体用水水源不得采用市政自来水和地下井水。对于建筑内部为营造环境设置的一些景观水景，如镜池、叠流、溪流、涌泉等，可以采用自来水作为水源。为改善环境在室外设置的水雾射流造型、旱地喷泉等，因与人体接触，是不允许采用中水作为水源的，应采用自来水。

（6）屋面雨水应有组织排放，可采用管道系统加溢流设施或管道系统无溢流设施排放，低层建筑可采取承雨斗排水或檐沟（推荐采用成品檐沟）外排水，将屋面雨水迅速、及时地排至室外地面或雨水控制利用设施和管道系统，不允许低层建筑屋面雨水散排。对于无法设置溢流口的建筑，屋面雨水全面由雨水斗排水系统排除，应优先采用雨水排水管道系统加溢流管道系统的排水方式。工程中有采用加大雨水排水系统的设计重现期，雨水全部由雨水排水管道系统排除，在低重现期，对于虹吸雨水系统会发生不能正常工作的情况，不建议采用。

（7）由于生活热水在加热制备、贮存，输、配水过程中有可能滋生致病细菌，如嗜肺性军团菌在实际热水系统中的检出，因此集中热水供应系统应采取消灭致病菌的有效措施，使其水质标准符合行业标准《生活热水水质标准》CJ/T 521—2018 的水质要求。采取的措施有在热水供水管道或回水管道上设置紫外光催化二氧化钛（AOT）消毒装置或银离子消毒器等，也可采取系统定时升温灭菌措施，即将水加热器的出水问题定期升高到 60～70℃，热水系统高温运行一段时间后水加热器再恢复正常出水温度。

（8）为保证游泳池、公共按摩池的池水始终处于既不形成水垢，也不具有腐蚀性的中性状态，以提高池水的舒适度，节约各种化学品使用量，规定游泳池、公共按摩池应采取水质平衡措施，即控制pH 值、总碱度、钙硬度、溶解性总固体和水温在最佳的范围。pH 值应控制在 7.2～7.8，总碱度控制在 60～200mg/L，钙硬度控制在 200～450mg/L，溶解性总固体不应超过原水的溶解性总固体＋1000mg/L。

（9）为解决建筑物内设有中水系统或雨水回用系统时，由于管道没有做区分标识，当给水系统与中水系统的管道采用同一种管材时，外观上不能将两个完全不同水质标准的系统区分，在建筑维修或改造时，造成给水管道与中水管道的错接，发生饮用中水的问题，影响使用者的身体健康。"规范"对管道提出要有不同标识的要求，并对常用的管道系统给出具体的规定：给水管道采用蓝色环；热水供水管道采用黄色环、热水回水管道应为棕色环；中水管道、雨水回用和海水利用管道应为淡绿色环；排水管道应为黄棕色环。

（10）对于采用非传统水源作为冲厕用水、冷却补水、娱乐性景观用水时，规定应对非传统水源的水质进行检测。一些城市设有市政再生水管道，在其供水范围内，建筑物的冲厕采用市政再生水作为水源，应按《城市污水再生利用　城市杂用水水质》GB/T 18920—2020 中冲厕的水质指标进行检测。市政再生水的水质标准分为一级 A 标及一级 B 标，一级 A 的水质指标高于一级 B，其水质项目中对臭和味、浊度、总溶解固体、溶解氧、总余氯等无要求，达不到冲厕的水质标准，当采用市政再生水冲厕时，应设置水处理设备对市政再生水进行处理，达标后方可用于冲厕。

3　结语展望

国家标准化改革工作已全面开展并实施，特别是工程建设标准化工作的推进，已初步形成由政府主导制定的标准与市场自主制定的标准协同发展、协调配套的新型标准体系，政府主导制定的全文强制性标准即技术法规的实施，将使标准真正成为对质量的"硬约束"，推动国家建设工程的高质量发展。

建筑给水与排水是城镇给水排水系统的末端及起端，对合理利用各种水资源，减少对环境污染方面是最终的用户与起始的控制单元，是城镇节水的关键组成环节。建筑给水排水系统是保障城镇居民生活的重要系统，是保障公众身体健康、水环境质量的必须设施，"规范"的实施对建筑给水排水系统充分发挥其功能及性能具有重要意义。本"规范"适用于建筑给水排水系统的设计、施工、验收、运行、维护，对于全文强制性规范，在实施后需强化规范的宣贯工作，让政府监督部门的执法者、广大工程技术人员真正理解条文的含义，加强规范的实施和监督管理，才能实现规范的控制性底线要求。

强制性工程建设规范《建筑节能与可再生能源利用通用规范》

Interpretation of Mandatory Standards for Engineering Construction
"General code for energy efficiency and renewable energy application in buildings"

徐 伟[1,2] 邹 瑜[1,2] 张 婧[1,2] 陈 曦[1,2] 赵建平[1,2]

董 宏[3] 宋 波[1,2] 何 涛[1,2] 宋业辉[1,2]

（1. 中国建筑科学研究院有限公司；2. 建科环能科技有限公司；3. 北京建筑大学）

1 编制背景

2015 年，国务院印发了《深化标准化工作改革方案》，明确要求整合精简强制性标准，并明确提出"坚持国际接轨、适合国情"的改革原则，拉开了标准改革的序幕。2016 年住房和城乡建设部印发了《深化工程建设标准化工作改革的意见》，提出"改革强制性标准。加快制定全文强制性标准，逐步用全文强制性标准取代现行标准中分散的强制性条文"。全文强制性规范是为适应国际技术法规与技术标准通行规则，深化工程建设标准化工作改革，取代现行标准中分散的强制性条文的技术法规类文件。《建筑节能与可再生能源利用通用规范》GB 55015—2021（以下简称《节能规范》）是我国在建筑节能领域首次发布的全文强制性工程建设性规范，于 2021 年 9 月 8 日发布，并于 2022 年 4 月 1 日实施。

建筑节能作为实现碳达峰、碳中和目标的关键支撑，是重要抓手，也是推动产业结构调整优化的重要举措。《节能规范》是为落实国家节能减排战略、实现碳达峰碳中和目标，对工程建设项目建筑节能与可再生能源利用的通用性底线要求。其发布实施对构建清洁低碳、安全高效的能源体系，加快发展清洁能源和新能源，提高能源利用效率，营造良好的室内环境，满足经济社会高质量发展，实现碳中和具有重要意义。

2 规范基本情况

2.1 编写原则

（1）城乡建设领域的通用底线要求

工程建设通用规范分为工程项目类和通用技术类。《节能规范》作为通用规范，是以技术专业为对象，以通用技术要求为主要内容的强制性标准，其内容由工程项目类多项通用规范中出现的重复的强制性技术要求构成，已纳入通用规范的强制性技术要求，工程项目类规范可直接引用，不再重复规定。

（2）覆盖工程建设全过程

《节能规范》按照工程建设全过程维度进行编写，即对设计、施工、验收、运行维护等均进行了规定。

（3）适用范围及定位

《节能规范》适用于所有新建、扩建和改建的民用建筑及工业建筑，也适用于既有建筑节能改造。不适用于无供暖空调要求的工业建筑，且不适用于战争、自然灾害等不可抗条件。它作为法规类强制性规范，面向的对象不再局限于工程建设专业技术人员，也适用于监管者和用户。

（4）控制规范体量

《节能规范》在覆盖现行建筑节能和可再生能源相关强制性条文，以及满足社会经济管理等方面的控制性底线要求的基础上，对规范的内容进行精简整合，严格控制规范体量。

2.2 编制思路

《节能规范》分为目标层和支撑层，其中目标层包括总目标和性能目标两部分。总目标定性表述，是以保证生活和生产所必需的室内环境参数和使用功能为前提，提高建筑设备及系统的能源利用效率，降低建筑的用能需求。量化总目标给出了总的节能率、平均能耗及碳排放强度，并通过性能目标进行实现，确保可操作、可实施、可监管。性能目标针对各个气候区的建筑和围护结构、供暖通风与空调、电气、给水排水及燃气等几个部分给出了性能要求，如体型系数、窗墙面积比、传热系数及热阻、冷机能效指标等。支撑层则按照新建建筑设计、既有建筑改造设计、可再生能源应用设计、施工调试及验收、运行管理等部分相应给出了具体技术措施支撑目标层。

2.3 主要内容

《节能规范》涵盖了从设计到运行的全过程要求，涉及建筑及建筑热工性能、暖通空调、给水排水、燃气等多个专业，标准框架详见图1。

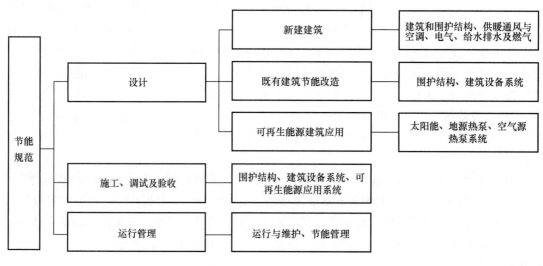

图1 《节能规范》框架

（1）总目标

根据国家节能减排整体战略及住房和城乡建设部《建筑节能与绿色建筑发展"十三五"规划》（建科〔2017〕53号）的目标，以及碳达峰、碳中和的要求，结合行业发展及建筑部件和用能设备的情况，经综合优化分析，最终确定了节能目标，即以2016年执行标准为基准，在此基础上居住建筑和公共建筑分别再降低30%和20%。同时，新建的居住和公共建筑碳排放强度应分别在2016年执行的节能设计标准的基础上平均降低40%，碳排放强度平均降低7kgCO₂/（m²·a）以上。

（2）性能指标

将总目标细化为性能指标，主要包括：

1）建筑设计及围护结构热工性能：各类型建筑体型系数、各朝向窗墙面积比、通风开口面积、各类型建筑非透光部位传热系数/热阻、各类型建筑透光部位传热系数/SHGC、权衡判断基本要求、空气渗透量。

2）供暖通风与空调：各气候区HVAC各类冷机、房间空调器性能要求、锅炉/燃气热水炉/热泵热效率、风机水泵性能要求。

3）电气：各场所照明功率密度。

4）给水排水及燃气：户式燃气热水器、供暖热水炉、热泵热水机、电热水器、燃气灶具等的性能要求。

5）可再生能源应用：太阳能热利用系统集热效率、地源热泵机组能效、空气源热泵性能要求。

6）施工、调试及验收：系统及材料的性能要求。

7）运行管理：公共建筑室内设定温度。

（3）支撑技术措施

支撑技术措施从新建建筑节能设计、既有建筑节能诊断设计、可再生能源建筑应用设计、施工调试及验收、运行管理五个方面进行了规定，以实现性能指标的要求，从而达到节能总目标。

1）新建建筑节能设计

新建建筑从技术支撑措施方面对建筑采光、参数计算方法、气候设计、遮阳措施要求以及保温系统工程相关措施要求；针对暖通、电气、给水排水和燃气系统几个方面规定了能源方案、监测计量及智能控制、余热回收等具体技术措施对分解后的性能目标进行支撑。

2）既有建筑节能改造设计

既有建筑节能改造规定了安全性评估、节能诊断内容、能量计量、室温调控、监测控制等内容。

3）可再生能源建筑应用设计

可再生能源建筑应用设计，主要包括太阳能系统、地源热泵系统、空气源热泵系统三部分，强调了可再生能源的利用应统筹规划、根据资源条件进行适宜性分析。太阳能系统包括防过热及防坠落等安全性要求、监测参数等规定；地源热泵包括场地勘测、现场岩土热响应试验、全年动态负荷及吸热排热量计算、耐腐蚀及防冻措施和监测与控制相关内容；空气源热泵融霜时间、防冻措施、安装措施等进行了规定。

4）施工、调试及验收

通过进场检验、施工过程、资料核验、节能评估对整个在施工调试及验收进行质量控制。主要包括围护结构、设备部件、可再生能源系统三部分。在围护结构方面规定了复验内容及要求、耐候性试验等节能工程施工要求，对密封、防潮、热桥、保温措施等也进行了规定。在建筑设备部件及可再生能源系统方面，规范规定了相关的复验要求，热计量、能量回收、通风机和空调机组以及空调、供暖系统冷热源和辅助设备等设备调试，以及抽水试验和回灌试验要求。

5）运行管理

运行管理阶段涵盖运行维护和节能管理。运行针对设立节能管理及运行制度及方案、操作规程的制定、水力平衡调试、季节切换以及优化运行等内容进行了规定。节能管理包括计量及能耗统计、能量计量、能效标识等内容做出了规定，开展能耗比对等，以保证节能目标的顺利实施。

2.4 特点与创新点

2.4.1 特点

《节能规范》相较于其他通用规范较为特殊，不仅是国家工程建设的底线要求，同时还需要紧密结合国家节能降碳战略部署及安排，具有以下特点：

（1）具有关联国家节能减排计划与国际义务的特殊性，是落实国家节能减排政策，实现"双碳"目标的重要抓手。2018年国务院印发《打赢蓝天保卫战三年行动计划》，生态文明建设也被纳入了执政党行动纲领。规范整体节能目标及具体技术指标和限值的确定需要与住房和城乡建设部建筑节能与绿色建筑发展规划相衔接。

（2）以整体节能量化目标为导向。根据国家建筑节能整体目标要求，综合建筑节能技术水平及可再生能源利用发展趋势，确定了新建民用建筑节能率提升目标、平均能耗指标及平均碳排放强度，为节能政策制定与评估、节能规划以及地方节能标准制定提供了量化指标。

（3）多专业协作。首先，规范涉及规划、建筑设计、建筑热工、暖通空调、给水排水、电气、燃气、可再生能源应用等多个专业的全过程。其次，规范的后台编制是一个复杂的从调研分析到目标确立再到分解计算的过程，各种节能措施带来的节能效益会相互影响，不是简单的节能量的叠加。

2.4.2　创新点

（1）明确了不同地区不同类型建筑节能目标——相对能耗水平

随着节能技术和节能率的提高，建筑节能专业领域的不断扩充，按照行业习惯的以1980年代为基准的节能率已经很难科学反映建筑节能的提升水平，故此次制定《节能规范》时，新建建筑设计节能目标以2016年新建建筑为基准。其中居住建筑全年供暖空调设计总能耗降低30%；公共建筑全年供暖、通风、空调和照明的设计总能耗降低20%。

（2）首次提出了标准工况下建筑能耗量化指标——平均绝对能耗指标（标准附录A）

居住建筑按全国11个气候子区典型城市参数计算得出供暖空调耗电量；公共建筑按七种建筑模型、分五个建筑热工一级气候区分别计算得出供暖空调照明总耗电量。表示满足本规范节能设计要求的项目达到的平均能耗水平，可作为节能标准的定量研究和中央、地方节能政策制定的重要参照依据。

（3）优化确定了性能提升的幅度——节能目标的分解落实

根据前述确定的节能目标进行量化和细化，通过优化计算确定规定性指标。将节能目标按照建筑形体设计、围护结构性能、用能系统性能三大方面进行分解，确定具体的技术指标。

（4）完善了合规判定方法——指标＋性能化

规范的围护结构热工性能设计采用了限值指标＋性能化等效设计（权衡判断）的双路径合规性判定的方式。后者有"门槛值"作为权衡判断底线指标，根据规范中规定的标准工况计算设计建筑用能水平，总体不高于符合围护结构限值指标的参照建筑用能水平，即可判定为围护结构热工性能设计合规。

3　规范先进性

编制组主要基于英国和澳大利亚两国的建筑法规体系，分析了建筑法规和通用规范的架构体系、建筑技术法规的内容以及管理方式。英国和澳大利亚的建筑技术法规体系架构一般按法律效力分为两个大层次：法律条例和技术法规。前者主要是管理层面为主，明确总体要求和社会各部门权责，后者主要在操作层面给出具体技术规定，有的还会延伸扩充到技术标准（表1）。

国内外建筑法律法规及标准体系情况　　　　　　　　　　　　　表1

层次	类别	国别		
		澳大利亚	英国	中国
法律层面	法律	建筑法令	建筑法、苏格兰建筑法、地方立法	建筑法、节约能源法、可再生能源法
	条例		建筑条例	—	民用建筑节能条例、公共机构节能管理条例
技术法规	性能化技术法规	建筑技术法规	建筑条例、苏格兰建筑条例、北爱尔兰建筑条例、核准文件	正在研编的建筑技术法规体系（现行强制性条文）
技术法规的延伸*	技术标准	建筑技术标准	建筑标准（EN，BSI）	各种建筑工程标准

注：* 详细的技术标准文件，本身并非强制。

我国是世界上对建筑全行业有强制节能要求的少数国家之一。《规范》的技术条文充分借鉴了美国、英国、丹麦及德国等国家的技术法规和标准规范，并在内容架构、要素构成以及技术指标等方面开展了对比研究。

内容架构上，《节能规范》采用以工程建设全过程为主线，提出"性能指标＋技术措施"的基本架构，与美国建筑节能标准架构体系基本一致。但美国标准是各州政府自愿采纳、自愿强制，因而标准本身更侧重技术内容，对应用对象和实施范围不做明确限制。我国工程规范是强制性技术法规，因此以工程建设各环节为一级目录，更便于执行。

要素构成上，本规范在基础性规定（气候区划、节能目标、建筑分类）、合规判定（计算方法、计算参数、计算软件的功能、判定指标）、建筑本体要求（建筑设计、围护结构热工性能、气密性）、用能系统要求（冷热源选择及能效、供暖空调系统、通风、照明、给水排水、燃气）、可再生能源的建筑利用、工程建设环节（设计、施工、改造、调适、运行监控）等要素构成上与美国、日本、英国等国家基本一致。不同的是，建设环节中强调的施工质量控制环节，在国外同类体系中很少提及。

技术指标上，在新建建筑围护结构的热工性能方面，我国新建居住建筑主要围护结构的热工性能与气候接近国家（地区）相比，在不同气候区和不同围护结构部位互有高低，整体水平基本持平。新建公共建筑围护结构与美国同气候区相比，屋面及外墙热工性能均优于美国，外窗的性能要求水平相当。用能系统方面，主要空调冷源设备中定频水冷机组性能系数（COP）要求总体与美国ASHREA90.1-2013标准的要求相当，目前美国大约15个州采用该版标准作为州建筑节能强制性技术法规；对大型变频冷水机组部分负荷性能系数（IPLV）要求数值上（中美标准的具体工况不同，因此可比性不强）总体落后于美国最新2019版标准20％左右，但目前美国仅大约5个州采用该版标准作为州建筑节能强制性技术法规。美国建筑强制性法规的采纳以州政府为主导，除上述20个州外，22个州目前采纳2010版及更低版本的标准作为州建筑节能强制性技术法规，另有7个中部州及阿拉斯加州不设置建筑节能强制性法规。照明节能方面，照明系统的能效水平与美国能源之星的标准相近，照明功率密度限值总体上严于美国ASHREA90.1-2016和新加坡Greenmark标准。可再生能源利用方面，太阳能热利用系统中的关键设备、太阳能集热器设计使用寿命与欧美国家的集热器使用寿命年限一致；地源热泵系统提出的吸排热量平衡指标、施工安装水压试验安全要求，要高于德国标准VDI4640相关要求。

4　标准实施

自20世纪80年代，以建筑节能标准为先导，我国建筑节能工作取得了举世瞩目的成果，尤其在降低公共建筑能耗和严寒寒冷地区居住建筑供暖能耗、提高可再生能源建筑应用的比例等领域取得了显著的成效，建筑节能工作减缓了我国建筑碳排放总量随城镇建设发展而持续高速增长的趋势。随着中国"双碳"目标的正式提出，建筑领域节能减排已成为我国应对气候变化工作的重要组成部分。

《节能规范》从新建到改造，从设计、施工到运行，全面提升了建筑节能水平，突出了可再生能源的利用，对接了尽早实现碳达峰及降低峰值的工作要求，同时也是落实党的十九大《政府工作报告》中保障能源安全，推动煤炭清洁高效利用，发展可再生能源的具体体现。《节能规范》的发布实施，对推动建筑行业高质量发展，满足人民日益增长的美好生活需要，全面建成小康社会，具有重要现实意义。

5　结语

《节能规范》相较于其他通用规范较为特殊，不仅仅是国家的工程建设底线要求，同时还紧密结合了国家节能降碳战略部署及安排，具有多专业协作，具有以整体节能量化目标为导向，关联国家节能减排计划、"双碳"目标与国际义务的特殊性。规范的发布和实施将成为建筑领域节能及"双碳"目标实现的有力抓手，加快优化能源结构，在资源高效利用和绿色低碳发展的基础之上进一步推动经济社会的高质量发展。

强制性工程建设规范《建筑电气与智能化通用规范》

Interpretation of Mandatory Standards for Engineering Construction *"General code for building electricity and intelligence"*

孙 兰

（中国建筑标准设计研究院有限公司）

1 规范制定背景与编制思路

1.1 制订背景

2015 年国务院《标准化工作改革方案》的要求和《中华人民共和国标准化法》（2017 年修订版）对强制性国家标准的编制做出了规定，即"强制性国家标准严格限定在保障人身健康和生命财产安全、国家安全、生态环境安全和满足社会经济管理基本要求的范围之内"。根据国务院的改革方案住房和城乡建设部全面开展工程建设全文强制性标准体系的研究和制订。

2016 年根据"住房和城乡建设部关于印发 2016 年工程建设标准规范制订、修订计划的通知"（建标函〔2015〕274 号）的要求，中国建筑标准设计研究院有限公司（以下简称标准院）会同 26 个单位共同承担了工程建设国家标准《民用建筑电气技术规范》的研编任务（计划中的第 7 项）。

2019 年在完成研编工作的基础上，原编制组根据"住房和城乡建设部关于印发 2019 年工程建设规范和标准编制及相关工作计划的通知"（建标函〔2019〕8 号）的要求，承担了工程建设国家标准《建筑电气与智能化通用规范》的制订任务（计划中的第 24 项）。

1.2 编制思路

在建筑电气与智能化系统工程建设中保障人身健康和生命财产安全、国家安全、生态环境安全，满足经济社会管理的基本需要。

1.3 编制原则

根据 2015 年国务院《标准化工作改革方案》"坚持国际接轨、适合国情"的改革原则。《建筑电气与智能化通用规范》在研编、编制过程中不断完善的编制原则：

(1) 覆盖现行的没有异议的相关的强制性条款的内容；

(2) 与国际标准接轨，与 IEC、英国等标准相对应的内容；

(3) 系统完整性不可缺少的内容；

(4) 通俗易懂便于质量监管人员理解与使用。

1.4 适用范围

通用工业建筑与民用建筑和市政工程所需的建筑物及构筑物、单体及群体的建筑电气工程和建筑智能化系统工程。

2 规范主要内容

在工程规范体系中，项目规范为主干，通用规范可以看做是项目规范中关键技术措施，作为多个项目规范的补充和完善，避免不同项目规范中相同专业的技术措施重复。

《建筑电气与智能化通用规范》GB 55024—2022 的目标：贯彻落实高质量发展的具体规定，提出解决当前工程建设突出问题的技术措施，为各项目规范做好电气与智能化的技术支撑。

本规范主要编制各项目工程建设中涉及供电安全、生命安全、财产安全、人身健康、信息互通、数据共享、节能环保等方面的通用条款。这些条款主要从建筑电气与智能化的规模、布局、功能、性能和技术措施几个方面对项目工程建造环节的设计、施工、检验、验收和项目工程的运维环节做出规定。本规范的目标架构图见图1。

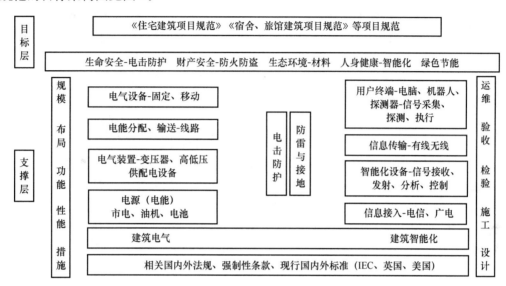

图1 目标架构图

主要项目规范：《住宅项目规范》《宿舍、旅馆建筑项目规范》《数据中心项目规范》《中小学校项目规范》、《医院项目规范》《体育场馆项目规范》等。

《建筑电气与智能化通用规范》GB 55024—2022共有10章，其中总则1章，3个条款；基本规定1章，9个条款；设计5章，115个条款；施工1章，46个条款；检验与验收1章，18个条款；运维1章，16个条款。共207个条款。

第1章 总则，明确本规范制定的目的、适用范围，对创新性的技术方法和措施的应用提出要求。

第2章 基本规定，规定本规范各章节的共性条款。

第3章 电源及用房设计，明确用电负荷分级要求，特级负荷和一级负荷供电电源的要求，变电所、柴油发电机房、专用电池室的设置要求。

第4章 供配电设计，包括高压配电系统、低压配电系统、特低电压配电系统、电气照明系统、低压电击防护5部分内容，规定了高压配电系统、低压配电系统和特低电压配电系统的保护要求；应急电源、备用电源、切换时间的要求；照明的供配电、控制、选型要求；自动切断电源等故障防护措施、游泳池等特殊场所附加防护措施的要求。

第5章 智能化系统设计，由信息设施系统、建筑设备管理系统和公共安全系统3部分组成。规定了信息接入系统、光纤到户、通信系统、有线电视系统、公共广播系统要求，建筑设备管理系统、消防安防与相关系统联动的要求。

第6章 布线系统设计，分室内布线和室外布线，规定了电力线缆、控制线缆和智能化线缆，在干燥场所、潮湿场所、明敷、暗敷的通用要求。

第7章 防雷与接地设计，由雷电防护、接地系统和等电位联结3部分组成，对防雷建筑物分类、防护措施、电涌保护器选用、接闪器、引下线、接地装置的设置做出了规定。对低压接地系统、交流电气设备、智能化系统、共用接地装置、等电位联结等提出了要求。

第8章　施工，由高压设备安装；变压器、互感器安装；应急电源安装；配电箱（柜）安装；用电设备安装；智能化设备安装；布线系统；防雷与接地8部分组成，规定了各部分涉及内容的施工安装要求。

第9章　检验和验收，第9章与第3~7章设计和第8章施工对应，检验包括了电气设备检验、智能化系统检测和线路检测，对设备、材料进场和检测仪器也提出了要求。验收对过程验收、工程质量控制记录、竣工验收等提出要求。

第10章　运行维护，有运行、维护和维修3部分内容。运行部分对应急预案、变电所、智能化系统等提出要求；维护部分对变压器、柴油发电机、蓄电池、RCD、接地装置等提出要求；维修部分对建筑电气与智能化系统出现故障、更换元器件、遭遇水淹和火灾、拆除时提出要求。

3　国际化程度及水平对比

2018年完成《建筑电气与智能化通用规范》研编工作验收时，编制组共收集汇总了相关国外（英国、IEC、美国）和我国香港地区的法规、标准66项。

2020年编制组复核了这66项，其中有修订的、有废止的，国家等效的标准有的也进行了修订。同时编制组还新增了一些国际标准。66项中没有变化的有28项，作废的有3项，国际标准或国内等效标准做修订的有34项，另外编制组又收集了10项国际标准。

主要研究：

3.1　低压电击防护

本规范低压电击防护措施与国际IEC相应标准保持一致，第4.6.5条规定：当采用剩余电流动作保护电器作为电击防护附加防护措施时，额定剩余电流动作值不应大于30mA。

3.2　雷电防护

国际标准IEC62305雷电防护标准体系中，雷电的防护等级分为4类。

国家标准《建筑物防雷设计规范》GB 50057，将建筑物根据其发生雷电事故的可能性和后果所造成的损失或影响程度分为三类：第一类防雷建筑物、第二类防雷建筑物和第三类防雷建筑物。目前国内民用建筑和古建筑均没有第一类防雷建筑物。

本规范第7.1.4条对高度超过250m的建筑物和预计雷击次数大于0.42次/a的建筑物，在实施第二类防雷建筑物的防护措施上，又规定了加强雷电防护措施。

3.3　可接触电气设备表面温度的防护

英国标准《电力装置规定》BS 7671—2018第423.1条规定，可接触电气设备表面极限温度金属为70℃。

美国标准《国家电气规范》NFPA 70—2017的第426.12条规定，超过60℃的都需要做防护。

IEC guide 117：2010以及国内等同的《电气设备　可接触热表面的温度指南》GB/T 34662—2017中也有规定，给出了可接触电气设备表面温度与接触时间、接触人群的阈值。人体脱离灼伤发热物体的本能反应速度与人的年龄有关，成年人反应速度最快，接触时间只有0.5~1s，不满2周岁的儿童反应速度最慢，接触时间是15s，2周岁以上不满6周岁的儿童接触时间是4s。2周岁以上不满6周岁的儿童好动性强，好奇性也强，是防护的重点对象，本规范按这类儿童制定了第8.5.3条第7款："在人行道等人员来往密集场所安装的落地式景观照明灯，当采用表面温度大于60℃的灯具且无围栏防护时，灯具距地面高度应大于2.5m。"

4　规范亮点与创新点

《建筑电气与智能化通用规范》GB 55024—2022从供电安全、人身安全、财产安全、信息交互畅通及施工和拆除等方面对建筑电气与智能化工程的通用性要求进行提升。

在供电安全和人身安全方面，为了提升整体安全性，规定了喷泉场所、游泳池、戏水池及供人们游泳、戏水或其他类似活动场所应采取的电击防护措施，防止可能发生的电击。针对近年国内雨水增多可能对电气设备造成破坏的情况，新增了室外电气设备的防护规定。

在财产安全方面，为防止发生电气火灾，规定民用建筑电力、控制、智能化线缆明敷时采用的导管、电缆桥架，应选择燃烧性能不低于 B_1 级的难燃材料制品或不燃材料制品。为防止雷击引起的火灾，新规定了"高度超过 250m 或雷击次数大于 0.42 次/a 的第二类防雷建筑物"应部分采取第一类防雷建筑物的措施。

电缆出入电缆桥架及配电箱（柜）处应固定可靠，电缆进入配电箱（柜）前应有防止电缆损伤的措施。防止电缆敷设不当造成运行安全和人员安全的损伤。

在信息交互畅通方面，根据国务院 2013 年 8 月发布"宽带中国"战略及实施方案，明确宽带网络是我国经济社会发展的"战略性公共基础设施"。建筑内通信系统包括用户电话交换系统、光纤宽带通信系统和移动通信系统等，支持建筑内语音、数据、图像等多种类信息的传输。在有公众通信需求的民用建筑，需要满足用户公共通信的基本权益，配套建设公共通信系统。对于用户电话交换系统和光纤宽带通信系统，在建筑工程建设中应配套建设通信设备间、通信管道、配线箱、配线模块、用户光缆等通信设施，以满足大众对于公众通信服务的需求；对于公共移动通信基站信号无法覆盖的高层民用建筑、公共建筑地下公共空间，需要配套建设公共移动通信室内信号覆盖系统，对于有多家移动通信运营企业建设需求的，应当予以满足，以保证大众对于公共移动通信的需求。《规范》规定：

（1）有公共移动通信需求的公共建筑，公共移动通信信号应覆盖至建筑物的地下公共空间、客梯轿厢内。

（2）消防控制室应预留与上一级消防控制中心的通信接口。预留通信接口是为应急指挥及城市消防大数据提供基础数据信息，利用大数据、云计算等实现信息资源共享，根据着火区域情况合理调配救援资源，确保火灾救援工作高效有序地进行，进而实现快速灭火。

在施工和拆除方面，新增要求暗敷电气导管不能在承重墙体内随意剔槽埋设，避免破坏结构体系的要求；规定在拆除建筑电气和智能化设备前，应确保隔离后不带电的设备本体及与之连接的电气导体均处在不带电状态，保障施工人员及误入人员生命安全。

强制性工程建设规范《宿舍、旅馆建筑项目规范》

Interpretation of Mandatory Standards for Engineering Construction
"Project code for dormitory and hotel building group"

郭　景　张艳峰

（中国建筑标准设计研究院有限公司）

1　规范背景与编制思路

1.1　规范背景

2015 年国务院发布《深化标准化工作改革方案》（国发〔2015〕13 号）提出了标准化改革的总体要求，为了落实国务院《深化标准化工作改革方案》精神，进一步改革工程建设标准体制，健全标准体系，完善工作机制，住房和城乡建设部印发了《关于深化工程建设标准化工作改革的意见》（建标〔2016〕166 号）和《关于请抓紧研编和编制工程建设强制性标准的通知》（建标〔2016〕155 号），开始了工程建设强制性国家规范的研编和编制工作。

根据《关于印发 2019 年工程建设规范和标准编制及相关工作计划的通知》（建标函〔2019〕8 号），中国建筑标准设计研究院有限公司作为第一起草单位，组织业界相关领域的领军设计院和科研院校的有丰富经验的专业技术人员，组成了实力雄厚的编制团队，在两年研编的基础上，总结中国近几十年宿舍、旅馆建设经验，结合国家经济发展特点，历时两年多完成《宿舍、旅馆建筑项目规范》（以下简称《规范》）的编制工作。

1.2　《规范》定位

《规范》是保障宿舍、旅馆项目的适用性，促进建筑品质提升，及保障或维护人民生命财产安全、人身健康、工程安全、生态环境安全、公众权益和公共利益，以及促进能源资源节约利用，满足社会经济管理等方面的控制性底线要求，是政府依法治理、依法履职的技术依据。

《规范》是开展宿舍、旅馆项目建设、使用和维护活动的"底线"要求，具有"技术法规"性质，是工程建设管理和市场监管的技术依据，是工程技术人员必须遵守的技术准则。

1.3　编制思路

《规范》的编制目标是保障宿舍、旅馆项目的适用性，促进建筑品质的提升，完善宿舍和旅馆建筑项目全生命周期。根据编制目标，结合工程建设标准化改革方向，贯彻落实高质量发展的具体要求，按照"全生命周期"和"全覆盖"理念，提出解决宿舍、旅馆项目的建设、使用和维护应遵循的原则，与先进国际标准和国外标准对接，做到适用、经济、绿色、美观。并且在梳理和整合现有相关强制性标准的基础上对有关现行强制性条文全覆盖。同时，编制思路始终围绕下面 3 个方面进行。

（1）边界清晰：以宿舍和旅馆建筑项目为对象，以项目的规模、布局、功能、性能和关键技术措施等五大要素的基本要求为主要内容。

（2）定位准确：是宿舍和旅馆建筑各功能空间的规模、布局、功能、性能以及技术措施的底线要求。突出"结果"导向，强调"底线思维"，仅对直接涉及公众基本利益的质量、安全、卫生等目标、功能、性能及关键技术等必须强制执行的内容做出规定。

（3）维度合理：第一维度覆盖宿舍和旅馆建筑项目全生命周期（规划、建设、使用和维护），第二维度覆盖宿舍和旅馆建筑涉及的全专业、全方位，第三维度覆盖宿舍、旅馆建筑的不同功能空间。

2　规范主要内容

2.1　《规范》条文组成

《规范》条文由现行强制性条文和新增条文两方面内容组成。

有关现行强制性条文采用3种方式处理：（1）直接采纳；（2）归纳整理后提升采纳；（3）不采纳，相关内容在其他通用规范中体现。

新增需要强制的条文主要有以下几种情况：（1）现有标准、规范涉及"应""必须""严禁"等内容视情况直接等效采用；（2）现有标准、规范中"宜""可"的条文，为满足逻辑性、完整性、系统性，提升采用；（3）与国外技术法规比对，为与国际化接轨纳入的相关条款；（4）增加关系民生、安全、环保的内容；（5）按新政策、新标准、新要求需要新增的条款。

2.2　《规范》边界

（1）凡是相关通用规范等规定的内容，以及非宿舍和旅馆建筑项目的功能、性能的特殊要求，《规范》不做规定。

（2）《规范》涉及的项目在民用建筑分类体系中为"民用建筑分类"中的"J2-1、C-8"两格子类项，见表1。

宿舍、旅馆建筑类别　　　　　　　　　　　　　　　　表1

类别		类别定义	子类	子类释义	示例
居住建筑	J1　住宅类	住宅类供居住使用的场所	住宅建筑　J1-1	以家庭为单元的居住场所	住宅、公寓、别墅等
	J2　非住宅类	非住宅类供居住使用的场所	**宿舍类建筑　J2-1**	集体居住场所	**学生宿舍、学生公寓、职工宿舍、职工公寓、专家公寓、长租公寓等**
			民政建筑　J2-2	老年人全日照料场所	老年养护院、养老院、敬老院、护养院、老人院、医养建筑、老年公寓等
公共建筑	C　商业服务类	供人们进行商业活动、娱乐、休憩、餐饮、消费、日常服务的场所	饮食建筑　C-7	餐饮场所	餐馆、饮食店、食堂、酒吧、茶馆等
			旅馆建筑　**C-8**	临时住宿休憩场所	**旅馆、商务旅馆、度假旅馆、酒店、宾馆、招待所、度假村、民宿（少于15间或套）等，不含胶囊式旅馆**

注：表中红色部分为《规范》项目。

（3）从安全、环保、节能、卫生等方面提出宿舍、旅馆建筑项目全过程（规划、建设、使用和维护）、全专业（建筑、结构、水、暖、电）和全方位（消防、无障碍、安全防范、环境、节能）特有的要求。

2.3　整体框架结构

《规范》共4章61条。其中5条由现有标准强条12条汇总形成，39条由现有标准"应"条文提升形成；由于落实法规、改善人居环境、与国外技术法规对比，以引领体系国际化、实现全覆盖、增强系统性的原因新增27条。其整体框架见表2。

《宿舍、旅馆建筑项目规范》整体框架 表 2

章名		节名		条文数
第一章	总则			4
第二章	基本规定			21
第三章	宿舍	1	一般规定	6
		2	居室部分	5
		3	公共部分	7
第四章	旅馆	1	一般规定	5
		2	客房部分	3
		3	公共部分	7
		4	辅助部分	3

2.4 主要技术内容

《规范》条文充分体现工程建设标准改革的思路，按照技术法规的表述模式，面向政府监管人员、社会各界群众、工程技术人员、项目投资方等各方人员，从保障人民生命财产安全、人身健康、工程安全、生态环境安全、公众权益和公共利益，以及促进能源资源节约利用、满足社会经济管理等方面提出控制性要求。

《规范》适用于新建、改建和扩建的宿舍、旅馆项目的建设、使用和维护管理。对宿舍、旅馆项目应具备的住宿条件和配备的设施做了基本的底线规定。对于中小学校宿舍，由于其特殊性，除执行《规范》外，还应符合现行国家标准的相关规定。《规范》不包括临时建筑，如：工地宿舍、体育比赛和博览会等临时性设施。《规范》仅作为常规的宿舍、旅馆项目的建设、使用和维护过程中兜底的底线要求，并未涵盖所有现实中的各类宿舍、旅馆及所采用的技术方法和措施。

《规范》第二章"基本规定"明确宿舍、旅馆项目应具备住宿条件和配备集中管理设施的最基本功能保障要求；满足安全、卫生、健康等方面的要求，包括防火、抗震、隔声、降噪、防洪、防雷击等性能要求。分别对宿舍、旅馆项目的规模、选址、标识系统、结构、无障碍设施、日常用水房间楼地面防水（渗），以及隔声、减振、供暖、防寒、供电负荷、配电箱位置、电源插座、安全防范系统、有线电视系统、信息网络系统、公共管道阀门、总体调节和维修的设施部件、垃圾收集间以及临空部位防护提出基本功能、性能要求和关键的技术措施，并且对宿舍、旅馆项目的日常维护、维修和管理作出规定。

《规范》第三章提出针对宿舍项目特有的技术底线要求，包括宿舍的基本功能配置、基本安全配置、无障碍设施、居室安全性能、宜居性能、健康性能要求，公共空间安全、使用、卫生等方面的性能要求等。

《规范》第四章提出针对旅馆项目特有的技术底线要求，包括基本功能配置、基本安全配置、应急设施、无障碍设施，客房声环境，公共区域设施安全、使用、卫生等方面的性能和技术要求。

3 国际化程度及水平对比

研究发达国家技术法规的编写体例、深度，从规范用语、表达方式、框架体例、编写深度上，使工程建设规范成为既适应中国政治、经济国情，又与国际接轨的中国技术法规的一个组成部分。

工程建设标准化改革的方向是从术语、定义、表述方式、体系层级等方面与先进国家标准规范体系一致，用对等的语言编写规范、标准，为我国标准"走出去"、先进国家标准"引进来"提供可能。

3.1 国外标准比对

研究比对了不同国家和地区的多本规范和法规，比对标准汇总见表3。

比对标准汇总 表 3

国家、地区	标准名称	属性
英国	建筑法 BUILDING ACT	强制
	建筑条例 BUILDING REGULATIONS	
	建筑批准文件	
法国	高层建筑安全防火规范	强制
丹麦	建筑法规	
美国	美国建筑技术法规	
	2015 年国际建筑规范《2015 IBC INTERNATIONAL BUILDING CODE》	强制
	美国统一建筑规范 UNIFORM BUILDING CODE	强制
	美国性能规范	
	美国绿色建筑评价标准-LEED-V4	
	美国 WELL 绿色建筑标准	
澳大利亚	国家建设法规 2015 NCC2015 PERFORMANCE REQUIREMENTS	
	建筑法 BUILDING CODE OF AUSTRILIA	强制
加拿大	国家建筑规范	强制
新加坡	绿色建筑 GREEN MARK NRB	
	新加坡建筑规范—消防安全合规文件	
	新加坡防火规范	
新西兰	建筑规范—消防安全合规文件	
日本	建筑基准法	强制
	建筑基准法执行令	

3.2 标准对比

《规范》重点研究了英国和美国的技术法规，对项目的功能、性能从安全、无障碍方面借鉴"英国批准文件"和《美国统一建筑规范》，从适用范围、规模、供暖设施、采光、通风、空间尺寸、卫生设施配置数量、无障碍居室、无障碍电梯、栏杆扶手高度等方面进行比对：

《规范》在控制项目全生命周期、供暖、采光、通风、无障碍电梯设置等方面与《美国统一建筑规范》要求等效。

《规范》第 2.0.17 条要求开敞阳台、外廊、室内回廊、中庭、内天井、上人屋面及室外楼梯等部位临空处应设置防护栏杆或栏板垂直净高，宿舍不低于 1.10m，学校宿舍和旅馆建筑不低于 1.20m，高于《美国统一建筑规范》第 509.1 条"要求安装护栏的地方。无封围的地板和层顶开口；楼梯、平台、斜台、阳台或门庭的敞开和装有玻璃的一边、其高出地面或低于地面超过 30in（762mm）；或者对建筑无辅助作用的屋顶等地，应安装护栏以作安全保护"和 509.2 条"护栏的高度不能少于 42ft（1067mm）"的要求。

旅馆规模，比对的国家都是按照客房数划分，《规范》的规模略大于国外，但是对于规模较小的民宿是排除在外的。

功能空间性能和空间尺度要求：对于无障碍、供暖、采光、通风等性能和空间尺度的要求基本一致。对于旅馆建筑中无障碍客房数量的起始设置标准，《规范》要求"100 间以下，至少应设置 1 间无障碍客房"，《美国统一建筑规范》要求"前 30 个客房或空间中应有一个是无障碍的"，此要求与我国的实际国情相匹配。

3.3 标准对比结论

（1）标准体系架构不同：由于我国与上述国家的社会制度、政治体制、管理模式、发展过程不同，导致标准体系架构不同。国外建筑领域的技术法规，编制的出发点和目的是确保建筑物所涉及的人员的健康和安全，包括消防、无障碍、安全性等相关的要求，建筑的分类、空间与部位的性能和尺度要求都是基于消防、无障碍的要求，都是通用的要求，没有针对某一功能的建筑项目的技术法规。

（2）项目性质相同：《规范》的宿舍和旅馆建筑与《美国统一建筑规范》中 R 类建筑基本一致。虽然《美国统一建筑规范》是一本综合性的规范，覆盖所有的建筑类型。但其 R 类建筑分别从定义、施工高度和许可面积、用地要求、出入口、照明通风和卫生、房间尺寸、楼电梯等的井道、消防设施、供暖设施等要素进行规定。

（3）侧重点不同：由于各国的政治体制和工程建设规范的体系不同，导致规范编制的侧重点不同（如防火方面的要求，本规范未含）。《规范》在内容架构和要素构成上与美国、英国的技术法规、政府批准文件基本一致（相对程度上），除功能、性能、技术措施外增加规模、布局方面的要求。

4 规范亮点与创新点

与现行宿舍、旅馆建筑相关规范标准相比，《规范》具有以下亮点和创新点：

4.1 《规范》满足全过程、全专业要求

《规范》以宿舍、旅馆项目涵盖"建设、使用、维护"全过程，内容包括宿舍、旅馆建筑规模、布局、功能、性能及技术措施等方面的指引性规定、控制性要求、技术指标及质量要求。涉及建筑、结构、给水排水、暖通、电气与智能化等专业，从全专业、全过程对宿舍、旅馆建筑功能、性能提出目标性要求。

4.2 《规范》提高电梯设置标准

现行行业标准《宿舍建筑设计规范》JGJ 36—2016 第 4.5.4 条规定"六层及六层以上的宿舍或居室最高入口层楼面距室外设计地面的高度大于 15m 时，宜设置电梯；高度大于 18m 时，应设置电梯，并宜有一部电梯供担架平入"。《规范》用室内外高差作为宿舍建筑设置电梯的条件依据。第 3.3.1 条规定"宿舍的居室最高入口层楼面距室外设计地面的高差大于 9m 时，应设置电梯。"

现行行业标准《旅馆建筑设计规范》JGJ 62—2014 第 4.1.11 条第 1 款规定"四级、五级旅馆建筑 2 层宜设乘客电梯，3 层及 3 层以上应设乘客电梯。一级、二级、三级旅馆建筑 3 层及 3 层以上宜设乘客电梯，4 层及 4 层以上宜设乘客电梯"。《规范》第 4.3.3 条，要求旅馆建筑"3 层及 3 层以上的旅馆应设乘客电梯"，提高了旅馆的舒适度。

4.3 针对社会关注的安全问题，加强安全措施

高空坠物（外装修、外保温、不文明行为等）时有发生，严重威胁人民生命安全，宿舍和旅馆建筑属于人员密集场所，防止高空坠物是安全的基本保障。基本规定 2.0.17 条第 4 款对于临空部位放置花盆处提出应采取措施防坠落。第 3.3.7 条规定当宿舍的公共出入口位于阳台、外廊及开敞楼梯平台下部时，应采取防止物体坠落伤人的安全防护措施。

由于楼地面湿滑致人摔倒的安全隐患经常发生，威胁人民生命安全，日常用水房间楼地面防滑是安全的基本保障。第 2.0.7 条规定厨房、盥洗室、厕所（卫生间）、浴室、洗衣房、水疗室等日常用水房间的楼地面应采取防水、防滑措施。

首次在工程建筑规范中明确安全防范系统的设置部位及设施要求。基本规定第 2.0.15 条规定，宿舍、旅馆项目应设置安全防范系统、有线电视系统和信息网络系统。旅馆项目应在大堂出入口、楼梯间、各楼层的电梯厅、电梯轿厢、公共走道等场所设置视频监控装置。宿舍应在门厅出入口设置视频监控装置。

4.4 卫生设施要求

提出门厅附近设置公共卫生间的要求，并提出卫生设施的数量要求，要求厕位大于 4 个的男女公共卫生间应分设前室。

5　结语

《规范》规定的宿舍、旅馆建筑不同功能空间的规模、布局、功能、性能以及建设、使用和维护过程中的关键性技术措施，都是保障人民生命财产安全、人身健康、工程安全、生态环境安全、公众权益和公众利益，以及促进能源资源节约利用、满足经济社会管理等方面的控制性底线要求，在宿舍、旅馆建筑项目的勘察、设计、施工、验收、维修、养护、拆除等建设活动全过程中必须严格执行，执行过程中，同时还要满足其他通用规范的相关要求。

《规范》按照"全过程"（建设、使用和维护）、"全专业"（建筑、结构、给水、排水、暖通、空调、电气、智能化）和"全方位"（消防、无障碍、安全防范、环境、节能）的理念，提出宿舍、旅馆建筑应具备的基本功能组成和实现功能应具有的性能要求，给出了保证宿舍、旅馆建筑设计有关安全、绿色、舒适的关键控制性指标，是第一本针对某一建筑类型的项目规范。《规范》力求与国际标准在内容架构和要素构成等方面达到一致性（相对程度上），为中国标准与国际接轨进行了有益的尝试。

强制性工程建设规范《特殊设施工程项目规范》

Interpretation of Mandatory Standards for Engineering Construction *"Project code for special facilities engineering"*

范益群[1]　王　建[1]　郭小东[2]　陆　京[3]

[1. 上海市政工程设计研究总院（集团）有限公司；2. 北京工业大学；
3. 中国建筑文化中心（全国城市雕塑建设指导委员会办公室）]

1　编制背景

在西方国家中，建筑法以及相关的建筑法规要确保在建筑里的人的健康、福利以及便利得以保护，因此要为建筑物的设计和建造以及扩建制定最低要求和性能标准。而西方基础设施技术法规则明确了基础设施在整个生命周期内满足最低功能和性能要求，首先从规划方面进行考虑，其次考虑运营期的健康与安全。在国内尚无工程项目的技术法规体系。因此研究发达国家技术法规的编写体例、深度，从规范用语、表达方式、框架体例、编写深度上，使工程建设规范成为既适应我国政治、经济国情，又与国际接轨的我国技术法规的一个组成部分，是十分必要的。

《特殊设施工程项目规范》（后面简称《规范》）编制项目根据《关于印发 2019 年工程建设规范和标准编制及相关工作计划的通知》（建标函〔2019〕8 号）的有关规定，在《关于印发 2017 年工程建设标准规范制订及相关工作计划的通知》（建标〔2016〕248 号）中《特殊设施工程项目规范》研编基础上进行编制，以城市地下综合管廊、防灾避难场所、城市雕塑等项目为对象，对其规模、布局、功能、性能和技术措施提出基本要求。

2　规范基本情况

2.1　编制思路

针对目前我国特殊设施所包含的设施类型、相关法律法规进行分类调研，借鉴各类设施的国内外已有的相关规范和工程案例，开展特殊设施建设规范的编制，具体工作流程及思路如下：

（1）国家发展政策研究。调查分析与特殊设施相关的国家法律法规，紧跟国家大的发展政策，确保规范的制定符合国家未来的发展方向。

（2）特殊设施的分类研究。特殊设施包含的设施种类较多，各种设施之间的关联性较小，因此需要针对这些设施的类型及其特点进行分类研究，确定特殊设施的研究范围。

（3）国际标准研究。调研国外相关标准以及优秀工程案例，进行经验总结。与国际标准找差距，以欧美国家为重点研究对象，建立国际化、标准化的规范体系。

（4）现行规范及强制性条文的研究。针对已有规范中与特殊设施相关的各个强制性条文规定进行分析，说明继续引用该强条，还是废止该强条，说明引用和废止的理由。

（5）确立所需要解决的重点难点问题，以此开展专题研究。

（6）总结，形成规范初稿。

具体技术路线如图 1 所示：

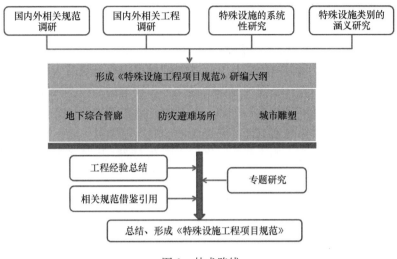

图 1　技术路线

2.2　主要内容

《规范》以城市地下综合管廊、防灾避难场所、城市雕塑为对象，以推进生态文明建设，保障特殊设施合理布局、绿色低碳、安全运营为目标，明确特殊设施工程的规模、布局、功能、性能以及关键技术措施。《规范》分为城市地下综合管廊、防灾避难场所、城市雕塑三个较为独立的部分。

（1）在城市地下综合管廊方面，明确综合管廊依据城市地下管线规划，结合城市道路新建改建、轨道交通建设、地下空间开发、管网改造、高压电力上改下等规划部署，规定敷设城市不同类型工程管线时应采用相对应类型综合管廊。并明确了干线、支线、缆线三类综合管廊的功能配置要求，以及综合管廊在结构体系、制作材料、抗震设防标准等方面的要求。

（2）在防灾避难场所方面，规定防灾避难场所应按照其配置功能级别、避难规模和开放时间划定为紧急避难场所、固定避难场所和中心避难场所，并明确了中心、固定、紧急三类避难场所的应急功能配置要求，以及避难场所在安全性、可通达性、结构体系、设防标准、出入口设置、防火、通风、应急设施配置、标识、无障碍等方面的要求。

（3）在城市雕塑方面，《规范》明确了城市雕塑的分类标准，明确城市雕塑的布局、色彩、造型应与城市风貌和区域环境相协调，并在环保、结构安全、防腐、抗震等方面提出了对城市雕塑的措施及要求。

2.3　亮点与创新点

针对当前高质量发展、绿色发展、提升建筑品质等对工程建设的要求，《规范》全面系统规定了工程项目的性能要求，进一步提升了工程项目的安全和环保标准。

《规范》在整合、汇总现有相关强制性条文的基础上，从以下方面对特殊设施工程的要求进行修改或提升。

（1）根据我国城市发展和工程建设需要，将综合管廊的分类明确为干线综合管廊、支线综合管廊和缆线综合管廊，并补充了缆线综合管廊的相关技术规定。

（2）结合我国国情，明确了防灾避难场所的分类分级技术指标，强调了防灾避难场所在选址安全性方面的要求，进一步突出了避难建筑的相关技术规定。

（3）从项目工程属性、系统性方面，明确对城市雕塑的措施和要求，填补了我国相关领域的空白，为城市雕塑工程项目管理提供了有效的技术支撑。

3　规范先进性

《规范》编制组根据项目特点，分别对不同国家的技术法规和先进标准进行了要求的对比分析，并积极借鉴，做到了技术要求与发达国家相关法规规定基本一致。

《规范》的技术条文充分借鉴了日本、美国等技术法规和先进标准，在内容框架和技术指标方面进行了对比研究。

(1) 在内容框架上，在综合管廊方面，日本《共同沟设计规程》包括设计规划、调查、主体结构设计、抗震设计、临建构造物的设计、附属设备的设计等，我国规范相关内容与其基本一致，此外我国规范还纳入了规划、总体设计、管线设计、施工及验收、维护管理等内容，更为完整、科学，对工程建设的指导性更强。在应急避难场所方面，美国标准主要针对飓风灾害，日本标准主要针对地震灾害，我国规范针对多种灾害提出防灾避难要求。在城市雕塑方面，国外尚无相关标准，我国规范明确了设计、施工、管理、维护和拆除等相关要求。

(2) 在技术指标上，综合管廊断面尺寸规定等方面与日本标准基本一致，在抗震、结构设计、附属工程等方面，根据我国实际情况进行更为详细规定，并完善了管线设计、施工验收、维护管理的技术规定。在避难场所规模、人均面积指标、应急通道宽度指标、人均应急供水量指标方面与日本规范基本一致，在结构抗灾设防要求、通风要求方面与美国规范基本一致。对城市雕塑工程项目按类别进行了详细分类，确定了相关技术指标参数，填补了国外标准的空白，具有领先性和可操作性。

4 舆情判断

4.1 城市地下综合管廊

《规范》提出"城市新区建设及城市更新应在重要地段和管线密集区域规划建设综合管廊"。综合管廊的建设既要体现针对性，又要体现协同性。综合管廊建设要针对需求强烈的城市重要地段和管线密集区，提高综合管廊实施效果；综合管廊建设也要与新区建设、旧城改造、道路建设等相关项目协同推进，提高可实施性。根据《国务院关于加强城市基础设施建设的意见》(国发〔2013〕36 号)、《关于加强城市地下管线建设管理的指导意见》(国办发〔2014〕27 号)、《国务院办公厅关于推进城市地下综合管廊建设的指导意见》(国办发〔2015〕61 号)，稳步推进城市地下综合管廊建设，结合新区建设、旧城改造、道路新(改、扩)建，在重要地段和管线密集区建设综合管廊。

我国地域广阔，不同城市的经济、自然、人口等条件差异较大，在综合管廊规模及布局方面，需进一步开展科学评估研究。

4.2 防灾避难场所

我国是世界上灾害最频发的国家之一，防灾避难场所作为城镇居民躲避灾害影响和灾后生活安置的一类特殊设施，是城市应灾过程中的最后一道防线，必须纳入规范管理。《规范》的出台，将有利于保证城市防灾避难场所的建设安全和质量；有利于加强行业指导、管理和监督，也将为地方防灾避难场所建设部门和管理部门提供有效的工作手段和法规依据。

展望防灾避难场所标准的编制，应进一步加强四个方面的研究：

(1) 强调综合防灾建设

灾害往往具有多样性，避难场所的配置需要考虑满足不同灾害的避难需求。防灾避难场所的标准应注重避难场所的综合化建设，考虑地震、洪涝、强风等灾害的特点，提出相对应的建设要求。

(2) 重视防灾避难场所的运营管理

国外标准重视防灾避难场所的运营管理工作，基本建立了一套完整的管理体系。我国标准中也应加强这方面的研究。

(3) 充分考虑特殊群体对应急避难场所的需求

特殊群体如少儿、老人、残疾人等，往往较之常人对防灾避难场所有更多的需求。防灾避难场所的标准应对特殊群体提出相应的技术规定。

(4) 标准内容应重视平灾结合

作为防灾避难场所的公园绿地、体育场、学校操场等应建成具备多种功能的综合体：平时兼具休闲、娱乐和健身等功能；灾时发挥避难场所的作用。因此，标准应加强在平灾转换方面的技术规定研究。

4.3　城市雕塑

城市雕塑建设规模日渐增大，其体量、占地空间、建设投资越来越趋近于建筑工程。《规范》的实施，是落实和贯彻《住房和城乡建设部关于加强大型城市雕塑建设管理的通知》精神的重大工作举措，《通知》明确要求将大型、特大型城市雕塑作为城市重要工程建设项目进行管理，并将其纳入工程建设项目审批管理程序。这是城市雕塑工程建设的顶层设计文件。《规范》的实施，将有利于保证城市雕塑的建设安全和工程质量；有利于引导城市雕塑建设行业的有序发展；有利于加强行业管理和监督。

《规范》进一步加强了对城市雕塑艺术品质、项目选址、城市雕塑分类、后期维护等方面保障。这对以地方政府及社会投资为主导的城市雕塑建设行为具有很强的指导意义，同时保障了更大范围的城市公共文化建设利益。根据各方情况综合判断，预计《规范》公布后舆情平稳，总体可控。

5　结语展望

《规范》所规定的内容均属于保障人民生命财产安全、人身健康、工程安全、生态环境安全、公众权益和公共利益，以及促进能源资源节约利用、满足社会经济管理等方面的控制性底线要求，对于促进和支撑工程建设标准化改革，落实高质量发展的具体要求，具有重要作用。规范按照"全生命周期"和"全覆盖"理念，提出了解决特殊设施工程建设突出问题的关键原则和技术措施，明确了特殊设施作为一种重要工程项目的地位和定义，给出了全生命周期的关键控制性指标，与先进国际标准和国外标准接轨，既完善了我国在技术标准方面的工程项目类型，又填补了特殊设施在强制性标准方面的空白，是我国特殊设施发展的重要里程碑。

在《规范》的编制过程中，尚有以下几个个方面的问题有待解决及进一步完善：

（1）城市地下综合管廊

我国地域广阔，不同城市的经济、自然、人口等条件差异较大，在综合管廊规模及布局方面，需进一步开展科学评估研究。

（2）防灾避难场所

对防灾避难场所的规划、设计、施工与运营维护，各国均无统一完整的规范体系。各种规定要求散落在政策、管理条例、标准等各种文件中，难以全部统一，需要较长一段时间研究发掘。

（3）城市雕塑

未来将尽快完善城市雕塑的相关立法工作，加快出台符合新时期要求的城市雕塑建设相关技术法规，以便于各地方在执行和解释中有据有法可依。

针对城市雕塑未来的发展，在《规范》实施后，一方面应加强《规范》宣贯及普及工作，另一方面应及时反馈分析、组织研讨，及时启动《规范》修订研究工作，更重要的是，借《规范》实施之际，研究探索城市雕塑与城市家具、数字艺术、公共环境艺术等各门类艺术的融合发展。

强制性工程建设规范《城乡排水工程项目规范》

Interpretation of Mandatory Standards for Engineering Construction "*Project code for urban and rural sewerage*"

张 辰

[上海市政工程设计研究总院（集团）有限公司]

1 编制背景

　　水不仅是自然生态系统的重要组成部分，也是我国人民生活、经济发展和生态文明建设的主要资源和环境，是人类可持续发展的基本要素。排水工程作为保障居民身体健康、水环境质量和水生态安全的重要基础设施，是城镇居民生活和社会经济发展的生命线。近年来，快速城镇化和经济发展导致我国在水生态、水环境、水安全和水资源方面暴露出很多紧迫的问题。例如，城市开发建设极大地改变土地利用方式，不透水下垫面的形成和地下建筑物的增加，在很大程度上减弱了地下水—地表水互补作用，造成水源补给越来越困难，水系自我修复、自我维系能力下降，导致城镇水生态系统恶化。水资源的过度开发利用导致河道水量不足甚至枯竭，同时暴雨径流污染和农业面源污染又加剧水体水质恶化。城市开发建设甚至挤占承担城市排涝的水域空间，大大降低城镇排涝能力。在全球气候变暖所致的极端天气频发背景下，很多城市遭遇特大暴雨考验，出现积水深度大、积水时间长的现象，不仅造成了人员死亡和巨大的经济损失，还严重威胁城市安全。这些问题不仅给新时期排水工程建设提出新的要求，而且还需要排水工程在系统建设上实现与水资源、给水、水污染防治、水环境保护、城市防洪等其他城市水系统的衔接和协调。

　　近年来，随着内涝防治体系建立和海绵城市建设理念的提出，排水工程的范畴已经不仅仅局限在排水管渠和污水处理设施上。在雨水管理方面，传统灰色排水设施与绿地、广场、道路等其他基础设施以及天然河湖水体共同承担城市排水安全的任务，以提高高度开发城镇的韧性。而在污染治理方面，单单收集和处理污水已不能满足城镇面源污染控制的要求，溢流污染和径流污染控制逐渐进入各地水环境治理的日程。同时随着污水处理设施的逐步完善，污泥产生量逐年增加，为了避免二次污染，污水治理的中心也逐渐转向"水泥同治"。这些排水行业的变化都影响着排水工程系统构建和相应标准体系的确定。

　　2019 年 1 月，《住房和城乡建设部关于印发 2019 年工程建设规范和标准编制及相关工作计划的通知》（建标函〔2019〕8 号）下达了全文强制性国家标准《城乡排水工程项目规范》的制定任务。经过前期 3 年的研究编制和编制阶段 2 年多的征求意见完善，本规范于 2021 年 3 月 10 日由住房和城乡建设部发布实施。这是我国排水行业的第一部技术规范，向上衔接法规政策，落实《排水和污水处理条例》及主管部门在排水工程建设中的要求，向下作为底线要求引领排水行业其他技术规范的制定。本规范以保障人身健康、生命财产、生态环境安全、工程质量和促进能源资源利用的底线要求，覆盖排水工程建设、运行维护和管理的全生命周期，为技术人员提供技术依据，为管理部门提供监管抓手，确保排水工程设施高质量规划建设和安全稳定运行。

2 规范基本情况

　　本规范分为 4 章，总计 142 个条文，涉及城乡排水的共性要求有 74 条，城镇排水要求有 60 条，乡村排水要求有 8 条。本规范以城乡排水工程为对象，以推进生态文明建设、保障排水安全、改善水环境和促进水资源利用为目标，明确了城乡排水工程的规模、布局、功能、性能以及关键技术措施 5 大要素。

2.1　排水工程建设的总体原则

在第 1 章总则里，规定了"三个统筹"的总体原则，用于指导排水工程的建设。统筹区域流域的生态环境治理与城乡建设、统筹水资源利用与防灾减灾和统筹流域防洪与城镇排涝除险指明排水工程与其他城市水系统的边界和衔接要求，体现了新时期水务工作的系统性思维。统筹区域流域的生态环境治理与城乡建设，城镇开发应根据"生态基线、环境底线、安全红线、资源上限"的目标，控制开发强度，保护城镇国土空间总体规划中划定的蓝线和水面率，不占用。同时，为保护流域水环境，应对城镇生活污水全收集全处理，并应根据流域水环境容量，合理确定城乡生活污水的处理标准。统筹城市水资源利用和防灾减灾，避免逢雨即涝、无雨即旱的现象。应修复被破坏和填占的河湖，通过建设源头减排设施，提高下垫面对雨水自然积存、自然渗透和自然净化的能力，促进雨水在生态系统中的自然循环利用。城市排水防涝的能力与城市所在流域的蓄排能力、上下游城市的外排量等密切相关，需要加强城镇排水防涝统和流域防洪的体系衔接。

2.2　排水工程的规模、布局、安全性的总体要求

（1）规模。规定雨水系统的规模根据年径流总量控制率、雨水管渠设计重现期和内涝防治设计重现期确定；污水系统的规模按照旱季设计流量确定，并根据雨季设计流量校核。

（2）布局。明确雨水系统的布局应遵循海绵城市建设理念，结合城镇防洪及周边生态安全格局、城镇竖向、蓝绿空间和用地布局，坚持绿蓝灰相结合和蓄排相结合；污水系统的布局应结合城镇竖向、用地布局和排放口设置条件，综合考虑污水再生利用、污水输送效能、建设运行成本、土地利用效率和污泥处理处置的要求，坚持集中和分散处理相结合。

（3）安全性方面。明确排水工程的抗震设防类别、结构设计工作年限和变配电及控制、防腐蚀等要求，规定应定期进行排水管道的检测和评估、建立应急体系、有毒有害和易燃气体监测报警、设置警示标志和安全防护措施等。

2.3　雨水系统的设计标准

雨水系统包括源头减排、雨水管网和排涝除险设施，涵盖从雨水径流的产生到末端排放的全过程控制，应对设计标准之内的降雨事件，实现内涝防治和径流污染控制的目标，并应保证系统的稳定运行。超出内涝防治设计重现期的暴雨事件由应急管理承担，实现城镇在极端降雨条件下的快速退水和安全运行，避免人员伤亡和财产损失，提高城镇应对内涝灾害的韧性。

（1）源头减排。主要应对大概率、低强度降雨事件，保证在设计降雨量下不直接向城镇雨水管渠排放未经控制的雨水。本规范规定根据年径流总量控制率确定设计降雨量，采用容积法确定规模，并要求设计中各地应明确年径流总量控制率相应的设计降雨量。

（2）雨水管网。主要应对大概率、短历时强降雨事件，保证频繁降雨事件下道路不积水、为公众生活提供便利。雨水管网的设计规模应根据雨水管渠设计重现期对应的设计降雨强度、汇水面积和径流系数，通过推理公式法计算流量确定。我国目前的雨水管渠设计重现期已经与国际标准基本接轨，超大城市和特大城市的中心城区要求 3～5 年一遇，中心城区的重要地区要求 5～10 年一遇，中心城区地下通道和下沉式广场要求 30～50 年一遇，而且规定人口密集、内涝易发且经济条件好的城镇应取上限。设计中各地应根据雨水管渠的设计重现期，通过暴雨强度公式确定设计降雨强度。

（3）排涝除险。主要应对小概率、长历时降雨事件，为超出雨水管渠设施承载能力的雨水径流提供行泄通道、调蓄空间和最终排放出路，保障城镇内涝防治设计重现期下城市的安全运行。排涝除险设施的规模是根据其类型（调蓄或排放），进行相应的设计水量或流量计算，且应和源头减排设施、雨水管渠作为一个整体系统校核，满足内涝防治设计重现期下地面的积水深度和最大允许退水时间。

设计中各地应根据当地统计资料,确定内涝防治设计重现期下和设计降雨历时所对应的设计降雨量。

2.4 污水系统的建设要求

污水系统包括污水管网、污水处理、再生水处理利用以及污泥处理处置,涵盖从污水收集、输送、处理到再生利用的全过程,实现污水的有效收集、输送、处理、处置和资源化利用。

(1)污水系统的3个设计流量。为了应对合流制截流污水和分流制截流的初期雨水的处理要求,避免雨天厂前溢流,结合国外调研,第4章污水系统中规定了污水系统的设计规模、旱季设计流量和雨季设计流量。污水系统的设计规模按平均日流量(单位 m^3/d)确定,是综合生活污水量和工业废水量之和,当地下水位高于污水管道时,污水系统设计规模还应适当考虑地下水入渗量。旱季设计流量(单位 L/s)是最高日最高时的综合生活污水量和工业废水量。分流制的雨季设计流量是在旱季设计流量的基础上增加截流雨水量,合流制排水系统的雨季设计流量即为截流合流污水量。通过雨季设计流量的概念,将污染雨水和合流污水的截留、调蓄、输送和处理纳入污水系统,保障了溢流污染和径流污染控制目标的落实。

(2)污泥处理的3个要求。为了避免二次污染,污水系统强调"泥水同治",不仅体现在污水处理和污泥处理处置的建设规模匹配,更表现在污泥全年全天候的稳定处理能力上。在第4章污泥处理中规定了污泥处理设施规模、污泥处理能力和污泥全量处理3个要求,污泥处理处置设施的规模应以污泥产生量为依据,并综合考虑排水体制、污水处理水量、水质和工艺、季节变化对污泥产量影响。考虑到雨季设计流量对污泥处理能力的影响,污泥处理能力还应考虑截流雨水的水量、水质,确保雨季设计流量下的污泥处理能力。目前污泥处理处置大量依赖机械设备,都有相应的维护保养周期,为了适应污水系统全天候运行要求,污泥处理处置设施的处理能力还应留有富裕,确保设施检修维护等情况下污泥的全量处理处置。

3 规范的先进性

本规范的系统组成和技术指标与国际接轨,在借鉴国际标准的基础上,结合我国国情,对具体技术指标加以调整,具备先进性和可操作性。

在系统组成上,城乡排水工程的雨水系统分为源头减排、雨水管网和排涝除险三个部分,分别对应美国雨水管理中的微排水系统(Mirco Drainage System)、小排水系统(Minor Drainage System)和大排水系统(Major Drainage System)。污水系统的组成与欧美和日本国家排水工程标准一致,分为污水管网、污水和再生水处理以及污水污泥处理处置三个部分。

在技术指标上,雨水系统的雨水管渠设计重现期和内涝防治设计重现期分别对应美国小排水系统和大排水系统的设计暴雨重现期,且标准基本一致。内涝设计重现期下的积水要求与美国标准不同,本规范更强调保证发生内涝降雨时城市路网的完整通行能力,规定道路中一条车道的积水深度不超过15cm。污水系统参照英国和日本雨水径流污染控制经验,首次引入雨季设计流量概念,并以此校核污水管网输送能力、污水和污泥的处理能力,进一步体现厂网一体的理念,为解决雨天污水厂厂前溢流问题提供支撑。

4 标准实施

在城镇化建设中,排水工程是保障人民生命财产与健康、社会经济稳定运行与高质量发展的重要基础设施。本规范结合当下排水工程建设的需求和痛点问题,提出以下要求:

一是明确了新时期排水工程系统组成和关系,排水工程与水资源、水系、防洪等其他城市水系统的边界和衔接,体现了项目建设和运行管理中的系统思维。二是规定了雨水系统布局和现有生态安全格局、蓝绿空间的结合,通过源头减排设施建设实现地区整体改建后的径流量不超过改建前径流量,在排水工程建设中践行生态文明和海绵城市建设理念。三是规定污水系统的处理能力满足雨季设计流量处理的要求，确保合流污水和受污染径流的截流、输送和处理，为溢流和径流污染防治奠定了基础。四是提出了厂网一体化运行、排水管道定期检测修复整改、污水干管的互联互通等建设和运行管理要求，为提高污水系统运行效能提供了支撑。

5　结语展望

作为保障城乡排水安全和水环境质量的重要基础设施，排水工程的发展重在将生态文明理念落实在城镇化建设理念之中，实现从量到质的转变。为了满足人民美好生活日益提高的需求，排水工程的功能在逐渐增多，系统的复杂性也不断提高。从原先的厂—网，逐渐扩展到与其他城市水系和生态系统的衔接和统筹，因此本规范以全面统筹和系统治理的思维引领排水工程的发展，支撑"以人民为中心"的排水工程的高质量发展，推进水的可持续利用和城市的抗灾减灾能力的提高。

本规范的适用范围要求覆盖全国城乡范围的全部排水工程项目规划、建设和运维管理要求。我国地域广阔，各地环境和水文条件、经济条件、风俗习惯和人口分布差异极大，即使是同一行政级别的城市或乡村，经济发展水平也存在极大差异。排水工程的建设与环境本底水平、经济发展需求和人民对高质量生活水平的要求息息相关，因此很难制定"一刀切"的量化底线要求。因此，在本规范中除了少量设计标准量化之外，大部分为功能性要求和原则性要求，保证了实施中一定的灵活度，以确保排水工程能根据当地情况因地制宜开展落实。例如，经济发达地区，经济发展对生态资源的需求更大，人民对生活品质要求更高，排水系统建设标准可以适度提高，高于底线要求，甚至向上一级行政区划的标准靠拢；而对于经济欠发达地区，当地政府需要统筹的因素更多，排水工程建设能满足底线标准即可。

编制组在编制过程中反复斟酌，试图在全文强制性规范编写要求和新时期排水工程系统化建设与管理之间找到平衡点。不周之处，有待在上级主管部门和行业专家帮助下不断完善。

强制性工程建设规范《供热工程项目规范》

Interpretation of Mandatory Standards for Engineering Construction
Project code for heating engineering

杨 健 罗 琤

（中国城市建设研究院有限公司）

1 规范制定背景与编制思路

1.1 制订背景

我国标准化事业的发展与国家的经济、政治和社会发展紧密相连，工程建设标准化是标准化工作的重要组成部分，在促进城乡科学规划、协调发展，确保工程安全与质量等方面发挥着重要作用。全文强制性标准体系的建立，主要有以下背景：

（1）适应标准化改革需要，建立供热技术法规体系。为约束行业行政管理部门、供热企业、供热用户的责任和义务分配，保证供热行业作为城市功能正常运转，建立以专项法律法规为约束、以强制性国家标准为技术底线、以推荐性国家标准、行业标准和团体标准推动创新发展的技术法规体系。

（2）解决现行强制性条文弊端，完善标准体系。部分强制性规定在实际执行或监管过程中缺乏可操作性。现行供热强制性标准中的强制性条文对供热系统的规模与布局、设施功能、性能都缺少相关技术要求，使得供热工程建设和监管等各方责任主体执行标准时难以把握全局和监管重点。

（3）与国际接轨，提高中国标准在国际上的站位。我国将带有强制性条文的标准规定为强制性标准，这与国外真正意义上的"技术法规"存在本质区别，特别是两者的制定方式、制定和批准程序、内容构成、法律效力都存在很多差异，阻碍我国的标准。

1.2 编制思路

全文强制工程建设规范体系中，工程规范分为工程项目类和技术通用类。《供热工程项目规范》属于工程项目类，是政府及其部门依法治理、依法履职的技术依据，是全社会必须遵守的强制性技术规定。规范遵循现行法律法规为导向，以现行供热工程建设标准的强制性条文为基础，借鉴国外技术法规，覆盖供热项目结果控制和建设、运行、维护、拆除等全生命期，以供热工程的功能、性能为导向，实现保障供热工程安全稳定运行的最终目标，突出供热工程建设和运行维护过程中，保障人民生命财产安全、人身健康、工程质量安全、生态环境安全、公众权益和公共利益，以及促进能源资源节约利用，满足国家经济建设和社会的发展。

1.3 编制原则

（1）涉及人民生命财产安全、人体健康、节能、环境保护和公共利益方面的要求，纳入强制性条款。

（2）布局、功能、性能及主要技术措施全覆盖，满足工程建设各阶段需求。

（3）现有供热标准中的强制性条文和工程建设标准强制性条文，经整理分析，对符合强条属性的均纳入本规范。

（4）除现有强制性条文外，针对主要供热工程质量、事故，分析设计、施工和运行管理的主要问题，制订相应的条款。

1.4　适用范围

适用于城市、乡镇、农村集中供热的热源厂和供热管网工程。不适用范围如下：

（1）不适用于热用户建筑物内供暖、空调和生活热水供应工程，生产用热工程。供热即热能供应工程，不包括热能的使用。建筑物内供暖、空调属建筑环境与能源应用行业；建筑物内生活热水供应属建筑给水；生产用热属工业领域。

（2）不适用于热电厂、生物质供热厂、核能供热厂、太阳能供热厂等厂区工程。目前，应用的供热热源主要有热电联产、燃煤燃气供热厂、地热、燃气冷热电联供，本规范对这些供热热源的建设在第 3 章中制定了相关要求。生物质供热厂、核能供热厂、太阳能供热厂等还尚未推广应用，其厂区工程的建设暂不包括在本规范内。

2　规范主要内容

2.1　规范框架

规范的章节原则上按项目构成（或工作系统构成）编排。供热工程包括热源厂和供热管网，不包括热用户，边界清晰。本规范的结构主要遵循以下原则：

（1）规范章节按工程项目划分，突出设施建设；

（2）各章节的体量尽量保持一致，差别不要过大；

（3）与其他全文强制性项目规范的结构尽量保持一致；

（4）各章节条款尽量避免重复。

规范的结构如图 1 所示：

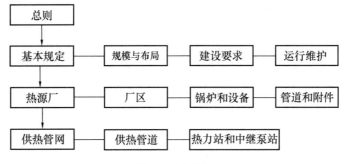

图 1　规范框架

2.2　规范主要内容

规范以城市、乡镇、农村供热热源厂和供热管网工程为对象，规定供热规模应统筹城乡发展、人口、热用户需求等条件进行确定，供热设施的基本功能是要满足城乡建设和供热行业发展的需要，持续供热。基本性能要达到保障人身、财产和公共安全、稳定可靠、节能高效、保护环境。

该规范共 4 章 81 条，由热源厂、供热管网及热力站、中继泵站 3 部分组成，包括供热系统的建设、运行维护，覆盖现行全部 14 项供热工程建设标准中 102 条强制性条文。

供热能源布局规定了能源的选用遵循的原则；热源厂方面，规定了选址、厂区布置、设备、管道和附件要求；供热管网方面，规定了材质、布置、安全、保温节能等要求；热力站和中继泵站方面，规定了布置、性能参数、安全等要求。

3　国际化程度及水平对比

编制组调研了先进国家供热相关资料，收集到丹麦、日本、俄罗斯等国的供热法以及相关联的供热技术法规，总体上由于法律体系和标准层级关系差异，在内容架构和要素构成等方面不能横向进行比较。但从上述几个国家的供热法分析，供热法律条款技术方面的内容与强制性标准的要求基本一致，主要是对安全相关的要求，同时有部分节能、环境保护及可再生能源相关要求，但对规模、布局基本没有要求。

与国外供热技术法规比较，本规范中所规定的技术层面内容与日本、俄罗斯等国家基本一致，包括供热设施的安全要求、防护措施等。国外供热技术法规重点在安全运行方面，本规范全面涵盖了安全、节能、环保相关技术要求。国外尚未有以工程项目建设为对象而制定的技术法规。

全文强制规范表现形式上与国外技术法规有所区别：国外供热技术法规则以部门法令或条例附件的形式多见，通过法律中对其进行引用赋予了强制执行力。如俄罗斯《供热法》中引出《供热设施和热能设备技术维护规范》即全文强制规范。本规范的编制形式按全文强制性工程建设规范统一要求。

由于各国国情、供热管理制度不同，供热技术法规体现的技术内容范围和深度不同。国外从法律层级、法规层面到标准的体系较为完善，我国供热行业目前在国家层面尚缺乏直接相关的法律和法规，因此不可单纯进行横向比较，在技术层面可进行借鉴。如丹麦的法律和标准框架：上位有《丹麦供热法》（THE HEAT SUPPLY ACT），然后是唯一一本推荐性工程标准——《直埋管道技术规范》，下位是一系列供热产品标准，没有相关的技术法规。日本是以《供热事业法》为主干法，辅之以省令和通告为主要表现形式的技术法规体系。日本经济产业省发布《供热设施技术标准相关省令》全文仅有 14 条对供热设施的安全要求。俄罗斯能源部条例附件《供热设施和热能设备技术维护规范》全文近千条，涵盖了供热设施的安全、运行维护的技术要求，也包括了厂区建（构）筑物、消防、生态环境保护、劳动保护、电气、燃料供应等安全要求。

4 规范亮点与创新点

4.1 紧密结合国家政策，将节能减排、环境保护纳入规范的重点内容

供热行业能源需求高，与环境保护密切相关，近年来，国家出台了"清洁供热""宜电则电、宜气则气""热计量"等针对供热行业的相关政策措施，中心思想是要把供热的能源利用好，达到节能、减轻对环境的污染。现行强制性条文主要以工程建设的安全为主，涉及节能、环境保护的要求较少。本规范的制定充分梳理了国家相关法律、法规和政策，对供热工程中的节能和环境保护关键点，增加了规模与布局、能源利用、保温及管道温降、失水率、能源计量等相关规定。

4.2 单位面积补水量指标

供热管道失水不仅是浪费水资源，更重要的是能源损失，而且给环境和社会造成安全隐患。现行供热标准中，供热管道失水率按循环水量的百分比进行控制，没有考虑供热时间、供热规模，不同城市没有可比性。本规范将其纳入了性能要求，并按单位供暖面积和时间的补水量进行要求，科学合理且具有可操作性。补水量指标的确定，收集了全国典型城市、大小供热企业的实际补水量，分析确定了供热管道补水量底线要求。

4.3 提出供热安全运行基本要求

近几年来，供热管道的事故率较高，因爆管造成伤及人员和中断供热的情况时有发生。规范针对管道运行维护中的主要问题和关键点，对预防事故发生、防止事故扩大及产生次生灾害，提出巡检的底线要求。

5 结语展望

《供热工程项目规范》GB 51010 于 2022 年 1 月 1 日开始实施，是标准化工作的一件大事。全文强制性标准的制定，是对国务院《深化标准化工作改革方案》、住房和城乡建设部《深化工程建设标准化工作改革的意见》的具体落实，是中国标准与国际标准接轨迈出的重要一步，填补了供热技术法规的空白，为构建了供热工程新型标准体系打下了基础，全面、有力支撑供热高质量发展、绿色发展。

　　《供热工程项目规范》对工程建设的各个阶段提出规模、布局、功能、性能以及主要措施提出要求，是政府部门底线管理的依据，是工程建设各方必须遵守的技术底线。供热在社会能源消耗、污染物排放占有相当大的比例，《国家中长期科学和技术发展规划纲要（2006－2020 年）》重点领域第九项"城镇化与城市发展"中将建筑节能列为了优先主题，降低城市供热系统能耗对我国建筑节能和城镇化建设非常重要。供热行业民生工程，一旦出现供热管道事故，还会造成严重的社会影响，国家对此历来十分重视。《供热工程项目规范》是供热行业顶层规范，针对整个城镇供热系统，涵盖设计、施工、验收和运行管理，提出涉及工程质量、安全、人身健康、节约资源、保护环境和确保公众利益等重要技术的目标要求，是指导供热国家、行业、团体标准编制的重要指导性文件，是供热工程项目建设及监督管理必须遵守的技术法规，对规范城供热系统和设施的基本功能和技术性能、确保工程质量和供热安全、提高供热系统的热效率、节能减排和降低污染具有十分重要的意义。

强制性工程建设规范《城市给水工程项目规范》

Interpretation of Mandatory Standards for Engineering Construction *"Project code for urban water supply engineering"*

王蔚蔚

（中国城市建设研究院有限公司）

1 规范制定背景与编制思路

1.1 制定背景

2015 年，国务院颁发的《深化标准化工作改革方案》中指出"整合精简强制性标准。在标准体系上，逐步将现行强制性国家标准、行业标准和地方标准整合为强制性国家标准。"2016 年 8 月住房和城乡建设部发布了《关于深化工程建设标准化工作改革的意见》（建标［2016］166 号），意见的任务要求中指出"加快制定全文强制性标准，逐步用全文强制性标准取代现行标准中分散的强制性条文。"

为落实工程建设标准改革的总体要求，加快制定全文强制性标准，逐步用全文强制性标准取代现行标准中分散的强制性条文。住房和城乡建设部组织制定了《2019 年工程建设规范和标准编制及相关工作计划》，其中包括数十项城乡建设领域全文强制工程建设规范的编制。《城市给水工程项目规范》是城乡建设全文强制规范体系三本给水排水规范之一。

1.2 编制思路

工程规范不同于现行工程建设标准对勘察、设计、施工方法的规定，突出以"结果"为导向，强调规定"底线"。因此，《城市给水工程项目规范》是以保障城市给水安全的"结果"为总体目标，以保障给水工程安全和水质、水量及水压三要素安全的措施为"底线"。全文围绕总体目标的实现，保障给水工程安全和三要素达标，按照水源和取水工程、给水厂、给水泵站和给水管网的给水工程全流程编制具体规定。

1.3 编制原则

（1）目标导向

规范以保障给水工程安全和给水三要素达标为目标，对保障达成目标涉及的给水工程规模、布局、功能、性能和技术措施等必须强制执行的内容做出规定。

（2）系统理念

系统理念的编制原则体现在几个方面：1）将给水工程作为整体考虑，统筹各建设环节各工程单元的关键控制点，协同全流程的强制要求保障最终目标，覆盖从源头到龙头取、输、净、配的环节，覆盖从规划设计、施工验收到运行维护的过程。2）系统支撑给水相关法律法规和部门规章。规范编制过程梳理了 9 项法律、7 项行政法规、9 项政策文件、10 项部门规章和 14 项部门文件，规范与法律法规相衔接，是对政策体系相关要求的技术支撑和落实。3）系统梳理现行所有给水相关强制性条文。规范编制过程梳理了现行给水相关 17 项有强制性条文的标准，其中适用于给水工程的现行强条 262 条。规范编制以系统理念构建条文体系，解决了现行强条不系统、覆盖不全面、偶有不协调的问题。城乡建设部分规范项目实施后，将替代城乡建设领域现行工程建设标准中分散的强制性条文。

（3）底线思维

规范是基本指南和底线要求，仅对直接涉及公众基本利益的质量、安全、卫生等目标、功能、性能及关键技术等必须强制执行的内容作出规定。规范条文的实施效力位于标准体系的顶层，是必须执行的强制性要求；规范条文的技术要求是标准体系的最低要求，推荐性国家标准、行业标准、地方标准、团体标准、企业标准的技术要求不得低于规范的要求。

（4）绿色发展

给水规范编制中，以把握给水工程建设运行过程所有关键质量控制节点为落脚点，同时注重落实给水系统高质量发展的新要求、体现生态安全绿色发展理念。对工艺路线、设备选型、管网布局进行规定时，以节能节水为原则之一；注重尾气尾水的排放、噪声的控制、生态的保护，强调环境友好；推进管网的修复更新、提出智慧水务基础数据的要求、注重给水信息安全保护，引导行业发展。

1.4 适用范围

《规范》"1.0.2 城市集中式给水工程项目，必须执行本规范。"明确了规范的标准化对象是"城市集中式给水工程项目"，不包括为公共场所、居民社区、工业用户提供的分质供水，不适用于包括但不限于雨水收集给水、手动泵给水、泉水集蓄给水、截潜水给水、雨水集蓄给水等分散式给水系统。

另外还需明确的是，《规范》仍属于标准体系，所有的规定都是技术要求，行政许可、责任部门、资金来源、实施处罚等技术要求以外的规定都不属于本规范的内容范畴。

2 规范主要内容

2.1 内容框架

规范以给水工程的系统构成为章节框架，共7章，135条。整个规范由目标层和支撑层两个层次的内容构成，目标层围绕总体目标，将目标细化到水质、水压、水量和工程安全目标，目标层的规定体现以结果为导向的原则，规定内容以功能、性能和具体指标为主。支撑层将对目标的支撑分解到工程总体、源、厂、站、网几个环节，规定内容以规模、布局和技术措施为主。规范的逻辑框架见图1。

2.2 主要技术内容

《规范》内容有三种主要维度：（1）条文内容涉及规模、规划布局，以及项目功能、性能和关键技术措施五个方面；（2）涵盖水源和取水工程、给水厂、给水泵站和给水管网四个构成给水工程系统的子系统；（3）条文内容均是对给水水质、水量和水压安达标，以及工程安全的支撑。

各章的主要技术内容如下：（1）总则。明确了规范编制的目的和适用范围，规定了给水工程建设全周期的主要原则和安全要求，给出技术方法和措施判定的规定。（2）基本规定。技术内容涉及规划协调，系统的连续供水、应急供水能力要求，设防类别、防洪标准、涉水卫生要求、节水节能、防腐等性能要求，档案、安全等级、验收程序等的总体要求。还包括了整个给水系统中供电系统、自控系统的通用技术要求，并对工程规模划分和供电负荷等级做出规定。（3）水质、水量和水压。水质部分对水质标准、检验项目和频率、监测点设置进行规定。水量部分对工程规模、水量限值、系统计量能力和计量仪表的检定进行规定。水压部分对水压标准和稳压运行进行规定。（4）水源和取水工程。对水源选择、水质保护措施、取水位置、设计保护区和水源保护等内容进行规定。（5）给水厂。对厂区、处理工艺、构筑物、药剂及仪器设备和附属设施进行规定，侧重在技术措施。（6）给水泵站。对泵站的规模、布置、水泵备用、水锤消除等进行规定。（7）给水管网。对输配水管道和附属设施进行规定，包括管网布置、优化设计、在线监测、设计水量、防冻防腐、廊内管线、阀门设置、管道标志等规定。

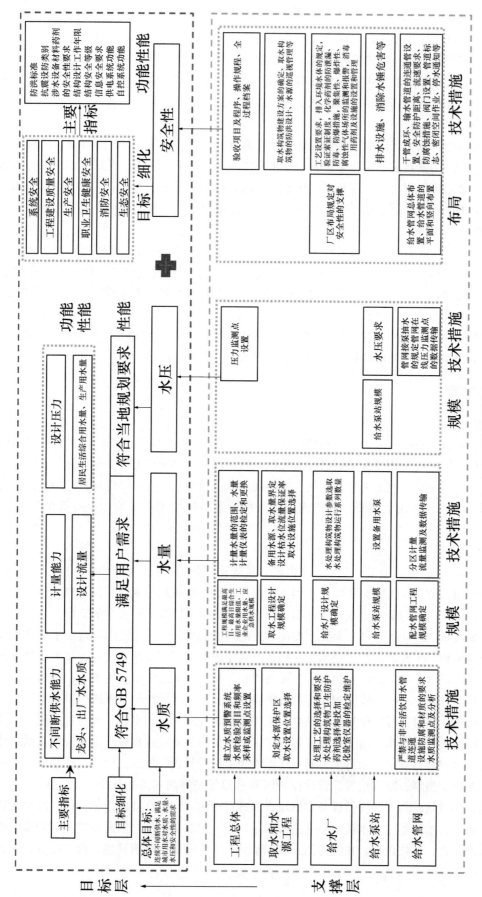

图 1 规范逻辑框架图

3　国际化程度及水平对比

规范在编制过程中，分别对英国、美国、日本和加拿大的给水相关法律法规、标准进行搜集、梳理和分析，并根据主管部门的统一部署，重点对英国的水务管理体制，相关法律条例和标准进行研究。

英国的政策标准体系可分为四个层级。第一层级为基础立法，第二层级为二级立法，第三层级为技术准则、指南等，第四层级为英国标准。体系中给水相关的代表性文件，英国水法属于第一层级，二级立法有《给水条例》[The Water Supply（Water Quality）Regulations]等，第三层级有《英格兰和威尔士给水（水质）条例指南》[Guidance on implementing the Water Supply（Water Quality）Regulations in England and Wales]等，第四层级英国标准主要涉及建筑内外给水系统和构件的要求、给水管理和服务标准、水质及检测方法标准、给水工程相关产品标准等。四个层级中第一、二层级的规定为强制执行，第三层级只有在第三方认可的情况下可不执行，英国标准属于自愿采用的范畴。

由于中英水务背景不同、监管机构和公共服务系统存在差异，两国政策标准体系的层级界限、执行效力和关注重点也有较大的不同。规范属于全文强制的建设规范，在英国的政策标准体系中，并没有完全对应的层级。规范的实施效力、编写结构、适用范围和表达方式与英国政策标准体系中的文件都有差异。但是两国体系对给水工程建设的目标和质量控制的关键点把握是一致的。通过对两国相关文件具体规定、指标数值等的对比，可以看出两国对给水工程建设的规定和标准水平相当。规范在编制中，对英国水法、条例和标准中均强调的水质安全、监控检测和工艺处理等，结合规范定位和我国国情，在规范条文中进行规定。

总体看，规范对给水工程质量控制的构成要素与英、美、日、加等国家一致，技术水平总体相当，个别指标规定达到国际先进水平。

4　规范亮点与创新点

4.1　亮点

（1）规范编制以系统思维构建给水工程建设全周期、全构成的强制性条文体系，解决了现行单行本中强条不系统、覆盖不全面、偶有不协调的问题。

（2）规范编制以给水安全为目标对给水工程的功能和性能进行强制性规定，系统梳理工程安全控制节点，为政府监管提供技术依据。

4.2　创新点

（1）体系创新。住房和城乡建设部开展城乡建设领域全文强制国家标准的编制工作，在形式上和规范定位上都是创新。规范覆盖全部工程构成和全周期，是成体系的，实施后将替代现行相关全部的强制性条文。

（2）理念创新。规范在编制过程中，融合了绿色生态、高质量发展、环保节能和智慧水务等理念，关注给水系统对环境的影响，对排入环境的尾水、尾气、废渣的处理进行强制；关注节能降耗，引导使用节水型工艺和设备。

（3）方法创新。创新提出保障水质、水量、水压达标和工程安全的技术措施等方法，如首次对不同水源的工艺选择进行强制，水处理工艺选择时，技术合理、经济可行、管理方便是基本要求，对工艺选择的强制，保障安全，经济合理，便于监管；首次对自动化控制系统和调度系统的系统功能，监测点设置，数据的监测、传输、存储，信息安全等方面做出强制规定，这些是智慧水务发展的基础工作；首次对水压相关内容进行强制性规定，水压是给水三要素之一，稳压运行是给水安全的一个方面；对给水系统各个环节水质检验项目和频率进行了强制，规范结合水质监测的实际情况进行指标选择和频率确定，在选择常规保障水质指标的基础上，水质检测指标增加了检测简单、数据易得、有指示意义的 pH 值；管道的标志标识等。

5 结语展望

（1）规范在落实支撑法律法规、梳理优化现行强条、对比分析借鉴国际、全面把控质量节点等研究的基础上编制而成，位于标准体系的顶层，是城市给水工程项目建设的基本指南和底线要求。

（2）全文强制建设规范陆续公告，是工程建设标准落实标准化改革的重要成果。《城市给水工程项目规范》GB 55026—2022 实施后，现行相关工程建设标准中的强制性条文同时废止，具体条文已在公告中列明。

（3）规范以保障给水工程安全和给水三要素水质、水量、水压达标为目标，内容涵盖建设全周期和工程全构成。规范实施后将作为政府部门的监管依据，是技术人员必须遵守的技术准则，是全社会需共同遵守的技术法规。

（4）规范是标准化改革重点工作的成果体现，给水规范的实施将进一步保障城市生命线工程给水工程的安全性，保障广大人民群众的身体健康，对节约资源、维护水生态环境具有重要意义。

强制性工程建设规范《园林绿化工程项目规范》

Interpretation of Mandatory Standards for Engineering Construction "Project code for engineering of landscape architecture"

王磐岩　李梅丹　孙　楠

（中国城市建设研究院有限公司）

1 规范制定背景与编制思路

住房和城乡建设部印发《深化工程建设标准化工作改革的意见》，明确建立以全文强制性工程建设规范（以下简称"工程规范"）为核心，推荐性标准和团体标准为配套的新型标准体系。通过制定工程规范，筑牢工程建设技术"底线"。

根据《住房和城乡建设部关于印发 2019 年工程建设规范和标准编制及相关工作计划的通知》（建标函〔2019〕8 号），中国城市建设研究院有限公司作为牵头单位，组织业内八家单位编制完成了《园林绿化工程项目规范》GB 55014—2021（以下简称《规范》），并于 2022 年 1 月 1 日起正式实施，完整系统地规定了园林绿化工程项目建设管理的安全、公益、资源能源节约的"底线"要求。

园林绿化工程是指通过地形营造、植物种植和保育、园路与活动场地铺设、建（构）筑物和设施建造安装，实现城市绿地功能，形成工程实体的建设活动。基于园林绿化工程的绿地、湿地、水体的自然生态属性，以及道路场地与建筑小品的文化属性，园林绿化工程具有自然文化属性。园林绿化工程建设实施，支撑实现城市绿地的功能，进而推动构建连续完整的城市生态基础设施，支撑城市可持续发展。

基于"工程规范"基本要求，《规范》明确了编制原则，即：

首要功能原则：按首要功能划分项目类型，并由此提出功能性能、布局和技术措施要求；

复合性原则：充分体现园林绿化工程项目的复合性特征，包括用地性质复合性、项目功能复合性等；

多样性原则：充分突出园林绿化工程类型的多样性特征，包括园林绿化效益多样性、用地条件多样性等；

系统性原则：充分统筹协调园林绿化工程项目各级各类要素的系统性关系，构建绿地系统、生态系统和城市公园系统。

《规范》立足新时期城乡发展总要求，全面审视和评估支撑城市可持续发展的绿色生态空间，确立了园林绿化工程项目建设范围从城市建设用地中绿地，拓展到非建设用地的绿色生态用地，包括城市空间中所有绿色生态空间，以及城市山水林田湖草自然要素。同时结合新时期城市管控趋势特点，梳理明确园林绿化工程项目类型，提出："综合公园、社区公园、游园、植物园、动物园、其他专类公园、郊野型公园、道路绿化、居住区绿化、单位绿化、公共建筑绿化、广场、绿化隔离带、绿道、立体绿化，以及生态保育和生态修复"16 类主要类型。

2 规范主要内容

《规范》从顶层梳理对园林绿化工程的底线把控要求，主要围绕以下几方面内容：

（1）结合园林绿化工程项目布局，完善城市绿地系统

城市绿地系统是协调城乡生态环境、提升城市人居环境水平、完善城市服务功能、支撑城市高质量建设发展重要依据，园林绿化工程是城市绿地系统完善的抓手。在空间规划背景下，保护与统筹城市开发边界范围内生态要素，为城市可持续发展构建良好的自然山水与生态基础，以及提升城市绿色福利的功能作用，是城市对绿地系统提出更高要求。《规范》结合园林绿化工程项目布局，进一步完善城市绿地系统。

1）完善城市生态基础设施。在保护城市山水格局和自然文化资源基础上，整合绿色生态空间要素并形成网络，合理布局组团隔离绿带，设施防护绿带，以绿地、水系及绿色公共开放空间构建连续完善的城市生态基础设施体系，实施生态保护和生态修复工程，有效发挥园林绿化作为城市生态基础的功能作用，支撑城市空间结构的优化调整，强化对城市可持续发展的支撑。

2）完善城市公园体系。城市公园在均衡布局的基础上分级分类设置。综合公园和社区公园按照服务半径分层配置，专类公园设置要满足城市防灾避险、历史人文和自然保护以及市民群众多样化需求，要合理规划建设。综合公园和社区公园承担城市居民日常休闲功能，是人均公园绿地指标考核的主体，专类公园和游园是人均公园绿地指标的补充。同时，城市要充分利用绿化隔离带，以及生态保育区域与生态修复后的区域建设为郊野型公园，并纳入城市公园体系，以增加城市公园供给。

3）助力完善城市公共空间。通过道路绿化、居住区绿化、单位绿化、公共建筑绿化、广场及立体绿化，支撑和完善建筑单体、社区室外公共空间生态基础环境，完善城市绿色公共空间，特别是社区绿色公共空间。发挥出园林绿化作为城市建构筑物、基础设施绿色生态基底的功能，并有机结合，提升人居环境质量。

4）推动土地资源高效利用。一是将绿道纳入城市休闲活动体系，提出与城市公园体系有机结合；二是提出条件适宜的绿道要兼具城市绿色出行。通过绿道建设，有效提高土地的利用效率。

（2）分类建设，提升民众公平共享的绿色福利品质

公园是与群众日常生活息息相关的公共服务产品，提升品质是充分发挥公园公共资源价值的核心。《规范》明确了各类公园设施配置的基本要求，以及公园环境、公园服务控制要求。同时提出：保障公园服务的公益性，不得开展与游人服务宗旨相违背的经营行为。

公园作为向公众开放的场所，必须保障所有公民的平等使用。《规范》明确规定了公园出入口、主要园路、游憩和服务建筑要满足无障碍要求，对老人、儿童的活动场地和设施设置提出针对性要求，并规定要设置相应标志起到提示作用。同时，对公园作为应急避险场地的前提条件和设施设置进行了规定；对植物园、动物园的生物多样性保护和科普教育进行了规定；以及突出强调了公园体育健身的功能要求，在合理配置健身活动场地的同时，调整了公园中铺装用地比例的指标。

（3）分项管控，提升公园和绿地建设和管控质量

为提升公园和绿地建设和管控质量，《规范》对各类园林绿化工程要素，包括：地形与土壤、园路与活动场地、种植、建（构）筑物和配套设施提出围绕生态、环保、健康与安全等方面的底线要求。

《规范》共分11章，其中1~3章为总体目标和通用技术措施，4~11章以项目类型为划分依据，对这些主要类型项目提出功能、性能的规定要求。

《规范》各章节与内容定位详见表1。

《规范》章节与内容一览表

表1

目次		内容定位	
1 总则		总体目标	
2 基本规定	2.1 规模布局	从工程项目规划建设到运维全过程把控	园林绿化通用工程项目要求和通用工程技术措施
	2.2 建设要求		
	2.3 运行维护		
3 园林绿化工程要素	3.1 地形与土壤	从工程全要素把控	
	3.2 园路与活动场地		
	3.3 种植		
	3.4 建（构）筑物		
	3.5 配套设施		
4 综合公园、社区公园与游园		对城市公园体系主要组成项目的功能、性能规定	园林绿化工程项目主要类型，支撑城市绿地系统建设
5 植物园			
6 动物园			
7 郊野型公园			
8 道路绿化		对城市道路基础环境的规定	
9 绿道		对城市游憩体系完善项目的规定	
10 绿化隔离带		对城市组团和基础设施的防护隔离的规定	
11 生态保育与生态修复		对城市自然环境保护和受损修复的规定	

3 国际化程度及水平对比

园林绿化是对城市各类绿地实施建设与管理，地域特点十分突出。目前国际标准化组织（ISO）中尚未成立与园林绿化（风景园林）标准化工作完全对应的标准化技术委员会（Technical Committee，TC），颁布的标准中涉及的相关内容也十分有限；但从底线约束来看，相关要求并不确实，主要涉及对资源、人身等安全管理要求。

欧美等一些国家和地区基本上形成了以"技术法规—技术标准"为主的技术管理与制约体系，这在保障公众利益、国家利益以及推广新技术、新材料等方面起到了积极的作用。技术法规是一种法定权力机构所接受的具有约束性的文件，一般由技术要求和管理要求构成。国际上公认的技术法规通行原则是对直接涉及公众基本利益和国家长远利益的技术和管理要求实行强制执行的原则。在技术要求部分，制定原则是以性能为基础或者以目标为基础。技术标准由公认的标准化机构批准，为了重复或连续应用而制定，是对不涉及公众基本利益和国家长远利益的技术要求，为保证实现强制性技术要求而采取的途径和方法。在大多数国家和地区，技术标准是自愿采用。以英国、美国为例，相较于国家层面园林绿化相关较为原则性的宏观管控要求（针对重要地块或保护区的相关要求除外），具体园林绿化工作需要满足的强制性要求还要符合各地方政府制定的相关规范性文件，包括城市设计、开放空间规划设计、树木管理等通用层面，或针对某一特定区域开发的相关政策，这当中会提出涉及各类公园等绿色开放空间在城市/县中的数量、可达性、功能、性能以及技术措施等具体规模、布局和质量要求，以及某一特定区域内场地用途、设计要求等具体场地开发要求，这往往依据地方人文地理特征而制定。

《规范》主要对英国、美国、日本等发达国家相关管控策略进行了研究，与其国家和区域层面的标准和要求进行了比较，主要涉及国家和区域层面的政策和规范性文件、国家权威机构发布的相关标准和导则等。《规范》借鉴了目前国际上应用较为广泛的园林绿化相关综合质量和可持续性评估体系的评价指标，以及开放空间的分类和公园体系，并基于我国园林绿化发展市级，提出了较全面、完善的项目技术质量要求，如针对安全、健康、保护自然文化遗产、场地利用的便捷性（完善的标识设施、无障碍通行、完善的设施和场地、解说教育）等方面的要求。

4 规范亮点与创新点

《规范》坚持创新、协调、绿色、开放和共享的五大发展理念精神，在落实新形势下我国城市建设要求的同时，注重与国际通行做法的一致性。对接规划改革，通过对城市开发边界范围内山、水、林、田、湖、草的保护与统筹，为城市可持续发展构建良好的自然山水与生态基础，构建蓝绿空间体系、公园体系、绿道体系三个系统；坚持"以人民为中心的发展思想"为核心，提供民众公平享受的绿色福利为目标，实现园林绿化工程项目的生态、休闲、游憩、美化、文化传承、科普教育等综合功能，为城市民众构建良好的休闲、健身和文化教育的宜居场所。

《规范》通过对城市园林绿化工程项目总量规模、规划布局、项目功能和性能，以及关键技术措施的底线规定，从要素到项目，进而支撑城市，保护、规划、设计和可持续管理城市人文与自然资源，保障城市生态环境安全、人民生命财产安全、人身健康、工程安全、公众权益和公共利益，促进资源节约利用，以实现改善城市生态、美化环境和提供游憩服务，满足日益提升的居民美好生活需要，推进城市可持续高质量发展。

概括说，《规范》编制立足于城市全空间，涵盖园林绿化工程的规划、建设和运行维护全过程，具有系统性和完整性。与我国现有技术水平相比，《规范》在优化城市绿地系统布局、节约型园林绿化建设、满足人民群众各类需求等内容方面有较大提升。通过提出"人均综合公园面积和人均社区公园面积应分别大于 $3.0 m^2/人$"，确保城市中综合公园和社区公园的配置规模；提出将城市建设用地之外的各类城市公园统称为"郊野型公园"，并提出"充分利用绿化隔离带、生态保育和生态修复的区域建设郊野型公园"，增加城市公园的配给，高效发挥土地效能；通过提出"合理配置体育健身公园""社区公园和游园应设置体育健身设施……"和提高各类公园中"园路及铺装场地用地比例"的指标，确保体育健身功能在公园中的落实；提出"与游人接触的喷泉水质不得对人身健康产生不良影响"相对现有标准中"不得使用再生水"，不再限制再生水的利用，落实节约用水原则；提出利用生态修复区域设置本地区乡土植物、适生植物的繁育基地，确保乡土植物的有效供给，以落实因地制宜、经济适用的原则。

《规范》梳理明确了城市绿地与实施园林绿化工程项目的要求，建立了"绿地系统——绿地类型——园林绿化工程项目"之间的相互延续关系。通过园林绿化工程实现公园绿地、仿佛绿地、附属绿地和区域绿地等各类绿地功能，进而实现绿地系统规划。园林绿化工程项目与城市绿地具有不同属性，工程项目和用地类型，但二者紧密关联，园林绿化工程项目是实现城市绿地功能的抓手与重要途径。

《规范》全面落实了绿色发展理念，包括：保护城市山水林田湖，修复受损废弃地，形成完善的绿地系统，保护和利用有价值的基址和要素，避免建设运营过程中对自然环境的污染和破坏，并重点提出了对水、土壤等生态要素的保护，节约资源等。

《规范》编制过程中，就关键指标与国际上相关要求进行了比对，在生物多样性、文化遗产保护、水和土壤、无障碍通行等国际上关注的热点方面技术要求基本一致。

《规范》的编制实施，突出解决了如下问题：

（1）明确规定了园林绿化工程项目的建设目标和底线要求；

（2）梳理了园林绿化工程项目建设所必需的技术措施，保障项目建设的绿色、环保、生态，以及游憩设施的使用安全；首次规定综合公园、社区公园、游园和郊野型公园应设置健身活动场地，规定社区公园和游园应设置满足儿童和老人活动需要的活动场地，支撑全民健身、儿童友好型、老年友好型社会发展；

（3）提出分级分类建设公园体系和绿道系统构成的城乡游憩体系；首次规定绿道与城市慢行交通系统相兼容，构建联通城市内外的绿色生态网络；

（4）明确了园林工程项目对保障和维护城市的生态环境和生态安全作用；首次规定山、水、林、田、湖、草进行生态保育和生态修复的技术要求。

5 结语展望

《规范》的编制与实施，厘清了城市园林绿化的工作范围和底线要求，形成了有效保护、利用和管控城市生态基础设施的技术法规，完善了园林绿化工程项目规范化管理措施，是保护资源、利用资源和保障城市可持续发展的基础保障。

《规范》作为园林绿化行业首部全文强制性工程建设国家标准，是构建与完善新时期城市园林绿化标准体系的基础，这对推动我国标准化改革、与国际惯例接轨具有重要意义，是新时期引导行业发展、约束推荐性标准的基本要求，是推动城市高质量发展的重要抓手。

强制性工程建设规范《施工脚手架通用规范》

Interpretation of Mandatory Standards for Engineering Construction *"General code for scaffold in construction"*

华建民　黄乐鹏

（重庆大学）

1　编制背景

施工脚手架是工程建设中应用最广、规模最大的措施项目，它指由杆件或结构单元、配件通过可靠连接而组成，能承受相应荷载，具有安全防护功能，为工程施工提供作业条件的结构架体。随着近年来我国建筑业的高速发展，施工脚手架的技术、产业链水平也取得了长足的进步。

标准规范是一个行业健康发展的基本保障。我国已经拥有了一个相对完善的施工脚手架标准规范体系，但仍存在着不足。第一，我国以往的施工脚手架标准规范存在条文内容过细、技术深度较深等特点，标准规范的"技术服务性"属性强于"监管性"，这提高了政府监管机构的监督难度，降低了监督的效率。第二，相关标准规范多，不配套、不协调。据不完全统计，目前我国共有 66 本不同等级的标准规范涉及施工脚手架。对这些标准规范进行交叉对比可以发现，已出台的这些标准规范存在着标准规范间不配套、不协调、试验计算规则不统一、相同或相似问题规定相互矛盾等问题。第三，我国目前标准规范条文，尤其是强制性条文中更多地注重对于具体技术细节的控制，对于施工脚手架工作必要的、基础性的程序上的要求欠缺。

近年来，建筑施工中安全事故仍持续发生，尤其是涉及脚手架的群死群伤事故造成了严重的社会影响。通过施工脚手架标准体系改革优化，实现对施工脚手架的有效监管，减少和防止安全事故发生，保障施工现场生命财产安全就成为了一项迫在眉睫的任务。

住房和城乡建设部印发了《关于深化工程建设标准化工作改革的意见》（建标〔2016〕166 号）全面启动了构建强制性标准体系、研编工程规范工作。根据《住房和城乡建设部关于印发 2019 年工程建设规范和标准编制及相关工作计划的通知》（建标〔2019〕8 号），《施工脚手架通用规范》制订工作正式启动。

2　规范基本情况

《施工脚手架通用规范》（以下简称《规范》）的编制以保障工程质量安全，保障人身安全健康、保护环境、节约资源为目标，以覆盖施工脚手架实施全过程主要阶段为范围。在参照国外"法律层"，提出关于施工脚手架的目标要求、程序要求、功能要求，以实现对施工脚手架基本约束的情况下，通过提出性能要求、"强制性"实施要求为基本约束，确保《规范》强制内容的服务性和可操作性。着重处理好规范自身逻辑性、定性与定量关系、强制性规范与推荐性标准关系。规范的总体情况如图 1 所示。

《规范》共 6 章，包括总则，基本规定，材料与构配件，设计，搭设、使用与拆除，检验、检查与验收，编制说明等。其中，对于施工脚手架材料和构配件选用，要求脚手架材料与构配件的性能指标应满足脚手架使用的需要，质量应合格；对施工脚手架设计，规定了荷载取值，结构设计和构造要求；对于施工脚手架搭设、使用和拆除，规定了施工人员的个人安全防护要求、搭设和拆除的程序以及安全使用脚手架的技术要求；对施工脚手架检查与验收，规定了材料和构配件检查的要求、脚手架搭建过程检查的要求及使用前验收的要求。

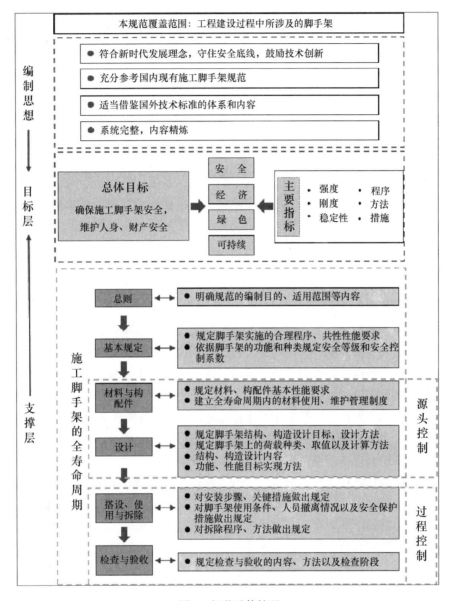

图 1　规范总体情况

以下对《规范》中的重要条文做出简要说明。

（1）1.0.4 条对施工脚手架的技术尤其是新技术的合规性做出了规定。对工程建设强制性规范是以工程建设活动结果为导向的技术规定，突出了建设工程的规模、布局、功能、性能和关键技术措施，但是，规范中关键技术措施不能涵盖工程规划建设管理采用的全部技术方法和措施，仅仅是保障工程性能的"关键点"，很多关键技术措施具有"指令性"特点，即要求工程技术人员去"做什么"，规范要求的结果是要保障建设工程的性能，因此，能否达到规范中性能的要求，以及工程技术人员所采用的技术方法和措施是否按照规范的要求去执行，需要进行全面的判定，其中，重点是能否保证工程性能符合规范的规定。

进行这种判定的主体应为工程建设的相关责任主体，这是我国现行法律法规的要求。《建筑法》《建设工程质量管理条例》《建筑节能条例》等以及相关的法律法规，突出强调了工程监管、建设、规划、勘察、设计、施工、监理、检测、造价、咨询等各方主体的法律责任，既规定了首要责任，也确定了主体责任。在工程建设过程中，执行强制性工程建设规范是各方主体落实责任的必要条件，是基本的、底线的条件，有义务对工程规划建设管理采用的技术方法和措施是否符合本规范规定进行判定。

同时，为了支持创新，鼓励创新成果在建设工程中应用，当拟采用的新技术在工程建设强制性规范或推荐性标准中没有相关规定时，应当对拟采用的工程技术或措施进行论证，确保建设工程达到工程建设强制性规范规定的工程性能要求，确保建设工程质量和安全，并应满足国家对建设工程环境保护、卫生健康、经济社会管理、能源资源节约与合理利用等相关基本要求。

（2）2.0.1条对施工脚手架所需满足的基本性能做出了规定。脚手架是由多个稳定结构单元组成的。对于作业脚手架，是由按计算和构造要求设置的剪刀撑、斜撑杆、连墙件等将架体分割成若干个相对独立的稳定结构单元，这些相对独立的稳定结构单元牢固连接组成了作业脚手架。对于支撑脚手架，是由按构造要求设置的竖向（纵、横）和水平剪刀撑、斜撑杆及其他加固件将架体分割成若干个相对独立的稳定结构单元，这些相对独立的稳定结构单元牢固连接组成了支撑脚手架。只有当架体是由多个相对独立的稳定结构单元体组成时，才可能保证脚手架是稳定结构体系。脚手架的承力结构件基本上都是长细比较大的杆件，其结构件必须是在组成空间稳定的结构体系时，才能充分发挥作用。

脚手架是根据施工需要而搭设的施工作业平台，必须具有规定的性能。能满足承载力设计要求是指在搭设和使用期内的预期荷载，将哪些荷载作为预期荷载应在设计时考虑。不发生影响正常使用的变形，是指使架体承载力明显降低的变形。

在工程施工过程中，脚手架结构不得发生改变，是对脚手架使用过程中保持基本性能的要求。脚手架是采用工具式周转材料搭设的，且作为施工设施使用的时间较长，在使用期间，节点及杆件受荷载反复作用，极易松动、滑移而影响脚手架的承载性能。因此，本规范要求架体的节点连接性能及承载力不能因上述等原因而降低。

（3）2.0.3条对施工脚手架的专项方案做出了规定。脚手架的搭设和拆除作业是一项技术性、安全性要求很高的工作，专项施工方案是指导脚手架搭设和拆除作业的技术文件。如果无专项施工方案而盲目进行脚手架的搭设和拆除作业，极易引发安全事故。

编制专项施工方案的目的，是要求在脚手架搭设和拆除作业前，根据工程的特点对脚手架搭设和拆除进行设计和计算，编制出指导施工作业的技术文件，并按要求组织实施。

根据工程特点是指编制的专项施工方案应符合工程实际，满足施工要求和安全承载、安全防护要求；应根据工程结构形状、构造、总荷载、施工条件等因素，经过设计和计算确定脚手架搭设和拆除施工方案。

应经过审批是强调对专项施工方案进行审核把关，按专项施工方案的审批程序进行审查批准。对于按住房和城乡建设部《危险性较大的分部分项工程安全管理规定》（住房和城乡建设部令第37号）和《住房城乡建设部办公厅关于实施〈危险性较大的分部分项工程安全管理规定〉有关问题的通知》（建办质〔2018〕31号）和《建设工程高大模板支撑系统施工安全监督管理导则》（建质〔2009〕254号）规定需进行审核论证的专项施工方案，应组织专家审核论证，并应按专家的意见对专项施工方案进行修改。

（4）2.0.6条强调了脚手架专项施工方案的"权威性"。按照我国当前施工管理制度，施工过程中检查、审查、验收等是保证工程安全和质量的重要手段。施工方案作为施工过程的重要技术文件，施工前应当严格履行审查、审批程序，施工过程中应当严格执行，必须要保持其"权威性"，随意修改方案或不严格执行方案势必造成安全隐患。但在施工过程中，面对复杂的施工环境和条件，确需修改施工方案时，必须严格按照制定方案的程序，履行审批手续，修改后的施工方案在审批后方可执行。

（5）3.0.3条对不同脚手架材料的配套使用做出了规定。目前，脚手架材料和构配件的种类、型号越来越多，也越来越复杂。很多材料和构配件的设计、使用都是针对某一种特定的规格或型号，不配套使用，可能会导致架体性能的下降，从而引发事故。

脚手架所用杆件、节点连接件、安全装置等材料和构配件、设备应能配套使用，是保证架体搭设时能够顺利组配、搭设，并能够满足架体构造要求、搭设质量及使用安全的必要条件。脚手架的材料、构配件、设备配套，一般是指下列内容：

1）脚手架的各类杆件、构配件规格、型号配套；

2）杆件、构件与连接件配套；

3）安全防护设施、装置与架体配套；

4）锁具吊具、设备与架体使用功能、荷载配套；

5）底座、托座、支座等承力构件与立杆规格、架体结构配套；

6）其他配套。

（6）4.1.2对脚手架的设计做出了总体规定。脚手架承载能力极限状态可理解为架体结构或结构件发挥最大允许承载能力的状态。结构件由于连接节点滑脱或由于塑性变形而使其几何形态发生显著改变，虽未达到最大承载能力，但已不能使用，也属于这一状态。对于脚手架来说，承载能力极限状态一般包括：结构整体稳定承载力、构件稳定承载力、构件截面强度、连接强度、脚手架支承部位的承载力及连接强度等。

脚手架正常使用极限状态可理解为架体结构或结构件变形达到使用功能上允许的某个限值的状态，主要是针对架体结构或某些结构件的变形必须控制在满足使用要求的范围而言。过大的变形会造成使用的不安全和心理上的不安全，支撑脚手架如发生过大变形也可能会影响工程结构质量。

（7）4.1.4条对脚手架支承在工程结构上时对结构的影响做出了要求。脚手架支承在工程结构上或附着在工程结构上时，对工程结构不应造成损害，因此应对该结构进行强度和变形验算以确定是否需要采取相应加固措施。脚手架搭设在工程结构上需对工程结构进行承载力验算，是为了防止出现因工程结构承载力不足而发生倒坍类事故，特别是在施工期间工程结构的强度或稳定没有达到设计要求的工况下，上述验算更为必要。对于支撑在大地下室顶板上的脚手架或连续多层混凝土模板支撑脚手架，不但需要设计计算施工楼层的作业脚手架或模板支撑脚手架，也需要验算该施工楼层下的地下室顶板或楼层板承载能力是否满足安全承载要求。在验算时应充分考虑该施工楼层下的地下室顶板或楼层板的支撑荷载比较大或者其混凝土强度还未达到设计强度的实际工况，依据上部施工载的设计值及实际混凝土的强度值，对该施工楼层下的地下室顶板或楼层板结构强度、变形进行验算，当不满足安全承载要求时，可采取对地下室顶板或楼层板加固支撑、缓拆除地下室顶板或楼层板模板支撑脚手架等措施。

（8）4.2.4条对脚手架所承担的荷载进行了规定。本条文第1款、第2款是作业脚手架施工荷载标准值取值的规定，其中：墙体砌筑作业时，脚手架作业层上需堆放砖块、摆放砂浆桶，因此规定取施工荷载标准值为 $3kN/m^2$；混凝土结构和其他主体结构施工时，作业脚手架主要是作为操作人员的作业平台，作业层上一般只有作业人员和其使用的工具及少量材料荷载，本规范确定其施工荷载标准值取值为 $2.0kN/m^2$。

本规范强调脚手架施工荷载标准值的取值要根据工程施工的实际情况确定，对于特殊用途的脚手架，应根据架上的作业人员、工具、设备、堆放材料等因素综合确定施工荷载标准值的取值。条文里所说的防护架，主要指的用于洞口防护、临边防护、高压线路防护等不上人、不起支撑作用的脚手架。

本条文第3款、第4款是支撑脚手架施工荷载标准值取值的规定。应注意的是，支撑脚手架施工荷载标准值的取值大小，与施工方法相关。如空间网架或空间桁架结构搭设施工，当采用高空散装法施工时，施工荷载是均匀分布的；当采用地面组拼后分段整体吊装法施工时，分段吊装组拼搭设节点处支撑脚手架所承受的施工荷载是点荷载，应单独计算，并对支撑脚手架局部应采取加强措施。

(9) 4.3.6条对模板支撑脚手架的设计计算进行了规定。在多层和高层混凝土结构房屋建筑工程施工中，上部作业面楼层支设模板、浇筑混凝土等施工时，其对应的下部楼层梁板混凝土结构因受混凝土养护时间、施工荷载、施工环境条件、上部作业面预施工楼层及下部已施工楼层混凝土梁板厚度、结构等因素影响，需对下部支撑模板脚手架的楼板强度、变形进行验算，当下部支撑模板脚手架的楼板强度、变形不满足要求时，应设置连续模板支撑脚手架。在对下部楼层板强度、变形进行验算时，应以下部楼层板混凝土的实际强度为依据，按上部浇筑混凝土楼面新增荷载和最不利工况，分析计算连续多层模板支撑脚手架和混凝土楼面承担的最大荷载效应，确定合理的最少连续支模层数。

(10) 4.4.1条对脚手架的构造要求做出了总体规定。保障脚手架的稳定承载力，一是靠设计计算，二是靠构造，而且构造具有非常关键的重要作用。本规范要求脚手架的架体必须具有完整构造体系，使架体形成空间稳定的结构，保证脚手架能够安全稳定承载。架体各部分杆件的搭设方法、结构形状及连接方式等必须齐全完整、准确合理；架体杆件的间距、位置等必须符合施工方案设计和本规范的构造要求；架体的结构布置要满足传力明晰、合理的要求；架体的搭设依据施工条件和环境变化，满足安全施工要求。这是本条对脚手架构造的总体要求。

(11) 4.4.2条对脚手架节点性能进行了要求。不同种类的脚手架，其杆件连接方式存在差异，但无论何种类别脚手架均应满足此条要求。连接节点的强度、刚度，一般是指：水平杆与立杆连接节点的抗滑移承载力；水平杆与立杆连接节点竖向抗压承载力；水平杆与立杆连接节点水平抗拉承载力、水平抗压承载力；水平杆与立杆连接节点转动刚度；立杆对接节点的抗压承载力、抗压稳定承载力、抗拉承载力；节点的其他强度要求。节点无松动是要求在脚手架使用期间，杆件连接节点不应出现由于施工荷载的反复作用而发生松动。

(12) 4.4.6条对连墙件做出了规定。作业脚手架连墙件是保证架体侧向稳定的重要构件，是作业脚手架设计计算的主要基本假定条件，对作业脚手架连墙件设置做出规定的目的是控制作业脚手架的失稳破坏形态，保证架体达到专项施工方案设计规定的承载力。

当连墙件按竖向间距2步或3步设置时，作业脚手架的主要破坏形式是在抗弯刚度较弱的方向（纵向或横向）呈现出多波鼓曲失稳破坏；当连墙件作稀疏布置，其竖向间距大到4~6步时，作业脚手架是在横向大波鼓曲失稳破坏，这种失稳破坏的承载力低于前一种破坏形式。作业脚手架的计算公式是根据连墙件按小于或等于3步的条件确定的；否则，计算公式的应用条件也不再成立。

要求连墙件既能够承受拉力也能够承受压力，是要求连墙件为可承受拉力和压力的刚性杆件。因为连墙件的受力较为复杂，而且其受力性质经常随施工荷载、风荷载、风向的变化而变化，所以要求连墙件要有足够的强度和刚度。

连墙件设置的位置、数量是根据架体高度、工程结构形状、楼层高度、荷载等因素经设计和计算确定的；架体与工程结构可靠连接，是作业脚手架在竖向荷载作用下的整体稳定和在水平风荷载作用下的安全可靠承载的保证。

架体顶层连墙件以上的悬臂高度不允许超过2步，是从操作安全的角度来考虑的，否则架体不稳定。在作业脚手架的转角处，开口型作业脚手架端部都是架体的薄弱环节，因此应增加连墙件的设置。

当按脚手架专项施工布置连墙件时，可能设置连墙件的位置正好赶在工程洞口的位置，此种情况可在洞口处设置强度和刚度均满足要求的型钢梁或钢桁架，将连墙件固定在型钢梁或钢桁架上。

(13) 5.2.3条对悬挑脚手架、附着式升降脚手架的支座提出了要求。对悬挑脚手架的悬挑支承结构是依靠预埋件与工程结构进行锚固的，附着式升降脚手架是依靠附着支座与工程结构固进行定的，悬挑支承结构和附着支座均应同工程结构固定稳固，这是悬挑脚手架和附着式升降脚手架搭设和使用安全的保障。为保证悬挑支承结构和附着支座固定牢固，其预埋件和锚固件的品种、数量、规格和预埋锚固位置、间距、连接紧固及预埋锚固处混凝土强度等应符合技术要求。

3 规范的先进性

编制组对英国、欧盟、日本、美国、澳大利亚/新西兰等地的建筑法、建筑技术规范以及施工脚手架技术标准体系开展了研究、对比与借鉴工作。从对英国、欧盟、美国等的脚手架规范研究上看，国际上施工脚手架法规、标准规范的内容架构基本相同，以欧盟脚手架技术标准 EN1004-2004 为典型，其主要内容如下：前言、范围、规范性引用文件、术语和定义、分类、名称、材料、一般要求、结构设计要求、使用说明书、标记、结构设计、测试、评估、附录。《规范》在内容架构和要素构成等方面与国际脚手架技术标准规范相比，在主要的基本规定、材料与构配件、荷载、设计、搭设、使用与拆除、检查与验收等方面保持了基本一致性，在编写过程中，对国际规范中的有益内容进行了消化吸收再创新，提高了规范的全面性与国际通用性。

与我国现有施工脚手架标准规范相比，《规范》的亮点和创新点主要在于：一是系统性规定了施工脚手架实施所需要遵循的基本原则及施工脚手架需要具备的基本性能；二是强制规定了施工脚手架实施的程序性要求；三是系统性规定了对施工脚手架构造措施的具体要求；四是强化了施工脚手架安全使用相关要求。

4 结语与展望

《规范》的出台有力保障了施工脚手架的安全和适用。目前，我国施工脚手架的应用比较广泛，但脚手架的整体结构试验，在国内还做的不多，特别是高支承脚手架试验更少，需要进一步收集、总结、分析各类脚手架的试验资料，特别是注意研究作业脚手架、支承脚手架搭设高度与承载力的关系，架体高宽比与承载力的关系，进一步加强新型脚手架的研究开发，丰富和完善脚手架的理论，不断总结积累经验，完善《规范》，推进施工脚手架技术不断向前发展。

强制性国家标准《升降工作平台安全规则》

Interpretation of Mandatory National Standard
"Safety rules for elevating work platforms"

王东红　刘　双

（北京建筑机械化研究院有限公司）

1　编制背景

近年来升降工作平台行业快速发展，每年因为操作使用、制造、管理不当等因素导致的高空平台倾翻、人员坠落等事故时有发生，严重影响人民群众的身体健康和生命安全，给企业带来不小的经济损失和恶劣的社会影响；同时由于高空作业平台未被列入政府行政许可范围的特种设备进行强制管理，政府监管部门没有统一有效、操作性较强的强制性安全标准作为抓手进行管理，造成行业产品设计制造标准不一、使用管理各自为政，行业乱象丛生。升降工作平台行业涉及产品种类多、使用场景范围广、工作条件恶劣、使用工况复杂，且每种产品的使用与人员安全关系密切，因此需要制定升降工作平台安全规则，保证在设计、制造、安装、使用和维护中的安全，预防发生升降工作平台安全事故，避免和减少生命、财产损失。

根据国家标准管理委员会《关于下达 2010 年国家标准制修订计划的通知》（国标委综合〔2010〕87 号）的要求，项目名称为《高空作业机械安全规则》（计划编号：20100922-Q-604）（以下简称《标准》），主要起草单位为北京建筑机械化研究院有限公司。

《标准》编制过程中，多次召开编制组会议，第一次编制会时，与会专家对主编单位提出的标准草案细致、深入讨论后，一致认为：《高空作业机械安全规则》可作为"升降工作平台"部分的强制性标准，符合强制性标准精简整合的精神，《标准》的范围应与《升降工作平台术语与分类》JB/T 12786—2016 中规定的产品分类一致。因此，与会专家一致同意将标准名称改为《升降工作平台安全规则》。标准审查会时，与会委员一致同意将标准名称改为《升降工作平台安全规则》。

2　标准基本情况

2.1　编制思路

《标准》编制基于以下 5 项基本原则：（1）贯彻我国相关的法律法规和强制性国家标准，与我国现行标准协调一致；（2）满足行业发展需求，提升标准技术水平，适应产业发展需要；（3）满足市场需要，保证产品质量，规范市场秩序，保护消费者利益；（4）积极向国际标准接轨，力求做到标准内容的先进性；（5）根据国内企业具体情况，力求做到标准的合理性、经济性与实用性。

在标准制定过程中，标准起草工作组对升降工作平台的骨干企业进行了市场调研，了解行业技术发展状况，对国内外升降工作平台设备产品和技术的现状与发展趋势进行了全面调研，同时广泛搜集和检索了国内外的技术资料。经过大量的研究分析、资料查证工作，结合实际应用经验，全面地总结和归纳，《标准》的技术内容与相关产品的推荐性标准相协调，并在整体上严于现行的升降工作平台标准。

2.2　主要内容

《标准》规定了升降工作平台在设计、制造、安装、使用和维护中应遵守的安全技术要求。适用于除施工升降机之外的所有高空作业平台，主要包括举升式、导架爬升式、悬吊式和异型轨道式升降工作平台等。标准主要内容包括 14 个章节，每个章节都从设计、制造、安装、使用和维护等关键环节对安全性进行了严格、准确、详尽、务实的规定并提供了相关参考。分类别规定了举升式升降工作平台、导架爬升式工作平台、悬吊式升降工作平台、异型轨道式工作平台的机构及零部件、安全装置的安全技术要求；规定了整机、结构、液压系统、电气系统、操纵系统、安装与拆卸、操作、检查与维护的安全技术要求。《标准》所有条款与安全的关系密切相关，为强制性条款。

其中第 5 章"结构"，对"焊接""螺栓连接""楼梯、阶梯、护栏和直梯""维护平台工作平台、走道和踢脚板"及"结构件的报废"给出了详细的规定。本章在编写的过程中参考及引用了《起重机械 安全规程 第 1 部分：总则》GB/T 6067.1—2010、《钢结构焊接规范》GB 50661—2011、《紧固件机械性能 螺栓、螺钉和螺柱》GB/T 3098.1—2010 等标准的相关规定。

第 6 章"机构及零部件"，除"一般要求"外，对"举升式升降工作平台机构及零部件"的技术要求进行规定，具体包括"底盘、行走系统和稳定器""伸展结构""工作平台"等；对"导架爬升式工作平台机构及零部件"的技术要求进行规定，具体包括"提升驱动系统""工作平台""底架和底盘"；对"悬吊式升降工作平台机构及零部件"的技术要求进行规定，具体包括"悬吊平台/吊船""起升机构""回转机构、行走机构、俯仰机构和伸缩机构""台车""物料起升机构""钢丝绳""卷筒和滑轮""插杆""配重""轨道"及"悬挂点"等。本章在编写的过程中参考及引用了《移动式升降工作平台 设计计算、安全要求和测试方法》GB/T 25849—2010 等标准的相关规定。

第 7 章"安全装置"，除"一般要求"外，按"举升式升降工作平台安全装置"、"导架爬升式工作平台安全装置"、"悬吊式升降工作平台安全装置"、"异型轨道式工作平台安全装置"分类别规定了相应的技术要求，其中针对"限位开关""缓冲器""报警装置""防坠落装置"等每个类型产品关键的安全装置分别给出了详细的规定。本章在编写的过程中参考及引用了《移动式升降工作平台 设计计算、安全要求和测试方法》GB/T 25849—2010 等标准的相关规定。

《标准》其余各个章节的编写也充分考虑了相关产品的安全要求，关键的技术性能要求和试验验证均按照《移动式升降工作平台 设计计算、安全要求和测试方法》GB/T 25849—2010 的规定，由国内几家代表厂家提供相关试验验证报告，并经标准工作组整理、选定。

2.3 亮点与创新点

升降工作平台目前主要应用于建筑相关行业、电力行业、交通运输业和航空航天业等领域。作为高空载人作业设备，涉及产品种类多、使用场景范围广、工作条件恶劣、工况复杂，安全性要求非常高，且每种产品的使用与人员安全关系密切，国内外行业普遍关注。高空作业设备的安全保护措施技术难度高，生产企业、高空作业人员安全理念落后，缺乏强制性、统一明确的安全技术要求规范升降工作平台的设计、制造、安装、使用和维护等各过程。

截至 2020 年，全国升降工作平台标准化技术委员会归口管理的相关国家标准及行业标准有《高空作业车》GB/T 9465—2018、《剪叉式升降工作平台》JB/T 9229—2013、《桅柱式升降工作平台》JB/T 12216—2015、《升降工作平台 导架爬升式工作平台》GB/T 27547—2011、《移动式升降工作平台》GB/T 30032（所有部分）、《移动式悬吊工作平台》GB/T 33504—2017、《锅炉炉膛检修升降平台》GB/T 34029—2017、《高处作业吊篮》GB/T 19155—2017、《擦窗机》GB/T 19154—2017 等。这些标准以产品标准为主，均为推荐性标准。《标准》于 2021 年 4 月 30 日发布，《标准》作为升降工作平台领域唯一的一项全文强制性国家标准，与已有相关的推荐性产品标准相配套，共同构成了升降工作平台标准体系。

《标准》作为强制性国家标准，最大的创新点就是高度整合了现有各类高空作业平台产品原有标准体系中关于设计、制造、安装、使用和检查维护中有关安全方面的标准内容并形成全文强制标准。现有升降工作平台标准体系包括了 30 余部国家标准和行业标准，内容丰富，涉及面广。有些条款在执行过程中与现在市场需求和政府监管不相适应，甚至不太合理，给企业执行带来一定的困扰；有些共性的条款在不同的标准中表述不一致，甚至发生矛盾冲突，也给一些劣质产品进入市场上造成可乘之机，形成安全隐患等诸多不利于推动行业技术进步和强化安全管理的因素，通过《标准》的制定已全部规范、统一。

在标准整合过程中，尽可能采用通用的安全技术规范条款或者描述方式，便于熟练掌握，同时新增新技术、新规定、新产品对安全的要求，适度超前，精确规定，注重与现有相关标准的协调一致性。《标准》一经发布实施，即具有高度的强制性、规范性和严密性，避免了矛盾，尽可能做到对现有产品全覆盖、无盲区，使其成为在一定范围内通过法律、行政法规等强制性手段加以实施的标准。

3 标准的先进性

国外高空作业机械品种规格繁多，标准多为产品类及安全类标准。可查询到欧盟相关标准有《移动式升降工作平台设计计算、稳定性准则、结构、安全、检查和试验》EN 280、《升降台安全要求第1部分：停靠最多两个固定层站的升降台》EN 1570—1、《悬吊式通道设备安全要求设计计算、稳定性准则、结构、检查和试验》EN 1808、《升降平台导架爬升式工作平台》EN 1495 等。以上欧盟标准与《标准》的标准化对象、适用范围、技术内容均存在差别，《标准》的适用范围更广。

《标准》的技术内容具备充分性、适用性和有效性，它涵盖了目前行业所有的高空作业平台类型，适用于举升式升降工作平台、导架爬升式升降工作平台、悬吊式升降工作平台和异型轨道式升降工作平台。其中举升式升降工作平台包括的产品有高空作业车、套筒油缸式升降工作平台、桅柱式升降工作平台、臂架式升降工作平台、剪叉式升降工作平台、桁架式升降工作平台等；导架爬升式升降工作平台包括的产品有单导架爬升式工作平台、多导架爬升式工作平台等；悬吊式升降工作平台包括的产品有永久性悬吊式工作平台（也称擦窗机）、临时性悬吊式工作平台（也称高处作业吊篮）及锅炉炉膛检修升降平台等；异型轨道式升降工作平台包括的产品有门架移行式升降工作平台和梯式升降工作平台等。

《标准》的技术内容与相关产品的推荐性标准相协调，与《移动式升降工作平台　设计计算、安全要求和测试方法》GB/T 25849—2010、《升降工作平台　导架爬升式工作平台》GB/T 27547—2011、《擦窗机》GB/T 19154—2017、《高处作业吊篮》GB/T 19155—2017 等有关标准中的相关技术内容一致，并在整体上严于现行的升降工作平台领域推荐性标准。规定了产品适用的设计准则、使用维护和管理要求、符合国情同时又兼具引领未来行业发展的前瞻性条款，在绿色排放、信息化、智能化等方面留有进一步发展空间。同时标准也具有很好的实操性，给各类贯标主体提供科学、严谨、有效而易懂的技术和安全指导。

作为强制性国家标准，《标准》规定了现有各类升降工作平台产品中关于设计、制造、安装、使用和检查维护中有关安全方面的强制性要求。《标准》的发布实施为相关设备的设计、制造、安装、使用和维护安全提供了技术保障，有助于预防发生安全事故，避免和减少生命、财产损失，有利于保持社会和谐稳定，具有极强的社会意义。

4 标准实施

《标准》的制定解决了升降工作平台设计、制造、安装、使用和维护中的安全无标可依的问题。《标准》的发布实施为国内生产厂家在产品设计、制造、安装、使用和维护方面提供技术依据，为规范操作高空作业机械产品提供指导，保障人民生命财产安全，提高经济效益，制定该标准意义重大。与此同时，《标准》的实施也将规范高空机械行业市场，有利于促进产业化和产品推广，有利于促进我国升降工作平台与国际水平接轨，加速推进国际化贸易合作，增加外汇创收，提高经济效益。

《标准》在多家国内知名企业的产品关键零部件研发、超大载重量、超高处作业、绿色、智能化开发、新材料运用、物联网合作、施工安全等方面得到了广泛应用。《标准》作为强制性国家标准，对提高升降工作平台行业的技术进步、减小与国际同行业的差距，为我国升降工作平台的技术安全提供了有力的保障，对行业稳定、持续发展具有重要作用。

《标准》实施以来，本行业主要单位已经进行了多次的内部贯标宣传和培训活动，国内各类高空作业平台产品制造企业和管理部门已经将新标准贯彻推广和应用作为重要工作内容。行业新增产值和利润率连续两年位居工程机械行业各类产品增长之首，且在疫情肆虐的不利形势之下逆势增长，新标准的实施为行业发展注入新的生机和活力。产品远销世界各地，特别是"一带一路"沿线国家。据中国工程机械工业协会的不完全统计，近三年以来，升降工作平台领域主要企业出口升降工作平台销售额超 7 亿美元。《标准》为我国升降工作平台的技术发展提供了有力的保障，对提高行业的技术进步、减小与国际同行业差距，以及行业的稳定和持续发展具有重要的社会意义。

5　社会影响与展望

随着我国城镇化进程的快速推进，土地成本逐渐升高，高空作业需求放大，传统的脚手架受地面情况、作业范围等条件限制将逐步淘汰，而升降工作作业平台以其显著而可靠的安全性、高施工效率性、和良好的经济性，正逐步为越来越多的用户所接受。升降工作平台在城市建筑物施工，高空架设、安装和清洁，快递分类、揽件和运输等场合使用频繁。近几年在城市更新领域的应用异军突起。升降工作平台可以将人和物载到高空，完成高难度的、360°旋转的高空作业、重量轻、电启动、自支腿、操作简单、载重量大和作业面大等优点，不论是在工业生产还是日常生活中都发挥着重要的作用。一些企业正在研制适用于家庭式的 mini 型作业平台，适应老龄化社会需求。我国的上海、北京、广州、深圳的保有量位居国内前列，这也说明经济越发达，该产品的优势越明显。未来多技术复合型工种将占主流，升降工作平台依赖高机动性减少人员节约时间，总体成本得到有效降低。特别是对于高空作业的各种复杂工况，以及建筑物的不同外观形式具有明显的优势，市场环境广阔。

2019 年，我国高空作业平台整体销量增长 50％以上；2020 年，我国高空作业平台销量依旧维持了较高的增长率。虽然我国高空作业平台起步晚，但近年来行业发展迅速，保有量增速高于欧美。另外，在国家战略持续释放利好，国内交通建设等基础设施领域的轨道交通、高速公路，机场、港口、大型场馆等项目开工量稳定情况下，我国高空作业平台仍有大幅增长的空间。根据部分行业龙头企业年报显示，2021 年，浙江鼎力营收 49.39 亿，同比增长 67.05％；中联重科高空作业机械板块营收 33.51 亿元，同比增长 310.76％；徐工机械高空作业机械板块营收 49.98 亿元。

随着我国经济的快速发展，超高层建筑越来越多，高空作业机械的应用越来越普及。2020 年 7 月 20 日，国务院办公厅发布关于全面推进城镇老旧小区改造工作的指导意见，全面推进城镇老旧小区改造工作，满足人民群众高质量生活需要，推动惠民生扩内需，推进城市更新和开发建设方式转型，促进经济高质量发展。根据此前官方通报，各地上报需改造的城镇老旧小区 17 万个，涉及居民上亿人，意味着，到"十四五"末，即 2025 年之前，全国要完成 17 万个老旧小区改造。老旧小区粉刷外墙、内部整改等改造，在全面提升小区居住环境的同时，将增加对高空作业平台设备的使用需求。

由于高空作业机械高效、经济、操作便捷等特点，近年来，逐步运用于建筑施工安装、道路桥梁施工、装修公司、清洁公司，以及非建筑领域的机场、电厂、造船厂、商场、市政工程、仓储、酒店、石化、通信、灾害救援等场所。但行业的快速发展，却忽略了对使用操作及维护者等操作人员的安全监管，导致事故频发。

据不完全统计，我国每年仅因城市建筑维护使用不安全的设备或使用不当发生高空坠落而导致人员死亡事故时有发生。在国内许多场合能见到不规范高空作业的案例，如在起重机上加装一个篮筐，将高空作业人员送到高空进行作业；也有在叉车上加一个架子，高空作业人员站在架子的顶部，利用叉车的升降功能将人员送到高空；更有甚者在钢结构施工工地，高空作业人员没有任何保险措施的情况下，从钢结构的立柱上攀爬到高空进行作业；至于用人字梯、简易脚手架等进行高空作业的状况更是屡见不鲜。此等违规作业，主要是安全理念落后，使用习惯野蛮、粗犷造成的。

针对国内相应的政策法规不配套，高空作业安全管理不规范、执行不严格，人力成本低，高空坠落事故成本处理费用相对偏低，尤其是法律意识淡薄等问题，将高空作业安全视作公共安全，强制性国家标准《升降工作平台安全规则》的制定填补了本领域强制性标准的空白，保证设备在设计、制造、安装、使用和维护中的安全，预防发生升降工作平台安全事故，避免和减少生命、财产损失，有利于保持社会和谐稳定。同时，《升降工作平台安全规则》的实施与宣贯，助推向升降工作平台企业、施工人员普及宣传安全的理念，促使施工组织单位学习先进的安全管理经验，改变人们的安全理念和使用习惯，以人为本，避免各种不安全的作业行为，杜绝违规作业。根据《升降工作平台安全规则》设计、制造、安装的产品设备，为社会提供安全的、性价比高的专业设备，有利于促进我国该产品质量安全，规范市场行为，指导规范使用，保护环境和人民生命财产安全，在经济建设和社会发展等方面发挥巨大的作用，社会效益将非常显著。

6　结语

我国高空作业机械发展很快，生产规模不断扩大，品种数量不断增加，产品性能有较大提高，但与国外还有很大差距，产品品种相对单一，使用范围有待进一步开发，国民认可度仍需进一步提高，产品在用途和功能上还需不断更新。

我国升降工作平台市场规模与美国、欧洲相比还比较小，在未来几年会有比较大的增长潜力，这就意味着我们既面临着挑战，也面临着机遇。中国是处于高速增长的发展中国家，随着企业和个人用户安全和品质意识的提高，高品质、高附加值和高生产力的升降工作平台会有很大的增长空间。导入期的长短取决于相关职能部门在政策上的引导和扶持，也取决于行业对用户的教育和推广。从发达国家的经验来看，对安全、效率和成本控制的不断追求是升降工作平台得以增长最主要的因素。

中国人口老龄化的来临，人口红利逐渐释放完毕，从事高空作业施工的人越来越少，传统高空作业平台，诸如满堂红式的脚手架、简易升降作业平台等需要大量人工来完成搭设安装、操作、拆除等作业的应用场景，随着全社会安全意识的提高、以人为本理念的不断深入，逐渐在退出历史舞台。而具有先进技术性能和安全保护措施、高效便捷的高空作业平台不断推向市场。因此，一部充分、适宜、有效的强制性国家标准作为强有力的抓手，将规范引领行业健康发展。

根据国内外高空作业机械的发展情况及强标精简整合的精神要求，制订《标准》对于提升高空作业机械的技术水平、增强制造和使用的安全性具有重大意义。《标准》规定了升降工作平台在生产、设计、制造过程中应遵循的原则和要求，提供了全方位的安全指导，为行业后市场服务提供有力的技术支撑，确保《中华人民共和国安全生产法》在升降工作平台产品中得到很好的实施，切实保护人民的生命和财产安全。

生产企业、高空作业人员在设计、制造、安装、使用和维护等过程中严格执行《标准》的规定，有利于有效预防和避免安全事故，避免和减少生命、财产损失，促进行业规范、健康、有序地发展，保持社会和谐稳定；同时由于近几年该类产品在"一带一路"沿线国家出口量的激增，为了与国际先进技术进行有效接轨，《升降工作平台安全规则》作为一部能够引领行业先进技术水准、解决行业关键和共性技术、使用、安全和管理难题的国家标准，其制定与实施势在必行，以高度契合近年来高速发展的行业形势要求。

第四篇 实 践 和 应 用

本篇收录了建筑业各领域绿色低碳与数字化技术实践和应用新的典型案例，包括重点工程项目、新理念、新设计、新技术、新材料、新产品、新装备等方面的内容，还特别介绍了国外建筑企业减碳做法和经验。

北京2022年冬奥会和冬残奥会延庆赛区工程填补了我国高山滑雪、雪车雪橇场馆工程设计建设领域的空白，引领了复杂山地冬奥雪上场馆设计建设技术领域国际前沿，实现了复杂山地条件下的生态环保绿色低碳工程设计建设。江苏园博园未来花园工程将尺度巨大的孔山矿坑遗存，借中国传统山水画境的意向，以生态修复的理念、创新的设计建造技术，以艺术体验的情境，打造了规模宏大的未来花园胜景，在岩土、建筑、景观等多个维度创新了矿坑综合治理和活化利用的设计及技术手段。深圳国际酒店工程开发应用了模块化集成建筑技术，模块化集成建筑将建筑物的结构、内装与外饰、机电、给水排水与暖通等90%以上的元素在工厂自动化制造和系统化集成，现场只需吊装、处理模块拼接处的管线接驳及装饰等少量工作，优质、应急、快速、高效。武汉云景山医院项目开发实践了平疫转换医养融合医院设计建造技术，并应用了智慧建造技术。

大直径盾构管片智能制造模式与生产技术研究应用实现了高度灵活的智能制造生产模式，通过一系列多元化技术、先进的制造方法和智能化的管理措施，将传统的固定生产模式全部改为移动生产模式，把钢筋加工、钢筋笼制作、混凝土拌和、管片生产有机串联，实现全流水化生产、全智能化管理，生产的成品管片尺寸精度达到0.3mm（设计最小尺寸误差0.4mm），产品品质优良。杨房沟水电站总承包工程是我国首个以设计施工总承包模式建设的百万千瓦级大型水电工程，一体化创新了工程管理和设计施工技术，开展了数字技术应用。重庆至贵阳铁路扩能改造工程新白沙沱长江大桥工程主桥为六线双层钢桁梁斜拉桥，世界首座六线铁路斜拉桥、世界最大跨度六线铁路大桥、世界上第一座双层布置且上、下层均通行铁路的斜拉桥、世界上承受延米荷载最重的铁路桥梁，大桥集"六线、双层、双桁"特点于一体，是现代大跨度铁路斜拉桥新型结构的集中体现。新建京雄城际铁路"四电"工程建设开发应用了新技术、新设备、新材料以及新工艺、BIM+GIS"一张图"集成管理技术。实现了施工的信息化、数字化、智能化管理，工程设备运行稳定，工程质量优良。

苏州城亿绿建综合楼工程开发应用了新型高品质低碳建筑及其建造技术，应用了数字化技术，智能绿色低碳。城市核心地段既有地下空间结构改造关键技术及应用提供了改造工程技术案例，西湖大学建设项目则提供了数字化建造和智慧运维的一个探索性案例。

国外建筑企业减碳做法和经验则介绍了国外优秀企业"双碳"行动经验和国外优秀建筑企业减碳经验，并对我国建筑业低碳发展提出了思考建议。

本篇期以应用和实践案例反映行业新发展，启发、引导行业发展。

Section 4   Practice and Application

This section includes new typical practice and application cases of green low-carbon and digital technology in various fields of the construction industry, including key engineering projects, new concepts, new designs, new technologies, new materials, new products, new equipment, etc. In particular, the carbon reduction practices and experiences of foreign construction companies are introduced.

The Yanqing Project for the Beijing 2022 Winter Olympics and Winter Paralympic Games fills the gap in design and construction of alpine skiing and snowmobile sledding venues, leads the international frontier in the design and construction technology of Winter Olympics venues for snow sports under complex mountain conditions, and realizes ecological, environmental protection, green and low-carbon design and construction of projects under complex mountain conditions. The Future Garden project of Jiangsu Garden Expo Park utilizes the remains of the huge Kongshan mine, borrowing the intention of traditional Chinese landscape painting, the concept of ecological restoration, innovative design and construction technology, and the situation of artistic experience to create a large-scale future garden scenery, which innovates the design and technical means of comprehensive pit management and activation and utilization in multiple dimensions such as geotechnical, architectural, landscape, etc. The Shenzhen International Hotel project has developed and applied the modular-integrated building technology. The modular integrated building integrates more than 90% of the building's structure, interior and exterior decoration, electromechanical, water supply and drainage, and HVAC in factory automatically and systematically, and only a small amount of work is required on site, such as hoisting, pipeline connection and decoration at the splicing of modules, which is high-quality fast and efficient, and meets emergencies. The Wuhan Yunjingshan Hospital project has developed and practiced the design and construction technology of an integrated hospital for the conversion of medical care and nursing during the epidemic, and applied intelligent construction technology.

The research and application of the intelligent manufacturing and production technology of large-diameter shield segments realizes a highly flexible intelligent manufacturing and production mode. Through a series of diversified technologies, advanced manufacturing methods and intelligent management measures, the traditional fixed production mode has been changed to a mobile production mode. For the mobile production mode, the steel bar processing, steel cage production, concrete mixing, and segment production are organically connected, fully streamlined production and fully intelligent management are realized, and the dimensional accuracy of the finished product segment reaches 0.3mm (the minimum design error is 0.4mm), which reaches the excellent product quality level. The general contracting project of Yangfanggou Hydropower Station is the first MkW-level large-scale hydropower project in China under the general contracting mode of design and construction. This project has innovated engineering management and design and construction technology, and carried out digital technology applications. The main bridge of the new Baishatuo Yangtze River Bridge project, which is part of the Chongqing-Guiyang Railway Capacity Expansion and Reconstruction Project, is a six-line double-layer steel truss cable-stayed bridge integrating the characteristics of "six lines, double layers and double trusses", and is a concentrated embodiment of the new structure of modern long-span railway cable-stayed bridges. This bridge is the world's first six-line railway cable-stayed bridge, the world's largest span six-line railway bridge, the world's first double-deck cable-stayed bridge with both upper and lower floors passing railways, and the railway bridge with the heaviest linear meter load in the world. The construction and development of "4-Electricity" project of the new Jingxiong Intercity Railway applies new technologies, new equipment, new materials, new processes, and BIM+GIS "one map" integrated management technology. The informatization, digitization and intelligent management of construction have been realized in this project. The operation of engineering equipment is stable, and the quality of the project is excellent.

The Suzhou Chengyi Green Comprehensive Building Project has developed and applied new high-quality low-carbon building technologies, applied digital technology, and is smart, green, and low-carbon. The key technologies and applications of the existing underground space structure transformation in the core area of the city provide a technical case of transformation engineering, and the construction project of West Lake University provides an exploratory case of digital construction and intelligent operation and maintenance.

The carbon reduction practices and experience of foreign construction companies introduced the actions and experiences for carbon peaking and carbon neutrality goals of excellent foreign companies and the carbon reduction experience of foreign excellent construction companies, and put forward thinking and suggestions on the low-carbon development of construction industry in China.

This section reflects the up-to-date development of the construction industry with application and practical cases, and inspires and guides the development of the industry.

北京 2022 年冬奥会和冬残奥会延庆赛区工程技术创新与实践

Engineering Technology Innovation and Practice in Yanqing Competition Zone of Beijing 2022 Winter Olympics and Paralympic Games

李兴钢

（中国建筑设计研究院有限公司）

1 工程概况

北京 2022 年冬奥会是我国重要历史节点的重大标志性活动，是展现国家形象、促进国家发展、振奋民族精神的重要契机。

党的十九大提出"筹办好北京冬奥会、冬残奥会"的要求，北京 2022 年冬奥会和冬残奥会场馆规划建设工作以"绿色办奥、共享办奥、开放办奥、廉洁办奥"为指导思想，从战略层面聚焦以下需求：

（1）高质量筹办北京冬奥会。以为世界奉献一届"精彩、非凡、卓越"的冬奥会为目标，突出"简约、安全、精彩"的办赛要求，场馆建设突出科技、智慧、绿色、节俭特色。

（2）保护生态环境，严格落实节能环保标准，坚持绿色共享开放廉洁办奥。

（3）牵引京津冀协调发展，推动大众冰雪运动。

（4）体现中国元素和当地特点，让现代建筑与自然山水、历史文化交相辉映。

图 1　从西南向东北俯瞰延庆赛区（孙海霆摄）

作为北京 2022 年冬奥会和冬残奥会三大赛区之一，延庆赛区核心区位于燕山山脉军都山以南的小海坨南麓，山高林密、风景秀丽、谷地幽深、用地狭促，区域温度适合人工造雪和雪道维护。规划建设用地面的 804.74ha，总用地面积 799.13ha，总建设用地面积 76.55ha。总建筑面积 35 万 m²，赛区内集中建设国家高山滑雪中心、国家雪车雪橇中心两个竞赛场馆、延庆冬奥村、山地新闻中心两个非竞赛场馆及大量附属设施（图 1）。

高山滑雪被称作"冬奥会皇冠上的明珠"、雪车雪橇被誉为"冰雪运动中的 F1 方程式"，是冬奥会雪上项目中最引人注目、难度最大的两个项目，其设计建设尚属我国工程空白领域。

348

2　科技创新

　　延庆赛区地势复杂，位于山体南坡，拥有冬奥历史上最难设计的赛道、最为复杂的场馆，是最具挑战性的冬奥赛区，其建设面临着四大挑战：两个顶级雪上竞赛场馆设计、建设、运行零经验和高难度、高复杂度的技术挑战；赛区生态敏感、地形复杂、气候严苛，带来规划、设计、建设、运行的环境挑战；冬奥遗产赛后长效利用和场馆建设运营兼顾山村改造及产业转型的经济、社会可持续性挑战；冬奥会高标准赛事要求和向世界讲好中国故事、树立传播当代中国形象的文化挑战。

　　2018 年 3 月，北京市科学技术委员会重大项目——"北京 2022 冬奥会延庆赛区场馆及赛事设施设计支撑技术研究及应用"批复立项。

　　2018 年 10 月，"十三五"国家重点研发计划项目"复杂山地条件下冬奥雪上场馆设计建造运维关键技术"成功获批立项。

　　中国建设科技集团下属中国建筑设计研究院有限公司作为延庆赛区设计联合体牵头单位和以上两个科研项目牵头单位，开创了建设全程"以场馆带规划""以设计带需求""以科研带工程"的创新工作模式，通过关键技术系统研究和赛区工程实践，实现了高山滑雪、雪车雪橇等雪上项目的场地、场馆建设在我国零的突破。

　　项目研发面向冬奥雪上场馆实验创新方案、共性关键技术和赛后综合利用的成套解决方案，在项目研究全过程始终遵循以下目标原则：

　　（1）引领复杂山地冬奥雪上场馆设计建设技术领域国际前沿；

　　（2）推广于复杂山地条件下的生态环保绿色低碳工程设计建设；

　　（3）应用于大型复杂建筑场馆的全生命期可持续利用；

　　（4）服务于山林环境场馆设计建设中的人文精神传承和展现。

2.1　延庆赛区生态保护与修复

　　"山林场馆，生态冬奥"是延庆赛区的总体规划设计理念，赛区的生态修复贯穿了建设全程，因场馆和基础设施建设可能产生的负面影响被降至最低，建成了"体育与生态共生"的生态奥运典范工程。

　　通过对赛区环境的详细摸底、科学评估、分类策划、严格实践及测试优化，研发并成功实践了复杂山地环境成套生态保护与修复技术，修复面积 204ha，赛道与道路边坡修复应用海拔跨度达1300m，建设区域表土剥离，保护 40 万 m³ 种子、回用率达 80%，亚高山草甸群落保护回铺 2400m²、草甸存活率达到 70% 以上，建成高山滑雪"最美平行回转赛道"。

　　通过对自然地形的精准测绘、重点建模、地质分析及对赛道的分段剖析、网格划分、坡度匹配及基础高填方区域稳定性分析，研发并实现了高山滑雪赛道与场地拟合度超过 70%，融雪污水污染零排放，极大地减少了对山体和环境的破坏。

　　通过理论分析—材料研制—小试—中试—大试的技术路线，自主研发了"冬奥 500"主动融雪剂，实现了适应高海拔、极低温的高山滑雪中心沥青路面"小雪易融、大雪易除"。

　　通过对动物活动区域、天然泄洪路线的排查和整理，研发了复杂山地"弱介入、可逆式"高山架空平台系统，包括"错迭式"平台空间布局、兼顾泄洪的"点触式"吊脚平台建造方式和材料可100% 复用的装配式临时设施。

　　创建了冬奥雪上体育运动与生态环境共生的"山林场馆"创新技术体系，在场地、场馆和交通基础设施与复杂地形、自然环境和生态系统的适应和协调方面达到了世界上新的高度，打造了地质脆弱、生态敏感、场馆集约等建设条件下的绿色生态冬奥工程范例。

2.2　创建绿色低碳标杆

　　延庆赛区自始至终践行着"绿色办奥"理念，在解决复杂场馆建设基本问题时不忘积极主动开展绿色技术创新和集成应用,在全国工程建设行业内首创设立可持续设计专业,从"规划—设计—建设—运行"全过程开展适应性绿色低碳技术研究。以全生命期视野、全过程低碳理念管控、全场馆绿色技术应用,延庆赛区所有场馆获得绿色三星标识,山地新闻中心建成近零能耗示范。

通过逐时分析历年赛区9月到来年3月的温度、日照、风速及不同山脊接受阳光照射的角度、折射情况等气象数据,以研发传热数值模型、参数化计算与生成、模拟优化与设计验证、实地测试与实验验证的方法,克服了南坡选址带来的建设困难,在全球首创了雪车雪橇赛道"地形气候保护系统",实现了98%以上赛道免受太阳辐射及其他气候因素影响、节能效果优于北坡赛道的目标。

通过研发基于小样本观测数据时空外延的风环境理论模型,建立了场馆区域50年、100年重现期设计风速和设计风压数据,形成了场馆精细化抗风设计方法,在大量节材的情况下,山顶场馆建成后经受住了14级强风考验。

通过数值模拟、材料试验、节点测试、力学实验等方法,测算、验证并优化了复杂山地全螺栓连接装配式结构体系,实现了高山场馆结构装配率达到90.9%,实现了雪车雪橇赛道遮阳棚单边最大悬挑12.65m的装配式钢木组合结构,在保证功能满足要求的情况下,兼顾美观、抗风、抗震等要求。

通过积极主动策划就地消纳赛区建设产生的碎石,开发石笼墙并测试和优化其耐久性、抗震性等作为建筑材料的特性,在保障安全的前提下成功装饰了3.8万㎡场馆建筑外立面,与8万㎡木瓦共同组成了赛区场馆美丽的、自然的风景线。

通过研发山地大坡度大空间建筑的覆土模式、光伏一体化、被动式太阳能利用、围护结构优化等技术,成功建成了场地平均坡度7.6%的近零碳山地新闻中心。

通过对冬奥雪上场馆与附属设施全生命期功能模块化分析和归类化管理,在功能空间、设施工艺和设备系统转换层面形成场馆与附属设施分类、分级的改造利用导则及说明书,确保冬奥遗产全生命周期可持续利用。

创建了全生命期、全范围的复杂山地条件下大型场馆绿色集成技术体系,打造了复杂山地条件下大型冬奥雪上场馆建设、运行的绿色低碳标杆。

2.3 数字化技术保成效

延庆赛区拥有冬奥历史上最难设计的赛道、最为复杂的场馆,是世界范围内最具挑战性的赛区,在我国无任何经验可循,各类标准规范缺失。应用新型信息化理论与技术,研发了适用于复杂山地地形和地质条件、复杂场馆建设和运行工况条件下的成套数字化技术和智慧平台,保障了"冬奥历史上最具挑战性赛区"的成功建设。

通过研发"复杂地形建模方法—新型数字化融合设计方法—特殊构造数字化模拟测算方法—与国家队科学训练结合的赛道数字孪生方法"等多流程阶段方法,实现了泛场景场地快速三维重建时间相较于常规开源软件平均缩短约50%、基于北斗的毫米级高山雪上场馆全天候连续实时高程形变监测精度达到±3mm、复杂地形下室外工程复杂节点设计新方法减少外弃方量29万自然方、狭窄山脊选址条件下赛道数字化选型拓宽了世界车橇赛道及场馆的选址限制、雪车雪橇三维曲面赛道生成技术精度达到平面0.001mm和空间0.1mm、雪车雪橇赛道在延庆高烈度[8度(0.30g)]区高标准抗震设防要求、以赛道中心线设计参数测算滑行速度和高速滑行及转弯带来的重力加速度、基于滑行过程数字孪生模型的理想滑行轨迹与实际滑行轨迹的即时对比等关键技术,有力保障了"冬奥历史上最具挑战性赛区"按时、超预期建设完成,大力支持了国家队科学训练,并将有效支撑智慧延庆赛区运行与管理。

3 新技术应用

项目研发组与工程建设组紧密配合,在建设全程实践了"以场馆带规划""以设计带需求""以科研带工程"的创新工作模式,通过系统研究,形成以下四个方面创新成果,并成功应用于以北京

2022 年冬奥会延庆赛区为主的工程实践：

（1）提出了复杂山地条件"顺形势、弱介入、可逆式"设计理念和方法，创建了冬奥会级别高山滑雪场馆设计、建造、运维成套创新技术体系（图2）。

图 2　国家高山滑雪中心全景（北京城建集团有限责任公司提供）

延庆高山滑雪赛道是世界独有的高山峡谷地段赛道，起点高程最高、赛道最长、落差最大，从草甸到松林、从山脊到峡谷，跌宕起伏，变化多端，充分展示了高山滑雪运动的惊险与刺激、速度与激情，是世界最具难度和最富挑战性的高山滑雪赛道。项目研发了"顺形势"高山滑雪赛道与场地高拟合度技术，实现赛道与自然场地拟合度超过 70％（图3）；开创了复杂山地环境下场馆精细化抗风设计理论并成功实践（图4）；首创并实践了基于北斗的毫米级高山雪上场馆形变监测成套关键技术，全天候连续实时高程监测精度达到 ±3mm（图5）；研发了适应高海拔、极低温的高山滑雪中心沥青路面主动融雪技术（图6）；研发了高山滑雪赛道新型施工运输装置及赛道施工验收标准（图7）。成果支撑建成的国家高山滑雪中心填补了我国此工程建设领域空白，并被国际滑雪联合会认证为世界领先的高山滑雪场馆，为成功举办北京冬奥会和发展提升我国高山滑雪运动项目打下了坚实基础。

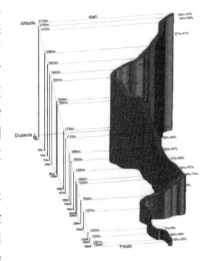

图 3　竞速雪道（C1＋B1）轴测图
（中国建筑设计研究院
有限公司提供）

(a)

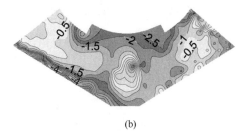

(b)

图 4　高山滑雪中心出发区风洞实验（中国建筑设计研究院有限公司提供）
（a）高山滑雪中心出发区模型（1：150）；（b）90°风向角下出发区（$\beta_z \mu_s \mu_z$）分布云图

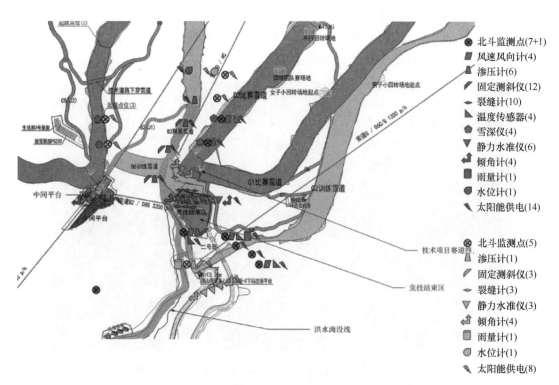

图 5　高山滑雪北斗监测点安装位置（北京北控京奥建设有限公司提供）

图 6　主动融雪环保型示范路应用效果
（北京市市政工程设计研究总院有限公司提供）

图 7　无动力运输装置和无人履带运输车（中交隧道工程局有限公司提供）

（2）创建了冬奥会级别雪车雪橇赛道及场馆设计、建造、运维成套创新技术体系，在世界范围内开创了山体南坡建设雪车雪橇赛道的先例（图 8）。

图 8　国家雪车雪橇中心西南方向鸟瞰（孙海霆摄）

国家雪车雪橇中心是世界首条南坡赛道，项目创新研发了狭窄山脊选址条件下雪车雪橇赛道数字化选型技术，实现了安全性、竞技性及工程建设可行性的平衡，拓宽了世界车橇赛道及场馆的选址限制；创新研发了超长薄壳赛道混凝土三维数字化生成及一体化成型技术（图 9），实现了延庆高烈度

图 9　雪车雪橇赛道异形曲面三维数字化生成技术
（中国建筑设计研究院有限公司提供）

[8度（0.30g）]区赛道高标准抗震设防要求；首创了雪车雪橇赛道"地形气候保护系统"（图10），实现98%以上赛道免受太阳辐射及其他气候因素影响，实现了"南坡变北坡"的节能目标；首创了单边超大悬挑装配式钢木组合雪车雪橇赛道遮阳棚结构体系（图11）；自主开发了基于BIM的雪上场馆信息化运维管理平台（图12）。成果支撑建成的国家雪车雪橇中心打破了国外的技术垄断，填补了我国此工程建设领域空白，并被国际车橇协会认证评价为世界最好的滑行中心，引领了国际雪车雪橇场馆发展的新方向，为成功举办北京冬奥会和发展提升我国雪车雪橇运动项目打下了坚实基础。

图10　雪车雪橇赛道"地形气候保护系统"（中国建筑设计研究院有限公司提供）

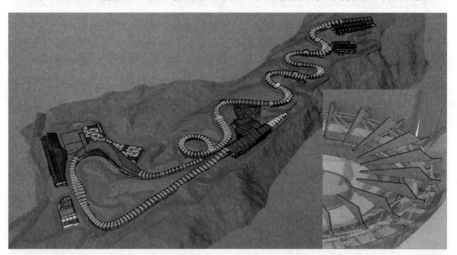

图11　单边超大悬挑装配式钢木组合雪车雪橇赛道遮阳棚结构体系
（中国建筑设计研究院有限公司提供）

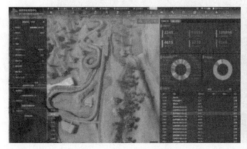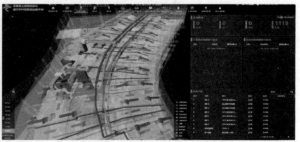

图12　基于BIM的雪上场馆信息化运维管理平台
（上海建工集团股份有限公司提供）

（3）创建了冬奥雪上体育运动与生态环境共生的"山林场馆"创新技术体系，打造了复杂山地、地质脆弱、生态敏感、场馆集约等建设条件下的绿色冬奥工程范例（图13）。

图13 冬奥村、山地媒体中心、国家雪车雪橇中心和西大庄科村（张锦摄）

赛区资源条件复杂，为解决在复杂山地、地质脆弱、生态敏感地区的场馆建设和资源条件融合共生问题，项目研发了复杂山地"弱介入、可逆式、装配化"高山架空平台系统，高山滑雪项目建筑及附属设施的结构主体装配化占比达到90.9%（图14）；研发了复杂山地室外场地与场馆高融合设计技术（图15）；研发了复杂山地环境生态保护与修复技术（图16）；研发了原生山地树木评估保护移栽及轻干预山地历史遗存保护展示技术（图17、图18）；大规模集成石笼墙及木瓦屋面的山地自然材料建造技术（图19、图20）。成果支撑有效支撑了延庆赛区成为"生态冬奥"工程范例，在实现场地、场馆、交通基础设施与复杂地形、自然环境、生态系统的适应和协调方面达到了新高度，成为绿色冬奥的新名片。

图14 装配式钢结构建成实景（中国建筑设计研究院有限公司提供）

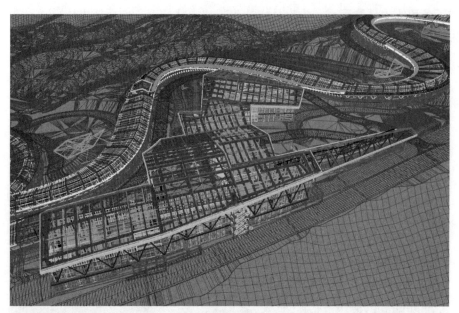

图 15　雪车雪橇场馆结束区场地与场馆 BIM 融合模型（中国建筑设计研究院有限公司提供）

图 16　延庆赛区生态保护与修复工程（张锦摄）

图 17　冬奥村安检广场保留树木（张锦摄）

图 18　轻干预山地历史遗存保护展示效果（张锦摄）

图 19　大规模采用石笼墙（中国建筑设计研究院有限公司提供）

　　（4）开创了应对复杂山地冬奥场馆非标和未知条件并与可持续工程相结合的设计模式，创建了冬奥遗产可持续工程创新技术体系，构建了冬奥赛区建设兼顾社会可持续性的实践新路径（图21）。

图 20　采用木结构和木瓦屋面（中国建筑设计研究院有限公司提供）

图 21　延庆冬奥村（张玉婷摄）

　　场馆规划设计为非标模式，面临工艺、需求、气候、技术等诸多未知条件，为满足复杂山地环境中冬奥赛区场馆在"规划—设计—建造—运行"全过程创新需求，项目开创建设全程"以场馆带规划""以设计带需求""以科研带工程"的创新工作模式（图 22），解决了复杂山地场馆的非标模式和未知条件；建设行业首创设立可持续设计专业，实现了"可持续的工程化"；首次研发冬奥雪上场馆与附属设施赛后改造设计技术及导则（图 23），确保冬奥遗产全生命周期可持续利用；开创实践了冬奥模式下既有山村改造与大型赛事及赛后服务功能结合的社会和文化可持续发展模式，提升了村民获得感和幸福感；创新研发了复杂山地场馆能源调节、设备监测、交通管理等综合智慧平台（图 24）。成果支撑冬奥场馆可持续工程化和冬奥遗产的长效利用，助力实现"三亿人上冰雪"，成为"共享办奥"典范工程，推动区域环境、经济、社会和文化可持续发展。

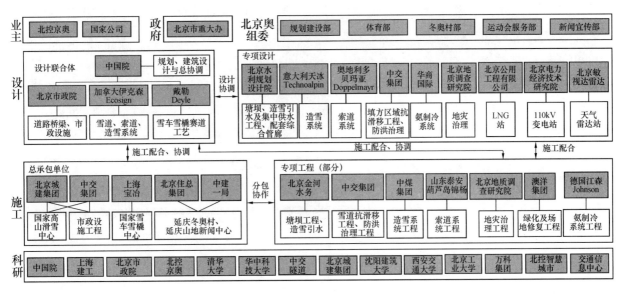

图 22　复杂而有效的延庆赛区场馆建设工作关系框架
（中国建筑设计研究院有限公司提供）

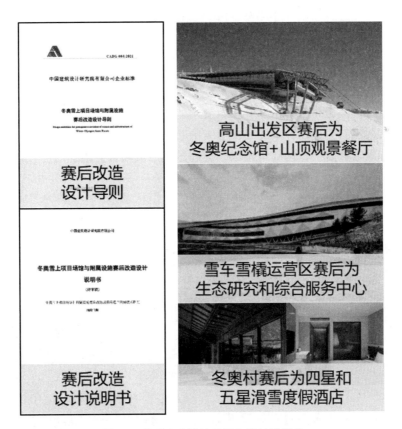

图 23　赛后改造设计导则和设计说明书
（中国建筑设计研究院有限公司提供）

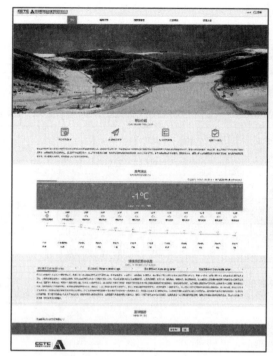

图 24　综合智慧平台（中国建筑设计研究院有限公司提供）

4　应用情况

通过以上各项创新成果的系统研究和赛区工程实践，实现了高山滑雪、雪车雪橇等雪上项目的场地、场馆建设在我国零的突破，打破了国外少数公司的技术垄断，并获得以下示范应用效果：

（1）首次在中国建成符合奥运标准的高山滑雪中心、雪车雪橇中心，建成世界上首条南坡车橇赛道，圆满通过了国际滑雪联合会、国际雪车联合会和国际雪橇联合会组织的各项国际认证，拓宽了世界车橇赛道选址限制。

（2）在冬奥会历史上最具生态挑战性的赛区实现了"山林场馆、生态冬奥"的建设目标，实践了绿色冬奥工程新范例（图 25）。

图 25　延庆赛区总体鸟瞰图（李季摄）

（3）高标准服务于冬奥赛事需求，经受住了奥运比赛的考验，获得了各国顶尖运动员对赛道和场馆的高度评价，助力中国队创造历史最佳战绩。中国队实现全项目参赛、成绩均完成历史性突破，延庆冬奥村（图 26）在冬奥会期间接待了 87 个代表团，村内居民最多时超 1200 人，冬残奥会期间保障了 38 个冬残奥会代表团 545 名运动员和随队官员的无障碍居住和出行。

图 26　从赛区入口望向冬奥村雪景（效洁摄）

（4）支撑了冬奥遗产可持续工程目标的实现，助力《北京 2022 年冬奥会和冬残奥会可持续性计划》的落实，成果写入《北京 2022 冬奥会和冬残奥会遗产报告》，获得了各方广泛赞誉。

5　结语展望

延庆赛区的研究与实践，支撑建成了符合奥运标准的国家高山滑雪中心、国家雪车雪橇中心，两个场馆均已顺利通过国际认证，填补了我国此工程建设领域空白，并被国际滑雪联合会认证为世界领先的高山滑雪场馆、被国际车橇协会认证评价为世界最好的滑行中心。

延庆赛区创新技术体系的研发和实践，落实了"绿色办奥"理念、践行了国际社会及《奥林匹克 2020 议程》可持续理念、彰显了中国国家生态发展理念、体现了自然与人工互成相生的中国文化理念、引领了国际上顶级雪上场馆设计建设的新方案、新模式、新方向。

江苏园博园未来花园生态修复工程实践

Construction Practice of Future Garden Ecological Restoration in Jiangsu Garden Expo Park

关 飞 裴 俊 原青哲

（中国建筑设计研究院有限公司）

1 工程概况

江苏园博园位于南京市江宁区，位于南京东北绿楔，是宁镇山脉与青龙山脉的交汇空间，也是宁镇扬区域的生态门户。片区承启山水脉络，是南京东部重要的生态走廊。这里矿产资源丰富，20 世纪 50 年代到 21 世纪初兴起采石热潮，遗留下来采石矿坑、宕口与废弃工厂遗址。

未来花园的项目基地孔山矿片区就是其中较大的一处采石场遗留的工业遗迹。基地北侧山坡下为园博园二号入口，南侧为现状崖壁，西侧山坡下为空中花园（13 个城市展园）。经年的开矿挖掘形成了 1.2km 长、100m 宽、200m 高的矿坑遗迹。

江苏园博园未来花园项目的中标让我们有机会直面一座被时光尘封的巨大崖壁矿坑，重新审视这道被人类工业活动带来的大地伤疤，在岩土、建筑、景观等多个维度来探讨矿坑综合治理和活化利用的设计和技术手段。从设计到竣工不到 500 天的任务要求，让这份沉甸甸的期望和愿景显得尤为紧迫，他要求我们在技术探讨、方案比选、材料选择、现场配合等每个环节都要更为谨慎并准备充分。

2 矿山治理的本土价值观和设计策略——修复与新生

矿山类自然环境的破坏是历史的产物，在"两山"理论和"在保护中开发，在开发中保护"的总原则指导下，减缓采矿活动和矿坑遗址与生态建设之间的矛盾，需要一套系统的规划策略和技术手段来挖掘矿业废弃地的潜力资源，实现生态修复与经济发展的目标。但现有的矿坑修复更多是立足自然环境，以景观草木修复为主。修复山体环境的同时，如何让空间再生、功能活化，成为矿坑修复的新需求。

面对尺度巨大的矿山矿坑遗存，崔愷院士团队因势利导，巧借中国传统山水画境的意向，以生态修复的理念、以科技创新的手段、以艺术体验的情境，打造了规模宏大的未来花园胜景，让昔日废弃的矿坑再现山水奇观（图 1）！

2.1 大生态绿色美学策略——尊重环境、挖掘潜质

人类的生存发展离不开环境，过去是索取，今天是偿还；过去是破坏，今天是修复。巨大的矿坑是过去经年累月的挖掘矿石留下的，这个矿石耗费大量的能源烧成水泥，盖成房子供人居住。这是生态的链条和人与环境的关系逻辑。今天园博会的建设是一种修复、一种补偿、一种救赎，是表明人类对自然态度的转变，是人类试图与自然和谐相处的一种新的价值观。

2.2 功能创新策略——新旧反差、轻重并置

从挖山到补绿，从烧石灰的工厂到绿色新生活的空间，这一种不间断的连续状态，不是抹掉过去，忘记历史；而是留下痕迹，让历史说话。在矿坑岩体稳固修复的基础上，植入植物花园、商业、崖壁剧院、崖壁灯光秀、崖壁酒店的功能，活化矿坑的使用方式，让矿坑消极的自然空间成为充满人

图1　整体景观

气的活力之源。

2.3　人文创新策略——可读与体验

　　创新与环保相结合的水下植物园以及恢宏大气的崖壁剧院演出成为南京当地文旅的新亮点。深坑里，42柄直径21m的亚克力板"巨伞"撑起了一汪碧水，伞下竟"藏"着一座生机勃勃的水下植物园！而作为云池梦谷的核心组成部分，崖壁剧院依托天然山崖而建，仰仗天地为幕布，将255m长、80m高的天然崖壁以及地面多功能表演区融合形成光影表演舞台，以大容量雾森、多媒体艺术、光影画面、科技造景等手段呈现出全景无边界的光影演艺形式。未来花园以"新空间、新景观、新体验"的创新治理理念，绘就了一幅"面向未来"的新人文画卷。

3　基于工程地质研究的建构类型化研究——因地施建

　　工程地质学（engineering geology）是研究与人类工程建筑活动有关的地质问题的学科，是地质学的一个分支。研究目的是查明建筑场地的工程地质条件，预测和评价可能发生的工程地质问题及对建筑物或地质环境的影响。1929年，奥地利的太沙基编撰世界上第一部《工程地质学》以来，地质工程与建筑工程的结合，创造了大量伟大的建筑。伴随工程地质学学科理论和方法的进一步完善，建筑设计与地质研究更为紧密的结合有了技术上的保障，也给建筑设计和环境保护的协调提供了新的思路和技术手段。

　　未来花园废弃石灰岩矿坑属于低山丘陵地貌单元，地形起伏大，南侧崖壁最大高度达130m，北侧崖壁最大高度达30m。设计之初我们给整个矿坑做了一个地质评估和灾害类型化分析，发现场地内岩溶发育，存在崩塌、滑坡等不良地质作用，地质条件极为复杂。为了尽可能地实现生态修复的目标，通过大量计算分析，采用多种消险、支护综合治理措施，在确保工程安全的前提下，最大限度的保留崖壁的原貌。正是在地质和岩土层面对矿坑采用消险、边坡支护、边坡固草回绿等多种治理手段，才能有效控制矿坑岩质影响的蔓延；而建筑、结构与支护结构创新性的整合一体化设计，让原始环境最大化保护的同时，建筑的建成环境与崖壁能实现真正的融合（图2、图3）。

3.1　稳固型

　　针对南侧崖壁，从地质构造的角度出发，对地质灾害现状进行科学评估，确保崖壁整体稳定的前

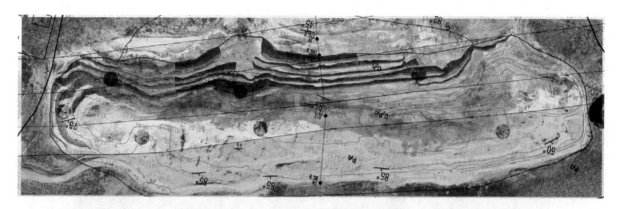

图 2　地质评估和灾害类型化分析

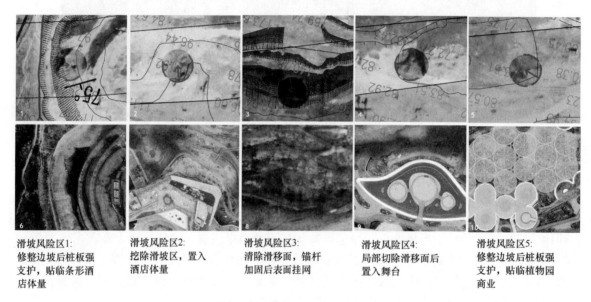

滑坡风险区1：
修整边坡后桩板强
支护，贴临条形酒
店体量

滑坡风险区2：
挖除滑坡区，置入
酒店体量

滑坡风险区3：
清除滑移面，锚杆
加固后表面挂网

滑坡风险区4：
局部切除滑移面后
置入舞台

滑坡风险区5：
修整边坡后桩板强
支护，贴临植物园
商业

图 3　地质切面和改造策略对比

提下，在崖壁顶部抗滑桩结合岩石锚喷支护，在崖壁坡面大范围清理风化石块，并在坡体中上部采用挂设与岩体颜色一致的主动防护网，通过一系列简单有效的措施，基本消除了崖壁发生崩塌、滑坡的可能（图 4）。

图 4　稳固型

3.2　支撑型

北侧崖壁顶部主要布置的交通环道，并设置了 5 个景观平台和景观栈道。外侧崖壁坡表存在深厚回填土，坡面水土流失情况严重，暴雨工况下容易沿土岩结合面或填土体内部发生滑动破坏。因此，从技术经济角度考虑，结合地形坡度采取边坡综合治理措施：（1）对于边坡坡度较缓区域，采用削坡结合土钉支护，确保边坡整体稳定；（2）对于边坡坡度相对较陡，或填土相对较厚区域，采用锚索抗滑桩的支护方式，防止边坡发生整体滑移，同时对坡面采用景观绿化处理，减少坡面雨水冲刷（图5）。

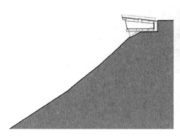

图5　支撑型

3.3　紧靠型

北侧崖壁标高内侧建设有崖壁剧院、演艺舞台、悦榕庄酒店（图6），崖壁与建筑、道路等设施，和人员活动关系更为紧密，这极大地增加了边坡支护设计的难度。为了尽可能地将崖壁的历史风貌保留，主要采用锚杆结合主动防护网的支护措施，并创新性地将锚头隐藏于崖壁之中，避免了传统的岩石锚喷支护及锚杆框格梁支护技术对崖壁风貌带来的影响。本工程还创新性地采用了气泡混合轻质土技术，极大减小了坡体的荷载，满足了场地使用要求。

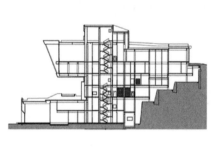

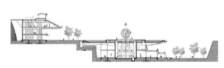

图6　紧靠型

3.4　嵌入型

矿坑二级平台下部有一个较为平坦的底坑，依据场地的标高变化分别布置了干生、湿生、水生花园，在其顶部设置顶棚对崖壁环境形成包覆，形成相对舒适宜人的微环境。充分利用坑底岩层透水特性，形成疏水的景观地面，侧面崖壁，采用浆砌石重力式挡墙进行支护，石材源自矿坑原有石料，全部由工程师精心挑选，与原始地貌融为一体（图7）。

3.5　包络型

矿坑二级平台底部保留有一个投石口，底部还连接有一个小火车隧道。在原有矿坑的基础上形成局部开挖，利用支护框格梁和局部挡墙加固，将原有矿料运输通道和30m深的竖井进行连接（图8）。

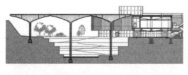  

图 7　嵌入型

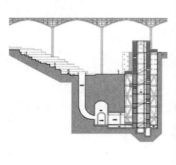  

图 8　包络型

3.6　地质类型和建构策略汇总（表1）

地质类型和建构策略汇总表　　　　　　　　　　　表 1

类型	建造类型	对岩体利用策略	岩体治理措施	结构、建构类型	现场照片
稳固型		最大化保留原有风貌，作为投影和雾森背景使用	分级治理，顶部抗滑桩结合岩石锚喷支护，中部挂网，根部加强护坡措施，坡脚增设景观隔离带	建筑远离该段崖壁，设置 30m 人员安全边界	
支撑型		顶部架设小体量观景平台和景观栈道	岩壁下部设置锚抗滑桩，中上部削坡结合土钉支护，表层喷播回绿的措施	结构挡土墙和道路挡墙融合，建筑嵌入场地	

续表

类型	建造类型	对岩体利用策略	岩体治理措施	结构、建构类型	现场照片
紧靠型	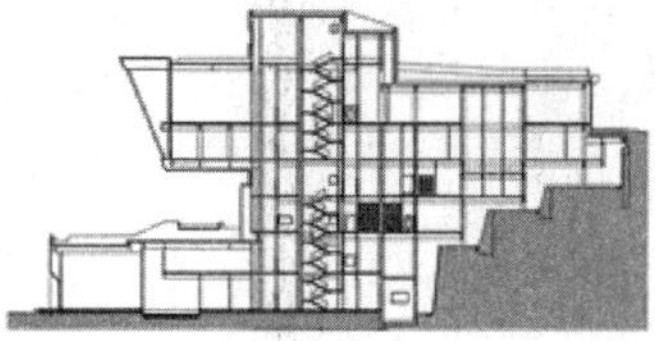	建筑贴临崖壁，崖壁作为局部支撑或挡墙	分级治理，部分保留原貌，隐蔽区域加强支护挡墙或排桩，局部挂网和锚杆加固	结构采用桩基础	
嵌入型		保留岩体，在低矮岩体顶部半覆盖建筑顶棚	岩体下部加支护桩和支护挡墙		
紧靠＋内嵌型		看台建筑紧贴崖壁，舞台嵌入崖壁	分级治理，绝大部分保留原貌，局部挂网和锚杆加固，坡脚设置景观隔离带		
包络型	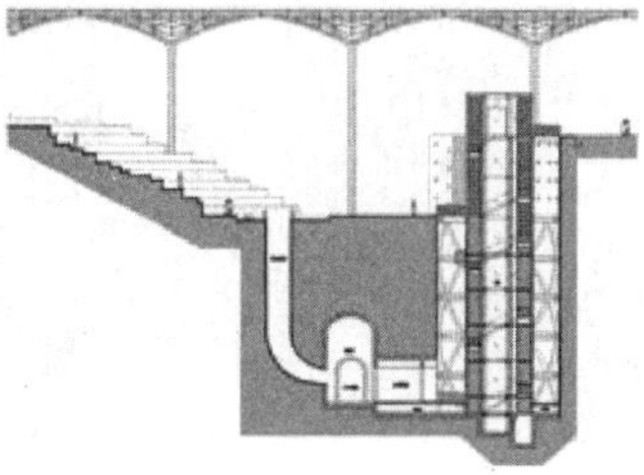	在岩体内部开凿隧道和竖向电梯井道	分级治理，部分保留，加锚杆框格梁，局部加支护挡墙和锚杆		

4　未来花园项目的技术创新

4.1　材料技术创新——反射与透明，同质与消隐

　　材料的创新性使用，成为化解大体量建筑空间与保留自然风貌的有效方式。镜面不锈钢伞形棚架、不锈钢花纹商业和云池舞台、石笼墙和装配式 UHPC 材料的使用，都让体量消隐于环境，材料融于自然。

　　创新性地采用全球首例大面积有机玻璃蓄水屋面以呈现"波光下的植物园"概念，透明亚克力屋面材料使得巨大的蓄水屋面消融于无形，晴日徐风下犹如成片的碧水漂浮于空中。

　　不锈钢材料作为结构和立面维护材料，形成多个尺度下构件的表皮，这种多尺度体现在毫米级的石笼墙网箱、厘米级的不锈钢单元表皮和米级的不锈钢伞形柱，这些构件在多维度和多尺度下对环境

367

的反射和映射，形成了一种建筑与环境透明和消隐式的融合（图9）。

图9 材料技术创新

4.2 轻介入装配式建构技术创新——轻与重

为了实现对矿坑特殊岩壁的利用，未来花园建筑群采用钢结构将建筑悬在坑壁之间，是一种"轻介入"的方式，巧妙利用矿坑隧道和崖体，减少动土，有机生长的内在逻辑（图10）。在技术上采用装配式工业化的建造方式，达到快速化和高品质的呈现。

42把直径21m的树状柱单元支撑起1.6万 m² 的有机玻璃无缝屋面水池，克服了温度和应力变化的安装困难，实现了有机玻璃现场高效安装与本体聚合，以极高的精度保证了建筑效果，并呈现全球最大水下植物花园。

在参数化数字模型的帮助下，崖壁剧院和悦榕庄酒店的曲线石笼墙和UHPC板均能实现高精度单元化定制，配合单元编码和现场吊装，极大地提高了现场的安装效率和施工完成度。

图10 轻介入装配式建构技术

4.3 智能化光电、雾森系统的技术创新——点与面

将大面积雾森景观与矿坑的特殊环境相结合，在二级坑底制造出飘缈的云雾，营造出浓郁的人文气息和山水诗意。云雾逐渐充满矿坑，雄伟的崖壁、清澈的池水掩映于雾中，如果传统水墨画卷，亦真亦幻似"云池"。

1.2km长、200m高的矿坑边坡气势磅礴，白天犹如巨大的山水画卷，夜晚将在这里投影巨幅崖壁灯光舞台秀。崖壁看台专为观赏崖壁秀而设，错落的平台将室内外看台、包间、庭院嵌入崖壁，这里可以同时容纳将近2500个观众看秀。巨大的崖壁舞台形态宛如漂浮的水滴，矿坑迷雾中托举起的银色水盘亦为演员提供了表演场所。舞台表演与巨幕崖壁投影交相呼应，展开一幅科技、技术、自然共享齐的奇妙景象。

设计通过采用锚杆主动防护、隧道疏防水及健康监测等措施，最大限度保留隧道及竖井现状作为可供人观赏及教育展示的资源，将已有的140m长的矿料运输通道及其30m深的竖井进行改造，为游客提供了进入未来花园的独特体验，并采用声光电多种投影技术增强游客的感官体验（图11）。

图11　智能化光电、雾森系统

5　小结

正如崔愷院士对项目的寄语"修复不是为了回到过去，而是为了创造未来"，结合"生态、功能、材料、文化"的修复和设计策略，处理好环境本体保护与修复，新建建筑与环境协调的关系，在修复中植入新的元素，在创造中形成新的空间价值、新的人文意境、新的绿色美学。

深圳国际酒店模块化集成建筑技术创新应用

Innovative Application of Modular Integrated Construction in the Shenzhen International Hotel Project

关　军　曾维来　姚　杰　张柏岩

（中国建筑国际集团有限公司）

1　工程概况

深圳国际酒店项目由深圳市口岸办牵头，深圳市工务署作为代建管理，是深圳市用于对入境人员提供隔离及应急医疗服务的大型防疫项目，未来转为其他用途。对于该项目，深圳市委、市政府高度重视。为此，项目组在组织管理和建造技术上实施了一系列创新的举措。

项目总占地面积 18.1 万 m²，共分为 2 个施工标段，中国建筑国际集团采用 EPC 总承包模式承接了项目标段二（坝光地块）工程。国际酒店项目坝光地块位于大鹏新区排牙山路两侧，占地面积 8.1 万 m²，总建筑面积 25.65 万 m²，总合约额 25.8 亿元。建设内容包括 6 栋 7 层多层酒店、1 栋 7 层宿舍、4 栋 18 层高层酒店，1 栋 18 层宿舍以及医废处置站、污水处理站等独立配套用房。酒店建成后可满足隔离人数约 4400 人（其中隔离人员 3800 人、服务人员 600 人）。单栋按照隔离人员、服务人员分区分组团规划，统筹考虑防疫人员、应急基本医疗、警务安保、社区网格办公。

国际酒店在疫情后将作为周边资源配套建筑，并将统筹做好"平战"功能转换衔接。未来作为深圳海洋大学学生宿舍，由深圳海洋大学筹建办委托南方科技大学重点办提出建议。项目在多层酒店首层配置综合门诊部，可满足各类人员在隔离期间的需求（图 1）。

图 1　国际酒店项目建成图

项目按照应急抢险工程建设，总工期 124 天，现已建成投入使用。项目按永久性建筑设计和建造，疫情结束后可作为深圳海洋大学学生宿舍。项目 7 层酒店、宿舍采用模块化建造技术，高层酒店、宿舍采用装配式钢结构技术，项目质量数据达到国家优质工程申报标准。

2　科技创新

深圳国际酒店项目在建设过程中面临着四大难题：

（1）建设标准高

国际酒店项目是新建隔离酒店，为战时抢险救灾工程，需要严格按照隔离防疫酒店要求建设；此外，项目考虑了平展结合功能的转换，因此要按照"平战结合"的原则，以永久工程、三星级酒店标准建设。

（2）建设任务重

国际酒店项目坝段标段建设工期短，且在项目建设过程中还面临着地质条件和气候的影响。一方面，项目地质条件比较复杂，地勘报告与实际偏差较大，桩基施工难度大；另一方面，项目建设期间，遭遇"狮子山""圆规"台风天气，降雨量、风速峰值区域均覆盖施工现场，而这进一步加大了建设难度。

（3）建设工期紧

项目自 2021 年 8 月 18 日开工建设，于 12 月 20 日竣工，设计、施工总工期 124 天，其中 2 栋 7 层酒店仅用 44 天建成，目前还没有团队能够在这样短的时间内完成如此大规模的永久性防疫酒店。此外，由于工序的不断优化，需要把每周的工期细化到小时，并不断持续调整、动态优化，累计排布进度计划 20 余版，调整上百次。

（4）组织协调难

一方面，由于项目所在地条件复杂，场地狭窄，交通极其不便，严重影响施工组织，给项目的交通疏导带来挑战；另一方面，项目资源需求量大，短期物资类别繁杂，MiC 精装箱体和钢结构构件等在场外加工制作，加工点多、地域分布广，资源调度、运输组织、协调管理难度大；此外，项目是深圳市按照国务院联防控机制综合组广东工作组对疫情防控的要求，以及广东省、深圳市的工作部署而建设的重要防疫政治性工程，项目建设需要协调众多部门和单位。

为了解决这些难题，在管理上，项目组建了"IPMT＋监理＋EPC"的高规格管理架构。IPMT（Integrated Project Management Team，一体化项目管理团队）模式集决策、管理、执行于一体，采用三层联动组织架构，做到纵向贯通、横向协调，大幅提升了管理效率。

在技术层面，项目采用 1 个智慧工地平台＋N 个模块的应用模式，实现数据互联互通；综合运用人工智能、大数据及物联网等技术，赋能项目安全、质量、环境及防疫等管控；研发内装式幕墙技术和交叉施工技术，充分应用 MiC 快速建造、C-Smart、DFMA、BIM 等新型建筑技术，赋能项目高效率、高质量建成。

3　新技术应用

在建设过程中，项目应用多项技术手段。

（1）模块化集成建筑技术

模块化集成建筑（MiC，Modular integrated Construction）是集成化、工业化程度更高的新型装配式建造模式，将建筑物的结构、内装与外饰、机电、给水排水与暖通等 90% 以上的元素在工厂自动化制造和系统化集成，现场只需吊装、处理模块拼接处的管线接驳及装饰等少量工作，大量减少现场作业，缓解高峰期资源需求和作业面冲突。

中国建筑国际集团旗下中建海龙科技有限公司是国内目前唯一全面掌握两大产品体系核心技术的企业，研发的 MiC 产品具有建造快速、品质优异、绿色低碳等特点。

1）建造快速。MiC 可以实现现场施工和工厂生产同步进行，相比于传统建筑可减少工期 40%～90%。

2) 品质优异。一是，不同于打包箱式房等产品，MiC 符合永久建筑标准。自主研发的 MiC 产品，可满足罕遇地震、超强台风、3h 耐火极限等设计要求，完全满足 50 年使用年限要求。二是，MiC 产品从构造和工艺入手杜绝质量通病，在隔声、防火、保温、防渗等方面性能显著优于打包箱式房等产品，整体使用功能和用户体验与混凝土建筑相当。三是，通过组合变化等手法，公司研发多套 MiC 内装方案，在标准化基础上满足个性化需求，达到美观实用的效果。

3) 绿色低碳。一是节能低碳，MiC 可实现 90％以上工艺在工厂集成制造，可降低 25％以上的施工过程材料损耗、50％以上施工碳排放、70％以上现场建筑垃圾排放，助力国家"双碳"目标。二是安全健康，工厂和现场作业环境安全，现场没有焊接和湿作业，噪声、粉尘等排放显著降低，极大提升了工人健康防护水平。三是循环经济，公司对 MiC 节点进行专项设计，可实现 MiC 单元整体循环再利用，支持重复迁移，将循环经济发挥到极致（图 2）。

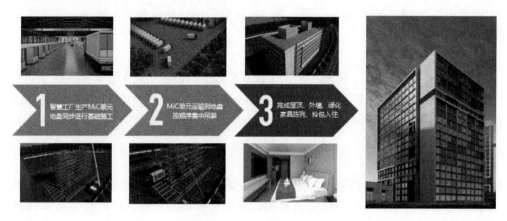

图 2　模块化集成建筑建造过程

（2）标准化机电设计

酒店客房区域电气、暖通、给水排水与 MiC 箱体集成一体化设计，公共区域也基于 DfMA 理念采用标准化、综合化的设计思路。MiC 箱体内机电管线设备采用 BIM 技术与结构进行协同设计，并同步进行管线综合、碰撞检查、净高分析，避免了管线设备间的"打架"，提高了设计效率和质量（图 3）。

（3）装配式内装设计

客房采用集成卫生间、轻钢龙骨隔墙等标准部品，采用工厂产业化的装修方式，基于主体、管线和内装分离理念，实现高品质、绿色低碳的装修效果。

MIC箱体模型：结构+机电

图 3　标准化机电设计

集成卫生间整体一次性集成制作，防水密封性能优越，墙面选用仿石材效果的彩钢板，易于安装、质轻且整体防水性能好。卫生间采用同层排水系统，更利于降噪及维护使用。卫生间出入口为墙体内嵌隐藏门，具有美观、节省空间的特点，但对施工工艺及结构牢固性要求较高。通过工厂化预制，有效提高了墙体内嵌隐藏门的生产效率，并保障了生产质量（图 4）。

（4）BIM 辅助设计技术

为匹配 MiC 快速建造体系全专业技术前置、施工准备阶段提前的特征，本项目采用 BIM 正向设计，同步设计进度，不断丰富和完善模型信息维度，实现项目设计开展与校核同步，提前消除设计过程中的"错、漏、碰、缺"问题，实现短时间内完成高质量设计图纸，并辅助进行设计交底、定案，提前发现预警建筑、结构和机电专业设计失误 300 余项（图 5）。

(a)   (b)

图 4 集成卫生间

(a) 设计模型；(b) 内部装修实景

图 5 项目 BIM 模型

(5) 幕墙参数化设计和自动化加工技术

公司旗下远东幕墙（珠海）有限公司采用了参数化的设计方式，基于 BIM 技术将全部设计要素作为某个函数的变量，通过设计函数及算法将数据进行关联，通过输入参数自动生成模型，大幅加快了模型的生成和修改的速度，项目于 8 月 15 日中标，12h 便敲定了第一版设计方案，48h 便完成了加工图和 3D 建模，72h 便完成了第一版设计方案（图 6）。

深圳国际酒店项目幕墙单元件共计两万六千余个，为了在 3 个月的极短工期内完成庞大的生产量任务，中建兴业在行业内首创幕墙开料自动化生产线和全自动化码件生产车间，通过机械臂完成自动

图6 BIM辅助幕墙设计

上料、钻铣、锯切和AGV运输等工作，提高生产效率、保障生产精度、减少碳排放、降低加工出错率的同时，也突破了工作时间的限制，实现了24h不间断生产（图7）。

图7 幕墙加工

（6）智能交通指挥调度系统

智能交通指挥调度系统以"一平台三体系"的总体架构为核心。"一平台"是指智慧交通管控平台，由停车、调度、安全和管理四大模块构成；"三体系"是指精确化组织体系、精确化调度体系以及精确化管理体系。

在进行有效现场指挥的同时，利用BIM技术建立场地可视化模型，在调度平台中整合所有的监控信息与调度安排，形成系统化的调度流程。在BIM模型的帮助下，实现了高效合理的车辆统筹和物料堆放安排，真正做到了为智能交通调度保驾护航。

（7）BIM＋AR技术

通过AR增强现实技术与BIM模型的结合，利用手机或外接摄像头扫描特定场景的二维码后，能够实现BIM模型（包含建筑、结构、机电模型）与施工现场的叠合，一方面能够帮助施工人员避免阅读复杂的图纸，转而观看实景模型进行施工，另一方面则能辅助质量管理人员对已完成工程进行精准验收（图8）。

（8）BIM＋VR技术

采用VR安全培训设备，结合BIM模型深度应用，模拟7大类安全事故类型，使工人亲身经历工程建设施工中的火灾、电击、坍塌、机械事故、高空坠落等几十项安全事故。本系统以虚拟场景模拟、事故案例展示、安全技术要点操作讲解等直观方式，用寓教于乐的形式展现安全生产，改变了以往说教、灌输的宣传教育模式，通过亲身体验、互动启发式安全教育，提高项目管理人员和建筑工人的安全意识和自我防范意识（图9）。

图 8　BIM+AR 应用

图 9　BIM+VR 应用

（9）无人机专项应用技术

通过 BIM 技术与无人机倾斜摄影技术相结合，提供平面与高程精确度达到厘米级的高精度无人机倾斜摄影实景模型。实现在一个图层中同时对齐并显示 GIS、无人机倾斜摄影相片、Mesh 与 BIM 模型，进行施工进度的管理。

采用无人机在全域巡航，与陆地交通互相配合，同时应用先进多元的精密技术设备为调度提供全面实时的监控支持，最后在调度平台中整合所有的监控信息与调度安排，形成系统化的调度流程（图 10）。

图 10　无人机专项应用

（10）竣工资料数字化交付

作为全面推进国际酒店项目及生态酒店项目数字化交付的重要部分，竣工资料数字化交付意味着收集项目全过程纸质资料并同步转为电子化，录入统一数据平台进行管理，按数字化交付标准建设完成并复核 BIM 模型，同期根据应用需求程度对 BIM 模型进行轻量化处理。

4　数字化应用

国际酒店项目在建设过程中存在工期短、建设环境复杂、场地狭小、干系人众多、劳务人员数量大且流动性强、材料品类多、车辆设备多等难点要点，为了提高项目管理效率，达成"质量一流、本质安全、工期保障、平战结合"的目标，实现完美履约，项目结合当代通信技术、信息技术与数据技术，对项目建设过程中的资源要素、业务流程、管理程序、工艺过程、成本、进度进行实时动态监管与分析，实现开发建设全过程的数字化与智能化，大大降低了工程建设过程中人的不安全行为、物的不安全状态、环境的不安全因素及管理缺陷，使数据传递更加广泛快捷，工程决策更加科学及时，项目管理水平和效率显著提升，实现工程规划—建设—运行的全生命期价值创造（图11）。

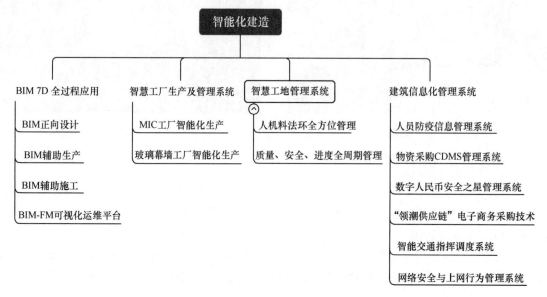

图 11　国际酒店项目智能化建造系统构成图

其中，BIM 技术作为 EPC 全生命周期沟通协作的基础，能够在协商、设计、深化、更改、策划、施工、调整等方面为项目提供支持。本项目 BIM 技术应用以"参数化设计、构件化生产、智慧化运输、装配化施工、数字化运维"为导向，通过五个阶段、十二个应用类、三十六个应用场景，共创建 BIM 模型 232 个，实现全过程、全专业 BIM 应用，相关应用成果服务于全过程数字化协同管理。在设计、生产、运输、施工、竣工全过程应用 BIM 技术，建立各专业 BIM 模型 84 个，应用场景 18 个，应用项 76 个，其中机电集成模块化加工、智能交通智慧调度、MiC 模块深化三项应用国内领先。项目 BIM 管理组建立完善的实施保障制度，结合设计管理平台、智慧工地管理平台的应用，利用 BIM 技术多专业协同和可视化的优势，充分发挥 BIM 模型在项目实施过程中作为项目的数据中心的作用，为业主单位、监理单位、设计单位、施工单位提供决策依据。

此外，国际酒店项目建设过程中，项目运用物联网、大数据、人工智能、VR、AR、BIM 深度应用、无人机技术等，建立了智慧工地管理系统，将工地信息采集、分析汇总，辅助施工管理和决策，科学地对建筑工程的人员、物资、机械设备、进度、质量、安全、环境等各方面的管理进行综合监管，实现了对于人、机、料、法、环的全方位监控以及对于质量、进度、安全的全周期管理，有效保障工厂生产、现场施工顺利进行。

智慧工地综合管理平台采用 1 个平台＋N 个模块的应用模式，数据互联互通，通过手机 APP＋多设备数据采集＋云端大屏集成，以图表或模型实时显示现场各生产要素数据，管理人员可直观查阅全景监控、进度、质量、安全、物料、劳务、环境、工程资料及 BIM 技术应用等管理数据，全过程、全专业深度应用，实现建造系统化、信息化、标准化管理。

5　效益分析

深圳国际酒店项目建设承载着深圳市委市政府的重托，中国建筑国际项目团队牢记初心，不辱使命，高效率、高质量实现完美履约，用实际行动践行了央企担当，向深圳市委市政府交上了满意的答卷。

（1）经济效益

作为全国第一个永久性防疫隔离酒店，实现了"平""战"功能转换。项目占地少、土地集约利用程度高，项目功能、建筑标准、建设品质、防疫标准和入住体验等方面均要远高于临时防疫设施。从建设期的建安工程造价来看，模块化建筑成本比常规装配式建筑高，但模块化建筑工期可缩短60%以上，建筑固废排放量降低75%，全生命期碳排放量降低23%，MiC箱体残值率70%，由此带来的成本节约和增量效益使得模块化建筑全生命周期成本比常规装配式建筑降低约150元/㎡。因此，即使按照现有建安造价，模块化建筑项目全生命周期成本更具优势，同样具备推广价值。

（2）社会效益

项目的按时按质交付，为深圳的防疫工作贡献了一份力量。此外，项目了应用多项新型建造技术，通过打造示范项目，为建筑业的高质量转型提供了一定的参考价值。

1）实现了工业化建造。中国建筑国际旗下中建海龙科技有限公司取得模块化集成建筑（MiC）的技术突破，引领装配式建筑升级到4.0时代，项目90%以上的工地作业移至工厂生产，真正实现了像造汽车一样造房子。发挥工业化制造的优势，幕墙单元件采用自动化开料和码件生产线，并将BIM建筑信息模型贯穿设计到验收全过程，有效实现科技赋能。

2）实现了智慧化建造。中国建筑国际自主开发C-Smart智慧工地系统，运用数字化抓进度管理、安全管理、质量管理、环境管理，与工厂生产管理MES系统有序衔接，实现了工厂和现场一体化，开创了建筑智慧化的新阶段。

3）实现了绿色化建造。项目建筑废弃物通过"六分法"分类收集管理，采取"源头识别＋措施管控"方式，实施综合利用，建筑废弃物总体排放水平仅为传统项目的25%、为国家"十四五"装配式建筑目标要求的74%，项目全生命周期内的建筑碳排放量仅为标准的27%。

4）实现了多方合作建造。设计方面，项目团队邀请香港临时医院设计团队参与设计。施工方面，项目B区B2栋由中建香港牵头，中建澳门辅助承建，运用及融合了大量港澳的MiC、C-SMART、BIM、DFMA等技术与工程建造模式，引入48名具有香港执业资格的港澳建筑领域专业人士，为项目提供专业服务，推动了深港建筑模式的深度融合。

5）实现了质量、安全的高目标。在质量方面，经测评项目质量数据均达到申报中国建设工程鲁班奖（国家优质工程）评奖水平，总体装配率达94.3%，达到国家最高等级AAA级装配式建筑标准。且经过多位院士、专家的论证，项目结构体系高于深圳市设防烈度7度的要求，能抵御14级超强台风；在安全方面，项目充分借鉴过往疫情防控经验，成立疫情防控工作专班，采取封闭式管理，实现了"零感染"疫情防控目标。

通过四化建造新技术和质量、安全上的严格管理，项目起到了良好的示范效应，项目仅用44天即完成2栋7层建成，相比同规模的传统建筑工期压缩比例约65%～75%；只用115天实现全部18层酒店竣工，并于12月30日率先实现7层酒店投入运营。深圳市各级领导多次率队亲临调研，对项目高质量、高效率推进给予高度肯定。常务副市长黄敏到项目调研指导时，称赞项目创造了新的深圳速度、中国速度和世界速度。在项目验收会上，住建局专家称国际酒店项目是"这段时间验过最好的工程"。

6　项目成就

深圳国际酒店项目建设承载着深圳市委市政府的重托，中国建筑国际项目团队牢记初心，高效率、高质量实现完美履约，用实际行动践行了央企担当，向深圳市委市政府交上了满意的答卷。项目取得了以下八个方面"第一"的成就：

（1）全国第一个7层模块化永久建筑；

（2）全国第一个按《深圳市装配式建筑评分规则》评分获得满分的项目；

（3）全国第一个集成化永久防疫酒店项目；

（4）全国第一个使用数字人民币的工程项目；

（5）多层酒店建造速度全国第一，先行两栋多层建筑仅用 44 天建成；

（6）是全国第一个永久性应急抢险隔离酒店项目；

（7）全国第一个平疫结合、考虑功能转换的永久性隔离酒店；

（8）全球第一个自带污水处理和医疗废弃物处理功能的永久性防疫隔离酒店。

7 结语展望

作为全国第一个永久性防疫隔离酒店，深圳国际酒店项目克服了重重困难，最终在 120 天内高质量建成交付，其中 2 栋 7 层三星级酒店在 44 天建成，创造了新的建造速度纪录，在我国工程建造史又一次创造了"深圳速度、深圳奇迹"，为深圳乃至大湾区疫情防控提供了重要设施！

项目的成功建设也展现了深圳担当、彰显了特区精神、刷新了深圳速度，打造了平战结合的深圳新样板，探索了"IPMT＋监理＋EPC"组织模式，应用了模块化集成建筑等新型建造方式，引领了建筑业变革！

大直径盾构管片智能制造生产模式研究及应用

Research and Application of Intelligent Manufacturing Production Mode for Large-diameter Shield Segments

李　超　成长虎

（中交装配式建筑科技有限公司）

1 工程概况

1.1 项目概况

北京东六环（京哈高速—潞苑北大街）改造工程为北京城市总体规划和北京城市副中心控制性详细规划的重点项目，南起京哈高速以南约 2km 处，北至潞苑北大街，路线全长约 16.3km，分为直接加宽段和入地改造段，按设计车速 80km/h、高速公路标准设计，设计使用年限 100 年。其中，盾构段长度 7.4km，开挖直径 16.07m，是全国最长、直径最大的地下道路隧道。该工程对提升北京市交通服务水平，促进京津冀区域交通一体化，构建综合交通体系具有重要意义（图 1）。

图 1　北京东六环改造工程项目概况图

衬砌环采用"7+2+1"分块形式，即 7 块标准块、2 块邻接块以及 1 块封顶块，衬砌环直径 15.4m，环宽 2m，壁厚 0.65m，重达 156t。管片由高性能混凝土浇筑而成，强度等级 C60，抗渗等级 P12，设计参数远高于传统盾构管片生产要求，为高性能、高精度钢筋混凝土预制构件；单片管片最大外弧长 5.39m，最大方量 6.62m³，最大自重 16.9t，是普通地铁盾构管片的 9 倍多（图 2）。

1.2 产业基地简介

中交装配式建筑科技有限公司京津冀装配式产业基地（以下简称"产业基地"）已承接北京东六环（京哈高速—潞苑北大街）改造工程第 4 标段 15.4m 大直径盾构管片预制任务（图 3）。

产业基地位于河北省廊坊市大城县工业园区，占地 122.7 亩，年产能 15 万 m³；距离北京市

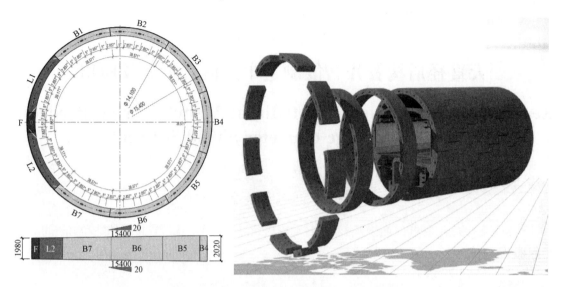

图 2　大直径盾构管片截面尺寸及三维立体图

图 3　产业基地鸟瞰图

15km，距雄安新区 55km，距离天津市 60km，交通运输便利，功能完备。按照数字化生产、精细化管理、智能化运营的标准建设和管理，主要分为智脑中心、混凝土拌合区、生产车间、水养区、存放区和试验检测区六大功能区，并设有集设计、研发、试验检测为一体的技术研发中心（图 4）。

图 4　产业基地平面示意图

产业基地于 2020 年 9 月建成投产，是中交装配式建筑科技有限公司投资建设的首个创新型绿色智能制造综合性产业基地，产品涵盖装配式 PC 构件、装配式桥梁、预制综合管廊、盾构管片、市政构件等建筑工业化产品，为京津冀区域道路交通、轨道交通、综合管廊、城市广场以及供水、排水、电力、供天然气、供热以及人防等基础设施建设发挥重要作用。

1.3　生产配套条件

目前国内生产的最大直径盾构管片，盾构管片混凝土总量 22.5 万 m^3，钢筋总量 4.5 万 t，2022 年底将完成生产任务，项目总工期仅为 24 个月，工期紧张，体量巨大。

为保证盾构管片高质量的快速投入使用，同时满足盾构掘进进度需求及管片生产精度要求，全面地提高产效、产能。整合布局 4 条流水线和 1 条固定模台生产线（图 5），配置 CBE 高精度模具，采用南方路机 3 方立轴型拌和机，日产能达到 $720m^3$。原料仓存储 4 万 m^3 砂石料，满足 22.5 天使用量，并布置蒸汽管道满足冬期施工要求；通过横移料斗自动输送到浇筑料斗，无缝连接搅拌站和浇筑间。

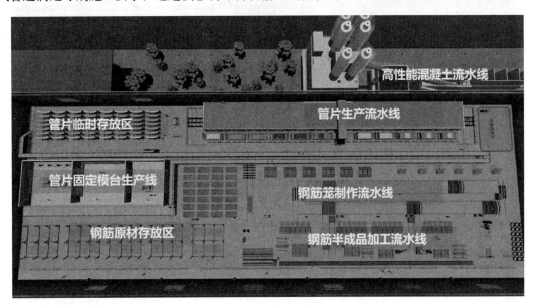

图 5　生产车间布置图

2　科技创新

2.1　遇到的重难点问题

（1）钢筋笼制作工艺复杂

根据设计图纸要求，钢筋笼可分为 A、B、C 三种类型，单个钢筋笼需要使用 39 种类型钢筋半成品，钢筋数量达 410 根，最大钢筋直径 32mm，焊接点多达 1500 处，钢筋笼制作工艺复杂，劳动力需求大。为提高工效、降低施工成本，实现标准化、模块化、工厂化的作业模式，需对传统钢筋笼制作工艺加以改进。

（2）生产精度要求高

根据设计文件及图纸要求，管片钢筋尺寸、间距精细化要求较高，钢筋半成品尺寸偏差严格控制在 5mm 以内；管片外观质量要求较高，内弧面不允许出现裂缝，外弧面裂缝不得大于 0.2mm，管片设计最小尺寸误差为 0.4mm，精度要求达到亚毫米级。采用传统生产管理手段，生产工艺繁琐、质量把控较为困难，需对管片生产过程进行智慧管理，实现管片高质量生产目标。

2.2　自动化流水线创新应用

管片生产主要流程可分为钢筋半成品加工、钢筋笼制作和管片生产流水线三部分。产业基地利用

BIM 技术模拟工艺流程，合理规划生产车间各条流水线上自动化设备的位置和运行动线，简化生产车间规划布局，将传统钢筋笼制作及管片生产流水线的固定模台加工方式优化成流水线生产方式。

（1）钢筋半成品加工流水线

整合国内最先进数字化钢筋加工设备，设计新的加工模式，钢筋原材通过自动上料系统输送到数控切断机裁切，然后通过传送带自动输送到各二次加工工位，实现自动传输及下料，设备间形成联动、流水化作业，单班最大加工能力 120t，提高加工效率 1.5 倍（图 6）。

图 6　钢筋半成品加工流水线

（2）钢筋笼制作流水线

自主研发国内首创的钢筋笼制作流水线，基于工序优化将钢筋笼制作流程划分成 7 个专业工位，通过可移动式轨道小车承载钢筋笼胎膜架，辅以轨道实现环形流水、闭合作业，解决传统固定式胎膜架浪费人力、占用空间、垂直运输多、工效低、专业化分工不明确等诸多缺陷问题，实现从"上料—安装—焊接"的流水一体化施工工艺，质量更为可控（图 7）。

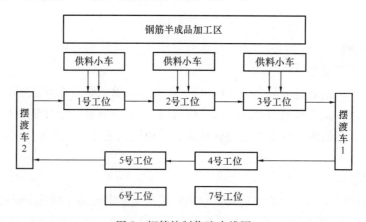

图 7　钢筋笼制作流水线图

钢筋笼制作流水线设置有 12 台轨道车、4 台送料小车、1 台钢筋笼运输车，通过测距系统、位置传感系统、机械限位系统以及光纤信息远传系统，实现流水线定位控制，打破传统固定胎膜架的生产方式，做到专业分工明确。利用定位系统实时监测轨道小车的行进位置与工况；测距系统控制小车工位转换间的行进距离；位置传感系统通过光电开关测量前后轨道小车的位置信息，避免发生碰撞；机械限位系统检测轨道小车的位置以及前进至工位过程中减速、停止的信号产生，并上传到后台软件系统用于系统分析控制使用；工业 4G 无线远传系统在轨道小车上面安装无线路由器，接收控制中心的远程指令，并通过后台自动化软件系统的信息集成，实现钢筋笼制作流水线工艺的全数字化管理（图 8）。

（3）管片生产自动化流水线

采用国内先进的"1+2"自动化流水生产工艺，即 1 条生产线，2 条蒸养线，将管片生产流程划分为脱模工位、模具清理工位、涂油工位、钢筋笼吊装工位、预埋件安装工位、检查工位、布料工位、抹面工位，静养工位 9 个流水工位，实现从拌料、原料输送、布料、振

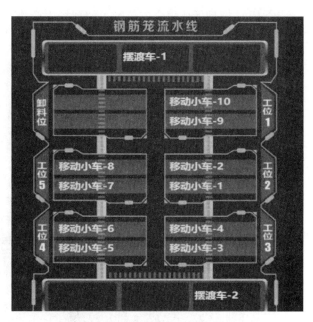

图 8　钢筋笼制作流水线控制中心

动、模台移动、养护、出窑等管片自动化生产；采用自动化蒸养线，划分升温区、恒温区以及降温区 3 大区域，设置蒸养窑温湿度采集控制箱 10 余台，通过对蒸养环节工艺的有效预设与控制，管片蒸养时间达 5.5h 强度即达到 20MPa 以上，满足管片出模强度要求（图 9）。

图 9　管片"1+2"自动化流水线

其中，模具清理、喷洒隔离剂、薄膜覆盖等工序采用清模涂油机器人、收面抹面一体设备等高标准自动化机械设备，降低工人作业强度，降低人为质量缺陷发生率。

2.3　智脑中心创新应用

产业基地设有大型智脑中心，通过监控系统布设 40 余台高清彩色 360°旋转摄像机，实现零死角、全方位、重点监控，并通过系统连接不同设备，实现人员、设备、材料、钢筋加工、混凝土拌合、管片生产、堆放等数据实时在线，对生产现场进行全方位的管理，在线汇报直观形象，业务数据融会贯

通,结合 BIM 模型无死角全方位的了解现场生产情况,达到"一屏观全局,一揽控生产",实现"远眺智瞳"效果(图10)。

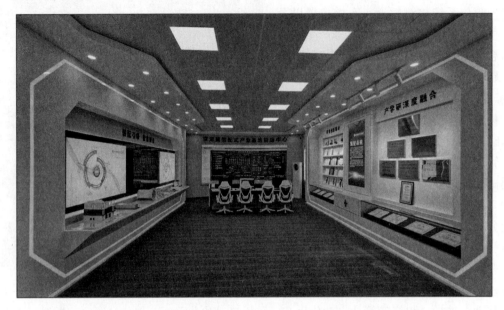

图 10 智脑中心

3 新技术应用

首创基于 BIM 设计、数字孪生与仿真的预制件生产技术,深度融合"六维智能"数字化管理平台及创新研发自动化设备,通过在管片制造生产、蒸汽养护、制造精度、自动化设备、信息化管理等方面的技术改造升级和工艺制造水平提升。

3.1 预制构件智造信息管理平台

融合"六维智能"理论,自主研发数字化管理平台,打通系统间的信息交互,通过远程、实时、精准的在线控制,监控生产每一个环节,系统赋予每个预制构件唯一身份证,并在生产过程中进行动态管理、智能分析、优化生产进度与产品质量,做到生产过程安全可视,质量可控、可追溯,实现精细化、精准化、自动化、数字化、信息化、网络化的智能化管理与控制,搭建与智能制造相适应的智能工厂总体管理系统,同时满足盾构管片、建筑构件、市政构件三大混凝土预制构件生产管理(图11)。

图 11 预制构件智造信息管理平台

3.2 高性能、低坍落度混凝土技术

以低水胶比、低坍落度、高工作性为研究目标，开展大直径盾构管片混凝土质量控制课题研究，优化设计 C60、P12 高性能混凝土配合比，采用正交试验法，掺入不同掺合料来代替水泥，掺入的纤维和钢纤维能有效地提高阻裂和抗裂能力，经分析选出经济合理优质的配合比，满足现场流水线节拍需求。同时利用"混凝土生产全过程管理信息系统"全过程监控混凝土拌和，精准计量每盘材料用量，计量误差小于 1‰（图 12）。

图 12　高性能、低坍落度混凝土浇筑

3.3 管片三环虚拟拼装技术

根据设计要求，每生产 200 环管片应进行一次三环水平拼装偏差试验，为此运用三维激光扫描技术对预拼装的管片进行扫描偏差，通过专业软件进行管片三环水平虚拟拼装，解决在实际水平拼装过程中投入成本高、拼装周期长等问题，有效地提高管片拼装的精度，降低施工安装风险（图 13）。

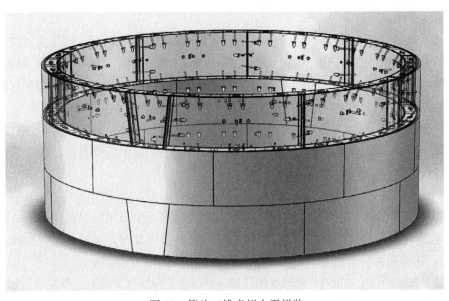

图 13　管片三维虚拟水平拼装

3.4　全方位试验检测技术

产业基地建有综合性试验检测中心，配有以预制构件、商品混凝土为主要检测对象的现代化试验室，运用BIM技术虚拟拼装、混凝土多功能无损检测、冲击回波检测等先进检测技术，具备对高难、高性能的混凝土配合比设计能力及高端检测能力。引入三维激光追踪设备，对钢模具和成品管片进行三维扫描检测，确保成品管片始终高于设计标准（图14）。

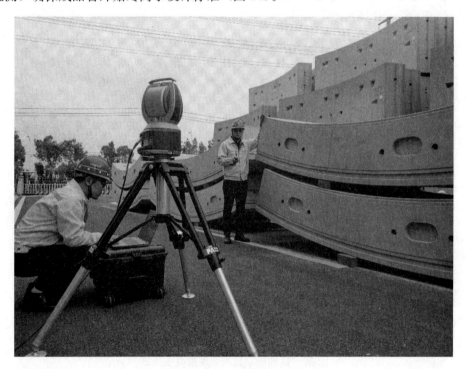

图14　管片三维激光扫描

3.5　智能蒸养控制技术

结合智能温控系统，实时监控管片各个生产环节的温度变化，精准控制温湿梯度，温度控制器上设定好温度范围，温度控制器会根据传感器反馈的实时温度，确保管片内外温差在20℃以内，有效避免混凝土裂纹产生，提高混凝土耐久性，模具周转速度提升2倍。

3.6　管片自动吊装技术

在管片脱模工位设置激光定位装置，确保在其预定的几何位置处。同时，行吊通过激光自动识别技术，自动追踪管片脱模工位，当到达预定位置后，真空吸盘下落，快速识别管片外弧面同时具备自调节功能，确保真空吸盘与外弧面接触良好、无缝隙。当吸盘压力达到－0.05MPa时，即可起吊（图15）。

3.7　自动化机器人

自主研发收面抹面一体设备，解决管片外弧面劳动强度大、工作效率低等问题，提高管片成品外观质量；自主研发箍筋自动焊接机器人，解决钢筋焊接质量差、效率低等问题，实现标准化作业下的零废品率（图16）。

3.8　绿色节能技术

结合焊接技术及传感器、机械手、气动元件和控制元件等，生产车间设置焊烟统一收集系统，通过集气罩工位收集，上方抽风把含有烟尘的空气吸到净化装置内处理，实现有组织排放，空气净化效率达95％以上，构建高品质清新空气的作业环境，保证产业工人身心健康。

通过水源热泵技术回收生物发电厂循环水的热量，利用余热对构件蒸养和水养池进行加热，即减少循环水的蒸发损失及对环境造成的热污染，较好地实现能源的梯级利用，每年节省燃气350万 m^3（图17）。

图 15　管片自动吊装

图 16　箍筋焊接机器人

图 17　焊烟收集系统

3.9 AI情绪识别系统

关注产业工人的身心健康，引入 AI 情绪识别系统，采用智能大数据算法，通过人脸识别生成检测报告，得出压力值、紧张度、暴躁值等参数，一旦参数超限，即可杜绝产业工人情绪化上岗作业。同时，也可定期对产业工人进行心理疏导，以确保其健康、积极的心态投入到工作当中（图18）。

图18　AI情绪识别系统

4　数字化应用

4.1　数字化管理实施路径

产业基地为实现对人员、材料、设备、工艺、生产条件等因素的综合管控，涵盖对构件生产全周期的数据采集和质量可追溯，通过 RFID 无线射频技术、物联网技术、BIM 技术、PLC 自动化控制技术，基于"一物一码"管理理念，赋予每个预制构件、生产设备唯一身份证。

通过在构件生产车间内设置多种 RFID、二维码数据采集设备，运用 RFID 射频识别技术实现生产线设备、传感器、钢筋笼及管片工序过程检查的数据采集，数据上传并存储在预制构件智造信息管理系统云端，经过大数据分析功能对数据进行分析、统计和提取应用，利用移动端和网页端进行展示，企业决策层、项目管理层和施工现场操作层快捷地掌握到产业基地生产各模块和各层级最全面、实时的有效信息，打破公司—基地—车间三级管理信息屏障，实现设备、物料、人员、生产的海量数据采集分析与实时在线，打通上下游之间的业务流和信息流（图19）。

4.2　构件生产数字化管理应用

随着预制构件需求量增加，如何实现构件生产中全生产周期数据追溯，实现精细化、智能化管理，提高管理效率和管理质量已成为装配式行业发展的痛点问题。

创新采用预制构件智造信息管理系统与产业基地生产管理相融合的方式，对构件生产全周期进行质量把控和数据积累，通过实时数据交互，实现生产状态同步共享、同步在线，大大提高构件生产、质量管理效率，做到对人员、机械、材料、质量、安全、进度等生产要素的闭环管控，全面跟踪。

（1）"三级联动"平台

预制构件智造信息管理系统作为管理集成中心，是一级平台，能实现数据集成、智能分析、实时监控、指令发布；钢筋笼建档一体机、管片脱模一体机及 RFID 信息化采集柜是二级平台，能实现生

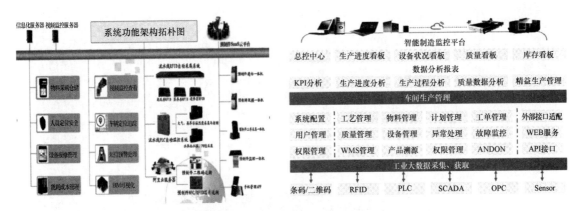

图 19　管理系统功能框架图

产现场操作及运转过程的数据反馈。人脸体温识别设备、水温 pH 值采集设备、环境智能监控设备、蒸养窑温湿度采集设备和各类终端 PDA 采集设备是三级平台，主要是进行生产基础数据的采集、录入（图 20）。

图 20　三级联动平台示意图

（2）钢筋笼制作流水线数字化管理

钢筋笼成品临时存放区域设置管片钢筋笼初始化一体机，内嵌打印机及 RFID 读卡器，成型后的钢筋笼经现场人员检验合格后，通过管片钢筋笼初始化一体机打印出已含有钢筋原材信息的二维码标识牌，使用 PDA 手持一体机对现场进行质量安全管理，将实施日常检查、问题整改、整改复查、工程验收记录实时上传。系统自动统计分析钢筋笼制作类型、型号，有效避免某种型号生产过剩，并通过接入数字定位控制功能，实时监测钢筋笼制作流水线运转状态，对自动化设备异常提供预警，协助管理人员提前消除风险隐患，避免停工带来的工期延误（图 21）。

（3）管片生产流水线数字化管理

流水线设置 RFID 自动采集柜，每台模具挂有独立的 RFID 标识牌，当钢筋笼合格品吊运至混凝

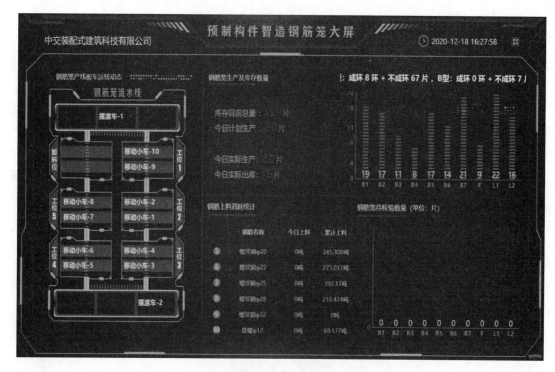

图 21　钢筋笼制作流水线运行状态

土浇筑生产线时，按照浇筑工序生产节拍运转，RFID 自动采集柜将自动采集模具及模具内构件的数据上传至预制构件智造信息管理系统，减少现场管理人员作业量，避免出现数据漏采（图 22）。

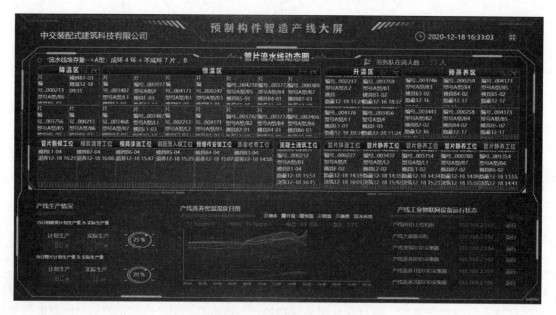

图 22　管片生产流水线运行状态

在混凝土浇筑过程中，管片易受温差及环境湿度等因素影响，通过系统自动采集振捣数据，并对振捣强度进行实时监控，如果振捣强度达不到预设标准，或者振捣时间到不到预设长度，系统自动进行预警调试，提醒质量管理人员进行及时干预。同时，配置蒸养窑蒸汽开关自动控制系统，通过 20 余台温湿度采集器，实时采集蒸养窑温湿度数据，利用大数据分析功能，对采集的实际温湿度数据分析，并形成图表直观展示，按任意时间段绘制养护仓温湿度曲线，自动生成管片升降温速率，超出设计值时，系统立即预警，并推送信息至相关责任人。

管片脱模后，管理人员通过管片脱模一体机将构件编码打印出后张贴在成片管片固定位置，试验检测管理、堆场管理及发运管理阶段基于 RFID 移动端方式采集上传数据，通过全流程数据的累计传递，实现可追溯的全生产过程标准化管控。

（4）云数据管理及应用

大型智脑中心采用云管理接口对接连接不同设备与子系统对接管理配置；电子大屏实时展示系统数据采集及分析结果，包含车间生产状况整体监控，生产进度、设备状况、生产质量、库存、物流等方面的总体指标，实现生产资料云管理。

同时，开发业主数字技术平台数据上传接口功能，打通产业基地和业主单位管理系统的对接渠道，实现生产数据全周期管理，提高管片生产数据的应用深度，满足业主单位对管片有效信息快速共享的管理需求。

（5）BIM＋数字孪生工厂

结合数字孪生理念，将 BIM 管片流水线模型、BIM 堆场模型、BIM 水养池模型经轻量化引擎处理后，导入预制构件智造信息管理系统还原生产线环境，把生产数据和模型进行绑定并进行高频次刷新，实现对现场工序、养护情况、发运进度的双向真实映射与实时交互，通过远程、实时、精准的在线控制，将现场的生产情况直观的反馈，便于问题查找和状态体现，实现工厂生产和管控达到最优的工厂运行新模式。

5 经济效益分析

5.1 质量管理效益

产业基地采用高度灵活的智能制造生产模式，通过一系列多元化技术、先进的制造方法和智能化的管理措施，将传统的固定生产模式全部改为移动生产模式，把钢筋加工、钢筋笼制作、混凝土拌和、管片生产有机串联，实现全流水化生产、全智能化管理，生产的成品管片尺寸精度达到 0.3mm（设计最小尺寸误差 0.4mm），管片外观色泽一致，无一裂缝、气泡，品质领先于同类产品。

5.2 经济成本效益

创新研发使用具有自主知识产权的自动化装备和机器人，用来替代密集型高强度体力劳动，较传统作业工效更高、施工安全有保障，降低资源消耗，降低劳动强度 30％，减少劳动力投入 50％，实现自动化减人、智能化换人。

自主研发钢筋笼制作流水线，较传统固定模台焊接工艺，工效提升 21％，每 16min 生产 1 个钢筋笼，是传统模式的 1.5 倍，经测算，人工成本节约 123.3 万元。采用管片自动化流水线，可在 15min 内完成单块 6.5m³ 混凝土浇筑，供应顺畅、效率极高，每日可生产 6～8 环管片，产能提升至 200％。

通过预制构件现场数字化管理应用，降低多项目、多型号产品并行生产的管理难度，在既有生产状况下，有效提高最大产能，产品的工艺质量可保持先进、稳定、可靠的状态。

5.3 安全环保效益

在保证安全和质量的同时，坚持节能减排的理念，追求环保效益最大化，实现"节能环保、绿色生产"目标，营造一个标准化管理、厂区绿化和文明生产融为一体的花园式工厂。

采用低噪声设备和吸声材料，将车间总体噪声控制在 60dB 以下。配备焊烟收集净化处理设备，空气净化效率达 95％以上。砂石清洗废水净化处理后，用于车轮清洗、绿化及厂区道路洒水，平均每天可节约 50t 水。利用生物质发电厂余热进行管片蒸养和水养池加热，一年可节省燃气 350 万 m³。设置环境自动检测设备，通过预制构件智造信息管理系统与设备进行数据对接，实现对产业基地内的温湿度、噪音、风力、PM2.5 值实时监控、动态显示，并对生产车间用电量进行监测统计及分析，减少不必要的用电消耗。

5.4　社会效益

采用数字化生产、精细化管理、智能化运营的新制造模式，打造智能化、数字化、信息化于一体的绿色环保型、科技创新型智能制造综合性产业基地，把施工现场浇筑作业转移到工厂，推行 6S 管理，培养新型产业工人，极大的提高现场安全文明程度，加速推动前沿科技与传统产业的深度融合，引领装配式行业技术变革，助力打造现代化建筑产业格局。

6　结语展望

产业基地积极探索"工业化建造方式"与"智能制造"理念的具体实施措施，寻求解决降本增效的技术路径，开展具有自主知识产权的智造装备和装配式绿色建筑技术的应用研究，搭建标准化设计、工厂化生产、装配化施工的一体化预制构件信息管理平台，通过高标准的智能制造生产模式，生产被市场认可的高品质、高质量产品，有效地解决传统制造业的"脏、乱、差"等现象，实现规划设计到产品制造全过程的智能生产，达到国内先进的智能制造水平，实现品牌效益和经济效益俱佳的高质量发展目标。

聚焦碳达峰、碳中和"3060"目标，落实"十四五"规划"支持数字中国、智能制造、绿色技术创新、推进清洁生产"的国家战略，中交装配式建筑科技有限公司京津冀装配式产业基地牢牢把握数字化转型大趋势，充分利用大数据、云计算、人工智能、物联网技术、5G、BIM、北斗等前沿技术，推进传统制造业向"信息化"、"智能化""现代化"转变，坚定成为绿色产业发展和战略性新兴产业的重要参与者、贡献者、引领者，为未来绿色智慧城市提供最可靠的优质服务！

重庆至贵阳铁路扩能改造工程新白沙沱长江大桥工程技术创新及应用

Technical Innovation and Application of New Baishatuo Yangtze River Bridge in Chongqing-Guiyang Railway Expansion and Reconstruction Project

姚发海　代　皓

（中铁大桥局集团有限公司）

1　工程概况

重庆至贵阳铁路扩能改造工程位于重庆市西南部和贵州省北部地区，线路北起重庆市，自重庆西站引出后，向南经綦江，进入贵州省遵义市桐梓县境内，经遵义市、息烽县接入贵阳市新客站贵阳北站。全线控制工程新白沙沱长江特大桥位于既有川黔铁路白沙沱桥下游约100m，是渝贵客车线、渝贵货车线引入重庆枢纽和远期渝湘客车线的重要过江通道。跨江大桥以北位于重庆市大渡口区境内，南跨长江后进入重庆市江津区珞璜镇境内，两岸线路所经之地经济较发达，工、农业和第三产业基础均较好。

新白沙沱长江特大桥主桥为（81＋162＋432＋162＋81）m六线双层钢桁梁斜拉桥，是世界首座六线铁路斜拉桥，也是世界最大跨度六线铁路大桥。大桥通行铁路等级为国铁Ⅰ级，上层桥面布置四线时速200km/h客车线，下层桥面布置双线时速120km/h货车线，是世界上第一座双层布置，且上、下层均通行铁路的斜拉桥。全桥恒载重达97.5t/m，活载重达33.6t/m，是世界上承受延米荷载最重的铁路桥梁。大桥两片主桁承受六线铁路，桁宽24.5m，上层桥面采用正交异形钢桥面板，下层桥面采用连续纵横梁＋混凝土板组合体系，大桥集"六线、双层、双桁"特点于一体，是现代大跨度铁路斜拉桥新型结构的集中体现（图1）。

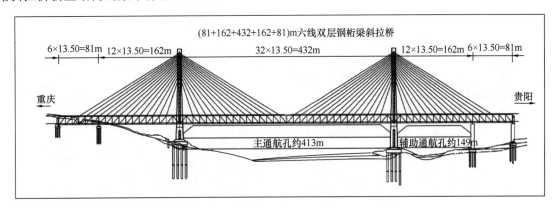

图1　大桥立面布置图

另外，大桥建设环境复杂，主要存在以下特点（图2）：

（1）重庆侧施工场地狭窄：大桥2号桥塔小里程侧紧邻三条既有营运铁路线，施工场地十分狭窄，且缺乏运输道路，施工安全风险高，施工组织难度大；大里程侧紧邻长江主航道，施工平台、临时支墩位置布置受限，钢梁顶推施工布置紧张，工序特殊，2号桥塔处地形高，枯水期浮吊无法就位。

（2）贵阳侧主墩施工环境复杂：大桥3号桥塔处河床岩面倾斜，无覆盖层，1/3承台嵌入岩石内，最大埋深9.5m，河床爆破工程量大，承台围堰设计难度大，封底要求高；主塔墩距离既有营业线桥梁仅80m，对既有桥梁的保护要求高。

（3）桥位处水深流急，水位高差变化大：施工平台处洪水期水深35m，枯洪水期水位高差达22m，20年一遇流速3.2m/s，水位高差变化大，水流流速大。

图2　两岸主墩建设环境

结合大桥的设计特点和建设环境，针对大桥建设面临的"多线铁路桥无先例可寻""设计加载标准缺失、预拱度设置与多线列车共振问题""世界最大埋入式基础施工困难""施工场地狭窄复杂，工期压力大"等方面的挑战，以大桥建设为背景，创新提出了"复杂环境六线双层铁路大跨度斜拉桥建造关键技术"，突破了六线双层双桁结构设计、六线铁路桥梁强度加载折减及疲劳加载系数等技术瓶颈，创新了复杂环境大型桥梁快速施工技术，实现了铁路大跨桥梁由四线到六线的重大突破。

大桥于2012年12月30日正式开工，2018年1月25日开通运营，总投资额21.3亿元。项目建设单位为渝黔铁路有限责任公司，设计单位为中铁二院工程集团有限责任公司和中铁大桥勘测设计院集团有限公司，施工单位为中铁大桥局集团有限公司（图3）。

图3　大桥竣工实景照片

2 科技创新

以大桥建设为依托背景,项目部提出的《复杂环境六线双层铁路大跨度斜拉桥建造关键技术》在线路规模、结构设计、六线加载标准、施工技术等方面取得了多项突破性技术成果,项目主要科技创新点如下:

2.1 首次明确六线铁路桥梁设计关键技术指标

研究并建立了六线双层铁路桥梁结构疲劳与强度、结构刚度及预拱度设计方法,提出疲劳和强度多线系数以及其他量化指标,填补规范空白;研究并建立了六线双层铁路桥风-车-桥耦合振动计算方法,提出列车多工况运行情况下的行车控制准则。

2.2 首创六线双层双桁新结构和设计方法

采用六线双层铁路桥新型桁架结构,提高钢桁梁的利用率,实现了高效节能;建立了纵横梁桥面系纵梁连续结构,增强结构整体性,提高行车舒适性;研发了1800t双索式斜拉索锚固构造,解决世界最大单点索力传递与锚固难题。

2.3 形成多约束条件六线铁路钢桁梁施工成套技术

通过钢梁在主跨侧支架上往复式拖拉并反向顶推技术,实现了场地狭窄,上跨多条营业线斜拉桥边跨钢桁梁安全架设;研发了吊挂式拖拉锚座装置,解决了钢梁往复顶推过程中杆件高栓摩擦面保护难题;首次提出单侧墩旁托架架梁技术,解决墩顶节段边跨侧架设难题。

2.4 创新水下基础施工技术

研发了临近运营铁路桥梁的水下岩石控制爆破、钻孔平台快速施工、围堰-桩基同步施工及水下堵漏等关键技术;采用模块化和通用性临时结构,实现同一结构具备浮式平台、钻孔平台、双壁围堰内支撑、主塔上下横梁支架5种使用功能;研究了多工序并行交叉快速施工技术,实现水下控制爆破与平台施工、围堰拼装与桩基施工等多工序同步的综合快速施工方法,节省工期5个月。

2.5 信息化技术的综合应用

率先在国内将BIM技术应用于特大型桥梁的施工中,集成设计、制造、施工、监控等信息,形成施工4D-BIM模型,实现桥梁设计、施工、运维阶段的BIM集成应用。

2.6 建成世界首座双层六线铁路桥

项目成果的成功应用,实现铁路大跨桥梁由四线到六线的重大突破,其成果国际领先,并纳入相关规范,且节约投资1.8亿。其技术成果在重庆枢纽等铁路和宜昌香溪河等公路项目中得到推广应用,社会、经济效益显著,对引领桥梁建设技术进步具有重要意义。

3 新技术应用

本工程科技成果丰富,社会效益显著。工程取得国际领先成果3项、国际先进成果1项;发明专利10项、实用新型专利12项;省部级以上奖12项;国家铁路局工法1项,重庆市市级工法2项,中国中铁工法2项,局级工法11项;专著1本;发表论文36篇。各项新技术在本工程得到应用,节省材料、设备、措施及施工费用共约18000万元,节约工期累计约150天,应用效果良好。以下对上述新技术应用与效果进行逐一说明。

3.1 首次明确六线铁路桥梁设计关键技术指标

实施效果:针对六线铁路,解决了六线铁路大桥疲劳和强度加载标准以及疲劳设计参数取值无据可依的问题,填补了规范空白。

大幅减小了大跨度多线铁路按规范计算的预拱度值,进而有利于降低轨道线形的控制难度。

通过多线铁路风-车-桥耦合动力分析研究,分别提出了客车在单车及双车交会时的风速及车速限值、货车的风速及车速限值。桥梁运营状态良好。

根据本技术，其钢材用量比常规设计节约钢梁约 3586t，相应费用减少约 5379 万元，创造了良好的经济效益。

推广应用：

（1）多线铁路桥梁活载和疲劳加载标准，对多线铁路桥梁的设计与建设具有重要的指导和参考价值。《铁路桥梁钢结构设计规范》TB 10091—2017 第 4.3.2 条采纳了大桥六线系数的相关研究成果，并在此基础上研究确定了不同情况下的六线系数取值规定。

（2）多线大跨度桥梁预拱度设置新标准填补了现行规范考虑六线铁路的预拱度设置方法的空白。

（3）提出了不同列车运行情况下的风致行车控制准则，对多线大跨铁路桥梁的车辆走行性评价具有重要意义。

3.2 首创六线双层双桁新结构和设计方法

实施效果：

（1）通过合理结构形式研究，采用六线双层双桁断面、钢—混组合道砟槽板及多重减重措施，累计节约工程投资约 10500 万元。

① 采用六线双层双主桁正桁矩形横断面，相比六线双层三主桁横断面，每延米用钢量节约 2.2t，全桥主梁累计节约钢材 6164t，节约投资 3440 万元。

② 下层桥面采用全桥纵梁连续的大纵梁、大横梁道砟槽板方案，相比下层桥面采用正交异性钢桥面板方案，每延米节约钢材约 1.5t，全桥主梁累计节约钢材 1380t，节约投资 2346 万元。

③ 采取多重减重措施降低桥梁二期恒载总重，包括运用环氧沥青混凝土防水保护层、钢制挡砟墙及优化道砟厚度等措施，进而优化了主梁钢材用量，每延长米节约用钢量 3.0t。全桥主梁累计节约钢材 2760t，节约投资 4692 万元。

（2）主桥采用"上四下二"双桁断面，避免了采用三主桁主桥段下层货车线线间距需加大的问题，相应避免了引桥门式墩或双层门式墩采用三柱或大跨结构，有效节约引桥混凝土圬工量约 5050m³，节约投资约 1500 万元。

推广应用：

（1）出版专著《渝黔铁路白沙沱长江大桥建造关键技术》，对本成果进行推广应用，为我国现代桥梁尤其是类似工程设计与建设提供参考，也为今后多线铁路桥梁设计创新、提升桥设计水平提供新思路。

（2）桥面纵梁全连续结构已在成贵、重庆枢纽等铁路项目得到推广应用。

3.3 形成多约束条件六线铁路钢桁梁施工成套技术

实施效果：研发了两侧均受限场地条件下，设置临时支墩，分步安装钢梁，先反向后正向顶推施工技术，解决了双侧架设空间不足的钢桁梁架设技术难题，实现了钢梁跨既有线的安全施工。

提出了无浮吊辅助单侧墩旁托架架梁技术，在墩顶作业空间减小一半的情况下通过架梁吊机异形占位、避开钢梁及主塔空间位置，并优化墩顶区钢梁拼装顺序有效地解决了复杂环境墩顶钢梁架设的难题，并节省了施工成本 30%。

推广应用：丰富了我国钢梁施工工法，为类似桥梁工程的施工提供了重要参考。

3.4 创新水下基础施工技术

实施效果：实现平台整体制造、水下爆破、栈桥施工同步进行，定位桩施工与钢护筒插打低位同步进行，钻孔平台低位就位后整体提升至高位的方案，节约关键线路工期 2 个月。

利用长江上游地区枯洪水期水位变化大特点，实现围堰拼装与钻孔桩分层同步进行，节约关键线路工期 3 个月。

通过倾斜岩面大型围堰水下堵漏施工技术，堵漏效果好并节约抛填工程量 70%。

推广应用：

（1）本技术突破了传统的大型基础施工技术，解决了世界上最大埋入式基础施工技术难题，形成的《深水基础大型多功能钢平台施工工法》，丰富了我国的建桥技术，对今后类似的大型水上基础施工工艺提供了技术指导。

（2）该技术已在宜昌香溪河桥和童庄河桥的基础施工中得到推广应用。

3.5　信息化技术的综合应用

实施效果：在新白沙沱长江特大桥主桥钢桁梁施工过程中，基于BIM技术的新白沙沱长江特大桥工程4D动态施工管理系统充分发挥其各项功能，在钢梁施工动态实时进度追踪分析及预警，多尺度施工模拟，钢梁构件下料—制造—运输—存储—架设等全方位物料跟踪，斜拉索索力及钢梁应力安全监控，钢梁制造及架设检验批资料集成，钢梁成本自动统计分析等多方面为钢桁梁施工提供全方位的4D-BIM支持。

推广应用：完成《BIM技术在新白沙沱长江特大桥钢梁架设施工中的应用》和《渝黔铁路新白沙沱长江特大桥BIM综合应用》。上述两项技术成果分别荣获中国建筑业协会卓越工程项目一等奖和应用单项一等奖，该技术是国内首次将BIM技术应用于特大型桥梁的施工中，标志着"4D"管控技术开始走进我国桥梁建设行业。

4　数字化应用

4.1　应用背景

新白沙沱大桥于2013年开始建设，BIM技术在国内桥梁工程领域尚无开展实质性应用。为实现单体二维设计到三维协同设计的转换，精确计划和实现虚拟施工，提高项目总体管理水平和决策能力。项目BIM技术综合应用4D-CAD、BIM、工程数据库等最新的信息技术，利用基于BIM的4D动态施工管理系统功能，实现对新白沙沱长江特大桥工程的4D动态施工管理，开发了《基于BIM技术的新白沙沱长江特大桥工程4D动态施工管理系统》。

4.2　应用实施路径

本项目BIM应用实施路径横跨设计与施工两大阶段，可总结为7大应用点。

（1）BIM设计建模。大桥主体采用CATIA软件设计并建模，主体模型以外的场地模型、临时设施等，采用3ds软件根据设计图纸建立。

（2）设计与施工模型共享。为解决建模数据异构问题（CATIA模型和3ds模型），首次研发了相应的数据接口，实现了异构数据源的集成，同时在导入前还进行了模型轻量化处理，并根据构件类型进行着色和组织，更直观，便于操作（图4）。

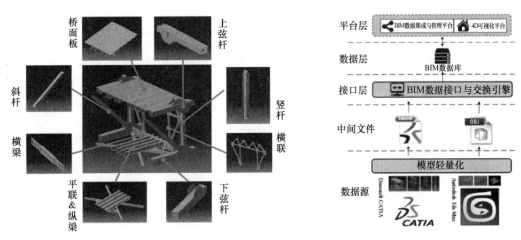

图4　大桥主梁节间模型和设计—施工模型共享流程

（3）跨平台物料管理功能。实现了数字化下料、跨部门物料协同管理、基于物联网的物料追踪、Web端进行料单统计、查询和误工风险分析和PC端进行查询预拼场物料情况，进行库存预警、物料状况可视化查询等操作（图5）。

图5　Web端误工风险分析和移动端二维码扫码入库

（4）实时动态进度管理功能。实现了方案比选、施工进度4D显示、施工进度控制、进度追踪分析、前置任务分析和任务滞后分析功能。

（5）4D施工模拟功能。实现了4D施工模拟、顶推施工工艺模拟、精细化节点施工模拟功能（图6）。

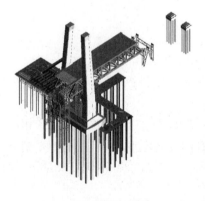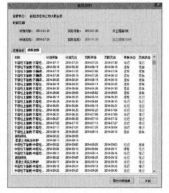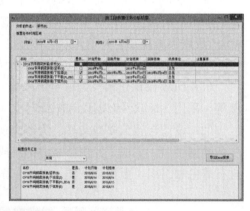

图6　进度分析、前置任务分析和施工过程模拟

（6）质量与安全管理功能。实现了拉索索力与桥梁应力监测、构件检验批资料管理。

（7）钢梁成本管理功能。通过导入钢梁采购、加工和安装成本，并与进度相关联，系统可以针对计划进度和实际进度，自动计算整个工程、任意WBS节点、3D施工段或构件的工程量和成本，并以图表形式提供钢梁成本统计和分析（图7）。

4.3　主要创新点及实施效果

BIM技术在新白沙沱长江特大桥项目的综合运用，使项目部在进度管理、安全质量管理、物资管理和成本管理等方面都实现了精细化，也为项目部提高施工管理水平、确保工程质量，提供了科学、有效的管理手段。

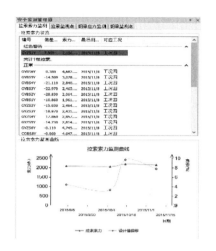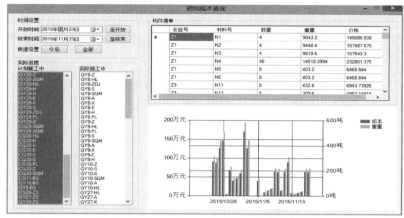

图 7　拉索监测点管理与数据可视化和钢梁成本查询

5　经济效益分析

（1）通过合理结构形式研究，采用六线双层双桁断面、钢—混组合道砟槽板及多重减重措施，累计节约工程投资约 10500 万元。

① 采用六线双层双主桁正桁矩形横断面，相比三主桁断面形式，每延米用钢量节约 2.2t，全桥累计节约投资 3440 万元。

② 下层桥面采用纵梁连续道砟槽板方案，相比正交异性钢桥面板方案，每延米节约钢材约 1.5t，全桥累计节约投资 2346 万元。

③ 运用环氧沥青混凝土防水保护层、钢制挡砟墙及优化道砟厚度等措施，优化主梁钢材用量，每延米节约用钢量 3.0t，全桥累计节约投资 4692 万元。

（2）主桥采用"上四下二"双桁断面，避免了采用三主桁主桥段下层货车线线间距需加大的问题，相应避免了引桥门式墩或双层门式墩采用三柱或大跨结构，有效节约引桥混凝土圬工量约 5050m³，节约投资约 1500 万元。

（3）特殊、复杂条件下六线双层钢桁梁斜拉桥施工关键技术创新，采用深水无覆盖层倾斜岩面基础施工技术、大型多功能平台施工技术、通过钢梁在主跨侧支架上往复拖拉并反向顶推技术、"无浮吊辅助＋单侧墩旁托架＋架梁吊机异形占位"的墩顶钢梁架设新技术等系列技术，累计节省了施工成本约 6000 万元。

通过创新技术在渝黔铁路新白沙沱长江大桥的应用，累计节约投资 1.8 亿元。

6　结语展望

新白沙沱长江大桥和渝黔铁路的建成运营，改善了重庆与贵阳之间铁路客运通道的交通状况，极大释放了老川黔铁路的货运能力，加快了地方经济发展。川渝地区至贵州乃至华南的快速通道正式形成，对国家西部大开发战略具有重要意义。大桥位于长江白沙沱河段，通过六线双层上四下二的布置以及简洁的线路疏解方案，使得大桥景观效果突出，建成后已经成为长江上的又一座标志性的跨江桥梁，具有较好的社会效益。

大桥的建成实现了大跨度Ⅰ级铁路桥梁由四线规模提升至六线规模。六线铁路大桥疲劳系数，强度加载折减系数和预拱度设计方法，双层多线列车—桥梁系统耦合振动的数值模型和计算方法，填补了六线铁路设计标准以及方法缺失的空白；六线双层双桁技术，攻克了两片主桁承受六线铁路荷载的技术难题；920m 纵梁连续，实现了钢桁梁纵横梁桥面系纵梁无断缝的技术突破；大桥建设刷新了大跨钢桁梁桥梁延米荷载的新纪录；形成多约束条件六线铁路钢桁梁施工成套技术并创新水下施工技术，解决了复杂环境大型桥梁基础施工、有限空间条件下钢梁架设的技术难题。首次将 BIM 技术应用于大型桥梁施工中，填补国内空白。研究成果对推动复杂环境以及多线分层铁路大跨度桥梁的技术进步具有重大意义。

研究成果已经推广应用于成贵、重庆枢纽等铁路项目和宜昌香溪河、童庄河桥等公路项目当中，社会、环境效益显著，应用前景广阔。

新建京雄城际铁路"四电"工程技术创新及实践

Technical Innovation and Practice of Four-electric Engineering of Beijing-Xiong'an Intercity Railway

樊 涛[1] 张 平[2]

（1. 北京中铁建电气化设计研究院有限公司；2. 中国铁建电气化局集团有限公司）

1 工程概况

1.1 工程项目概况

京雄城际是雄安新区对接北京和大兴机场的快速通道，是京津冀城际网铁路规划的重要组成部分，同时通过雄安站连接京雄商高铁，一并成为雄安新区对接华中、华南、华东地区重要的南向快速客运通道，是承载千年大计运输任务，支撑和引领国家战略的重要干线。京雄城际铁路"四电"工程自既有京九线李营站 DK15＋300 起，新建线路向南经北京大兴区、北京新机场、固安县、永清县和霸州市，终到雄安新区雄县东侧雄安站 DK105＋050 止，正线全长 92.785km，新建大兴站、大兴机场站、固安东站、霸州站、雄安站及板西线路所，另包含雄安动车所及走行线。工程主要包含通信、信号、信息、防灾、牵引供电、电力及四电房屋工程。

1.2 主要技术经济指标

设计概算：88056 万元。铁路等级：李营至黄村段利用既有京九线地段维持既有线标准，新建线路不低于既有线标准；黄村至 DK46＋092 段为新建高速铁路。正线数目：双线。设计速度：李营至黄村段设计速度不低于 120km/h；黄村至新机场 250km/h，新机场至 DK46＋092 段 350km/h。

1.3 参建单位

建设单位：中国铁路北京局集团有限公司京南工程项目管理部、雄安高速铁路有限公司

设计单位：中国铁路设计集团有限公司

施工单位：中国铁建电气化局集团有限公司

工程承包模式：四电工程施工总承包

1.4 开竣工日期

开工日期：2018 年 9 月 15 日

竣工日期：2020 年 12 月 30 日

2 科技创新

2.1 基于北斗系统的铁路信号工程施工定测技术

利用北斗定位，精确测量。运用北斗定位 RTK 测量技术进行信号专业施工定测，通过现场放样、图形生成、数据提取等完成信号设备点定位、轨道区段长度测量，最大误差可控制在 3cm 以内。

2.2 信息化仓储管理及质量追踪系统

对主要设备材料进出库实行"一物一码"，通过扫描二维码还可查看从出厂到安装各环节的工作人员信息、产品批次、规格型号等要素，解决了传统手账式物资管理容易出现的领料混乱、材料超支等问题。

2.3　光电缆成品防护罩

光电缆成品防护罩采用聚碳酸酯材质，结合电缆槽尺寸，开模注塑一次成型，重点对高铁交叉施工严重区段的光电缆进行成品保护，提高电缆敷设质量，减少运营故障。

2.4　绝缘走线架（钢骨架）

适用于铁路通信、信号工程室内布线作业，传统铝合金走线架需在所有拐角处加装绝缘垫块和绝缘螺丝保证电气绝缘。为了增加绝缘可靠性，采用以绝缘材料为框架、金属骨架为内芯的绝缘走线架，最大程度避免了走线架绝缘性能不达标，线缆破皮后造成漏电、短路等问题。

2.5　可伸缩式高速铁路钢轨引接线固定装置

解决了传统混凝土斜坡施工过程中容易造成道床污染，线路运营后易发生水泥面掉块脱落并可能影响行车安全等问题。

2.6　拼装式信号仿真模拟测试盘

将轨道电路、信号机、道岔等进行模块化设计，运用3D打印技术制作模型，根据站型现场拼接、集中配线，形成信号仿真模拟测试盘，试验完成后，将支架及模块快速拆卸、可循环利用。模拟盘的应用提高了信号试验过程中的直观感、立体感、真实感，具有减少材料浪费、提高试验效率等特点。

2.7　智能化接触网腕臂预配平台

接触网腕臂预配平台智能化和自动化水平高，装配精度高，有效减轻劳动强度，安全稳定可靠。

2.8　接触网吊弦自动预配平台

将吊弦数据直接导入工控机，进行智能数据提取，实现了吊弦全自动预制、长度在线检测、线夹组件智能组装、吊弦编号激光打码、自动捆包等智能化预配，同时具备输出相关检测、施工数据等功能，实现了智能化生产。

2.9　接触网支柱组立智能装备

通过重载机械臂高精度控制、机器视觉自动引导、空间多维路径规划等新技术，实现支柱组立自动化操作。应用高精度重载机械臂自由控制、基于视觉引导系统的机械臂自动对位安装系统、智能底座等技术，实现对支柱地脚螺栓状态检测，同时导入支柱基础位置信息和行车卫星定位信息，通过停车引导屏准确给出停车位置，实现精准作业。

2.10　接触网腕臂安装智能装备

搭载机器视觉引导系统和多自由度端执行机构，通过机械臂高精度控制、机器视觉引导、空间多维路径规划，多重安全防护保障，实现从人工高空分步骤安装作业，到智能化一步到位安装的转变。

2.11　接触网参数检测及吊弦标定智能装备

融合激光检测和图像检测的优势，采用振动补偿测量装置对顶部的测量设备进行补偿，减小测量偏差，实现行走状态下的吊弦安装位置精确标定和接触线高度、拉出值等参数的精确测量。通过激光和图像融合检测、三维动态跟随等技术，同时控制系统将标定点的参数信息自动存储到数据库。

2.12　轻钢结构体系装配式房屋

通过BIM技术建模编码，完成房屋的拆分与模拟装配，实现虚拟建造；房屋的构配件实现工厂化预制；采用BIM技术对各专业的预埋、预留进行碰撞检测，并对部分部位进行结构调整。各构件运用二维码、智能芯片实现一物一档，实现加工、吊装、运输及后期围护的全生命周期管理。

2.13　BIM技术的应用

京雄项目部在施工全过程中运用BIM技术指导施工。现场施工前，根据设计图纸，运用BIM技术对全线四电工程设备建模，结合设备布置原则和碰撞检查进行布局优化，有效解决错、漏、交叉等问题。技术人员根据BIM模型信息提报物资计划，减少了材料浪费；施工时对照BIM模型进行交底，精准指导现场，提高施工效率和质量。

3　新技术应用

3.1　通信系统基于 BIM 的 GSM-R 智能网络优化技术的应用

无线网络覆盖情况是决定网络运行质量的基础，由于现场地形及部分基站选址受限于现场客观条件，导致部分基站覆盖不太理想，部分基站覆盖过大或者过小，影响网络覆盖质量，基于既有铁路移动通信网络优化时间长，反复次数多，效率低。因此研制一种基于大数据、云计算、人工智能、BIM 技术、GIS 技术的铁路移动通信智能网络优化势在必行。智能网络优化在国内铁路移动通信网络优化方法尚属首次实验，没有可依循参考的经验进行施工。通过利用高性能计算、云架构、射线跟踪、GIS、BIM、大数据、人工智能技术：一是形成完全自主知识产权的铁路移动通信高精度智能网络优化技术与平台；二是根据铁路设计院网络规划方案，进行"一键智能网优"，指导基站天线按照优化后的结果安装调试，替代现有低效率的网络优化方法，为智能高铁及全国铁路网规网优智能化、常态化提供可靠的解决方案；三是首先解决京雄高铁网络优化的实际需求与痛点，再向全路推广，为高铁 GSM-R 及铁路下一代移动通信网络的高质量建设保驾护航。

3.2　牵引变电智能供电调度系统应用

目前的供电调度系统是将一个大型的计算机应用系统分为多个互为独立的子系统，而服务器便是整个应用系统资源的存储与管理中心，多台客户机则各自处理相应的功能，并共享实现完整的应用，但该系统也有不足。智能供电调度系统由智能 SCADA 子系统、供电调度运行管理子系统和辅助监控主站子系统构成，通过安全防护接口交互相关的运行状态及故障信息，实现供电设备监控自动化与供电调度作业信息化的"二化融合"。

3.3　牵引变电广域保护测控系统技术应用

目前电气化铁道牵引变电站二次系统绝大部分采用传统的模拟式设备和电磁式仪表执行测量显示等功能，依靠值班员视觉进行监视（仪表和中央信号），而继电保护则大多由集成电路晶体管或电磁元件构成。该系统占地面积大、测量仪表误差大、无自检和存储记忆功能且易发生误操作。因此有必要在总结以往运营经验和使用国内外同类产品的基础上，研制适合我国国情的综合自动化系统以满足电气化铁路技术进步的要求。广域保护测控系统分三部分，就地保护装置（完成既有综自系统的全部功能，同时实现广域保护功能）；站域保护基于全站信息实现就地保护功能的冗余和优化，具备断路器失灵保护、母线快速保护、馈线快速后备保护等功能；广域保护基于供电臂单元的站间信息交互，以供电臂为单位进行配置，变电所、AT 所、分区所之间通过广域通道进行连接，具备跳闸故障区段识别功能，提高保护选择性和速动性的性能。就地保护功能由就地保护装置实现，站域保护、广域保护功能由站域保护装置实现，站域保护装置和就地保护装置中的保护功能相互冗余。

3.4　牵引变电辅助监控系统技术应用

目前，我国铁路牵引变电所除综合自动化系统外，按照设计规范，还设有视频监控、安防、门禁、环控、火灾报警、消防监控、在线监测等系统。这些生产辅助系统由不同的专业设计，平台相互独立，功能单一，数据源分散，数据标准规范不统一，信息监控存在孤岛现象，使得各系统在信息共享、互动联动等方面较为欠缺，无法满足牵引变电所无人值守化发展的需要。综合辅助监控系统实现对各子系统的高度集成和一体化监控，具备数据采集接入、视频监控、联动控制、环境监测、报表展示与分析、历史数据查询等功能，并能与其他相关系统进行信息交互。

3.5　基于云平台的综合视频监控系统智能一体化

自 2016 年以来，原中国铁路总公司陆续发布一系列规范和标准，对铁路综合视频监控的清晰度以及存储时间提出更高要求。因此研制一种更高效、安全的综合视频监控系统智能一体化方案势在必行。项目部研发小组利用基于云计算、云存储、云平台的综合视频监控系统，通过硬件资源池化、软件服务化等虚拟技术，提高视频信息流传输效率、降低传输中的丢包率，提升存储时间，降低调试难度，实现综合视频监控各级资源统一管理，加强系统安全性，形成国内领先的综合视频监控系统智能一体化解决方案。

3.6 电力远程抄表技术应用

智能抄表系统（以下简称："系统"）是一个完全基于国际标准的、开放的自动化与信息化应用环境，由基础平台层、集成平台层、通信管理层组成。该系统不仅涵盖了常规的铁路自动化应用，而且可以方便地整合自动化系统以及其他部门的信息系统。京雄城际铁路全线共计车站 5 座、动车所 1 座、箱变 61 台。路局、供电段的管理部门使用的计量表计、光纤测温系统、有源滤波装置、弧光保护装置依次实现集中自动抄表、温度监测及异常报警、谐波治理、弧光保护等功能。但各个系统独立运行、各成体系，使各类信息无法关联，形成信息孤岛，需要分别对接各独立子系统接口及解析各类规约数据，增加路局、供电段的管理部门的监管困难。基于此现象，智能抄表系统应运而生。系统主站部署在北京供电段调度中心，以抄表功能为基础，掌握全线铁路的表计、测温、滤波、弧光保护信息，运用大数据分析等技术，提供铁路用能、数据诊断，帮助用户提质增效，科学高效管理，对铁路电力设备安全运行及信息化管理有着重要的意义。

3.7 接触网智能预配技术研发和应用

目前铁路"四电"接触网专业整体吊弦、腕臂预配绝大多数采用简易支撑人工平台预配。存在工序划分不明确、工序衔接不紧密、材料转运工作量大、人员协作不紧密、生产效率低等问题。现阶段智能建造、智能装备、智能运营是智能高铁的三大核心技术，智能预配平台的建设使其符合智能化、信息化、自动化生产条件，可对加工过程中的预配时间、定位尺寸、紧固力矩、组装零件生产厂家、生产批次、出厂日期、项目名称、区间、支柱杆号、操作及检验人员等信息进行记录存储，能够直接读取预配参数，自动完成送料、下料、切割、钻孔、装配零部件、标识腕臂信息等工序，实现快速、精确地预配组装接触网腕臂装置并可上传至云端进行管理，具备全过程可追溯性。吊弦自动生产线完全替代人工操作，制作全过程实现自动化，提高吊弦生产效率、质量，做到预紧力一致，确保接触网定位精确性，提高运行安全性。智能化解析预配技术极大提高预配精度和质量，降低了人力工作强度，充分满足智能化高铁铁路建设的需求，能够有效提高高铁接触网工程施工质量和效率。

4 数字化应用

本项目基于大数据智能分析的京雄城际四电施工数据集成技术，基于 BIM 协同平台将二维数据转换成的三维模型在 B/S 客户端显示，并进行交互处理。融合高精度 GIS 模型和施工信息模型，将 GIS 模型与 BIM 模型进行轻量化处理和整合，搭建基于 BIM＋GIS 四电施工管理三维平台，实现依据 BIM 模型进行工程查阅、动态展示、成果归集、数据整合等功能。数字化成果如下：

4.1 深化辅助施工

项目部 BIM 专业人员常驻工区，采用集中办公、深入现场的方式，进行辅助施工。应用点主要包括：设备安装及线缆敷设深化、碰撞检查、深化出图、深化模型算量、专项施工方案优化、施工工序优化、可视化交底、效果图。结合现场落实情况，建立图纸问题及施工优化记录卡，并进行闭环管理。

利用 BIM 技术辅助指导施工过程，将优化方案结合施工现场进行模拟分析，同时为施工落地对工装及实体构件进行改进创新，开发新型应用装置。装置开发后，通过三维可视化分析进行模拟实验和实际应用，并对改进的工装及实体构件申请了实用新型专利。

4.2 项目级 BIM 标准建设

目前铁路 BIM 联盟以及国家、行业相关 BIM 标准对铁路四电工程 BIM 相关规定较少，无法有效指导现场模型创建、深化应用及平台研发与应用等工作。鉴于此，针对施工需求和数字化交付需求，建立项目级 BIM 应用实施标准。标准包括：模型精度、构件及模型命名、配色、模型拆分、物

资 & 构件 & 工点编码体系、构件与 WBS 工项、信息交换模板、接口检查标准、与铁路工程管理平台的数据接口标准等。实施标准经项目实践，对铁路 BIM 联盟标准体系四电部分进行了验证和完善。

BIM 中心根据项目 BIM 实施应用目标，首先编制 BIM 施工应用策划书、调研报告、需求分析报告（含项目级 BIM 应用实施标准）；然后编制了企业标准三项；最后，建立了项目级 BIM 标准体系，为企业级 BIM 标准奠定基础。

4.3 BIM＋GIS"一张图"集成管理技术

铁路四电工程具有规模大、标准高、接口工程复杂，建设工期短、管理分散、协调关系复杂等特点。传统的项目施工管理模式很难实现建设过程中进度、质量、安全等各项数据资源的高效协同管理。为此研发基于 BIM＋GIS"一张图"集成管理技术的铁路四电工程施工管理平台，以数字化、信息化为手段探索智能建造、精细管理的新模式。

BIM＋GIS"一张图"包括 GIS 场景展现、模型轻量化处理、模型合模整合等工作。通过卫星影像数据及平台的核心引擎，根据场景中的相机位置进行加载调用。从数据维度看，包含几何信息处理和非几何信息处理两部分，几何信息转换是轻量化的源头，对形状相同但位置不同的图元进行合并，只保留一个构件的数据，其他相同的构件记录一个引用＋空间坐标，可有效减少图元数量。非几何信息按照原模型的既有属性进行输出并实现与构件的关联绑定。导出的数据再通过高比例的压缩工具，压缩成指定的文件格式，再基于 threejs 开发模型解析、渲染引擎，实现模型解析查看，然后在引擎中与 GIS 图层的相机进行绑定，从而实现 GIS 与模型场景的关联展现。

在 BIM＋GIS 引擎中，开发模型合模调整功能，实现模型与 GIS 场景的合模调整。各专业模型应基于大地坐标系创建且与站前线路专业保持同一坐标系。当模型与参照的底图存在位置和角度偏移时，应在模型项目参数中记录偏移参数。轻量化模型导入平台后，平台根据漂移参数将模型的坐标点转换成对应度带的大地坐标，再结合模型对应的度带及高程经过高斯投影反算后便可将模型放置在 GIS 场景中的实际位置。基于 BIM 编码及线路里程，实现线路信息与地理信息一体化、工点分布直观化、施工信息集成化，即京雄四电工程各工点 BIM＋GIS 的"一张图"集成管理。

5 经济效益分析

京雄城际铁路是承载千年大计运输任务、支撑国家战略的重要干线，对于促进京津冀协同发展和支撑建设雄安国家级新区具有重要意义。线路建成后，雄安站将成为雄安新区路网性主客站、地面综合交通枢纽，主要服务新区中长途客流，实现新区与全国高铁网紧密联系。通车后，北京城区与雄安新区实现半小时通达。雄安站建成投产后，雄安新区可直达北京、天津、保定、石家庄等京津冀主要城市，连接华中、华南、西北、西南、东北等不同地区，实现雄安新区与北京、天津、保定半小时交通圈，与石家庄 1 小时交通圈，将进一步完善京津冀区域高速铁路网结构，便利沿线群众出行，对提高新区对全国的辐射能力，促进京津冀协同发展，均具有十分重要的意义。

在项目实施过程中，成本预测控制管理是工程项目管理的重要内容。该项目通过明确成本管理的内容和流程，确定各部门的职责，建立健全成本管理体系，合理编制成本预算，合理控制成本，提高项目的经济意义。做好人工成本控制，选择优秀的劳务队伍，通过对劳务队的信用评价，选择能为工程项目提高经济效益的劳务队伍，同时要保障施工质量，避免返工等造成成本的增加。合理安排施工工序，科学配置劳务人力资源。做好材料设备成本控制，结合施工进度进行材料计算，对超出耗损范围的要及时查找原因。改进施工技术，使用耗材较少的新技术，加强现场管理，降低损耗。

6 结语展望

随着我国经济的不断发展，铁路建设已经成为国民经济发展的重点，步入了一个历史性的快速发展时期，铁路工程建设技术获得了大量的积累，为以后的铁路工程建设打好了坚实的基础。

新建京雄城际铁路"四电"工程内容包括管辖范围内的电力、牵引供电、通信、信号、信息、四电房屋及防灾工程。工程严格按照各项作业标准施工，竣工后经建设、运营、设计、监理单位、施工等单位验收，单位工程合格率100％，各项技术指标达到国铁集团标准和设计要求。开通运营后设备性能稳定可靠，得到京南项目管理部和雄安高速铁路有限责任公司的一致高度评价。

该项目在建设过程中较为广泛地采用了新技术、新设备、新材料以及新工艺。包括：基于北斗系统的铁路信号工程施工定测技术、信息化仓储管理及质量追踪系统、光电缆成品防护罩、可伸缩式高速铁路钢轨引接线固定装置、智能化接触网腕臂预配平台、接触网支柱组立智能装备、BIM＋GIS"一张图"集成管理技术等。基于这些技术创新实现施工的信息化、数字化、智能化管理，为该项目解决施工过程中存在的问题，为高质量建设保驾护航。工程自开通运营以来，设备运行稳定，工程质量优良，受到了建设和运营维管单位的肯定和好评。

总之，随着科技的发展建筑工程施工技术水平逐渐提升，这些新型施工技术在提升施工质量、降低成本投入、保护自然环境方面具有重要的价值，施工单位应当强化对施工技术创新应用的重视，通过在具体施工中引入和运用这些技术，推动建筑工程施工的发展。

城市核心地段既有地下空间结构改造关键技术及应用

Application of Key Technologies for Reconstruction of Existing Underground Space Structure in Urban Core Area

张静涛 百世健 刘云霄 李 宁 李鹿宁

（中国建筑第二工程局有限公司）

1 工程概况

西单文化广场升级改造项目位于北京市西城区西单北大街180号，位于长安街核心地段上唯一的大型绿地广场，地理位置显赫，西侧紧邻地铁4号线，南侧紧邻1号线，本工程属于民用公共建筑，为2019年70周年国庆献礼工程，政治意义大。昔日平阔的灰色广场被改造成绿树成荫的下沉广场，地下部分低端商业格子铺"77街"也被名为"西单更新场"的商业综合体取代（图1）。

图1 西单文化广场升级改造项目效果图

项目建筑面积36184.4m²，建设单位为华润置地（北京）股份有限公司，建筑特点为改造前地下四层，结构形式为钢筋混凝土结构，结构改造后为地下三层，结构形式为钢框架＋钢筋桁架现浇楼板结构，局部地上一层结构。项目开工时间为2018年8月30日，竣工时间为2020年12月25日，工程投资数额为50003.04万元，工程由中国建筑第二工程局有限公司施工总承包。

城市核心地段的构筑物作为城市名片成为不可或缺的一部分，但其建设时间久远，在规划设计时功能往往具有较大的局限性，随城市化发展进程的不断加速，空间立体化使用越来越受到重视，城市核心地段地下空间升级改造成为缓解城市资源紧张、适应城市高速度发展的重要手段。

经调研，采用结构改造技术，利用既有及新建结构底板及外墙作为基坑内支撑体系，充分发挥既有结构承载性能的方式，无土方开挖，对周边环境影响小，这种地下空间改造结构体系转换的施工方式在国内应用较少。

目前地下空间改造多为既有结构局部功能改造或原城市无效地下空间的开发利用,既有结构功能性改造往往不改变结构主要的受力体系,城市无效空间的开发利用为纯新建结构体系,既有结构主要受力体系改造的地下空间改造往往采取整体拆除后新建的方式,而城市核心地段周边环境复杂,对环境影响较大,该施工方式局限性较大。

西单文化广场改造项目为 2019 年国庆献礼工程,2019 年 3 月底需将±0 楼面移交至园林部门进行园林工程施工,项目于 2018 年 8 月 30 日进场,采用常规拆除后新建的方式无法实现,为保证±0 楼盖按时移交园林,项目采用逆作改造的方式进行施工。本工程逆作改造主要施工思路如下:保留原有结构基础及外墙,先进行基础底板的加固,随后进行外墙加固及新建结构竖向钢结构的安装施工至±0,优先完成±0 楼盖施工,利用既有结构楼板和新建结构楼板作为内支撑,后续向下逆作逐层拆除、逐层新建、逐层换撑。

城市核心地段地下空间升级改造成为缓解城市资源紧张、适应城市高速度发展的重要手段,城市地下更新逆作法钢结构安装综合施工技术为加快城市更新建设提供了技术参考。

2 科技创新

2.1 既有地下空间结构改造建筑结构及周边环境平衡研究

(1)地下空间结构改造周边环境平衡研究

工程紧邻北京地铁 1 号线和 4 号线的换乘车站"西单站",距地铁线路轨行隧道最小距离约为 19.8m,距地铁站房附属结构最小距离不足 5m。应《西单文化广场改造项目临近地铁 4 号线西单站结构及轨道安全性影响评估》中的相关要求,施工过程中需保证地铁车站主体及区间隧道及轨行结构变形量控制在 2mm 以内。

根据西单文化广场升级改造项目与既有地铁 4 号线西单站的相对位置关系,综合考虑既有地铁结构保护范围和新建工程的有效影响范围,利用 ANSYS 有限元分析软件建立新建对既有地铁结构影响的分析模型。

根据模拟结果,在新建工程施工后,既有地铁车站风道隧道结构的最大横向变形部位在邻近改造工程位置风道侧墙,施工过程中变形最大值出现在施工第三阶段,既有地铁车站主体与区间隧道结构的最大横向变形部位在邻近改造工程位置区间侧墙,施工过程中变形最大值出现在施工第四阶段,未超过预警值,验证方案的可实施性。

(2)地下空间结构改造建筑结构内部平衡研究

西单文化广场升级改造项目施工过程中,利用临时钢支撑作为竖向内支撑体系,利用既有结构楼板和新建结构楼板作为水平内支撑体系,运用 Midas Gen 进行分工况数值模拟,选出变形最大的工况,逐个分析工况下的外墙变形情况并进行累积,验证方案的可实施性。其中西侧临近地铁处外墙各工况下的变形情况如图 2 所示。

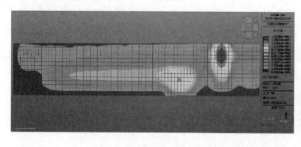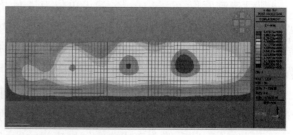

图 2　施工第一步、第七步基坑西侧 DX 变形云图

本工程西侧临近地铁结构,施工过程中结构外侧累计变形量为 4.82mm,小于 8mm 控制值,且均满足混凝土墙体变形小于 $l/200$(l 为计算跨度)的要求。因此按照施工方案进行施工,对建筑结

构自身的变形影响可以控制在允许范围内，此方案可行。

2.2　地下空间结构改造监测技术研究

工程采取有效的应力及变形监测措施，监测系统可及时发出超载预警，采用有限元分析方法，可以了解结构拆除的潜在的危险区域，有限元分析结合现场应力及变形监测的方法，既可以从理论上优化设计施工工序，又可以在现场施工过程中实时监测，确保结构改造过程中的安全性。

在施工过程中对项目周边地铁设施进行了不间断的变形监测，并收集、整理了相关数据。与工程距离最近的轨行区间隧道和附属结构的监测点为 SDH1-7 和 FDH1-6，分别布置在工程所在位置西侧的轨行区间隧道和附属结构风道中（图 3、图 4）。

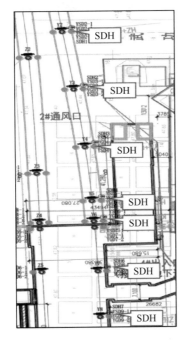
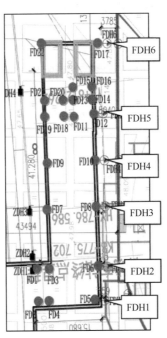

图 3　轨行区间隧道监测点布置　　　　图 4　附属结构监测点布置

根据监测数据结果显示，轨行区间最大横向变形量为 1.0mm，发生在测点 SDH2 和 SDH3 所在的位置，监测点所在的区域接近工程西侧墙体中部，且与地铁站房有一定的间距，同本工程模拟分析的横向变形结论接近。隧道区域变形规律呈现出随工程施工进度逐渐增大最后回落的趋势，附属结构区域的变形规律呈现随工程施工逐渐增大，且增大速率逐渐降低的趋势，这与模拟分析所得的趋势情况相符。

2.3　地下空间改造结构改造复杂节点做法研究

（1）BIM 技术进行拆除及新建过程中的碰撞检查研究

在工程结构拆除及新建过程中存在大量结构碰撞部位，采用轻量化 BIM 模型技术，把各专业 BIM 模型数据以直观模式存储于展示模型中，模型碰撞信息采用"碰撞点"和"标识签"进行有序标识，通过结构树形式的"标识签"直接定位到碰撞位置并提供具体碰撞构件相关信息，有助于优化施工方案，解决由此产生的工期延误、返工现象（图 5）。

（2）竖向构件碰撞支撑体系托换的研究

工程在结构拆除及新建过程中，新旧结构产生了大量的碰撞部位，若处理不当，将对基坑支护、整体结构体系造成安全隐患。因此需要设置合理的托换体系，解决新建结构柱与原结构柱、原结构梁碰撞冲突。在结构拆除及新建过程中，如原结构柱与新建结构柱冲突，可在原结构柱四周设置临时支撑对原结构梁进行回顶，然后进行原结构柱拆除；如原结构梁与新建结构柱冲突，可在原结构梁冲突

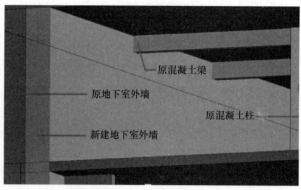

图 5 新旧结构碰撞 BIM 模型示意图

部位设置临时支撑,然后进行原结构梁局部拆除。

(3)逆作工程基础底板加固施工技术研究

本工程钢结构柱预埋板过程中存在以下两个问题:1)新结构的承重柱(箱形钢柱)定位与旧结构承重柱(混凝土柱)的位置部分重合,旧结构柱的存在影响进行新结构柱的施工,而对旧结构柱直接进行拆除会破坏结构平衡体系,影响结构安全;2)旧结构柱拆除前需完成基础底板加固,旧结构柱影响基础底板的钢筋绑扎及混凝土浇筑,进而影响钢柱的安装。

基础加固过程中新旧结构柱碰撞冲突部位,首先在原有基础底板的顶部浇筑新基础底板,浇筑时在原承重柱的四周预留坑槽,并且新基础底板钢筋靠近原承重柱的一端预留钢筋接头,然后对原承重柱回顶,接着拆除原承重柱,并在坑槽内绑扎钢筋网,将钢筋网与钢筋接头连接,接着在坑槽内浇筑混凝土,完成钢结构柱预埋板留设,最后安装新承重柱(图6)。

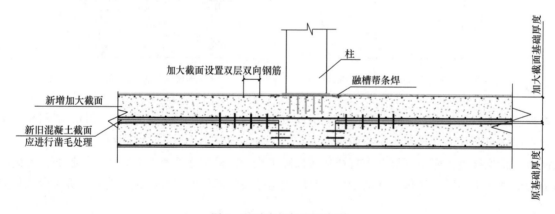

图 6 基础底板加固示意图

(4)既有地下室外墙增大截面加固逆做施工技术研究

本工程跳仓法对既有多层地下室钢筋混凝土结构外墙单侧增大截面加固施工,保留地下室原结构的楼板,剔除原结构楼板和待施工的增厚外墙连接处的混凝土,新建墙体钢筋绑扎过程中,在原结构梁处断开,新建墙体混凝土与原结构梁紧密结合,后续采用绳锯沿墙体施工完成面进行原结构梁切割拆除(图7、图8)。

2.4 地下结构改造有限空间作业施工技术及安全保障措施研究

(1)有限空间作业有害气体处理措施研究

本工程首层楼板形成后成为半封闭的有限空间,结构拆除及钢结构焊接过程中,产生大量的焊接烟尘及有害气体,本项目研究了多点检测反馈机制的空气净化系统,以固定式和移动式环境监测集成终端为核心,两端分别设置环境采样设备和环境净化设备,有效消除结构拆除作业粉尘及焊接作业烟尘。

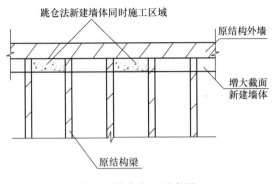

图 7　跳仓施工示意图

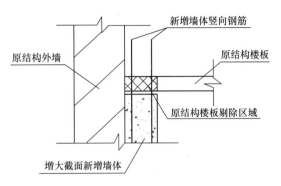

图 8　板、墙节点示意图

（2）BIM 虚拟施工模拟技术研究

项目现场钢结构安装施工空间狭小，首层楼板形成后，原有常规吊装方案不满足施工条件，工程利用 BIM 施工模拟，利用塔式起重机将新吊装钢构件吊运至负一层楼板，利用叉车将新吊装钢构件横向运输至安装工作面，楼面上设置 H 型钢。挂载捯链所用钢丝绳，挂置于新吊装钢构件上，以实现非常规吊装。

（3）"BIM＋天眼"人员自动定位系统装置研究

BIM＋天眼系统地下复杂空间实时定位系统，将 BIM 模型通过 IFC 格式转换，与天眼系统 SDK 开发接口进行数据对接交联，在地下作业空间内搭设大量蓝牙基站，将 BIM 模型与地下蓝牙定位基站探头关联，软硬件结合达到人员在地下 GPS 信号遮蔽时仍能通过蓝牙基站将自身坐标位置实时反馈到天眼系统 BIM 关联模型当中。所有现场人员佩戴蓝牙实名制智能信标，系统能够全程定位进场人员行动路线，进入危险区域能够及时提醒，工作人员进入错误工作区域能够报警，降低施工现场由于人的原因导致的安全问题（图 9、图 10）。

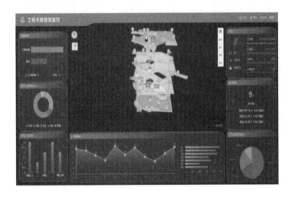

图 9　天眼系统 UI 界面

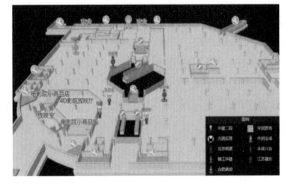

图 10　位置信息实时显示

3　新技术应用

3.1　"四新技术"应用情况及效果

（1）塔式起重机安装无梁楼盖汽车式起重机站位转换桥技术

1）汽车式起重机站位转换桥设计

塔式起重机安装无梁楼盖汽车式起重机站位转换桥技术，首先将一个汽车式起重机支腿立设于原结构柱顶正中部，其余三个汽车式起重机支腿通过加设转换钢梁的方式确定位置。位于柱顶正中部位的汽车式起重机支腿底部加设 40 厚钢板，转换钢梁采用 2 根 H 型钢焊接组装，转换钢梁下部垫设 40 厚钢板，上部加设 20 厚钢板与转换钢梁进行双面满焊，同时汽车式起重机支腿正下方转换钢梁加设

20 厚钢板加劲肋。

2）汽车式起重机站位转换桥计算分析

① 无梁楼盖承载力计算分析

根据 98 版结构施工图和 08 版结构施工图，进行承载力校核。B1 层顶板为无梁楼盖结构体系，其柱网轴线间距 8m，圆柱直径 700，柱帽为 2m×2m，厚度 400，柱上板带宽度 4m，厚度同楼板均为 280。计算结果显示 B1 层顶板承载力约为 15kN/m²，实际施工过程中按照施加荷载不超过 15kN/m² 控制。

② 汽车式起重机行驶过程计算分析

1 号塔 D1100-63 安装过程采用 160t 汽车式起重机，车辆自重取 720kN，按照单轴承重 70％计算，即产生的集中力为 720×0.7＝504kN，经计算行驶过程产生荷载约 14.08kN/m²，根据设计院校核数据，B1 层无梁楼盖承载力约为 15kN/m²，满足汽车式起重机行驶要求。

③ 汽车式起重机吊装过程计算分析

1 号塔 D1100-63 安装过程采用 160t 汽车式起重机，汽车式起重机四支腿全伸工况，由于汽车式起重机自重及配重重心在四支腿内，由四支腿平均分担，经计算起重机最大单腿支反力为 71.41t。原结构中截面最小的柱为直径 700mm，混凝土等级 C35 的钢筋混凝土圆柱，仅考虑混凝土的承载力时柱截面最大承载力为 6426.91kN，轴压比增量约为 0.111，在安全范围内。

（2）逆作钢结构施工技术

1）逆作钢结构施工工序

工序一：开挖地下一层局部浅基坑，为地下一层结构外扩提供工作面，按照东南、西南、西北顺序依次开挖，然后拆除与支护无关区域及地面以上结构，打通地下垂直运输通道，为底板及外墙加固提供路由。

工序二：进行底板新建，底板浇筑分 21 个区，优先进行西侧及南侧移交区域基础底板施工，后进行东侧及北侧区域施工；之后新建外墙，为保证水平支撑效果采用跳仓法施工，模板采用单侧支模；同时在新建框柱部位由下至上施工钢支撑，新建钢柱与原结构碰撞部位采用钢支撑回顶后，对原结构进行拆除。

工序三：采用液压剪拆除－2.750m 以上除侧墙部分以外的原结构，吊装地下一层至地下三层新建钢柱；此阶段采用 1 台 D800-42、1 台 D1100-63 塔式起重机解决主体结构施工的垂直运输。

工序四：进行地下一层顶部结构施工；进行浅基坑回填，具备移交国庆献礼园林条件，然后进行塔式起重机拆除。

工序五：拆除－2.750m 夹层结构和原地下二层以上临时竖向支撑。

工序六：新建地下二层顶部结构，在原地下四层设置斜向支撑，支撑水平间距 2.8m。

工序七：拆除原地下三层、地下四层结构和临时支撑。

工序八：施工地下三层顶部结构，最后将斜向支撑拆除（图 11）。

2）逆作钢结构深化技术

① 钢柱牛腿设置

本项目钢柱截面为□700×700×35、□800×800×50，安装洞口既要满足钢柱的垂直安装运输，又不得过大影响原结构楼板的稳定，最终决定钢柱安装洞口尺寸统一定位 1200mm×1200mm。又因受安装洞口尺寸的限制，考虑到钢结构逆作法上部荷载过大，地下室钢梁在后续室内安装时，若在安装过程中直接与钢柱焊接将致使钢柱侧板受热软化变形，从而容易产生焊接裂纹等缺陷；为保证楼板开洞处结构稳定，钢柱安装前洞口四周应首先安装格构柱进行回顶，造成钢柱周边作业空间有限，无法实现先装钢柱，再室内焊接牛腿。因此钢柱牛腿需在加工场预制安装，经研究，确定长度取为 150～200mm，以满足钢柱竖直向下顺利穿过安装洞口进行安装的需求。

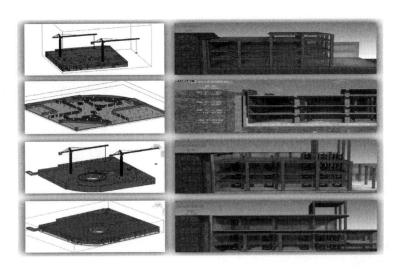

图 11　关键工序图

② 钢柱防倾覆设计

钢柱安装完之后应与原结构每层楼板设置连接钢板，防止钢柱倾覆，其形式如图 12。

3）托换钢支撑施工及应力监测技术

本工程结构拆除及新建过程中，如原结构柱与新建结构柱冲突，可在原结构柱四周设置临时支撑对原结构梁进行回顶，然后进行原结构柱拆除；如原结构梁与新建结构柱冲突，可在原结构梁冲突部位设置临时支撑，然后进行原结构梁局部拆除。结构拆除过程中，采取有效的应力及变形监测措施，确保结构改造过程中的安全性。

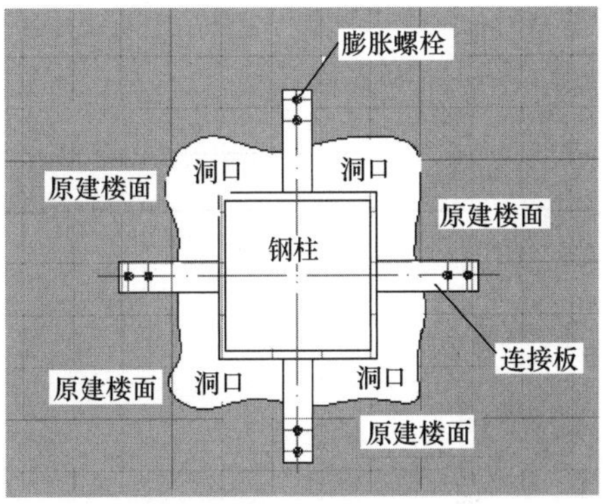

拆除施工前，对支撑体系粘贴应变片，拆除过程中对应变片电阻进行实时监测，一旦应力、应变值超出允许值，现场立即采取停工措施，并及时进行加固。

（3）可移动自提升组合龙门吊架技术

为验证可移动自提升组合龙门吊架的结构安全性，参照构件初步选型数据，应用 MIDAS 有限元分析软件建立结构模型。工作状态下，龙门吊架以承台下四角的千斤顶为支座，将吊装荷载传递至楼板。该结构计算模型选取吊装荷载为 9.8t，作用点位于横梁中心（图 13、图 14）。

图 12　单节柱与原建楼面固定示意图

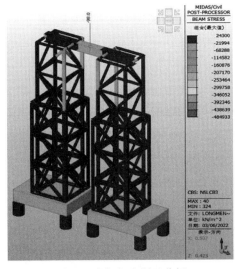

图 13　龙门架有限元分析

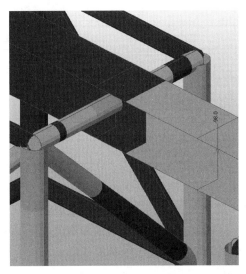

图 14　最大应力部位

依据校核结果,最大应力发生在钢横梁与标准节横杆交接处,大小为212MPa,小于构件材质特征235MPa,最大支反力发生在承台内侧支座处,大小为24.3kN,小于千斤顶承载力50kN,满足承载力要求。

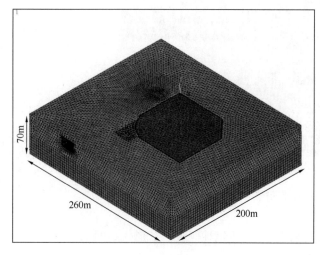

图15 有限元分析范围图

(4)加固改造施工对地铁影响有限元分析及监测技术

1)有限元分析范围

根据项目与既有地铁4号线西单站的相对位置关系,综合考虑既有地铁结构保护范围和新建工程的有效影响范围,利用AN-SYS有限元分析软件建立新建对既有地铁结构影响的分析模型(图15)。

2)有限元模拟工序

根据本工程施工工序,考虑对结构变形影响程度,模拟时将工序简化为五个结构力学体系变化较大阶段,各模拟阶段如表1所示。

模拟工序阶段表 表1

阶段	说明
阶段一	开挖地下室顶部覆土
阶段二	新建外墙叠合层
阶段三	施作顶板及底板,拆除原顶板及地下二层顶板
阶段四	施作B2层顶板,拆除原地下三层、四层顶板
阶段五	施作B3层顶板

3)有限元变形预测

新建工程施工后,既有地铁车站主体与区间隧道结构的最大横向变形部位在邻近改造工程位置区间侧墙。各阶段横向变形最大值见表2所示,其变形规律呈现出随工程施工进度逐渐增大后回落的趋势。

有限元变形预测分析表 表2

阶段	最大变形值	变形方向
第一阶段	0.130	偏向广场施工方向
第二阶段	0.133	偏向广场施工方向
第三阶段	0.683	偏向广场施工方向
第四阶段	0.871	偏向广场施工方向
第五阶段	0.856	偏向广场施工方向

提取各阶段的车站及区间的横向变形云图,图中反映轨行区间横向变形最大的位置是距离站房有一定距离的,接近基坑工程中部的区域。

新建工程施工后,既有地铁车站风道隧道结构的最大横向变形部位在邻近改造工程位置风道侧墙。各阶段横向变形最大值见表3所示,其变形规律呈现出随工程施工进度逐渐增大,且变形增大速率逐渐降低的趋势。

各阶段横向变形统计表 表3

阶段	变形值	变形方向
第一阶段	1.385	偏向广场施工方向
第二阶段	1.389	偏向广场施工方向
第三阶段	1.498	偏向广场施工方向
第四阶段	1.147	偏向广场施工方向
第五阶段	1.127	偏向广场施工方向

4）有限元变形影响分析结论

施工过程中地铁车站主体及区间隧道及轨行结构变形量不得超过2mm，预警值为1.4mm，报警值为1.6mm。根据模拟结果，在新建工程施工后，既有地铁车站风道隧道结构的最大横向变形部位在邻近改造工程位置风道侧墙，施工过程中变形最大值出现在施工第三阶段，为1.498mm，虽超过预警值，但未达到报警值；既有地铁车站主体与区间隧道结构的最大横向变形部位在邻近改造工程位置区间侧墙，施工过程中变形最大值出现在施工第四阶段，为0.871mm，未超过预警值。

（5）BIM＋天眼地下复杂空间实时定位技术

BIM＋天眼系统地下复杂空间实时定位系统，将BIM模型通过IFC格式转换，与天眼系统SDK开发接口进行数据对接交联，在地下作业空间内搭设大量蓝牙基站，将BIM模型与地下蓝牙定位基站探头关联，软硬件结合达到人员在地下GPS信号遮蔽时仍能通过蓝牙基站将自身坐标位置实时反馈到天眼系统BIM关联模型当中（图16、图17）。

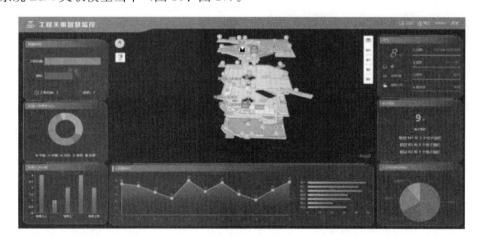

图16 天眼系统UI界面

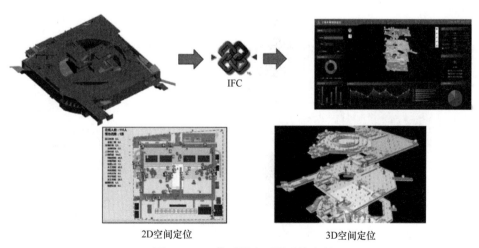

2D空间定位　　　　3D空间定位

图17 BIM模型导入天眼系统流程

415

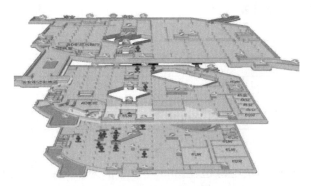

图18 天眼系统分层图

基础定位与可视化管理为现场人员配备身份定位装置（录入人员姓名、性别、年龄、血型、工种等信息），利用可视化定位管理平台，以不同颜色的定位点区分人员和设备，直观动态显示所有人员及设备在岗情况、具体位置等信息，实时查看人员分布情况，为安全管理提供可靠的信息支撑(图18)。

危险区域电子围栏根据危险区域作业特点进行分工种授权，非授权人员靠近危险作业区域时，定位装置发出声音和振动报警，提醒进入危险区域，同步在管理中心数字地图显示，实现双向报警。通过与现场视频监控系统联动，即时弹出现场监控画面，实现动态、全域、实时可视化管理（图19）。

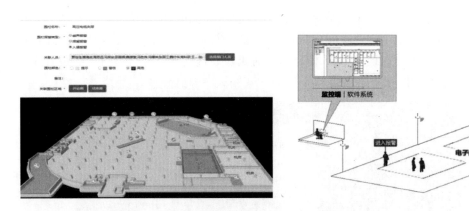

图19 天眼系统电子围栏（示意图）

视频联动与热度统计通过人员定位系统可以获得人员的实时精准位置数据，将实时精准的位置数据和视频枪机结合就可以实现视频联动效果。实时显示各区域人员分布情况，可实现人员聚集报警、超时停留报警、高风险作业监控、密闭空间作业监控等。

一键报警：现场作业人员特殊情况下可利用定位装置上紧急呼救键进行报警，应用平台立即发出报警，并联动现场视频，同时数字地图上对应该人员的定位标记会发出红色闪烁信号，并通知管理人员进行紧急处理（图20）。

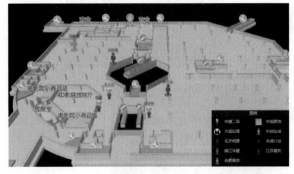

图20 天眼系统硬件报警传感器

3.2 存在问题及建议措施

钢结构深化过程中主要存在以下几个问题：（1）首层结构率先施工，则上部结构载荷在施工过程中竖向向下传递；（2）地下结构拆除前需先安装竖向结构，在原有结构楼板开洞，洞口大小受限；（3）原有结构拆除前，钢柱无法拉设缆风绳；（4）单根钢柱整体过重，需分段吊装，分段位置受原有结构限制。

对于钢深化结构的问题，解决措施为设置钢柱牛腿，落实钢柱防倾覆设计，严格遵守钢柱分段原则。

本工程钢结构柱预埋板过程中存在以下两个问题：（1）新结构的承重柱（箱形钢柱）定位与旧结构承重柱（混凝土柱）的位置部分重合，旧结构柱的存在影响进行新结构柱的施工，而对旧结构柱直接进行拆除会破坏结构平衡体系，影响结构安全；（2）旧结构柱拆除前需完成基础底板加固，旧结构柱影响基础底板的钢筋绑扎及混凝土浇筑，进而影响钢结构柱预埋板的安装。

对于预埋板过程中存在的问题，基础加固过程中新旧结构柱碰撞冲突部位，首先在原有基础底板的顶部浇筑新基础底板，浇筑时在原承重柱的四周预留坑槽，并且新基础底板钢筋靠近原承重柱的一端预留钢筋接头，然后对原承重柱回顶，接着拆除原承重柱以及坑槽正下方的原有基础底板，在坑槽正下方的原有基础底板的位置重新浇筑混凝土，并在坑槽内绑扎钢筋网，将钢筋网与钢筋接头连接，接着在坑槽内浇筑混凝土，完成钢结构柱预埋板留设，最后安装新承重柱。本创新技术预留坑槽和钢筋头的操作，钢筋在原承重柱处有效连接，混凝土与预埋板整体性良好，确保了钢结构预埋板的承载性能。

4 数字化应用

4.1 BIM 技术进行拆除及新建过程中的碰撞检查研究

（1）实施路径

在工程结构拆除及新建过程中存在大量结构碰撞部位，运用 BIM 碰撞检测技术，通过三维建模，直观检视需要拆除和新建的柱模型重叠部位，合理识别判断分析碰撞部位节点，避免空间冲突，有助于优化施工方案，解决由此产生的工期延误、返工现象。

本工程在项目前期设计深化过程中，建立专业精确的 BIM 模型，BIM 技术为工程提供模拟现场施工碰撞检查平台，完成仿真模式现场碰撞检查，出具相应碰撞检测报告，提供相应碰撞部位节点构件信息，合理评估并作出设计施工优化决策。

通过对原有图纸建模以及新建图纸建模，利用两套模型交叠检视结构部位重叠碰撞信息。采用轻量化 BIM 模型技术，把各专业 BIM 模型数据以直观模式存储于展示模型中，模型碰撞信息采用"碰撞点"和"标识签"进行有序标识，通过结构树形式的"标识签"直接定位到碰撞位置并提供具体碰撞构件相关信息。

（2）方法价值总结

根据旧有结构图纸建立 Revit 模型→根据新建结构图纸建立 Revit 模型→新旧两版模型进行叠合→根据新旧模型叠合情况检视结构碰撞部位并出具碰撞报告→根据碰撞结构部位状况识别碰撞状态→合理评估碰撞结构部位并据此制定相应施工方案。

1）原有结构图纸和新建结构图纸分别建模

项目原始结构图纸采用手绘绘制，年代较早，根据原始结构图纸，重新梳理归纳，采用 Revit 建模。恢复旧有结构 BIM 模型。根据新建 CAD 图纸，建立新建结构模型。旧有结构模型与新建模型分别维护管理（图 21）。

2）旧有结构模型与新建结构模型叠合碰撞检查

将旧有结构模型与新建结构模型在轻量化平台 BIMBOX 或 Revit 软件里进行叠合碰撞检查，根

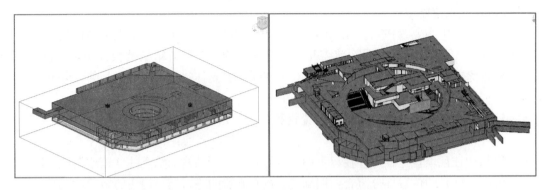

图 21　新旧两版图纸模型分别建模

据叠合部位碰撞结果分析具体碰撞部位状态，根据碰撞点位生成标识签进行有序标识，通过结构树形式的"标识签"直接定位到碰撞位置并提供具体碰撞构件相关信息。

3）根据碰撞结果优化施工方案

根据碰撞结果，如新结构柱与原结构柱位置碰撞冲突，相互影响施工，采用预留坑槽、设置临时钢支撑的施工方式，确保原结构柱可正常拆除，新结构柱可正常吊装。

地下室外墙墙体单侧加固采用分仓法进行自底至顶施工，未施工仓段原结构梁、板均保留。根据确定的加固范围、厚度及原结构梁、板布置形式，对需加固墙体沿水平方向进行仓段划分，每仓根据原结构梁布置取一跨，为保证原结构支撑体系完成，采用跳仓法进行施工（图22～图25）。

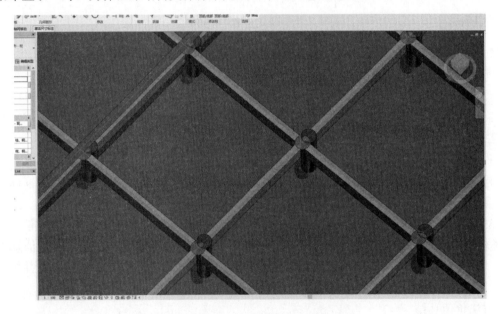

图 22　新旧结构柱碰撞 BIM 模型图

4.2　BIM 虚拟施工模拟技术研究

（1）实施路径

本项目涉及大量地下空间改造、基础加固工程，采用"逆作法"施工，项目施工难度大、环境复杂、周围场地可利用空间狭窄。在前期地下拆除和新建结构施工中，利用 BIM 虚拟施工模拟技术，最大限度减少对周边影响，优化方案比选和施工工序。

项目利用 BIM 模型结合逆作法施工工艺及施工组织设计对逆作法施工方案的可行性进行预演，通过 BIM 技术模拟施工推演分析合理性及施工工序的可行性，集成 BIM 的 4D 技术对施工组织设计进行优化。

图 23　新旧柱钢结构支撑 BIM 模型示意图

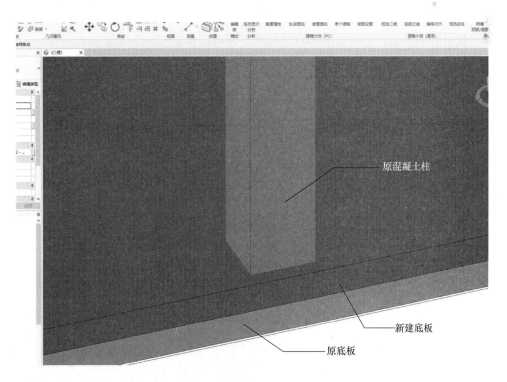

图 24　新建底板与旧有结构柱碰撞 BIM 模型示意图

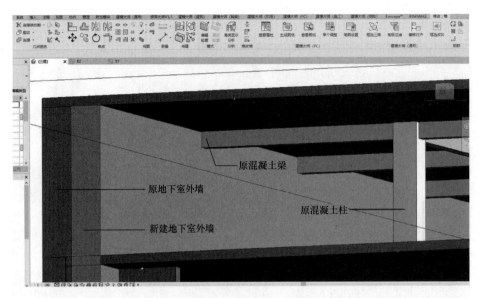

图 25　新建增大截面地下室外墙与旧有结构梁碰撞 BIM 模型

项目建立 BIM 模型，将项目实施工程中的大量分散的建筑信息整合在一个 BIM 模型内，而且随着项目工程施工的不断深入，这些建筑信息进行不断地丰富更新，并贯穿整个建筑施工全过程。运用 BIM 技术来进行辅助施工，并在设计施工过程中补充 BIM 信息，利用 BIM 信息来完善 BIM 虚拟施工流程。

（2）方法价值总结

1）本工程原设计方案为将原结构外墙及底板全部拆除新作，基坑支护采用新作工程桩围护构件和环梁内支撑的形式。但周边场地复杂、围护桩因地下既有人防隧道等原因无法施工至设计长度、原围护桩情况不明，且工期无法满足国庆献礼要求。项目通过 BIM 技术对图纸及施工工序进行推演，提出"逆作法"＋"内支撑"施工方案，对施工全过程进行模拟，共八步，内容如下。

工序一：

①地下室机电管线拆除；②中庭吊运洞口拆除；③塔式起重机立设（图 26）。

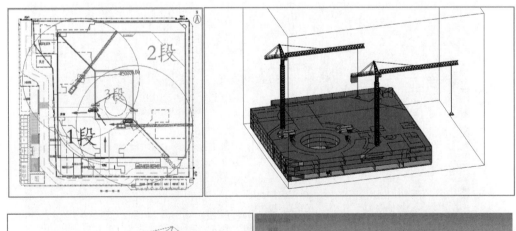

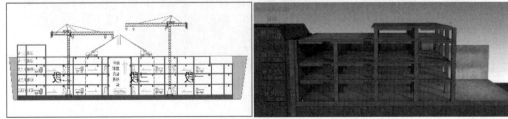

图 26　CAD、BIM 工序模拟图对比（一）

工序二：

①广场上部土方清理；②一段基坑支护、土方开挖；③底板建筑做法清理（图27）。

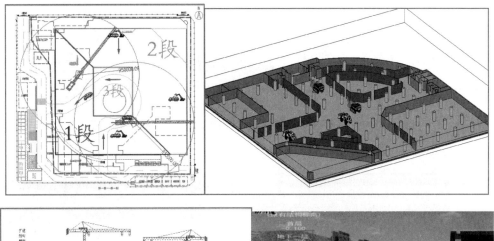

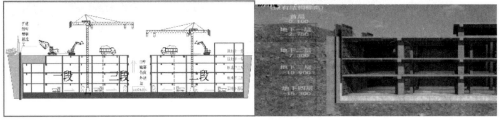

图27　CAD、BIM工序模拟图对比（二）

工序三：

①一段、二段原-1层及三段结构拆除；②新建基础底板（图28）。

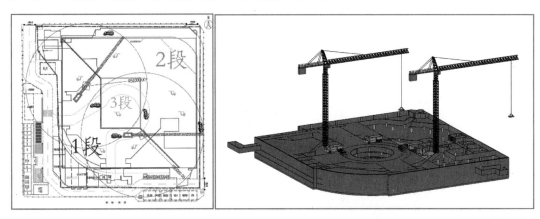

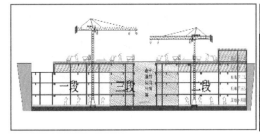

图28　CAD、BIM工序模拟图对比（三）

工序四：

①一段、二段柱网更换；②一段、二段-1层结构新建（图29）。

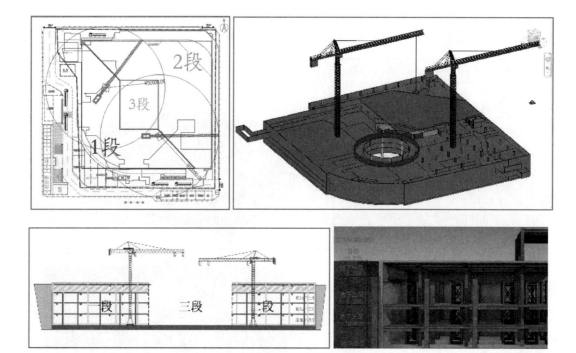

图 29　CAD、BIM 工序模拟图对比（四）

工序五：

①一段、二段原-2 层拆除；②地下室顶板防水施工（图 30）。

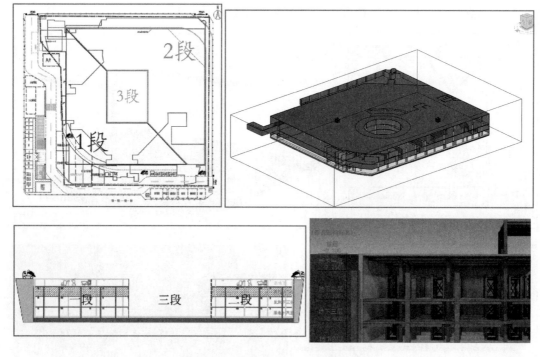

图 30　CAD、BIM 工序模拟图对比（五）

工序六：

①一段、二段-2 层结构新建；②三段-2 及-3 结构新建；③地下室顶板及肥槽回填、园林施工（图 31）。

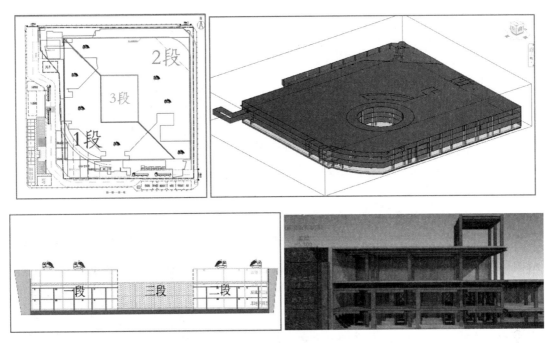

图 31 CAD、BIM 工序模拟图对比（六）

工序七：

①一段、二段原-3 层及-4 层结构拆除；②二段首层结构新建；③亮相部位幕墙施工；④园林景观亮相（图 32）。

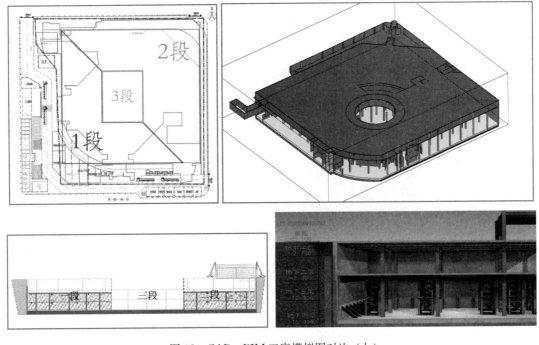

图 32 CAD、BIM 工序模拟图对比（七）

工序八：

①一段、二段-3 层结构新建；②三段中庭上部结构新建（图 33）。

2）狭小空间钢构件吊装方案模拟

项目现场安装施工空间狭小，首层楼板形成后，原有常规吊装方案不满足施工条件，工程利用

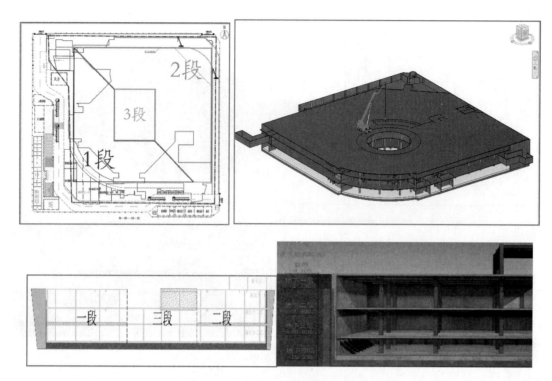

图33　CAD、BIM工序模拟图对比（八）

BIM施工模拟，利用塔式起重机将新吊装钢构件吊运至负一层楼板，利用叉车将新吊装钢构件横向运输至安装工作面，楼面上设置H型钢。挂载捯链所用钢丝绳，挂置于新吊装钢构件上，以实现非常规吊装（图34～图36）。

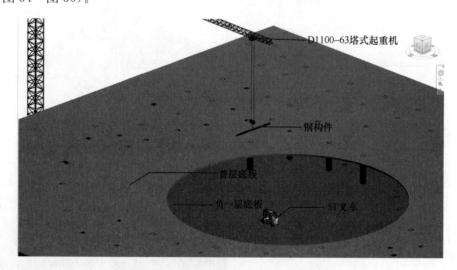

图34　塔式起重机吊装钢构件BIM模拟图

4.3 "BIM+天眼"人员自动定位系统装置研究

（1）实施路径

地下既有结构改造工程施工难度大，环境复杂，需要对工地人员进行严格管理。BIM+天眼地下复杂空间实时定位系统是针对地下室有限空间作业量身打造的实时动态显示人员定位及报警系统。

通过采用BIM+天眼地下复杂空间实时定位技术，所有现场人员佩戴蓝牙实名制智能信标，系统能够全程定位进场人员行动路线，进入危险区域能够及时提醒，工作人员进入错误工作区域能够报

图 35　新吊装钢构件叉车负一层横向运输 BIM 模拟图

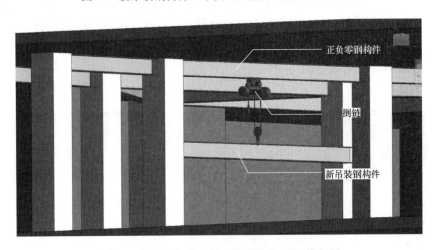

图 36　捯链竖向提升新吊装钢构件 BIM 模拟图

警,降低施工现场由于人的原因导致的安全问题。

BIM＋天眼系统地下复杂空间实时定位系统,将 BIM 模型通过 IFC 格式转换,与天眼系统 SDK 开发接口进行数据对接交联,在地下作业空间内搭设大量蓝牙基站,将 BIM 模型与地下蓝牙定位基站探头关联,软硬件结合达到人员在地下 GPS 信号遮蔽时仍能通过蓝牙基站将自身坐标位置实时反馈到天眼系统 BIM 关联模型当中,利用可视化定位管理平台,直观动态显示所有人员及设备在岗情况、具体位置等信息,实时查看人员分布情况,掌握人员动态及相关位置区域并通过分析优化人员分布等相关措施,为安全管理提供可靠的信息支撑。

（2）方法价值总结

天眼系统将 BIM 模型通过 IFC 格式转换,与智慧定位厂家 SDK 进行数据对接交联,由于项目拆改同时进行,模型改动体量较大,这种做法便于施工单位随时自主修改模型,摆脱固定厂家地图修改模式,掌握主动权,且 BIM 模型为三维体量模

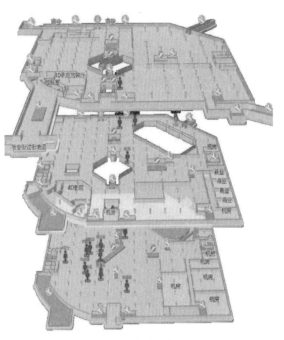

图 37　天眼系统分层图

型，在夹层、楼梯间等隐秘空间内更好直观地显示人员排布，确保随时掌控进出空间人员流动信息。

基础定位与可视化管理为现场人员配备身份定位装置（录入人员姓名、性别、年龄、血型、工种等信息），利用可视化定位管理平台，以不同颜色的定位点区分人员和设备，直观动态显示所有人员及设备在岗情况、具体位置等信息，实时查看人员分布情况，为安全管理提供可靠的信息支撑（图37）。

考核考勤每日上班自动进行记录，不增加额外常规打卡动作；结果数字化，易保存、易查询、易分析。系统根据考勤表自动统计人员的出勤、准时、迟到、早退等情况，并以报表形式导出考勤统计结果。

危险区域电子围栏根据危险区域作业特点进行分工种授权，非授权人员靠近危险作业区域时，定位装置发出声音和振动报警，提醒进入危险区域，同步在管理中心数字地图显示，实现双向报警。通过与现场视频监控系统联动，即时弹出现场监控画面，实现动态、全域、实时可视化管理。

视频联动与热度统计通过人员定位系统可以获得人员的实时精准位置数据，将实时精准的位置数据和视频枪机结合就可以实现视频联动效果。实时显示各区域人员分布情况，可实现人员聚集报警、超时停留报警，高风险作业监控、密闭空间作业监控等。

一键报警：现场作业人员特殊情况下可利用定位装置上紧急呼救键进行报警，应用平台立即发出报警，并联动现场视频，同时数字地图上对应该人员的定位标记会发出红色闪烁信号，并通知管理人员进行紧急处理（图38）。

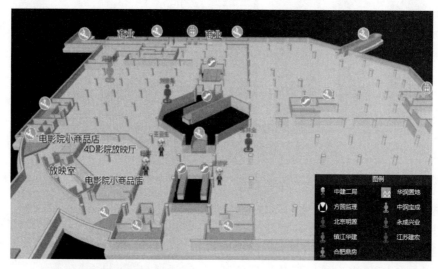

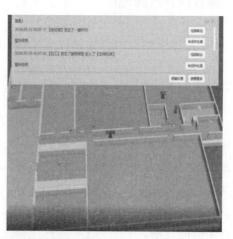

图 38　天眼系统硬件报警传感器

5　经济效益分析

5.1　经济效益

西单文化广场升级改造项目应用城市地下更新逆作法钢结构安装综合施工技术，减少了支护桩和环撑的制作等工序，节约工期约 45 天，合计节约成本 302 万元，计算如下：

人工费：加固改造及新建主体施工每日用工量 150 工日，每工日市场价格为 400 元/人，实际节约人工费 150×400×45＝2700000 元。

管理费：考虑支护施工阶段项目管理人员 18 人，实际节约管理费 320000 元。

5.2　社会效益

西单文化广场升级改造项目应用城市地下更新逆作法钢结构施工技术，在过程中不断创新和实施新的施工工艺和方法，针对城市核心区既有建筑拆除改造施工对工期、安全、环保要求极高的特点，通过节点深化设计以及合理设计施工流程，大幅压缩了工期，确保了改造安全，完成了国庆 70 周年献礼任务，得到了业主、各级领导及社会各界的充分肯定。

6　结语展望

6.1　技术总结

城市核心地段既有地下空间结构改造关键技术研究及应用依托西单文化广场升级改造项目，对城市地下更新进行技术攻关，取得了一系列技术创新成果，主要技术创新点如下：

（1）研发了地下空间结构改造逆作施工技术，利用原底板、外墙及新旧结构楼板作为支撑体系，逐层拆除、逐层新建，实现了无土方开挖地下空间结构改造；

（2）研发了地下空间结构改造建筑及周边环境平衡技术，通过有限元分析软件预测施工作业对既有结构的变形影响，验证方案的可行性；

（3）研发了地下空间结构改造监测技术，采取有效的应力及变形监测措施，对比有限元分析结果，优化设计施工工序，确保结构改造过程中的安全性；

（4）研发了地下空间结构改造复杂节点施工技术，解决结构改造过程中新旧结构碰撞冲突，互相影响施工的难题；

（5）创新应用了有限空间作业安全保障技术，通过采用自动通风系统、BIM 施工模拟、"BIM＋天眼"人员自动定位系统装置等技术措施，提高地下空间作业的安全性。

6.2　未来发展趋势

城市更新常态化，是城市转型高质量发展必由之路。未来受限于土地资源及城市体量的发展因素，借助城市更新的模式，关注城市的有机更新及可持续发展，实现绿色城市、宜居城市、智慧城市的新型城市建设目标。基于对于未来城市建设新的发展需求，随着需求导入的逐渐增加，在国家政策的推动促进下，城市更新或将成为未来行业新业务发展的重要赛道之一。

城市核心地段的构筑物作为城市名片成为不可或缺的一部分，但其建设时间久远，在规划设计时功能往往具有较大的局限性，随城市化发展进程的不断加速，空间立体化使用越来越受到重视，城市核心地段地下空间升级改造成为缓解城市资源紧张、适应城市高速度发展的重要手段。既有结构改造的地下空间改造往往采取整体拆除后新建的方式，而城市核心地段周边环境复杂，对环境影响较大，该施工方式局限性较大。创新理念推进绿色发展成为施工发展的方向。

6.3　重要意义

国家"十三五"规划提出创新理念推进绿色发展，陆续出台相关政策，首都规划务必让历史文化与自然生态永续利用、与现代化建设交相辉映，建设国际一流的和谐宜居之都。地下空间改造为建设现代化宜居之都的重要手段，减少对地面文化建筑的破坏，保护城市历史文脉，对城市地下空间的开发利用、实现城市空间垂直发展。

6.4 推广价值

为克服传统地下结构改造施工所存在的重难点技术问题，实现建筑业可持续发展提供可参考价值的实践应用，大量降低建设成本，减少劳动力投入，填补国内城市地下空间升级改造技术的空缺，技术先进，高效、轻巧、实用，施工安全，质量可靠，大量节约材料，缩短工期，绿色环保，改进的施工工法，提升地下空间结构升级改造团队建设和管理方法，为更高一层的科学施工奠定基础，通过这一整套综合施工技术，充分发挥各项技术的优点，确保施工质量符合现行国家、行业及地方标准要求和设计要求，保障施工安全、加快施工进度、提高经济效益。其成果对于类似钢结构施工具有重要的借鉴意义和指导意义，并且根据以上施工技术研究成果完成专利、论文、工法等内容，形成多角度的技术交流、成果应用与技术推广。

武汉云景山平疫转换医养融合医院高效智慧建造

Efficient and Intelligent Construction of Wuhan Yunjingshan Hospital with the Characteristics of Combination Normal Time with Emergency and Medical and Aged Care Integration

文江涛 李 剑 洪 健 孙照付 刘诗瑶 汪光波 刘 璇 候 涛

（中建三局第一建设工程有限责任公司）

1 工程概况

1.1 工程概况

武汉云景山医院项目位于湖北省武汉市江夏区，总建筑面积 25 万 m²，云景山医院是武汉疫后重振的四大"平疫结合"的三甲医院之一，全国首个"医养融合"＋"平疫结合"设计理念的大型医院，被称为"永久版雷神山医院"。项目合同额 12.56 亿元，总建筑面积约 25.2 万 m²（地上 17.2 万 m²，地下 8 万 m²），总占地面积约 21.12 万 m²。

项目设计 2000 张床位，按照传染病医院建设标准设计，项目用地分为建设用地和预留用地，其中建设用地设置 1000 张床位，包含有 1 栋 3F 医疗综合楼、12F 行政科研宿舍楼、住院楼 A、住院楼 B、住院楼 C、住院楼 D 及一层地下室、4F 停车楼及附属设施。项目机动车停车位 4170 个，非机动停车位 1688 个。预留用地为 1000 张，应急床位建设用地，总工期仅为 245 天。

1.2 项目特点

1.2.1 设计理念人性化设计要求高，功能复杂

全国首次采用医养＋平疫结合的设计建造模式，医院建筑的功能分区、色彩划分、流线划分、身心健康、绿色建造、环保等领域设计较为抽象，设计基线为"以人为本"。比传统医院增加了对审美的要求及医护人员、患者的心理诉求的重视，建筑功能多样化、多元化。

1.2.2 工期紧、体量大、外部条件紧张

总工期仅为 245 天，建筑面积约 25.2 万 m²，是全国最大的平疫结合医院，常规三甲医院从开工至交付使用最短工期为 36 个月、1080 天，比同类型医院工期缩短了 3 倍，如何在极限工期下完成单专业有效集成、多专业融合合作，常规条件下的施工管理模式无法满足快速建造的需求，本项目历经春节、疫情形式加重、冬季雨雪夏季高温的极端天气，在交通被管控、大量资源、物资设备生产困难的条件下，极短时间内必须完成全功能、高标准的大型呼吸科传染病应急医院的全部建造内容，是一项极难完成的创举。

1.2.3 医院类建筑关键性专业技术要求高

医院工程区别于普通房建工程，其综合性强、净化要求高、设备管线错综复杂、功能要求高，防疫类医院建筑对防扩散、废物及废气处理有着特殊的处理措施，医疗专项检测多且复杂（洁净度、防辐射、废气废水、实验压差等），周期长，包含了七大功能分区、八大专项系统。每个专业修改都有可能影响到其他专业功能的使用。通过相关文献可知，平疫结合医院的难点在于如何快速实现平转疫，而将医养融合的理念与平疫结合医院融合在一起，将愈发增加项目建设难度。

为了建设集区域康复综合医院和疫情防控医院为一体的三级综合医院，提升市区重大疫情防控和

应急医疗救治能力，综合考虑工期、质量、安全、成本等多方面的因素，提出了"智慧建造、快速穿插"的施工方法，通过采用医养融合＋平疫转换技术研究、极限工期下的医疗建筑快速建造技术研究、智慧建造研究、医院防扩散关键技术研究，实现平疫结合及快速建造。

2 创新理念及创新技术分析

2.1 首次提出"依山而居、沐云以养"医养融合理念

整体开放环境友好、内外空间融合，设计了康养园、颐养园、乐养园等多个景观园区，及康复水疗、老年活动中心、老年人营养餐厅等多个养老功能空间，打造一条由医疗—康复—中端养老—高端养老的分级诊疗服务链。

云景山医院为"医疗＋康养"综合性医院，首创康复水疗中心，以"回"字形设计为 4 个区域，包括运动康复训练区、无障碍康复治疗区、康复助浴区、局部浸浴康复治疗区，可以满足老年患者各治疗阶段的需求。

2.2 首次采用快速平疫转换设计

云景山医院功能规划设计，采用平时和疫时功能一一对应的弹性策略，按照"平时分级诊疗"对应"疫时分类救治"的差异化设计理念，疫时中高端养老楼转换为定点医院，康复综合楼及医疗综合楼转换为危重症区，停车楼转换为方舱医院，应急预留用地转换为应急医院。

2.3 创新提出三级平疫转换模式

创新提出了三级平疫转换模式，第一级：总体布局，住院楼疫时转换为感染收治楼，门诊医技楼转换为发热门诊，行政宿舍楼转换为医护办公、后勤保障。

第二级：建筑内部功能的平疫转化，按照"三区两通道"原则，医生工作区、护士站增加隔断形成独立医护通道，病房增加隔墙形成缓冲区，阳台隔断平时关闭，疫时开启，形成独立病患通道。

第三级：房间内部的平疫转化：(1)增加隔墙，形成独立缓冲区空间；(2)养老床更换为病床；(3)增加专用医疗设备；(4)床头条形盖板拆除，医用设备带供疫时使用；(5)安装医用滑轨，完成转换。

2.4 创新融合机电平疫转换

创新设计数字化新风机组/数字化排风机组＋多工况风量调节阀的系统形式，避免平疫两套系统共存。实现了系统运行工况的平疫双向、快速简易切换。通风空调系统设置按疫时每层清洁区、半污染区、污染区设置独立系统，每个病房及功能区均设置多工况风量调节阀，精准调节风量。通过 BA 系统完成运行工况的平疫双向、快速简易切换，实现风量平衡和压力梯度，实现通风空调系统平疫转换控制。采用精准的 BIM 空间管理、基于 BIM 的数字化工厂预制加工、装配式施工技术，解决了楼层高度仅 3.9m，平时和疫时风量相差 3～6 倍，数字化机组数量多且体积大，风管尺寸大且交叉等施工难题。疫时启用两套系统，启用预留消毒池埋设空间，排污井预留接驳口，快速施工消毒池，使疫情污水达到排放标准，实现给水排水、电气专业平疫转换。

3 智能技术创新应用分析

3.1 智慧医工建造平台

自主研发的智慧医工建造平台构建工地了智能监控和控制体系，为项目管理提供决策支持，有效弥补传统方法和技术在监管中的缺陷，集成各个板块的日常管理活动，对每个板块进行成熟度分析，为项目管理提供决策支持，依靠人机交互、感知、决策、执行和反馈，推进施工现场的管理智慧化、生产智慧化、监控智慧化、服务智慧化（图1～图3）。

3.2 基于 BIM 的无线场强模拟技术

预先在 BIM 三维软件中进行建模，建立不同墙体及阻隔物对天线等无线信号的衰减值，进而对

天线的数量及位置进行空间初步布置，根据无线信号在不同墙体物体阻隔后进行信号衰减分析，得到模拟信号强度分析热力图，提前发现设计缺陷，并提出优化解决方案，指导现场施工天线布置数量及位置，信号覆盖范围精准，提升信号覆盖质量（图4）。

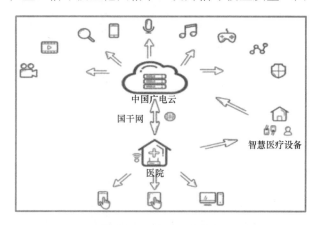

图1 智慧医工建造平台构架示例

图2 智慧医工建造平台

图3 3D电子沙盘模拟

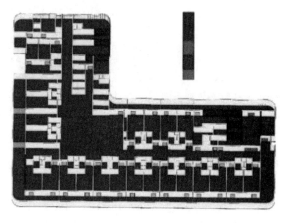

图4 优化后BIM场强模拟分析信号图

3.3 智能化手术室

运用智能化手术室，系统集成患者信息及手术室医疗设备，将净化工程与数字信息化完美融合，使患者相关信息以最佳的方式进行系统集成，方便获取信息，实现手术观摩、手术示教、远程教学及远程会诊，提高手术成功率（图5～图8）。

3.4 智能物流机器人

采用智能物流机器人，主要代替医务工作者配送药品、静配输液、高值耗材、手术器械、医疗污物等物品。减小了物资输送过程中容易增加交叉感染的危险性，避免造成物资分发中的错发、漏发等问题，提高物资配送效率，物资配送过程中可以全程跟踪。

3.5 基于BIM的机电管线综合排布技术

运用基于BIM技术的管线综合技术，将建筑、结构、机电等专业模型整合，进行深化设计和机电管线综合排布。通过BIM技术的可视化、参数化、智能化特性，进行多专业碰撞检查、净高控制检查和精确预留预埋。利用基于BIM技术的4D施工管理，对施工工序过程进行模拟，对各专业进行事先协调，发现和解决碰撞点，减少因不同专业沟通不畅而产生技术错误，大大减少返工，节约施工成本。

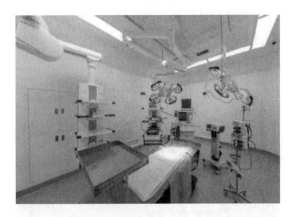

图 5　智能化手术室（一）

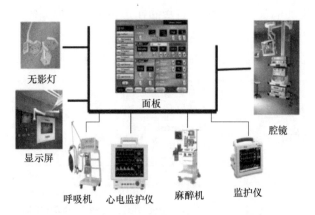

图 6　智能化手术室（二）

图 7　智能化手术室（三）

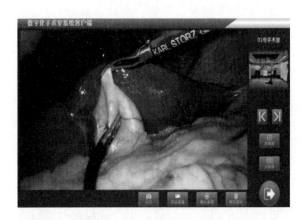

图 8　智能化手术室（四）

3.6　基于快速建造的机电智慧预制工厂

根据整体施工计划，机电施工工期仅 180 天，项目体量大、工期紧，由于现场场地有限，建设周期跨年，无法搭建足够数量的加工车间，相比常规医院项目需额外增设智慧预制加工厂、场外物资仓库（租赁）、风管场外加工厂、现场各区域临时仓库。以智慧预制加工技术快速推进机电工程进度，保障项目竣工目标。提前采购并储备物资，提前启动预制加工，保障物资运输及快速履约，施工安装效率整体提升 40%（图 9、图 10）。

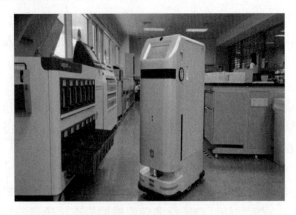

图 9　智能物流机器人

图 10　机电智慧预制工厂

3.7　无纸化领料智慧仓库

采用机电智慧仓库物资管理信息化技术，通过填写电子领料单、获取清单二维码、扫码出入库房、自助领料机领料，技术人员仅凭一部手机，自助完成了出入库领取施工物资的全过程，就如同出入"无人超市"购物一样。通过搭建无人值守机电智慧仓库，应用信息化技术手段，材料收发效率提升了 3 倍。

4　数字化技术应用分析

2021 年中建三局牵头成立了湖北省智能建造创新联合体，系全国首个智能建造创新联合体，武汉云景山医院作为联合体智能建造技术试点应用项目，建造过程中大量应用智慧化手段，实现了绿色、低碳目标。

云景山医院首次构建了智慧医工建造平台，基于"大数据"，应用"物联网"，创造"智慧医疗"，现代医院建设要充分重视智能化建设，首先构建医疗服务云，搭建基于角色的门户系统，可以做到在电视端业务的集中展现，依托"物联网"和互联网技术应用到移动手机或 PAD 端，支持视频直播、点播、时移、回看、教育、游戏、商城、智能语音、智慧医疗、3D、VR 等。

采用一种基于 AI 技术的防疫门禁工程智慧监控系统。以云服务为基础平台，解决大数据应用的关键技术及数据融合，实现对各种信息资源的共享、处理和分析研判，形成全过程智慧监控体系。并采用基于 5G 的流媒体视频监控平台，该系统利用流媒体监控平台＋5G 移动互联网技术进行搭建，同时全过程施工影像资料存储在本地，可作为过程记录资料实时查阅。

项目有效运用智慧医疗物联网技术，使医院的医疗服务模式及医疗质量能够大大提升，提高医院对医疗对象的管理效率，合理分配和利用医疗资源。同时医疗物联网技术使云景山医院在"平疫转换"中能够有效减少医护接触传染源的几率，为院感防控提供技术支撑。

利用 BIM 技术及集中预制加工理念，形成集中加工车间及机电智慧预制工厂，配备了国内最先进的 U 形全自动超级六线机和数控等离子切割机、智能焊接机器人等众多"黑科技"设备，实现了工厂生产与现场施工无缝连接，让工业化与数字化建造技术直接服务工程建设的蓝图成为现实。

5　经济效益分析

5.1　社会效益

武汉云景山医院属"四区平战结合三甲医院"之一，有"永久雷神山医院"之称。设置平战结合可转换传染病床位 1000 张，预留战时动员传染病床位 1000 张的建设场地；按疫时设计兼顾平时使用，平疫迅速转换，能封闭运行，全部床位可用来收治烈性传染病，平时以专科医院运营，以"医养融合＋健康养老"服务社会。项目以建成全国一流的康养医院为目标，以"借山而居，沐云以养"的建设理念，遵循"平疫结合"的设计原则，按照"康养医院"的运营模式，提升城市突发重大公共卫生事件的应对能力。

作为武汉市最大的平疫结合医院，可将建造关键技术推广应用在其他同类型医院建造项目，实现快速、优质履约。武汉云景山医院项目建设对形成"国家、省、市、县"纵向四级救治体系具有重要作用。

5.2　经济效益

5.2.1　工期效益

通过极限工期下快速建造技术达成高效、快速施工的目的，同时减少了管理成本。

由项目团队统筹管理整个设计过程，将多专业进行设计集成，提高融合深度，利用 BIM 等设计工具进行现场深化设计，采用"模块化"建造理念，通过并行设计技术集成为全项目、全周期的一体化施工模型。较同类型医院建筑节省了 3 倍工期。

采用现代物流化技术，应用物流智能化管理系统，建立资源组织绿色通道，细化资源组织的高效机制，实现特殊时期材料和设备组织、调配高效可控，保障工期履约。

5.2.2 经济效益

通过快速建造（快速建造技术研究、现代化物流技术）、技术优化（建筑结构设计优化、施工方案及措施优化、采用"四新"技术）、智慧建造（智慧医工建造平台、集中预制加工车间及专业房间智能化等）等方面在建造过程中中节省成本3041.32万元，在医院后期运营周期内，每年预估节省成本130万元。

6 结语展望

面对日趋严峻的人口老龄化形势和老年人的健康养老需求，迫切需要医疗卫生与养老服务融合发展。推进医养结合，能够优化资源配置，盘活现有健康和养老服务资源，引导老年人从大型综合医院转往康复医院、护理院及医养结合机构等，满足老年人多层次、多样化的健康养老服务需求。

为此，在湖北省内，达成一所医院同时实现康养融合及平疫结合合二为一的先例，打破省内医院传统理念，为远期医院多方位同步发展创造先河，奠定稳固的基石。

依托于中建三局一公司承建的武汉市云景山医院项目，通过前期策划、过程施工，形成了医院建造关键技术总结，对公建医院类项目施工，有着非凡的意义，拥有广阔的发展前景。

新型高品质低碳建筑建造方式创新与数字化应用

Innovation and Digital Application of New High Quality and Low Carbon Building Construction Mode

汪少波[1]　谢　超[2]　满建政[3]　肖勇军[4]

（1. 苏州二建建筑集团有限公司；2. 中亿丰建设集团股份有限公司；
3. 苏州城亿绿建科技股份有限公司；4. 中亿丰数字科技集团有限公司）

1 工程概况

苏州城亿绿建科技股份有限公司新建 PC 构件项目场地位于苏州市相城区望亭镇新华村路以南，姚凤桥路以东。总用地面积 79967.93m²，总建筑面积约为 44490.43m²。主要单体包括 1 号生产车间、2 号配电间、3 号综合楼及门卫等附属用房（图 1）。

图 1　效果图

1.1　3 号综合楼概况

3 号综合楼为全装配式建筑，建筑结构形式为新型装配式组合结构，包含预制柱、预制梁和大跨度预应力叠合板；外围护系统为一层采用预制混凝土夹心保温墙板和轻钢龙骨保温结构一体化墙板，二层～四层采用木龙骨保温结构一体化墙板。总建筑面积 9063.02m²，计容建筑面积 5883.5m²，不计容建筑面积 3179.52m²。地下一层，地上四层，集办公、示范展示、技术体验以及科技实验于一体。

1.2　地理位置

工程地址：苏州市相城区望亭镇华阳村新华村路南侧、姚凤桥路东侧，周边有大量类似办公＋厂房项目。

1.3　建筑类型

3 号综合楼为全装配式建筑，地下一层，地上四层，集办公、示范展示、技术体验以及科技实验于一体。

1.4 建筑面积

总建筑面积 9063.02m²，计容建筑面积 5883.5m²，不计容建筑面积 3179.52m²。

1.5 建设单位

苏州城亿绿建科技股份有限公司

1.6 建筑特点

设计上采用"御窑金砖、匠心传承"的理念，地上各层之间采用金砖错落叠砌的意向，并形成建筑自遮阳。项目外立面采用少规格、多组合的标准化设计的装配式预制板，形成类似金砖镂空风格的立面造型，展示中西融合、古今辉映的建筑形态。错落的小窗可以增加室内采光均匀性，同时借助零能耗较厚的外墙客观属性，转换高太阳角直射光线为漫反射光线，避免眩光，外墙构造通过性能化设计优化了自遮阳效果，降低空调能耗。采用模数化预制外墙可以避免大量小窗带来的施工困难，节约建材。

建筑结构形式为新型装配式组合结构，包含预制柱、预制梁和大跨度预应力叠合板；外围护系统为一层采用预制混凝土夹心保温墙板和轻钢龙骨保温结构一体化墙板，二层~四层采用木龙骨保温结构一体化墙板，预制率70%，装配率达90.7%。

全周期低碳实践，集成应用涵盖绿色、健康、零能耗、海绵、新型结构体系、机电系统、智慧7大版块，涉及1项国际领先技术，15项国内领先技术，27项国内先进技术。

1.7 开工/竣工时间

开工时间：2021年1月11日；竣工时间：2022年3月28日。

1.8 工程承包模式

工程承包模式EPC模式：

EPC总承包：苏州二建建筑集团有限公司

设计单位：中亿丰建设集团股份有限公司

勘察单位：中亿丰建设集团股份有限公司

监理单位：苏州相城建设监理有限公司

2 科技创新

中亿丰建设集团股份有限公司、苏州城亿绿建科技股份有限公司联合东南大学郭正兴教授团队，根据国内外研究现状和国内装配式建筑的推广情况，提出了一种新型预制组合框架结构，其主体框架部分包括：外包混凝土空心钢管预制组合柱、两端内插H型钢接头的预制预应力叠合梁和大跨度预制预应力夹心叠合板。如图2所示。

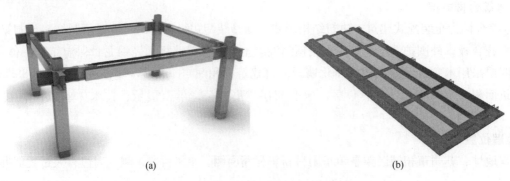

(a)　　　　　　　　　　　　　　　　(b)

图2　高效装配式组合结构技术全景图

（a）高效装配式组合框架结构；（b）大跨度预制预应力夹心叠合板

2.1 外包混凝土空心钢管预制组合柱

如图 3 所示，预制组合柱内置圆钢管或矩形焊管，梁柱节点以外的柱段外围包裹满足防火要求厚度的混凝土保护层，并在该混凝土内设置防裂钢筋网片；梁柱节点区在构件制作时不浇筑混凝土；上、下节段预制柱的钢管采用焊接连接。

2.2 两端内插 H 型钢接头的预制预应力叠合梁

如图 4 所示，预制预应力叠合梁两端内插一段 H 型钢接头，并将预制梁上缘受力纵筋焊于 H 型钢接头上翼缘板的上表面；下缘受力纵筋焊接于 H 型钢接头下翼缘板的下表面；预应力钢绞线在端部弯折 90°锚固。

2.3 大跨度预制预应力夹芯叠合板

如图 5 所示，本大跨度叠合板底部为预制薄板，上部带异形肋，肋内设置先张法预应力钢绞线，成型期间达到一定程度的反拱，能够增加板正常使用状态下的性能。肋与肋之间嵌有轻质填芯板，可减小自重，并提高楼板的保温隔热性能。板横向间隔约 2m 设置一道暗梁，在各板制作完成拼装时，暗梁处进行钢筋搭接，能够达到施工阶段单向受力，形成整体后双向受力的效果。

图 3 预制组合柱构造示意图

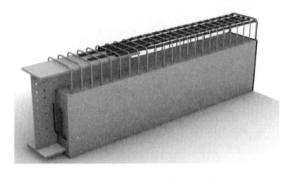

图 4 预制预应力叠合梁示意图

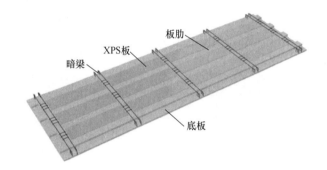

图 5 预制预应力夹心叠合板构造示意图

2.4 工程实践

高效装配式组合结构可实现如钢结构的快速安装、混凝土结构一样的优异抗火性能，具有大规模应用建造的潜力。本技术体系在苏州城亿绿建科技有限公司 3 号综合楼进行了试点应用，验证了技术理论，实现了相关技术指标。

2.4.1 无支撑框架安装技术

传统装配式框架结构梁、柱均需要设置临时支撑体系，本技术通过合理设计叠合梁中的预应力钢绞线，可以实现主体框架结构无支架安装，节约了支架提高了安装效率，现场施工如图 6 所示。

2.4.2 高效连接节点

传统 PC 结构节点多采用灌浆套筒连接，节点构造复杂，施工效率低下，而且灌浆质量难以检测。本技术采用钢结构的栓焊连接方式，方便快捷，工艺成熟，质量可靠；同时依托成熟的钢结构工艺，可以实现多节柱一次吊装，施工效率更高，如图 7、图 8 所示。

2.4.3 预制预应力夹心叠合板

叠合楼板周边不出筋，安装就位方便；楼板设置暗梁及附加钢筋，可以保证双向受力；楼板采用预应力，可以实现大间距少支撑施工；楼板密拼无

图 6 框架结构无支撑安装实景

后浇带，节约了模板。图9、图10为本项目叠合板施工实景。

图 7　高效梁柱连接节点　　　　　　　　　图 8　多节柱吊装

图 9　叠合板吊装　　　　　　　　　图 10　叠合板大间距塔式支撑

2.4.4　标准化大空间适合智能化装备应用

本技术体系标准化程度高、现场安装便捷、少支撑及无支撑安装方式；施工现场空间开阔整洁，便于与智能建造进行技术整合，是新一代装配式建造技术的发展方向。3号综合楼项目具有形状规则、标准化程度高的特点，适合智能化装备开展建造作业。图11为自动整平机器人在本试点项目楼面作业的实景。

图 11　自动整平机器人应用

3　新技术应用

本项目既是中亿丰现有科技创新成果的"阅兵场"，也是中亿丰未来科技创新的一块"试验田"，其建设目标同时承载了绿色生态智慧的未来建筑典范、新型建造模式的展示中心、"数字孪生"全过程管理实践、健康和谐的研发办公空间、未来建筑人居体验探索、融合基建实验室。本项目创新性地将绿色化、工业化、数字化技术进行了有机融合，相比基准建筑可减碳14796t，约合 1.63t/m²。建筑寿命全周期碳排放量相较基准建筑降低了 65.25%，达到低碳建筑的建设目标。按照绿色建筑三星级、健康建筑二星级以及零能耗建筑高标准设计，通过被动式建筑设计和技术手段，合理优化建筑方案。充分利用建筑自然通风、自然采光、采用建筑高性能保温结构和电动遮阳隔热措施，并通过精细化施工落实无热桥设计及整体气密层连续。

3.1　建筑节能设计

在总体平面布局时，结合了苏州地区的气候状况，充分考虑通风、采光及太阳得热等因素，优化了建筑朝向，将次要空间置于西向，合理设计进深；在西侧结合预制外墙板设计，降低窗墙比，降低了太阳得热负荷；通过与既有建筑间相对位置的错列，同时设置中庭及可开启天窗等技术措施，引导自然通风，降低室内夏季空调负荷；通过优化各外立面的窗墙比，采用中庭设计及可开启天窗，避免采光不足，降低照明能耗。

3.2　木龙骨外围护墙板

创造性地采用了木龙骨外围护墙板（图12），该项技术在达到超低能耗建筑外保温要求的同时，减少了墙体的厚度以及减少了热桥，实现了高性能外围护系统。同时，木龙骨外围护墙板的主要结构材料是木料，木材在生长阶段吸收了大量 CO_2，属于一种负碳建材，对于建筑全生命周期的减碳也有很大的帮助。与同等性能的外保温混凝土外墙板相比，2~4 层综合木材用量 141m³，减少 CO_2 排放量 155.1t，同时存储 CO_2 126.9t，对今后夏热冬冷地区的装配式低碳及净零能耗公共建筑外围护结构设计生产具有一定的参考价值。被动式建筑的另一项重要技术是提高气密性，本项目全房屋外墙拼缝均考虑气密性加强，外门窗、天窗采用高气密性等级产品，气密性能不低于《建筑外门窗气密、水密、抗风压性能检测方法》GB/T 7106—2019 所规定的 8 级；穿气密层外墙和屋面的管道通过预留套管并利用气密膜进行气密性封堵。

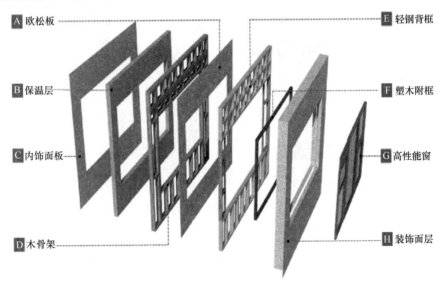

图 12　木龙骨外围护墙板构造

3.3　智能建筑

在最大幅度降低建筑终端用能需求的同时，通过主动技术措施最大幅度提高能源设备和系统效率，并结合智能控制技术，最大幅度降低建筑终端能耗。本项目采用节能空调、节能电梯、节能灯具等产品，降低了建筑运营期间的能耗。采用智慧照明系统，门厅、走道、楼梯间、地下车库等公共场所照明采取分区、分组智能照明控制。办公室照明开关按照所控灯列与主采光侧窗平行方式进行控制；主要会议室处设置智能照明控制系统；展厅灯光采用智能照明控制系统，均能达到很好的节能效果。

3.4　光伏建筑

在此基础上，充分利用场地内可再生能源布置光伏系统，并通过可再生能源系统优化设计和控制技术，降低对常规电源峰值的需求，以年为周期实现电力输入和输出的平衡，实现零能耗低碳建筑的建设目标。根据建筑能耗模拟，项目建筑能耗可再生能源需求为 33 万度/年。综合考虑本项目可安装区域及本地区太阳能资源，项目装机容量 390.4kW，光伏组件共计 870 块，组件保证可靠接地。安装区域选用部分 3 号综合楼屋顶及部分钢结构厂房屋顶，项目 3 号综合楼屋顶安装组件 305 块，容量 137.25kW，生产车间安装组件 565 块组件，容量为 252.9kW。同时，项目设置太阳能光伏实时监测系统，实时监测系统发电量、减排量、自用量、运行状态等。

与此同时，本项目还计划在展厅打造"光储直柔"示范点，电能供给侧采用"太阳能光伏组件直供＋储能电池柔性调节＋交流直流（AC/DC）变换器补充"的方式，配电侧采用"直流配储控一体机＋电压自适应直流排插"的方式，末端用电设备全部选用兼容直流电的设备，实现展厅的直流化应用。在传统建筑光伏系统的基础之上，有目的性的将一部分传统光伏系统更换为光储直柔系统，在同一项目上对两个系统进行对比、研究和示范，对未来在长三角地区推广整县制光伏应用、转变建筑用能模式均有很强的示范作用（图 13）。

图 13　"光储直柔"系统示意图

3.5　健康建筑

在建筑健康技术上，本项目针对人员密度大的展厅、办公室、会议室等区域设置温度、湿度、PM2.5、CO_2 浓度等监测装置，并接入 BA 系统；地下车库设置 CO 浓度检测装置，每个防火分区至少布置一个 CO 监测装置，当 CO 浓度超过 $30mg/m^3$ 时报警，并与通风系统联动，并接入楼宇自动控制系统（BAS）。建筑内部及其建筑所处的外部空间具有优良的声环境水平，对于建筑，特别是健康建筑，是非常重要的，通过选用低噪声的设备，如风机、水泵并采用隔振措施等，有效降低声源向外辐射噪声。改变声源已经发出的噪声的传播途径，采用吸声降噪、隔声等措施，并把设备间布置在地下室。

本项目综合行业前沿技术，涵盖绿色、健康、零能耗、海绵、新型结构体系、机电系统、智慧7大版块，集成应用66项先进技术，形成高品质绿色建筑技术体系。

4 数字化应用

本项目将BIM技术贯穿应用于设计阶段、施工阶段、运维阶段，面向工程全生命周期提供数字化技术应用和数据集成，通过BIM、IoT等数字化技术的应用达到协助、指导、检查设计和施工的作用，同时协调建设方、设计方、施工方、专项分包单位、监理方的项目管理，减少错误和碰撞，提升工程质量与进度，降低工程造价。

4.1 设计深化

在设计阶段通过BIM技术进行立面建筑选型与性能化分析模拟、三维展示、施工图碰撞检查、管线综合优化；在装配式建筑的专项设计过程中用BIM技术建立预制构件并进行专项受力分析，保障项目力学指标（图14～图18）。

4.2 施工深化

施工阶段利用BIM技术进行场地布置，减少施工占地和二次搬运，保证项目预制构件运输道路通顺。针对新型快速装配体系，进行整体吊装模拟，辅助吊装方案编制，并用于现场施工交底；整合各专业模型后，对装饰效果进行可视化分析，解决复杂空间收口做法，优化整体造型（图19～图23）。

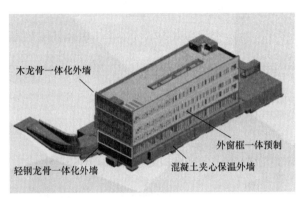

图14 立面选型

自然通风模拟

自然采光模拟

围护结构优化

声环境模拟

建筑负荷模拟

冷却塔、空冷器、空调室外机热回流模拟

图15 性能分析

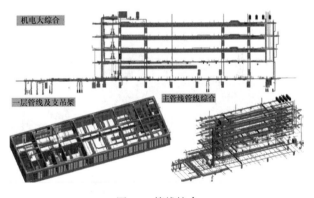

图16 管线综合

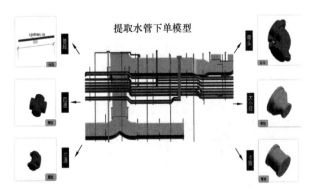

图17 机电预制

采用SATWE和ETABS两种不同软件进行整体计算对比分析,并与规范允许值进行对比,满足国家现行规范对位移比、周期、轴压比等方面的要求。

预应力空心叠合楼板双向受力分析:通过有限元计算软件计算预应力大跨度空心叠合楼板与实心混凝土楼板的受力情况,本方案楼板双向受力性能良好。

动力弹塑性时程分析:采用ABAQUS进行动力弹塑性时程分析,对比PKPM计算结果,得出在大震作用下,考虑材料非线性的结构变形、构件承载能力状态及塑性发展状况等指标。

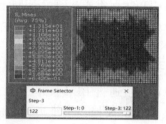

图18　装配式BIM设计深化

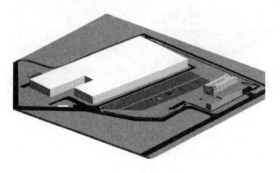

图19　场地布置

图20　施工模拟

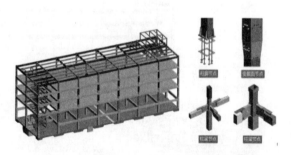

图21　施工深化

图22　施工交底

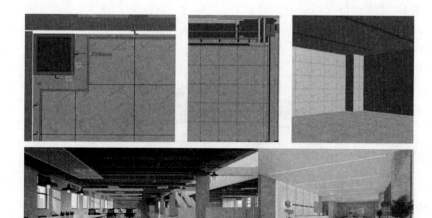

图23　装饰深化及效果表达

同时，施工阶段在工地现场采用 BIM＋IOT＋AI 技术，打造智慧化的人员、机械及设备、物料、环境、智能设备等应用，提升施工安全与质量管理水平。

4.3　数字化运维

在项目竣工阶段，采用 BIM 实现数字化交付，提供给业主方和物业方完整的数字资产数据。通过自主研发的公共建筑智慧建造与运维平台，以统一的 BIM 模型集成分散的业务数据，构建基于云平台的海量数据采集、融合、分析服务体系。基于 BIM 模型搭建光伏系统，实现对节能用电实时监测；通过在室内安装空气质量监测传感器，实时监测室内空气质量，发布空气质量系数，辅助环境监测；通过 BIM 对空间、资产进行管理，及时反馈设备故障位置和运行状态，提高维修效率；通过对接视频监控点，实时监测各出入口客流和车流数据及变化趋势，对人员倒地、高空坠物、越过警戒线等高风险行为利用 AI 算法进行识别，辅助安防管理（图 24）。

图 24　项目智慧运维应用

5　经济效益分析

本综合楼主体为全装配式建筑，预制装配率为 90.3%，结构体系、围护体系、装饰工程、机电安装大量采用预制装配化技术和工艺。其中主体结构采用新型快速装配式组合结构，包含外包混凝土钢管混凝土柱、预制混凝土叠合梁和预制预应力夹心叠合楼板；外围护结构采用装配式外围护结构，包含预制混凝土夹心保温墙板、轻钢龙骨保温结构一体化墙板和木龙骨保温一体化墙板。

5.1　新型快速装配式组合结构

该结构的梁柱节点采用栓焊混合连接，具有优良的抗震性能。综合楼每层建筑面积约为 $1400m^2$，包含 24 根预制柱，37 根预制梁。从预制柱吊装到楼面叠合层混凝土浇筑完成，每层所需时间为 9 天。

一层预制柱为单层预制柱，吊装所需时间为 1 天。二层～三层预制柱为一个整体，一次性可以完成两层预制柱的吊装，预制柱垂直度控制是吊装作业重点，避免因累计误差致使预制梁无法安装，吊装所需时间为 2 天。综上所述，每层预制柱吊装平均需要 1 天。

首层预制梁吊装 1.5 天可以吊装完成，随着楼层的增高，预制梁吊装难度和吊装时间略有增加，三层预制梁吊装所需时间为 2.5 天，平均每层预制梁吊装所需时间为 2 天。预制梁与预制柱采用栓焊混合连接，梁底不需要设置支撑排架。同时预制梁吊装和板底排架搭设互不影响，可以同步流水施工，大幅提高了整体的施工效率。

本工程叠合板为密拼型大跨度预应力夹心叠合楼板，板跨度 9m，同等截面跨度较普通混凝土跨度提高 20%。因此每块叠合板面积提高了 20%，提高了吊装效率。同时该类叠合板边缘不出筋，解决了目前常见的梁板钢筋碰撞问题，提高了吊装效率，每层叠合板吊装所需时间为 1 天。

本工程叠合板为预应力板，叠合板采用"塔式支撑架＋C 型钢主龙骨"代替传统的满堂支撑架，大幅减少了支撑架及辅材的用量，提高了搭拆效率，经济效益显著。

5.2 装配式外围护结构

本工程一层组合使用了预制混凝土夹心保温墙板（南北立面）和轻钢龙骨保温结构一体化墙板（东西立面），二层～四层使用木龙骨保温结构一体化墙板。三种墙板均由内饰面层、基层、保温层及外饰面层四大基本功能层组成，确保外围护系统能够满足零能耗建筑要求。

所有墙板均在工厂进行生产，工厂内的标准化生产流程保证了墙板生产的效率和质量。

本项目墙板拆分合理，与主体结构连接方式较为简单，仅需 6 人就能完成墙板的安装。一层有 47 块预制混凝土夹心保温墙板和 17 块轻钢龙骨保温结构一体化墙板，吊装所需时间为 3 天。二层～四层每层有 38 块木龙骨保温结构一体化墙板，吊装所需时间为 5 天。

5.3 成本分析

（1）经初步测算，3 号综合楼相比传统现浇钢筋混凝土结构，工程单位造价提高了 48.98%。

（2）周转材料使用量大幅缩减，从而节省了周转材料的采购费和租赁费。

（3）墙板内饰面基层质量优良，无需抹灰，可以直接进行涂饰工程施工，节省了抹灰的人工费和材料费。

（4）木龙骨墙板外饰面为日吉华挂板，无需外饰面二次施工，节省了外饰面施工的人工费和材料费。

6 结语展望

本成套技术体系可以在学校、医院、办公楼等公共建筑，及地下框架建筑中大量使用，也可以在其他建筑类型中应用其局部技术。在诸如超高层框架核心筒结构中，外围框架结构体系可以采用，也可以成套技术采用。在单项技术方面，针对大跨度楼板，可以替代传统 SP 板、双 T 板等预制板在车库类、厂房类结构中使用；针对框架结构也可以与其他楼板体系搭配，仅使用本高效装配式组合结构中的框架部分。本技术体系多数工序无支撑，少数工序少支撑。为实现建筑工业化做好了应用基础，对新型建筑工业化与智能建造提供了有利条件。

综上，本高效装配式组合结构是一个开放技术体系，既可以成套技术应用于框架结构当中，也可以将局部构件应用于其他结构形式，是一个既可以自成一体的技术体系也是一个开放包容的技术体系。因此其应用场景十分宽泛，是一个具有生命力及发展潜力的成套装配技术体系。

6.1 工程总承包模式理清构架及组织逻辑是关键

在进行项目的工程总承包组织管理的时候，有两项工作是最基础与最核心的：组建功能完整、职责明确的 EPC 管理部，并以此为基础形成整体 EPC 工程组织架构；确立 EPC 工程内部组织逻辑，形成多线程可交叉的工作交互，进行复杂但有序的项目推进。这两个点是类似项目采用 EPC 模式必须梳理清楚的关键，决定了项目的成败。

6.2 新型建筑工业化是解决建筑业现代化、系统化的出路

新型建筑工业化是强调系统性、组织性的建筑工业化，在传统建筑工业化采用预制部品构件的基础上，进行系统性的策划、设计、施工，形成高效的建造、完善的建筑功能。

对于装配式建筑这类复杂、快速的项目，采用 BIM 技术等智能建造方式是非常有效的技术管理手段。多专业系统和多单位交互，通过统一的建筑信息模型进行设计、管理，是质量和速度保障的有效措施。但是目前 BIM 技术人员的缺乏，特别是具备 BIM 技术能力的设计人员的缺乏，是行业智能建造发展的一大瓶颈所在。

西湖大学建设项目数字化建造和智慧运维

Digital Construction and Intelligent Operation and Maintenance of West Lake University Construction Project

方　磊　李红梅　胡弘毅

（上海建工集团股份有限公司）

1　工程概况

西湖大学，位于浙江省杭州市，是国内第一所新型民办研究性的大学，由社会力量举办、国家重点支持的新型高等学校，于2018年2月14日正式获教育部批准设立。由中科院院士、清华大学原副校长施一公任首任校长，诺贝尔物理学奖获得者、中科院院士杨振宁任校董会主席。

西湖大学建设工程（以下简称"西湖大学项目"）位于杭州市西湖区三墩区块内。四至范围：东临规划幼儿园和小学，南至规划墩余路，西靠云涛北路，北侧为预留用地，且靠近杭长高速公路。总用地面积422449m²，总建筑面积456039m²，其中，地上建筑面积321027m²，地下建筑面积135012m²。主要建筑包括14幢10~12层公寓楼，1幢17层学术中心，11幢2~4层流转公寓，9幢1~4层配套建筑及由4个单体教学楼组成的环形结构学术圆环，1幢学术会堂，1幢动物实验中心等总计40余幢建筑，落成后作为西湖大学的主要校区使用（见图1）。

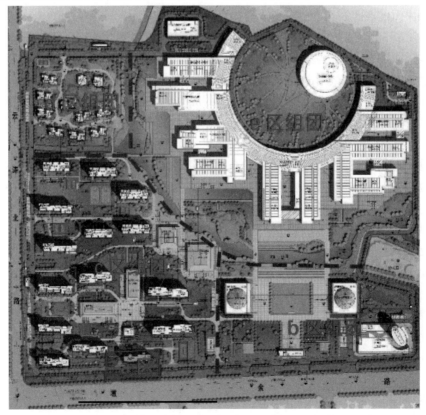

图1　西湖大学建设项目平面示意图

445

本工程主要地质情况为,部分地区分布有①1层杂填土,力学性质差异较大,稳定性差,对桩基施工有影响,施工前应予以清除;部分区域分布有①1a层杂填土,主要成分为塘泥,工程性质差,施工前应换填;部分区域分布有①2层素填土,密实度差异较大,应进行相应处理;中部有老建筑基础,在基础施工前需挖除。场地内广泛存在饱和软土,稳定性较差,在挖土前应对规划运输路线、基坑开挖或围护影响范围进行相应加强处理。场地地下水存在三类地下水,即孔隙潜水、孔隙承压水和基岩裂隙水。场地河水、地下水、承压水对混凝土结构具微腐蚀性,对钢筋混凝土结构中的钢筋在长期浸水条件下微腐蚀性;河水、地下水在干湿交替条件下具微腐蚀性。场地围墙外,东侧围墙内凹区域为已使用双桥幼儿园,东南侧为已使用三墩小学双桥校区,其余工地周围为已拆迁荒地。工地北侧存在220kV高压电杆线路,最近处距离施工现场约90m。围墙外南侧道路为主要施工道路,路宽约6m,于2020年开始进行拓宽施工。北侧一条南北向道路,通过6m宽乡道向东绕通向南侧规划墩余路。西侧道路为乡道,宽约4m,限高2.2m,限重15t。

本工程单体包含多层和高层建筑,结构型式主要有框架结构、剪力墙结构和框架-剪力墙结构,另外学术交流中心采用框架-核心筒结构。该工程规模大、单体多、建设工期紧,总体施工流程安排要求高;因具有超大场地、单体多且分散,平面用地规划和交通组织是重点;施工场地巨大,绿色、环保及文明、安全管控要求高;对信息化集成技术应用要求高;场地地形复杂、地势低,土方平衡、排水工作任务重;对防裂、防渗漏要求高;钢结构设计形式多样、区域分布散,安装与协调要求高;单体多,机电系统、机电设备多,施工过程紧凑,对供电要求高;建筑结构施工周期长,机电施工预埋过程复杂,要求高;教学研究核心区、实验动物中心实验室多,机电施工要求高。

本项目由浙大网新建设投资集团有限公司、上海建工集团股份有限公司、浙江浙大新宇物业集团有限公司的社会资本联合体中标并成立全资公司,是长三角一体化协同发展的一次典型合作,是教育基础设施PPP领域的又一里程碑。通过发挥政府和民营企业各自优势,助力优质高等教育资源在基础设施保障下得到有效扩充。通过西湖大学建设工程PPP项目,联手打造"最美云谷校区",以一流的服务、一流的保障助推西湖大学早日建成世界一流大学。

上海建工集团以PPP模式承建了西湖大学建设工程,总投资额45.6亿元。工程建设自2019年3月7日开工,历时两年半,到2021年10月31日,顺利完成了预期的建设任务。在西湖大学项目建设期间,上海建工发挥了建工集团在管理和技术上的品牌优势,做好提前策划,精心组织施工,设置专项经费支持项目科研实践,在各方面做出了突出的成果,为工程的顺利实施创造了强有力的保障。

2 科技创新

本项目通过BIM、物联网、云数据等新一代信息化技术,构建了建筑工程全生命周期智慧化管理平台,不仅为现场工程精细化管理提供先进技术手段,也为校方运营管理提供先进的管理方式,最终保证建筑全生命周期管理的实施。

2.1 面向智能化运维的全过程信息集成数字交付技术

(1)基于提升数字模型扩展性需求,创新引入检验批概念制定数字模型拆分标准,实现自动化跨阶段三维模型异色对比,直观展示各版次调整情况,便于全过程追溯变更情况;实现主材模型量、计划量、实用量对比,实现混凝土用量偏差小于1%;实现模型可视化用于AR施工交底、实景模型对比,推动工程顺利进展。解决数字模型与建造、运维需求不匹配问题。

(2)对设计、深化、施工、验收、运维各阶段信息进行集成,提升数字模型二次开发兼容性。

(3)创新性制定面向智能化运维的数字交付标准,细化明确数字交付流程、形式、内容、规则及标准。实现45万m^2体量工程全过程资料数字化交付,解决智能化运维的基础数据来源问题。

2.2 复杂曲面空间高精度还原与智能机器人快速施工技术

(1)创新组合利用空间高精度还原技术,实现空间瞬态与数字模型的实时比对,解决曲面空间构件施工误差积累引起不拟合问题，实现复杂曲面的一体化深化、设计、加工及施工。

（2）环氧磨石打磨机器人利用信息化平台和数字化操作，使用机器人实现现场混凝土浇捣、焊接、地坪施工的进度及精度控制，实现快速施工。

（3）创新研发云端仓库物料管理技术，实现工程材料三维可视化可以直观掌控整体材料情况，并一站式获取材料全流程信息，实施仓储式管理。自动对于状态异常材料进行预警，提升建造过程中物料管控水准，确保工程材料状态始终与进度匹配。

2.3 基于 AI 的施工关键要素自动化采集与识别技术

（1）创新研发 AI 人脸识别实名管控及人员安全监督系统，实现智能化用工情况管控与安全监督，实现实名制管控无死角。针对违规现象通过就近音频播放设备语音提醒，消息推送管理人员等方式，尽早对发现违规现象进行阻止与纠正，提升安全管控水平。

（2）创新研发 AI 安全管理系统，实现大型机械与高大模板排架自动监测与预警，实现重点危险源安全管控无死角。提升安全管控等级，避免重大事故发生。

（3）创新研发 AI 进度管理系统，实现可视化全景进度对比与过程管控，实现进度管控无死角（图 2）。

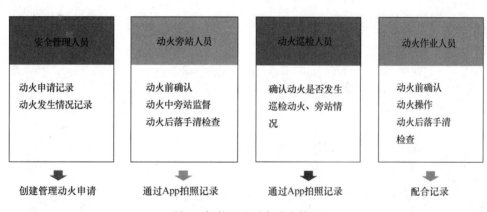

图 2　智慧工地平台动火管理

3　新技术应用

3.1　基于 BIM 的项目管理及运维技术的研究与应用

基于 BIM 的项目管理及运维系统的应用不仅局限在工程建设过程中，还考虑了在产品交付后长期的运维管理需求，实现了建筑全生命周期管理（图 3）。在西湖大学中的工程应用具有可复制性和推广性，为此类研究型大学建设项目的智慧化管理积累了经验，提供了项目智慧化管理的技术支撑。

3.2　研究性大学关键土建建造技术研究

该技术形成了根据项目特征发掘绿色可周转材料的一种探索方式，并从中提炼出预制道路板、可拆卸移动操作架等具有一定实用价值的绿色周转设施（表 1）。

可周转设备方案比选表　　表 1

场景	方案编号	方案名称	经济性分析	技术性分析
施工道路	1	现浇配筋混凝土道路	道路建拆均产生费用	最常规的道路方式，劳动力和材料易安排
	2	永临结合道路	临时设施投入减少至最低，仅需局部维修费用	前期策划要求高，图纸深度要求高；按永久路施工，前期道路施工要求高

续表

场景	方案编号	方案名称	经济性分析	技术性分析
施工道路	3	预制混凝土板道路	道路建与转移产生费用；随周转次数增加成本降低	预制板的制作方式影响周转次数；预制板的周转能提高其经济性
	4	钢板道路	租赁与进出场费产生费用；钢板丢失产生费用	不宜大面积使用；使用时现场文明较差
砌筑及装饰的施工脚手架	1	落地钢管脚手架	租赁价格适中、常规；大面积使用时搭拆费用较多	应用广泛、劳动力及材料易安排；技术条款成熟，易于管理
	2	落地盘扣式脚手架	租赁价格较贵	搭拆方便、管控简单；外观效果好；不规则区域适应性较差
	3	移动脚手架	租赁价格适中、常规；在6m以内高度有较大的经济性	适宜于高度在6m以内的砌筑及粉刷施工；滑轮受力，不适宜于较重荷载的施工

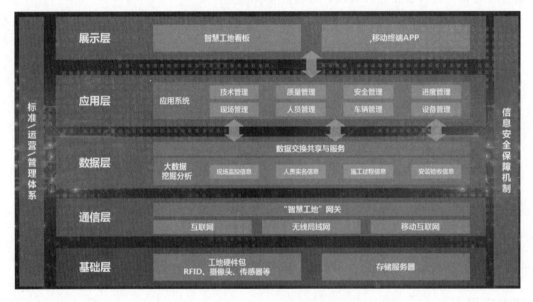

图3 智慧工地信息化系统构架图

通过分析及实验论证了预铺反粘防水卷材的施工重点及成品保护重点，提出了一些适应性的保护措施，为后续预铺反粘卷材的进一步研发提供了思路（图4）。

通过分析及计算在特定跨度及高度下，形成了一种具有较高周转率的新型木工字梁支模体系，为后续新型高周转率支模体系及早拆体系的研发提供相应的施工经验（图5）。

图4 交接处卷材成品保护图

图5 木工字梁支模图

3.3　采用 BIM 技术解决处理现场问题的研究

相比塔式起重机基础节浇筑在混凝土中的做法，提出了塔式起重机承台和筏板共用基础的构造做法，该施工做法在塔式起重机承台与底板交接处未出现渗漏情况，实施效果良好（图 6）。

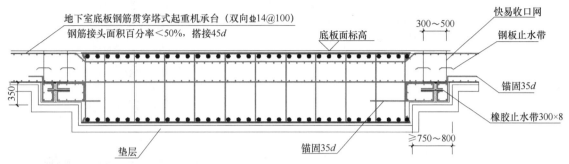

图 6　塔式起重机承台与底板交接处做法图

通过塔式起重机监测系统，塔式起重机司机的违章记录、塔式起重机的安全报警信息可实时传输至智慧化管理平台，杜绝了安全隐患（图 7）。

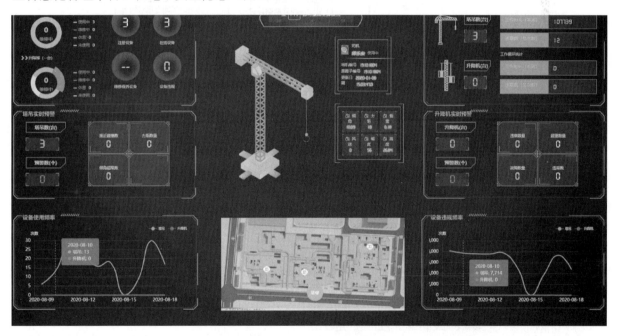

图 7　塔式起重机监测后台管理

工序交接小程序的开发应用为土建-装饰、安装-装饰的工序交接提供了清晰的前后工序交接流程，能有效划分工作界面，督促责任单位进行整改作业，避免了相关单位因交接不清而产生的扯皮及窝工现象（图 8）。

3.4　钢结构成套智能建造技术及信息化技术研究与应用

借鉴国内外类似项目的施工经验，并结合项目自身的特点，采用了结构一体化深化设计、数字化预拼装、BIM 及有限元等施工模拟计算等施工技术。其中结构 3D 扫描、加工物流信息化管理及智能工地平台等技术手段的使用，协助项目的施工和管理水平更上一层楼。攻克了超长环状框架结构的钢结构幕墙一体化安装（图 9），水滴柱搪瓷钢板幕墙安装等技术难题，实现了项目的顺利建造。

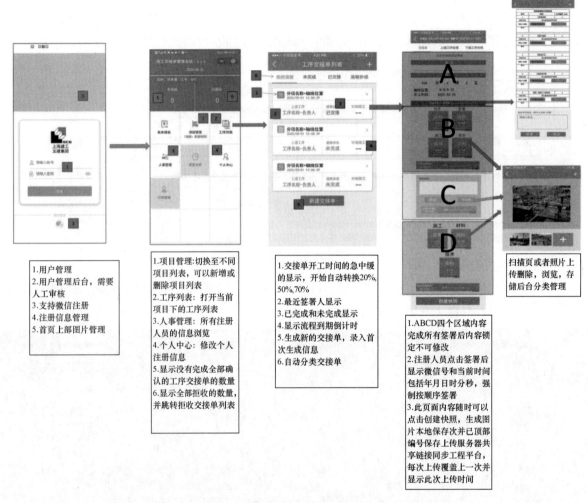

1.用户管理
2.用户管理后台,需要人工审核
3.支持微信注册
4.注册信息管理
5.首页上部图片管理

1.项目管理:切换至不同项目列表,可以新增或删除项目列表
2.工序列表:打开当前项目下的工序列表
3.人事管理:所有注册人员的信息浏览
4.个人中心:修改个人注册信息
5.显示没有完成全部确认的工序交接单的数量
6.显示全部拒收的数量,并跳转拒收交接单列表

1.交接单开工时间的急中缓的显示,开始自动转换20%,50%,70%
2.最近签署人显示
3.已完成和未完成显示
4.显示流程到期倒计时
5.生成新的交接单,录入首次生成信息
6.自动分类交接单

1.ABCD四个区域内容完成所有签署后内容锁定不可修改
2.注册人员点击签署后显示微信号和当前时间包括年月日时分秒,强制按顺序签署
3.此页面内容随时可以点击创建快照,生成图片本地保存次并已顶部编号保存上传服务器共享链接同步工程平台,每次上传覆盖上一次并显示此次上传时间

扫描页或者照片上传删除,浏览,存储后台分类管理

图 8　工序交接小程序全过程记录

3.5 高大排架及模板支撑体系精细化理论分析与安全管控技术研究与应用

构建了高大排架计算标准化方法体系,提升了高支排架计算的便捷性及准确性。建立了高大排架及模板支撑体系安全管控系统,解决了传统人工监测手段中耗时长、覆盖不够全面、响应不及时、反馈滞后等问题,减少了人员的伤亡及财产损失。

3.6 机房数字化建造和智慧运维管理研究

高精度 BIM 虚拟建造技术:高精度 BIM 模型,可以实现所见即所得。让相关参与方在建造准备期就能对整个机房有一个完整的了解。并将特殊工艺与施工难点直观的表现在三维空间内,达到虚拟建造的效果,能在施工开始前有效解决了绝大部分问题,提高了工作效率与安装品质(图 10)。

大型管道分段预制技术:分段技术是整个机房数字化、模块化安装的重中之重。尤其是分段界面的选择,它涉及对材料特性的识别、连接方式的确认、加工场地的限制、运输通道的限制、

图 9　幕墙结构深化模型

图 10 三维采样数据导入模型展示图

模块形式重量限制、现场安装空间限制等诸多因素。本课题的分段方案是具有局限性的，但是经过多个项目的总结与探索，相信将成为机电行业下一轮发展的关键技术（图 11）。

图 11 机房管线全数字化表达示意图

机房设备管线模块化预制与安装技术：装配化模型调整完成后将模型导出成为二维加工图纸指导后场加工及现场的安装。现场施工人员则根据安装图将各部件吊装就位，以此提高现场安装的整体效率（图 12）。

图 12 机房建造完成对照图

3.7 数字化信息技术在西湖大学装饰施工过程中的应用研究

通过对现场施工人员进行数字化管理（图13），不但减少了传统方式中可能出现的虚报，误报工时等人工干扰项，而且通过智能安全行为检测更好地为现场施工人员的人身安全，生命财产提供了保障。

图13 安全帽智能识别，务工人员安全行为监控

对每块装饰构件从深化设计到合格验收进行全流程跟踪，做到错立纠、误必查，杜绝一切可能出现的无人负责问题，有利于后期的维护与管理（图14）。

点云模型

原设计木饰面模型

深化设计模型

图14 深化设计模型与原设计木饰面模型存在一定误差

通过三维扫描技术（图15），对传统方式无法精确测量的圆锥曲线形式的立面构造做到了化繁为简，化整为零，将复杂多变的曲面结构拆分成了一块块构造简单的直线构件，本项目的施工进度也因此未受到影响。

3.8 大型科研教育类（西湖大学）项目智慧化设计管理技术

项目前期智慧策划：各专业提资上传平台，通过专业的指向性分配给对应的设计师或者管理人员，首先达到提资目的。其次其他相关专业设计师或者施工管理人员所需要的必要信息也可以同时再平台里获取，从而起到各专业、每个人信息畅通的作用（图16）。

界面智慧管理：主要解决各专业界面交接处的处理方式，各专业遗漏碰撞界面的处理；保证各专业界面明确，职责清晰；保证项目整体实施的协调性、完整性（图17）。

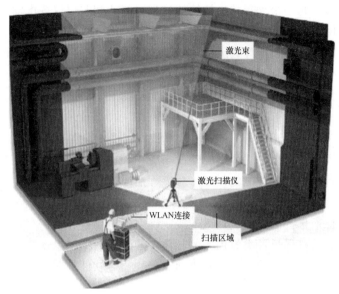

图 15　三维扫描工作示意图

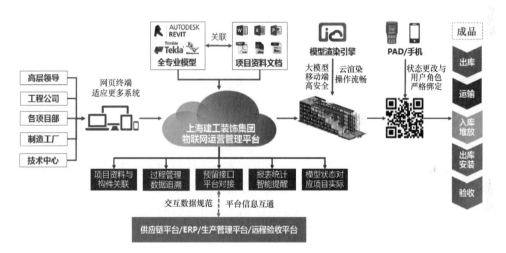

图 16　智慧工地平台总览图

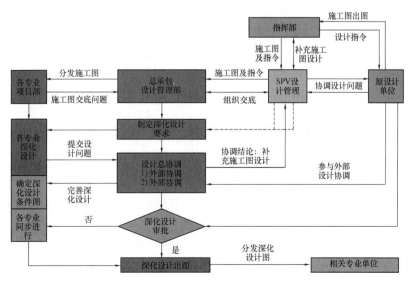

图 17　设计管理关系流程

453

多专业综合协调：综合是一个动态的、持续的过程。专业间非仅仅一次即可完成，而是根据不同阶段专业的要求，专业间完成不同深度的深化设计整合。

设计优化：深化设计前期总包设计管理部对各专业设计图纸提出了一些关键性的优化意见，并参加优化建议专题会，对优化涉及工程量、工期、费用等与业主及分包单位进行充分性讨论，形成会议纪要并予以推进，很多优化意见得到采纳并实施，大大节约了建造成本及工期。

4 数字化应用

数字建造与智慧管理在西湖大学工程中的建设与应用，提高了工程勘察问题分析能力，提升检测监测分析水平，提高设计集成化与智能化程度，对工程品质提升，经济优化，发挥了重要作用。

在施工图设计阶段，通过 BIM 三维可视化设计，可充分优化二维施工图纸，主要体现在各专业的校核、碰撞检查，确保所选择的产品、管道连接正确，机电设备、管道布置与建筑结构无冲突，基本保证了图纸的正确性。另外通过各类效果图的制作，使建筑造型、景观灯光、管道布局等方面美观和谐，智慧化设计使设计成果在视觉效果层面更加完美。通过软件的逼真模拟，保证设计阶段各专业合理确定系统方式、优化设计方案。

在深化设计阶段是对施工图纸进行细化、补充和完善的二次设计，通过智慧化设计管理，可以实现各专业协同设计，专业之间所有设计专业及人员在一个统一的平台上进行设计，从而减少现行各专业之间（以及专业内部）由于沟通不畅或沟通不及时导致的错、漏、碰、缺，真正实现所有图纸信息元的单一性，实现一处修改其他自动修改，提升设计效率和设计质量。同时，协同设计也对设计项目的规范化管理起到重要作用，包括进度管理、设计文件统一管理。由此，深化图纸的质量也得到提升，可以顺利指导施工有序进行。

方案设计阶段优化是工程建设品质提升的基础，是工程建设完成视觉效果及功能实现的基础和决定阶段。前端的智慧化设计管理可以在一定程度上起到设计咨询的效果，对业主关心的效益问题、方案的优劣、工艺技术的先进性、合理性等进行评估和优化，从而确定最优设计方案，提高投资效益。

工程品质的提升是方案设计阶段、施工图设计阶段、施工阶段、竣工阶段的综合效果的集中体现。将智慧化设计管理运用在工程的设计阶段可以很大提升工程品质。对业主单位而言可以对工程建设有更好的控制，对于工程按期交付，运行维护，后期用户体验及用户评价都有积极的促进作用。

5 经济效益分析

西湖大学项目建设中新技术、新系统、数字化的应用，共节约成本约 450 万元。其中，面向智能化运维的全过程信息集成数字交付技术节约资料交付人工及办公耗材消耗，节约造价约 10 万元；复杂曲面空间高精度还原与智能机器人快速施工技术节约结构及装饰材料损耗及人工机械投入，节约造价约 400 万元；基于 AI 的施工关键要素自动化采集与识别技术节约人工投入，降低施工风险，节约造价约 20 万元。通过研究技术的应用，节约工期 2 个月，并在高速施工中保证现场安全、质量受控，节约各种施工措施费约 20 万元。

目前西湖大学建设项目取得了 2020 年度杭州市西湖杯（优质结构奖）称号。通过项目各项科研创新工作，推行标准化施工，精细化管理，强化安全文明施工，提升工程建设质量。项目中研究应用的许多新系统、新技术代表了数字化工程管理的发展方向，是我国自主知识产权的达到国内领先水平的大型组团项目数字化建造及智慧运维技术，对于加快我国大型组团项目建造及运维的数字化发展具有重大意义。

西湖大学的 BIM 和信息化工作，对智慧建造与智慧运维做出了前沿探索，促进了上海建工在项目管理方面的能效升级，同时也为企业全生命周期服务商综合能力的提升、创新知识体系的积累打下了坚实的基础，并成功树立了一个里程碑式的示范样板工程。对推进我国工程建设管理数字化进程具有重要社会意义。

6　结语展望

自 2019 年 3 月 7 日开工，到 2021 年 10 月 31 日，历时两年半的时间完成了西湖大学建设项目工程，该项目采用了 BIM＋智慧工地技术，完成了对数字化建造和智慧运维的探索与实践，总结积累了一套技术先进，优质高效，可推广借鉴的数字化建造和智慧运维技术。在研究实施过程中，针对确定的研究内容通过标准制定与技术创新，完成了一套针对大型组团项目建造及运维管理的数字平台，完善了数字平台与现场实践的关联性，通过在工程实践中的不断改进，最终确保了项目工程的顺利施工，保证了工程质量、安全及进度目标，取得了良好的经济、社会效益。研究的成果成功应用于大型组团项目，其经济效益和社会效益显著。

另外，通过几年来的探索实践，智慧工地建设取得了多方面的成效。一是提升了项目管理水平，二是促进了企业高质量发展。智慧工地是围绕项目全生命周期建立的一整套信息化系统和设施。随着工程体量的快速增长，建筑施工行业向更加集成统一管理、高效协同工作以及更加自动化、智能化、可持续性的方向发展。同时伴随着区块链、人工智能等新兴技术的高速发展，智慧工地的数字化、信息化以区块链为基础，智能化以人工智能为核心的趋势已愈发明朗，建筑行业必须搭上时代的列车，加大相关方面的投入，以加快产业变革的步伐，实现建筑业的数字化转型和可持续发展。

杨房沟水电站工程总承包建设技术创新与实践

Innovation and Practice of General Contracting Construction Management of Yangfanggou Hydropower Station

徐建军

（中国电建集团华东勘测设计研究院有限公司）

1　工程概况

杨房沟水电站位于四川省凉山州木里县境内，是雅砻江流域水电梯级开发中游河段"一库七级"的第六级水电站。杨房沟水电站属一等大（1）型工程，开发任务主要以发电为主，并促进地方经济社会发展，工程总投资约200.4亿元。电站总装机容量为1500MW，安装4台375MW的混流式水轮发电机组，保证出力523.3MW，装机利用小时数4570h，多年平均发电量68.557亿kW·h。电站供电范围为四川电网，同时亦与其他水电站共同协调配合参与"西电东送"。

杨房沟水电站工程枢纽主要由挡水建筑物、泄洪消能建筑物和引水发电系统等组成。挡水建筑物采用混凝土双曲拱坝，坝顶高程2102m，正常蓄水位2094m，坝高155m；泄洪消能建筑物为拱坝坝身4个表孔（孔口尺寸为宽10m×高14m）+3个中孔（孔口尺寸为宽5.5m×高7m）+坝后水垫塘（长225.92m）及二道坝（坝高38.5m）；引水发电系统布置在河道左岸，地下厂房采用首部开发方式，地面开关站布置在进水口上游侧。

杨房沟水电站工程于2012年11月开始前期筹建，2015年7月13日主体工程开工建设，2021年7月1日首台机组投产发电，2021年10月16日全部四台机组投产发电，计划于2024年12月31日工程竣工。

杨房沟水电站是我国首个以设计施工总承包模式建设的百万千瓦级大型水电工程，建设单位为雅砻江流域水电开发有限公司，中国水利水电第七工程局有限公司和中国电建集团华东勘测设计研究院有限公司组成的紧密型总承包联合体负责承建。

2　科技创新

2.1　基于边坡稳定性安全系数的爆破振动控制标准和综合加固关键技术

针对坝址复杂地质条件，研究了爆破与岩体软弱结构面的相互作用关系，提出了岩体软弱结构面处应力波的传播方程，揭示了爆破对岩体软弱结构面的拉裂和剪切的作用机理，首次提出了基于边坡稳定性安全系数的爆破振动控制标准制定方法和综合加固关键技术，运用了高精度工业电子雷管进行复杂坝基开挖，解决了不良地质体坝基开挖和加固处理的重大技术难题。

2.2　多目标拱坝体形结构优化设计，经济效益显著

充分研究坝址工程地质条件，在总承包合同要求的基础上，采用多种计算分析手段和方法，对拱坝建基面及体形开展了多目标优化（安全性、稳定性、经济性）设计研究工作，使得坝体应力水平和细部结构设计更加合理，拱坝—基础整体安全度、抗滑稳定性和抗震安全性进一步提高，在保证安全、稳定的前提下，大幅减少工程投资，节省直线工期，效益显著。图1为杨房沟水电站拱坝坝基开挖全貌。

456

图 1 杨房沟水电站拱坝坝基开挖全貌

2.3 "楔形体+底板镂空"表孔结构，提高工程泄洪消能安全性

结合狭窄河谷异型水垫塘等实际情况，创新性采用了一种结构简单稳固、适用性强和施工简便的"楔形体+底板镂空"新型表孔结构型式（已取得发明专利授权），提高水垫塘消能率，降低表孔出流水舌对坝后水垫塘消能区的冲击，主要水力学指标更优、超泄能力更强，进一步提高工程泄洪消能安全性和运行调度灵活性。图 2 为杨房沟水电站拱坝坝身表、中孔联合泄洪。

图 2 杨房沟水电站拱坝坝身表、中孔联合泄洪

2.4 超高陡边坡高位危岩全生命周期防控关键技术

首次构建了大范围、远距离、高精度、高清晰的危岩体高效识别系统，实现了危岩体复杂发育场景的全面感知，提出了分区段、分重点、分时限的高位危岩体差异化防治措施，研发了点面、深浅结合的高位危岩实时监测预警系统，构建了危岩体全生命周期动态管控系统，较好地解决了高陡边坡高位危岩勘察难、稳定性计算精度低、施工难度大、预警困难等关键技术难题。

2.5 创新设计了环形亲鱼养殖池结构和养殖工艺

结合干热河谷光照、气温、水文的变化特点，创新性采用了一种新型的环形亲鱼养殖池结构，有效解决了雅砻江中游流水性亲鱼高密度养殖的关键技术；创新性采用了"室内循环水+室外微流水"

的养殖工艺，达到了春季鱼类孵化加速、日常鱼类染病率低、有效降低养殖水处理成本等目标。此外，采用特有的仿生态养殖池，可以减小增殖鱼类的应激反应，提高了鱼类野外适应能力。

2.6 探寻水电开发与生态修复新模式，专门开展了生态环境提升设计

专门开展了生态环境提升设计，提出了"峰峦雄伟露青山，映带山花绽新绿"的生态设计理念，探寻水电开发与生态修复的新模式，平衡施工破坏与自然修复的关系，以"环境"修复提升为美丽之本，使山、水、林及大水电和谐共生，打造水电样板工程，大山中的璀璨明珠。

2.7 "设计—施工—数字化"深度融合的高效建设管理模式与技术体系

首创大型水电站工程总承包"设计—施工—数字化"深度融合的高效建设管理模式与技术体系，创新了EPC模式复杂大型地下洞室群围岩稳定控制方法，提出了集成三维离散元、数码摄像采集、施工地质信息专家系统的地下洞室群快速智能动态反馈分析方法，研发了基于多源数据、多维分析的地下洞室群围岩稳定预警模型与安全控制技术，保障了地下洞室群围岩的安全稳定。

2.8 基于总承包模式的大型水电工程设计管理体系

首次构建了总承包模式下的大型水电工程"总承包项目部自控、总承包监理部监控、建设单位监管、政府/行业主管部门监督"设计管理体系，实现了设计管理从流程化管理向专业化管理的跨越，进一步保证和提高了设计产品质量。首次建立大型水电工程总承包设计施工一体化管理模式，组建了设计施工深度紧密联合组织机构，实现了设计管理从单一技术管理向全面技术统筹的转变，开拓了水电行业工程总承包设计管理创新发展新局面，为工程优质高效建设提供了重要技术保障。实现全范围数字化设计管理，图纸自动关联BIM模型，参建各方跨单位、跨地域协同，设计文件平均审查时间减少56%，节省人力投入约70%。

3 新技术应用

3.1 大坝混凝土振捣施工过程实时监控系统

基于物联网、人工智能等先进技术和杨房沟水电站大坝动态精细化施工信息模型，研发了集成多源传感器信息"采集—集成—分析—反馈"于一体的大坝混凝土振捣施工过程实时监控系统，实现了振捣作业数据的高效传输和振捣作业参数的精准感知，实现了可视化监控与动态反馈，提高大坝混凝土施工质量管理水平。图3为杨房沟水电站大坝混凝土振捣施工过程实时监控系统应用。

图3 杨房沟水电站大坝混凝土振捣施工过程实时监控系统应用

3.2 基于智能温控的多维时空防裂控制指标体系和措施

结合类似高拱坝工程已建立的智能温控指标体系及其温控效果，综合考虑全时空联动的温控要求，研究建立了适用于全时空联动的以分区温差指标、温差梯度指标、相邻坝段坝块温差指标、动态降温速率为主的防裂控制体系和措施。基于考虑全时空关联动态控制的理想温控曲线和智能通水调控策略，对智能通水调控模型进行了优化升级，提出了大坝混凝土不同分区和级配温差、温差梯度、相邻坝段坝块温差等控制标准和措施，从而实现高拱坝混凝土全时空防裂精细化控制。

3.3 防渗灌浆工程智能建造关键技术

基于泛在物联网、人工智能、数字孪生及大数据等先进技术，以防渗灌浆处置载体为对象，研发了以全面感知—精细分析—智能控制—评价管理为核心要素的防渗灌浆工程智能建造关键技术。实现了对灌浆过程参数及工艺方法的精细模拟，解决了不同围岩类别的灌浆浆液扩散调控难题；实现了多场复杂耦合工况下灌浆过程的精准调控；研制了一套制、输、配、灌全流程智能灌浆控制系统及装备，实现了灌浆钻孔—制浆—输浆—配浆—灌浆—验评全流程自动化、智能化作业，显著提高了资源利用率及施工效率；实现了在虚拟数字空间中映射实体工程和工程质量可追溯，保证了工程全生命周期渗控安全。

3.4 集成无人机倾斜摄影、三维激光扫描、三维数码照相技术

无人机倾斜摄影技术是国际测绘领域近些年发展起来的一项高新技术，通过在同一飞行平台上搭载多角度相机阵列，近距离多角度拍摄的方式采集侧面纹理，再通过数据处理软件导出三维模型、三维点云等多种类型数据成果。数据采集传感器采用一个正视、四个倾角为 45°的五拼镜头。

三维激光扫描技术的高效率、高精度、远距离非接触测量等优势弥补了传统地质勘察方法的缺点，利用三维激光扫描技术可优化传统地质调查过程，且室内数据处理软件技术成熟，可实现对危岩体的定量分析，例如：危岩体几何尺寸测量，高精度危岩剖面图，结构面产状、迹长、连通率、间距等测量，危岩体三维坐标精确获取及危岩体边界范围准确界定等。

三维数码照相技术是从两个不同部位对对象进行拍摄，获得一对普通数码相片，基于拍摄的目标场地图像，然后运用 3DM Calibcam 和 3DM Analyst 进行数学计算，获取对象的三维形态的数字信息，同时合成三维相片。

杨房沟水电站枢纽区地形陡峭，危岩体发育，工程建设过程集成了无人机倾斜摄影、三维激光扫描、三维数码照相等先进技术，创建了大范围、远距离、高精度、高清晰的危岩体高效识别系统，实现了危岩体复杂发育场景的全面感知。

3.5 其他新技术应用

（1）4.5m 层厚大坝混凝土通仓浇筑技术

在杨房沟拱坝混凝土施工过程中大量采用 4.5m 层厚通仓浇筑技术，施工层面冲毛次数较 3m 层厚每两仓可减少 1 次，大坝混凝土浇筑各工序更加紧密，生产效率得到有效提高。

（2）高陡边坡开挖卸荷变形破坏与边坡开挖质量快速测量技术

基于三维激光扫描多源云数据，围绕高陡边坡开挖过程卸荷损伤开展研究，实现了高陡边坡施工的定量化、精细化、可视化管控，有力地保证了高陡边坡施工安全。

（3）新工艺应用

1）拱坝上下游坝面保温苯板锚固工艺。采用手持电钻进行快速钻孔，然后采用保温钉对保温苯板进行锚固，提高保温苯板锚固效率。

2）一种大模板无腿支撑结构的使用工艺。创新采用一种大模板无腿支撑结构，其中锚固系统主要由定位锥、螺栓、锚筋和塑料杯套组成，支撑系统主要由模板竖背撑、连接座和支撑基座组成，适用于高差不大的相邻坝段横缝处，安装简单可靠。

3）泄洪中孔检修闸门埋件安装采用一期直埋技术。

4）定子在机坑内一次组装成形技术。

5）空间狭小处的蜗壳蝶形边焊接技术。

6）提升压力钢管防腐一次合格率工艺。

（4）新设备应用

1）高压射流喷雾机进行混凝土施工仓面降温。

2）钢筋加工采用数控锯切机和立式数控钢筋弯曲中心。

3）工程机械全自动洗轮机。

4）廊道养护雾化设备。

5）塔机、缆机防碰撞系统。

6）采用液压自行式厂房岩壁吊车梁混凝土浇筑台车，规避高排架施工安全隐患，实现混凝土快速、安全、优质、高效施工。

7）研发了一种适合压力钢管加劲环挂装的工具，提高了制作质量。

（5）新材料应用

1）在拱坝边坡开挖中首次运用数码雷管进行爆破控制。

2）环氧自流平。

3）化学灌浆应用于缺陷地层防渗及基础加固处理。

4 数字化应用

水利水电工程是事关民生的重要基础设施，近年来，"互联网＋"上升为国家战略，数字化转型也成为水利水电行业需求。水利部大力推进智慧水利，多省市积极探索水利数字化。运用数字化技术，建设智慧工程，已成为行业趋势。

依托杨房沟水电站工程总承包项目，综合运用云计算、大数据、物联网、移动互联网、智能建造、区块链等现代信息技术，创新性地构建了基于复杂水利水电工程总承包建设管理模式下的工程数字化管理体系，应用范围覆盖勘测、设计、采购、建造、移交等多个阶段；协同范围覆盖业主、监理、总承包、工区等多个项目参建单位的各层级组织；以信息模型为载体，实现从三维协同设计到设计施工一体化应用，到数字化成果移交的工程全生命周期应用。

项目应用体系包括"一平台＋一系统＋N个应用终端"，实现了工程总承包模式下的多尺度、多层级协同管理，宏观尺度实现多源异构数据融合与数据可视化，微观尺度实现精细至单元工程工序的过程管理。

（1）基于云架构的工程数据中心：自主研发 BIM＋GIS 图形引擎、模型自动化发布、构件统一编码服务、在线数字化归档等关键技术组件，实现底层技术创新；

（2）精细化建模与施工模型动态切分技术：基于自主研发水电三维协同设计平台，实现全专业协同设计与三维正向出图，模型颗粒度精细至单元工程；

（3）BIM 模型多要素管理信息融合技术：BIM 模型动态集成了技术文件、质量验评表、进度信息、投资与工程量信息、安全风险信息、施工工艺信息等。通过轻量化技术、编码技术、数据清洗等技术，使"BIM＋"成为现实。通过采用"XML＋PDF"和四性检测技术，实现了电子文件在线归档方案，具有良好的行业先进性和推广价值。

在项目应用过程中，构建了复杂水利水电工程的"组织—制度—技术—业务—应用"五位一体智能建管体系，有效地保障了智能建管关键核心技术的全面应用，实现了项目全生命周期高效优质建设。重塑数字化模式下的组织体系，厘清平台建设、应用、运维及考核的工作关系；制定三大管理办法与两大考核办法，有效保障数字化应用落到实处；基于工程数据中心，实现数据的流动、共享与增值，系统采用微服务架构，产品为模块化设计，推广性强；全面梳理核心管理业务，形成29项质量管理制度文件、"一个手册、两个规划、七个台账"的安全管理标准化流程，建立标准化、结构化业务体系；平台集成 16 大功能模块，打通模块间的数据流，实现数据自动采集、实时分析和基于 BIM 的可视化。

项目成果综合效益显著，形成了工程数字化关键技术和标准化成果。获得行业专家高度评价，认为杨房沟水电站项目构建了国内水电行业首个覆盖工程全体、全生命周期的智能建造统一平台，可作为行业标准范本推广（图 4）。

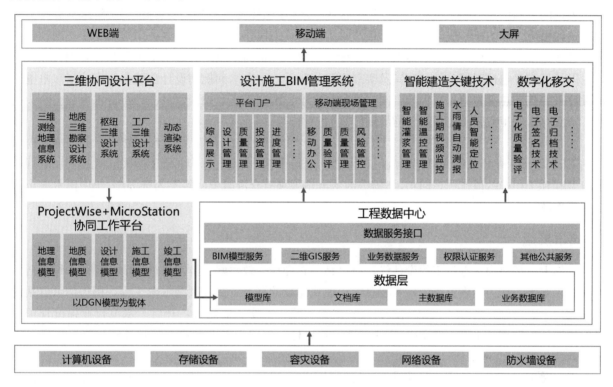

图 4　杨房沟水电站数字化应用总体架构

5　经济效益分析

5.1　经济效益

总承包项目部完成设计优化 30 多项、施工优化 10 多项，在确保设计方案安全可靠、施工便利的基础上，改善施工条件、降低施工安全风险、提高施工效率，真正做到了经济合理，为总承包项目创造效益、为工程建设增值。

杨房沟水电站首台机组投产发电时间相比总承包合同提前 5 个月，末台机组投产发电时间提前 12.5 个月（四台机组发电时间平均提前 9 个月，累计提前 36 个月）。根据测算成果，发电量预计比相比总承包合同工期方案多了 37.92 亿 kW·h，按照现行四川省水电上网标杆电价 0.30 元/度（含 13% 增值税）计算，预估产生经济效益约为：37.92×0.30＝11.38 亿元（含增值税）。扣减相关费用后，预估直接效益为 8.44 亿元。

5.2　社会效益

杨房沟水电站采用工程总承包建设管理模式，在水电行业内外均具有较高的影响力。在参建各方的共同努力下，大江截流、坝基开挖、地下厂房开挖、大坝混凝土浇筑、下闸蓄水、机组投产发电等重要节点目标均提前实现，工程建设管理处于行业领先水平，为创新大型水电站设计采购施工总承包管理模式的发展做出了有益的探索，树立了水电行业 EPC 建设管理模式标杆。2016 年至 2021 年连续六年通过电力安全生产标准化一级达标评审。单元工程综合优良率 97.4%，工程质量多次得到国家能源局可再生能源发电工程质量监督站的高度评价。2021年6月在大坝15号坝段从坝顶成功取出直径242mm、长度28.15m的混凝土芯样（穿过8个浇筑升层、7个水平施工缝面、56个浇筑坯层），经查阅相关资料，这一长度刷新了世界纪录。各水工建筑物、边坡、地下洞室群等工作性态正常，机组各项运行指标优良。大坝实测渗漏量1.49L/s，远低于同类工程及设计预警参考值40L/s。

中国电力建设企业协会等30多家单位到杨房沟水电站开展EPC建设管理模式考察调研；清华大学、天津大学、中国水利水电科学研究院等国内重点院校和科研单位到杨房沟水电站开展专项课题研究；央视网、四川新闻、人民日报、四川日报等20多家媒体多次对杨房沟水电站工程建设进行了专题采访或报道；相关研究成果在水利学报、水力发电、人民长江、水利水电技术等多个核心期刊中发表；各参建单位通过杨房沟水电站工程的建设，培养了一批高素质的大型水电工程综合管理人才。

以杨房沟水电站工程总承包合同及实践经验为基础，水电水利规划设计总院牵头完成了《水电工程设计采购施工总承包项目招标和合同文件示范文本》编制工作，中国建设监理协会水电分会牵头完成了《水电水利工程总承包项目监理导则》编制工作。

2018年7月，在中国水力发电工程学会组织的"大型水电工程建设总承包论坛"上，杨房沟水电站EPC项目管理经验作为典型案例，在大会上进行了报告和交流，对国内总承包模式在水电行业的发展起到了积极示范作用。同年，"杨房沟水电站大坝首仓混凝土浇筑"入选2018年中国水电十大新闻事件。

6　结语展望

总体上，杨房沟水电站工程设计优、质量精、管理佳、效益好、技术先进、节能环保，综合指标处于领先水平。作为国内首个采用工程总承包模式建设的百万千瓦级大型水电工程，杨房沟水电站在建设过程中，持续开展EPC建设管理模式创新与实践，工作成效显著，开启了水电行业建设管理模式的新变革，树立了水电行业EPC建设管理模式标杆，为国内水电行业创新管理转型升级提供了样板和典范。

工程总承包模式是工程项目建设管理的发展方向，工程总承包的核心是设计施工一体化，营建各方良好的伙伴关系是工程项目建设管理成功的基础。面对国内外工程总承包业务市场发展形势，对标国际一流工程公司，要不断提升建筑企业自身的核心技术能力和EPC项目管理水平，通过成功的项目管理实现良好的项目履约，为客户创造价值，与合作方共同发展。

预应力组合型钢内支撑技术创新及应用

Innovation and Application of Prestressed Steel Composite Support

潘　峰

（中国葛洲坝集团建设工程有限公司）

1　技术背景

近年来，随着我国城镇化及旧城改造的持续推进，越来越多的新建建筑在建筑密度大、人口密集的环境中开始建设，且这些建筑基本都有地下结构，有的甚至有两层以上的地下室，这也使得地下结构的施工成为整个项目实施的重点和难点。由于施工区域周边情况复杂，施工场地受限，又需考虑深基坑对现有建筑物、道路以及市政管网的影响，这使得深基坑的支护安全对整个工程能否顺利进行起到了至关重要的作用。当前针对建筑密度大、人口密集区域的基坑工程，"垂直支护结构＋水平内支撑体系"是最常用的支护体系，其中垂直支护结构形式多种多样，具有代表性的由钢筋混凝土悬臂支护桩、SMW 工法桩以及地连墙等，而水平支护主要以钢筋混凝土内支撑为主。

钢筋混凝土内支撑经过多年的应用证明了其安全性和可靠性，优点明显：强度高、刚度大，控制变形能力好。但缺点也同样突出，比如施工成本高且难以适应工程所需的施工进度，现场制作、浇筑和养护时间相对较长，拆除时有噪声、粉尘、振动，对周边环境影响较大，材料无法重复利用等。尤其是随着"碳达峰、碳中和"战略目标的提出，国家大力推动节能减排和绿色施工，使得钢筋混凝土内支撑的缺点被放大，因此，迫切需要一种施工方法更简单、施工效率更高、施工成本更低、对环境影响更小、适应性更强的基坑内支撑体系来代替现有的钢筋混凝土内支撑。

预应力型钢组合内支撑作为一种新型的支撑体系，刚度大、冗余性高，可施加预应力，可循环使用，能有效控制基坑变形，有利于保护环境，缩短工期，弥补了钢筋混凝土梁内支撑的诸多不足，这让预应力型钢组合内支撑则成为了一个不错的替代选项。

2　技术内容

2.1　技术原理

预应力型钢组合内支撑体系是一种全刚性连接的超静定结构，该支撑体系主要由型钢支撑、型钢立柱、型钢围檩以及预应力加压装置等组成。各构件在工厂进行标准化生产，支撑体系通过高强度螺栓、依照设计图纸，现场拼接而成（图 1）。

2.1.1　型钢支撑

型钢支撑由多根型钢拼接而成，型钢之间采用高强度螺栓连接；钢支撑顶面设置槽钢缀板和支撑盖板以增强型钢支撑的整体稳定性，缀板和盖板均采用高强度螺栓与型钢连接。

2.1.2　型钢立柱

型钢立柱下部插入钢筋混凝土灌注桩或素混凝土灌注桩中，立柱上部与型钢支撑之间通过型钢横梁、托座件采用高强度螺栓连接（图 2）。

2.1.3　型钢围檩

型钢支撑与桩顶冠梁或与支护结构之间采用型钢围檩进行连接，起到固定型钢支撑和传递荷载的

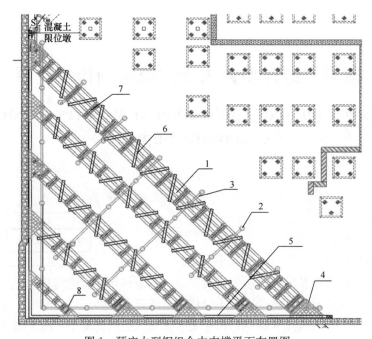

图 1　预应力型钢组合内支撑平面布置图

1—型钢支撑；2—型钢立柱；3—型钢横梁；4—三角牛腿；5—型钢围檩；6—槽钢缀板；
7—盖板；8—预应力加压装置

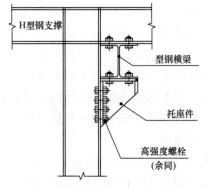

图 2　立柱连接详图

作用，若围檩与型钢支撑水平方向斜交时，需采用三角牛腿作为传力构件，钢围檩与冠梁之间通过预埋钢筋连接，型钢支撑与三角牛腿之间使用高强度螺栓连接（图 3、图 4）。

2.1.4　预应力加压装置

在型钢支撑构件两端与钢围檩或三角牛腿连接部位设置预应力加压装置，待型钢支撑安装完成后开始分级加压，当预应力数值达到设计值并稳定后，采用特制钢板填充缝隙。

2.2　核心技术

2.2.1　标准化、装配化

预应力型钢组合内支撑各构件是模块化设计、工厂标准化生产、现场装配化拼装，安装快速便捷，且施工过程中产生的噪声、粉尘和振动较小，拆除的构件可多次周转使用。

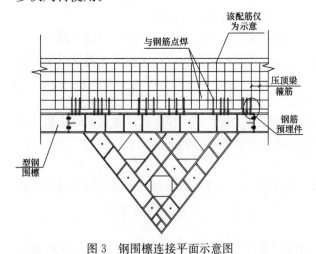

图 3　钢围檩连接平面示意图

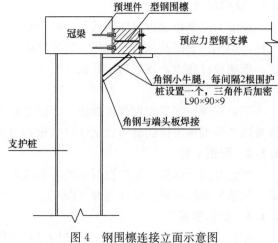

图 4　钢围檩连接立面示意图

2.2.2　主动控制变形

型钢支撑拼装完成后，通过施加预应力，主动控制基坑变形，减小基坑周边土体倾覆力，具有更高的安全性以及更广的适用范围。

2.3　施工方法

2.3.1　施工工艺流程

预应力型钢组合内支撑施工工艺流程（图5）。

2.3.2　施工准备

（1）在设计方确定支护形式及支护要求后，由专业厂家按照支护要求对预应力型钢组合内支撑进行模块化设计；项目钢支撑构件在专业工厂内进行标准化生产，构件进场时进行验收。

（2）在钢支撑构件进场前，组织有关技术人员逐级进行技术交底，确保操作人员熟悉钢支撑安装施工工艺，根据设计图纸备齐现场施工材料及施工机具。

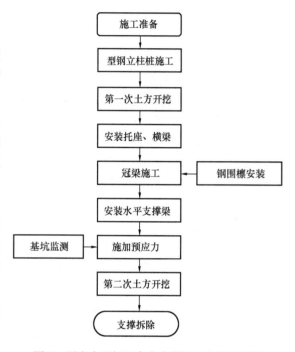

图5　预应力型钢组合内支撑施工工艺流程图

2.3.3　型钢立柱施工

（1）定位：根据水平支撑体系设计图纸，采用全站仪将型钢立柱的位置进行放样，并钢筋和白灰做上记号，对桩位进行复核准确后方可进行下一道工序。

（2）钻孔：使用旋挖机根据型钢立柱定位点位置进行钻孔，钻孔深度需达到设计要求。

（3）浇筑：向钻好的孔中浇筑C30素混凝土，浇筑高度需达到设计要求。

（4）插柱：利用汽车式起重机起吊型钢立柱，趁孔中混凝土还未凝固之前将型钢立柱插入混凝土中，达到设计标高后，在孔口位置型钢立柱上焊接两根 $\phi20$ 的钢筋，使型钢立柱不因自身重量继续往下沉。

（5）型钢立柱插入混凝土中时使用水准仪对型钢立柱的垂直度进行严格控制，且施工时注意型钢立柱的方向。

2.3.4　首层土方开挖

待型钢立柱全部施工完成后，进行首层土方开挖，开挖时应避免碰撞到型钢立柱，开挖至托座安装作业面，以方便安装托座件和型钢横梁。

2.3.5　安装托座件、横梁

（1）托座安装：待型钢立柱混凝土达到一定强度后，在设计标高位置将托座件安装在型钢立柱上，型钢立柱与托座件之间采用高强度螺栓连接。

（2）横梁安装：在所有托座件安装完成后，将横梁根据设计图纸安装在托座件上，横梁与托座件之间采用高强度螺栓连接。

2.3.6　混凝土冠梁施工及钢围檩安装

（1）将灌注桩保护层凿除，外露钢筋，绑扎冠梁钢筋。

（2）进行围檩和三角牛腿安装，将一端带螺纹的钢筋采用套筒连接的方式安装到围檩上，再将围檩根据设计标高位置安装在冠梁钢筋一侧，钢围檩上的钢筋与冠梁钢筋采用点焊方式连接牢固，防止钢围檩在冠梁混凝土浇筑振捣过程中发生偏移。

（3）在安装好钢围檩和三角牛腿后，对冠梁进行支模浇筑。

2.3.7 安装水平支撑梁

（1）在混凝土冠梁浇筑完成后开始安装水平支撑梁。

（2）对型钢组合支撑梁按照设计图纸进行编号，采用全站仪（经纬仪）进行定位，并在横梁上做出支撑梁的控制线，然后从一端沿控制线进行预拼装。

（3）预拼过程中，将各类钢构件通过高强度螺栓连接牢固。

（4）型钢组合支撑梁拼装就位、加压前应采用抱箍使之与横梁暂时连接起来，经检查合格后方可进行接头螺栓的紧固。

2.3.8 施加预应力

（1）在型钢组合支撑梁安装完成，经验收合格之后，采用液压千斤顶根据设计要求对型钢组合支撑梁进行预应力施加，预应力施加需分级施加，避免一次性加压到位，以消除构件之间由于空隙减小引起的应力损失。

（2）各道型钢组合水平支撑预应力应依次施加，施加达到设计值后方可进行下一道型钢组合水平支撑预应力施加，切忌同时对多道水平支撑施加预应力。

（3）预应力施加完成后，型钢组合支撑梁与三角牛腿之间产生的缝隙采用与型钢同强度的特制钢板进行填充，然后使用高强度螺栓将三角牛腿与型钢组合支撑梁紧固，最后进行全面螺栓紧固复核。

2.3.9 土方开挖

待钢支撑安装完成验收合格后方可进行后续土方开挖，开挖过程中应一边开挖一边对基坑进行监测，如若基坑发生较大变形，应立即停止开挖施工。开挖完成后应及时对基坑壁进行挂网喷浆支护。

2.3.10 基坑监测

基坑监测点按照每隔 15～20m 设置一个点且阴阳角处必设点的原则监测点沿基坑边线设置，且在同一直线上，每天使用全站仪检测监测点的数据变化情况。

2.3.11 支撑拆除

（1）拆除条件：待地下室结构及换撑施工完成且混凝土强度达到要求后，方可进行钢支撑的拆除。

（2）拆除顺序：千斤顶就位卸力→松螺栓→拆除槽钢连系梁→拆除盖板→拆除对撑型钢→拆除三角牛腿及围檩→逐次拆除每道钢支撑→拆除横梁、托座件→拆除型钢立柱→拆除小牛腿。

（3）拆除注意事项：

1）拆除时应避免瞬间预加应力释放过大而导致结构局部变形、开裂。

2）采用千斤顶支顶并适当施加力顶紧，然后取出钢垫板，千斤顶逐步卸力，松螺栓，停置一段时间后继续卸力，直至结束。

3）型钢立柱下端因是插入到素混凝土中的，所以拆除时齐底板顶标高处进行切割。

4）钢支撑拆除过程中应持续对基坑进行监测，拆除过程中基坑若发生变形超标应立即停止拆除，拆除后也需对基坑持续进行监测，防止发生意外。

3 技术指标

3.1 关键技术指标

3.1.1 安全高效

预应力型钢组合内支撑现场装配化拼装，施工便捷快速，免去了钢筋混凝土内支撑支模、绑扎钢筋、浇筑混凝土、养护等工序，大大缩短了基坑支护施工工期，待达到换撑拆撑条件时，可实现快速拆除，有利于后续工序的实施。预应力型钢组合内支撑的应用对整个建设工程的工期目标有积极意义。

同时，由于施加了预应力，消除了支撑的大部分压缩变形量，从而提高了基坑支护结构的安全度，减少了基坑的变形量，通过加载装置调节预应力等措施，能确保支护结构的安全和控制周边土体的变形，有效地保护基坑周边的建筑物、市政道路和管线等环境的安全。

3.1.2 节能减排

预应力型钢组合内支撑的构件分为标准件和非标准件，其中标准件可重复装配，可在不同工程周转使用；非标准件根据基坑实际情况设计并加工，使用结束后可回收加工，最大限度节约了施工材料。同时相较于钢筋混凝土内支撑体系，不仅大大减少了混凝土的用量，所需投入的机械设备和人工也大大减少，真正做到节能减排。

3.1.3 绿色环保

预应力型钢组合内支撑的构件在工厂内标准化生产，不仅让构件的质量更有保证，也让构件在生产过程中产生的污染能够得到有效的控制和消解。现场拼装主要通过吊车吊装和高强度螺栓进行连接，产生的噪声能够得到有效控制，混凝土浇筑量较小，浇筑过程中产生的振动也能得到有效控制；拆除过程中所需要的大型机械设备主要为吊车和塔式起重机，且拆除速度较快，所产生的噪声、振动都能够得到有效控制，且基本上不产生粉尘。预应力型钢组合内支撑是一种绿色环保的基坑水平支撑体系。

3.2 与同类技术对比及优势

钢筋混凝土内支撑和单杆钢内支撑（钢管或型钢）是当前主流的基坑水平支护体系，钢筋混凝土内支撑又是使用率最高和使用范围最广的。钢筋混凝土内支撑具有强度高、刚度大，控制变形能力好等优点，但缺点也同样明显，成本高效率低，材料不能重复利用，需投入大量的设备和人工，施工时产生大量粉尘、噪声和振动，对周边环境影响较大。预应力型钢组合内支撑体系与其相比不仅有着相同的有点，还弥补了其在成本、效率、节能减排、绿色环保等方面的不足，尤其是在当下国家提出"碳达峰、碳中和"战略目标的大环境下，预应力型钢组合内支撑体系的节能减排、绿色环保方面的优势也更为明显。

单杆钢内支撑自身重量较轻，安装和拆除方便迅速，无需养护，可重复利用，但由于受其自身材料刚度的限制，控制变形能力相对较差，在使用上有较大的局限性。预应力型钢组合内支撑与其相比不仅拥有其所有优点，还通过强化节点设计并对型钢支撑施加预应力，主动控制基坑变形，减小基坑周边土体倾覆力，提高了安全性的同时也拓宽了其适用范围。

装配式型钢支撑经过了多次迭代，其主要变化主要集中在结构形式设计、连接方式和节点设计上，如连接方式由焊接到铰接再到高强度螺栓连接，整体结构由静定结构到施加预应力的超静定结构等。预应力型钢组合内支撑是最新的迭代产品，其在保留原有优点的同时，也弥补了很多不足，使其具有更好的经济性、安全性和适用性。

4 适用范围

预应力型钢组合内支撑体系由模块化组合标准件组成，根据设计要求可任意组合预应力。根据基坑的不同形状及要求还可以在该体系的基础上增加月牙梁、斜抛撑和钢反拱系统，也可在局部添加混凝土支撑，以满足各类基坑支护要求。这使得预应力型钢组合内支撑体系具有极强的适用性，可广泛适用于地下室开挖、地铁、隧道、水库、围堰、填埋场等。

目前运用较多的是建筑工程深基坑水平支护，尤其适用于地质条件复杂、施工区域狭窄、周边建筑密集、工期紧张的基坑支护工程。

5 工程案例

南京市鼓楼区鼓印兰园项目位于南京市鼓楼区小市街道。项目总用地面积 43708m²，总建筑面积

173586m²，其中地上建筑面积 122381m²，地下建筑面积 51205m²。本工程设两层地下室，±0.000相当于黄海高程 13.95m，基坑支护设计自然地坪标高为＋14.75m，基坑周长约 170m，基坑开挖面积约 3700m²，基坑竖向围护结构采用灌注桩形式。因本工程西南角有一古墓，2 号、3 号楼西侧堆土高，荷载大，且 2 号、3 号楼基坑开挖较深，挖深约 10m，2 号、3 号楼基坑增加水平支撑，以防止基坑发生变形坍塌。基坑水平支撑原设计方案为钢筋混凝土内支撑，但由于工期紧张且周边有大量居民楼，若按原设计方案施工，一方面需花费较长时间，增加施工成本，势必对地下阶段施工造成影响，进而延误整个项目的工期，另一方面施工过程中产生的噪声、扬尘和振动也将对周边居民造成极其不利的影响。

项目经理部通过多方调研，了解到预应力型钢组合内支撑体系，综合考虑到地质条件、施工工期、成本投入以及对周围环境影响等因素，在与设计、监理和业主多方沟通协调后，最终选择采用单层预应力型钢组合内支撑代替原设计方案的钢筋混凝土内支撑。

2021 年 6 月，完成 3 号楼的基坑水平钢支撑安装施工，并于 2021 年 8 月完成 3 号楼水平钢支撑拆除，2021 年 8 月，完成 2 号楼的基坑水平钢支撑安装施工，并于 2021 年 10 月完成 2 号楼水平钢支撑拆除。通过预应力型钢组合内支撑的应用，在确保基坑支护安全的前提下，节约工期 76 天，节约施工成本 33.47 万元，确保了项目关键节点能顺利实现，同时在安拆施工时大大减少了噪声、粉尘和振动的产生，减少了多周围环境的影响，真正实现了节能减排和绿色环保的目标，施工全过程处于安全、稳定、快速的可控状态。

在实际施工过程中发现，立柱桩施工时 H 型钢的垂直度、高程的控制以及型钢支撑拼装时的轴线控制是重难点，为此在 H 型钢插入灌注桩顶部设置固定支架以确保 H 型钢的插入深度及顶部高程，并且在插入过程中实时测量其垂直度并及时调整，以确保其垂直度满足设计要求；钢支撑拼装时对轴线进行实时测量并及时调整，拼装完成后施加预应力前，再次检测轴线偏移情况，确保轴线偏移度满足设计要求，提高型钢组合支撑构件的装配质量，进而确保整体支撑体系的受力安全。

6 结语展望

当下，国家提出了"碳达峰、碳中和"战略目标，节能减排、绿色环保也必将成为建筑行业重要的技术经济指标，绿色施工技术也必将成为建筑行业未来的发展重点。与此同时国家近些年也在重点推进建筑工业化，即建筑设计标准化、构配件生产工厂化、施工机械化和组织管理科学化。预应力型钢组合内支撑作为一种新的基坑支护技术，其技术特点与节能减排、绿色环保以及建筑工业化理念高度契合，这也注定其具有巨大的推广应用价值。

预应力型钢组合内支撑是装配式型钢内支撑最新的迭代产品，具有很好的经济性、安全性和适用性，但同时由于需要标准化的设计、工厂化的生产以及装配化的拼装，使其具有较强的专业性。未来，该项技术将向着机械化施工、智能化监测、数字化管理的方向发展。

水工建筑物缺陷修复及抗冲磨保护材料创新及应用

Innovation and Application of Materials for Defects Repair and Anti-abrasion Protection of Hydraulic Structures

张永辉　宋亚涛　丁清杰　赵付凯　苏延峰

（中国水利水电第十一工程局有限公司）

1　发展现状

在电力行业中，水力发电具有利用率高、可再生、环保、清洁等特点，在我国电力市场中占有18％左右的市场份额。过去，我国在水利水电工程设计和建设过程中，侧重考虑结构的安全性能和使用性能，对复杂多变环境造成的水工建筑材料和结构耐久性损伤认识不足，加上施工过程管理不当和忽视维修保养等原因，造成许多重大水利水电工程提前劣化，水工建筑物缺陷修复和抗冲磨防护成为水电行业亟待解决的一个关键问题。

多年来，国内外通过对水工建筑物冲磨破坏修复经验的不断总结，修复技术及新型抗冲磨材料的研究得到一定的发展。随着聚合物水泥基材料、聚脲弹性体以及环氧树脂类修补材料作为缺陷修复及抗冲磨材料投入应用，在一定程度上解决了水工建筑物缺陷修复与抗冲磨处理的问题。但是，聚合物水泥基材料作为一类刚性材料，在养护或运行过程中稍有不慎便会导致材料因不均匀变形而产生裂缝，破坏逐渐由外向内发展，严重影响施工质量。虽然现在已经有很多关于减少该类材料产生裂缝的工艺措施，但当用于水工混凝土缺陷修复和抗冲磨防护等相对薄层处理时，该类材料的抗裂及与基础面粘接问题还未有效解决。聚脲弹性材料虽然具有可低温固化、低温韧性好、耐老化、抗热冲击及良好的耐腐蚀性能、固含量高等许多优异的物化性能，但是该类材料在施工过程中对作业面的干燥程度要求较高，水分一旦过大便会引起聚脲材料的附着失效、起泡问题，严重影响施工质量。环氧类复合材料具有优异的力学性能、硬度高、热稳定好、耐化学腐蚀，与混凝土、钢材都具有良好的粘接性能，以其为基础开发的灌浆材料、环氧砂浆、环氧胶泥、环氧覆层材料在混凝土结构补强、缺陷修复及抗冲磨保护、路面薄层修复中发挥了重要作用。

环氧砂浆、环氧胶泥等环氧类材料作为水工建筑物缺陷修复及抗冲磨保护材料，可有效提高水工建筑物缺陷修复及抗冲磨防护施工效果，延长工程维护周期，符合我国经济社会发展过程中提出的节能减排、绿色可持续发展的要求，具有广阔的推广应用价值。

2　技术要点

由中国水利水电第十一工程局有限公司科研团队开发的 NE 系列环氧砂浆、环氧胶泥，具有优异的力学性能、施工工艺完善，适用于水工建筑物缺陷修复、抗冲磨保护及结构补强加固处理。其中，代表性的抗冲磨新型环氧砂浆（产品名："NE-Ⅱ环氧砂浆"）和薄层修复用抗冲磨材料环氧胶泥（产品名："NE-Ⅲ环氧胶泥"），材料性能优良、施工便捷，在水工建筑物缺陷修复及抗冲磨保护领域具有广泛的应用实践。本文以 NE-Ⅱ环氧砂浆、NE-Ⅲ环氧胶泥为例介绍 NE 系列环氧砂浆、环氧胶泥的技术特点及施工应用特点。

2.1　NE-Ⅱ环氧砂浆

NE-Ⅱ环氧砂浆其主要性能指标见表 1。该材料常温条件下施工，施工便捷，不粘工器具施工面平整光洁，适用于水工建筑过流面的抗冲磨保护及冲磨破坏后的缺陷修补、抗冻融保护及冻融破坏后的修复、抗碳化处理及抗酸碱盐腐蚀保护，施工厚度1～5cm。

NE-Ⅱ环氧砂浆性能指标 表1

主要技术性能		检测指标	备注
抗压强度		≥80.0MPa	—
抗拉强度		≥10.0MPa	—
与混凝土粘结抗拉强度		≥4.0MPa	C50混凝土本体破坏
抗冲磨强度		≥5.0h/（g/cm²）	DL/T 5193—2021
抗冲击性		≥8.0kJ/m²	—
碳化深度		0mm	—
抗渗性		≥4.0MPa	—
氯离子渗透性		0mm	—
热线膨胀系数		(9～12)×10⁻⁶℃	—
毒性物质含量	苯	合格	—
	甲苯＋二甲苯	合格	
	总挥发物	合格	

NE-Ⅱ环氧砂浆自开发以来不断进行性能改进和施工工艺优化，先后取得国家发明专利，先后获得中国产品新纪录、中国大禹水利科技进步三等奖、国家重点新产品等奖项。主要参与编写了国家电力行业标准《环氧树脂砂浆技术规程》、独立编制了国家级施工工法《水工泄水建筑物流道抗磨层环氧砂浆施工工法》。

2.2 NE-Ⅲ环氧胶泥

NE-Ⅲ环氧胶泥主要性能指标见表2。该材料具有强度高、触变性好、耐磨蚀和气蚀性能好，适用于水工混凝土表面气孔、蜂窝、麻面、沙线等缺陷修补以及混凝土表面防碳化、防渗、防酸碱盐侵蚀保护等，施工厚度在1cm以下的薄层施工处理。

NE-Ⅲ环氧胶泥性能指标 表2

主要技术性能		检测指标	备注
抗压强度		>80.0MPa	—
抗拉强度		>20.0MPa	—
与混凝土粘结抗拉强度		>4.0MPa	C50混凝土本体破坏
氯离子渗透性试验		0mm	—
抗冲磨强度		70h（kg/m²）	DL/T 5150—2017
抗渗性		≥4.0MPa	—
碳化深度		0mm	—
抗冲击强度		≥10kJ/m²	—
热线膨胀系数		(9～12)×10⁻⁶℃	—
毒性物质含量	苯	合格	—
	甲苯＋二甲苯	合格	
	总挥发物	合格	

该产品已获得国家发明专利、中国电建优质产品奖，编制了国家级施工工法《水工建筑物流道抗磨层环氧胶泥施工工法》。

3　应用特点

3.1　NE-Ⅱ环氧砂浆施工工艺

3.1.1　基面处理

（1）原则上混凝土施工完毕养护 28d 后才宜施工环氧砂浆。

（2）用于混凝土缺陷修补时，需要先用切割机把不密实部位的混凝土切除掉，直至密实混凝土部位，切割出的混凝土边线应尽量规则。

（3）基础表面上的油污，用明火喷烤、凿除或有机溶剂（如丙酮、酒精等）擦拭等方法处理干净。

（4）混凝土缺陷处如有钢筋等金属构件时，应除净锈蚀，露出新鲜表面。

（5）用角磨机打磨或其他机械方式（如电锤、风镐、钢钎凿等）对混凝土基础面进行糙化处理，清除表面上的松动颗粒和薄弱层等。

（6）基面糙化处理后，修补区域可用钢丝刷清除干净混凝土上的松动颗粒和粉尘，再用高压风机进行洁净处理。

（7）环氧砂浆施工之前，混凝土基面需保持干燥状态，对局部潮湿的基面可用喷灯烘干或自然风干。

（8）基面处理完后，应经验收合格（基础混凝土密实，表面干燥，无松动颗粒、粉尘、水泥净浆层、乳皮及其他污染物等）后才能进行下道工序。

3.1.2　底层基液拌制和涂刷

（1）底层基液涂刷前，应再次清除混凝土基面上的浮尘，以确保基液的粘结性能。

（2）基液的拌制——先将称量好的 A 组分倒入广口容器（如小盆）中，再按给定的配比将相应量的 B 组分倒入容器中进行搅拌，直至搅拌均匀（材料颜色均匀一致）后方可施工使用。为避免浪费，基液每次不宜拌和太多，原则上一次拌和不能超过 1.0kg，具体情况视施工速度以及施工温度而定，基液的耗材量为 0.3~0.5kg/m²。

（3）基液拌制后，用毛刷均匀地涂在基面上，要求基液刷得尽可能薄而均匀、不流淌、不漏刷。

（4）基液拌制应现拌现用，以免因时间过长而影响涂刷质量，造成材料浪费和粘结质量降低。

（5）拌好的基液如出现暴聚，凝胶等现象时，应废弃重新拌制。

（6）基液涂刷后静停至手触有拉丝现象，方可涂抹环氧砂浆。

（7）涂刷后的基液出现固化现象（不粘手）时，需要再次涂刷基液后才能涂抹环氧砂浆。

3.1.3　环氧砂浆的拌制和涂抹

（1）环氧砂浆的拌制——先把称量好的环氧砂浆 A 组分倒入砂浆专用搅拌机中，开动搅拌机，边搅拌边加入按给定配比称量出的砂浆 B 组分，搅拌总时长约 3~5min，混合搅拌均匀（颜色均匀一致）后即可施工使用，搅拌机底角等部位需注意容易有夹生情况，可在搅拌过程停机人工翻至搅拌机中间部位。

（2）环氧砂浆应现拌现用，当拌和好的环氧砂浆出现发硬、凝胶等现象时，应废弃重新拌制。

（3）每次拌和的环氧砂浆的量不宜太多，具体拌和量视施工速度以及施工温度而定。

（4）环氧砂浆的涂抹——用于混凝土表层修补时，参考水泥砂浆的施工方法，将环氧砂浆涂抹到刷好基液的基面上，并用力压实，尤其是边角接缝处要反复压实，避免出现空洞或缝隙。压实后可用抹刀轻轻拍打砂浆面，以提出浆液使砂浆表面有光泽。

（5）环氧砂浆的涂抹厚度一般每层不超过 15mm，对于厚层修补，需分层施工，层与层施工时间间隔以 12~72h 为宜，再次涂抹环氧砂浆之前还需要涂刷基液。

（6）环氧砂浆涂抹完毕后，需进行养护，养护期一般为 7 天，养护期间要防止水浸、人踏、车压、硬物撞击等，施工面应避免阳光直射。

3.1.4 材料的适用时间（表3）

材料的适用时间　　　　　　　　　　　　　　　　　　　表3

环境温度	<20℃	20~25℃	26~35℃	>35℃
环氧砂浆	>3h	约2.5h	约1.0h	<40min
底层基液	>2.5h	约2.0h	约50min	<30min

3.2 NE-Ⅲ环氧胶泥施工工艺

3.2.1 基面处理

环氧胶泥（干燥面施工型）适用于干燥混凝土面，原则上混凝土施工完毕养护28d后才宜施工环氧胶泥。

（1）采用角磨机安装金刚石磨片将混凝土表面的乳皮及污垢磨除干净，露出表面密室混凝土，再用电动钢丝刷和高压风清除松动颗粒和粉尘。

（2）如遇混凝土表面渗漏水需提前处理。根据渗水量的大小，可采用凿槽封堵、化学灌浆或用排水管引水等方法进行处理。

（3）如遇外露钢筋等构件，应锯除并与基面保持平齐。

（4）基面处理完后，应经验收合格（表层混凝土密实，无松动颗粒、粉尘、水泥净浆层、乳皮及其他污染物等）后才能进行下道工序。

3.2.2 底层基液拌制和涂刷

（1）底层基液涂刷前，应再次清除混凝土基面上的浮尘，以确保基液的粘结性能。

（2）基液的拌制——按指导配比对底涂基液进行称量拌和，直至搅拌均匀（材料颜色均匀一致）后方可施工使用。为避免浪费，基液每次拌和量不宜过多，具体情况视施工速度以及施工温度而定，基液的耗材量为 0.2~0.3kg/m²。

（3）基液拌制后，用毛刷或滚筒均匀地涂在基面上，要求基液刷得尽可能薄而均匀、不流淌、不漏刷。

（4）拌好的基液如出现暴聚，凝胶等现象时，应废弃重新拌制。

（5）基液表干后，方可进行环氧胶泥施工。

3.2.3 环氧胶泥施工

（1）材料拌和。按给定的配比与配制方法称量与拌和。环氧胶泥拌制应现拌现用，宜采用手持高速分散机进行拌和，拌和时间一般为3min，材料颜色达到均匀一致方可进行施工。

（2）第一遍刮涂。胶泥涂刮前混凝土基础面如果有灰尘，仍需要采用高压风进行清理，将拌和均匀的环氧胶泥用刮板刮涂在洁净的混凝土基面上或表干基液面上（如涂刷有基液）进行第一遍的刮涂施工，施工厚度约0.5~0.7mm。刮涂时重点将混凝土表面的气孔、麻面等部位反复批刮填充密实，其他平整部位要薄而均匀的覆盖混凝土，保证第一遍刮涂完成后整个处里面基本平整。

（3）第二遍刮涂。第一遍环氧胶泥施工24h后，待表干固化后用角磨机轻轻将整个施工面打磨一遍（角磨机磨片最好使用五成新的旧磨片），目的是磨除第一遍环氧胶泥施工时产生的刮痕、坑槽部位溢出的胶泥及挂帘等，再用高压风清理基面，表面干净后，进行第二遍环氧胶泥刮涂，第二遍胶泥刮涂时，只需薄而均匀刮涂即可，刮涂厚约0.3~0.5mm。刮涂好的施工层表面要平整无施工涂刮搭缝、流挂、划痕等现象。

（4）施工面养护

环氧胶泥涂抹完毕后，需进行养护，养护期一般为3~7d，养护期间要防止水浸、人踏、车压、划擦、硬物撞击等。已施工完毕的环氧胶泥3d内避免水浸或水冲。

3.3 安全防护

（1）材料不慎粘到皮肤或衣服等上时，首先棉布擦去，然后再用香蕉水、酒精等有机溶剂擦拭干净。

（2）如果不慎将材料溅入眼中，应小心擦拭，严重者送医院治疗。

（3）每班次的工器具使用完毕后要及时清理，并用有机溶剂（如香蕉水、酒精等）清洗干净。

4 效益分析

NE系列环氧砂浆、环氧胶泥主要用于混凝土的抗冲磨处理和补强加固，对解决泄水建筑物的抗冲磨耐磨问题、保障水工建筑物安全运行、延长水工建筑物的使用寿命等方面具有很大的意义；也可改变现有水工泄水建筑物的水工结构模型，减少水工建筑物的维修投入，延长泄水建筑物维护周期，起到节能减排的作用。

近5年来，这两个系列的多款产品先后分别应用于国内外众多水电站的受高速含砂石水流的冲磨蚀预防以及破坏后的修复，施工总面积约130000m²，为这些工程的后期不断修补节省了很大的投资，累计节约成本约5139.00万元，保证了这些工程的正常运行和经济效益的发挥。

NE系列环氧砂浆、环氧胶泥形成的抗冲磨处理技术常温施工、施工操作简便，与普通环氧砂浆施工相比，能够节省能源约60%，与其他处理方式相比可节约资源70%～80%。随着后水电时代的来临，越来越多的水电站进入维护期，这两款产品形成的抗冲磨处理技术为水工建筑物缺陷修复及抗冲磨保护问题的解决找到了一种合适的途径，具有明显的社会效益。

5 应用案例

5.1 NE环氧砂浆在金安桥水电站防冲层混凝土修复中的应用

金安桥水电站位于云南省丽江市古城区境内，工程枢纽主要由混凝土挡土重力坝、右岸溢流面表孔及消力池、右岸泄洪（冲砂）底孔、左岸冲砂底孔、坝后厂房及交通洞等永久建筑物组成，坝高160m、坝长640m、电站装机2400MW。泄洪消能建筑物由左、右底孔及其泄槽，溢流坝段、泄槽、消力池及海幔组成。

2017年汛期，发现溢洪道泄槽及消力池底板抗冲磨混凝土出现不同程度损坏，为保证大坝安全运行，2017年12月～2018年5月由中国水利水电第十一工程局有限公司承建了对溢洪道泄槽及消力池底板的缺陷修复施工，对结构缝、1∶10斜坡段、消力池底板、1∶3斜坡段、1∶2斜坡段进行化学灌浆、NE环氧砂浆加固处理，环氧砂浆施工面积9835m²，施工质量满足合同要求，应用效果良好。施工过程中的照片如图1所示。

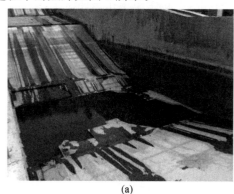 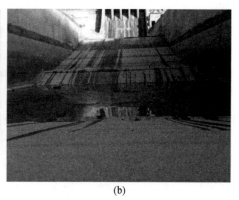

（a）	（b）

图1 NE环氧砂浆在金安桥水电站防冲层混凝土修复中的应用

（a）NE环氧砂浆修复前；（b）NE环氧砂浆修复后

5.2　NE 环氧胶泥在万家寨水电站中孔溢流面裂缝处理中的应用

万家寨水利枢纽位于黄河北干流上段托克托至龙口峡谷河段内，是黄河中游梯级开发的第一级。该处冬季多西北风，气候寒冷干燥，雨雪稀少且多风沙。夏季天气干燥炎热，降水多以短历时暴雨形式出现，大面积长历时的降水较少。年降水量在 300~500mm 之间。年平均气温在 7℃左右，温差较大，记录最高气温 31.8℃，最低气温−31℃，日温差 25℃，多年月平均相对湿度 38%~67%，对于电站水工结构的耐久性带来严峻的考验。

万家寨水电站 2015 年对中孔溢流面进行表层混凝土修复处理，通过凿除表层缺陷混凝土、植筋、重新浇筑 C50 混凝土来到缺陷修复的目的。2018 年电站水工人员在例行检查中发现，中孔溢流面新浇筑的表层混凝土在恶劣环境条件影响下表面形成龟裂状裂纹，并随时间的推移有发展增大的趋势，若任其继续自由发展下去，必将影响泄水建筑物的安全运行。2020 年 5 月~7 月，由中国水利水电第十一工程局有限公司组织专业施工人员使用增韧及耐老化改进后 NE 环氧胶泥的对万家寨水电站中孔溢流面混凝土表面裂缝进行处理施工，施工过程照片如图 2 所示。

(a)　　　　　　　　　　　　(b)

图 2　NE 环氧胶泥在万家寨水电站中孔溢流面裂缝处理中的应用
(a) NE 环氧胶泥施工前；(b) NE 环氧胶泥施工后

6　结语展望

在国内外电力行业中，水力发电是一种清洁、环保、转化率高且可循环利用的发电方式，因此，国家对水力发电行业十分重视，每年投入大量资金对水电站群进行运行维护。目前，我国已进入后水电站时代，新建电站的数量很少，处于运行维护期的水电站数量庞大，分布在国内各个地区。在运行过程中，含砂石水流对过水流道的冲蚀磨损，气候、地质及不定期的含砂石水流对处于露天环境的溢流面的协同破坏对水工建筑物的破坏最明显，也最常见，投入的人力、物力、财力也最多。本文提供的 NE 系列环氧砂浆、环氧胶泥作为水工建筑物缺陷修补及抗冲磨保护材料，可良好解决水工建筑物混凝土在运行过程中遇到的裂缝封闭、抗碳化处理、缺陷修复及抗冲磨保护等问题，具有广阔的应用前景和市场价值！

绿色低能耗建筑用新型复合墙体技术及应用

New Composite Wall Technology and Application for Low Energy Consumption Buildings

陈维超

（湖南省第四工程有限公司）

1 技术背景

在"碳达峰、碳中和"目标及发展绿色建造的大环境下，低能耗建筑的围护结构节能是建筑节能的重中之重，目前工程实际中建筑节能还仅局限于外墙表面抹保温砂浆和贴挂保温板等，或装配式建筑采用三明治板墙板等技术措施。外保温技术相比于内保温和夹心保温更具有优势，但由于外保温的质量现场操作具有不可控性，还易引发空鼓脱落等质量弊病，甚至引发火灾。同时随着国家节能要求的不断提高，已有大量节能墙体技术不能满足节能65％的要求。通过理论试验研究与工程实践，创造性地发明了一种绿色低能耗建筑用新型复合墙体技术和体系，实现了内外墙体装饰保温一体化及墙体装配化施工，促进了绿色建筑节能的可持续发展。

2 技术内容

2.1 研发了复合墙体夹心层用的高性能泡沫混凝土及其制备方法

通过试验，研究了一种高性能泡沫混凝土的配合比及制备方法，其高性能泡沫混凝土配比为：硅酸盐水泥 30％～45％；粉煤灰 40％～45％；硅灰 20％～25％；过氧化氢 2％～3％；萘系减水剂 0.5％～1％；甲基纤维素醚 0.5％～1％；聚乙烯醇纤维 0.5％～1％；水（干料总重量的 0.3％～0.35％）。泡沫混凝土中采用硅酸盐水泥，强度高、凝结硬化快、抗冻性好、耐磨性和不透水性强；掺加粉煤灰，改善胶凝材料浆体的和易性，增强混凝土的密实性，细化孔结构改善混凝土的抗冻性，提高混凝土的保温性，同时保证混凝土的后期强度；掺加硅灰，能够显著提高混凝土的抗压性能、抗折性能、抗渗性能、防腐性能、抗冲击性能及耐磨性能；掺加纤维素醚，能够较好的提高与混凝土基材的附着力；掺加聚乙烯醇纤维，能够有效提高混凝土的抗酸碱性，大大提高混凝土的抗压强度、抗折强度，有效改善混凝土的早期收缩以及抗裂性能；掺加萘系减水剂，能有效提高混凝土的强度，显著改善混凝土抗冻融性、抗渗性和耐久性。

2.2 研发了一种新型装饰保温一体化复合外墙体系和技术

新型装饰保温一体化外墙，墙体外侧采用型钢龙骨，内侧采用轻钢龙骨作为骨架，墙体外侧面板采用外墙装饰板干挂在型钢龙骨上，墙体内侧面采用纤维增强水泥板固定在轻钢龙骨上，在外侧装饰板与内侧水泥纤维板及建筑物主体外表面形成的空腔内，灌注高性能轻质泡沫混凝土浆料，待高性能泡沫混凝土凝固后即形成装饰保温一体化外墙体。

其施工工艺流程为：施工准备→龙骨安装→外侧装饰板安装→预埋管线敷设→内侧水泥纤维板安装→面板接缝处理→开设浇筑孔→浇筑泡沫混凝土→墙体养护。

2.3 研发了新型轻质混凝土轻钢龙骨复合内墙体系和技术

轻质混凝土轻钢龙骨复合内墙体系，墙体采用双排或单排轻钢龙骨作为骨架，墙体内外侧采用纤维增强水泥板并固定在轻钢龙骨上，在内外侧水泥纤维板及建筑物主体外表面形成的空腔内，灌注高性能轻质泡沫混凝土浆料，待高性能泡沫混凝土凝固后即形成轻质混凝土轻钢龙骨复合内墙体系。

其施工工艺流程为：施工准备→轻钢龙骨安装→纤维增强水泥板安装→预埋线管敷设→泡沫混凝土浇筑→养护。

2.4 研发了硬质 PVC 骨架轻质混凝土条板及复合内墙体系

采用 PVC 材料挤压成型轻质格栅 PVC 骨架墙板单元，墙板单元包括普通隔墙板、自带线管隔墙板及阳角板，在硬质 PVC 墙板的空腔内灌注高性能泡沫混凝土既形成硬质 PVC 骨架高性能轻质混凝土条板；硬质 PVC 骨架高性能轻质混凝土条板长边采用子母槽结构进行拼接，形成复合内隔墙体系。该墙体体系具有质量轻、隔声保温效果佳、平整度垂直度好、防火性能好、工序简单、施工速度快等效果，预埋水电管线及线盒与墙体同步施工，避免了墙体后期开槽钻孔的二次装修，提高了复合墙体的经济效益及施工便利性。

2.5 揭示了轻质混凝土复合外墙体的温度作用与变形机理

对墙体的温度场及高性能轻质泡沫混凝土因干缩变形和受温度变化梯度的影响，及其与装饰板、水泥纤维板之间变形作用机理进行了分析研究，研究结果表明：最不利低温工况下的主应力最大值出现在轻钢龙骨层，在最不利高温工况下的主应力最大值出现在角钢层，但应力值均远小于结构破坏强度；尽管各层质间的应力低，但却是导致各层间空鼓分离的主因，应对各层质间界面的粘结性进行加强处理，防止墙体出现空鼓现象。

3 技术指标

3.1 复合墙体夹芯层用的高性能泡沫混凝土技术指标

其高性能泡沫混凝土配比为：硅酸盐水泥 30%～45%：粉煤灰 40%～45%：硅灰 20%～25%：过氧化氢 2%～3%：萘系减水剂 0.5%～1%：甲基纤维素醚 0.5%～1%：聚乙烯醇纤维 0.5%～1%：水（干料总重量的 0.3%～0.35%）。

轻质泡沫混凝土填充浇筑的高度宜为 700～1000mm 之间，泡沫混凝土的气孔直径在 0.5～1.0mm（500～1000μm）之间时，高性能轻质泡沫混凝土的性能最佳。

3.2 新型装饰保温一体化复合外墙体系技术指标

用于本体系的水泥纤维板、轻钢龙骨和泡沫混凝土的物理性能和力学性能应符合表 1 要求。

物理性能和力学性能表   表 1

项目	指标或参数
轻钢龙骨（竖向）间距（mm）	≤400
轻钢龙骨宽度（mm）	≥75
轻钢龙骨厚度（mm）	≥0.7
轻钢龙骨双面镀锌量（g/m²）	≥180
轻钢龙骨与主体的连接方式	射钉或焊接
水泥纤维板的干密度（kg/m³）	≥1200
水泥纤维板的厚度（mm）	≥8
泡沫混凝土的干密度（kg/m³）	≥600
泡沫混凝土的抗压强度（MPa）	≥1.6

3.3 轻质混凝土轻钢龙骨复合内墙体系技术指标

复合隔墙一般采用单排轻钢龙骨（也可以采用双排轻钢龙骨），轻钢龙骨、纤维增强水泥板和泡沫混凝土的物理性能和力学性能应符合表 2 要求。

物理性能和力学性能表		表2
项目	用于复合隔墙的指标或参数	用于复合外墙的指标或参数
轻钢龙骨宽度（mm）	≥50	≥75
轻钢龙骨厚度（mm）	≥0.6	≥0.7
轻钢龙骨双面镀锌量（g/m²）	≥100	≥180
竖向轻钢龙骨安装间距（mm）	≤600	≤400
轻钢龙骨与主体的连接方式	射钉或焊接	膨胀螺栓或焊接
纤维增强水泥板的规格（mm）	1200×2400	1200×2400
纤维增强水泥板的干密度（kg/m³）	≥1200	≥1200（内侧面板）； ≥1350（外侧面板）
纤维增强水泥板的厚度（mm）	≥8	≥8（内侧面板）； ≥10（外侧面板）
纤维增强水泥板的抗折强度（MPa）	≥15	≥20
泡沫混凝土的干密度（kg/m³）	≥500	≥600
泡沫混凝土的抗压强度（MPa）	≥1.0	≥1.6

3.4 硬质 PVC 骨架轻质混凝土条板及复合内墙体系技术指标

其技术指标应符合：平整度≤2.0mm，综合容重为 400～500kg/m³，墙面任一点单点吊挂力≥0.3kN，特殊加强点单点吊挂力≥1.0kN，防火等级达到 B1 以上。

4 适用范围

建筑物的内墙和外墙。

5 工程案例

（1）在 2017 年 1 月～2018 年 8 月，应用于长沙市开福区福元中路福鑫苑农民安置小区、新塘学校教学楼，采用现浇泡沫混凝土装饰保温一体化墙体系装配整体式施工技术的隔墙面积 3400m²，从实施效果来看，未出现任何质量问题，节约工程造价 360 万元，缩短施工工期 93 天，节能保温效果良好。

（2）在 2015 年 12 月～2016 年 8 月，应用于宁乡市民之家传达室，其节能环保效益显著，取得了良好的社会经济效益。

（3）在 2014 年 7 月～2017 年 3 月，应用于红树华府工程，采用现浇泡沫混凝土轻钢龙骨复合墙体施工技术的隔墙面积为 24000m²，从实施效果来看，未出现任何质量问题，节约工程造价 350 万元，缩短施工工期 80 天，节能保温效果良好。

（4）在 2012 年 8 月～2014 年 8 月，应用于英泰国际大厦，该工程现浇泡沫混凝土轻钢龙骨复合墙体施工技术，工程自竣工交付以来，未出现任何质量问题，节约工程造价 260 万元，缩短工期 60 天，节能环保效益显著，取得了良好的社会经济效益。

6 结语展望

绿色低能耗建筑用新型复合墙体技术不仅克服了砌块墙体单一材料单层结构所带来的保温性能差、抗震性能差、隔声吸声性能差等缺点，同时，由于空腔部分采用高性能泡沫混凝土填充，高性能泡沫混凝土的干体积密度为 200～700kg/m³，相当于黏土砖的 1/3～1/10、普通混凝土的 1/5～1/10，可大大减轻建筑物自重，增加楼层高度，降低基础造价 10% 左右；高性能泡沫混凝土内部含有大量气泡和微孔，具备良好的绝热性能，导热系数通常为 0.07～0.16W/(m·K)，其隔热保温效果比普通混凝土高数十倍，20cm 厚的高性能泡沫混凝土外墙，其保温效果相当于 49cm 厚以上的黏土砖外墙，可有效减薄墙体厚度，节约使用面积 12％左右，高性能泡沫混凝土芯层被完全包裹在中间空腔内，强度差、耐候性能差、易干缩开裂等缺点被最大程度的弱化或弥补，轻质、保温性好、生产成本低等优点也得到充分发挥，特别是外墙外侧面改用装饰板替代水泥纤维面板覆面，实现了外墙墙体填充保温装饰一体化，是一种既响应国家建筑节能号召，又提升建筑节能技术创新水平，实现绿色可持续发展的新型建筑节能技术复合外墙体系。大力发展该复合外墙体系以及复合条板，对促进建筑节能减排，确保工程质量与安全，实现建筑业健康发展，具有积极作用。

亲水木栈道及木平台逆作法施工工法及应用

Construction Method and Application of Hydrophilic Wooden Plank Road and Wooden Platform by Reverse Method

王孟立

（广州市绿化有限公司）

随着城市化进程的不断加快，生态城市的建设成为更高奋斗目标。城市生态系统中的城市水体、湿地是不可缺少的，从美学角度来看，大量运用木平台木栈道，常常作为湿地景观公园设计的一个卖点。木平台、栈道、栈桥有绵延数公里深入景区内部，时而亲水、时而穿林，为游人提供了近距离观赏水生态环境的步道，游人可在不破坏湿地环境的情况下，在平台上观鸟、赏景、垂钓。

太湖金庭湿地公园东大堤栈道施工采用 DD30 柴油锤和预应力管桩，桩型选用苏 G03-2002 先张法预应力混凝土管桩，桩型为 PTC-400（70）C60 12A，全长约 1.2km，3m 一组 2 根，单根长 12m，工作量合计约 800×12＝9600m，桩端进入黏土层。芦苇岛湿地木栈道全长 2.8km 地势较低洼，有多条沟塘，采用 DD2.8 柴油锤打桩机走管式施工（两台），200 挖机两台，随打桩机填沟塘修筑施工便道，拖运建材。截至 2011 年，太湖湖滨湿地公园已完成改造湖岸线 14.5km，完成围堰清淤 100 多万立方米，建成大型景观标志水风车和 5km 人行木栈道，形成了风车蝶影、栈桥探幽等八大生态景观，成为都市人走进太湖山水、亲近自然生态的绿色长廊。苏州太湖旅游发展集团有限公司环太湖景区景观提升改造项目，总投资近亿元改扩建三山岛南、北原有码头工程，新建沙滩山、席氏家园、石公山、长圻码头等项目，均采用围堰施工方案；银川阅海湾中央商务区水上公园景观园林工程围堰施工长 1.2km，坝顶宽 6m，堆拆费用上千万元；中信庐山西海九江半岛餐厅园林绿化工程项目木栈道、木平台施工，采用大型平板船辅助施工，采用钢板桩围堰施工。无论打桩、压桩、围堰施工，对周围环境有不同程度的影响和破坏，施工成本居高不下。

逆作法亲水木栈道及木平台施工工法，与传统施工方法比较，有无可比拟的优越性，经济效益、社会效益十分显著。

1 技术特点

（1）缩短工程施工的总工期：采用此法施工，无需围堰挡水、抽水，减去筑坝挖坝时间，直接进场加工钢骨架和木栈板，搭设一段钢管支架后，就可以开始钢骨架的焊接或钢筋混凝土上部框架施工（桩位预留后浇带），可以安排等节奏流水施工，能够缩短工期。

（2）对场地条件要求低。此法是在有水状态下施工，正常情况下，不用考虑风雨影响、施工道路泥泞、水位变化对施工的影响；施工辅材用量少，脚手架可分段交替使用，钢木加工可另辟场地，无需太大的堆场。

（3）降低施工成本。此法减少土方施工量，减少了周转材料如模板、脚手架板的用量，无需另行开辟施工通道，大幅度降低施工成本。

（4）周围环境影响小。用该法施工，不产生大的振动和噪声，不产生污染，对周边环境影响和破坏程度很小。

（5）确保施工安全。用该法施工，无需围堰，不考虑水位，无需大量土方开挖，无基坑支护，不考虑边坡稳定等诸多因素的影响，施工安全性能好。

（6）逆作法施工技术是高层建筑物目前最先进的施工技术方法。逆作法日趋完善成熟，但应用在木栈道施工尚属首创。

（7）逆作法存在的不足。没有定型的、方便搭拆的专用脚手架，缺乏小型、灵活、高效的小型专用钻具、吊具、混凝土浇筑及振捣的专用设备。

2 适用范围

人工湖改扩建工程、湿地公园木平台木栈道、跨水步行桥、水中亭、水榭、游船码头等水下基础、平台部分的施工。不适于深水区、湍急河流桩基施工。

3 工艺原理

改变过去传统先地下、后地上，先基础、后主体，先深、后浅传统顺作法施工工艺，采用比较先进合理的逆作法进行施工。逆作法施工工艺：在施工区域沿木栈道方向，先搭设钢管支架，在支架上利用全站仪精确定位桩点空间坐标技术，焊接拼装方槽钢梁骨架，支模板浇筑钢筋混凝土面板或安装叠合板（镀锌波形钢板或预制钢筋混凝土薄板），钢筋绑扎，浇筑混凝土，在桩位预留后浇带；安装木龙骨、铺设木栈板，用已安装就位的木栈台或混凝土结构板作为后续施工通道和施工平台，用人工或利用小型专用钻井设备，在桩基部位挖孔，用灌注桩固定钢桩柱或钢筋混凝土柱或钢管混凝土柱，然后在水上安装焊接横斜支撑，最后安装扶手栏杆。

4 施工工艺流程及操作要点

4.1 工艺流程

用全站仪定位—搭设钢管支架—钢梁预制、拼装焊接（安装叠合板、浇筑钢筋混凝土）—木栈板制作安装—柱基础开挖—钢筋笼制作安装—钢柱的焊接（钢管混凝土桩焊接）—水下基础混凝土的浇注—木栈板制作与安装—木栈道栏杆施工—木面板及栏杆漆面。

4.2 操作要点

4.2.1 搭设钢管支架

（1）用全站仪定位木栈道（平台）的平面位置及桩位，以便钢管支架的搭设。钢管支架采用两排支柱，支柱下设柱靴，柱靴板厚 20～30mm，200～300mm 见方为宜。柱靴板下面设三个 $\phi20$～30mm、长 50～100mm 靴趾，以增大在泥水中的摩擦力，上面设管塞，大小等于管钢内径，保证拆架时钢管能轻松拔出。

（2）支柱纵向间距为 800～900mm，支柱距水面上 200～300mm 设水平拉杆，在向上根据木栈道标高灵活设置，钢管上部超过木栈道底面 1000～1500mm 为宜，若构建水中亭，钢管出水高度应与亭子高度接近，支柱横向间距离木栈道面板两边 200mm 即可。支柱位置应注意与柱坑位置错开，不影响后期柱坑施工和脚手架安全。

（3）为增加脚手架整体稳定性，每 5～6m 设一对斜撑，并根据需要设置一定数量的水平、垂直、多种斜向剪刀撑。

（4）脚手架顶端安装可调托撑，可调托撑螺杆外径不得小于 36mm，直径与螺距应符合现行国家标准《梯形螺纹》GB/T 5796.2、5796.3 的规定；可调托撑的螺杆与支托板焊接应牢固，焊缝高度不得小于 6mm；可调托撑螺杆与螺母旋合长度不得小于 5 扣，螺母厚度不得小于 30mm；托撑挤压承载力设计值不应小于 40kN，支托板厚度不应小于 5mm。

（5）钢架搭设完毕后，要进行预压，使钢管完成沉降过程，沉降后调节托撑螺杆，满足支撑钢梁需要。

（6）水中搭设的钢管，可用防锈漆防锈，最好用石蜡防锈。石蜡防锈工艺如下：将钢管洗净晾干，加热钢管的同时涂抹石蜡，转动钢管，使石蜡分布均匀，即可起到疏水、防蚀、防锈的作用。

4.2.2　模板（或叠合板）制作和安装

（1）压型叠合板既是模板又用作现浇楼板底面受拉钢筋，不但在施工阶段承受施工荷载和现浇层钢筋和混凝土的自重，而且在楼板使用阶段还承受使用荷载，从而构成楼板结构受力的组成部分。叠合楼板堆放时，将板底向下平放，堆放场地应平整压实；垫木放置桁架侧边，在距板端200mm处及跨中位置，当板标志跨度小于等于3.6m时跨中垫一条垫木，当板标志跨度大于3.6m时跨中设两条垫木，垫木必须上下对齐、垫木垫实，不得有一角脱空现象，不同板号分别堆放，每垛堆放层数不宜超过6层。

（2）叠合板安装前将支撑调整至设计标高，叠合板安装后采用激光扫平仪打出标高控制线，对每块叠合板进行标高精确调整，每块板测五个点（四角及中间），尤其控制两块叠合板相邻边标高一致。

4.2.3　梁板制作

（1）钢梁拼装焊接

按设计图示尺寸加工钢梁，进行拼装焊接，刷防锈漆，焊口对接处分层预留50～100mm，钢梁宜选10号～14号镀锌型钢。槽钢要符合设计规范要求，表面无油污、锈迹，无麻坑，无弯曲。槽钢切割加工时平台要平整，量线要准确清晰。安装位置准确牢固，不扭曲、不歪斜、不变形。焊缝外形均匀，成型良好，表面不得有裂纹、焊瘤、烧穿等缺陷。用全站仪精确定位桩点钢梁的空间坐标，准确焊接拼装固定钢梁。钢梁安装完毕后，全面复测钢梁位置标高，误差超过允许值要调整，钢梁找平可用不同厚度三合板片。钢梁复测后开始定位柱脚位置，同时定位木栈板的位置，加工、安装木栈板。

（2）钢筋混凝土叠合梁板制作

1）压型叠合钢板宜采用"前推法"铺设，由一端开始向前铺设至另一端。铺设压型钢板时，要使相邻跨钢板端头的波梯形槽口贯通对齐，要随铺设、随调整以及校正位置，随将其端头与钢梁点焊固定，以避免在安装过程中钢板发生松动和滑落。

2）支撑桁架采用油丝顶头配2根木方的方式，既保证支撑强度也可避免叠合板安装过程中的滑移失稳，叠合板起吊时，要尽可能减小因自重产生的弯矩，采用钢扁担吊装架进行吊装，8个吊点均匀受力，保证构件平稳吊装。起吊时要先试吊，先吊起距地50cm停止，检查钢丝绳、吊钩的受力情况，使叠合板保持水平，然后吊至作业层上空。

3）就位时叠合板要从上垂直向下安装，在作业层上空20cm处略作停顿，施工人员手扶楼板调整方向，放下时要停稳慢放，严禁快速猛放，以避免冲击力过大造成板面震折裂缝。5级风以上时应停止吊装。板安装完后进行标高校核，调节板下的可调支撑。栓钉是作为组合梁的抗剪连接件，主要靠栓杆抗剪来承受剪力，用圆头抵抗掀起力，这种连接杆件施工很方便，其下端带有焊剂，外套瓷环。按设计位置用专门点焊机接触焊，效率高。组合楼板与钢梁的连接应考虑水平力的可靠传递，在楼板和钢梁之间应设置抗剪连接件，最常用的是设置栓钉，在钢结构中，不管是现浇楼板、普通压型钢板还是钢筋桁架模板，必须设置栓钉。

4）栓钉沿梁轴线方向间距不应小于栓钉杆径的6倍，不应大于楼承板厚度的4倍，且不应大于400mm。栓钉垂直于梁轴线方向不应小于栓钉杆径的4倍，且不应大于400mm。栓钉长度不应小于其杆径的4倍，焊后栓钉高度应大于压型钢楼承板高度加上30mm，且应小于压型钢板高度加上75mm。栓钉顶面混凝土保护层厚度不应小于15mm，栓钉钉头下表面高出压型钢楼承板底部钢筋顶面不应小于30mm。压型钢板主要用作永久性模板，也可作为混凝土楼板的受拉钢筋，能提高楼板的刚度，节省钢筋和混凝土的用量。

5）叠合板预制构件安装完成后，进行电气管路铺设，绑叠合板上部钢筋，经项目部会同监理检查验收合格后，浇筑混凝土。安装叠合板时底部必须做临时支架，支撑采用轮扣支撑。待叠合板结构施工完成后，结构跨度≤8m，现浇混凝土强度≥75％设计强度时，才可以拆除支撑。

4.2.4 柱基础开挖

（1）人工小桩基开挖

1）根据设计桩基承载力不同，可选用不同管径的管材，作为导向管和护壁管，为了施工方便，多选用 U-PVC250 或 315 管材，用钢锯剖一分为二，用木方固定复原，长度以高出水面 1000mm 为宜。

2）安放导向管时，先将桩位用洛阳铲铲平，用全站仪将 U-PVC 管定位，固定在脚手架上。用洛阳铲将桩位 U-PVC 管内泥土挖出，堆在 U-PVC 管四周，增加其稳定性。如果桩位处淤泥过深，应适当增加 U-PVC 管长度，在挖掘过程中保持管内水面与管外有 1m 以上的高差，防止管内泥土塌方，如有可能，随挖随压，使管子深入泥土一定深度。

3）根据水下原土、基岩埋深、桩的需承载力大小和栈道（平台）曲直，决定挖掘深度，一般为 1200～1500mm 为宜，经自检合格后报监理验收。验收合格后，先灌入约 200mm 厚级配碎石，再加入约 100mm 厚大砂，吊入事先预制成型的钢筋笼。U-PVC 管另外还能防止开挖触动管口四周泥土，作为浇筑钢筋混凝土的模板，保证桩基顶部外形统一。

（2）钢筒围堰及钢筒护壁人工挖孔灌注桩施工

1）钢梁随脚手架搭设开始分段加工安装，检验合格后，开始铺设木栈板，桩位附近影响桩基施工若干块不固定，其余固定，用人力车将加工成型围堰钢筒分节运入施工现场，用三角架支撑滑轮作起吊机具，人工清理基础位置，将钢护筒分节吊下，节间设连接螺栓、密封槽。

2）围堰钢护筒超出水面一定高度，对围堰钢护筒进行定位加固，密封槽内置批灰膏密封节间缝隙，用塑料袋装透水性差的泥土封钢护筒外侧与池底接触部位的缝隙，然后开始抽水，水抽完后开始人工挖掘，首先人工清理钢筒基底淤泥使钢筒稳定；加固钢筒，下部用泥土，上部用钢管与脚手架固定，然后正式挖掘；每次挖掘深度以 1m 为限，土质疏松、桩基要求深，需加设钢筒进行护壁。护壁钢筒用钢卷板制成，直径略低于钢筒围堰，周长大于挖掘井筒直径，护壁钢筒沿平行两底 100～200mm 位置每隔 50mm 对应设一、二排钻孔，用撑孔器将钢卷板扩大到要求直径，用插销锁定对应多个钻孔；确认安全后继续进行后续施工。

3）开挖到设计标高，自检合格报监理、设计批准后，按正常工艺进行钢筋笼安装、在钢梁上定位焊钢柱，钢柱下部插入基础内的钢筋笼内，浇筑混凝土至设计标高。吊笼前确认井壁承载力，确保浇筑时不塌方，可回收护壁钢筒。

（3）机械钻孔灌注桩施工

1）机械钻孔灌注桩施工系指用钻机钻孔成型的工艺。钻机类型发展至今，根据桩位地质资料和桩的类型、桩长、施工进度要求，自有设备等综合比选确定。目前钻机种类较多，钻进施工方法各异，拟采用改装后的专用钻挖机具，钻机把完成铺面的木栈道作为钻机施工的平台，从一端依次向前推进。钻机安装在桩位上方，将桩位处未固定的木栈板移去，顺木栈道方向棚两侧木栈板上，作为脚手架板，埋置护筒，护筒埋置要求稳定、准确；护筒内径应比钻头直径稍大。

2）护筒的作用：固定钻孔的位置；开始钻孔时，对钻头起导向的作用；保护孔口，防止孔口坍塌；隔离孔内孔外的表层水，并保持孔内水位高于孔外的水位，护筒顶标高应高出施工最高水位 1.5～2.0m，无水钻孔筒顶应高出地面 0.2～0.3m；使孔内产生足够的静水压力稳定孔壁。若淤泥层厚，井筒壁土破碎，容易坍塌，护筒可加大入泥深度。

3）钻至预定标高后检查孔位孔深，检验合格，清理孔底渣土，吊放钢筋笼并固定，浇筑混凝土前，先将钢柱按设计尺寸下料，定位焊在钢梁上，下部插入基础内的钢筋笼内，水下浇筑混凝土至设计标高。

4.2.5 钢柱、钢管混凝土桩的焊接或基础混凝土的浇筑

（1）无论采用钢管柱或用方钢柱或钢管混凝土桩，应根据桩位处所需柱长，把符合设计规格的镀锌钢管事先加工成型，重新校对桩位处钢梁标高位置，将柱穿进钢筋笼，并定位焊接在钢梁桩位上或与叠合钢板预留孔位焊接牢固；浇筑前应对钢骨架重新复测，确定无误后，方可开始浇筑混凝土。

（2）钢管混凝土结构在桩基础工程中的应用，不仅有较高的承载能力，而且还具有优良的塑性、韧性、延性和稳定性；当轴向承载力达到设计值时，由于桩身强度还有很大富余，因此还可以承受较多的横向荷载；在经济效益方面，减少了钢和混凝土的材料用量，降低了工程造价；在施工方面，施工方便快捷，效率提高，加快了施工进度，钢管混凝土桩在木栈道施工中是一种很有发展前景的新型桩基础。

（3）混凝土采用水下浇筑混凝土配方，添加适量速凝剂；一次混凝土用量，要进行计算，略大于理论计算，余量可用来二次浇筑拆模后的柱脚，基础混凝土浇筑标高要统一，误差小于 20mm。若采用钢筋混凝土柱，基础柱筋预留标高必须在水面以上，以便柱筋焊接加长或利于绑接加长。水下钢筋混凝土浇筑要用导管，导管长度以方便浇筑为准，上口设进料斗。

4.2.6 钢筋混凝土柱及后浇带浇筑施工

（1）若采用钢筋混凝土柱，模板可用剖开 PVC 管。柱混凝土可与上部的梁板预留的后浇带一起施工。

（2）后浇带的留置宽度一般 700～800mm，后浇带的接缝用平直缝或阶梯缝，后浇带内的钢筋，可全断再搭接，或不断开另设附加筋。

（3）后浇带混凝土的补浇时间不少于 14d，后浇带的混凝土配制及强度，原混凝土等级提高一级的补偿收缩混凝土浇筑，养护时间 14d 左右。

4.2.7 木栈板制作与安装

（1）木材品种、材质、规格、数量应符合施工图要求。栈板不允许有腐朽、死节、虫蛀、横向裂纹，活节不宜过于集中。木材应经过脱脂、防虫、防腐处理。下料根据不同加工精度留足加工余量。加工后的木构件及时核对规格及数量，堆放整齐。易变形的硬杂木，堆放时适当采取防变形措施。

（2）木栈板安装在槽钢上立面上，每块板与槽钢接触部位用两个以上木螺钉可靠连接。槽钢上按设计要求事先钻孔并经防锈处理。木栈道或平台宽度大于 3m，中间要加横撑。

（3）为了增加木栈道行走时的舒适感，中间横撑不用钢结构，改用双层木龙骨加固，即在相邻相向的两块槽钢底边，隔 400～600mm 加一排与木栈板平行的木方，再在中间垂直方向上加一根通长木龙骨与面板固定，用长木螺钉在下面使用，确保面板无钉痕。

（4）钢架施工调整合格后，在桩基施工的同时，就能进行木面板的安装，除桩位附近的木面板不固定外，其余的均可固定，施工中注意对木栈板的保护，在保护好面板不被污染的前提下，可为施工提供通道，这样可减少脚手架板材用量，大幅度节约成本，缩短工期，是典型的逆作施工方法。

4.2.8 木栈道栏杆施工

栏杆与木道板用螺栓贯穿固定，U 形镀锌钢板与槽钢满焊，连接体应为不锈钢或镀锌铁件。方木柱与方木横梁之间采用榫接。栏杆虽然不是木结构的主体结构，但它对木结构内外的视觉影响颇为显著，如处理不好将直接影响木结构的整体效果。同时栏杆是亲水平台上不可缺少的安全设施，安装前仔细对尺寸、外观进行检查。栏杆的安装自一端向另一端顺序安装。栏杆的垂直度用自制的"双十字"靠尺控制。

4.2.9 木面板及栏杆漆面

清除木材面毛刺、污物，用砂布打磨光滑。打底层腻子，干后砂布打磨光滑。按设计要求，底漆、面漆及层次逐层施工。可用清漆、混色漆、天然桐油涂刷，质量要符合国家规范。涂刷油漆要均匀、色泽一致光亮，无明显皱皮、流坠、气泡，附着良好。不得误涂、漏涂，涂层应无蜕皮和返锈。

桐油应用干净布浸油后挤干，揉涂在干燥的木材面上。木平台烫蜡、擦软蜡，所使用蜡的品种、质量必须符合设计要求，严禁在施工过程中烫坏地板和损坏板面。

5 设备与材料

5.1 机具

切割机、木工刨床、空压机和喷枪、榫口机、钢筋调直机、钢筋弯曲机、电焊机、专用钻井挖掘机、专用护筒、专用搭拆工具、泥浆处理用具、混凝土搅拌机及运输设备、专用振动棒、钢护壁、泥浆泵、搭拆灵活的专用脚手架等。

5.2 材料

水泥、大沙、碎石、木料、钢筋、槽钢、油漆、批灰等。

6 质量控制

6.1 质量控制要点

（1）脚手架安装注意柱脚稳定性，进行预压，安装钢梁骨架时，注意跟踪测量定位。

（2）护筒的平面位置要埋置正确，偏差不大于50mm，顶标高应高出最高水位1.5～2.0m。

（3）控制混凝土配比和坍落度，确定坍落度，坍落度视根据混凝土浇灌部位、构件体积、钢筋密集等情况而定，基础工程坍落度小一点，一般为10～30mm，配筋密集，混凝土较难浇灌，则坍落度应适当大一点。控制柱基标高，超出水底标高相对标高不大于50mm。

（4）控制木栈板质量。要求木栈板不允许有腐朽、死节、虫蛀、横向裂纹，活节不宜过于集中。无毛刺、污物，砂布打磨光滑。涂刷油漆要均匀、色泽一致光亮，无明显皱皮、流坠、气泡，附着良好。用塑料板、树脂板代替木栈板是发展趋势。

6.2 质量控制措施

（1）面层所用木板应为经过熟化、防水、防腐处理的木材，木料的抽脂、烘干、定型等一系列的防腐处理由木板生产厂家进行施工，根据材料质量同类规格打包，自然风干3d后分批进行干燥，干燥期为27～28d，平衡含水率达到15%～18%，再经过适当养护、刨切处理、表面防滑加工、木材防腐处理、验等选尺等工序，然后派送施工现场。

（2）木栈道基层先清除基层表面的砂浆、油污和垃圾，用水冲洗、晾干；龙骨间距应符合设计要求，木面层之间需按设计要求留缝，缝隙的宽度应均匀一致。

（3）面层木质色泽应自然和顺，含水率小于15%，面板安装完成后，宜用木油涂刷表面，使其可以达到防水、防起泡、防起皮和防紫外线的作用，禁止施工完毕后立即上人。

（4）施工过程中应注意避免扬尘、遗撒等现象，在施工现场，防腐木材应通风存放，应尽可能地避免太阳暴晒。

7 安全措施

7.1 安全控制要点

（1）设置必要的防护栏、防护网。

（2）使用木工机具、电焊机要设防护装置，电箱闸箱设双重漏电保护。

（3）钻机移位，有专人指挥，信号统一，准确无误，非作业人员要离井架20m以外。雨天、雾天或风力在5级以上时禁止进行移位。

（4）滑轮组穿大绳现场多使用花穿，用白棕绳做引绳。检查引绳与大绳连接，确认牢固，防止大绳坠落、滑脱、跳槽。拉引绳带动大绳上行时，钻台上不能站人，指挥人员要站到安全的位置。

7.2　基础施工安全注意事项

（1）注意井筒内外水位落差，保持较大的静水压力，防止塌孔。

（2）钻孔过程注意调整泥浆的稠度。

（3）钻机必须保持平衡。安装就位时，应详细测量。底座应垫实塞紧，顶端用缆风绳固定平稳，再钻进过程中经常检查钻孔，防止塌孔、斜孔、钻杆扭断、掉进孔内等事故。

（4）钻孔完成及时清孔，以保证灌注的钢筋混凝土质量，保证桩的承载力；灌注水下混凝土定时测量，防止导管过提。

8　环保措施

（1）施工前甲乙双方应认真进行施工场所环境交接，并在《现场施工环境保护交接书》上签署意见，分清责任，消除后患。

（2）作业完工后，泥浆、污水、废油、垃圾进行处理，恢复原貌，实现零排放，保证不污染水体，达到工完料净场地清。

（3）露天的设备、设施雨天要遮盖，应无"跑、冒、滴、漏"的现象。

（4）搅拌机、钻机、切割机噪声控制。合理安排工程进度，避开夜间、中午时间施工。

（5）对水泥要进行覆盖，沙、碎石堆场要及时洒水降尘。

（6）湿地施工，注意对现有植被保护，尽量缩小扰动面积，施工后及时恢复现状。

9　效益分析

（1）采用逆作法施工，无需围堰挡水，省去了筑坝抽水工序，避免传统施工基坑大放脚增大的土方开挖、回填工程量；对场地条件要求低，有水状态下保持正常施工，不用考虑风雨影响、不用修筑施工便道；施工辅材用量少，脚手架可分段交替使用，减少了周转材料如模板、脚手架板的用量；钢木加工可另辟场地，无需太大的堆场，减少占地面积，可大幅度降低施工成本，经济效益明显。

（2）采用逆作法施工，加快了施工进度，缩短工期，可以提前投入使用；可以组织流水施工，合理安排工期和作业时间，可避免中午和夜间施工对环境影响，资源利用趋于平衡；利用先期修好的木栈台做施工通道，无需修筑施工便道，避免了对周边环景的影响和破坏。逆作法施工不受水位涨落的影响，不怕水淹雨淋，施工安全，开发利用前景广阔，具有广泛的社会效益。

10　国内应用及前景

推广应用木栈道、木平台逆作法施工技术，能够提高工程施工安全性，可以大大节约工程造价，缩短施工工期，是一种很有发展前途和推广价值的木栈道、木平台施工技术。随着木栈道、木平台逆作法在工程实践中推广应用，相应施工用具、机具改进及专业化生产，必将促进专业化施工队伍建立，能使工程质量再上新台阶，前景十分乐观。

国外建筑企业减碳做法和经验

Carbon Reduction Practices and Experiences of Foreign Construction Enterprises

毛志兵 黄 凯

（中国建筑战略研究院）

建筑业是支撑我国基础设施建设高质量发展和城镇化进程快速推进的基础性行业，同时也是能源消耗和碳排放大户。因此，建筑行业能否实现碳达峰碳中和，对我国"双碳"目标的实现至关重要。建筑企业作为全方面践行绿色发展理念的绿色实施主体，其理念、技术创新等对"双碳"目标实现起着决定性的作用。

1 国外优秀企业"双碳"行动与经验

通过对各国不同行业的优秀企业碳中和目标以及披露方式进行分析，可以发现，欧美国家企业在承诺并促进碳中和目标实现方面走在前列，日系企业紧随欧美之后，主要分布在金融、互联网科技、工业服务业、油气能源及化学化工行业。

从目标来看，互联网、工业、咨询、金融等具有碳排放较低特征的现代服务业，碳中和目标年份普遍早于 2030 年；能源行业（电力、油气）承诺的碳中和目标年份相对较晚，但一般不晚于 2050年。建筑和交通领域企业在碳中和目标上做出承诺的数量不多、行动相对缓慢。跨国公司参与全球气候变化治理较早，制定了气候变化战略或可持续发展战略的企业也同步制定了具体的碳中和/净零目标。提出的碳中和目标既有长期目标，也有中短期目标，量化目标较为具体。

从产业布局来讲，国外企业实现碳中和主要致力于能源效率提升、投资和采购可再生能源、促进供应商和客户减排及利用碳抵消手段抵消自身的碳排放。其中，提升能效、传统业务转型及投资负排放技术研发与应用是能源电力领域企业采用的主要手段。在工业、建筑、交通、互联网等重点用能领域，国外先进企业通常采取提高可再生能源应用比例促进自身运营效率提升，利用技术创新研发低碳绿色产品降低排放，碳抵消也是常用措施。而在碳中和服务部门，绿色电力采购可提高自身运营效率，推动员工行为和主要供应商减排，利用碳抵消剩余碳排放是重点实施举措。

2 国外优秀建筑企业减碳经验

国外建筑企业均提出明确的碳中和目标，规划产业减碳的措施和技术方向，在努力减少自身施工、运营碳排放的同时，多采用绿色供应链管理来促进上游建材减碳和减少自身的间接碳排放，并大力布局和发展可再生能源，利用"双碳"机遇完成企业的新产业布局。

2.1 法国万喜（Vinci）集团

法国万喜集团（下称"法国万喜"）成立于 1890 年，是世界顶级的建筑以及工程服务企业。法国万喜下设万喜能源、Eurovia、万喜建筑等公司，有 2500 家分支机构，分布在全球 80 多个国家和地区，在租赁经营、通信、公路桥梁等领域优势突出。

主要做法：

（1）制定三阶段可持续发展战略：法国万喜从 1990 年左右开始布局可持续发展行动，历经三个阶段，从降低环境影响技术研发，到 ESG 体系建设，碳足迹评估及减碳行动计划再到全面可持续发展战略升级，将可持续发展融合到公司战略，发布白皮书，助推企业成为行业领导者。

（2）碳足迹计算模型研发：法国万喜积极探索环境影响测试技术，投资建设建筑材料数据库，研发碳足迹计算模型，这些储备都为万喜集团全面推进降碳供应链管理奠定基础。

（3）借助"双碳"行动，助力企业成为链主：法国万喜在可持续发展方面具有很强的产品能力，一方面整合了建筑设计施工、基础设施、能源站、智慧运营的整体可持续城市建设运营能力，另一方面带领上游建材供应链研发减碳专利技术，并积极规模化应用，成为自身核心竞争能力。

2.2　法国布依格（Bouygues）集团

法国布依格（Bouygues）集团（以下简称"法国布依格"）起源最早可以追溯到 1952 年，由布伊格创建了以其自己名字命名的公司，1970 年上市，1978 年组建布伊格集团。该集团的主营业务有三大块：电信－多媒体、服务和建筑。分别涉及六个行业：电信、通信、公共服务管理、BTP、道路和房地产业。

主要做法：

（1）按行业拆分碳目标：法国布依格集团业态分布较广，集团基于国家层面碳中和目标及行业要求对不同业务碳中和目标进行拆分，在响应国家需求的同时践行碳减排。

（2）标准化碳计算工具：法国布依格集团从原材料采购、产品及服务环节打造碳排放计算工具，积极布局对于范畴 1、2 和范畴 3 上游的碳排放监测，并针对住宅和商业地产制定低碳技术文件，为集团碳减排打下基础。

（3）碳减排方案研发：法国布依格集团积极研发碳减排相关产品，打造出包括 Citybox、Wattway 太阳能道路、生态社区等城市碳减排解决方案，为赢得大型低碳建造项目做铺垫。

2.3　英国泰勒温佩（TaylorWimpey）集团

英国泰勒温佩集团（以下简称"泰勒温佩"）于 2007 年成立，是英国最大的房屋建筑公司之一。公司股票在伦敦证券交易所上市交易，并是富时 100 指数成分股。2019 年公司营业收入达到 43.4 亿英镑。

主要做法：

（1）通过可再生电力减少建筑阶段的碳排放，目前可再生电力已覆盖公司总用电量的 58%。

（2）积极采取措施减少范畴 3 碳排放，按照国际标准统计范畴 3 碳排放各细项数据，同时采取建筑节能和提高木结构建筑比例等措施减少 CO_2 排放。

（3）积极探索绿色采购，借助外部机构为供应商提供免费培训服务，制定严格的供应商筛选程序，并对供应商提供的原材料进行溯源管理。

2.4　英国兰德赛克（Land Securities）集团

英国兰德赛克集团（以下简称"兰德赛克"）是英国最大的商业房地产开发及投资公司。起源于 1944 年，当时其创始人哈罗德·塞缪尔收购了土地证券投资信托有限公司（Land Securities Investment Trust Limited），该公司在肯辛顿拥有三栋房屋和一些政府股票。随后不久，该公司又进行了进一步收购，从 1947 年开始，该公司专注于伦敦核心区的商业地产，以办公楼、百货公司和城市综合体为主。Landsec 拥有并管理着超过 200 万 m^2 的商业地产，在伦敦的资产约为 75 亿欧元，占其总资产的 69%。

主要做法：

（1）积极降低建筑运营期间能耗，对每个建筑设计独立的能耗降低方案。

（2）通过采购清洁能源，实现 100% 绿色能源替代，并投资新能源发电产业。

（3）通过体制机制建设，引导企业在项目设计阶段就将碳排放纳入考量而不是后期再针对减碳重新改造。

（4）设立各类项目的碳排强度指标，并通过打造典型示范项目进行推广应用。

2.5 美国柏克德（BECHTEL）集团

美国柏克德（BECHTEL）工程公司（以下简称"美国柏克德"）始创于 1898 年，公司总部位于美国加利福尼亚州旧金山市，是一家具有国际一流水平的工程建设公司。柏克德公司业务范围涉及航空、轨道交通、石油及化工、管道和水利工程在内的土建基础设施、水电、火电和核电、采矿和冶金，以及电信、国防、环保有害废料处理、电子商务设施等领域，为各领域的客户提供工程设计、采购、施工、项目管理、施工管理技术、融资、建造和运行安装等全方位服务。

主要做法：

（1）采纳国际标准：美国柏克德采用 WRI 发布的《跨部门碳排放计算工具》以及地方政府公布的碳排放计算因子对所选取的办事处进行温室气体排放监控、计算及披露，为把握集团现存碳排放情况，预估减排潜力提供基础。

（2）打造示范项目：美国柏克德积极迎合政府需求，承接试点示范项目，在获取政府资金支持的同时提高自身碳减排能力，扩宽未来发展空间。

（3）合作共赢：美国柏克德积极携手政府、行业组织、客户、技术人员，在共体打造低碳项目、低碳产品的同时，优化产品、完善流程、提升服务能力。

2.6 日本清水建设（Shimizu）集团

清水建设建设（Shimizu）集团（以下简称"清水建设"）创建于 1804 年，总部位于日本东京，主营业务包括房屋建造、土木工程、房地产开发、工程承包、全生命周期服务及前沿业务。2020 年实现营业收入 16982 亿日元。近年来，清水建设多次被财富杂志评选为"世界上最值得尊敬的公司"之一。

主要做法：

（1）积极探索碳减排措施，通过改进施工方法、实行绿色采购、节能设施改造等行动实现碳减排，并于 2018 年开始探索使用可再生能源代替建筑施工过程的能源消耗。

（2）通过 LCV 业务提升服务能力，为建筑、基础设施乃至整个城市提供增值服务，提升用户满意度。

（3）借助绿色债券为绿色建筑项目融资。

2.7 日本大成建设（Taisei）集团

日本大成建设（Taisei）集团（以下简称"大成建设"）是日本大型综合建设集团，主要从事房屋建筑、土木工程、工程承包、房地产开发等业务。大成建设创立于 1917 年，从 1959 年开始，公司开始在海外设立分支机构，并开始发展海外建设业务。大成建设 2020 年实现销售额 14800 亿日元，位居 2020 年福布斯全球企业 2000 强第 894 名。

主要做法：

（1）积极采用以可再生能源替代、绿色采购、零能耗建筑建设等相关碳减排措施。

（2）打造零能耗建筑标杆项目，积极研发零能耗建筑相关技术，并进行推广示范。

（3）借助绿色债券获取低成本的资金，用于企业绿色业务发展。

2.8 日本鹿岛建设（Kajima）集团

日本鹿岛建设（Kajima）集团（以下简称"鹿岛建设"）是日本大型综合建筑公司，世界 500 强企业，公司在西式建筑、铁路和大坝建设中，尤其在核电厂建设和高层建筑建造中享有盛誉。公司普通股票在东京、大阪、伦敦等交易所上市，2020 年实现营业收入 19071 亿日元，位居 2020 福布斯全球企业 2000 强榜第 931 位。

主要做法：

（1）采用可再生能源替代、研发设计零能耗建筑、项目获取第三方绿色认证等相关措施实现减排目标。

（2）开发使用线上系统检测碳排放，整合建筑机械运行、运输车辆、公司电力消耗等多维度数据，实现对碳排放数据的月度分析及可视化展示。

（3）研发使用世界上第一种负 CO_2 排放水平的绿色混凝土，从供应链角度减少 CO_2 排放。

2.9　韩国现代工程建设（Hyundai E&C）公司

韩国现代工程建设（Hyundai E&C）公司背靠韩国现代集团，业务涵盖工业工程、电站和能源工程、基础设施和环境保护、建筑工程四大板块。

主要做法：

（1）自上而下碳减排管理：韩国现代工程建设打造董事会牵头的环境管理委员会及环境管理体系，通过定期对环境相关表现进行监督，确保环境表现符合集团预期。

（2）精细化环境管理：韩国现代工程建设对业务运营范围内所有碳排放环境进行监督管理，通过打造示范项目、定期开展环境审计、发布碳相关指南，协助集团实现碳减排。

（3）提升国际影响力合作共赢：韩国现代工程建设积极参与国际、国家、行业规范制定工作，主动回应气候变化相关行动以及负面环境相关事件，树立正面形象。

2.10　国外优秀建筑企业经验总结（表1）

国外优秀建筑企业减碳经验总结 表 1

海外企业	行动方案	产业布局调整	碳中和关键举措	减碳目标
法国万喜	1. 技术创新 2. ESG 及可持续发展建设 3. 产业战略升级 4. 碳中和绿色增长战略	1. 特许经营（公路、机场、基建） 2. 承包业务（能源、路桥、建筑） 3. 能源（能源基建、工业能源、电讯、能源服务） 4. 公路（施工技术、建筑材料生产）	1. 建筑、场地、车辆、设备碳排放管理 2. 新能源施工车辆 3. 建筑能耗模拟分析、总部能耗审核和诊断、远距离施工可再生能源 4. 低碳建材研发，建材 LCA 影响评估工具	1. 2030 年实现碳排放强度下降 40%（相比于 2009 年） 2. 2030 年单位道路建设用水量减少 50% 3. 2030 年实现生物多样性零损失
法国布依格	拆分不同业务板块并制定相应的减碳目标	1. 住宅地产，商业地产、城市规划、碳担保服务 2. 电信、通信、传媒服务	1. 新材料（清洁能源、低碳材料）新产业（低碳建筑、低碳管理）新模式（智慧交通、生态社区） 2. 标准化碳计算、碳监测工具 3. 太阳能道路、生态社区	建筑施工碳排放强度降低 40%，地产开发降低 32%，交通基建降低 30%，传媒与电信降低 30%，增加木材项目的比例，2030 年前 30% 的欧洲项目木材
英国泰勒温佩	对供应商进行培训和管理，采用绿色认证等方式对原材料进行碳排放管理	1. 低碳建材开发及应用 2. 电动汽车充电站安装	1. 可再生能源替代、可再生电力购买 2. 供应链碳排放管理 3. 提高木结构使用频率 4. 降低房屋能耗，尽早实现净零排放	2025 年碳排强度降低 36%，2030 年碳排强度降低 24%
英国兰德赛克	拆分不同业务板块并制定相应的减碳目标	绿色基础设施建设，通过绿植抵消企业碳排放	1. 制定企业内部碳汇价格 2. 发布建材和设备准入清单，推广低碳建材和高能效设备 3. 建立低碳供应链管理体系	2030 年前减少碳排放 70%（相比于 2013 年），建筑运营能耗降低到 2013 年的 40%
美国柏克德	通过新技术（可再生能源、碳减排）、新产业（建筑服务、新兴业务）、新模式（清洁能源）开展减排	1. 标准化混凝土生产、供应和验收 2. 低碳运输和可再生能源项目投资 3. 氢能技术研究和推广	1. 碳排计量和温室气体监控 2. 新能源技术投资（风电、氢能、核电、太阳能） 3. 碳捕获技术	2030 年前所有重点项目和设施中使用替代方案减少碳排放和环境足迹

续表

海外企业	行动方案	产业布局调整	碳中和关键举措	减碳目标
日本清水建设	通过建造期间、公司办公场所和建筑交付后三大把那块来进行减碳，并拓展业务，提供能源、管理和运营的多样化服务	1. 开拓建筑服务产业 2. 探索氢能源和氢动力城镇 3. 建立深海城市概念 4. 利用绿色金融工具取得绿色贷款	1. 采用节能建筑设计，参与新能源设施安装，利用碳信用额度 2. 改进结构和施工方案、推动节能改造和楼宇智慧化管理、利用碳信用获取贷款 3. 绿色采购和供应链管理	2030年前建设期间、办公场所、建成交付分别实现减排70%、70%、60%，到2050年前实现碳排放减少100%
日本大成建设	减少建造阶段碳排放，加大可再生能源利用率，减少产业链上下游碳排放，完善环境目标管理系统	1. 新型建材开发（木结构运用、绿色混凝土） 2. 可再生能源（海上风力发电、氢能、核能） 3. 智慧城市（智慧社区、灾难预警）	1. 探索零能耗建筑技术，持续推进零能耗建筑相关研发 2. 绿色债券获取低成本资金 3. 数字化转型赋能	2023年建造阶段和运营阶段分别减排50%和43%，2030年建造阶段和运营阶段分别减排62%和55%，2050年商业活动碳排放基本为0
日本鹿岛建设	尽快实现营收增长与"碳"脱钩，减少主营业务中的碳排放并大力发展低碳、负碳产业	1. 研发环境数据评价系统并接入工地建造管理 2. 研发低碳水泥、低碳混凝土吸收CO_2，开展循环技术研发 3. 成立可再生能源基建建设部门	1. 可再生能源替代 2. 建筑节能认证 3. 绿色采购，开发使用低碳建材，推动低碳设计和建造	2030年实现较2013年减排50%，2050年实现CO_2净零排放
韩国现代工程建设	建立环境管理基础，开展精细化环境管理，减少碳排放并促进绿色增长	积极参与国际、国家、行业规范制定，主动回应气候变化相关行动和事件，树立正面形象	1. 自上而下的碳排放管理体系 2. 精细化环境管理，开展环境审计、发布碳排放指南	2050年减少52.5%的温室气体排放

通过对比分析9家国外建筑企业发现，关键举措呈现不同特点，部分企业利用"双碳"机遇实现了新产业的蓬勃发展，部分企业更加专注于在建筑建造或运营管理过程中减少碳排放。表格中总结了各企业在行动方案、产业布局、碳中和举措以及减碳目标上的特点：

（1）行动方案方面，多数企业采取了分板块分阶段来实施减碳，根据业务板块制定不同的减碳目标。

（2）产业布局方面，部分企业在聚焦建造施工以及地产开发同时在新能源基础设施、新型低碳建筑材料上进行布局，也有企业趁此机会入局了能源电力行业和基础设施行业。

（3）碳中和关键举措方面，多数企业采取了购买和发展可再生能源、推进低碳供应链管理以及推广近零能耗建筑。减碳目标方面，多数企业制定了2030年的减碳目标，日本的建筑企业均制定了2050年CO_2零排放的目标。

3 启示与思考

从国外建筑企业碳减排措施可知，建筑行业低碳发展应依靠科技进步，在科学发展中实现减排降碳，在现阶段应加快推进能效提升技术、能源结构优化技术，因地制宜开展新能源及可再生能源利用技术等，同时，应该整合社会资源，从全产业链的角度进行碳减排，得到的启发如下，可为我国建筑企业提供参考与借鉴。

（1）碳减排是一个产业链条的事。不管是绿色建材，还是绿色建筑，都要考虑产业链问题，需要全链协同，需要在前端规划设计做好引领，能够发挥更加积极的作用。

（2）主要节能减排技术手段。1）提高能源效率。之所以要提升能源效率，是考虑到成本、技术成熟度、资源可用性及政策部署，在变革性大幅减碳技术没有完全成熟之前，全流程能源效率提升应该要成为建筑行业节能减碳的优先工作。2) 优化作业流程和采用合适的节能增效技术有助于实现建筑工地的碳减排。通过利用提升供暖、制冷、空调和热传导效率的技术，并采取适当的隔热措施，将热量损失降至最低，避免了用电损耗。此外，对施工作业流程进行优化，尽量减少照明系统的不必要使用，关停工地内空转车辆和发动机，定期校准测量仪表，并大力推广节能照明和感应照明系统。3) 采用可再生能源，不断增加可再生能源使用量，如在施工现场建造光伏电站。此外，还可以在工地上引进部分混合动力机器，并尝试将氢气、沼气等替代燃料作为多用途车的动力来源。

（3）低碳材料技术研发与应用。综合考量其技术经济性。建筑是由材料构成的，材料是物质的基础材料是建筑开展减碳策略的前提条件。为了减碳不能不计成本代价，很多减碳效果突出的建筑材料，因为成本代价太大，很难大规模推广应用，因此，低碳材料技术研发与应用，一定要综合考量其技术经济性。

（4）开展低碳材料替代策略策划需从源头做平衡，并从全寿命期综合考量。材料性能是开展建材减碳策划的首要因素，这就要求在规划设计阶段的建材选材设计时，就要开展低碳材料替代策略策划，替代材料所产生成本增量、减碳效果和性能提升需从源头做平衡，并从全寿命期综合考量；当前由于缺乏相应数据和手段，在建筑方案制定进行低碳建材策略尚不能完全做到。建筑、建材或部品生产减碳一定不能只站在某个阶段谈减碳问题，如装配式施工工艺，从表面上看，其现场施工碳排放确实减少，实际上传统材料在工厂预制加工，更多的只是碳排放的阶段转移，而且还增加交通运输碳排放，且产生交通拥堵等社会问题，其减碳效果值得深思。

（5）推动建筑碳减排工作，量化核证是基础。在建筑设计时就需要从源头对全寿命期碳排放情况作预估并列出来，需要从全过程对其碳足迹进行量化核证并动态跟踪控制，这会涉及上下游整个产业链，同时各产业链碳排放量如何识别和把控，第三方如何检测、认证、评估及管控，当前尚未形成闭环管控体系，这需要标准化、流程化和信息化手段作为支撑。

（6）建筑不是简单技术或材料的简单堆砌，是综合考虑技术与性能的综合体。即使全部选择性能优异的低碳建材产品、利用低碳结构形式及先进施工工艺，最终未必能够打造出性能综合最优的建筑产品。

（7）避免不必要的大拆大建。建筑产品从规划设计时便开展低碳设计，并在全寿命期采取各种碳减排策略，尤其是通过低碳、高性能材料及结构形式的采用，光伏等可再生能源的碳补偿，零碳建筑/园区甚至城区目标都能实现，甚至建筑寿命能够达到 70 年，甚至 100 年，但这些综合措施加起来所产生的减碳效果，远抵不过建筑寿命尚未达到设计年限而拆除所产生的碳排放。

（8）重视碳中和对建筑业带来的革命性影响。碳中和的要求不仅仅是一个减碳，它会对行业自身带来革命性的变化。未来的建筑要和能源和信息化进行深入融合，所以未来建筑的形式、理念、功能都会发生很大的变化。未来的建筑自身要发电，那么建筑就不仅仅是居住用，也是一个发电厂，而且这种电还要和电网结合起来，成为能源互联网的一个节点，所以建筑的功能都发生了很大的变化。未来建筑要和物联网、人工智能、大数据紧密地结合在一起，会产生大量的数据。那么建筑还是一个大的数据获取终端。古老的建筑就有了新的功能。

（9）构建绿色低碳建筑技术创新交流平台。聚集全球建筑行业、上下游企业、大学及科研机构等研发资源，围绕建筑绿色制造工艺技术等开展学术交流与研究，构建国际领先的绿色低碳建筑技术创新交流平台。